NOUVEAU COURS

COMPLET

D'AGRICULTURE

DU XIXe SIÈCLE.

LAB — MER.

TOME NEUVIÈME.

NOMS DES AUTEURS.

MESSIEURS

THOUIN, Professeur d'Agriculture au Jardin du Roi.

TESSIER, Inspecteur-général des Établissements ruraux appartenant au Gouvernement.

HUZARD, Inspecteur-général des Écoles Vétérinaires de France.

SILVESTRE, Secrétaire de la Société royale et centrale d'Agriculture de Paris.

BOSC, Inspecteur-général des Pépinières royales et de celles du Gouvernement.

YVART, Professeur d'Agriculture et d'Économie rurale à l'École royale d'Alfort, etc.

CHASSIRON, de la Société d'Agriculture de Paris, Propriétaire-Cultivateur.

CHAPTAL, Membre de l'Institut, Propriétaire-Cultivateur, etc.

DE LACROIX, Membre de l'Institut et Propriétaire.

DE PERTUIS, Membre de la Société d'Agriculture de Paris, Propriétaire-Cultivateur.

DE CANDOLLE, Professeur de Botanique et Membre de la Société d'Agriculture.

DU TOUR, Propriétaire-Cultivateur à Saint-Domingue.

DUCHESNE, Membre de la Société d'Agriculture de Versailles.

FÉBURIER, Membre de la même Société.

DE BRÉBISSON, Membre de la Société d'Agriculture et des Arts de Caen.

Les articles signés (R.) sont de ROZIER.

OUVRAGE IMPRIMÉ PAR Mme HUZARD,

(NÉE VALLAT LA CHAPELLE).

IMPRIMERIE DE A. ÉVERAT ET Cᵉ,
rue du Cadran, 16.

NOUVEAU COURS

COMPLET

D'AGRICULTURE

DU XIXᵐᵉ SIÈCLE,

CONTENANT LA THÉORIE ET LA PRATIQUE DE LA GRANDE ET DE LA PETITE CULTURE,
L'ÉCONOMIE RURALE ET DOMESTIQUE, LA MÉDECINE VÉTÉRINAIRE, ETC.,

OU

DICTIONNAIRE RAISONNÉ ET UNIVERSEL

D'AGRICULTURE,

Ouvrage rédigé sur le plan de celui de feu l'abbé ROZIER, duquel on a conservé les
articles dont la bonté a été prouvée par l'expérience;

Par les Membres
DE LA SECTION D'AGRICULTURE DE L'INSTITUT DE FRANCE, ETC.

Avec des Figures en taille-douce.

NOUVELLE ÉDITION,
revue, corrigée et augmentée.

DU FONDS DE M. DETERVILLE.

PARIS,

A LA LIBRAIRIE ENCYCLOPÉDIQUE DE RORET,

RUE HAUTEFEUILLE, 10 BIS.

—

1838.

NOUVEAU
COURS COMPLET
D'AGRICULTURE.

L A B

LABDANUM. Résine que produisent plusieurs espèces de cistes, et entre autres le Ciste de Crète. *Voyez* ce mot. (B.)

LABIÉE. Fleur qui constitue la famille de son nom.

LABIEES. Famille de plantes dont les principaux caractères consistent en un calice tubuleux, persistant, à cinq dents inégales ; en une corolle tubuleuse, irrégulière, le plus souvent bilabiée ; en quatre étamines insérées sous la lèvre supérieure (quelquefois seulement deux), dont deux sont plus courtes ; en un ovaire supérieur, à quatre lobes, du centre desquels naît un style unique à stigmate bifide ; en quatre semences nues, situées au fond du calice et attachées à un placenta central.

Les plantes de cette famille ont la tige tétragone, les rameaux et les feuilles opposés ; les fleurs ordinairement verticillées et munies de bractées. Presque toutes exhalent de leurs feuilles une odeur aromatique plus ou moins agréable. Les bestiaux ne les mangent point, mais elles sont d'un grand usage dans la médecine et dans l'art du parfumeur. Les abeilles trouvent dans leurs fleurs une abondance et une qualité remarquables de miel. On en cultive plusieurs espèces dans les jardins, à raison de leur bonne odeur et de leur emploi dans l'assaisonnement des mets. Ceux de leurs genres qu'il est le plus utile de connaître sont la Sauge, le Romarin, la Germandrée, la Sarriette, l'Hysope, la Lavande, la Menthe, la Terrette, le Lamier, la Bétoine, la Stachide, la Balotte, le Marrube, la Clinopode, l'Origan, le Thym, la Mélisse, le Basilic et la Brunelle. *Voyez* ces mots. (B.)

LABOUR, LABOURAGE. Le premier homme qui eut assez de supériorité d'intelligence pour reconnaître qu'il était possible et utile de semer la graine ou de planter un jeune pied de l'arbre dont les fruits servaient à sa nourriture, ne dut pas tarder à s'apercevoir que cette graine germait plus promptement, que cet arbre poussait avec plus de force lorsqu'il avait remué la terre qui l'entourait, que dans le cas contraire. Voilà sans doute l'origine du labourage : cette origine date donc de celle du monde.

Il semble qu'un art si important, pratiqué si généralement et depuis un si grand nombre de siècles, devrait être arrivé au dernier point de perfection ; qu'il est impossible de varier sur les principes qui lui servent de base, sur le mode le plus avantageux de le pratiquer, etc., etc. On peut cependant dire, à la honte de l'espèce humaine, qu'en général les labours se font mal, et qu'il n'est pas deux hommes instruits qui soient d'accord sur leurs principes, deux laboureurs qui les pratiquent de même.

D'où vient ce résultat? Quelle est la raison de cette discordance? De beaucoup de causes qui tiennent et à des obstacles physiques, et à la complication du sujet, et à l'ignorance des cultivateurs, etc. Je pourrais fournir des preuves sans nombre à l'appui de mon opinion à cet égard ; mais leur cumulation ne conduirait à rien d'utile pour le but que je me propose. J'entre donc en matière.

Il suffit qu'on divise la terre et qu'on en change les molécules de place, pour qu'on laboure ; cependant on n'applique ce nom à cette action que lorsqu'on a pour but de semer ou de planter. On ne laboure pas quand on creuse un fossé, quand on construit une chaussée, quand on transporte de la terre d'un lieu dans un autre, etc.

Tout doit porter le cultivateur à regarder le labourage comme une des parties les plus importantes de ses travaux, et à ne pas craindre la dépense pour se procurer les instrumens les plus propres à l'exécuter le mieux et le plus promptement possible. De lui dépend principalement la beauté ou la bonté de ses récoltes.

Dans l'origine, une branche d'arbre pointue servait au labour, ensuite on l'aplatit ; et voilà la Bêche (1). Bientôt on s'aperçut qu'il était quelquefois plus facile d'entamer la terre en frappant qu'en poussant, et d'une branche fourchue on forma

---

(1) Qui croirait que dans l'archipel de Chiloé on laboure encore avec deux bâtons pointus d'un bout et arrondis en boule de l'autre, bâtons qu'on tient dans chaque main, et dont on enfonce la pointe en terre par l'effort du ventre, à cet effet garni d'une peau de mouton?

le Pic et ensuite la Houe. Plus tard enfin on reconnut que cette pioche, traînée en appuyant, grattait la terre aussi profondément qu'il était nécessaire dans beaucoup de cas, et accélérait bien plus rapidement l'ouvrage, et on fit la Charrue. *Voyez* ces quatre mots.

Toutes les sortes de labours peuvent se ranger sous ces trois divisions.

On pratique la première sorte de labour ou avec une bêche pleine, ou avec une fourche à dents aplaties.

Le labour à la bêche est très-lent, et par conséquent très-coûteux; aussi n'en fait-on usage que dans les jardins ou dans les champs des pays très-populeux (1). Pour le bien faire il faut ouvrir une jauge plus ou moins large, plus ou moins profonde, et d'autant plus grande qu'il y a plus long-temps que la terre a été remuée. Un ouvrier paresseux ou indifférent sur la bonté de son ouvrage lève sa motte et la retourne, ou au plus la fend par deux ou trois coups de bêche; celui qui veut bien faire la jette au loin et l'éparpille par un mouvement de quart de cercle qu'il donne à son instrument toutes les fois que cela est possible, c'est-à-dire toutes les fois que la terre n'est pas trop tenace ou trop mouillée. Plus la terre est mélangée et divisée, et meilleures sont toutes les espèces de labour.

Lorsque dans le labour à la bêche il se trouve des herbes sur la surface du sol, ou qu'on y a répandu du fumier, il faut opérer de manière que ces herbes soient retournées et placées, ainsi que le fumier, au fond de la jauge : on ne doit voir aucune trace ni des unes ni de l'autre à la surface. Cependant si le fumier était très-consommé, et que l'objet de la culture fût une plante à courtes racines; il serait convenable de le peu enterrer pour que cette plante pût en profiter.

Dans les labours à la bêche, plus que dans aucun autre, il est important de s'occuper du soin d'enlever les pierres, parce que ces pierres, quelque peu nombreuses qu'elles soient, nuisent toujours à la perfection de ces labours.

Il faut, lorsqu'on est le maître de choisir, préférer de faire les labours à la bêche, lorsque la terre n'est ni trop imbibée d'eau ni trop sèche : dans l'un et l'autre de ces cas, les terres argileuses principalement sont souvent très-difficiles à travailler.

Un sentier a-t-il été très-piétiné dans un jardin, il est toujours avantageux d'en soulever la terre avec une fourche à trois

---

(1) Dans le pays de Waes et aux environs d'Alost dans la ci-devant Belgique, on laboure les champs à la bêche tous les six ou huit ans, et cette opération, qui s'exécute sous un mode particulier, s'appelle Royoter ou Ruoiter. *Voyez* ces mots.

1 *

dents, avant de le labourer, pour que toute la pièce ait le même degré d'AMEUBLISSEMENT. *Voyez* ce mot.

L'emploi de la bêche a le grave inconvénient d'exposer à couper les racines des plantes, mais il est diminué par celui de la bêche à fer triangulaire.

Les labours à la bêche très-peu profonds s'appellent BINAGE (*voyez* ce mot), comme ceux de même nature qui se font avec la houe.

Les labours de la seconde sorte se pratiquent principalement dans les terrains très-pierreux, terrains où la bêche peut difficilement pénétrer. Ils sont ou superficiels ou profonds, et dans l'un et l'autre cas exigent des instrumens différens.

Dans le premier cas, la houe dont on se sert, soit qu'elle soit pleine, soit qu'elle soit fourchue, peut être,

1°. Fort large et fort inclinée sur le manche, qui est très-court. L'ouvrier se courbe beaucoup et rejette la terre derrière lui. Cette manière de labourer est très-expéditive, mais elle peut difficilement être pratiquée dans les terrains trop argileux, à raison de la fatigue qu'elle cause. Les vignerons se servent beaucoup de cet instrument, c'est pourquoi on voit parmi eux tant de vieillards voûtés.

2°. Peu large et peu inclinée sur le manche, qui est très-long. L'ouvrier se tient droit et ramène la terre à ses pieds, un peu sur le côté. C'est plutôt un grattage qu'un labourage, mais l'effet est le même lorsque l'opération est bien faite. De toutes les houes de cette sorte que je connais, celle qui me paraît la plus commode est la houe américaine; c'est la seule que pouvait adopter un peuple agriculteur, qui connaît sa dignité et qui veut travailler avec le moins de peine possible. *Voyez* Pl. V, *fig.* 4.

Avec l'une et l'autre de ces houes on forme très-facilement des BILLONS, des DOS-D'ANE, des ADOS (*voyez* ces mots), toutes manières de disposer les terres par les labours, qui ont des avantages particuliers très-importans que les cultivateurs ne doivent pas négliger. C'est encore avec elles qu'aux environs de Paris les vignerons forment, à la fin de l'automne, ces petits monticules coniques qu'on remarque non-seulement dans leurs vignes, mais encore dans tous les champs qu'ils exploitent. Cette préparation donnée à la terre est si concordante avec les vrais principes des labours, que je fais des vœux pour qu'on la pratique par-tout. En effet, la terre bien ameublie de ces petits tas reçoit plus facilement les influences atmosphériques et laisse la portion du sol qu'elle recouvrait dans le cas d'en jouir également. Au printemps, on les détruit par suite du premier labour. Ce mode de labour s'appelle ECHOIS-SELER. *Voyez* ce mot.

Il est une manière de labourer à la bêche qui rentre dans celle-ci, c'est celle où, comme dans les environs de Nantes, on taille des pyramides quadrangulaires qu'on renverse sur leur base, et qu'on laisse ainsi exposées aux influences atmosphériques pendant tout l'hiver. Cette manière est principalement applicable au sol des prairies, des bruyères tourbeuses, parce qu'elle favorise la décomposition de leur humus non soluble, humus qui y est en si grande abondance. *Voyez* TERREAU.

3°. Très-peu large et faisant un angle droit avec le manche dont la longueur varie. C'est la PIOCHE, le HOYAU, la HOUE commune, la BINETTE, qui diffèrent par leur épaisseur et par la nature des travaux auxquels on les applique. *Voyez* ces mots.

On laboure avec ces sortes d'outils, tantôt comme dans le premier cas, tantôt comme dans le second, mais en se baissant moins que dans l'un et plus que dans l'autre. Pour opérer convenablement, il faut ouvrir une jauge encore plus large que dans le labour à la bêche, et après qu'on l'a remplie des débris du terrain à labourer, enlever ces débris avec une pelle et les jeter, en les éparpillant le plus possible, sur le bord de la partie déjà labourée. Les ouvriers qui savent travailler jettent leurs terres sur la sommité du talus de celles déjà remuées, et de manière que les pierres et les racines tombent au fond de la jauge, d'où on peut enlever les plus grosses, et que les terres fines, par suite de leur moindre pesanteur, restent à la surface du sol. Ce labour bien fait est le meilleur de tous, parce que c'est celui qui divise le plus la terre et qui en mélange le mieux les molécules; mais il est le plus coûteux. On doit l'employer toutes les fois qu'il s'agit de DÉFONCER (*voyez* ce mot) les terrains destinés à être transformés en jardin, en pépinière, à être plantés en vigne, en arbres, etc. Ses effets durent souvent un grand nombre d'années.

Dans cette sorte de labour, on n'enlève souvent que les plus grosses pierres.

4°. A fer pointu plus ou moins recourbé, et faisant un angle droit avec le manche, qui est généralement court.

Il y a aussi un grand nombre de variétés de cette sous-division, dont la plus commune s'appelle PIC et la plus lourde TOURNÉE aux environs de Paris. Les travaux de labourage qu'on exécute avec elles ne diffèrent de ceux dont il vient d'être question, que parce qu'ils ont lieu sur des terrains ou tuffacés, ou argileux, si durs que d'autres outils peuvent difficilement les entamer, ou dans des localités remplies de grosses pierres, qu'il est nécessaire de lever ou de briser.

Quelquefois, pour perfectionner le labour ou le défoncement fait avec la sorte de pioche dont il est question, on passe la terre au crible ou à la claie, et alors l'opération est aussi par-

faite que possible ; mais la grande dépense à laquelle elle entraîne ne permet de la faire que dans un petit nombre de cas
et sur de petits espaces. *Voyez* Crible et Claie.

Je dois cependant observer que quoiqu'en principe général
l'objet des labours soit la division, l'ameublissement de la
terre, cependant il est des cas où une trop grande division
devient nuisible, comme je le ferai voir plus bas. Un semis
fait sur un labour trop parfait et trop profond manquera si le
temps est sec ou chaud, tandis qu'il réussira sur un beaucoup
moins bon. Les pépiniéristes ont depuis long-temps reconnu
que les plantations faites sur les défoncemens étaient d'une reprise plus incertaine que ceux sur un simple labour, et que
cela était d'autant plus sensible que la terre était plus légère.
Il est donc beaucoup de lieux et de cas où il faut laisser tasser
la terre après les labours, ce que les cultivateurs appellent
Plomber. *Voyez* ce mot.

Avec les deux premières sortes d'instrumens, on ameublit la
terre aussi parfaitement et aussi profondément qu'on le veut ;
il n'en est pas de même avec le troisième. Les avantages propres à cette dernière se rapportent principalement à la promptitude et à l'économie de l'opération ; mais ces avantages sont
tels que ce sont eux qui servent de fondement à la grande agriculture. Sans charrue, nous n'aurions pas autant de blé ni du
blé à aussi bon marché, et par suite autant de bestiaux de
toute sorte. Je dois donc m'étendre d'une manière plus particulière sur les labours auxquels elle donne lieu. *Voyez*
Charrue.

On dit qu'une ferme est d'une charrue, lorsqu'elle contient
juste la quantité de terre labourable qu'un attelage peut labourer dans le cours de l'année : or, ces terres se labourent
les unes plus, les autres moins rapidement, de sorte que
cette qualité varie selon les localités, depuis 5o jusqu'à 1oo arpens. Cette expression, le labour d'une, deux, trois charrues,
ne s'applique donc avec exactitude que quand on parle d'une
ferme voisine ou dont la nature de la terre est connue. La
culture par assolemens à longs termes diminue le nombre des
labours et rend une exploitation de six charrues, par exemple,
susceptible d'être bien cultivée avec quatre attelages ; ce qui
concourt à rendre si avantageux cette méthode encore trop peu
pratiquée. *Voyez* Assolement.

Avec un araire attelé de deux chevaux ou de deux bœufs,
même seulement de deux ânes ou de deux vaches, on laboure
suffisamment bien les terres sèches et légères des départemens
méridionaux ; mais la charrue de Brie, attelée de quatre à six
forts chevaux et même plus, ne suffit pas toujours pour labourer
les terres argileuses des départemens septentrionaux.

Une localité qui n'a que quelques pouces d'épaisseur de

bonne terre ne peut pas être labourée aussi profondément que celle qui offre plusieurs pieds d'Humus. *Voyez* ce mot.

De ces considérations, il résulte qu'il doit y avoir plusieurs sortes de charrues et plusieurs sortes de labours. *Voyez* Charrue.

Un ou plusieurs coutres attachés à la charrue, ainsi qu'un rouleau coupant, sont toujours utiles dans les friches ou dans les terres fortes pour faciliter les labours (1).

Dans les terres légères, qui s'ameublissent aisément, on peut retourner à chaque raie une épaisseur assez considérable pour faire de larges sillons; dans celles qui sont fortes, on doit au contraire n'en prendre que fort peu, afin qu'elle se brise et se divise par sa chute. Dans ces dernières, on fait plus, on dirige les labours de manière à élever extrêmement la terre dans le milieu des planches, dans le but de donner écoulement aux eaux qui tombent dans l'intervalle de ces planches. Cette sorte de labour s'appelle billon.

Plus les billons sont étroits, et plus la terre devient promptement sèche : aussi sont-ils de beaucoup préférables aux autres dans certains sols humides et certaines années pluvieuses. Dans le comté de Norfolk, en Angleterre, on les fait quelquefois seulement de deux rayons, et ils fournissent des orges de la plus grande beauté. Cette pratique se confond alors avec la Culture par rangées. *Voyez* ce mot.

Une observation qu'il convient de citer encore, c'est que de deux champs voisins et aussi semblables que possible par la nature de leur terre, celui qui aura été labouré en billons sera plus productif que celui qui l'aura été à plat. Celui qui aura été laissé brut pendant l'hiver le sera plus que celui qui aura été hersé et roulé immédiatement après le passage de la charrue. On doit en attribuer sans doute la cause à la plus grande facilité qu'a l'air agité de s'introduire et de s'accumuler dans les interstices qu'offrent la terre des premiers de ces champs, et en s'y décomposant, d'un côté, de déposer l'acide carbonique qu'il contient ou qu'il forme, et de l'autre d'augmenter la quantité d'Humus soluble. *Voyez* ce mot et celui Terreau.

On remarque souvent que le revers des sillons exposés au nord offre des blés fort mauvais, tandis que celui exposé au midi en donne de très-beaux, tant est puissante l'influence des abris.

Il est donc bon de diriger, dans beaucoup de localités, les rayons du midi au nord pour éviter ces inconvéniens.

---

(1) Fixer une lame perpendiculaire, coupante, à la partie supérieure gauche du soc, dans les charrues à oreille fixe, facilite beaucoup les labours des terres fortes, comme je l'ai vu chez M. Brune, à Souvant près Dole.

Les labours ont trois motifs principaux :

1°. En divisant la terre ils la rendent plus perméable aux racines des plantes, qui, s'étendant davantage, prennent plus de nourriture, et donnent par conséquent naissance à plus de tiges et à plus de fruits, ou à de plus grosses tiges et de plus beaux fruits.

2°. Ils ramènent à la surface la terre végétale neuve, c'est-à-dire qui n'est pas encore en état dissoluble, et mélangent ses molécules de manière à les disséminer plus également.

3°. En donnant une plus facile entrée à l'air, ils favorisent son action, pour rendre soluble une portion du terreau, et produisent probablement d'autres effets que nous ne connaissons pas encore.

Ils offrent aussi l'avantage de rendre l'infiltration des eaux plus facile; mais comme ils favorisent aussi leur plus prompte évaporation, ce motif est compensé.

Il n'y a pas de doute pour qui a observé les résultats de la pratique de l'agriculture, que les labours n'augmentent la fertilité du sol, et par conséquent ne diminuent nullement la nécessité des engrais. Tull et Duhamel, qui ont prétendu qu'on pouvait, par leur moyen, en les multipliant, se passer de fumier, ont été durement critiqués; cependant ils ne sont coupables que d'avoir posé leur proposition d'une manière trop absolue et trop exagérée. Je me crois en état de prouver que les labours d'hiver et les binages d'été produisent réellement cet effet dans les bonnes terres, toutes les fois qu'ils sont exécutés convenablement et en temps favorable.

On peut labourer à toutes les époques de l'année, pour certains terrains, le temps des grandes gelées et des grandes pluies excepté; mais convient-il de le faire, ou faut-il attendre tel ou tel moment?

Cette question est très-compliquée et a été discutée contradictoirement par un grand nombre d'écrivains. Arthur Young est à ma connaissance celui qui, dans ces derniers temps, a fait le plus d'expériences pour la résoudre.

Dans toutes les exploitations rurales où le système des Assolemens (*voyez* ce mot) est admis, on laboure la terre aussitôt qu'elle est dépouillée de sa récolte, et on s'en trouve bien. 1°. parce qu'on enfouit les restes des tiges de la récolte, et avant leur décomposition spontanée, les mauvaises herbes qui ont pu la salir; ce qui augmente l'efficacité de l'engrais qu'elles fournissent (*voyez* au mot Récolte enterrée pour engrais); 2°. parce que la terre n'est pas encore assez tassée, assez desséchée pour que le labour n'en soit pas bon et facile; 3°. parce qu'il est bon de ne pas laisser perdre un seul jour d'emploi à la terre, si on veut y multiplier les récoltes. Il n'y a point, ou presque point, de divergence dans l'opinion des cultivateurs éclairés sur ces différens objets.

Dans les pays où l'on suit encore le système des jachères, les laboureurs ont adopté des usages différens : les uns, c'est le plus petit nombre, donnent un premier labour en automne : ils sont fondés en principe ; car on ne peut nier, ainsi que je l'ai déjà observé plus haut, que la terre qui peut offrir de nombreux interstices au passage de l'air ne soit plus apte à le fixer, à le décomposer, pour parler plus rigoureusement, que celle qui lui offre une croûte imperméable. Les autres, et c'est le plus grand nombre, attendent après l'hiver ; mais c'est uniquement afin de profiter, pour le pâturage, des herbes qui poussent pendant cette saison. Misérable ressource, que tout cultivateur qui n'est pas dans le plus grand dénuement de fourrage, ou de moyens pour en acheter, doit repousser comme contraire à ses véritables intérêts. *Voyez* JACHÈRE.

Dans ce dernier cas, il faut faire les labours coup-sur-coup, ce qui détruit une grande partie de leurs bons effets.

Dans quelques cantons de l'Angleterre, on fait biner les jachères avant de les labourer. Cette pratique, que je ne sache usitée nulle part en France, doit être excellente, en ce qu'elle fait immanquablement périr toutes ces mauvaises herbes, tandis que le simple labour en enterre beaucoup qui repoussent ensuite.

Le binage des blés au printemps est pratiqué dans plusieurs cantons de la France, et par-tout produit des récoltes très-avantageuses : je citerai le Jura, la Vendée. *Voyez* SERFOUISSAGE.

Les expériences d'Arthur Young confirment l'utilité des labours d'automne dans le plus grand nombre des cas ; mais on peut reprocher à cet agriculteur de n'avoir pas suffisamment caractérisé la nature des terres sur lesquelles il a opéré. Je fais cette observation, parce qu'il est plus que probable que ces sortes de labours sont plus nécessaires dans les terres fortes que dans celles qui sont légères, puisque les principes de l'atmosphère les pénètrent naturellement avec plus de difficulté.

Il est plus avantageux de faire avant l'hiver les labours des terres destinées aux semailles du printemps, lorsque ces terres sont légères et exposées au midi, sauf à les gratter fortement avec une herse de fer au moment des semailles, parce que si l'année est sèche et chaude, la plus grande consistance de ces terres s'oppose à l'évaporation de l'humidité qu'elles renferment et que par conséquent les avoines, les vesces, les sarrasins, etc., en profitent.

C'est généralement au printemps qu'on effectue en France le plus grand nombre des labours. Lorsqu'on les fait de bonne heure, en janvier par exemple, ils produisent à un faible degré les avantages améliorans des labours d'automne. Ils cessent de devenir utiles sous presque tous les rapports dès que la sécheresse se fait sentir.

Le labour destiné à enterrer le froment dans les pays où on SÈME SOUS RAIES (*voyez* ce mot) est plus ou moins profond selon la nature de la terre et l'état de la saison ; c'est-à-dire qu'il doit être très-léger quand la terre est fort bien nettoyée et que le temps est pluvieux, qu'il doit être profond si elle est légère, garnie d'herbe et que le temps soit sec. Je ne puis ici, comme dans tant d'autres endroits de cet article, donner que des indications générales, la pratique devant varier sans fin selon les lieux.

Le binage avec la HOUE A CHEVAL (*voyez* ce mot) des terres labourées une fois avant et une fois pendant l'hiver, qu'on veut semer au printemps, équivaut presque toujours à un troisième labour, et souvent vaut mieux. Combien je fais de vœux pour que l'usage de cette sorte de binage s'établisse généralement en France.

Il faut éviter de labourer les terres argileuses quand elles sont très-sèches ou très-humides : dans le premier cas, parce qu'elles peuvent à peine être entamées par la charrue ou ne se retournent qu'en grosses mottes : il en est de même quand elles sont gelées à leur surface ; et dans le second cas, parce qu'elles se lèvent avec une extrême difficulté ou se corroient par l'action du versoir. Dans tous deux, les chevaux fatiguent excessivement et ne font qu'un fort mauvais ouvrage. Connaître l'instant précis où il faut mettre la charrue dans ces sortes de terres, généralement les plus difficiles à cultiver, doit être le premier objet de l'étude d'un laboureur qui est jaloux de tirer le meilleur parti possible de son exploitation.

Quant aux labours d'été, ils ne sont convenables que lorsqu'ils ont lieu sur des terres qui viennent de porter des récoltes et qu'on doit immédiatement semer. Il y a déjà longtemps qu'on a remarqué pour la première fois, dans les pays à jachère, qu'ils rendaient mois fertiles les terres dans lesquelles on les exécutait. Ce résultat est bien plus sensible dans les pays chauds et dans les années sèches ; les pluies ne le changent pas toujours, et ses effets subsistent quelquefois plusieurs années de suite. On appelle *terres gâtées*, dans nos départemens méridionaux, celles qui ont été ainsi rendues infertiles par des labours d'été inconsidérés. Je ne suis pas assez éclairé sur les circonstances qui amènent l'altération de la terre dans ce cas pour entreprendre d'expliquer le fait ; mais je soupçonne que c'est la partie soluble du terreau qui change de nature. Quelques expériences suffiraient pour éclairer l'agriculteur sur ce point important : il ne s'agirait, par exemple, que de ré-

pandre de la chaux et d'arroser les terres gâtées, pour juger de
la justesse de cette explication.

Les véritables labours d'été, soit qu'ils soient faits à la houe,
à la ratissoire ou à la charrue légère, doivent donc être des
BINAGES (*voyez* ce mot), c'est-à-dire extrêmement peu profonds. Ce sont ces sortes de labours qui peuvent, jusqu'à un
certain point, tenir lieu d'engrais : la théorie et la pratique se
réunissent pour les recommander. Nous ne les connaissons en
France que pour un petit nombre de cultures; mais en Angleterre, on les applique à presque toutes, au moyen de la disposition par rangées qu'on donne à ces cultures. Je fais des vœux
pour leur adoption.

Il est des terres si dures par leur nature, qu'on ne peut les
labourer qu'après la pluie. Il en est d'autres si susceptibles
d'absorber et de conserver l'eau des pluies, qu'on ne peut les
labourer qu'après une plus ou moins longue sécheresse. Ces
deux cas qui se rencontrent fréquemment, doivent donc influer
et influent effectivement beaucoup sur l'époque des labours.

Une considération qui agit souvent dans la détermination
de l'époque des labours, c'est la convenance. En effet, cette
époque est rarement assez rigoureusement fixée par la marche
de la nature ou de la série des travaux, pour qu'on ne puisse
l'avancer ou la retarder : or, des opérations plus pressées peuvent amener la nécessité de l'un ou l'autre de ces cas. Il est
beaucoup de laboureurs qui n'emploient leurs chevaux ou leurs
bœufs au labour que lorsqu'ils n'ont rien autre chose à faire.
Je ne citerai point ces laboureurs comme devant être imités.

Les terrains secs et légers doivent être labourés les premiers
au printemps, et parce qu'ils sont les plus tôt propres à l'être,
et parce qu'étant plus précoces, il devient important de les semer le plus tôt possible.

Par le motif contraire, ceux qui sont argileux et exposés au
nord seront labourés les derniers.

D'après les expériences d'Arthur Young, quelques cultures
demandent des labours d'automne plutôt que des labours de
printemps : il cite principalement la fève de marais.

Il y a la plus grande diversité d'opinion parmi les agriculteurs, sur le nombre des labours qu'il faut donner à la
terre qui doit être semée en froment : les accorder serait chose
impossible ; car c'est presque par-tout l'usage qui leur sert de
règle, et on sait que l'usage ne raisonne pas, lors même qu'il
est fondé en raison, ce qui lui arrive quelquefois : c'est en
remontant aux principes qu'on peut espérer de résoudre cette
question, et je vais les mettre sous les yeux du lecteur.

Puisque le principal motif des labours est de diviser la terre,
plus elle sera tenace et plus il faudra de labours; par consé-

quent les terres légères en demandent moins que les terres
argileuses.

Puisque les labours d'été sont aussi désavantageux que les
labours d'hiver sont utiles, ils doivent être moins fréquens
dans les pays méridionaux que dans les septentrionaux.

Dans le climat de Paris, par exemple, on ne doit multiplier les labours que pendant l'hiver, que dans les terres très-
tenaces, que quand on est dans l'intention de semer des plantes
pivotantes, ou qui doivent rester plusieurs années sur le sol :
sous ces deux derniers rapports, la luzerne en exige plus
qu'aucun des autres objets de la grande culture.

Les partisans des jachères regardent généralement trois
labours comme le nombre de ceux qui sont nécessaires aux
terres destinées à recevoir du blé ; il est des localités où l'on
en donne six et même plus dans ce cas. Quelle excessive dépense ! Comment les cultivateurs peuvent-ils soutenir après
cela la concurrence dans les marchés contre ceux qui n'en
font que la moitié, que le tiers, que le quart, que le cinquième, même que le sixième ?

Arthur Young établit qu'il faut nécessairement quatre labours sur les jachères, parce que, sans ce nombre, la terre
n'est pas assez divisée, et les mauvaises herbes ou leurs graines
assez détruites ; mais il ne distingue ni les natures des terres,
ni les récoltes qui ont précédé, de sorte que son opinion n'est
pas assez solidement fondée pour qu'elle puisse faire règle.

Selon Rozier, il faut trois labours de préparation : un avant
l'hiver, le second pendant cette saison, le troisième au printemps ; plus, des labours de division peu avant les semailles,
labours dont il n'indique pas le nombre, mais qu'il veut qu'on
donne coup sur coup. Ses motifs sont appuyés de raisons ;
cependant il ne fait pas plus que les autres la distinction entre
les terres fortes et les terres légères, distinction si importante
à mes yeux, quoique quelquefois sans application dans la pratique.

Dans le département de Maine-et-Loire, au rapport de mon
excellent ami Pilastre, on donne trois labours aux terres à blé.

Le premier, qu'on appelle *airer*, se fait en février ou en
mars. On fend les sillons qui ont 12 ou 15 centimètres de
large sur 2 ou 3 d'élévation en quatre parties ; la nouvelle rèze
se trouve dans le milieu du nouveau sillon : cette manière de
labourer se nomme *de quatre raies*.

Le second labour se fait en juin. On refend le nouveau sillon
en deux ; on renverse la terre où elle était d'abord, et on
attaque le *cru* qui était resté au fond de l'ancienne rèze ; cela
se nomme *fendre*.

Enfin, le troisième a lieu en août ou septembre, et s'appelle *contrefendre* ; c'est la répétition du précédent, à la différence cependant qu'on laisse au milieu de la rèze un petit rayon de 2 ou 3 centimètres, qu'on fend en deux parties, lors des semailles, pour couvrir le grain.

Cette dernière circonstance demande à être prise en considération. *Voyez* SEMAILLE.

Ceux qui ont adopté le système des assolemens pensent que les labours peuvent être diminués sans inconvénient dans un grand nombre de cas, sans nuire sensiblement au produit des récoltes : par exemple, dans les terres légères, dans celles qui sont bien chargées d'engrais, lorsqu'on veut semer des plantes qui doivent rester peu de temps en terre, ou dont les racines ne pivotent point, lorsqu'on les fait immédiatement après la récolte, etc. Il est même quelques cultivateurs qui sèment leurs raves, leurs sarrasins, leurs vesces et autres graines, dont les produits remplacent les jachères, sur de simples binages ou même hersages, et qui obtiennent de suffisamment belles récoltes. Que d'économie présente ce genre de culture ! D'ailleurs, lorsque la terre est constamment couverte de plantes, l'effet des pluies battantes s'y fait moins fortement sentir, de sorte que les labours y deviennent moins nécessaires.

Il y a, dit M. Mourgues, qui a long-temps pratiqué l'agriculture dans les parties méridionales de la France, plus de dangers à donner trop de façons à un champ que de lui en donner trop peu (*voyez* sa Dissertation sur les Labours, vol. VI de la Feuille du Cultivateur). Je ne puis être que de son avis, malgré que je reconnaisse combien ils sont avantageux lorsqu'on les multiplie en temps convenable, et sur les terrains ou pour les cultures qui les exigent. Qui ne sait d'ailleurs, je le répète, combien il est souvent difficile de trouver le moment de faire les labours, soit à cause de la pluie, soit à cause de la sécheresse, etc., etc.? Il n'est pas d'année où il ne reste beaucoup de champs en friche, parce qu'on n'a pu les labourer en temps opportun?

Les principes de labour de M. Ducket, célèbre agriculteur anglais, sont de faire alternativement des labours profonds et des labours superficiels; et c'est par leur moyen qu'il parvient à avoir de suite deux récoltes de même nature sur le même terrain, d'orge par exemple, qui est la graminée la plus épuisante de celles que je connaisse.

Rozier, en établissant sa théorie agricole sur l'alternat des cultures à racines pivotantes et à racines traçantes, a dû et en effet voulu que les labours fussent tantôt profonds, tantôt superficiels. Yvart a prouvé que généralement on multipliait trop ces labours au détriment du cultivateur non-seulement par les frais qu'ils lui occasionnaient, mais encore parce que, dans les terrains argileux, ils rendaient les terres gâcheuses, et que, dans ceux qui étaient sablonneux, ils favorisaient l'évaporation de l'eau indispensable à la végétation.

Dans les terres fortes, il est convenable de faire des raies étroites, afin qu'elles se divisent mieux et que les chevaux fatiguent moins : dans ces sortes de terres, c'est la charrue à oreilles fixes, principalement celle appelée de Brie, qu'il faut préférer.

Lorsqu'on donne plusieurs coups de charrue à la même terre, il est bon qu'ils soient impairs, afin que la terre qui était à la surface reste définitivement au fond comme la plus épuisée des principes propres à la végétation.

D'après les expériences faites en grand et long-temps, le meilleur labour pour les terres argileuses est celui à la suite duquel le sol est relevé, mais non renversé, parce que les gelées agissant des deux côtés du sillon, il se divise et s'ameublit bien mieux ; cette considération est d'une si grande importance, que les cultivateurs ne doivent pas la perdre un instant de vue. M. Mathieu de Dombasle a établi, avec toute la sagacité dont il est pourvu, la théorie de cette pratique dans son ouvrage sur la charrue.

Quelquefois on est obligé de répéter coup sur coup les labours du printemps, 1°. pour rendre de nouveau meuble une terre labourée qu'une pluie battante aura plombée ; 2°. pour diviser davantage une terre trop argileuse ou en friche ; 3°. quand un soleil trop ardent ou un vent trop hâlant a desséché la surface d'un champ destiné à recevoir un semis de graines fines qui ne leveraient pas assez promptement sans cela. Je ne parle pas des cas extraordinaires, parce qu'ils ne sont soumis à aucune loi. Je crois que ces labours répétés devraient être regardés comme indispensables dans toutes les terres fortes, conformément aux principes déjà plusieurs fois développés.

Plusieurs sortes de plantes demandent à être semées de bonne heure au printemps, et obligent, par conséquent, de diminuer le nombre des labours. Ce qu'on appelle vulgairement les mars, c'est-à-dire l'avoine et l'orge, en exigent rarement plus de deux, et le plus souvent un seul leur suffit. On a même remarqué que la première de ces graminées venait mieux dans ce dernier cas, principalement sur les pâturages, les prés, les luzernes rompues.

Je conclus donc qu'il faut de loin en loin donner à toutes les terres, sur-tout aux terres argileuses, des labours profonds et multipliés, mais qu'il n'est point nécessaire d'en donner beaucoup toutes les années, et que toutes graines semées depuis avril jusqu'à septembre doivent l'être presque toujours sur un seul labour.

La profondeur des labours dépend et de la nature du sol et de l'objet pour lequel on les entreprend. Dans les terres dont la couche végétale est peu épaisse, il faut qu'ils soient superficiels, parce qu'on altérerait la force végétative de cette couche si on y introduisait des argiles ou des pierres impropres à la nourriture des plantes; dans celles où on projette de semer de la luzerne, ils doivent être au contraire le plus profond possible, parce que la racine de cette plante est susceptible d'acquérir une longueur de plusieurs pieds. C'est dans ce cas et lorsqu'il s'agit d'amener à la surface la seconde couche d'un dépôt d'humus très-épais, toujours si fertile parce qu'elle est vierge, c'est-à-dire qu'elle n'a rien produit depuis plusieurs siècles, qu'il convient de labourer avec l'immense charrue figurée volume 3, *Pl. IV*, nº. 3, ou faire passer deux et trois fois la charrue ordinaire dans le même sillon. Je ne parle pas des DÉFRICHEMENS, parce qu'il en a été suffisamment parlé à leur article.

Si on labourait aussi profondément les terres d'une autre nature, il faudrait s'attendre à une infertilité plus ou moins complète pendant au moins un an ou deux ; car toutes celles qui ne contiennent pas d'humus demandent à être long-temps exposées à l'air pour se saturer des gazs atmosphériques nécessaires à la végétation. La preuve en est journellement sous les yeux des cultivateurs, sur-tout dans les pays de montagnes.

Cependant il est des cas où il est utile de mélanger une portion de la couche inférieure avec la supérieure. Les deux plus fréquens de ces cas, c'est lorsque la première est argileuse et la seconde sablonneuse, et lorsque la première est marneuse et la seconde un riche humus. On sent en effet qu'alors le sol trop léger devient plus consistant, et le sol dont les principes de fertilité sont abondans, mais non actifs, le deviennent. *Voyez* MARNE et CHAUX.

Beaucoup de cultivateurs qui pensent qu'une jachère triennale est abusive, veulent qu'on en fasse une, les uns tous les sept ans, les autres tous les dix ans, tous les quinze ans. Le vrai est qu'il faut en établir toutes les fois qu'on a besoin de labourer profondement le sol, afin de donner à la terre ramenée à la surface le temps de s'imprégner des principes de l'air, de se mûrir comme disent les laboureurs.

De ces faits, je crois pouvoir conclure que les labours profonds sont tantôt bons, tantôt mauvais, selon les lieux et les objets de la culture. J'ajouterai, d'après les principes développés plus haut, qu'ils ne doivent jamais être exécutés l'été, et que la dépense qu'ils occasionnent doit engager à ne les entreprendre que dans les cas de nécessité reconnue. 6 pouces paraissent être le terme moyen le plus convenable pour les céréales dans un terrain de bonne qualité.

Cependant, pour d'autant mieux éclairer cette importante question, il est bon que je rapporte encore ici un passage d'Arthur Young, qui y a directement rapport.

« Le labour profond exige de plus copieux engrais que l'autre, et par conséquent il doit être avantageux pour certains cultivateurs et désavantageux pour d'autres.

» Il faut considérer premièrement qu'engraisser un champ n'est autre chose que mêler avec des engrais toute la portion de terre que retourne la charrue. Si vous labourez à 4 pouces de profondeur et que vous mettiez sur chaque acre de votre champ vingt charges de fumier, vous mêlez alors 4 pouces de votre terrain avec cette quantité de fumier ; mais si en n'y mettant que vingt charges de fumier vous labourez à 8 pouces de profondeur, votre champ ne sera évidemment engraissé qu'à demi. Les récoltes dans l'un et l'autre cas peuvent - elles être les mêmes ? Je ne le crois pas. Toute la terre dans le second cas ne peut être aussi imprégnée de parties propres à la végétation que dans le premier.

» D'après ce raisonnement, je suis porté à croire que la quantité de l'engrais doit être proportionnée à la profondeur du labour.

» Ceux qui prétendent que les couches inférieures ne sont pas moins propres à la végétation que les supérieures, soutiennent un paradoxe que démentent également la raison et l'expérience. Les bons cultivateurs s'accordent à croire qu'on ne doit labourer à une profondeur extraordinaire qu'au commencement d'une jachère, et que la première récolte qui la suit ne doit pas être de froment ni d'orge, mais de plantes plus fortes.

» Il résulte de ce qui vient d'être dit, que dans cette question on a raison des deux côtés. Les cultivateurs qui changent la profondeur de leur labour sans changer la quantité de leur engrais disent que le labour profond est nuisible ; ceux qui multiplient leurs engrais et leurs labours à proportion de la profondeur de ces derniers les regardent comme très-utiles.

» Dans les pays que j'ai parcourus, la profondeur du labour est, terme moyen, de 4 pouces et demi, je suis intimement convaincu que cette profondeur est insuffisante : de 6 à 8 pouces, selon la qualité du sol, doit être la mesure commune. Tout labour extraordinaire qui exige plus de deux chevaux, double les frais de cette opération, demande deux fois plus d'engrais, et cause des pertes si la récolte n'est pas quatre fois plus considérable. »

Il y a peu de chose à objecter à ce passage.

Lorsqu'en labourant on prend peu de largeur de terre, on fait un meilleur ouvrage, mais on va plus lentement : l'usage a une grande influence sur ce point. S'il est quelques pays où on fasse les raies trop étroites, il en est d'autres où on les fait trop larges. J'ai souvent été scandalisé, dans mes voyages, de voir des pièces de labours qui ne présentaient que des mottes plus ou moins larges, plus ou moins longues, simplement retournées, qui avaient dû excessivement fatiguer les attelages, et dont les résultats étaient presque nuls, parce qu'il n'y avait réellement pas division. Ce sont principalement les pays pauvres qui offrent ces soi-disant labours. Les pluies, les sécheresses, les gelées émietteront ces mottes, m'ont quelquefois dit les laboureurs à qui je reprochais leur mauvais travail ; d'ailleurs nous n'avons aujourd'hui intention que de casser le terrain, dans un mois nous croiserons ce labour, et il deviendra comme vous le désirez. Cependant dans l'intervalle le labour n'était utile à rien, puisque les influences atmosphériques n'agissaient pas, faute à l'air de pouvoir pénétrer dans les interstices de la terre ; et combien de milliers de fois ai-je vu que cela ne se faisait pas ?

Une manière de labourer qui s'exécute souvent par les cultivateurs paresseux ou ignorants doit être signalée à la vindicte publique.

Ils prennent une double épaisseur de terre et renversent celle qu'ils entament sur l'autre, qui ainsi n'est pas remuée. Par cette pratique, on fatigue excessivement les chevaux et le champ labouré, quoiqu'il n'y en ait que la moitié qui le soit ; et lorsque plus tard on recommence l'opération en sens contraire, on fatigue encore plus les chevaux, à raison de la plus grande entrure qu'il faut donner au soc, et la terre n'est toujours labourée qu'une fois. Malgré la forte dépense et les inconvéniens de cette sorte de labour, il est des pays où on l'exécute généralement pour les défrichemens, sous prétexte que par son moyen on fait périr l'herbe plus facilement ; ce qui est une vraie erreur, et ce qui prouve que l'instruction y manque.

Certaines charrues ont un soc très-étroit et une oreille qui ne descend pas jusqu'à la partie inférieure du sep. Il résulte de ces dispositions qu'elles semblent faire un bon labour, parce que la surface du sol est retournée ; mais le vrai est qu'elles n'entament que la moitié de ce que d'autres entament, et qu'elles ne coupent que la moitié des racines des mauvaises herbes que d'autres coupent.

Au reste les labours doivent être plus parfaits dans les pays où les terres sont chères et les bras à bon compte, que dans les pays où la terre est à bon compte et la main d'œuvre fort chère : c'est pourquoi ils sont si mal soignés dans les pays peu peuplés. A quoi servirait de cultiver selon les principes un seul acre de terre au propriétaire du Kentuki, qui en possède mille en friche inutile, lorsqu'il peut obtenir une récolte plus avantageuse en employant le même temps à en labourer mal deux ou trois ?

C'est par ce motif que les labours ne sont jamais bons dans les pays où la terre n'a pas de valeur. Ils sont excellens aux environs de Philadelphie, et très-mauvais dans les bois qu'on défriche à 500 lieues plus à l'ouest.

Ceci me conduit à parler des labours croisés, si en faveur dans certains cantons et inconnus dans d'autres.

Sans doute il est des cas, et celui ci-dessus est du nombre, où les labours croisés sont avantageux. Les défriches s'ameublissent plus promptement par leur moyen ; mais en tout lieu on peut s'en passer lorsque les labours parallèles sont bien exécutés. Tantôt on les fait à angles droits, tantôt à angles aigus : le résultat est toujours le même en définitif. Comme leur exécution ne diffère pas ou presque pas des labours simples, je ne m'étendrai pas davantage sur ce qui les concerne.

Pour faire coïncider l'économie avec la bonté des labours, il faut se rappeler que les terres fortes demandent à être plus divisées que les autres, et que certaines plantes exigent une terre plus meuble que certaines autres : ainsi, dans ces deux cas on prendra une moins grande largeur de terre. Le plus souvent cependant, ce que j'ai lieu d'approuver, on adopte un terme moyen ; c'est-à-dire qu'on retourne de 6 à 8 pouces de largeur de terre à chaque tour de charrue.

On suit, dans le comté de Norfolk en Angleterre, pour le labour des champs, une pratique dont on se loue beaucoup, c'est de faire travailler trois charrues en même temps à la formation de la même planche, lorsque cette planche est composée de 6 raies, comme cela a lieu le plus communément. Lorsqu'on ne met que quatre raies à la planche, on n'emploie que deux charrues. Dans ces deux cas, on prend fort peu de terre à-la-fois, puisque chaque raie n'a que 7 pouces de large.

Dans beaucoup de pays, on fait passer le rouleau et ensuite la herse sur les terres labourées, afin d'en briser les mottes, même on fait casser ces mottes à coups de maillet. Ces pratiques sont bonnes, puisqu'elles tendent à ameublir davantage la terre, à la rendre plus perméable à l'action atmosphérique ; cependant les terres légères peuvent le plus souvent s'en passer, et l'économie défend de les leur appliquer. Il faut observer qu'ici le roulage a lieu avant le hersage et que c'est le contraire après les semis.

Dans quelques endroits, on reprend de loin en loin la terre apportée par les labours aux deux extrémités des sillons, pour la rendre au milieu du champ, et cette opération a l'avantage d'élever ce milieu avec de la terre bien remuée et de donner un plus facile écoulement aux eaux.

Il est des cantons où l'on relève à la pioche ou à la bêche la terre que le labour a fait sortir de la limite du champ : c'est ce qu'on appelle dans le département du Gers relever les COUTUMIÈRES. Cette opération peut être utile dans certaines localités ; mais presque par-tout elle doit être très-coûteuse.

Souvent, soit naturellement, soit par l'effet d'enlèvement de terre, même de labours, une portion de champ est plus creuse que le reste, et par conséquent les eaux pluviales y séjournent ; ce qui est un grave obstacle au succès des cultures. Dans ce cas, on doit faire ou un PUISARD, ou un FOSSÉ D'ÉCOULEMENT, ou une RIGOLE, selon la profondeur de l'enfoncement, ou on le remplit par des TRANSPORTS DE TERRE, par un DÉFONCEMENT, par une suite de labours calculés.

Toujours il est de l'intérêt du cultivateur de rendre ses champs les plus unis possible, soit qu'ils se trouvent en plaine, soit qu'ils se trouvent sur le penchant d'une montagne ; ce qui n'est pas difficile à obtenir pour celui qui sait habilement manier la charrue.

Une chose à laquelle on ne fait pas par-tout la même attention, c'est de tenir les raies extrêmement droites et les planches de même largeur. Les laboureurs des environs de Paris se sont rendus avec raison célèbres sous ce rapport : le coup d'œil suffit pour les guider ; mais on pourrait facilement suppléer à cette habitude dans les cantons où les laboureurs sont moins exercés, en plantant des JALONS. *Voyez* ce mot.

La longueur des raies est parfaitement indifférente ; cependant presque par-tout elle est déterminée par la nécessité de laisser reposer l'attelage : ainsi elle est moins considérable dans les terres fortes ou caillouteuses que dans les terres légères ou sablonneuses.

La largeur des planches suit la même règle, mais par un autre motif ; c'est-à dire que dans les terres fortes il faut qu'elle soit moindre, afin que les eaux pluviales puissent plus facilement s'écouler. Presque toujours dans ces sortes de terre et encore dans celles qui sont plus constamment humides, on fait les labours en BILLON. *Voyez* ce mot.

L'avantage des grandes planches plates est que les eaux n'en entraînent pas la terre, comme elles le font si évidemment dans les BILLONS. *Voyez* ce mot.

Souvent on laboure à plat, et ensuite on marque les planches par des raies plus profondes ; mais cette méthode ne vaut rien , parce que la terre tirée de ces raies les bordant d'une élévation , l'eau de la planche y entre bien plus difficilement. *Voyez* RAIE.

Une opération qui est encore commandée dans ce cas, c'est de faire à la charrue de larges et profonds sillons irréguliers, ou coupant les autres dans toutes les directions possibles, lesquels sont dirigés hors du champ , dans son côté le plus bas, et de manière à faciliter l'écoulement des eaux surabondantes. On nomme ces sillons des FOSSERAIES, FAUSSES RAIES , EGOUTS ou MAITRES. *Voyez* ces mots.

Dans les sols sablonneux, grayeleux, crayeux et autres de même nature , on doit labourer à plat par la raison contraire. En effet, dans ces sortes de localités, ce sont les sécheresses qui nuisent le plus au produit des récoltes, et il est important par conséquent d'y retenir les eaux le plus possible. Il est de ces localités où on laboure toute la pièce sans la diviser en planches : ces sortes de labours s'appellent des *labours plats.*

Il est des cantons où la nature des terres est si variable, que dans un champ de quelques arpens elle change plusieurs fois. Ainsi ici il faut labourer profondément , plus loin il suffit de gratter la terre ; dans tel endroit, il convient de labourer avant l'hiver, dans tel autre après. Labourer n'est donc pas une opération aussi mécanique qu'on le pense communément : il faut réfléchir à la queue de sa charrue comme à la tête de sa ferme.

La construction des CHARRUES , comme on le voit à ce mot, décide presque toujours de la nature du labour. On ne peut pas faire d'aussi larges raies , approfondir autant avec un araire qu'avec les charrues à grandes oreilles et à avant-train. Il y a déjà long-temps qu'on l'a dit pour la première fois, de la charrue dépend le labourage , et cependant leur construction est très-imparfaite sous le rapport de la théorie et de la pratique. Un très-léger changement dans la forme du soc , dans celle de l'oreille , dans le point de tirage , peut diminuer de moitié la fatigue de l'attelage ou du conducteur, et augmenter du double la bonté de l'ouvrage , et on ne fait pas ce changement. On veut user sa charrue telle qu'elle est , et celle qu'on fait faire ensuite ne vaut pas mieux , et on la garde encore. *Voyez* CHARRUE.

Les deux charrues dont la construction influe de la manière la plus marquée sur le mode du labour, sont celles à oreille fixe et à oreille mobile ; mais il n'est pas généralement vrai, comme beaucoup de laboureurs le pensent, que les labours de la première soient supérieurs à ceux de la seconde , lorsque d'ailleurs elles sont semblables dans toutes leurs parties, et sur-tout, ce qui est rare dans leurs oreilles, celle de la seconde étant presque toujours très-petite, et plutôt propre à ouvrir qu'à renverser la terre.

Pour labourer avec la charrue à oreille fixe, il faut, après avoir fait un sillon, à droite par exemple, en faire un autre tout près de lui dans le sens contraire, puis revenir pour en faire un troisième à côté du premier, un quatrième à côté du second, et ainsi de suite : de sorte que quand la planche est large, il faut parcourir un certain espace à chaque tour de charrue ; ce qui fait perdre du temps.

La bonté du labour dépend beaucoup de l'habileté du laboureur. Quelque facile qu'il paraisse de conduire une charrue, c'est un talent qui ne s'acquiert que par un long exercice. Il faut un coup d'œil juste pour faire les raies droites et ne pas les hacher. Il doit savoir comment s'y prendre pour faire piquer plus ou moins, et maintenir sa charrue, afin de ne prendre toujours que la même quantité de terre, soit en profondeur, soit en largeur, etc.

Lorsqu'une charrue à avant-train rencontre une pierre ou une grosse racine, son entrure remonte, et le laboureur ne s'en aperçoit pas toujours, parce qu'il ne fait que diriger le soc ; tandis qu'avec les araires il sent d'abord, à la moindre résitance du sol, qu'il laboure moins profondément. C'est un des plus grands inconvéniens de ces sortes de charrues, mais on peut le diminuer, même le rendre nul par une attention constante.

Entrer dans tous les détails que demanderait cette seule partie de la matière que je traite exigerait un volume, tant ils sont nombreux, et tant il faudrait être minutieux pour les développer de manière à satisfaire le lecteur. Comme ce ne seront pas les laboureurs de profession qui achèteront ce livre pour apprendre à conduire la charrue, et que quelques jours de travail satisferont mieux ceux qui voudraient en avoir quelque idée que ce que je puis en dire, je ne m'étendrai pas plus au long sur ce point.

Comme la terre des localités fort en pente, du penchant des montagnes, par exemple, est toujours entraînée par les eaux pluviales, il est bon de labourer ces localités de manière à retarder cet effet, c'est-à-dire d'employer la charrue à tourne-oreille, de diriger cette oreille du côté du sommet, et de faire les sillons transversaux. Ce mode, d'une importance si majeure pour la postérité, est cependant rarement usité, par l'insouciance et l'ignorance des habitans des campagnes. *Voyez* MONTAGNE.

Les binages de la vigne devraient être dirigés dans les mêmes principes, c'est-à-dire faits en commençant par le haut, afin de

faire remonter la terre; mais je n'ai vu qu'un petit nombre de
lieux où cette attention fût en recommandation. Les vignerons
de la Côte-d'Or, de la Marne, de la Moselle, etc., aiment
mieux remonter leurs terres à la hotte, tous les deux, trois
ou six ans, que de biner ainsi. Il est vrai que ce binage est
plus pénible que celui fait en montant, puisqu'il exige une
plus grande courbure du corps; mais on peut en adoucir la
fatigue en se servant de houe à plus long manche.

Tous les champs sont bornés ou par des clôtures ou par des
propriétés étrangères. Lorsqu'on les laboure à la charrue, on
ne peut approcher suffisamment l'extrémité des sillons de ces
clôtures ou de ces propriétés, et il faut ou changer la direction
ou le mode du labour, ou perdre une portion du terrain. Cet
objet est par-tout d'une importance majeure, et sur-tout dans
les pays où les propriétés sont très-divisées.

Pour tirer parti de ces extrémités, il y a plusieurs moyens
à employer :

1°. On les laboure transversalement à la charrue, et on les
sème comme dans le reste du champ. Ce mode est principalement employé dans les grandes pièces.

2°. On les laboure à la bêche ou à la pioche, et on y plante
des pommes de terre, des haricots, et autres objets du même
genre.

3°. On les laisse en herbe, qu'on fauche pour donner en vert
aux bestiaux.

Quand un champ est entourré d'une haie, il est toujours
nécessaire de laisser une bordure tout autour, et de la cultiver à la main ou de la laisser en herbe.

Certaines personnes blâment l'usage de laisser en herbe les
bordures des champs, sous prétexte que c'est un foyer de graines
qui infecteront le champ; mais elles ne font pas attention, ces
personnes, que d'abord on doit toujours couper cette herbe
avant qu'elle donne ses graines, ensuite que les plantes qui
nuisent aux champs ne sont pas celles qui forment les prairies.

Mais, dans ces bordures comme autre part, il faut varier
les cultures d'après les principes d'un sage assolement.

Il est des cas où il est bon de laisser en friche une petite
largeur de ces bordures, et de la creuser de quelques pouces
pour en rejeter la terre sur le champ : ce sont ceux où la terre
est naturellement humide, ou ne laisse pas facilement infiltrer
les eaux des pluies. Cette bordure est alors une sorte d'Égout.
Voy. ce mot. De plus elle sert de chemin pour visiter le champ.

J'ai vu, dans beaucoup de lieux, laisser en friche pendant
l'hiver les bordures des champs qui longent les grandes routes,
et dont les productions sont par conséquent exposées à être
foulées aux pieds des hommes ou broutées par les bestiaux qui

y passent, pour les semer ou en légumes, dont la fane est peu du goût des bestiaux, ou en céréales d'une végétation rapide, comme l'orge ou l'avoine : cette pratique est très-bonne à imiter.

La ténacité des terres variant à l'infini, et se trouvant souvent augmentée par les pierres et les racines qui s'y rencontrent, les forces qu'on emploie pour labourer doivent varier également. Il est des localités qu'un ou deux chevaux attelés à la charrue peuvent labourer ; il en est d'autres où douze chevaux ou huit paires de bœufs ne sont pas de trop Je ne puis par conséquent donner de règle pour guider les cultivateurs dans ce cas ; j'observerai seulement que deux forts chevaux ou deux paires de bœufs sont le nombre le plus généralement employé, par conséquent le terme moyen.

Arthur Young se plaint qu'en Angleterre, et j'ai souvent eu occasion de le remarquer également en France, on emploie plus de force qu'il n'est nécessaire pour labourer. Sans doute il est bon, il est même très-bon de ne point surcharger de travail les animaux ; mais atteler quatre chevaux à une charrue qui pourrait être conduite avec deux, est un véritable délit, puisqu'on aurait pu utiliser fructueusement d'une autre manière le temps des deux autres. Ce sont les valets de charrue qui, pour aller plus vite, sollicitent ainsi une surabondance de force ; mais un labour trop hâté ne vaut pas celui qui est fait avec lenteur, ainsi que je l'ai déjà observé. Il y a cependant un cas où il peut être employé un plus grand nombre d'animaux qu'il n'est nécessaire, c'est lorsqu'on laboure avec des bœufs, parce que plus on en a et plus on en vend, et que quand ils travaillent trop, ils deviennent plus difficiles à engraisser. *Voyez* Bœuf.

L'égalité de force et d'ardeur dans les chevaux est une qualité très-désirable pour un attelage de charrue. Le fouet ne peut jamais suppléer aux inconvéniens qui sont la suite du manque de cette qualité. Ce n'est pas avec des saccades que le charretier peut maintenir sa charrue de manière à prendre la même raie soit en profondeur, soit en largeur, à appuyer dans les endroits difficiles, etc. Un cultivateur qui entend bien ses intérêts ne doit donc pas regarder à quelque argent de plus pour en avoir qui puissent être accouplés exactement et qui obéissent à la voix de leur conducteur. La manie des gros chevaux pour le labour a existé en Angleterre ; mais elle a disparu, parce qu'elle entraînait la ruine des laboureurs, à raison de la plus grande consommation et du moindre travail de ces chevaux. En France, il semble que c'est tout le contraire, tant on voit souvent de petits chevaux attelés en grand nombre à la même charrue. Un terme moyen, proportionné à la nature plus ou moins légère de la terre, paraît être le plus convenable.

Les chevaux s'attèlent à la charrue ou à la file l'un de l'autre, ou accouplés deux par deux ; les bœufs ne s'attèlent guère en France que de cette dernière manière. Dans le premier cas, tous les chevaux marchent dans le fond de la raie précédemment faite ; dans le second, celui de la droite marche dans cette raie, et celui de la gauche sur la partie du sol non labourée : de sorte que dans aucun, ils ne foulent la terre remuée.

Tantôt le laboureur mène seul ses chevaux ou ses bœufs ; tantôt il est accompagné d'un aide qui les dirige et les excite. Une sage économie doit faire adopter la première pratique par-tout où on ne laboure pas avec plus de trois chevaux et de quatre bœufs.

C'est ici le lieu de discuter la grande question de supériorité du cheval sur le bœuf, ou du bœuf sur le cheval dans le labourage.

Par sa masse, sa force, l'égalité de ses mouvemens ; par le peu de dépense de sa nourriture et de son attelage, le peu de maladies auxquelles il est exposé ; par sa grande valeur lorsqu'il est engraissé, le bœuf est certainement préférable au cheval pour le labour ; mais la lenteur de sa marche, dans tous les pays où l'on compte l'emploi du temps pour ce qu'il vaut, contre-balance tous ces avantages. Aussi ne peut-il pas entrer en concurrence avec le cheval dans les pays de grande culture, où il faut faire beaucoup de labour en peu de temps, et est-il confiné dans ceux où chaque ferme n'est composée que de la quantité de terre qu'un homme peut cultiver sans autre aide que celle de ses enfans. Le bœuf est aujourd'hui presque généralement relégué dans les montagnes, quoique par sa nature il soit un animal des plaines grasses et humides, des bords des grands fleuves. Si le profit qu'on retire de son engrais a déterminé quelques localités de plaine à le conserver, on ne l'y emploie au labour ou au charroi que dans le but de lui faire prendre un exercice utile à sa santé, et on l'engraisse, comme en Normandie, aussitôt qu'il est parvenu à toute sa croissance. *Voyez* ENGRAIS.

Un laboureur exercé, conduisant un bon attelage de deux bœufs, retourne un quart d'arpent par jour de terre de moyenne consistance.

Dans les terres de bonne qualité des environs de Paris, on ne laboure avec deux chevaux, terme moyen, soit pour la longueur des jours, la force des chevaux, et la ténacité de la terre, qu'un peu moins d'un arpent par jour (80 perches).

Dans les parties méridionales de l'Europe, on préfère le mulet pour les labours, dans tous les lieux où le bœuf n'est pas employé, parce qu'il supporte plus aisément les fatigues et se nourrit à moins de frais.

Ce n'est que dans les pays les plus pauvres qu'on attèle l'âne ou la vache à la charrue, encore faut-il que le terrain soit léger.

On a à différentes reprises proposé des machines pour labourer sans le secours des animaux ; mais aucune n'a survécu à la première expérience qu'elle a faite. Tant d'élémens entrent dans l'usage d'une charrue, et ces élémens changent si fréquemment dans le cours d'une journée de travail, qu'il sera probablement toujours impossible de la faire mouvoir utilement par un moyen mécanique.

Le plus excellent moyen de rendre meubles les terres fortes, c'est, après les avoir labourées à la charrue, de les labourer de nouveau avec une HOUE A CHEVAL (*voy.* ce mot), armée d'un grand nombre de socs. Une planche de jardin n'est pas mieux travaillée qu'un champ ainsi traité. Un cultivateur ne devrait jamais manquer à cette opération, qui n'est guère plus coûteuse qu'un hersage ou un roulage.

Je reviens sur quelques-uns des objets dont il vient d'être question, pour les développer davantage.

Les labours, en ouvrant la surface du sol, favorisent l'évaporation de l'humidité intérieure de la terre : de cette observation, il faut conclure : 1°. que les terres sèches et les légères doivent être moins fréquemment labourées que les humides et les fortes; 2°. que les labours d'été peuvent souvent devenir nuisibles dans les premières de ces terres et dans les pays chands; 3°. qu'il ne faut pas labourer les vignes pendant les dernières gelées du printemps ni pendant la floraison. *Voyez* HUMIDITÉ, SÉCHERESSE et VIGNE.

Les labours d'été sont d'autant plus nuisibles que les terres sont plus légères et le climat plus chaud, parce qu'alors l'évaporation de l'humidité et des gaz est plus abondante.

Les anciens connaissaient les inconvéniens des labours d'été, car on lit, dans les *Géoponiques*, qu'il faut que *ceux de la vigne faits en juillet soient superficiels*, *pour que le soleil ne pénètre pas trop avant*.

Les partisans des labours d'automne sont plus nombreux en France que ceux des labours du printemps. Il paraît, par les écrits d'Arthur Young, qu'il n'en est pas de même en Angleterre : ce célèbre agriculteur s'élève constamment contre eux, et ce par la conviction que son expérience lui a donnée de leurs effets nuisibles sur le produit des récoltes. Ne pourrait-on pas croire qu'ils sont avantageux sur les terres argileuses et nuisibles sur les légères.

Dans les terres qui sont susceptibles d'absorber une grande quantité d'eau et de la retenir pendant long-temps, telles que les GLAISEUSES, les GACHEUSES, les labours avant et pendant l'hiver, lors même qu'ils sont possibles, deviennent le plus souvent nuisibles, en ce qu'ils favorisent l'absorption de ces eaux. C'est donc au printemps, lorsque les pluies deviennent moins abondantes et plus rares, qu'il faut les labourer, ce qui exclut de leur assolement les blés d'automne et plusieurs plantes dont la végétation demande plus d'un été pour donner leur récolte. Il est de ces terres où, dit-on, les hommes et les animaux s'enfoncent au point de courir risque de la vie, si on ne leur porte pas secours. (B).

LABOUR ENTRE JAMBES. Expression usitée dans le vignoble d'Orléans, et qui exprime la manière de labourer les vignes, en se plaçant au milieu d'une POUÉE, en piochant directement devant soi, et en rejetant la terre entre ses jambes.

Dans l'autre manière, le vigneron se place de côté, et tire la terre de la POUÉE pour la répandre dans l'ORNE. *Voyez* ces mots et le mot VIGNE. (B.)

LABOUR A LA PELLE. On appelle ainsi, dans les Pyrénées, les labours à la pioche qu'on relève avec une pelle. C'est un véritable DÉFONCEMENT, mais moins profond, et par conséquent une excellente opération, qui n'a contre elle que la dépense qu'elle nécessite. (B.)

LABOUR RETOMBÉ. Les cultivateurs des environs de Paris, qui sèment sous raies, indiquent par cette expression que le labour a été trop approfondi; ce qui nuit à la germination du blé. *Voyez* SEMER SOUS RAIE. (B.)

LABOUREUR. Ce mot se prend dans deux acceptions : tantôt c'est le CULTIVATEUR (*voyez* ce mot) qui travaille par lui-même, tantôt c'est l'homme, quel qu'il soit, maître ou valet, qui tient le manche de la charrue.

Conduire une charrue paraît une action bien facile; cependant sur vingt laboureurs il s'en trouve à peine un excellent et deux passables. Il faut pour bien labourer, sur-tout avec l'ARAIRE, et de la force, et de l'intelligence, et de l'habitude non-seulement de sa terre, mais encore de sa charrue : tel est habile chez lui, et qui cesse de l'être en quittant son canton, en changeant de charrue.

Les laboureurs sont certainement les premiers soutiens de la société; mais quelle que soit la considération qu'ils méritent, il ne faut pas croire qu'il n'y ait de bonne agriculture que celle qui est faite par eux. Je fais cette remarque, parce qu'il est commun d'entendre dire que l'expérience est tout en agriculture, et que celui qui n'a pas manié la charrue, quelque savant qu'il soit en théorie, ne peut être utile aux progrès de l'art. Qu'ils causent donc ces détracteurs de la science avec les laboureurs, et qu'ils se jugent ensuite eux-mêmes. En effet, un homme qui a travaillé toute sa vie depuis le matin jusqu'au soir au même objet peut sans doute acquérir le talent de bien faire cet objet; mais il ne saura presque jamais rendre compte des motifs les plus simples d'après lesquels il agit. Il sera à cet égard fort en arrière d'un esprit accoutumé à réfléchir, qui l'aura vu opérer pendant une heure. Pour perfectionner un métier comme pour perfectionner une science il faut savoir méditer : or, pour méditer, il faut du loisir, et le laboureur n'en a pas. D'ailleurs il a toujours vécu avec des personnes de son état, à peine a-t-il appris à lire et à écrire; il ne possède aucun livre, et croit fermement que la routine qui lui a été transmise par son père est le dernier degré de la perfection.

C'est donc plutôt de la part des agriculteurs que de la part des laboureurs qu'on peut espérer des observations nouvelles, et des essais utiles sur l'agriculture, et en effet eux seuls et les savans de profession ont écrit sur l'art agricole. Sans doute quelques laboureurs s'élèvent de temps en temps au-dessus des autres; mais ce qu'ils font pour le progrès de leur art meurt avec eux, ou reste renfermé dans le territoire de leur commune. Je suis plus en état que bien d'autres de leur rendre cette justice; car j'ai toujours cherché à m'instruire dans leur conversation, et bien des articles de cet ouvrage leur devront toute leur importance; mais il faut savoir les interroger et avoir déjà un grand fonds de connaissances pour tirer parti de leurs réponses.

Combien de fois j'ai désiré voir et plus d'aisance et plus de lumières parmi eux! (B)

LABYRINTHE. On donne ce nom à un assemblage d'allées très-rapprochées, très-tortueuses, même très-contournées, et tellement disposées les unes à l'égard des autres, que quand on s'y est engagé, il est très-difficile de retrouver celle qui aboutit au dehors, et qu'on emploie souvent des heures entières pour arriver à une distance de quelques toises.

Nos pères estimaient beaucoup les labyrinthes, tous les jardins des vieux châteaux en contiennent encore; mais le bon goût les a proscrits des modernes. Aujourd'hui on veut un but raisonnable, au moins en apparence; et perdre du temps à se fatiguer pour tourner autour d'un point, n'en peut être un pour qui sait jouir.

On construisait généralement les labyrinthes avec des charmilles de 5 à 6 pieds de hauteur ou moins; on y réservait de distance en distance des points de repos; on les ornait quelquefois de berceaux, de pavillons, de jets d'eau, etc., tous objets qui n'en couvraient pas la monotonie. Leur entretien était le même que celui des allées et des charmilles du reste du jardin.

Je ne crois pas devoir m'étendre plus au long sur cet objet, puisque ce serait sans utilité. (B.)

LAC. Grand amas d'eau douce ou salée, existant dans l'intérieur des terres, le plus souvent au milieu des hautes chaînes de montagnes.

Quoique les lacs n'intéressent qu'indirectement les cultivateurs, il convient à la série des bases de cet ouvrage que j'en dise un mot.

Les étangs diffèrent des lacs, parce qu'ils sont le produit de l'industrie humaine ; cependant beaucoup de petits lacs portent le nom d'Étang. *Voyez* ce mot.

Il n'y a pas beaucoup de lacs en France , mais ils y étaient aussi communs autrefois qu'ils le sont encore dans le nord de l'Europe. Presque toutes les grandes rivières en ont formé plusieurs : le sol de Paris en a été un ; Lyon est situé au déchargeoir d'un autre. J'ai observé dans les Alpes plus de vingt localités où il y en a eu dans des temps peu reculés. Les lacs actuels de ces dernières montagnes, et sans doute tous ceux du monde, diminuent chaque jour, par suite de l'approfondissement de leur déchargeoir et par le comblement de leur lit. Le lac Majeur commençait jadis à Bellinzona , et en ce moment il commence une lieue plus bas.

Si on en juge par les cartes publiées par les Russes, les lacs Aral , Baïkal , et la mer Caspienne, étaient autrefois bien plus étendus qu'aujourd'hui. Le premier, par exemple , se prolongeait du côté du midi bien au-delà de Chiwa , c'est-à-dire de plus de 5o lieues, avant que les dépôts apportés par les rivières l'eussent comblé.

La plupart des lacs existent depuis la formation des montagnes primitives, l'inspection de ceux des Alpes que j'ai visités me l'a prouvé d'une manière positive. Cependant plusieurs doivent leur naissance à des éboulemens de montagnes, à des irruptions volcaniques qui ont fermé l'ouverture des vallées , et quelques-uns tirent leur existence des affaissemens du sol.

Il est des lacs dans lesquels entre et d'où sort une rivière ; il en est d'où sort une rivière sans qu'il en entre , d'autres qui en reçoivent sans qu'il en sorte, d'autres enfin dans lesquels il n'en entre ni n'en sort.

Presque tous les grands lacs renferment des espèces de poissons qui leur sont particuliers. Ainsi les lacs de Genève et de Neufchâtel offrent aux gourmets l'excellent ombre-chevalier, *salmo umbla*, Lin. , qu'on ne connaît pas autre part ; ainsi j'ai vu pêcher dans les lacs de Garda , de Côme et Majeur, en immense quantité , la *sardine* des lacs, le *cyprinus agone* de Scopoli , et deux autres espèces de cyprins qu'on ne connaît dans nul autre. Mais les poissons des lacs sont encore à étudier.

La France, comme je l'ai déjà observé, est fort peu abondante en lacs. Il n'y en a point d'une étendue considérable ;

tous ceux qu'on trouve dans le département de la Meurthe et autres ressemblent à de grands étangs, et appartiennent à des particuliers.

L'aspect de la plupart des lacs est extrêmement romantique. Jamais je n'oublierai les impressions qu'ont fait naître en moi ceux des Alpes italiennes et de la Suisse allemande, sur la surface ou sur les bords desquels j'ai voyagé. On a donc dû désirer en introduire l'image dans les jardins paysagers, en y construisant des étangs d'une forme irrégulière, entourés de quelques monticules, de quelques rochers, de quelques groupes d'arbres, etc. Il est donc des lacs de quelques toises de diamètre, même dirai-je de quelques pieds. Ces lacs, quelque ridicules qu'ils soient lorsqu'on les compare à ceux de la Suisse, n'en ont pas moins beaucoup d'agrément quand la nature du site s'y prête, et quand les objets qui les accompagnent sont disposés avec goût. Je dirai qu'une grande simplicité d'intention et une manière large de dessin est ce qui convient le plus généralement ; mais je n'entrerai pas dans le détail de toutes les formes, de tous les accompagnemens dont ces lacs en miniature sont susceptibles, les localités en décidant presque toujours. Des eaux pures sont d'abord ce qui plaît le plus, ensuite des gazons frais. Quelques rochers groupés à l'endroit où les eaux tombent dans le lac font toujours un bon effet ; il est souvent avantageux pour l'ensemble qu'on ne voie pas l'endroit d'où elles sortent. Comme je l'ai dit plus haut, des groupes d'arbres habilement ménagés à une plus ou moins grande distance des bords ; des saules pleureurs et des buissons d'arbustes immédiatement sur les bords ; des touffes de grandes plantes aquatiques dans l'eau même ; quelques pieds de nénufar, de méniante placés çà et là, complètent l'imitation. Je n'oubie pas les poissons. Un ou deux couples d'oiseaux nageurs jettent encore plus de vie ; mais il faut repousser ceux qui, comme les cygnes et les oies, vivent de graines ou de feuilles, parce qu'ils nuisent à la beauté des gazons. Il m'a toujours paru que ceux de ces oiseaux qui sont d'un naturel sauvage, comme les sarcelles, les plongeons, les foulques, les grèbes, les harles, qui se cachent dès que quelqu'un paraît, faisaient plus de plaisir aux promeneurs que ceux qui, comme les canards, restent au milieu de l'eau : souvent il suffit de ne pas tourmenter une couvée de ces oiseaux, pour qu'ils s'établissent à demeure sur un de ces lacs. (B.)

LAC ou **LACET.** *Voyez* Collet.

LACHUGUE. Nom de la laitue dans le département de Lot-et-Garonne.

LACRYMALE. *Voyez* Fistule.

LACUNES. Vides qui se remarquent dans l'intérieur du tissu cellulaire des plantes. Les unes paraissent régulières et régulièrement disposées, et alors elles peuvent être regardées comme des cavités plus grandes du tissu cellulaire; les autres sont irrégulières, et semblent produites par le déchirement accidentel de plusieurs vaisseaux. *Voyez* Plante.

Il semble qu'il y ait des circonstances qui rendent ces dernières plus abondantes à certaines époques et dans certaines localités. Souvent dans les plantes qui ont des sucs propres, ces sucs s'y déposent et forment des espèces de nœuds. J'ai vu des pins qui offraient ce phénomène d'une manière indubitable. *Voyez* au mot Tissu cellulaire.

Les lacunes ne sont jamais dans le cas d'être prises en considération par le cultivateur praticien. (B.)

LADRERIE. Maladie des cochons, qui n'est indiquée, dans ses commencemens, par aucun symptôme extérieur, et qu'on reconnaît, lorsqu'elle est arrivée à un certain période, à leur tristesse, au changement de couleur de leurs yeux, à la lenteur de leurs mouvemens, à l'épuisement de leurs forces, et enfin à la chute de leurs soies, dont le bulbe devient sanguinolent. Peu après l'invasion de ce dernier symptôme, l'animal qui en est attaqué meurt.

Cependant on peut reconnaître, dès les premiers temps de la maladie, qu'un cochon est ladre, en examinant le dessous de sa langue, qui, dans ce cas, offre des tubercules blancs plus ou moins nombreux.

Ces tubercules sont les parois extérieures des sacs d'une espèce particulière d'hydatide, observée seulement dans ces derniers temps par Verner, et qu'il a appelée Hydatide du cochon, *hydatis finna.* (*Voyez* ce mot.) C'est ce singulier animal qui cause seul la ladrerie du cochon, comme je l'ai vérifié avec Broussonnet, à l'Ecole vétérinaire d'Alfort, à l'époque où l'ouvrage de Verner fut publié, c'est-à-dire il y a plus de trente ans. Les autres hydatides sont fixées seulement à un viscère particulier, et par conséquent dans des cavités; mais celle du cochon se trouve non-seulement sur tous les viscères et dans toutes les cavités, mais dans la graisse, le lard, dans l'intervalle des muscles, enfin par-tout où il y a une disjonction quelconque, ainsi qu'un des cochons ladres, gardé par Broussonnet jusqu'à sa mort naturelle, nous l'a fait voir. Ces animaux se touchaient presque dans ce cochon aux endroits précités. Dire comment les hydatides se multiplient, et surtout pénètrent dans le corps de ces animaux, dans toutes les parties qui offrent du tissu cellulaire, est chose impossible dans l'état actuel de la science. Les différens systèmes qui ont été publiés pour l'expliquer ne peuvent satisfaire aux résultats

de l'observation ; il faut attendre que le hasard nous fournisse
des faits propres à nous mettre sur la voie.

On dit que ce sont les départemens du nord-ouest qui fournissent le plus de cochons ladres aux marchés de Paris. A quoi
tient ce fait ? je l'ignore.

L'objet que les cultivateurs ont le plus intérêt de constater
est de savoir si cette maladie est contagieuse. Plusieurs motifs
portent à le croire, et, dans l'incertitude, il est prudent d'agir
comme s'il était prouvé qu'elle le soit : en conséquence, on
doit isoler tous les cochons qui, par l'inspection du dessous de
leur langue, indiqueront qu'ils en sont affectés.

Lorsque les hydatides sont peu nombreuses dans un cochon,
elles n'influent point sur sa santé, il faut qu'il y en ait déjà
beaucoup pour qu'il s'en montre sous la langue. Chaque jour,
elles augmentent en quantité, absorbent la lymphe, ôtent aux
chairs l'aliment qui leur est nécessaire, et déterminent enfin,
lorsqu'elles sont devenues excessives, l'espèce de gangrène
sèche qui cause la mort de l'individu.

On a indiqué un grand nombre de remèdes contre la ladrerie ; mais aucun n'a réussi ni ne pouvait réussir, d'après ce
que je viens d'observer. La propreté, si à désirer dans toute
éducation d'animaux, n'a aucune influence pour l'empêcher de
naître, ni pour la guérir, puisque des fœtus en ont montré, et
qu'il n'est pas vrai que les sangliers en soient exempts. D'ailleurs, l'analogie vient dans ce cas à l'appui de l'expérience,
puisqu'on ne peut pas dire que les dauphins, qui parcourent
continuellement les mers, soient sales, et je les ai cependant
trouvés excessivement pourvus d'une espèce très - voisine de
celle dont il est ici question, espèce que j'ai le premier décrite
et figurée dans la partie des vers du Petit Buffon, et dans le
nouveau Dictionnaire d'histoire naturelle imprimé chez Dé-
terville.

Le seul moyen à employer pour diminuer les pertes que peut
occasionner la ladrerie, c'est de tuer les cochons qui en sont
atteints aussitôt qu'on s'aperçoit de leur présence. Leur chair,
comme j'ai pu en juger personnellement, est molle et fade ;
mais son usage ne produit aucun effet nuisible sur ceux qui en
mangent, sur-tout lorsque la maladie n'est pas arrivée à son
dernier degré.

De tout temps la vente des cochons ladres a été défendue par
des réglemens de police. On avait même créé sous Louis XIV
des charges sous le nom de conseillers du roi, jurés langueyeurs
de porcs, dont les fonctions étaient de s'assurer si les cochons
amenés au marché n'en étaient pas atteints. Ces réglemens sont
sages et doivent être maintenus, non pas à cause du danger de
l'usage de leur chair, mais parce que cette chair étant de qua-

lité inférieure, c'est un délit que de la vendre comme bonne à ceux qui ne savent pas la reconnaître.

Il est impossible de manger du lard où il y a des hydatides sans s'en apercevoir, parce que ces hydatides sont plus dures que le reste, et croquent sous la dent. (B.)

LAICHE, *Carex*. Genre de plantes de la monoécie triandrie, et de la famille des cypéroïdes, qui renferme un grand nombre d'espèces (plus de cent), dont beaucoup, par leur abondance et par l'influence qu'elles ont sur le foin des prairies naturelles, intéressent spécialement les cultivateurs.

On trouve des laiches dans toutes les natures de terrain; mais c'est dans les marais que croissent le plus grand nombre. Quelques espèces ne parviennent pas à plus d'un pouce de hauteur, tandis que d'autres s'élèvent à plus de 2 pieds. Toutes sont vivaces, et la plupart forment des touffes remarquables par leur densité. Leurs tiges sont presque toujours triangulaires; leurs feuilles longues, engaînantes et ordinairement canaliculées, sont bordées de dents imperceptibles qui les rendent coupantes lorsqu'on les fait glisser dans la main, d'où le nom d'*herbes coupantes* qu'elles portent vulgairement dans quelques endroits; souvent elles produisent le même effet sur le palais des bestiaux. Les vaches les mangent volontiers, et en recherchent même quelques espèces; mais les chevaux n'y touchent que lorsqu'ils sont pressés par la faim, ou qu'ils y sont accoutumés, et elles sont nuisibles pour les moutons. En général, le fourrage qu'elles fournissent est peu nourrissant, peu savoureux et très-dur, sur-tout quand elles ont passé fleur, et encore plus quand elles sont sèches : aussi, dans les lieux où elles dominent, dans les marais inondés, ne les coupe-t-on que pour servir de litière et augmenter la masse des fumiers; aussi par-tout où les cultivateurs sont éclairés, ne permettent-ils pas qu'elles se multiplient dans leurs prairies basses, et les arrachent soit à la pioche, soit à la charrue.

Mais si, sous quelques rapports particuliers, les laiches sont nuisibles à l'agriculture, elles lui sont souvent utiles sous d'autres. Ainsi leurs racines traçantes, fibreuses et entrelacées, fixent les sables contre l'action des vents, les terres du bord des rivières contre l'action des eaux. Elles sont un des puissans moyens que la nature emploie pour former la tourbe et pour exhausser le sol des marais, soit par la décomposition de ces mêmes racines, soit par celles des feuilles qui subsistent sèches, sur-tout dans l'eau, pendant plusieurs années. Qui n'a pas vu dans les grands marais ces touffes de laiches d'un pied de diamètre et plus, qui s'élèvent au-dessus de l'eau, et servent au botaniste ou au chasseur pour les parcourir en sautant de l'une à l'autre?

On divise les laiches d'après la disposition des épis.

La première division comprend celles qui ont un seul épi. Il faut y remarquer comme plus commune :

La LAICHE DIOIQUE, qui est dioïque et a les tiges hautes d'un pied. Elle croît abondamment dans les prés tourbeux, et fournit un très-mauvais pâturage, que les bestiaux ne mangent qu'au printemps.

La LAICHE PULICAIRE, qui a les fleurs mâles au sommet et les fleurs femelles à la base de l'épi : elle s'élève autant que la précédente, et croît dans les mêmes lieux.

La seconde division réunit les laiches qui ont plusieurs épis mâles au sommet.

La LAICHE DES SABLES, qui a les épis inférieurs écartés et accompagnés d'une longue feuille bractéiforme. Elle croît dans les sables des bords de la mer, qu'elle fixe au moyen de ses longues racines ; sa hauteur est quelquefois de plus d'un pied. On emploie sa racine en médecine comme sudorifique.

La LAICHE JAUNATRE, *Carex vulpina*, Lin., qui a de nombreux épis dont les inférieurs sont écartés ; tous sont ovales et mâles au sommet seulement. Sa hauteur est souvent de 2 pieds et plus. Elle croît abondamment dans les marais, sur le bord des petites rivières et des fossés ; c'est une de celles qui contribuent le plus à élever le sol et à empêcher l'action destructive des eaux courantes : il peut être souvent utile d'en semer ou planter pour ce dernier usage. Elle a un aspect assez agréable lorsqu'elle est en fleur et en fruit, pour n'être pas déplacée sur le bord des rivières ou des lacs des jardins paysagers. La base de ses jeunes tiges peut être mangée en salade ; c'est encore une de celles qu'on fauche le plus fréquemment pour faire de la litière. On pourrait employer avantageusement le fumier qui en provient, ainsi que celui de toutes les autres espèces de laiches, dans les terres argileuses et humides, parce que sa lente décomposition le ferait, d'un côté, agir mécaniquement en soulevant la terre, tandis qu'il agirait comme engrais de l'autre.

La LAICHE OVALE et la LAICHE A DEUX RANGÉES, confondues par les botanistes sous le nom de *carex leporina*, croissent dans les mêmes lieux et ont les mêmes avantages que la précédente, dont elles diffèrent peu.

La LAICHE PRÉCOCE de Schreber, qui est le *carex curvula* de Lamarck, a les épis roux et les capsules dentelées sur leurs bords. Elle s'élève à environ un pied, croît dans les bois sablonneux, et fleurit au premier printemps. Les bestiaux la recherchent beaucoup, et elle est pour eux une ressource à une époque où il y a encore peu d'herbes nouvelles.

TOME IX.

Parmi les laiches qui ont plusieurs épis unisexuels, se trouvent,

La LAICHE EN GAZON. Elle a les épis droits, ternés, presque sessiles, les mâles terminaux. Elle croît dans les marais tourbeux et s'élève d'un pied. Les vaches la recherchent de préférence à plusieurs autres, sur-tout quand elle est jeune, et tous les autres bestiaux la mangent aussi.

La LAICHE GLAUQUE a les épis peu nombreux et la capsule cotonneuse. Elle est commune dans les prés humides, et se reconnaît de loin à la couleur blanchâtre de ses feuilles. Sa hauteur est d'un à 2 pieds.

La LAICHE HÉRISSÉE a deux épis mâles et trois femelles, ces derniers écartés des autres. Toutes ses parties sont couvertes de poils. Elle est commune dans les lieux humides, et s'y élève à un ou 2 pieds. Il ne paraît pas que les bestiaux mangent volontiers.

La LAICHE JAUNE, *Carex flava*, Lin., a les épis mâles linéaires, et les femelles ovales, réunis en tête et presque sessiles; ses capsules sont aiguës et jaunâtres. Elle croît dans les bois humides, sur le bord des fossés, et s'élève à 2 ou 3 pieds.

La LAICHE LIMONNEUSE a les épis mâles allongés et droits, et les femelles ovales et pendans. Elle croît dans les marais tourbeux, et est une de celles qui contribuent le plus à les changer en prairie par l'élévation de leur sol, ses racines étant traçantes et très-nombreuses.

La LAICHE PANIC a les épis mâles droits et écartés, les femelles linéaires, les capsules renflées. Elle croît très-abondamment dans les marais, et elle s'élève à plus d'un pied. Les vaches l'aiment beaucoup.

La LAICHE A FEUILLES DE SOUCHET a les épis pendans, géminés, excepté un seul, qui est mâle. Ses capsules sont recourbées à leur pointe. Elle s'élève à 2 ou 3 pieds, et croît dans les bois marécageux, sur le bord des ruisseaux. Les vaches la recherchent extrêmement. Elle est propre à orner les pièces d'eau des jardins paysagers.

La LAICHE DES MARAIS a les épis mâles bruns et les épis femelles sessiles, les capsules ovales et mucronées. Elle croît dans les marais, dont elle concourt à élever le sol par ses racines nombreuses et traçantes. Sa hauteur est de 3 ou 4 pieds.

La LAICHE DES RIVES diffère peu de la précédente et se trouve dans les mêmes lieux et sur le bord des fossés et des petites rivières, dont elle empêche l'eau de dégrader les bords. (B.)

LAICHE. On appelle ainsi les LOMBRICS ou *vers de terre* dans certains cantons. *Voyez* le premier de ces mots.

LAINE. *Voyez* MOUTON.

LAIS. Jeune baliveau de l'âge du bois qu'on abat. (*Voyez* Forêt.) Ce mot n'est pas connu hors de la langue forestière.

LAISSE DE MER. Terrains que les eaux de la mer ont abandonnés, ou, mieux, puisque c'est le cas le plus ordinaire en Europe, terrains formés sur les bords de la mer par les atterrissemens des rivières ou par les courans.

Le mouvement diurne de la terre d'occident en orient détermine une action des eaux de la mer en sens contraire, de sorte que toutes les côtes ouest de l'Amérique sont abandonnées, et toutes celles de l'Europe et de l'Afrique sont rongées et diminuées par elles. Il suffit d'avoir examiné les côtes de la Normandie, de la Bretagne, de l'Espagne, et de les avoir comparées à celles des Etats-Unis de l'Amérique, comme j'ai été dans dans le cas de le faire, pour en être convaincu. Les côtes ouest de l'Amérique, au rapport de tous les navigateurs, sont si escarpées, qu'on y trouve difficilement des plages, et la mer y est si profonde, qu'on peut le plus souvent y débarquer directement d'un gros vaisseau au moyen d'une planche. Celles de l'Asie, à l'est, au contraire sont plates comme celles de l'Amérique, et les marées en découvrent le fond dans un espace de plusieurs lieues. *Voyez* le *Voyage de la Peyrouse.*

Toute la basse Caroline que j'ai vésitée, et les contrées analogues, telles que les côtes de la Virginie et de la Géorgie, sont évidemment, à mes yeux, des laisses de la mer dans une largeur moyenne de 12 à 15 lieues de la côte, et probablement les collines de cailloux non roulés qui sont à la suite, en recouvrent encore autant. Les côtes actuelles sont presque partout précédées par des îles basses que les hautes marées recouvrent, et qui sont destinées, dans quelques siècles, à faire partie du continent, excepté à l'embouchure des rivières, où il y a des passes produites par le courant de ces rivières. Ainsi il n'est pas possible aux vaisseaux, quelque petits qu'ils soient, d'aborder sur le continent.

Là donc on peut dire que les laisses de la mer sont de véritables laisses.

En France, comme je l'ai annoncé plus haut, il n'y a pas de laisses de mer de cette sorte : toutes sont ou des atterrissemens formés par les courans ou par les dépôts des fleuves. Les plus considérables sont celles qui s'étendent de Flessingue à Dunkerque, de Nantes à Marennes, de Bordeaux à Baïonne, et d'Arles à Narbonne ; et il est prouvé qu'elles doivent leur origine au Rhin, à la Loire, à la Garonne et au Rhône. Si la Seine n'en fournit pas de semblables, c'est parce qu'elle ne roule presque que des cailloux calcaires, et que son cours est fort lent, à raison de ses grandes et nombreuses sinuosités, et qu'elle dépose dans sa course les terres qu'elle charriait. Au reste, on

en trouve à l'embouchure de presque toutes les rivières, telles
petites qu'elles soient ; mais elles sont proportionnées à leur
grandeur, c'est-à-dire peu étendues.

Par la loi, les laisses de la mer appartiennent au public, et
le gouvernement les aliène à des particuliers ; quelquefois
cependant les propriétaires riverains s'en emparent à mesure
qu'elles se forment. Les unes sont uniquement formées de galets ou de sable, d'autres ou de galets ou de sable et de vase.
Toutes peuvent être cultivées avec plus ou moins de facilité,
selon les localités ; mais cette culture est scabreuse, parce que
la mer, dans ses grandes marées, sur-tout lorsque le vent souffle
dans la même direction, les recouvre quelquefois, et détruit
en quelques instans, pour plusieurs années, même pour plus
d'un siècle, les résultats des plus grandes dépenses et des plus
longs travaux : c'est pourquoi beaucoup sont abandonnées à
la pâture. *Voyez* POLDERS.

Les laisses modernes de mer peuvent presque toujours être
employées à la culture des SOUDES, des TAMARIX (*voyez* ces
mots) et autres plantes marines propres à donner de l'alcali mi-
néral par leur incinération. On doit reprocher aux habitans des
bords de la mer leur insouciance à cet égard ; car cette culture,
quelque avantageuse qu'elle soit, est très-peu usitée en France.
On peut aussi y semer des plantes vivaces et des arbustes propres
à la nourriture des bestiaux, sur-tout des moutons, dont la
chair s'améliore par l'usage des herbes salées.

Mais quelque genre de culture qu'on adopte, il est deux
opérations préliminaires importantes à faire. La première est
d'établir une digue susceptible de garantir le terrain des grandes
marées : elle est toujours très-coûteuse, et souvent difficile
(*voyez* au mot DIGUE); la seconde, c'est de former des abris
artificiels ou naturels contre les vents, toujours si dangereux, de
la mer. *Voyez* au mot ABRI.

Les laisses de mer sont quelquefois composées de sable si fin
que, lorsqu'elles ne sont pas mouillées, les vents les changent
perpétuellement de place, et déchaussent par conséquent le
pied de toutes les plantes qu'on veut y cultiver. Les abris ci-
dessus cités sont un bon moyen de les défendre contre cet inconvénient ; mais on ne peut pas toujours l'employer, soit à
raison de la dépense, soit parce qu'eux-mêmes sont entraînés
par les vents. Alors on n'a d'autre ressource que de semer
des plantes qui, par leur nature, sont propres à croître dans
les sables, et à les fixer par l'entrelacement de leurs nombreuses racines : tels sont l'ÉLYME DES SABLES, le ROSEAU
DES SABLES, le SAULE DES SABLES, etc. *Voyez* au mot DUNE.

Il est des localités où, au lieu de tendre à élever les laisses
de la mer pour pouvoir les cultiver, on trouve de l'avantage

à les creuser, soit pour les transformer en marais salans, c'est-à-dire en étangs peu profonds, propres à faire évaporer l'eau de la mer pour en retirer le sel de cuisine, soit pour en faire des réservoirs destinés à conserver le poisson de mer, ou à nourrir des huîtres, des moules et autres coquillages. (B.)

LAISSES, LAYES, LAYÈRES, LEZIERS, etc. Traces des arpentages des bois, et séparation des ventes en usances. (DE PER.)

LAIT. Entre les boissons alimentaires les plus anciennement accréditées, le lait doit, sans contredit, occuper une des premières places, et quoiqu'il semble n'avoir été préparé qu'en faveur des nouveau-nés, ce fluide sert cependant beaucoup aussi aux adultes : en effet, nous voyons l'homme de tous les âges et dans les différentes époques de la vie l'admettre au nombre des objets devenus pour lui de première nécessité, l'employer comme aliment et comme médicament, en faire d'utiles applications à des arts économiques. *Voyez* CRÈME, BEURRE et FROMAGE.

Qu'on ne soit donc plus étonné si, dans ces derniers temps, on a cherché les moyens qui pouvaient concourir à rendre la nature du lait plus parfaite et sa quantité plus considérable, en soignant davantage les femelles qui fabriquent cette liqueur agréable et salutaire, en leur administrant les meilleurs fourrages, et sur-tout en écartant d'elles toutes les causes qui peuvent nuire directement ou indirectement à leur santé, à leur vigueur, et accélérer leur dégénérescence.

Quelles que soient la nature du lait et l'espèce de femelle d'où il provient, il est toujours composé de quatre parties bien distinctes ; savoir,

Le beurre ;

Le caillé, ou matière caseuse ;

Le sérum, ou petit-lait ;

Le sucre, ou sel essentiel de lait.

Rien de plus variable que l'état et la proportion où se trouvent ces parties constituantes. Il serait trop long de réunir ici toutes les causes capables d'apporter au lait des modifications qui, sans toucher à ses caractères spécifiques, peuvent augmenter ou affaiblir sa qualité. Il n'est pas aussi commun qu'on le pense de trouver, toutes choses égales d'ailleurs, des femelles qui le donnent constamment bon, et dont les principes soient parvenus au même degré d'appropriation.

Commerce du lait. Le lait en nature est d'un débit assez considérable dans une grande commune, sur-tout depuis l'époque où l'usage du café et du chocolat a été introduit en Europe, et que leurs préparations sont devenues en France le déjeuner favori des deux sexes de tout âge et de tout état ; mais son prix, dans le commerce, varie à raison de la saison, de la valeur des fourrages et des denrées coloniales.

L'intérêt des nourrisseurs de vaches, dans les environs de Paris, est de ne point économiser sur la nourriture pendant l'hiver, afin d'obtenir beaucoup de crême et peu de lait, vu que ce dernier est, dans le commerce, d'une valeur beaucoup moindre que le premier.

Le meilleur lait n'est ni trop clair ni trop épais; il doit être d'un blanc mat, d'une saveur douce et agréable; sa perfection d'ailleurs n'est décidée que quand la femelle a atteint l'âge convenable: trop jeune, elle fournit un lait séreux; trop vieille, il est sec et se ressent de la décrépitude de l'animal. Celui qui provient d'une vache en chaleur, ou qui a mis bas depuis peu de temps, est inférieur en qualité. On a encore remarqué qu'il fallait qu'elle ait eu trois portées pour que l'organe mammaire fût en état de préparer le plus excellent lait, et continuât de le fournir tel jusqu'au moment où la femelle, passant à la graisse, la lactation diminue et cesse entièrement. Cependant ces règles ne sont pas tellement générales, qu'elles ne soient soumises à quelques exceptions : on est à-peu-près certain que le lait du quatrième jour qui suit le part peut entrer dans le commerce, mais qu'il n'est véritablement riche en crême que le troisième mois (1); qu'en été, le lait est sa-

---

(1) M. Boysson, dans un très-bon mémoire sur le fromage du Cantal, inséré tome 42 des *Annales d'Agriculture*, dit avoir trouvé que chaque livre de lait de la même vache donnait en beurre, après l'accouchement; savoir, 3 gros 48 grains, à deux mois; 4 gros 64 grains, à quatre mois; 5 gros 62 grains, à huit mois : cette dernière époque est celle où il est à son degré de perfection, c'est-à-dire après laquelle la quantité de beurre n'augmente plus sensiblement, ce qui est en concordance avec ce que vient de dire mon collaborateur Parmentier.

On calcule dans les fermes sur six pintes de lait pour avoir une livre de beurre, terme moyen de toute l'année.

Je m'étonne qu'on n'ait pas encore indiqué comme influant sur la qualité et la quantité du lait, et la race de la vache, et son individualité, et la nature ou la masse des plantes qu'elle a mangées, et l'eau qu'elle a bue, et l'état de l'atmosphère, et les circonstances, et l'époque du jour. Ainsi les vaches normandes donnent plus de lait que les vaches bourguignonnes; ainsi, dans l'une et l'autre race, il est des individus de même âge, de même taille, qui donnent plus de lait et du meilleur lait; ainsi les plantes d'une prairie haute sont préférables à celles de marais : l'ail lui donne son odeur, la fane de pomme de terre sa saveur. Le lait des vaches exclusivement nourries de fanes de maïs ou de fanes de riz est plus sucré et moins caseux que celui des vaches tenues au régime commun; ainsi, quand elles mangent à volonté, leur traite est plus copieuse que quand on les nourrit avec parcimonie; ainsi, dans les jours secs et chauds, les vaches paissant dans la même prairie en produisent davantage que dans les jours humides et froids; ainsi les vaches qu'on maltraite, qu'on fait courir, qu'on contrarie, etc., en sécrètent moins.

voureux et abondant ; qu'en hiver , il est plus crèmeux et plus
riche par conséquent en beurre. L'animalisation fabrique donc
plus de sucre ou sel essentiel de lait au printemps , et davantage de beurre en automne ; aussi est-ce à cette époque que le
beurre de la Prévalaie a le plus de qualité.

Il y a tout lieu de croire qu'on a beaucoup exagéré le nombre
des fraudes qu'on met en usage dans le commerce du lait, car
la plupart sont impraticables : le consommateur peut , à la faveur de certaines épreuves , juger sur-le-champ si le lait qu'on
lui fournit possède véritablement les conditions requises , ou
s'il a été sophistiqué , en distinguant cependant les infidélités ,
le goût de fourrage dû à la transition de nourriture , la faculté
qu'il a de tourner et de se coaguler , faculté qu'il doit au temps
orageux.

Comme le lait pur ne forme aucun dépôt au fond du vase
qui le contient , on peut soupçonner qu'il est mélangé quand
il a ce défaut : pour s'en assurer , il ne s'agit que de soumettre
le dépôt à quelques expériences ; si c'est de la farine , elle pré-
sentera , au moyen de la cuisson , une bouillie visqueuse ayant
l'odeur de colle , tandis qu'on aura une gelée , si c'est de la

---

Spallanzani a observé que les vaches nourries avec des fourrages inu-
sités , quelque substantiels qu'ils fussent , donnaient moins de lait pendant quelques jours.

Le passage du vert au sec , lorsqu'il est subit , donne au lait une mauvaise odeur , mais elle n'est que passagère.

Il a été constaté que le lait qui sort le premier est seize fois moins abondant en crème que celui qui sort le dernier , et que cette crème , à partie
égale , est beaucoup moins riche en beurre. Ainsi ceux qui laissent le
reste de la traite pour la nourriture du veau , se privent de la plus grande
quantité et de la meilleure qualité de la crème. Ainsi on doit faire deux
parts de chaque traite : la première , pour faire des fromages communs , et
la seconde , pour faire des fromages gras. Le lait trait le matin est plus
crèmeux que celui trait le soir , parce que le repos de la nuit a favorisé
la formation de la partie butireuse : aussi les fabricans de fromage des
Alpes ont-ils soin de les séparer.

Le lait des vaches attaquées de la pommelière contient sept fois plus de
phosphate calcaire que celui de vaches qui sont saines ; ce qui doit faire
repousser celui vendu par les nourrisseurs , dont presque toutes les
vaches meurent de cette maladie.

Plus les traites sont fréquentes , et plus le produit en lait est abondant ;
mais on ne gagne rien à cela quand on n'entretient pas les vaches uniquement pour en vendre le lait.

Ainsi que le constate l'auteur de cet article , dans son beau travail sur
le lait , il faut au moins douze heures pour que ce liquide prenne tous les
principes butireux et caseux dont il est susceptible de se charger : c'est
donc seulement le matin et le soir qu'il convient de traire , à moins qu'un
vêlement nouveau , joint à l'abondance des herbes n'oblige , pour la santé
de la vache , de le faire trois fois.

(Note de M. Bosc.)

fécule ou amidon. Beaucoup d'autres inculpations n'ont pas plus de fondement ; la plupart prennent leur source dans l'imagination , et nous croyons inutile de s'y arrêter.

Quelques auteurs ont prétendu qu'il était possible de retarder la coagulation, au moyen de la lessive de potasse et de l'eau de savon ; mais quelle que soit la dose qu'on emploie, ces moyens sont insuffisans et ne peuvent concourir qu'à détériorer le lait. On ne connaît aucune matière qui , étant mêlée en petite quantité au lait, puisse , sans nuire à sa saveur agréable et à ses effets, suspendre un certain temps sa tendance naturelle à une prompte altération. On sait seulement que le chocolat, le thé et le café, dont le lait est le véhicule, retardent sa coagulation ; qu'on peut le conserver à la cave vingt-quatre heures, plonger le vase qui le contient dans un bain d'eau fraîche, couvrir ce vase d'un linge mouillé, ou imiter les laitières, qui le font bouillir préalablement à la vente (1).

Des différentes espèces de lait dont l'usage est le plus généralement adopté. Si quelques auteurs ont exagéré les propriétés médicinales particulières appartenant à chaque espèce de lait, d'autres ont donné dans un excès contraire en voulant que toutes produisissent les mêmes effets, à cause de l'identité de leurs parties constituantes : d'abord ces parties ne s'y trouvent pas dans des proportions semblables ; de plus, elles sont modifiées, combinées et arrangées d'une manière différente ; enfin elles ont une contexture qui imprime sur les organes des sensations particulières, et elles offrent dans la butirisation, la coagulation et la clarification des phénomènes propres à les caractériser, ce qui est consacré par un ancien

---

(1) Les Indiens font bouillir le lait, au sortir du pis de la vache, pendant au moins une heure, soit qu'ils veuillent le consommer sur-le-champ, soit qu'ils veuillent en retirer la crême pour faire du beurre. Cette pratique peut avoir des avantages dans un pays aussi chaud ; mais il y a lieu de croire qu'il n'en serait pas de même en France.

Le lait chauffé a été reconnu , en Angleterre, pour donner un beurre parfaitement doux, mais qui ne se conserve bon que deux jours.

Il est des cantons en France (les départemens du Nord) où on tire immédiatement le beurre du lait ; mais j'ignore si on y a remarqué que celui fait avec la traite encore chaude fût meilleur que celui battu le lendemain.

M. Kirchof a imaginé de faire évaporer le lait jusqu'à siccité, aussitôt après la traite, et de conserver dans une bouteille la poudre qui en résulte : il assure que cette poudre, qui peut se conserver ainsi un temps indéterminé, dissoute dans la quantité d'eau nécessaire, régénère du lait fort peu différent de celui qui sort du pis de la vache. Cette méthode peut être employée avec avantage au moins pour les voyages de mer, et mérite par conséquent d'être connue.   (*Note de M. Bosc.*)

proverbe : *Beurre de vache, caillé de chèvre, fromage de brebis. Voyez* Vache, Chèvre, Brebis.

Mais n'en serait-il pas de ces propriétés comme de celles des alimens qui forment la base de la nourriture et à chacun desquels on a donné des vertus particulières, sans présenter un seul fait capable de garantir qu'elles existent réellement. Sans doute on conçoit que l'usage d'un nouveau régime doit opérer dans l'économie animale des changemens notables; mais lorsqu'on le continue, ces changemens disparaissent. C'est ainsi que le pain de froment ou seigle ou de méteil ne conserve, au bout d'un certain temps, que l'effet alimentaire, de même que le lait, la vertu adoucissante et nutritive, le vin, l'effet restaurant et tonique.

On peut réduire toutes les espèces de lait les plus connues parmi nous à deux classes distinctes; savoir, le lait des animaux ruminans, et le lait des animaux non ruminans. Le premier sert spécialement aux usages économiques, et le second est plus généralement employé en médecine.

Lait de vache. C'est celui qu'on peut le plus facilement se procurer; il fournit toutes les laiteries, et réunit tant de qualités, que je ne doute pas qu'ayant à sa disposition les autres espèces de lait dans les mêmes circonstances, ce ne fût au lait de vache qu'on donnât la préférence, puisque, suivant l'expression de Venel, il est plus lait que tous les autres laits connus, et manifestement meilleur que celui de la femelle du chameau et du buffle, quoique dans l'Inde ce dernier soit préféré : c'est aussi avec le lait de vache qu'on prépare les beurres et les fromages les plus renommés de l'Europe. *Voyez* Beurre et Fromage.

Mais si le lait de vache possède en plus grand nombre les qualités génériques du lait, ces qualités dépendent de l'organisation de cette femelle, qui diffère, à quelques égards, de celle de plusieurs autres animaux de ce genre. Indépendamment du volume de ses mamelles et de la dimension de ses trayons, elle fournit son lait à la première compression de la main, tandis que la plupart des autres animaux non ruminans ne le donnent qu'à leurs petits ou à ceux qui trompent leur instinct maternel.

Lait de chèvre. Sa densité est plus considérable que celui de vache : à la vérité, il est moins gras que le lait de brebis, son odeur et sa saveur ne sont pas toujours agréables dans les premiers jours de son usage, mais on finit par le trouver excellent. Quand la femelle entre en chaleur, et que le bouc s'en approche, cette odeur et cette saveur sont plus marquées sur-tout chez l'espèce qui porte des cornes.

La crème du lait de chèvre est d'un blanc mat : la petite quantité de beurre qu'on en obtient est ferme, d'une saveur douce et agréable, et se conserve plus long-temps frais que celui de brebis ; mais le caillé est extrèmement abondant et d'une bonne consistance, aussi devient-il la base d'un objet de commerce assez intéressant. On connaît la bonté des fromages du mont d'Or, et combien leur goût délicat les fait rechercher à Lyon, d'où on les envoie à Paris en boîtes de sapin rondes et plates.

Les fromages cylindriques, appelés *cabrillaux* dans le département du Cantal, sont aussi fabriqués avec du lait de chèvre, et le caillé en est si délicat, qu'il peut, par son association avec celui des autres animaux ruminans, en améliorer la qualité : c'est pour cela qu'on le fait entrer dans la composition des fromages de Sassenage.

Lait de brebis. Il est facile, à la simple inspection, de saisir la différence qui existe entre le lait de brebis et celui de vache. Son toucher gras, et la manière dont il affecte l'organe du goût, ne permettent pas de les confondre.

Le beurre qu'on obtient du lait de brebis, quoique abondant, n'a jamais une consistance bien solide. Sa couleur est en été d'un jaune pâle ; il se fond aisément dans la bouche et y laisse l'impression des huiles : il se rancit aisément si on n'a pas la précaution de le laver à plusieurs reprises. Le caillé conserve un état gras et visqueux, n'est ni tremblant ni gélatineux, comme celui de vache. La quantité de lait que donne la brebis, quoique variable selon les années et les saisons, est estimé à trois quarts de livre par jour pour les deux traites ; quelque temps après le part, et depuis juin jusqu'en août, après la tonte, elle éprouve une diminution sensible.

On a trois spéculations en vue dans l'éducation des bêtes à laine : la propagation de l'espèce perfectionnée, ensuite la hauteur de la taille pour l'engrais, sans considérer l'abondance et la finesse de la laine ; enfin, sacrifiant tout ce qui précède, on calcule sur le profit du lait, et on ne donne le bélier que pour leur lait dans les cantons où, dénués de vache, il sert à faire du beurre et des fromages de différentes formes et compositions. Celui de Roquefort, en Rouergue, est un des plus estimés ; sa supériorité d'ailleurs est bien connue.

Lait d'ânesse. Son usage en médecine s'est conservé depuis les Grecs jusqu'à nous. L'analogie qu'il a avec celui des femmes le rend infiniment recommandable dans une foule de circonstances où l'art de guérir n'a pas un meilleur agent. Il faut que l'ânesse soit bien entretenue et nourrie d'herbes succulentes, alors son lait est fort sucré; mais autant le lait des ruminans abonde en beurre et en fromage, autant le lait d'ânesse en donne peu. Ce n'est pas même sans difficulté qu'on parvient à obtenir ces deux produits : le premier est toujours mou, fade, blanc, se rancit et se liquéfie aisément, et ressemble beaucoup en hiver à une huile figée; le second présente un coagulum mou, sans consistance, et se précipite sous la forme d'un magma; en revanche, il est très-abondant en sérum. *Voyez* ANE.

Du lait de jument. Chez les Tartares russes, les cavales remplacent complétement les vaches laitières d'Europe; elles sont traites une, deux et trois fois par jour. Leur lait chaud sert de médicament; on en fait du beurre, des fromages, et sur-tout une liqueur enivrante, tellement du goût de ces peuples, qu'ils font consister leur bonheur à en avoir toujours une grande quantité. C'était une pratique très-ancienne parmi eux, puisqu'au rapport de Marc Pauli, Vénitien, ils en préparaient dès le treizième siècle une boisson analogue au vin blanc.

La jument est dans la classe des femelles qui ne donnent leur lait qu'à la vue de leur nourrisson; mais ce lait, quoique moins séreux que celui d'ânesse, n'est cependant pas aussi riche en principes que celui des ruminans, et c'est peut-être pour cette raison qu'il est le premier qu'on se soit avisé de soumettre à la fermentation vineuse pour en retirer par la distillation de l'alcool, et par l'acétification du vinaigre. Ces procédés, communiqués par les voyageurs, ont été perfectionnés en Europe et appliqués depuis à toutes les autres espèces de lait. *Voyez* CHEVAL.

Un autre objet de nos recherches dans le travail que nous avons entrepris, mon collègue Deyeux et moi, sur le lait de la classe des mammifères les plus connus, était de déterminer, par l'analyse, la quantité et la proportion de ses parties constituantes; mais ce fluide étant exposé à une multitude innombrable de variations d'autant plus difficiles à saisir et à calculer, que, comme l'urine, le sang, la bile, il change d'état à chaque instant de la journée, qu'il varie dans les divers animaux de la même espèce, dans le même animal, enfin dans la même traite, nous avons été convaincus de l'impossibilité d'établir avec une exactitude rigoureuse la qualité des principes qui constituent le lait. A ce défaut, nous avons offert sous un point de vue les différentes espèces de lait dans l'ordre où nous pensons qu'elles doivent être rangées, relativement aux produits les plus essentiels qu'elles fournissent plus abondamment les unes que les autres, toutes choses égales d'ailleurs.

BEURRE.	FROMAGE.	SEL ESSENTIEL.	SÉRUM.
La Brebis.	La Chèvre.	L'Anesse.	L'anesse.
La Vache.	La Brebis.	La Jument.	La Jument.
La Chèvre.	La Vache.	La Vache.	La Vache.
L'Anesse.	L'Anesse.	La Chèvre.	La Chèvre.
La Jument.	La Jument.	La Brebis.	La Brebis.

Il est possible, d'après les données fournies par ces cinq espèces de lait les plus usitées, d'établir deux grandes divisions ou classes : l'une qui, riche en matière caseuse et butireuse, comprendrait les laits de vache, de chèvre et de brebis; tandis que dans l'autre on rangerait les laits d'ânesse et de jument, comme plus abondans en sel essentiel et en sérosité.

Mais l'emploi du lait en nature ne se borne pas seulement aux usages économiques, on est parvenu à en faire quelques applications heureuses aux arts. Nous citerons entre autres la clarification des liqueurs vineuses et spiritueuses au moyen de la crême, la conservation des viandes par le lait caillé, la peinture au lait, etc.

Lait de beurre. La crême nouvelle, après avoir donné le beurre qui en formait une des parties constituantes, ne présente plus qu'un fluide blanchâtre d'une saveur, d'une consistance à-peu-près égales à celles du lait pur. Ce fluide est connu dans les ouvrages sous le nom de *lait de beurre,* dénomination fort impropre, puisqu'il ne contient pas un atome de beurre.

On l'appelle encore dans les campagnes lait aigre; mais ce nom ne lui convient pas davantage, car il n'a de saveur acide qu'autant qu'il a été séparé d'une crême ancienne. Ce n'est donc à proprement parler qu'un lait parfaitement écrêmé, mais contenant tous les autres principes du lait.

Le premier devient souvent le salaire de la fille qui a battu le beurre; le second est employé à la soupe des gens, ou bien on en humecte le son dont on nourrit les animaux de basse-cour, ou bien enfin il sert d'aliment aux veaux quand on ne les livre pas aux bouchers quelques jours après leur naissance; il

serait même possible d'en préparer les fromages communs, car
encore une fois ce fluide n'est absolument autre chose que du
lait moins la crême.

J'observerai que même dans cet état il peut mériter la préférence sur le lait ordinaire, lorsqu'on veut l'administrer
comme médicament à certains malades qui ne peuvent pas digérer la crême, ou du moins le lait qui en contient.

Lait maigre ou *petit-lait.* C'est ainsi qu'on appelle dans les
campagnes le *sérum* ou la sérosité du lait, qui reste après la
séparation du caillé ou de la matière caseuse.

Les habitans de la Grèce n'avaient pas d'autre boisson pour
tempérer l'ardeur de la soif que la chaleur de leur climat oc-
casionnait; c'est quand il a une saveur un peu acide qu'il est
bon de l'administrer dans les maladies inflammatoires, qu'il
devient l'excipient de beaucoup de remèdes.

Quoiqu'en apparence le lait maigre ne soit pas riche en principes, il n'en est pas moins un fluide très-composé, et il acquiert, par la clarification qu'on lui fait subir, une transparence
parfaite; sa saveur est absolument différente de celle du lait
d'où il provient; sa couleur, lorsqu'il est bien filtré, est quelquefois un peu jaune, quelquefois aussi elle tire sur le vert
d'eau (1).

Abandonnée à elle-même pendant l'été, la sérosité du lait ne
tarde pas à s'altérer; elle se trouble encore plus, et contracte
une saveur acide assez marquée. Dans cet état, elle a des propriétés caractéristiques, qu'il est impossible de confondre avec
celles des autres acides connus. On s'en sert spécialement pour
opérer le blanchîment des toiles, etc. (2).

Lait végétal. Les anciens, qui croyaient beaucoup aux analogies, se persuadèrent que toutes les plantes qui fournissent
un suc laiteux, quand on blesse leur parenchyme, possédaient
une vertu comparable à celle du lait des animaux. Dans cette
opinion, ils prescrivaient l'usage de la laitue et de toutes les
plantes de sa famille aux femelles qui avaient peu de lait;
mais on conçoit que ce prétendu lait n'est autre chose qu'une
matière résineuse, semblable pour les qualités physiques à celui

---

(1) En Suisse, on retire la partie caseuse dissoute dans le petit-lait,
partie qu'on appelle SERAI, et qui sert à faire des fromages très-délicats,
mais de peu de garde. (*Voyez* ce mot.)
En Angleterre, on fait crêmer le petit-lait des fromages gras, et on en
tire un beurre qu'on dit meilleur que celui ordinaire, pourvu qu'on le
mange frais.   (*Note de M. Bosc.*)

(2) Il serait à désirer que chaque ménagère faisant beurre et fromage
eût une petite presse en bois, toujours tenue bien propre, pour enlever
facilement et promptement le petit-lait du beurre et du fromage qu'elle
fait.   (*Note de M. Bosc.*)

que donnent l'ésule, les feuilles de figuier et les autres plantes analogues.

Loin donc de reconnaître à ces plantes, ainsi qu'au salsifis, à l'aneth, au fenouil, au sureau, au polygala, et à beaucoup d'autres végétaux, la faculté d'augmenter le lait; loin de croire pareillement que la bourrache et le persil possèdent une vertu diamétralement opposée, nous ne considérerons que les remèdes propres à faire venir le lait : ce sont les matières alimentaires d'où les forces digestives peuvent tirer le parti le plus avantageux, afin de fournir à l'organe mammaire tous les élémens nécessaires à la lactation.

Sans nous arrêter à la structure des organes qui opèrent la sécrétion du lait; sans considérer si les auteurs sont fondés dans l'opinion que le chyle est du lait commencé, qui n'attend pour prendre tous les caractères du véritable que le travail des mamelles, nous nous bornerons à faire remarquer, d'après les connaissances qu'on s'est procurées sur la composition du chyle, que, s'il possède quelques-unes des propriétés de l'émulsion, on ne saurait confondre ni l'un ni l'autre de ces deux fluides avec le lait, puisqu'en les exposant au feu on n'en obtient aucune pellicule semblable à la matière caseuse; qu'ils ne forment point de *coagulum* par la fermentation et la présure, et par l'évaporation insensible de matière saline analogue à ce qu'on nomme *sucre de lait;* en un mot, il n'est pas possible, en leur imprimant le mouvement de la baratte, d'en obtenir du beurre. (Par.)

LAIT DE CHAUX. Chaux éteinte dans une quantité d'eau telle qu'il en résulte une bouillie claire.

Les cultivateurs doivent être toujours en mesure de faire à volonté du lait de chaux pour blanchir leur maison, leur écurie, leur étable, leur bergerie, leur poulailler, etc., après l'hiver, ce moyen étant le meilleur pour les assainir. *Voyez* Désinfection et Chaux. (B.)

LAIT DES PLANTES. On a donné ce nom aux sucs propres des plantes qui sont liquides et blancs, et dont l'aspect onctueux est en effet le même que celui du lait. Le Figuier, le Pavot, les Chicoracées telles que la Laitue, la Chicorée, le Pissenlit, les Salsifis, le Scorsonère, etc., etc., en offrent des exemples. *Voyez* ces mots et Sucs propres. (B.)

LAITERIE. Économie domestique. Après le pain, l'article le plus essentiel d'une métairie est le Lait (*voyez* ce mot), dont les produits forment, dans tous les cantons, une branche de commerce plus ou moins considérable; plusieurs sont même renommés par la qualité des beurres et des fromages qu'ils fabriquent, qualité qu'ils ne doivent pas seulement aux alimens dont on nourrit les animaux, mais encore à la manière dont on gouverne les laitages, ainsi qu'aux manipulations qu'on y emploie; car ici, comme en une infinité d'autres choses, c'est la façon d'opérer qui fait tout.

Dans les départemens où le beurre et les fromages ne jouissent pas d'une certaine célébrité, il n'y a pas de local particulier dans lequel le lait, au sortir de la vacherie, séjourne jusqu'au moment où il s'agit de lui donner une destination; on se contente d'un bas d'armoire ou d'un coffre nommé HUCHE: voilà toute la laiterie.

Cette huche est ordinairement placée dans le lieu où se tient habituellement la famille, où se fait la cuisine et où l'on couche; ailleurs elle occupe le centre du logement et sert aux métayers de table à manger. Comme ce meuble est mobile, on a coutume de le transporter en été dans l'endroit le plus frais de l'habitation, et dans le plus chaud pendant l'hiver. On peut même établir, dans son intérieur, une température égale dans tous les temps, au moyen d'un réchaud de braise allumée, ou d'un peu de sel marin répandu sur la plancher de la huche ou du coffre.

Dans la fameuse vallée d'Auge, département du Calvados, les grandes fermes, de 8 à 15 mille francs de revenu, ont pour laiterie une salle située communément sous un hangar, à proximité du centre du ménage et à l'abri des vents froids: cette pièce est ouverte, sur ses quatre façades, d'une petite porte et de trois croisées d'environ 4 pieds et demi. Ces croisées sont closes au moyen de lattes disposées de manière à intercepter les rayons du soleil, sans nuire au renouvellement continuel de l'air intérieur. En hiver, ces sortes de jalousies sont remplacées par un châssis vité: un fourneau ou des réchauds que l'on entretient allumés, et dont le premier but est de maintenir l'air de la salle à une température élevée, servent alors à renouveler l'air; ce qu'on facilite encore de temps à autre en ouvrant une des croisées. Les murs et le plafond sont recouverts d'une couche de mortier fait avec la chaux et le sable ou le ciment; le plafond n'a guère que 5 pieds d'élévation, et la grandeur de la salle est toujours calculée sur la force de la vacherie. Des rayons supportés par des échelons, et disposés tout autour de la salle, à des distances convenables, servent à recevoir les vases qui contiennent le lait, la crême, etc., ainsi que les pots vides et les ustensiles affectés à ce service.

Les voyageurs qui savent observer conviennent que cette partie des bâtimens qui constitue la ferme, et qui forme les laiteries, est en Angleterre une des plus intéressantes, et qu'il s'en faut qu'elle soit aussi bien soignée en France. Cependant on a vu parmi nous de riches propriétaires en établir à grands frais, dans l'intérieur desquelles il régnait un luxe extrême; mais il y manquait précisément les conditions principales pour remplir efficacement le but qu'on se propose, nous voulons dire la forme et l'exposition, dont l'influence directe sur le lait et sur ses produits est hors de doute.

La fraîcheur et la propreté du local destiné à cet objet étant les deux grands moyens de conservation du lait, il serait utile d'en rappeler souvent la nécessité, par forme d'adages, dans les endroits les plus fréquentés de l'habitation, et d'inscrire même ces adages en gros caractères sur la porte de chaque laiterie.

Emplacement d'une laiterie. Pour rendre une laiterie profitable, il faut, autant qu'on le peut, la placer au nord, et la disposer de manière qu'elle soit assez fraîche en été pour que la totalité de la crême ait le temps de monter à la surface du lait avant qu'il ne s'aigrisse, et suffisamment chaude en hiver pour opérer un semblable effet, à-peu-près dans le même intervalle de temps. Il sera toujours possible, quelle que soit la demeure ordinaire du fermier, de construire une laiterie d'après ces principes.

Dans beaucoup de nos départemens, les laiteries sont des caves voûtées et fraîches comme il convient qu'elles soient pour y conserver le vin : leur température, dans toutes les saisons, doit être de 8 à 10 degrés environ du thermomètre de Réaumur. On conçoit que ces souterrains seraient encore plus utiles dans les départemens méridionaux.

Souvent il est plus facile de construire une laiterie séparée du corps de la ferme; mais alors il faut, autant qu'on le peut, la placer dans le voisinage d'un ruisseau d'eau courante, et la composer de petites pièces disposées les unes à côté des autres de manière que la laiterie proprement dite se trouve située au centre.

Tout ce qui peut apporter la plus légère odeur et la moindre chaleur à la laiterie doit en être sévèrement proscrit : il faut que les murs aient 2 pieds d'épaisseur, et que la couverture soit au moins de 3 pieds, en chaume ou en roseaux, qu'elle déborde de chaque côté sur le mur; il faut de plus ménager au dedans un tuyau de bois qui s'élève d'un ou de 2 pieds au-dessus de la couverture pour, dans certaines circonstances, opérer l'effet du ventilateur.

On doit pratiquer à chacune des portes des ouvertures qui puissent se fermer au moyen d'un petit volet : on y adapte un morceau de canevas et un grillage de fil de fer très-léger, à mailles serrées, pour en interdire l'accès aux chats, aux rats, aux souris et même aux mouches; enfin ces ouvertures doivent être disposées de manière à pouvoir établir, lorsque le vent souffle, un courant d'air dans toute la laiterie, pour y conserver, autant qu'il est possible, une température uniforme dans toutes les saisons.

Autour de cette pièce, destinée à la laiterie, doivent être placées des banquettes en maçonnerie, recouvertes par des dalles de pierres bien jointes, pour éviter les cavités et favoriser leur parfait nettoiement ; le pavé sera élevé au-dessus du niveau du sol, avec de petites rigoles en pente pour faciliter l'écoulement au dehors de l'eau des lavages, ou du lait répandu accidentellement.

Les pièces accessoires à la laiterie servent, les unes à recevoir une chaudière assez grande, destinée à laver les vaisseaux et ustensiles employés, les autres à tenir en magasin le beurre et les autres produits du lait, et à serrer les outils inutiles pour le moment ; l'intérieur des murs de ces pièces doit être enduit de chaux ainsi que le plafond, quand elles ne sont pas voûtées (1).

Ustensiles de la laiterie. Après avoir fait choix d'un emplacement pour la laiterie, l'objet qui mérite le plus d'attention concerne les ustensiles ; si leur propreté et leur forme sont extrêmement essentielles, leur nature ne l'est pas moins. Une fermière attentive peut bien tolérer l'usage des vases de métal pour recevoir le lait à la vacherie et pour son transport à la laiterie ; mais elle ne doit jamais permettre que le lait y séjourne, sur-tout quand ils sont de cuivre ou de plomb, parce que ce fluide les attaque comme corps gras et fermentescible, et forme avec eux des combinaisons salines, lesquelles agissent ensuite à la manière des poisons.

Pour remédier à des inconvéniens de cette importance, les chimistes étaient parvenus à déterminer l'ancienne administration à proscrire les vaisseaux de cuivre pour la conservation et le transport du lait à Paris ; mais les réglemens faits à ce sujet ont été éludés. Aujourd'hui l'intérêt général réclame pour qu'ils soient remis en vigueur : on attend avec grande impatience qu'une loi en ordonne l'exécution, et mette fin à des abus qui subsistent depuis trop long-temps ; sans doute aussi que l'Institut national de France, occupé dans ce moment de diriger l'industrie vers les moyens de perfectionner nos poteries communes, viendra à bout de substituer au verre tendre et dissoluble qui les recouvre une autre matière qui, n'ayant

---

(1) Il est très-rare, en France, qu'une laiterie soit disposée de manière à pouvoir être transformée en étuve à volonté ; mais il paraît que cela est assez commun en Angleterre : on y gagne une portion plus considérable de beurre en hiver, beurre qui reste dans le fromage ou qu'on donne aux cochons.   (*Note de M. Bosc.*)

pas le plomb pour base, n'exposera plus à ces accidens dont les suites sont effrayantes (1).

On peut diviser en cinq classes les ustensiles nécessaires à une laiterie bien conditionnée; savoir, ceux servant,

1°. A traire les vaches;

2°. A couler, à contenir et à transporter le lait;

3°. A battre la crême et à délaiter le beurre;

4°. A saler et à fondre le beurre;

5°. A cailler le lait et à faire les fromages.

Une description, même la plus succincte de tous ces instrumens, deviendrait ici assez inutile, parce qu'ils varient par leur nature, par leur forme et par leur nombre, à raison des habitudes et des ressources locales; disons seulement un mot des principaux (2).

Les expériences que nous avons faites pour savoir jusqu'à quel point la forme et la nature des vases qui servent à contenir le lait pouvaient influer sur la promptitude avec laquelle la crême monte à la surface et prend une consistance propre à être recueillie en totalité, nous ont appris que ceux de ces vases qui remplissent le plus complétement ce double objet, doivent être étroits dans leur fond et très-évasés à leur partie supérieure : il faut qu'ils aient environ 15 pouces par le haut, 6 pouces par le bas, et autant de profondeur.

Moyennant cette forme et ces proportions, peu importe qu'ils soient de faïence, de porcelaine, de bois ou de fer-blanc, vernissés ou non : le lait s'y refroidit promptement, la crême s'y rassemble en totalité à la surface, et acquiert la consistance nécessaire à sa séparation.

C'est donc un préjugé de croire que les vases de porcelaine, de faïence, ou ceux de nos poteries communes vernissés ne

---

(1) Malgré l'autorité de la loi et l'opinion de mon estimable collaborateur, je dois dire que les vases de cuivre, lorsqu'ils sont entretenus avec une propreté rigoureuse, sont sans dangers réels. Ils sont presque par-tout de ce métal en Angleterre, où les cultivateurs, presque tous très-instruits, calculent sans cesse les avantages et les inconvéniens de ce qu'ils pratiquent.

Les vaisseaux de terre qui sont le plus communément en usage dans nos laiteries, sont d'un entretien dispendieux, malgré leur bas prix, à raison de leur fragilité, etc.

Je préférerais aux uns et aux autres ceux en bois, qui sont en usage dans la Suisse, dans le Cantal, etc., lesquels n'ont que 2 ou 3 pouces de hauteur sur un diamètre de 2 à 3 pieds, parce qu'ils sont sans danger pour la santé, très-durables et très-convenables pour laisser rapidement monter la crême.   (*Note de M. Bosc.*)

(2) Lasteyrie a figuré, dans son importante Collection des machines employées à l'économie rurale, *pl.* I, II et III, plusieurs des instrumens usités en France et dans les pays étrangers, pour manipuler le lait, le beurre et le fromage.   (*Note de M. Bosc.*)

soient pas propres à favoriser la séparation de la crème : ils conviendraient même infiniment mieux, à cause de la facilité de leur nettoiement ; mais il faut éviter de se servir de ces derniers, tant que l'art n'aura pas trouvé une couverte peu soluble, ou dont la solubilité ne communiquera point au lait un principe qui dénature sa saveur et ses propriétés. Jusque-là nous ne saurions trop recommander la préférence que méritent les terrines non vernissées, lorsqu'il s'agit de poteries communes.

Ces terrines, dont le nombre est proportionné aux besoins du service journalier de la laiterie, doivent toujours être distribuées en ordre sur des banquettes de pierre et non de bois, dans la crainte que, recevant quelques gouttes de lait, elles ne pourrissent à la longue, et ne deviennent la source d'une odeur désagréable, qu'il est nécessaire d'éviter (1).

Après les terrines, les ustensiles qui méritent quelques observations sont ceux qu'on emploie à battre le beurre ; ils doivent être en terre ou en bois, de capacité et de forme différentes : le plus usité est la baratte, vaisseau large par le bas, étroit par le haut, ayant la figure d'un pain de sucre dont on a fait sauter la tête ; le second est la sérenne, ou moulin à beurre employé dans les grandes frabriques : il ressemble à une futaille. *Voyez* BARATTE.

Au milieu de la laiterie doit être placée une table de pierre, s'il est possible, avec quelques rigoles qui permettent l'écoulement de l'eau employée à la laver et à rafraîchir le local.

Soins d'une laiterie. Nous ne saurions trop insister sur la nécessité d'entretenir la propreté la plus scrupuleuse dans une laiterie. Une fermière attentive ne doit pas permettre aux filles de basse-cour d'y entrer, qu'au préalable elles ne quittent leur chaussure, et ne prennent des sabots de rechange ou des souliers à semelles de bois, placés exprès à la porte pour cet usage.

Quand la laiterie est placée dans un souterrain, et qu'on craint que la chaleur n'y pénètre, on ferme les soupiraux avec des bouchons de paille pendant la chaleur du jour ; en hiver on empêche par le même moyen le froid d'y avoir accès.

Tous les ustensiles de la laiterie doivent être passés à l'eau bouillante de lessive, ensuite à l'eau fraîche, et frottés avec une brosse ou d'autres instrumens, puis séchés au feu ou au

---

(1) Il est une attention peu connue en France, mais fort en faveur dans l'étranger, c'est de remuer tous les jours la crème avec une spatule, pour l'empêcher de s'aigrir.

Moins long-temps la crème reste dans le vase où elle est déposée, et meilleur est le beurre qui en provient. Ce n'est que dans les établissemens où on le bat tous les jours qu'il est aussi parfait qu'il peut l'être.

(Note de M. Bosc.)

4 *

soleil chaque fois qu'on s'en est servi , parce qu'une molécule de lait ancien qui y adhérerait deviendrait, en se décomposant, un principe invisible de fermentation , un véritable levain qui pourrait influer désavantageusement sur la qualité du beurre et du fromage.

Comme tout l'appareil d'une laiterie consiste principalement à empêcher que le lait ne se caille et ne s'aigrisse en été avant qu'on en ait enlevé la crême, et, en hiver, que le froid ne soit si considérable, que la préparation du beurre ne devienne très-difficile , il faut faire en sorte d'y entretenir toujours une température à-peu-près égale, en fermant ou en ouvrant toutes les issues, selon la saison; en éparpillant sur le carreau de l'eau fraîche à diverses reprises , ou l'échauffant par un poêle , et non par des terrines de feu, qui exposent à des incendies.

On dit communément que les temps orageux diminuent la quantité de la crême ; mais cette assertion n'est pas fondée. Une trop vive chaleur change bien en un instant la consistance et la manière d'être du lait; alors la crême qui s'y trouve disséminée n'ayant pu se rassembler à la surface, une partie reste confondue dans le caillé, auquel elle est adhérente , mais la même quantité s'y trouve toujours; elle n'est perdue que pour la fermière , qui , ne connaissant pas de moyen pour la faire séparer complétement , doit dans ce cas obtenir moins de beurre.

Produits des traites. La plus grande quantité de lait qu'une vache puisse fournir en été pendant vingt-quatre heures , est évaluée , d'après une suite d'expériences , à 24 pintes ou 48 livres environ; mais le produit commun est de 12 pintes; et quoique plus savoureux et en plus grande abondance en été qu'en hiver, le lait qu'elle donne dans cette dernière saison est plus riche en principes pendant quelque temps.

Quoique réunissant toutes ses qualités quatre à cinq jours après le part , le lait conserve un caractère plus ou moins séreux, sur-tout lorsqu'on rapproche les traites ; dans plusieurs des cantons de l'ouest de la France, par exemple, on trait les vaches trois fois par jour, depuis l'instant qu'elles mettent bas jusqu'à l'époque où on les conduit au taureau; tout le reste de l'année on ne les trait que deux fois.

Le nombre des traites influe en effet sur la quantité de lait; mais cette influence s'exerce aussi puissamment, pour le moins, sur la quantité des produits. Dans la vue de découvrir jusqu'à quel point ce fluide se modifie pendant son séjour dans les mamelles , nous avons acquis la certitude , mon collègue Deyeux et moi, que plus on rapproche les traites dans le cercle de vingt-quatre heures, plus le lait est abondant, et moins aussi il est riche en principes, *et vice versâ* ; qu'il faut un intervalle de douze heures pour que le lait puisse s'élaborer et se perfectionner dans l'organe qui le fabrique ; que le lait du matin a constamment plus de qualité que celui du soir, parce que, vraisemblablement, le sommeil donne à l'animal ce calme si nécessaire au perfectionnement de toutes les sécrétions ; que la succion du lait, par le bout du pis, en facilite beaucoup l'émission ; que plus souvent le nouveau-né tette, moins le lait qu'il prend est substantiel et gras : observations importantes qu'il ne faut jamais perdre de vue, quel que soit l'usage auquel on consacre ce fluide animal.

Les fermiers qui désireraient retirer de leurs laiteries le plus grand bénéfice pourraient donc calculer jusqu'à quel point il serait intéressant pour eux de mettre à part le lait le premier tiré, et d'éviter de le mêler avec celui qui vient le dernier ; l'un servirait à faire le beurre commun et l'autre le beurre de choix, la qualité de ce produit étant toujours à raison de la moindre quantité de lait qu'on réserve de la dernière portion de la traite. Peut-être, sans avoir eu l'intention d'améliorer le beurre ou d'en obtenir une plus grande quantité, quelques fabriques doivent-elles la réputation dont elles jouissent à la manière dont la traite est pratiquée plutôt qu'aux pâturages, à la nature desquels cependant on n'hésite pas de l'attribuer exclusivement. Ce qui porte à penser ainsi, c'est ce qui a lieu dans les montagnes d'Écosse : les habitans de cette contrée suivent un procédé fort simple et très-économique pour tirer parti de leur lait. Attachés sur-tout à faire des élèves, ils séparent des mères tous les veaux et les gardent ensemble dans des pâturages clos ; chacun, à des heures régulières, sort et court, sans se tromper, vers sa mère pour la teter, jusqu'à ce que la vachère juge qu'il a pris assez de lait : alors elle fait écarter le veau, trait la vache et en tire ce qui reste pour le porter à la laiterie ; et c'est cette dernière portion de la traite qui sert à la frabrique du beurre.

Attention de la trayeuse. L'opération de traire exige des soins particuliers ; l'animal étant brusqué devient indocile, revêche et donne moins de lait ; la compression trop forte du pis est souvent la cause qu'une vache finit par se dessécher, quelquefois même par être exposée à perdre un ou deux mamelons, l'abondance et la qualité du lait dépendant en un mot autant de l'attention que nous recommandons que de la douceur de caractère de la trayeuse.

Une fermière instruite des précautions employées pour la traite des vaches, doit se charger de donner à cet égard les premières leçons à la fille à laquelle elle confie ce soin ; elle doit exiger d'elle, avant de procéder à la traite, de se laver les mains, d'éponger le pis et les trayons avec de l'eau froide pour

les raffermir, et non avec de l'eau chaude comme on l'a recommandé ; d'être sur elle d'une grande propreté ; de conduire
doucement la main depuis le haut du pis jusqu'au bas, sans
interruption ; de tirer alternativement les deux mamelons du
même côté et les deux du côté opposé, de changer d'instant
à autre et d'obtenir exactement jusqu'à la dernière goutte de
lait. (PAR.)

LAITERIES. ARCHITECTURE RURALE. Lieu destiné à déposer et à faire crêmer le lait pour en fabriquer ensuite du
beurre ou des fromages.

Les douceurs qu'une laiterie procure à un ménage de campagne la rendent ordinairement l'objet particulier des soins de
la mère de famille ; et dans les grandes exploitations de l'agriculture, les bénéfices qu'on en retire sont souvent assez considérables pour être mis au premier rang dans les profits de la
basse-cour. Aussi toutes les habitations rurales contiennent-
elles une laiterie plus ou moins grande, plus ou moins complète,
suivant le nombre de bêtes à cornes que l'on peut y nourrir,
et l'emploi que l'on y fait du laitage.

Pour retirer de cette industrie agricole tout le profit qu'elle
doit procurer, il faut d'abord que la laiterie soit convenablement construite, et ensuite qu'elle soit gouvernée avec l'intelligence et la propreté qu'exigent la conservation du laitage et sa
conversion en fromage ou en beurre.

Le laitage est la substance la plus susceptible d'être altérée
par les variations de la température de l'atmosphère, et par le
contact de vases ou d'instrumens qui seraient imprégnés de
mauvaises odeurs.

Avec une grande propreté dans la tenue d'une laiterie et
dans l'entretien de ses ustensiles, on parvient aisément à prévenir le dernier inconvénient ; mais il est impossible d'obvier
au premier autrement qu'en procurant à l'air intérieur de la
laiterie une température toujours égale et convenable à la conservation du laitage.

On a essayé différens moyens pour remplir ce but particulier, et l'on a reconnu que le plus efficace était de voûter les
laiteries, et de les enfoncer à une certaine profondeur, ou
plutôt, que les meilleures caves étaient en même temps les meilleures laiteries : c'est donc cette position et cette forme qu'il
faut leur donner lorsque les circonstances locales le permettent ; mais si elles s'y opposent, on peut encore obtenir des
laiteries assez bonnes, en les construisant avec les mêmes soins
et les mêmes précautions qu'une GLACIÈRE. *Voyez* ce mot.

Les laiteries n'ont pas toutes la même destination, c'est-à-
dire que dans toutes les localités on n'y fait pas un même emploi du laitage.

Dans les environs des grandes villes, un fermier n'aurait aucun avantage à convertir son lait en beurre ou en fromage ; il trouve un plus grand profit à le vendre *tout chaud*. Des laitières viennent l'enlever tous les jours, et il n'en conserve que la quantité nécessaire à la consommation de son ménage. Mais les fermiers éloignés de ces lieux de grande consommation ne trouveraient point dans leurs localités respectives le débit journalier d'une grande quantité de lait : alors, et suivant leur intérêt local, ils en fabriquent des fromages, comme dans la Brie, à Neufchâtel, à Marolles, etc., ou bien ils en font du beurre, comme en Bretage, à Isigni, à Gournay, etc.

Ces différences dans l'emploi du laitage en exigent nécessairement dans la construction des laiteries, et l'on en distingue de trois espèces ; savoir, 1°. *les laiteries à lait*, celles dont le produit consiste dans la vente journalière du lait ; 2°. *celles destinées à une fabrication de fromages* ; 3°. et *les laiteries disposées pour la fabrication du beurre*.

Section première. *Des laiteries à lait*. Une laiterie à lait ne demande pas autant de soins dans sa construction que les autres espèces ; le plus souvent ce n'est qu'une pièce placée ou à côté des étables ou dans le corps de logis, exposée au nord, et quelquefois précédée par un petit vestibule destiné au lavage et au séchement de ses ustensiles.

Il est assez rare qu'on fasse la dépense de voûter ces laiteries, parce que, pour peu qu'elles soient fraîches en été, elles se trouvent assez bonnes pour conserver le lait que l'on vient de traire jusqu'au moment de son enlèvement par les laitières. D'ailleurs, pendant les plus grandes chaleurs de l'été, on descend le lait dans les caves de l'habitation.

Une laiterie à lait est intérieurement garnie de tables adossées aux murs, pour déposer dessus les vases remplis de lait. On lui donne ordinairement de 3 mètres à 3 mètres un tiers de largeur dans œuvre, afin qu'il reste entre les tables latérales un emplacement suffisant pour la commodité du service ; sa longueur est ensuite subordonnée aux besoins de l'exploitation.

Section seconde. *Des laiteries à fromages*. Cette espèce de laiterie est composée, 1°. de la laiterie proprement dite, c'est-à-dire d'une pièce voûtée, dans laquelle on dépose le lait que l'on vient de traire pour le faire crêmer, et où l'on fabrique les fromages ; 2°. d'un vestibule qui communique d'un côté à la laiterie voûtée, et de l'autre à la pièce ci-après ; 3°. d'une *chambre aux fromages*, nécessaire pour resserrer ceux que l'on retire de la laiterie lorsqu'ils y ont acquis une certaine consistance, et pour compléter leur dessiccation.

Les opinions sont partagées sur le meilleur emplacement d'une laiterie à fromages dans un grand établissement rural: les uns, pour économiser le temps dans le transport du laitage, veulent que la laiterie soit placée immédiatement à côté des étables; et les autres pensent qu'il est préférable de la mettre dans le corps de logis, afin d'y être plus à la portée de la surveillance immédiate de la fermière. Nous partageons cette dernière opinion, et en voici les motifs.

Dans une grande fabrique de fromages, la fermière ne confie à personne les soins qu'il faut donner à la laiterie, et ces soins absorbent presque tout son temps.

Si donc la laiterie était placée près des étables, et conséquemment hors de l'habitation, elle ne pourrait plus surveiller ce qui se passe dans sa cuisine et ailleurs; et l'on sait combien sa présence est nécessaire par-tout. Mais lorsqu'elle est placée dans le corps de logis même, ainsi que nous l'avons fait dans notre plan de ferme de grande culture, la fermière peut quitter de temps en temps sa laiterie pour inspecter les autres objets de sa surveillance, et sans craindre que la servante qui l'aide dans ses travaux intérieurs n'exécute pas les ordres qu'elle lui a donnés: sa maîtresse est là qui l'entend.

Il en résulte que cette facilité de surveillance, que nous regardons comme indispensable en agriculture, ne pourrait pas exister ici dans toute autre position de la laiterie, et qu'on ne doit jamais sacrifier cet avantage à l'espérance d'une petite économie de temps dans le transport du lait.

§ Ier. *De la laiterie.* Cette pièce doit être voûtée, et enfoncée en terre le plus qu'il est possible, ainsi que nous l'avons déjà dit. Sa largeur est à-peu-près constante, la même que celle des laiteries à lait, et pour les mêmes raisons; la longueur seule en est variable et proportionnée aux besoins de l'exploitation. La courbure de sa voûte est le plus ordinairement celle en plein cintre, et sa naissance commence à un mètre un tiers au-dessus du carrelage; en sorte que sa hauteur sous clef est d'environ 2 mètres 2 tiers à 3 mètres. (*Voyez* le mot Cave, pour les épaisseurs de maçonnerie.) Les côtés en sont garnis de tables élevées d'environ 8 décimètres au dessus du carrelage, et placées sur des supports en fer ou en maçonnerie, ou mieux encore sur des piliers de pierre de taille dure, parce qu'ils sont plus faciles à laver et à nettoyer.

Ces tables sont ordinairement des madriers de chêne d'environ un décimètre (4 pouces) d'épaisseur. Leur surface supérieure présente la forme d'une crémaillère posée horizontalement, à cause des rainures longitudinales et parallèles dont elles sont couvertes, et le tout est disposé en pente douce, afin que le petit-lait des fromages que l'on fait égoutter dessus, ou l'eau des lavages, puisse s'écouler promptement et aisément, et être reçu dans des baquets placés à cet effet sous les égouts des tables.

Ces tables se font quelquefois en pierres de taille dures, et dans les laiteries de luxe elles sont en marbre.

Quelle que soit d'ailleurs la substance que l'on y emploie, il faut les laver tous les jours à grande eau, afin d'empêcher le petit-lait de séjourner dessus ; car indépendamment de la mauvaise odeur que le défaut de propreté ferait contracter aux tables, et par suite au laitage, le petit-lait est un puissant corrosif, le marbre même en serait altéré. (*Voyez* ACIDE.) Au-dessus des tables, on établit un ou deux rangs de tablettes, suivant le besoin, pour recevoir les vases de la laiterie, ou pour y placer les fromages égouttés.

Les laiteries doivent être pavées le plus solidement qu'il sera possible, en dalles de pierres dures posées sur ciment, et jointoyées en mastic, ou au moins en briques doubles sur le même mortier, afin que les lavages journaliers n'en dégradent pas les joints.

L'écoulement des eaux de propreté doit y être facile et prompt; en conséquence, les pentes du pavé doivent être soigneusement ménagées et disposées pour remplir le but essentiel. Le conduit de ces eaux doit être fermé extérieurement avec un grillage à mailles assez fines pour que les souris et les rats ne puissent pas s'introduire par là dans l'intérieur de la laiterie. Le fil de fer employé à cet usage doit d'ailleurs être assez fin pour ne pas empêcher les eaux intérieures de s'écouler entièrement au dehors.

Il faut aussi avoir l'attention de se procurer à l'extérieur un magasin d'eau assez grand pour contenir toute celle nécessaire aux besoins journaliers de la laiterie. On le remplirait tous les matins par le moyen localement le plus économique, et on le disposerait à l'un de ses côtés de manière qu'à l'aide d'un ou de plusieurs robinets intérieurs, l'eau puisse y arriver en quantité suffisante, et y être distribuée par-tout où la ménagère le trouve convenable : c'est le moyen d'obtenir une grande économie de temps dans les soins de la laiterie.

§ II. *Du vestibule.* A cause de l'exposition au nord qu'il faut donner à la laiterie, celle du vestibule est nécessairement au midi, et cette position la garantit encore pendant l'été des influences de la température.

Le vestibule d'une laiterie, lorsqu'il ne tient pas au fournil, doit être assez grand pour contenir un fourneau économique destiné à échauffer l'eau dont on a besoin pour échauder et laver ses ustensiles, sans que son établissement puisse gêner les communications que le vestibule doit avoir, et avec l'intérieur du

c rps de logis, et avec la laiterie, et avec la chambre aux fro-
m ges. On garnit son pourtour de tablettes et de crochets pour
pla er les ustensiles et les faire sécher après qu'ils ont été lavés.

§ 3. *De la chambre aux fromages.* Cette troisième pièce doit
être placée au midi, parce que c'est dans l'hiver qu'elle contient le plus grand nombre de fromages, et qu'une température trop froide nuirait à leur bonne conservation. Son sol doit
aussi être très-sec, car une température trop humide altère également la qualité des fromages. Pour remédier à l'un et à
l'autre de ces inconvéniens, on place ordinairement un poêle
dans les chambres à fromages, et on l'allume lorsque la température est trop froide ou trop humide.

Ces chambres sont garnies dans leur pourtour, et quelquefois dans leur milieu, de plusieurs rangs de tablettes sur lesquelles on pose les fromages à mesure qu'on les retire de la
laiterie. Ces rangs de tablettes sont disposés et espacés entre
eux pour la plus grande commodité du service.

D'ailleurs les dimensions des chambres à fromages se calculent d'après les besoins de l'exploitation.

Le service d'une laiterie de cette espèce est, ainsi que nous
l'avons dit, l'occupation presque exclusive d'une fermière de
la Brie, particulièrement pendant la fabrication des *fromages
dits de saison.* Les tables sont alors lavées deux fois par jour;
les fromages sont retournés aussi souvent, et les vases et ustensiles sont échaudés et lavés à chaque rechange.

Section III. *Laiteries à beurre.* Cette espèce de laiterie est
aussi composée de trois pièces, 1°. d'une laiterie voûtée, dans
laquelle on fait crêmer le lait, et où l'on conserve le beurre
après sa fabrication; 2°. d'une autre pièce où est placée la machine à battre le beurre; 3°. d'un vestibule ou troisième pièce
qui doit contenir un fourneau économique, des tablettes et
des crochets pour échauder, laver et faire sécher les vases et
ustensiles qui dépendent de cette espèce de laiterie.

Les détails dans lesquels nous sommes entrés sur les laiteries à fromages nous dispensent d'en dire davantage sur
celles-ci. (DE PER.)

LAITIER. Verre souillé de fer, qui surnage la fonte de fer
dans les hauts fourneaux, qu'on enlève à mesure qu'il devient
trop abondant, et qu'on accumule en fragmens plus ou moins
gros aux environs de ces fourneaux, où ils forment des monticules souvent fort étendus ou fort élevés. *Voyez* FER et FONTE
DE FER.

Qui a visité des forges a dû regretter le terrain que couvre
le laitier qu'on y produit, parce que, ne se décomposant qu'a-
vec une extrême lenteur, ce terrain est presque toujours perdu
pour la végétation.

Cependant il suffit de charger la surface du tas de quelques pouces de terre pour la rendre propre à nourrir toutes les plantes annuelles qui ne craignent pas trop la sécheresse. J'y en ai vu qui annonçaient la plus vigoureuse végétation et dont la floraison devançait de quinze jours et plus celle de leur espèce croissant dans le voisinage ; sans doute, si elles avaient eu plus de terre et avaient été arrosées, elles eussent été encore plus belles. En effet, le verre étant un très-mauvais conducteur de la chaleur, celle du soleil s'accumule tout entière dans la terre qui recouvre le laitier, et lui donne, sur-tout quand elle est tenue convenablement humide, toute l'énergie possible. Aussi, s'il y avait de ces amas de laitier autour des grandes villes, on pourrait en tirer un parti très-avantageux pour cultiver des melons, des primeurs et autres articles de culture. Mettre un lit de ces laitiers sous les couches doit les améliorer beaucoup. Des expériences faites au Muséum d'histoire naturelle de Paris prouvent qu'il peut dispenser jusqu'à un certain point de mettre du Tan dans les serres. Il peut suppléer le Machefer dans la construction des allées. *Voyez* ces mots et celui Charbon. (B.)

LAITONS. Cochons de moins d'un an, qu'on tue dans les environs du Mans. Il faut les distinguer des cochons de lait qui ont au plus quinze jours. (B.)

LAITRON, *Sonchus.* Genre de plantes de la syngénésie égale et de la famille des chicoracées, qui renferme une quarantaine d'espèces, dont une est très-recherchée comme nourriture par les bestiaux, et plusieurs des autres sont remarquables par quelque autre raison.

Le Laitron commun, *Sonchus oleraceus*, Lin., a la racine annuelle et pivotante ; la tige cylindrique, creuse, cannelée, rameuse, haute d'un à 2 pieds ; les feuilles alternes, amplexicaules, sagittées, lancéolées, rongées, sinuées, dentées, quelquefois épineuses ; les fleurs jaunes, larges d'un pouce, réunies en petit nombre dans les aisselles des feuilles supérieures, et portées sur des pédoncules velus. Il croît abondamment dans les jardins, les champs cultivés, principalement dans ceux qui sont gras et humides, sur le rebord des fossés, le long des haies, etc. Il fleurit pendant tout l'été, et fournit un grand nombre de variétés.

Cette plante répand, lorsqu'on la blesse, un suc laiteux, et a un goût légèrement amer. Elle passe en médecine pour adoucissante, rafraîchissante et apéritive ; ses propriétés sont en général les mêmes que celles de la laitue. On la mange dans quelques endroits, soit crue en salade, soit cuite en manière d'épinards. Tous les bestiaux l'aiment avec passion, et c'est une excellente nourriture pour eux. Quelques personnes ont proposé de la semer en grand pour leur usage pendant l'hiver et les premiers jours du printemps, car elle végète aussi dans cette saison ; mais la difficulté de récolter ses graines, de les répandre également, et la nécessité de la donner fraîche aux bestiaux, parce qu'elle se pourrit très-rapidement dès qu'elle est coupée, n'ont pas permis de suivre leur avis. Lorsqu'on la coupe avant que ses dernières fleurs soient épanouies, elle repousse du pied, et on peut ainsi la rendre vivace pendant plusieurs années. En général on l'arrache, parce qu'elle passe par-tout pour une mauvaise herbe, et qu'en effet elle nuit souvent aux récoltes, sur-tout dans les jardins en sol humide, par son abondance et la largeur de ses feuilles. Les ménagères de campagne la réservent ordinairement pour leurs vaches, à qui on dit qu'elle donne plus de lait et d'une meilleure qualité, et pour leurs lapins, qu'elle rafraîchit d'une manière utile à leur santé. Je crois qu'il serait bon d'en donner aussi aux cochons par le même motif ; cependant il est peu de cantons où on le fasse.

Le Laitron des champs est vivace, a les tiges hautes de 3 ou 4 pieds ; les feuilles amplexicaules, lancéolées, cordiformes à leur base, rongées et dentées d'une manière fort irrégulière ; les fleurs jaunes disposées en corymbe terminal, avec les pédoncules et les calices hérissés de poils glanduleux. Il croît dans les champs argileux et humides, et nuit souvent aux récoltes par son abondance. Son extirpation est très-difficile, en ce que la plus petite portion de ses racines suffit pour le reproduire, et que, lorsqu'on arrache un pied à la pioche, ou qu'on le déchire en labourant, il en naît un plus grand nombre d'autres l'année suivante. J'ai vu des champs dont la culture était abandonnée par suite de l'impossibilité de le détruire. Ce n'est que par un système d'assolement bien entendu qu'on peut arriver à ce but, c'est-à-dire en substituant au blé des pommes de terre, des fèves et autres plantes qui demandent plusieurs binages, et à ces plantes des prairies artificielles. J'ai l'expérience que si on ne faisait pas précéder le semis des prairies de deux années au moins des cultures ci-dessus, le laitron se conserverait dans la prairie.

Au reste, tous les bestiaux, et surtout les chevaux, aiment cette plante et trouvent en elle un bon pâturage. Il semble qu'on pourrait en obtenir de plus grands avantages que ceux qu'on en tire aujourd'hui.

Le Laitron des marais est vivace, a les tiges hautes de 3 à 4 pieds ; les feuilles amplexicaules, hastées à leur base, rongées et dentées à leurs bords ; les fleurs jaunes, disposées en ombelles terminales et portées sur des pédoncules et des calices hérissés. Il croît dans les prés marécageux et à un aspect fort différent du précédent, quelque voisin qu'il en soit par ses caractères. Il est probable que les bestiaux le mangent également.

Le LAITRON DE PLUMIER, qui croît dans les Alpes ; le LAITRON DE FLORIDE, qui est originaire de l'Amérique septentrionale ; et le LAITRON DE SIBÉRIE, qui nous vient du nord de l'Asie, sont trois plantes vivaces de 3 à 4 pieds de haut, dont les feuilles (les radicales sur-tout) sont très-grandes ; les fleurs de couleur bleue et disposées en vaste panicule. On les cultive dans quelques jardins paysagers, où elles produisent d'agréables effets, soit isolées au milieu des gazons, soit placées entre les buissons des derniers rangs. On les multiplie de semence et plus communément par déchirement des vieux pieds. (B.)

LAITUE, *Lactuca*. Genre de plantes de la syngénésie égale et de la famille des chicoracées, qui renferme une vingtaine d'espèces toutes remarquables par leurs propriétés narcotiques, et cependant salutaires, ainsi que par le grand usage qu'on fait de l'une d'elles, et de ses variétés, comme aliment.

La LAITUE VIVACE, *Lactuca perennis*, Lin., a la racine vivace ; la tige haute de 2 à 3 pieds ; les feuilles toutes pinnatifides, à découpures linéaires et dentées ; les fleurs bleues et disposées en vaste corymbe. Elle se trouve dans les champs humides et pierreux, sur-tout dans les expositions chaudes. C'est la peste du cultivateur dans quelques endroits, par l'impossibilité de la détruire au moyen des labours ordinaires : souvent on n'y peut parvenir que par un défoncement de 2 à 3 pieds.

La LAITUE SAUVAGE, *Lactuca sylvestris*, Lin., est annuelle, haute de 2 à 3 pieds ; a les feuilles verticales engaînantes, sagittées, pinnatifides, aiguës, pourvues de quelques épines sur leur principale nervure ; les fleurs jaunes et nombreuses. Elle se trouve dans les terrains argileux et humides, sur le bord des chemins, dans les vignes, etc. Sa présence est toujours l'annonce d'un bon fond. On a souvent beaucoup de peine à en débarrasser les champs.

La LAITUE VIREUSE, *Lactuca virosa*, Lin., ne diffère presque de la précédente que parce que ses feuilles sont horizontales et obtuses à leur extrémité, et qu'il n'y a que les inférieures qui soient pinnatifides. On la rencontre dans les mêmes lieux. Les bestiaux n'y touchent pas.

La LAITUE A FEUILLES DE SAULE, *Lactuca saligna*, Lin., est dans le même cas ; seulement ses feuilles sont plus étroites et sa tige plus basse.

Ces trois plantes sont laiteuses, amères, apéritives et narcotiques. On les a regardées comme le type des laitues cultivées ; mais c'est à tort. La scariole même, qui a plus de rapport avec elles que les autres, doit appartenir à une espèce distincte, mais qu'on ne connaît pas.

La Laitue cultivée est annuelle et paraît originaire de la haute Asie. On la cultive de temps immémorial en Europe pour l'usage de la table. Elle a fourni une immense quantité de variétés qui chaque jour se perdent d'un côté, s'augmentent de l'autre, se confondent les unes avec les autres, etc., de manière qu'il est impossible de leur assigner des caractères communs fixes. On distingue cependant facilement trois races parmi elles, races que quelques botanistes regardent comme devant appartenir primordialement à autant d'espèces, mais que d'autres soutiennent n'être que des dégénérations de la même. Comme il est fort difficile, pour ne pas dire impossible, d'éclairer cette matière dans l'état actuel de nos connaissances, et que cela importe fort peu aux cultivateurs, je vais passer de suite à la description des caractères de ces races, et à l'énumération de celles de leurs principales variétés qu'on cultive dans les environs de Paris.

1°. Les Laitues non pommées. Leurs feuilles sont longues, étalées, faisant la rosette ; elles repoussent plusieurs fois après avoir été enlevées. On ne les cultive pas autant qu'elles méritent de l'être. Les trois plus connues sont,

La *laitue à couper*, dont les feuilles sont brunes et presque entières. Graines noires.

La *laitue-chicorée*. Ses feuilles sont vertes, très-crépues et très-tendres. Graines noires.

La *laitue-épinard* a les feuilles lâches et arrondies ; elle pousse des bourgeons. On la cultive beaucoup dans le midi, parce qu'elle fournit des feuilles tout l'hiver. Il y en a à graines noires et à graines blanches : c'est probablement à elle qu'il faut appliquer le nom de *laitue à feuilles de chêne* qu'on trouve indiqué dans quelques auteurs.

2°. Les Laitues pommées. Elles ont les feuilles presque rondes, ondulées, bullées, qui se recouvrent les unes par les autres à une certaine époque de leur végétation, de manière à former une boule plus ou moins serrée.

On subdivise ces laitues, relativement à leurs couleurs, en *laitues vertes*, *blondes* ou *mouchetées de jaune*, en *flagellées* ou *tachées de rouge*. Ces divisions ne sont pas rigoureuses et ne peuvent l'être ; mais elles suffisent dans la pratique.

Laitues pommées vertes.

La *laitue impériale* ou *laitue d'Autriche*, ou *grosse allemande*. C'est une des plus excellentes et des plus grosses. Sa couleur est d'un vert jaunâtre ; sa graine est blanche. On la sème sur couche ou en pleine terre. On la replante à 14 ou 15 pouces en tous sens. Elle craint moins la sécheresse que les autres, et monte plus difficilement ; aussi convient-elle mieux dans les départemens méridionaux. Quelquefois elle pousse des bourgeons entre ses feuilles. De trop copieux arrosemens la font souvent pourrir

La *laitue cocasse*. Ses feuilles sont d'un vert foncé et très-cloquées ou bullées, un peu amères et médiocrement tendres. On la préfère à toute autre pour l'été, parce qu'elle monte difficilement. Elle aime un terrain léger et de nombreux arrosemens. Lorsqu'on la sème en août, elle passe fort bien l'hiver en pleine terre, sur-tout dans les départemens du midi ; dans le nord, si on veut avoir de la graine, il faut l'élever sur couche : cette graine est blanche.

La *laitue de Versailles* a les feuilles d'un vert clair, peu nombreuses, formant une tête aplatie, et n'offrant qu'une legère amertume. Du reste, elle a les mêmes qualités et demande la même culture que la précédente ; on la sème presque toute l'année. Sa graine est blanche.

Ces deux variétés sont celles qu'on cultive le plus habituellement dans les jardins des maraîchers des environs de Paris.

La *laitue-Gênes verte* a les feuilles frisées, la pomme dure et jaune. Elle demande peu d'eau et à être souvent serfouie. Elle diffère peu par les qualités des laitues - Gênes rousse et Gênes blonde. Peu connue à Paris, mais beaucoup dans le midi de la France. Graine blanche.

La *laitue d'Aubervillers* a les feuilles lisses, la pomme très-petite, jaune et fort tendre. Elle réussit fort bien dans le nord pendant le printemps et l'été. Elle monte difficilement.

La *laitue-gotte* est petite, blanche, tendre, facile à monter. Elle offre une sous-variété, qu'on sème sous châssis pour être mangée lorsqu'elle n'a que cinq à six feuilles. On en consomme beaucoup à Paris.

La *laitue-dauphine* ou *laitue printanière* a la pomme serrée et aplatie, pousse des bourgeons de l'aisselle de ses feuilles, demande beaucoup d'eau, et n'est pas délicate sur la natu e du terrain où on la place. Sa bonté et sa précocité la mettent dans le cas d'être plus répandue qu'elle ne l'est dans les départemens, sur-tout dans ceux du midi. Sa graine est noire.

La *laitue-Perpignan verte* ou *laitue verte à grosses côtes*. Feuilles unies, lisses, à grosses côtes ; pomme grosse, jaune et douce ; craint l'humidité, résiste à la chaleur. Graine blanche. Elle a une sous-variété, décrite plus bas. Il faut la semer sur couche pour l'avancer, si l'on veut que ses graines mûrissent dans le nord.

La *laitue de Batavia* ou *de Silésie*, dont les feuilles sont légèrement frisées et tendres, est très-grosse et fort recherchée. Elle est fort difficile sur le choix du terrain, et demande des arrosemens abondans. Les froids lui sont très-contraires. Elle pomme rarement avant le mois d'août. Quelquefois ses feuilles sont bordées de rouge. Sa graine est blanche. Il ne faut pas la confondre avec la Silésie des départemens méridionaux, qui est la sanguine, ni avec la laitue-Batavia brune, dont il sera question plus bas.

La *laitue-coquille*. Dure et amère, mais résistant fort bien aux rigueurs de l'hiver. Feuilles concaves, peu frisées, jaunâtres; pomme petite. Graine noire. Se sème ordinairement en automne dans les parties méridionales de la France, et sur couche en février dans le climat de Paris.

Laitues pommées blondes ou *mouchetées de jaune ou de brun*.

La *laitue grosse blonde* a la feuille grande et très-cloquée. Sa tête se forme promptement et est assez serrée. Elle ne diffère de la laitue de Versailles que par sa couleur; cependant sa durée est moindre et sa saveur plus délicate. Sa graine est blanche.

La *laitue-Georges blonde*. Ses feuilles sont grandes, un peu frisées, d'un vert blond, cassantes; sa pomme un peu aplatie, grosse, serrée. Elle monte promptement en graine. Il est préférable de la semer pour l'hiver, sur-tout dans le midi. Une terre forte et substantielle est celle qui lui convient le mieux. Elle offre une sous-variété encore plus grosse : l'une et l'autre ont la graine blanche.

La *laitue-Bapaume* a la pomme grosse, un peu vide au sommet. Réussit dans toutes les saisons, mais est de médiocre qualité. Sa graine est noire.

La *laitue-Gênes blonde*. Ses feuilles sont lisses, blondes; sa pomme jaune, pointue, de médiocre grosseur. Elle monte facilement.

La *laitue-Gênes rousse* a les feuilles frisées, rousses, tachées de brun, la pomme jaune, tendre et bien remplie. Passe fort bien l'hiver dans le midi; craint les étés chauds dans le nord. Semence noire.

La *laitue de Hollande* ou *laitue brune*. Ses feuilles sont lisses, d'un vert brun et mat; sa pomme est très-ferme, bien pleine et jaune. Monte tard; est un peu dure; soutient bien les chaleurs. Semence noire.

Laitue-Batavia brune. Est légèrement frisée, très-voisine par ses qualités de la laitue-Batavia ordinaire; mais elle est d'un blond foncé, même brune; sa pomme est peu serrée et très-grosse. C'est une des variétés que, sous le nom de *laitues-choux*, on fait le plus souvent cuire.

La *laitue paresseuse*. Feuilles unies sur les bords, très-crispées au milieu, les extérieures d'un gros vert ; pomme grosse, pleine, un peu amère et dure. Monte tard et résiste très-bien aux chaleurs et à la sécheresse. Dans le nord, il faut la semer sur couche pour avoir de la graine, qui est blanche.

La *laitue-passion*. Feuilles très-bullées, très-vertes, tachetées de brun. Résiste très-bien aux froids, et se cultive en conséquence fréquemment aux environs de Paris. Ses défauts sont les mêmes que ceux de la précédente. Graines blanches.

La *laitue royale*. Feuilles extérieures d'un beau vert, un peu cloquées et luisantes ; pomme bien formée, tendre, douce. Dure long-temps, demande beaucoup d'eau. C'est une des meilleures. Semence blanche.

La *laitue d'Italie*. Feuilles fines, unies sur les bords, d'un vert rougeâtre faible ; pomme serrée, de médiocre grosseur, jaune, tendre, d'un excellent goût. Exige peu d'eau, est peu difficile sur le terrain, monte tard. Préférable sous quelques rapports à la précédente. Graine noire.

La *laitue-Perpignan mouchetée de jaune* ou *laitue à grosses côtes* diffère peu de la laitue Perpignan verte. Ses côtes sont moins grosses et ses feuilles mouchetées de jaune. Elle n'est pas commune aux environs de Paris.

La *laitue petite crêpe* ou *petite noire*. Ses feuilles sont d'un vert noirâtre, frisées, dentelées et arrondies ; sa pomme est petite ; ses graines noires. Cette variété passe fort bien l'hiver, mais monte facilement. Il ne faut compter sur elle qu'au printemps. On la sème fréquemment sur couche pour la couper lorsqu'elle n'a encore que cinq à six feuilles, et la manger sous le nom de *salade de carême*. Elle a peu de goût. Il en existe une sous-variété plus grosse, appelée la *grosse crêpue*, la *ronde*, la *crêpe blanche* ou *printanière*, qu'on doit préférer.

La *laitue pomme de Berlin*. C'est la plus volumineuse quand elle se trouve plantée dans un sol qui lui convient. Sa pomme n'est jamais très-serrée, mais elle blanchit très-bien et est douce, tendre et cassante ; ses feuilles, d'un vert tendre, ont leurs bords légèrement teints de rouge. On doit la semer de bonne heure, parce qu'elle monte facilement. Sa graine est noire, ou, mieux, brun foncé.

La *laitue grosse rouge*. Se plaît dans les terrains gras et fertiles, y pomme très-bien et y dure long-temps. Ses feuilles y sont grandes, d'un vert foncé, peu frisées, et d'un vert rembruni par un gros rouge. Sa pomme est grosse et très-tendre. Elle demanderait à être plus multipliée. Ses semences sont noires.

La *laitue petite rouge*. Ses feuilles extérieures sont d'un vert tendre fouetté de rouge et presque unies. Son cœur est

jaune et tendre. Elle pomme lentement, mais monte difficilement. Rare aux environs de Paris. Graine noire.

La *laitue-Bergopzoom* a les feuilles rondes, unies par les
bords, d'un vert brun, fortement lavées de rouge brun sur tous
les endroits frappés par le soleil. Pomme petite, ferme, bien
arrondie. Semences noires. Elle vient vite, monte difficilement, et ne craint pas l'hiver.

La *laitue palatine* diffère de la précédente par ses teintes
rouges moins fortes et par sa pomme un tiers plus grosse. Ses
semences sont noires. Elle est très-cultivée à Paris et y passe
pour une des meilleures.

La *laitue sans pareille* a les feuilles d'un vert très-clair tirant sur le blond, finement dentelées, lavées de rouge sur les
bords. Grosseur moyenne. Semences blanches.

La *laitue mousseronne* a les feuilles très-frisées, dentelées,
d'un vert clair, fortement teintes de rouge sur les bords. Sa
pomme est petite et tendre; ses semences sont blanches.

La *laitue sanguine* ou *la flagellée* a les feuilles unies, d'un
gros vert, marbrées de veines rouges et quelquefois entièrement
rouges. Le cœur est blond, veiné d'un beau rouge. Sa pomme
est médiocre et monte dès qu'elle sent les fortes chaleurs, aussi
ne réussit-elle qu'au printemps. Elle demande une terre douce
et de fréquens arrosemens. Sa semence est noire.

Il y en a une sous-variété dont la semence est blanche et
dont les couleurs sont plus claires.

Ces dernières variétés, si agréables à la vue, ne sont pas
aussi bonnes que plusieurs autres.

3°. Les Laitues romaines ou chicons. Elles ont les feuilles
longues, concaves, droites, nullement bullées ou cloquées,
constamment douces et cassantes.

La *laitue romaine hâtive*. Ses feuilles sont pointues, d'un
vert pâle; ses semences sont blanches. Elle s'élève et se forme
bien sous cloche. On la sème sur couche en octobre dans le
climat de Paris, et dans le midi en pleine terre en janvier.

La *laitue romaine verte* a les feuilles très-allongées, arrondies, un peu foncées, d'un vert obscur. Sa semence est blanche.
C'est la moins tendre, mais la plus grosse. On la sème avant
l'hiver pour la repiquer pendant cette saison. Tous terrains
lui conviennent.

La *laitue romaine grise* est moins verte que la précédente
et bien plus difficile sur le choix du terrain, mais elle est plus
douce et plus hâtive. Sa semence est blanche; c'est celle qu'on
cultive le plus en automne.

La *laitue romaine blonde*. Ses feuilles sont minces, unies,
un peu pointues, d'un vert jaunâtre. Ses semences sont blan-

ches. Elle est délicate, monte et fond facilement, n'aime pas l'humidité.

La *laitue romaine alphange*. Feuilles lisses, tendres, délicates, très-pointues, avec quelques taches rouges au sommet. Semences blanches. Très-grosse et délicate variété.

La *laitue romaine panachée*. Toutes ses feuilles sont tachées de rouge. Ses semences sont noires. Les grandes chaleurs la font monter très-vite. Il y en a une sous-variété appelée d'*Angleterre*, dont les semences sont blanches, dont le cœur est plus rouge, et qui n'a pas besoin d'être liée pour blanchir.

La *laitue romaine rouge*. Ses feuilles extérieures seulement sont tachées de rouge, les intérieures offrent un beau jaune. Elle aime une terre forte et cependant craint l'humidité, et blanchit sans être liée. On la sème de bonne heure en automne.

Les variétés de laitues dont je viens de présenter la liste sont celles qui sont le plus souvent cultivées dans les environs de Paris. J'aurais pu aisément en quadrupler le nombre, si j'eusse voulu fouiller dans les ouvrages qui ont traité du jardinage, et consulter les jardiniers des grandes villes des départemens et des autres capitales des états de l'Europe. Je crois qu'à leur égard, comme à celui de toutes les plantes très-anciennement soumises à la culture, il faut plutôt chercher à conserver les bonnes variétés qu'à multiplier les mauvaises. Or les laitues, qui se cultivent ordinairement les unes à côté des autres, se confondent bientôt par le mélange de leur poussière fécondante, de sorte que quand on veut conserver une espèce pure, il faut isoler autant que possible les pieds réservés pour la graine. (B.)

Départemens du midi. On a dû remarquer, en suivant l'énumération des espèces, l'époque à laquelle on doit les semer : on choisit, à cet effet, un lieu bien abrité ou par des murs, ou par des claies faites exprès; la terre doit être fine, bien terreautée et travaillée. Ainsi préparée, elle est prête à recevoir les semences des laitues à manger au printemps. S'il était possible de se procurer dans les provinces des couches et des cloches, il conviendrait alors de semer en décembre et même en novembre: dans ce cas, on aurait des plantes à lever et à mettre en pleine terre dès le mois de janvier et février. On courrait alors les risques d'en perdre beaucoup, moins par la rigueur du froid, que par l'impétuosité des vents, qui occasionnent une forte évaporation dans la plante, et produisent sur elle le même effet que les fortes gelées. Il y a, ainsi qu'on l'a vu, des espèces qui résistent mieux les unes que les autres, et qui, par cette raison, ont été nommées laitues d'hiver; ces espèces doivent être semées à la fin d'août, en septembre et au com-

5 *

mencement du mois d'octobre : peu-à-peu elles s'accoutument aux matinées fraîches, et sont déjà endurcies contre la rigueur de la saison lorsqu'on les replante à demeure pour passer l'hiver. Les autres, au contraire, ont été élevées délicatement, et la transition d'un lieu à un autre est plus ou moins funeste, à raison de la diversité de température ; cependant, à force de soins et avec de la paille longue, on garantit ces laitues d'été des intempéries de l'air, et ou en jouit beaucoup plus tôt. Les cultivateurs ordinaires ne prendront pas ces peines trop minutieuses ; car la vente de leurs primeurs ne les dédommagerait pas du temps qu'ils auraient perdu : il vaut mieux attendre d'avoir chaque chose dans sa saison ; la saveur de la plante est délicate et à son point, et la dépense est alors moins considérable. Les amateurs et les gens riches peuvent satisfaire leur fantaisie. Si la saison devient âpre, de la paille longue jetée sur les semis les préserve du froid. Quelques jardiniers, afin de conserver la fraîcheur et d'empêcher l'évaporation de la terre, couvrent le sol, dès qu'il est semé, avec des feuilles d'artichaut, de choux, et la graine germe plus vite, et n'est pas enlevée par les chardonnerets, les pinçons et autres oiseaux, qui en sont très-friands. Cette précaution est plus utile dans les semailles d'automne que dans celles d'hiver, parce que, dans lo premier cas, cette saison a encore des jours forts chauds, et sur-tout parce qu'il serait dangereux d'arroser trop tôt par irrigation : alors l'eau imbibe trop la terre du sillon, quoiqu'elle ne le surmonte pas.

Les semailles d'hiver peuvent être faites en tables, en planches, attendu que dans cette saison la terre a très-rarement besoin d'être arrosée ; on sème à la volée en recouvrant le tout d'un peu de terre. Les semailles d'automne, au contraire, exigent que la terre soit déjà disposée en sillon *tronqué* ; c'est-à-dire que sa partie supérieure ne soit pas entièrement terminée par la terre tirée du fossé. Sur ce sillon plat, sur la partie où monte l'eau de l'irrigation, on sème à la volée, et avec la terre qu'on enlève du fossé on recouvre la graine et on achève d'élever le sillon : alors le fossé se trouve net et assez profond pour recevoir l'eau lorsque le besoin le demande. Quelques jardiniers, le sillon une fois tout formé, se contentent, de chaque côté et à la hauteur où montera l'eau, de tracer avec le manche du râteau, ou tel autre morceau de bois, une ligne d'un pouce de profondeur, d'y semer la graine et de la recouvrir. Cette méthode est défectueuse, en ce que les graines sont alors trop accumulées et se nuisent ; d'ailleurs si deux sillons semés à la volée suffisent, il en faudrait près de six, afin d'avoir le même nombre et la même quantité de bonnes laitues.

La graine de laitue germe assez facilement ; celle de deux

ans moins vite que celle de la première année : il en est ainsi de la graine de trois ans, c'est à-peu-près jusqu'à ce dernier terme que l'on peut la conserver. Plusieurs auteurs proposent différentes infusions pour la faire germer plus vite, ces infusions sont inutiles. Ayez un terrain bien préparé, semez dans un temps convenable, voilà la meilleure recette.

La disposition des jardins par sillons ferait perdre beaucoup de terrain si on ne profitait des deux côtés de l'ados du sillon ; le jardinier attentif plante d'un côté des laitues, tandis que de l'autre il a semé ou planté un autre herbage qui ne parviendra à son point de grosseur ou de maturité que lorsque les laitues seront coupées. C'est ainsi que sont disposés les sillons entre les rangées de pois, dans les planches de cardons, d'oignons, de choux, de céleri, etc.

Si on le pouvait, il vaudrait beaucoup mieux semer à demeure qu'en pépinière, la transplantation retarde les progrès de la plante, qui en est moins belle. De toutes les erreurs, la plus absurde est le retranchement des racines ; je dis au contraire : levez avec le plus grand nombre de racines possible, et même avec la terre si elle est un peu mouillée, et plantez sans la déranger. Si vous avez beaucoup de laitues à transporter, si elles sont trop serrées dans les pépinières, et si la terre s'en détache, ayez un plat, un vase peu profond plein d'eau, et rangez dans ce vase les laitues près les unes des autres, afin que les racines y trempent, et que la plante conserve sa fraîcheur ; replantez après le soleil couché ; faites venir l'eau, et le lendemain, avant le soleil levé, couvrez chaque laitue avec une feuille qui sera enlevée le soir à la fraîcheur, et une autre sera également remise et enlevée le lendemain. Ces précautions paraîtront minutieuses aux jardiniers qui massacrent l'ouvrage ; mais en suivant leur méthode ordinaire, en plantant au gros soleil un plant déjà fané, en ne le couvrant pas les jours suivans, les feuilles languissent, sèchent et les racines n'ont effectivement repris qu'après six ou huit jours ; tandis que par la manipulation que je propose, à peine se ressent-elle de la transplantation : j'en réponds d'après mon expérience.

Dans les provinces du midi, les laitues exigent d'être plus souvent serfouies que dans celles du nord, parce que l'irrigation affaisse trop promptement la terre et la durcit. Un petit travail donné tous les quinze jours leur fait un grand bien, et encore plus si on remue toute la terre du sillon, comme il a été dit au mot IRRIGATION ; mais il faut pour lors que le sillon soit des deux côtés planté en laitues, car ce bouleversement de terre dérangerait la plante voisine. Le meilleur arrosement dans l'été est au soleil couchant.

Comme toutes les espèces de laitues ne donnent pas autant de graines les unes que les autres, et que plusieurs en donnent fort peu, le jardinier prévoyant destine un plus grand nombre de pieds à graines; dans chaque espèce il choisit et conserve les plus beaux pieds : c'est le seul moyen de n'avoir pas des semences dégénérées. Les espèces qui donnent le moins de graine sont la Bapaume, l'Italie, les crêpes, l'Aubervilliers, la Bagnolet.

Si on désire ne pas voir confondre ces espèces, ou les laisser devenir HYBRIDES (*voyez* ce mot), il faut avoir l'attention la plus scrupuleuse de tenir éloignés, autant qu'il sera possible, les pieds des espèces destinées pour la graine. C'est par le mélange de la poussière des étamines d'une plante portée sur une autre, que chaque année on voit naître cette multitude de variétés, presque aussi nombreuses qu'il existe de jardins.

Départemens du nord. Pour avoir de bonne heure des laitues au printemps, du 1er. au 15 mai, il faut, dit M. Nollin, dès le milieu du moins d'août, semer en bonne exposition les variétés qui passent l'hiver, telles que la crêpe, l'Italie, la cocasse, la coquille, la passion, la romaine hâtive; et, à la fin d'octobre ou au commencement de novembre, on doit repiquer les plants sur les plates-bandes des espaliers au midi et au levant, dans les fortes gelées les couvrir de litière, paillassons et autres matières propres à les défendre, et qu'on retire dès que le temps s'adoucit. On laisse en pépinière le plant le plus faible; s'il résiste à l'hiver, il fournit une autre plantation en mars.

En septembre et en octobre, on peut semer ces mêmes variétés sous cloches, sur des ados de terreau ou de terre meuble mêlée avec du crottin; trois semaines après, on y repique le plant plus à l'aise sur d'autres ados, pour y passer l'hiver en pépinière; on couvre les cloches de litière dans les fortes gelées, et on les découvre dans le milieu du jour, et même on leur donne un peu d'air, à moins que le temps ne soit excessivement rude. Au commencement de février, on leur donne chaque jour plus d'air, on ôte entièrement les cloches pendant le jour et même pendant la nuit, si les gelées ne sont pas trop fortes, afin d'endurcir le plant. Lorsqu'il aura passé huit à dix jours sans cloches, et qu'il sera accoutumé au plein air, on le repiquera de nouveau en bonne exposition, entre le 15 février et le 1er. mars, si la température de la saison le permet.

Depuis la fin de septembre jusqu'au temps des premières laitues pommées, on sème tous les quinze jours de la graine de laitue-crêpe de Versailles, de George-blonde, etc., afin d'avoir pendant toute la saison rigoureuse de la petite laitue ou laitue à couper. Sur des couches de chaleur tempérée et couvertes de 4 à 5 pouces de terreau, on sème la graine assez clair et en petits rayons ou à la volée; on la couvre de très-peu de terreau, et on la presse fortement avec la main sur le terreau sans l'enterrer; on couvre de cloches. Environ quinze jours après, lorsque le plant a deux bonnes feuilles entre ses cotylédons, on coupe la plante.

Pour avoir des laitues pommées pendant l'hiver, il faut, à la fin d'août, semer sur un ados de terreau bien exposé de la graine de petite crêpe, de crêpe ronde, ou autre variété, qui résiste au froid et pomme sous cloches. Lorsque le plant est assez fort, on le repique en place sur des couches, qui n'ont pas besoin d'être fort hautes; il y pomme sous cloche en décembre.

A la fin de septembre ou au commencement de novembre on fait un autre semis sur couche. Lorsque le plant fait sa première feuille, on le repique plus à l'aise, et lorsqu'il est assez fort on le repique en place sur une couche neuve, pour qu'il pomme en janvier sous cloches ou sous châssis. Ce second semis et les suivans ne sont ordinairement que des laitues-crêpes.

En décembre, janvier et février, on fait de nouveaux semis des mêmes laitues; mais la rigueur de cette saison exige plus de soin. Il faut semer la graine fort clair sur une couche de chaleur tempérée, chargée de 4 pouces seulement de terreau. Dès que le plant commence sa première feuille, on doit le repiquer à un pouce de distance l'un de l'autre, sur une nouvelle couche, ou sur la même si elle conserve assez de chaleur. Lorsque sa quatrième ou cinquième couche est formée, il faut le transplanter sur une couche neuve chargée de 6 bons pouces de terreau, ou, mieux, de terre meuble et mêlée de terreau. Si c'est sous un chassis, on pique les pieds à 5 à 6 pouces de distance en tout sens. Si c'est sous cloche, on peut en mettre sous chacune jusqu'à quinze pieds, et lorsqu'ils se serreront, on n'en laissera que quatre ou cinq, et le surplus sera repiqué sous d'autres cloches. Il est reconnu que les cloches neuves font périr le plant. Depuis que les graines sont semées, jusqu'à ce que les laitues soient pommées, on ne peut être trop attentif à couvrir les cloches de grande litière, à les borner pendant la nuit, à augmenter les couvertures dans les grands froids, à ajouter des paillassons par-dessus pendant les neiges et les grandes pluies, à donner de l'air aux cloches et aux châssis le plus souvent qu'il est possible, et toujours du côté opposé au vent; à soutenir dans les couches, que l'on fait fort étroites dans cette saison (*voyez* le mot COUCHE), une chaleur modérée, et non un grand feu, qui ferait fondre le plant. Lorsque les laitues commencent à *tourner*, c'est-à-dire à pommer, on doit retrancher les feuilles basses qui sont jaunes, et plomber, c'est-à-dire approcher et presser le terreau contre le pied.

Dans les plants de laitue faits dans l'hiver et dans le printemps, il faut choisir les pieds les plus gros et les plus pommés pour grener; il est nécessaire de ficher au pied de chacun un échalas pour le marquer, et dans la suite pour soutenir la tige contre les vents : on doit dégager le pied, sur-tout des grosses variétés, des feuilles jaunes, fanées, pourries, ou même trop nombreuses. Lorsque les aigrettes des graines commencent à paraître à l'extrémité des rameaux, il faut couper ou arracher les tiges, les exposer pendant quelques jours au soleil, sur des draps ou dans un van, ensuite les secouer ou les battre légèrement, ramasser la graine qui s'est détachée, remettre les tiges au soleil pendant quelques jours, et les battre. La graine qui s'en détache est bien inférieure à la première, et ne doit être employée que pour faire de la laitue à couper. La graine de laitue peut se conserver quatre ans; mais elle n'est bonne que la seconde année : semée la première année, le plant monte facilement; la troisième année une partie ne lève point, et la quatrième il ne lève que les graines parfaitement aoûtées, pourvu encore que la graine ait été tenue bien renfermée. (R.)

La consommation qui se fait de laitues en France est immense. Quoique très-peu nourrissantes par elles-mêmes, elles sont recherchées par toutes les classes de la société. Les Romains en faisoient un grand usage. Elles rafraîchissent l'acrimonie des humeurs, et sont légèrement narcotiques. Les habitans des pays chauds doivent en conséquence en user encore plus fréquemment que ceux des pays froids. Les cultivateurs qui en donneront à leurs ouvriers pendant les chaleurs de la canicule seront donc très-louables. Les soins qu'elles demandent dans leur culture ne peuvent pas faire supposer qu'il soit possible d'en tirer parti pour la nourriture en grand des bestiaux, quoique tous les aiment avec passion; mais il ne faut jamais laisser perdre celles qui montent, ni les feuilles inférieures de celles qu'on épluche. Toutes les volailles trouvent dans ces feuilles un mets qu'elles recherchent avec avidité et qui leur est très-salutaire. Il en est de même des lapins et des cochons. Les tiges de celles qui sont montées se mangent, dans beaucoup de lieux, soit crues, soit cuites, après les avoir dépouillées de leur peau.

On cultive la laitue dans la haute Égypte pour sa graine, dont on tire une excellente huile, objet d'une exportation importante en Arabie. Il serait difficile de faire en France une utile spéculation sur l'extraction de cette huile, à raison du haut prix de la main d'œuvre et du loyer des terres, ainsi que de la difficulté de la récolte de la graine. (B.)

LAMBLE. Synonyme d'AMBLE. (B.)

LAMBOURDE. M. Roger de Schabol la définit ainsi : « Les lambourdes sont de petites branches maigres, longuettes, communes aux arbres à pepins et à ceux à noyaux, ayant des yeux plus gros et plus près que sur les branches à bois, et qui jamais dans les arbres de fruits à pepins, ne s'élèvent verticalement comme elles, mais qui naissent d'ordinaire sur les côtés, et sont placées comme en dardant. Celles des fruits à noyaux donnent du fruit dans la même année. Celles des arbres fruitiers à pepins sont trois ans à se préparer à donner du fruit. »

Elles sont plus courtes sur le pêcher que sur les autres arbres. Outre les caractères assignés plus haut, en voici encore quelques-uns propres à faire reconnaître les lambourdes : elles naissent vers le bas, à travers l'écorce du vieux bois, et même des yeux des branches de l'année précédente. Leurs yeux sont de couleur noirâtre ; leur écorce est d'un vert luisant, et l'extrémité supérieure de la lambourde est terminée par un groupe de boutons, dont un seul à bois. Telles sont particulièrement celles du pêcher ; elles ne durent qu'un an ; on les retranche à la taille de l'année suivante. On distingue encore la lambourde de la BRINDILLE (*voyez* ce mot) sur les arbres à fruits à pepins, en ce que celle-là est lisse, tandis que celle-ci est plus courte et chargée de rides circulaires.

Bien conduites et bien ménagées, les lambourdes assurent l'abondance des fruits pour les années suivantes : on ne doit jamais les abattre ; si elles sont trop longues, on les raccourcit en les cassant ; si elles poussent dans un endroit dégarni de branches à bois, en les taillant pendant deux à trois ans consécutifs à un seul œil, elles se changent en branches à bois, et dès-lors elles sont traitées comme les autres. (R.)

En coupant une lambourde, on détermine le plus souvent la sortie de plusieurs autres dans le voisinage ; aussi quelques jardiniers savent-ils, par ce moyen, se procurer plus de fruits et plus constamment du fruit que d'autres qui ne connaissent pas cette pratique. *Voyez* REMPLACEMENT et TAILLE.

La formation des lambourdes est d'autant plus abondante, que l'arbre est plus faible ou placé dans un plus mauvais terrain, ou qu'il a éprouvé une plus grande sécheresse l'année précédente. Dans ces trois cas, la nécessité de conserver quelque vigueur à l'arbre doit engager les cultivateurs éclairés à en diminuer le nombre par une taille plus rigoureuse. Souvent la nature fait seule cette opération au moyen des insectes qui dévorent les fleurs avant leur développement, ou font tomber les fruits peu après qu'ils sont noués.

Lorsqu'on greffe une lambourde, tantôt cette lambourde donne du fruit l'année même, tantôt elle se change en branche à bois; mais cette branche, d'après l'observation positive de Thouin, se met plutôt à fruit qu'une branche à bois greffée le même jour dans des circonstances semblables. (B.)

LAMBROTTE. On donne ce nom, dans le département des Deux-Sèvres, à une grappe de raisin peu garnie

LAMBRUCHE ou LAMBRUSQUE. Vigne abandonnée à elle-même dans les haies ou dans les bois, c'est-à-dire sauvage. *Voyez* Vigne.

LAMBRUSCO. Synonime de Grapille dans le midi de la France. *Voyez* Vigne. (B.)

LAME. On donne ce nom, aux environs de Tonnerre, aux terres franches très-fertiles qui constituent la vallée où coule l'Armançon, et qui est le produit des alluvions de cette rivière. On a rarement besoin de les fumer, quoiqu'on leur fasse souvent produire de suite plusieurs récoltes épuisantes. Ce mot se rapproche tant de celui loam employé par les Anglais pour indiquer la même sorte de terre, qu'on ne peut se refuser à les regarder comme provenant de la même souche. (B.)

LAME. Les grappes de raisin naissantes s'appellent ainsi dans le département de Maine-et-Loire. *Voyez* Vigne. (B.)

LAME. Botanique. C'est la partie des pétales des caryophyllées qui est hors du calice.

On donne aussi ce nom aux cloisons de certains fruits, comme du pavot. (B.)

LAMIER, *Lamium*. Genre de plantes de la didynamie gymnospermie, et de la famille des labiées, qui renferme une douzaine d'espèces, dont trois sont très-communes, et une quatrième remarquable par sa beauté. Il est donc dans le cas d'être mentionné ici.

Le Lamier blanc, plus connu sous le nom d'*ortie blanche*, d'*ortie morte*, est une plante vivace à racine traçante; à tige droite, quadrangulaire, velue, quelquefois rameuse; à feuilles opposées, légèrement pétiolées, en cœur aigu, dentées, velues; à fleurs blanches disposées en verticilles, environ au nombre de vingt, dans les aisselles des feuilles supérieures; elle croît autour des villages, dans les jardins, les buissons, les haies et autres lieux ombragés, s'élève à environ un pied, et fleurit pendant presque toute l'année. Ses fleurs exhalent une légère odeur balsamique, et ses feuilles sont âcres et amères: on emploie les unes et les autres comme vulnéraires, détersives et astringentes. Tous les bestiaux la mangent sans la rechercher. Les abeilles font sur elle une abondante récolte de miel à une époque où les fleurs monopétales sont encore rares. Il est des endroits où elle est si abondante, qu'il est avantageux de la couper ou de l'arracher pour faire de la litière, pour chauffer le four ou fabriquer de la potasse : elle est toujours l'indice d'une terre légère et de première qualité.

Le Lamier pourpre est annuel, a la tige quadrangulaire ; les feuilles opposées, pétiolées, en cœur obtus et denté ; les fleurs rouges et disposées en verticille dans les aisselles des feuilles supérieures ; on le trouve très-abondamment dans les jardins, les champs voisins des villages, le long des haies, etc. Il fleurit pendant tout l'été. Toutes ses parties exhalent, lorsqu'on les froisse, une odeur forte peu agréable, qui n'empêche pas les bestiaux de le manger. Sa hauteur atteint rarement un pied.

Le Lamier amplexicaule est annuel, a les tiges quadrangulaires ; les feuilles opposées, presque rondes et lobées, les inférieures pétiolées, et les supérieures amplexicaules. Ses fleurs sont rouges et verticillées dans les aisselles des feuilles supérieures. Il croît dans les mêmes lieux que le précédent, et fleurit même pendant l'hiver : les bestiaux le mangent également. Son abondance est quelquefois telle dans les jachères, qu'il serait avantageux de le faucher pour faire de la litière, quoique sa hauteur atteigne rarement un pied.

Le Lamier oval est vivace, a la tige quadrangulaire ; les feuilles opposées, en cœur aigu, dentées en scie, ridées et larges comme la main. Ses fleurs sont grandes, rougeâtres, disposées en verticille dans les aisselles des feuilles, et leur calice est coloré. Il croît naturellement dans les parties méridionales de l'Europe, fleurit au printemps, et se cultive pour l'ornement dans quelques jardins ; sa hauteur surpasse quelquefois 2 pieds. On le place dans les jardins paysagers entre les buissons des derniers rangs : une terre légère et de l'ombre sont favorables à sa croissance. Sa multiplication a ordinairement lieu par le déchirement de ses racines, qui tracent beaucoup et qui ont besoin d'être contenues ; mais on pourrait tout aussi facilement l'exécuter, quoique plus longuement, par ses graines, qui mûrissent bien dans le climat de Paris. (B.)

LAMPAS. Médecine vétérinaire. C'est un gonflement presque toujours inflammatoire de la membrane muqueuse qui recouvre la voûte palatine et qui garnit la face interne des dents. Ce gonflement est quelquefois assez considérable pour dépasser la table des dents, pour empêcher l'animal de manger et le rendre réellement malade. Souvent il n'est que symptomatique et paraît dépendre d'une plénitude trop grande de l'estomac et des intestins ; il est aussi idiopathique et produit par une irritation de la membrane buccale. Dans l'un et l'autre cas, il cède presque toujours à quelques jours de repos et de diète. Dans le premier, on peut employer avec succès un ou deux légers purgatifs. Cette maladie est très-commune dans les jeunes chevaux qui font leurs dents molaires. On a encore l'habitude, dans quelques endroits, d'ouvrir la membrane muqueuse avec de mauvais bistouris, ou avec la corne, ou même de la brûler : si l'effusion du sang peut dégorger momentanément la partie, l'irritation qui est une suite inévitable de toutes ces mauvaises opérations ne manque jamais de faire plus de mal que la saignée n'a fait de bien. C'est donc à tort qu'on emploie ces deux derniers moyens ; la saignée seulement par un bon bistouri doit être mise en usage dans le cas d'une forte inflammation. (*Huz. fils.*)

LAMPOURDE, *Xanthium*. Plante annuelle, à tige cylindrique, rameuse ; haute d'un pied et plus ; à feuilles alternes, pétiolées, en cœur, lobées et dentées régulièrement ; à fleurs petites et réunies en paquets axillaires ; qui croît souvent en grande abondance le long des chemins, autour des fermes, sur les berges des fossés, etc., et qui se fait remarquer par ses fruits pourvus de crochets propres à les attacher aux habits des passans et aux poils des animaux.

Cette plante, qu'on appelle le *petit glouteron*, forme, avec sept ou huit autres, un genre dans la monoécie pentandrie et dans la famille des urticées.

Les feuilles de la LAMPOURDE COMMUNE sont amères et passent pour astringentes et résolutives ; sa semence est diurétique ; les bestiaux la mangent quelquefois lorsqu'elle est jeune : c'est une plante que tout possesseur de moutons doit détruire avec le plus grand soin possible ; car ses semences, introduites dans une toison, ne peuvent être ôtées qu'avec une grande perte de laine. J'ai même vu des moutons qu'on a été obligé de tondre pour les en débarrasser, et un cheval auquel on fut forcé de couper les crins de la queue et du cou pour la même cause. On peut facilement parvenir à ce but en l'arrachant avant sa floraison, et alors elle peut servir à faire de la litière et augmenter ainsi la masse des fumiers. On peut aussi en tirer un parti très-avantageux en en fabriquant de la potasse ; cependant, comme ses semences se conservent plusieurs années sans germer lorsqu'elles sont enterrées trop profondément, il arrive souvent que le labour d'un champ en fait naître des pieds là où on ne soupçonnait pas qu'il en dût paraître.

La LAMPOURDE ÉPINEUSE a les tiges garnies d'épines ternées, les feuilles trifides et blanches en dessous. Elle est annuelle et croît dans les parties méridionales de l'Europe. (**B.**)

LAMPSANE, *Lampsona*. Plante annuelle de la syngénésie égale et de la famille des chicoracées ; à tige creuse , cannelée, velue, rameuse ; à feuilles alternes : les radicales pétiolées, souvent pinnatifides ; les caulinaires sessiles, et d'autant plus entières qu'elles sont plus élevées ; à fleurs jaunes, portées sur des pédoncules bifides à l'extrémité des tiges et des rameaux ; qui croît naturellement et souvent très-abondamment dans les jardins, les bois, les haies, sur les décombres, les vieux murs et autres endroits ombragés, où elle s'élève à 2 ou 3 pieds, et fleurit en été.

Cette plante passe pour rafraîchissante , émolliente et détersive ; en en fait assez fréquemment usage en médecine. Les bestiaux la mangent sans la rechercher. Le meilleur usage qu'on en puisse faire dans les lieux où elle est abondante, et ces lieux sont fréquens, c'est de l'arracher pour faire de la litière, et augmenter ainsi les engrais. On peut aussi en chauffer le four. (B.)

LANCERON. Cochon de six mois aux environs de Langres. (B.)

LANDES. L'acception de ce mot varie un peu dans les différentes parties de la France. En général , c'est une étendue de pays où la terre est dénuée d'arbres, et ne peut être cultivée avec profit en blé et autres céréales ; mais on l'applique plus particulièremet à un sol en plaine, formé d'argile, recouverte par une épaisseur de sable , et donnant presque exclusivement naissance à des bruyères, des ajoncs, des genets et des brugranes parmi les arbustes , et à des méliques bleues, des tormentilles, des joncs, des laiches , etc. , parmi les plantes vivaces : telles sont les landes de Bordeaux, de la Sologne, de la Bretagne, de la Westphalie , etc.

Depuis long-temps on désire transformer les landes, qui ne donnent à l'agriculture qu'un pâturage maigre et des broussailles à peine suffisantes pour l'usage de leurs peu nombreux habitans, en champs fertiles ou en forêts productives. Tous les essais particuliers qu'on a faits et soutenus avec constance ont réussi , et cependant les landes précitées ont encore la même étendue et la même infertilité qu'autrefois. D'où vient cela ? De l'ignorance et de la misère. En effet les habitans des landes mêmes s'opposent à leur amélioration ; l'habitude ou ils sont d'en tirer quelque parti au moyen de leurs troupeaux leur fait croire qu'ils seraient ruinés, si ces troupeaux perdaient la plus petite étendue des pâturages qu'ils parcourent. Ils ne veulent pas reconnaître qu'un arpent en bonne culture fournit plus de fourrage en plantes herbacées ou en feuilles d'arbres, que dix dans l'état naturel ; cependant leurs troupeaux manquent souvent de nourriture au printemps , c'est-à-dire à l'époque qui précède la nouvelle pousse, manquent de nourriture en été lorsque la sécheresse a brûlé les herbes. Aussi quels moutons voit-on dans les landes, dans celles de la Sologne, par exemple? Les cultivateurs sont rarement aisés dans les pays de landes, et pour faire des améliorations en agriculture, il faut des avances, il faut pouvoir attendre les rentrées, etc. C'est donc en éclairant les cultivateurs, en leur fournissant des fonds, qu'on peut espérer de voir les landes donner un jour des produits en rapport avec leur étendue. Il faut que les propriétaires, ou le gouvernement, suivent en France l'exemple qui a été si avantageusement offert par ceux de Westphalie. Quelques fermes montées dans les bons principes, et répandues çà et là dans les landes, suffiraient sans doute pour déterminer la formation de beaucoup d'autres, et avec du temps elles se trouveraient complétement cultivées.

Les plus infertiles des landes sont celles dont la couche inférieure est composée de cailloux agglomérés par un oxyde de fer. On les appelle JALLE dans le Maine ou ALIOS dans la Gascogne.

Un des obstacles qui s'opposent le plus à la fertilité des landes, c'est qu'elles sont couvertes d'eau en hiver et après les grandes pluies. Pour le détruire, il faudrait les défoncer jusqu'au gravier, sur lequel repose presque toujours l'argile presque superficielle qui empêche l'eau de s'infiltrer; mais cette opération deviendrait très-coûteuse et ses frais ne seraient jamais remboursés par les produits. Un moyen de la suppléer jusqu'à un certain point, anciennement proposé par je ne sais qui, et nouvellement pratiqué par M. Cadet de Vaux, c'est de faire, avec la TARIÈRE (*voyez* ce mot), de distance en distance, et sur-tout dans les dépressions, des trous de 5 à 6 pouces de diamètre, pénétrant jusqu'au gravier, et qu'on boucherait avec de petites pierres, des morceaux de bois ou seulement de la terre végétale.

Les landes de l'Armagnac ont été transformées en vignobles, parce qu'elles n'étaient pas aquatiques pendant l'hiver.

On doit à M. Depère d'excellentes idées sur les moyens à employer pour rendre à la culture les landes de Bordeaux et autres : son mémoire sur ce sujet est imprimé dans le tom. XLV des *Annales d'agriculture.*

Les *Annales d'agriculture* renferment beaucoup d'exemples de modes de culture des landes, dont les résultats ont été très-profitables à ceux qui les ont entrepris. Les plus remarquables parmi ceux insérés dans la nouvelle série, sont ceux offerts par M. Bérard, tome VI; par M. Hielmann, tome VII; Mallet de Chilly, tome IX; Trochu, tome XI; par M. de Lavaque, tome XII.

J'ai donné, au mot Bruyère, les détails de ce qu'il convient de faire pour rendre les landes fertiles, j'y renvoie le lecteur ; je l'invite aussi à lire les articles Communaux, Sables, Gravier, Galet, Argile et Plaine. (B.)

LANGEOLE. Nom qu'on donne dans le département des Deux-Sèvres à l'Euphraise. (B.)

LANGIT. *Voyez* Aylanthe.

LANGUE. Médecine vétérinaire. La langue est un organe musculaire logé dans l'espace que laissent entre elles les deux branches de l'os de la mâchoire postérieure: intérieurement cet espace forme ce qu'on appelle le *canal* et extérieurement *l'auge*. La langue sert non-seulement dans tous les animaux à la mastication et à la déglutition, en portant les alimens non triturés sous les dents molaires, et en faisant passer ceux déjà mâchés dans l'œsophage, mais encore dans quelques-uns, tels que le bœuf et le chien, à saisir ces mêmes alimens ou les boissons ; elle présente à l'extérieur de petits mamelons, qui sont les orifices de follicules muqueux, destinés à sécréter une humeur qui, mêlée à la salive, sert à lubrifier la bouche (à la tenir fraîche), et à faciliter le passage des alimens.

Dans un cheval de selle, cet organe mérite d'être examiné, parce que sa mauvaise conformation entraîne quelques inconvéniens. Ainsi, lorsqu'elle est trop grosse, lorsqu'elle exubère au-dessus du canal, elle supporte presque seule le mors, l'empêche de porter sur les barres et rend la bouche dure. Quand elle est logée trop profondément dans le canal, elle ne supporte plus conjointement avec les barres l'effet du mors. Ces dernières peuvent être plus facilement endommagées par l'embouchure, sur-tout si elles sont tranchantes et si les lèvres sont minces.

Quelquefois la langue pend hors de la bouche, on dit que c'est une *langue pendante* ; dans d'autres chevaux, elle sort et rentre à tous momens : on l'appelle *langue serpentine*. Outre le désagrément qui résulte pour le cavalier de pareils défauts, l'animal fait une grande déperdition de salive, ce qui nuit à sa santé ; et si par accident il vient à tomber ou à heurter quelques corps, cette partie peut être prise entre le corps et les dents, et être déchirée ou même coupée. D'autres chevaux replient leur langue autour de l'embouchure, la passent au-dessus : on dit alors qu'ils s'arment du mors. Tous ces défauts les empêchent de bien recevoir l'impression de la main, et déprécient un cheval de selle. Les marchands cachent ces défauts au moyen de quelques mors faits exprès : quand donc l'on voit un mors extraordinaire dans la bouche d'un cheval à vendre, il est bon de le faire ôter et d'en faire mettre un ordinaire.

Quand la langue a été coupée, déchirée, ce qui arrive de

temps en temps quand des palfreniers se servent, en guise de filet, de longes de licol trop minces, elle se cicatrise irrégulièrement, laisse des alimens se loger dans quelques-unes des parties de la bouche; une mauvaise odeur résulte de la fermentation de ces alimens, et l'animal, en perd quelquefois l'appetit. Une langue ébréchée, coupée, est donc encore un défaut auquel il faut prendre garde.

Cette partie est exposée à être attaquée d'une tumeur charbonneuse. (*Voyez* aux mots CHARBON, et MÉDECINE VÉTÉRINAIRE.)

Dans le bœuf, la langue est beaucoup plus longue que dans le cheval; elle rassemble en petit tas, par un mouvement circulaire, les herbes de la prairie, et les amène sur les incisives pour y être coupées: les ouvertures des follicules muqueux sont très-saillantes; ce sont elles qui donnent à la langue sa rudesse remarquable. Dans le chien, la langue est très-mobile, et quand l'animal veut boire il allonge dans le liquide sa pointe en forme de cuiller, et en la retirant rapidement amène toujours une certaine quantité de boisson: on nomme cette manière de boire *lapement*. (Huz. fils).

LANGUE DE BOEUF. La RENOUÉE BISTORTE porte ce nom aux environs de Clermont-Ferrand. (B.)

LANGUE DE VACHE. On donne ce nom à la SCABIEUSE DES CHAMPS dans les environs de Boulogne. (B.)

LANGUE DE CHIEN. Appellation vulgaire de la CYNOGLOSSE.

LANGUE DE SERPENT. *Voyez* OPHIOGLOSSE VULGAIRE.

LANTERNE. Petit meuble destiné à porter la lumière d'une lampe ou d'une chandelle dans un lieu où souffle le vent, où tombe la pluie, ainsi que dans un lieu où l'on peut craindre la communication du feu.

Les cultivateurs qui sont exposés fréquemment à sortir la nuit de leurs maisons pendant qu'il fait du vent ou qu'il pleut, à aller la nuit dans leurs greniers, leurs granges, leurs écuries, leurs étables, leurs bergeries, etc., tous lieux abondans en matières très-combustibles, ne peuvent pas se dispenser d'avoir une ou plusieurs lanternes.

Combien d'entre eux ont été ruinés, ont causé la ruine de quelques-uns de leurs voisins, même de tous leurs voisins, pour avoir négligé de se pourvoir d'une lanterne! *Voyez* INCENDIE.

Mais quelle sorte de lanterne parmi les quarante qui sont connues, un cultivateur doit-il préférer? Je répondrai: celle qui sera en même temps la plus sûre, la plus solide et la plus économique.

Les deux premières conditions excluent d'abord toutes celles qui sont dans le cas d'être brûlées par la flamme, d'être brisées par leur choc contre un corps dur, et la dernière toutes celles dans la composition desquelles entrent des matériaux d'une certaine valeur.

Pour ne pas m'étendre plus qu'il ne convient, je dirai qu'on fait, en France principalement, usage de deux sortes de lanternes fort dans le cas de remplir le but, et dont je désire que tous les cultivateurs pauvres ou riches fassent emplète et utilisent journellement.

La première, la moins chère, est un cylindre de fer-blanc de 4 pouces de diamètre, fermé par le bas, pourvu d'une porte garnie d'une vitre en corne mince, surmonté d'un cône tronqué et ouvert, également en fer-blanc, lequel est percé de beaucoup de petits trous et terminé par un crochet. On trouve à acheter de ces sortes de lanternes dans toutes les villes.

La seconde, qui ne me paraît connue que dans les départemens de l'Est de la France, mais dont il y a une grande fabrique à Bar-sur-Aube, est un cylindre de 4 pouces de diamètre en fils de fer très-rapprochés, liés entre eux au moyen d'autres fils de fer perpendiculaires, et fermé aux deux bouts par une plaque de tôle, dont la supérieure est pourvue d'un anneau. Une porte est ménagée dans sa partie inférieure.

Cette dernière, dont j'ai vu faire journellement usage dans mon enfance, est positivement la lampe de Davy, si vantée dans ces dernières années, et avec raison, mais qu'on ignorait être connue de temps immémorial en France. Elle éclaire beaucoup mieux que la première. On peut, comme je l'ai vu, la recouvrir entièrement de paille, sans que cette paille prenne feu. Avec des soins, on doit la conserver un siècle en bon état de service : c'est donc elle que je voudrais voir préférer partout.

J'ai oublié de dire que ces deux lanternes, comme toutes les autres, offrent intérieurement, et inférieurement, une douille dans laquelle se place la lampe ou la chandelle. (B.)

LAPI. Nom du céleri dans le département de Lot-et-Garonne. (B.)

LAPIN. Le tort que les lapins font à l'agriculture lorsqu'ils sont réunis en grand nombre dans les pays cultivés, a excité contre eux l'animadversion des cultivateurs. Plusieurs agronomes n'ont parlé du lapin que pour faire apprécier les avantages qu'il y aurait à anéantir cet animal destructeur de nos récoltes : Rozier a partagé cette opinion, et les articles Lapin, Garenne et Garde-Chasse ne traitent que des dégâts causés par les lapins, et n'offrent point les moyens de conserver ces animaux sans inconvéniens pour l'agriculture.

Cependant les lapins, par leur poil, leur peau et leur chair,

Tome IX.

peuvent occuper une place assez remarquable parmi les animaux dont l'homme a su s'assurer la possession, et la destruction qui en a été faite assez généralement en France pendant quelques-unes des dernières années, a fait éprouver à notre commerce et à nos manufactures un déficit notable. En effet, si l'on considère que le poil de lapin est nécessaire à la chapellerie, puisqu'il contribue essentiellement à faire feutrer l'étoffe, à lui donner de la fermeté, et qu'il entre dans les chapeaux, suivant le degré de leur finesse, dans le terme moyen d'un quart du poids total ; si l'on considère aussi que l'emploi de cette substance s'est accru considérablement depuis la perte du Canada, qui a triplé le prix du poil de castor, on se refusera difficilement à porter, avec plusieurs écrivains, à quinze millions le prix annuel de la consommation des peaux de lapin dans nos chapelleries : il faut encore ajouter à ce calcul la quantité que la bonneterie emploie pour les gants et les bas qui sont fabriqués avec ce poil, et tout ce qui entre dans la fabrication de plusieurs draps.

En ce moment, nos manufacturiers sont obligés de faire venir de l'étranger une partie de leurs peaux de lapin, tandis que, loin de devoir à cet égard être tributaires, notre climat, favorable à la production de cet animal, pourrait nous permettre d'en exporter abondamment, si son éducation particulière et la perfection de ses races étaient convenablement dirigées. Indépendamment de l'emploi de son poil, la peau du lapin fait une fort bonne colle ; la chair de cet animal est une nourriture saine, que les habitans de la campagne pourraient facilement se procurer, tandis que la rareté de la viande de boucherie les réduit souvent à ne manger qu'un peu de porc et à vivre presque toujours de végétaux. Enfin le fumier de lapin est un très-bon engrais, sur-tout dans les terres glaiseuses.

Quelques obstacles se sont opposés à la multiplication des lapins élevés à l'état domestique : on a prétendu que le rassemblement de ces animaux viciait l'air et causait des maladies. Des remontrances à ce sujet ont été adressées à l'administration ; mais il a été reconnu que dans le cas où ces animaux, réunis en grand nombre dans une maison, et mal soignés, y répandraient une odeur fétide, les habitans ne manqueraient pas de s'en apercevoir avant que l'air pût avoir contracté une qualité malfaisante. Dans les campagnes, la mortalité complète des lapins précédera toujours de beaucoup l'époque à laquelle, par la négligence des propriétaires, l'air pourrait devenir dangereux à respirer.

La différence de saveur de la chair des lapins sauvages, comparée à celle des lapins domestiques, et le mépris que font de ces derniers les hommes qui se piquent de délicatesse, a mis aussi des bornes à cette espèce d'industrie. La chair des lapins sauvages est en effet plus succulente et un peu plus ferme ; mais la nourriture choisie et les préparations qu'on peut donner à ces animaux après leur mort, font disparaître presque entièrement ces différences ; et la grosseur des lapins domestiques, dont M. Lormoy notamment avait propagé une race qui pesait jusqu'à 10 à 12 livres, dédommage bien d'une différence de goût presque insensible.

Une des principales causes qui ont empêché la multiplication des lapins domestiques, est la mortalité, qui enlève souvent des portées entières, et décourage le cultivateur, qui voit perdre ainsi le fruit de son labeur. Quelquefois l'humidité seule, ou le manque de soins causent cette mortalité. Le succès des premiers momens, pendant lesquels les lapins sont restés à l'abandon, a quelquefois fait croire à l'inutilité des soins multipliés pour eux ; mais on s'aperçoit bientôt que l'humidité ou la malpropreté seules occasionnent des maladies que nous aurons occasion de faire connaître par la suite, et qui, quelquefois par leur contagion, occasionnent la destruction complète des garennes. Alors le propriétaire, qui ne connaît pas la cause de ce désastre, se dégoûte bientôt d'une occupation qui, loin de lui être profitable, lui devient onéreuse.

Nous croyons donc utile d'indiquer ici des moyens simples d'élever abondamment des lapins sans nuire à la multiplication et à la récolte des autres produits de l'agriculture.

Suivant les circonstances et les localités, on peut donner trois sortes d'habitations différentes aux lapins : des garennes libres, des garennes forcées, et des garennes domestiques. Les premières, trop nuisibles aux autres productions agricoles dans les pays cultivés, ont le plus grand succès dans les montagnes sabloneuses et incultes, où ces animaux se plaisent et multiplient abondamment. En Irlande, en Danemarck et dans plusieurs autres pays, les dunes sont couvertes de lapins sauvages, qui s'y sont naturalisés, et les propriétaires retirent un grand produit de leur dépouille, qui est seule comptée dans une grande exploitation de ce genre. L'évêque de Derry obtient d'une grande garenne située sur le bord de la mer, et qu'il possède en Irlande, douze mille peaux de lapin par année. Ces animaux, originaires des pays chauds, et qu'on ne peut élever qu'avec beaucoup de difficulté dans l'intérieur du Danemarck, se multiplient abondamment dans les dunes qui bordent ce pays ; mais nous devons nous borner à indiquer ici sommairement les avantages des garennes libres, dont l'état de notre culture ne nous permet pas de faire un fréquent usage.

Les garennes forcées diffèrent des premières, en ce qu'elles sont entourées de tous côtés par des fossés, des murs ou des haies, qui empêchent les animaux de s'écarter de l'habitation. Il n'y a pas de mesure fixe pour leur grandeur, qui doit être la plus étendue possible. C'est en général à leur petitesse qu'on doit attribuer le peu de succès qu'on doit à quelques-uns de ces établissemens en France, tandis que dans plusieurs cantons de l'Angleterre, et notamment dans les provinces d'Yorckshire, de Lincolnshire et de Norfolck, où les garennes forcées sont très-multipliées, quelques-unes contiennent plusieurs centaines d'acres. Il y a des garennes forcées dans le Yorckshire, dans lesquelles on assomme dans une seule nuit cinq à six cents paires de ces animaux.

Ces garennes sont fermées par des murs de terre, recouverts de jonc ou de chaume, ou bien, elles sont entourées d'une clôture de pieux; dans leur intérieur, on forme plusieurs champs clos de murs et semés en prairies artificielles, surtout en turneps, qui servent de nourriture pendant l'hiver. Dans les lieux où la terre ne fournit pas ces productions, on élève des meules de foin, que les lapins consomment pendant la saison morte; des hangars sont adossés aux murs de clôture, afin que ces animaux puissent trouver une nourriture sèche pendant la saison pluvieuse, et l'on a soin de pratiquer dans la garenne plusieurs terriers artificiels, pour inviter les lapins à continuer ce premier travail.

Olivier de Serres est l'auteur français qui a le mieux détaillé les soins à prendre pour réussir dans l'éducation des lapins; il a porté, dans cette partie comme dans toutes les autres, cet esprit d'observation et cette sagacité qui l'ont fait regarder à juste titre comme le premier de nos agronomes, et qui rendent son ouvrage précieux, et neuf encore à quelques égards, même après deux cents ans d'existence. Il recommande d'établir la garenne sur un coteau exposé au levant ou au midi, dans une terre légère, mêlée d'argile et de sable, qu'il faut parsemer de taillis épais, et planter d'arbres qui puissent fournir de l'ombre aux lapins et qui résistent à leurs dents, tels sont en général les arbres verts; il faut en ajouter d'autres qui poussent avec rapidité, et dont la coupe puisse devenir une nourriture utile, que les lapins trouvent sur place, tels que tous les arbres fruitiers, les chênes, les ormes, les genevriers, etc. On doit avoir soin d'environner ces arbres dans leur jeunesse, afin de les défendre de l'approche des lapins. Toutes les plantes odoriférantes, telles que le thym, le serpolet, la lavande, doivent être répandues dans la garenne; enfin on doit y mettre des graminées, des plantes légumineuses et des racines, lorsque son étendue ne fournit pas une nourriture naturelle assez abondante: cette étendue, suivant Olivier de Serres, doit être au moins de 7 à 8 arpens; et il assure qu'une garenne forcée de cette grandeur rapportera deux cents douzaines de lapins par année, si elle est convenablement entretenue. Il veut que la garenne soit voisine de la maison, afin qu'elle puisse être fréquemment visitée et mieux gardée ; qu'elle soit enfermée par des murailles de pierres ou de pisé, hautes de 9 à 10 pieds, dont les fondations soient assez profondes pour empêcher les lapins de passer sous la construction. Ces murailles doivent être garnies au-dessous du chaperon d'une tablette saillante qui rompe le saut des renards. Il faut aussi griller d'une manière serrée les trous nécessaires à l'écoulement des eaux. Les fossés pleins d'eau sont regardés par Olivier comme d'excellentes clôtures, lorsque la localité le permet : il y trouve l'avantage de former un canal environnant, qui peut être empoissonné. On doit donner à ces fossés 6 à 7 mètres de large sur 2 mètres et plus de profondeur ; il faut relever d'environ un mètre et à pic leur rive extérieure, en empêchant les éboulemens et les brèches par un bâtis en maçonnerie, ou par une plantation d'osiers très-rapprochés ; la rive intérieure doit être en pente douce, afin que les lapins qui auraient traversé le fossé à la nage pour s'en aller, ne pouvant gravir à l'autre bord, puissent revenir sur leurs pas et retourner sans danger à leur gîte.

Cette opération de pratiquer des fossés remplis d'eau autour de la garenne, produit encore l'avantage de pouvoir former dans l'intérieur quelques monticules favorables aux lapins avec la terre meuble qui est extraite des fossés, et de fournir à boire à ces animaux lorsqu'ils en ont besoin.

Lorsqu'on veut prendre des lapins de la garenne, on se sert de piéges, de filets ou d'espèces de trappes : les filets doivent être tendus vers le milieu de la nuit, entre les terriers et les lieux où les lapins vont pâturer ; on les chasse avec des chiens et on les laisse renfermés dans les filets jusqu'au jour. Les filets à ressort doivent être placés aux environs des meules de foin où les lapins se rendent en grand nombre : on pratique aussi de grandes fosses recouvertes d'un plancher au milieu duquel il y a une porte avec une petite trappe ; ces fosses sont creusées aux environs des meules de foin, ou bien dans les champs semés en turneps ou cultivés pour la nourriture d'hiver. La trappe reste fermée pendant quelques nuits, pour ne pas épouvanter les animaux ; on l'ouvre ensuite pour les prendre. En vidant la fosse dans laquelle ils sont tombés, on doit séparer ceux qui sont en bon état et on les assomme ; on doit lâcher au contraire tous ceux qui sont maigres. Vers la fin de la belle saison, il est utile de rendre cette opération plus générale pour diminuer le nombre des mâles, en n'en laissant qu'un pour six à sept femelles ; moins on a de mâles surabondans, plus on sauve de petits, parce qu'ils les détruisent fréquemment. On peut aussi châtrer les mâles à mesure qu'ils tombent sous la main, et les lâcher ensuite dans la garenne : par cette opération ils deviennent plus gros, d'un manger plus délicat; ils ne sont plus dangereux pour les femelles, pour leurs portées ni pour les autres mâles, tandis que ces animaux se livrent entre eux des combats cruels lorsqu'ils n'ont pas été coupés.

Quand on se sert de ce moyen pour prendre les lapins, il faut avoir grand soin de ne pas laisser trop remplir les fosses; car s'il y tombe un trop grand nombre de lapins, et qu'ils y restent pendant quelques heures, ils y sont étouffés, et l'on ne peut plus tirer parti que de leurs peaux.

Il ne faut employer ni le furet ni le fusil pour chasser dans les garennes forcées; l'un et l'autre effraient les lapins et les dégoûtent de leur habitation : on peut se servir de plusieurs autres moyens qui n'ont pas cet inconvénient. Quelques propriétaires ferment une grande quantité de trous des terriers tandis que les lapins sont au gagnage; ils les effraient ensuite pour leur faire chercher une retraite dans d'autres trous pratiqués exprès et qui traversent les monticules. A l'un des bouts de ces passages ils ont tendu un filet, et par l'autre ils forcent les lapins, à l'aide d'une longue perche, à se sauver et à se prendre dans les filets. D'autres propriétaires suspendent à un arbre un large panier d'osier sur l'endroit où les lapins prennent ordinairement leur nourriture, ou bien sur la place où elle a été accumulée à dessein, et, par le moyen d'une corde qui passe sur une poulie et vient aboutir à un cabinet dans lequel le chasseur est caché, il laisse tomber le panier doucement sur eux, lorsqu'ils ont été rassemblés à l'aide du sifflet ou de la voix; ensuite on les tire, un à un, par une porte pratiquée latéralement sur le panier, et l'on choisit ceux qu'on veut ôter à la garenne; il faut qu'il y ait plusieurs endroits garnis de ces paniers, ou bien qu'ils soient changés fréquemment de place, afin de ne pas effaroucher les lapins. On peut se servir encore d'une grande cage faite en osier ou autre bois, garnie d'ouvertures posées au niveau de la terre, et qui, par leur forme évasée extérieurement, facilitent l'entrée aux lapins, et les empêchent de sortir par les pointes qu'elles présentent intérieurement; on y met une nourriture qui leur soit agréable, et lorsqu'il en est entré suffisamment, on les retire par une porte pratiquée dans le couvercle plein qui les recouvre. Il y a plusieurs autres moyens simples que les circonstances et l'industrie du propriétaire pourront lui fournir, et dont il est inutile de faire mention ici; mais nous croyons devoir indiquer encore une disposition de garenne dont les longs succès ont garanti l'avantage : cette garenne est formée de trois enclos entourés de murs, excepté dans les points par lesquels ils communiquent ensemble. Les lapins, en sortant du premier, qui est très-étendu, et dans lequel ils terrent et se tiennent habituellement pour aller dans le troisième, où la nourriture sèche ou fraîche leur est abondamment fournie, passent dans l'enclos intermédiaire dont les murs sont garnis inférieurement et à fleur de terre, de pots de grès qui représensent de faux terriers ; lorsque les animaux sont au gagnage, on ferme la porte de communication avec l'enclos des terriers ; ensuite on les effraie : ils vont tous se réfugier dans l'enclos intermédiaire, et se blottissent dans les pots de grès, qui leur offrent une retraite apparente ; là on les prend sans peine et l'on choisit ceux qui sont dans le meilleur état, en remettant dans l'enclos des terriers les mères et ceux des mâles ou des jeunes qui n'ont pas encore un embonpoint suffisant.

Les clapiers ou garennes domestiques sont nécessaires pour le repeuplement et pour l'entretien des grandes garennes ; la bonne tenue de ces petits établissemens mérite d'autant plus de nous occuper, qu'ils sont à la portée des plus pauvres cultivateurs.

La forme des clapiers peut varier autant que les localités qui leur sont destinées : lorsque les lapins sont tenus sèchement, qu'ils sont séparés les uns des autres, et qu'ils sont convenablement nourris, ils sont toujours disposés à pulluler, et les mêmes soins peuvent leur être administrés.

La meilleure exposition du clapier est le levant ou le midi ; il est utile qu'il soit entouré de murs et couvert d'un toit qui le garantisse des injures de l'air et des attaques des fouines, des chats et des renards, qui sont des ennemis dangereux pour les lapins ; lorsque le clapier n'est pas couvert d'un toit, il faut en couronner le pourtour avec des ardoises saillantes à angle aigu, et très-avancées en dehors. La fondation des murs environnans doit s'enfoncer à 1 mètre et demi ou 2 mètres, et le clapier être pavé ou ferré à cette profondeur, afin que les jeunes lapins puissent fouiller la terre et soient arrêtés par cette barrière insurmontable, l'expérience ayant prouvé, contre l'assertion de plusieurs auteurs accrédités, qu'ils fouillent à l'état d'esclavage comme dans celui de liberté. Ce sol pierreux recouvert de terre, il faut y placer des cabanes pour les mères : ces cabanes doivent être élevées à 18 ou 20 centimètres de terre, et être construites en lattes serrées ou en planches fortes qui résistent à la dent des lapins, et laissent entre elles un libre passage à l'air ; leur grandeur doit être de 75 centimètres à un mètre en tous sens ; le fond doit être plein, soit en plâtre, soit en planches ; il faut lui ménager une inclinaison douce d'avant en arrière, et quelques trous de distance en distance pour faciliter l'écoulement de l'urine; leur porte latérale doit s'ouvrir facilement et donner un libre passage à la litière, qu'il faut renouveler de temps en temps. Chacune des cabanes doit être garnie d'un petit râtelier de la forme de ceux qui sont en usage dans les bergeries : il sert à recevoir les fourrages verts ou secs qui sont destinés aux lapins, et à les empêcher de les fouler et de les perdre; il faut aussi que la cabane soit garnie d'une sébile pour le son et la graine qu'on doit donner particulièrement aux mères nourrices. Les cabanes doivent être assez bien fermées pour que les jeunes lapereaux ne puissent pas sortir à travers les barreaux; souvent ils s'y étranglent et périssent en voulant passer dans le commun général.

Un clapier de 12 à 15 mètres de long et de 4 à 5 de large peut contenir vingt à vingt-quatre loges, dont deux seront destinées pour les mâles, et deux autres, qui devront être le double des premières, serviront de commun aux jeunes lapins de 5 à 6 semaines, lorsque leurs forces ne leur permettent pas encore de courir en liberté dans le clapier. Ce nombre de loges peut être considérablement augmenté, suivant la méthode pratiquée par quelques propriétaires, si l'on en met plusieurs rangs placés les uns au-dessus des autres, en observant d'éloigner les inférieures toujours davantage du mur de clôture, afin que les animaux ne soient pas incommodés par l'urine qui coule des cabanes supérieures; mais, dans le commencement de l'établissement sur-tout, il ne faut pas trop multiplier les mères, parce qu'alors cette occupation, qu'on s'obstine à regarder comme secondaire, et qui par son produit pourrait tenir une place distinguée dans l'éducation des animaux domestiques, deviendrait trop étendue, et que la négligence qui suivrait entraînerait le découragement du propriétaire et la ruine du clapier.

On doit conserver dans la garenne un courant d'air continu, au moyen de croisées grillées à claire-voie : cette manière de renouveler l'air, très-nécessaire sur-tout pendant l'été, est préférable aux fumigations de vinaigre et des plantes aromatiques, qui ont été recommandées, et dont l'usage est au moins inutile avec cette précaution. Il est bon d'ajouter au bâtiment qui renferme les cabanes une galerie extérieure et ouverte, dans laquelle les lapins puissent aller prendre l'air et s'exposer au soleil; ils rentrent ensuite dans le grand commun intérieur, en passant par des trous qui sont ménagés exprès pour servir de communication.

La nourriture doit être portée aux lapins tous les jours deux fois, une le matin, et l'autre le soir. Si elle est verte, il faut la bien ressuyer avant de la mettre dans les râteliers ou sur le

sol du clapier : cette nourriture doit être principalement composée des débris de tous les légumes du jardin , en observant
de donner peu de choux , de salades, et généralement de toutes
les plantes aqueuses et froides ; l'herbe mouillée est funeste
aux lapins. Les feuilles et racines de carottes, toutes les plantes
légumineuses, les feuilles et branches d'arbres de toute espèce,
la chicorée sauvage , le persil, la pimprenelle , etc. , peuvent
former la nourriture des lapins pendant l'été ; on garde pour
l'hiver les regains , les pommes de terre, les topinambours,
les turneps , les betteraves champêtres, le fourrage du blé de
Turquie , etc. L'usage du sel leur est aussi avantageux qu'à
tous les autres animaux domestiques ; il leur donne de l'appétit , et semble contribuer à entretenir leur bonne santé. Le
son , les grains de toute espèce et l'avoine , lorsqu'il est facile
de s'en procurer, doivent faire aussi partie de leurs repas ; ils
en mangent avec plaisir, et cette nourriture est utile , sur-tout
aux mères lorsqu'elles allaitent leurs petits. Il est très-bon de
varier fréquemment la nourriture des lapins lorsqu'ils sont en
état de captivité.

On accuse mal à propos ces animaux de consommer une
énorme quantité de fourrage : quelques auteurs ont avancé
que dix lapins mangeaient autant qu'une vache ; mais il paraît
prouvé qu'il en faudrait au moins cinquante à soixante pour
faire une semblable consommation ; probablement les observateurs qui ont avancé ce fait ont compté la surabondance
d'herbes qu'ils avaient données , et que les animaux avaient
réduites en mauvaise litière.

C'est aussi une erreur de croire qu'il faut leur donner une
nourriture plus substantielle à midi , la nature et l'observation
indiquent au contraire qu'on doit les laisser reposer à cette
heure , à laquelle ils sont presque toujours endormis. Il faut
leur donner leur nourriture de très-grand matin et le soir vers
le coucher du soleil : c'est ordinairement la nuit qu'ils mangent
le plus avidement.

La qualité de la litière qu'on donne aux lapins domestiques
est une des considérations les plus essentielles de leur éducation ; le mauvais état de leur litière occasionne la plupart des
maladies dont ils peuvent être atteints. La paille qu'on leur
donne à cet effet doit être sèche et souvent renouvelée. L'é-
poque du changement total de la litière doit avoir lieu toutes
les trois semaines , et notamment environ huit jours avant l'é-
poque à laquelle les mères mettent bas , et quinze jours après
la naissance des petits. Il est bon, dans l'intervalle des changemens, de recouvrir d'un lit de paille fraîche l'ancienne litière. Dès les premiers jours de la naissance des lapereaux ,
on doit rechercher avec soin si la mère ne les a pas déposés

dans l'humidité, ce qui les ferait infailliblement périr : dans ce cas, on les enlève avec précaution, et on les dépose dans l'endroit le plus sec de la cabane.

L'expérience a prouvé que cette opération, faite convenablement, ne nuisait en aucune manière aux petits, et n'en dégoûtait pas la mère ; mais il faut user modérément de cette ressource, et tâcher d'éviter l'inconvénient qui oblige d'y avoir recours, en nettoyant les cabanes à des époques fixes et se mettant en état de ne point les déranger dans les premiers momens : pour cela, il est très-nécessaire de remarquer avec soin les époques auxquelles les mères ont été mises au mâle, afin de pouvoir les changer à temps, et leur enlever à propos la première portée, qui les détournerait lorsqu'elles voudraient mettre bas la seconde.

Chaque lapine peut donner six à sept portées par année ; trois semaines après qu'elles ont mis bas, on doit remettre les mères aux mâles : il faut les y laisser passer une nuit, et lorsque l'un et l'autre sont en bon état, que le mâle n'a pas plus de cinq à six ans, et la femelle de quatre à cinq, il est rare que la lapine ne soit pas remplie. Elle revient ensuite à ses petits, et peut sans inconvénient continuer à les nourrir encore une huitaine de jours. Quelques mères font périr les jeunes lapereaux ; on peut les corriger de ce défaut (qui provient souvent de la faute de la ménagère), en leur donnant abondamment à manger la nourriture qui leur est la plus agréable, en les dérangeant le moins possible, et en ne les mettant jamais au mâle que le soir ; lorsqu'elles en sortent le matin, elles mangent et dorment, et elles ne maltraitent pas les petits, comme lorsqu'on les fait rentrer le soir dans leurs cabanes.

Il ne faut faire couvrir les femelles qu'à l'âge de six mois ; elles portent trente ou trente et un jours, et leurs portées sont depuis deux ou trois jusqu'à huit à dix petits : il est plus avantageux qu'elles ne soient que de cinq à six, les lapereaux sont plus forts et mieux nourris ; aussi quelques cultivateurs enlèvent-ils l'excédant de ce nombre dans les portées trop considérables, et ce procédé est convenable lorsque les mères sont faibles et sur-tout lorsqu'elles ont déjà perdu ou détruit leurs portées antérieures.

A l'âge d'un mois, les lapereaux mangent seuls, et leur mère partage avec eux sa nourriture ; à six semaines, ils peuvent se passer de mère et entrer dans la grande cabane qui sert de premier commun ; à deux mois et demi, on les lâche dans le clapier avec ceux qui sont destinés à la table. Il faut, avant de les y laisser en liberté, châtrer les mâles, afin qu'ils ne fatiguent pas les femelles, qu'ils ne se battent pas entre eux, et qu'ils deviennent plus gros et plus tendres à manger.

L'opération de la castration pour les lapins est très-simple ;
elle se pratique en saisissant avec le pouce et les deux premiers
doigts de la main gauche l'un des testicules que le lapin cherche à rentrer intérieurement. Lorsque l'opérateur est parvenu
à le saisir , il fend la peau longitudinalement avec un instrument très-tranchant, il fait sortir ensuite le corps ovale qu'il
a saisi , il l'enlève et le jette ; après en avoir fait autant de
l'autre côté , il frotte avec un peu de saindoux la partie am-
putée, ou bien il fait une ligature avec une aiguillée de fil ,
ou même encore il laisse agir la nature qui guérit toujours
cette plaie lorsqu'elle a été faite avec quelque adresse. Cette
opération dispose les animaux à grossir considérablement et
donne du prix à leur peau.

Il faut éviter de donner trop d'herbe verte et succulente aux
lapins ; un grand nombre meurent d'indigestion, d'autres sont
attaqués d'une maladie qui est trop commune chez eux, et qui
est occasionnée par un amas d'eau assez considérable qui séjourne dans leur vessie, et qui les fait périr : cette maladie est
appelée communément *dase, gros ventre*, etc. ; dans ce cas il
faut mettre les lapins à la nourriture sèche , leur donner du
regain, de l'orge grillée, des plantes aromatiques , telles que
le thym , la sauge, le serpolet, etc. , et leur fournir de l'eau
à discrétion ; il faut séparer les malades de ceux qui se portent bien : c'est aussi ce qu'il faut pratiquer soigneusement
lorsqu'ils sont attaqués d'une espèce d'étisie dans laquelle ils
deviennent d'un maigreur extrême , et se couvrent d'une gale
contagieuse dont il est très-difficile de les guérir. Cette maladie, qui les attaque dans leur jeunesse, arrête leur croissance , les attriste , leur ôte l'appetit ; elle les fait enfin mourir dans de fortes convulsions , et si elle n'est pas arrêtée à
temps, elle peut gagner tout le clapier. On l'attribue généralement à l'humidité, qui semble être le plus mortel ennemi
des lapins ; on croit que la nourriture mouillée occasionne
les pustules purulentes dont leur foie est quelquefois entièrement couvert. Les remèdes sont à-peu-près les mêmes pour
ces différentes maladies qu'on ne peut guère reconnaître qu'à
une période très-avancée. Il faut se hâter d'empêcher la propagation de la dernière en faisant périr ceux des animaux qui en
sont attaqués.

Les petits sont aussi sujets à une maladie d'yeux qui les fait
périr en peu de temps , et qui les attaque vers la fin de leur
allaitement. Cette maladie paraît être occasionnée par les exha-
laisons putrides de la loge mal soignée ; lorsqu'on s'en aperçoit
à temps, on peut sauver les petits lapins en les transportant
dans une cabane propre avec de la paille fraîche : cette maladie est inconnue dans les clapiers bien soignés.

Le but de l'éducation des lapins est la vente et la consommation de ces animaux; leur chair, qui est comptée presque pour rien dans les grands établissemens, doit faire pour les petits l'objet d'une utile spéculation. Nos cultivateurs peu fortunés, réduits, la plus grande partie de l'année, à ne se nourrir que de pain et de légumes, mangent rarement un morceau de porc salé, qui seul garnit leur garde-manger; la viande fraîche, si utile à l'homme laborieux, ne contribue jamais à réparer leurs forces affaiblies, et les malades sont privés du bouillon qui souvent leur serait si nécessaire. L'expérience nous a prouvé que la chair du lapin seule fournissait un bouillon presque aussi succulent et aussi considérable qu'une égale quantité de bœuf ou de mouton; et cette viande, après avoir fourni au bouillon une partie de son suc, est encore tendre et savoureuse, et peut être accommodée de toutes les manières usitées.

Peu de temps avant de prendre les lapins domestiques, il faut leur faire manger quelques plantes aromatiques pour leur donner du fumet; on peut aussi mettre dans leur corps, après les avoir vidés, ou dans leur assaisonement, quelques feuilles de bois de Sainte-Lucie, ou bien frotter l'intérieur de leur ventre et leurs cuisses avec la grosseur d'une noisette environ de feuilles de bois de Sainte-Lucie, de fleurs de mélilot, de thym et de serpolet réduits en poudre et mêlés avec une égale quantité de beurre frais et de lard; ces préparations donnent aux lapins de clapier une saveur qui approche tellement de celle des lapins sauvages, que les connaisseurs les plus exercés y sont trompés.

Les peaux de lapins sont d'une défaite avantageuse et facile, l'hiver sur-tout; elles sont vendues 50 à 60 francs le cent; on n'en tire qu'environ la moitié de ce prix pendant l'été, à cause de la mue de l'animal: aussi ceux qui se livrent en grand à ce genre de commerce doivent-ils avoir soin de faire tous leurs élèves l'été, afin de pouvoir les vendre six à huit mois après, vers janvier ou février.

On peut, dans l'éducation des lapins comme dans celle de toutes les autres espèces d'animaux demestiques, augmenter la valeur des produits en se livrant à l'élève des races les plus précieuses, ou bien en perfectionnant la race commune. Relativement au premier objet, quelques cultivateurs se sont occupés à élever la variété de lapin connue vulgairement sous le nom de riche, *cuniculus argenteus*, Lin. Son poil, en partie d'un gris argenté, et en partie de couleur d'ardoise plus ou moins foncé, est plus long, plus doux et plus soyeux que celui du lapin gris ordinaire; sa peau est employée comme fourrure dans plusieurs pays du nord de l'Europe, sur-tout en Suède;

elle se vend ordinairement le double des peaux de lapins communs. En Angleterre, où l'on élève aussi des lapins riches, les peaux se vendent ordinairement une guinée la douzaine ; il serait sans doute avantageux de multiplier en France cet animal, qui y réussit bien à l'état de domesticité.

L'élève de la race d'Angora, *Cuniculus angorensis*, Lin., est plus commun ; un assez grand nombre de propriétaires propagent avec succès ces animaux dans leurs clapiers ; le poil long, soyeux et touffu du lapin angora est d'un excellent usage dans la bonneterie, et la mue seule de l'animal est un produit assez remarquable. On se procure son poil, soit en le peignant souvent, soit en l'arrachant presque entièrement deux ou trois fois pendant l'été, particulièrement le long du dos, du cou, des côtes et des cuisses ; il faut avoir soin de laisser aux mères le poil du ventre, parce qu'elles s'en servent pour faire leur nid : ce poil est aussi de qualité inférieure.

Les lapins vivent six à huit ans dans les garennes domestiques. Les mâles perdent une partie de leur vigueur vers l'âge de cinq à six ans ; ils peuvent alors être engraissés et servir pour la nourriture : il faut en faire autant des femelles avant l'âge de cinq ans.

La manière la plus ordinaire de tuer les lapins de clapier est vicieuse, on leur donne un coup derrière les oreilles et le sang se fige en abondance dans le cou : il faudrait les tuer comme les volailles, et les suspendre ensuite par les pattes de derrière, alors tout le sang coule et la chair est très-nette.

Lorsqu'on veut garder des lapins pour faire race, on doit unir constamment les plus beaux individus, sans souffrir de mésalliance, et sans permettre qu'ils s'accouplent avant leur accroissement parfait, c'est-à-dire vers six ou huit mois. Pour renouveler les mères, il convient de préférer les femelles qui sont nées vers le mois de mars ; elles sont alors disposées à prendre le mâle vers le commencement de novembre, et l'on est à même de vendre leur première portée dans le courant de l'hiver. On peut compter sur un produit annuel de deux cents lapereaux dans un clapier composé seulement de huit mères bien entretenues : alors la dépense d'entretien et de nourriture en son, avoine et menus grains, peut être évaluée à 80 fr. Ce résultat est relevé dans un établissement de ce genre dans lequel le propriétaire a écrit avec le plus grand soin les recettes dépenses et pertes de toute espèce, attention bien rare chez la plupart de ceux qui s'occupent de cet objet ; il peut contribuer à déterminer chaque propriétaire peu fortuné à élever une petite quantité de lapins. Cette éducation partielle ne présente ni inconvénient ni difficulté, elle procurera ainsi une nourriture saine et un revenu certain ; et toutes ces petites entreprises réunies offriront une masse suffisante pour l'approvisionnement de nos manufactures et pourront même fournir au commerce extérieur. (Sɪʟ.)

LAPROYE. Synonyme de troupeau commun dans le Laonais.

LARD. Graisse de nature particulière, qui se dépose dans le tissu cellulaire de la peau du cochon, où elle acquiert quelquefois une épaisseur de plus de 3 à 4 pouces. C'est la partie la plus importante de la dépouille de cet animal.

Quoique fort indigeste, le lard est recherché, soit comme nourriture, soit comme assaisonnement, et il est l'objet d'un commerce fort étendu. On le mange frais, et on le sale pour pouvoir le garantir de la ʀᴀɴᴄɪᴅɪᴛᴇ́ pendant plus long-temps. C'est dans beaucoup de cantons la base de la nourriture animale des cultivateurs. *Voyez* au mot Cocʜoɴ. (B.)

LARD DE BOIS. On donne ce nom à l'ᴀᴜʙɪᴇʀ dans quelques lieux. (B.)

LARD ROUTIER. C'est le lard fourni par les cochons qui sont engraissés en liberté, ou qui voyagent de foire en foire. Il est plus solide et plus savoureux que celui des cochons qui ne sortent point, et qui sont nourris de petit-lait, d'herbes, de pommes de terre, etc. (B.)

LARDOIRE. Saillie longitudinale de bois qui reste sur la souche lorsqu'en coupant un arbre il tombe avant que l'entaille soit arrivée des deux côtés au centre de cette souche.

L'ordonnance veut que les lardoirs soient enlevées de dessus la souche. (B.)

LARFIÉ. Seconde qualité de la ꜰɪʟᴀssᴇ du cʜᴀɴᴠʀᴇ dans le midi de la France. (B.)

LARIX. Nom latin du ᴍᴇ́ʟᴇ̀ᴢᴇ.

LARME DE JOB. *Voyez* Lᴀʀᴍɪʟʟᴇ.

LARMILLE, *Coïx.* Plante originaire des Indes, où elle est vivace. On la cultive dans les parties méridionales de l'Europe, où elle est annuelle. Sa graine est farineuse et peut servir à faire du pain après qu'elle a été moulue.

Cette plante, de la monoécie triandrie et de la famille des graminées, a une tige articulée, solide, rameuse, haute d'un à 2 pieds; des feuilles engaînantes, striées, très-longues; des fleurs disposées en panicules lâches et pendantes à l'extrémité des tiges et des rameaux.

On est fort peu instruit sur l'usage de cette plante dans les Indes. On la cultive quelquefois en Espagne pour faire des chapelets avec sa graine. En France, on la conserve seulement par curiosité dans quelques jardins. Dans le climat de Paris, on la sème sur couche lorsque les gelées du printemps ne sont plus à craindre, et on en repique le plant, aussitôt qu'il a quel-

ques feuilles, dans une terre bien préparée et à une exposition très-chaude. Ses premières graines sont mûres en septembre et la plante périt lorsque les gelées surpassent 2 ou 3
degrés au-dessous de zéro. (B.)

LARMOIEMENT. Médecine vétérinaire. Le larmoiement, ou l'écoulement continuel de l'humeur lacrymale sur
la joue est la suite ordinaire, presque un des symptômes de l'inflammation de la conjonctive; la glande lacrymale, sympathiquement irritée, sécrète davantage; les larmes coulent beaucoup
plus abondamment, les points lacrymaux ne sont plus assez
grands pour recevoir la quantité de fluide qui arrive, et il s'é-
panche hors de l'œil. Rarement la glande lacrymale est irritée :
au moins son inflammation seule n'a pas été encore observée
dans le cas de larmoiement.

Il arrive encore par une autre cause. Ces points lacrymaux
s'oblitèrent quelquefois par suite de l'inflammation même de
la conjonctive, et sans que la glande lacrymale sécrète davantage. Le peu de larmes qu'elle envoie est alors obligé de couler
hors de l'œil. Tout ce qui augmente la sécrétion des larmes, tout
ce qui oblitère les points lacrymaux sont donc les causes du
larmoiement : ce n'est donc pas une maladie, mais un signe de
maladie ; et c'est la maladie qu'il faut traiter.

La conjonctive est sujette à s'enflammer, et son inflammation se termine quelquefois par suppuration ; une matière
blanchâtre ou jaunâtre s'agglutine autour des paupières ou
s'accumule à l'angle nasal de l'œil : on confond encore cet
accident avec le larmoiement; il en est quelquefois cause, par
l'irritation que ce pus, que cette chassie entretient sur la conjonctive. Dans ce cas, il faut bassiner fréquemment l'œil pour
enlever la cause d'irritation. *Voyez* OPHTHALMIE. (Huz. fils.)

LARVE. C'est ainsi qu'on appelle l'état par lequel passent
presque tous les insectes au sortir de l'œuf, celui sous lequel
ils font le plus de dégâts. *Voyez* au mot INSECTE.

Les larves des lépidoptères s'appellent communément chenilles; celles de la plupart des autres classes d'insectes se
nomment improprement vers. Ainsi la larve du hanneton,
celle de la mouche de la viande, etc., sont généralement
connues sous ce dernier nom. *Voyez* CHENILLE et VER.

La plupart des insectes vivent beaucoup plus long-temps
sous la forme de larve que sous celle d'insectes parfaits; il semble que ce dernier état n'existe que pour la propagation de
l'espèce. Telle éphémère reste trois ans larve, et seulement
quelques heures insecte ailé : il en est de même du hanneton, etc.

Les larves varient prodigieusement de forme et de manière
de vivre : quelques-unes ont des pattes, d'autres en sont privées ; leur habitation est la terre, l'eau, les animaux vivans

ou morts, l'intérieur ou l'extérieur des végétaux. Elles sont un nouveau monde caché, plus nombreux que celui qui est en évidence. La moitié au plus de celles qui naissent, et, dans quelques espèces, à peine un dixième, sont destinées à parcourir le cercle des transformations auxquelles les a soumises la nature, parce qu'elles ont prodigieusement d'ennemis et que les circonstances atmosphériques agissent constamment sur elles. C'est leur plus ou moins de grosseur, produite par l'abondance ou la privation de nourriture, qui détermine celle de l'insecte parfait, et c'est pour cela qu'elles changent plusieurs fois de peau (jusqu'à huit fois), et que, chaque fois, elles acquièrent une augmentation notable de diamètre. L'insecte parfait ne croît plus.

Il est quelques larves, telles que celle de la mouche de la viande, qui servent d'amorce pour la pêche à la ligne. Les oiseaux de basse-cour en mangent beaucoup de sortes, les hommes mêmes se nourrissent de quelques-unes dans l'Inde et en Amérique. (B.)

LARY. Synonyme de FRICHE ou de PATURAGE SEC dans les environs de Laon. (B.)

LASAGNE. Pâte dont on fait un grand usage en Italie, et qui ne diffère du VERMICEL et du MACARONI que parce qu'elle est aplatie en rubans. (B.)

LASSITUDE DE LA TERRE. Lorsqu'une terre a porté plusieurs fois successivement la même espèce de plante, principalement si elle est à graines huileuses ou farineuses, ses récoltes postérieures sont inférieures aux premières : on dit alors, par comparaison avec les animaux qui ont été trop chargés de travail, que la terre est lasse de produire, qu'il faut la laisser reposer : de là les JACHÈRES. *Voyez* ce mot.

Aujourd'hui qu'on sait que cette expression est fondée sur une base erronée, on ne laisse plus reposer la terre dans ce cas ; mais on la couvre de cultures différentes, sur-tout de FOURRAGES ou de RACINES NUTRITIVES. *Voyez* ces mots, et ceux ASSOLEMENT, SUCCESSION DE CULTURE. (B.)

LATANIER. *Voyez* PALMIER.

LATRINE. *Voyez* AISANCE (FOSSE D').

LATTE. Une terre se latte, dit-on aux environs de Genève, lorque la charrue la retourne sans la rompre et encore moins la diviser. Les terres argileuses sont principalement dans ce cas lorsqu'on les laboure après la pluie. *Voyez* LABOUR. (B.)

LATTES. Grandes perches attachées aux CARASSONS, servant à palissader les VIGNES dans le Médoc. *Voyez* ces mots.

LATTES. Bois de chêne de refente de 4 pieds de long sur un pouce et demi de large et 4 lignes d'épaisseur, qui s'emploie le plus généralement à servir de soutien, et à retenir les tuiles des toits, mais qu'on utilise à plusieurs autres objets dans les villes et dans les campagnes.

La fabrication des lattes a lieu dans les forêts ; elle ne diffère de celle du MERRAIN que par les proportions. *Voyez* ce mot.

Dans le département du Doubs, on fabrique des lattes de sapin, par le sciage, qu'on dit plus avantageuses que celles de chêne, en ce qu'elles sont beaucoup plus longues et plus économiques. J'ai été frappé de leur régularité. On les vend de 40 à 45 sous le paquet de vingt-cinq. (B.)

LAUCHE. Synonyme de LIMACE, dans l'ouest et le nord de la France. (B.)

LAURÉOLE, *Daphne*. Genre de plantes de l'octandrie monogynie et de la famille des daphnoïdes, qui renferme une trentaine d'arbustes dont plusieurs sont remarquables par l'excellente odeur de leurs fleurs et par l'âcreté de leur écorce ; ce qui fait qu'on les cultive pour l'agrément, et qu'on les recherche pour l'usage de la médecine.

Toutes les lauréoles ont les feuilles alternes et simples ; leurs fleurs sont ou réunies en petits bouquets axillaires ou disposées en têtes terminales. Leurs espèces les plus communes sont :

La LAURÉOLE COMMUNE, *Daphne laureola*, Lin., improprement appelée *lauréole mâle* ; s'élève à plus de 2 pieds ; ses feuilles, sessiles, lancéolées, épaisses, coriaces, lisses et luisantes, sont ramassées au sommet des tiges et des rameaux ; ses fleurs sont jaunâtres, inodores, disposées en grappes courtes et axillaires, et ses fruits noirs dans la maturité : elle croît très-abondamment dans les bois montagneux, fleurit à la fin de l'hiver et reste toujours verte. C'est un charmant arbrisseau, très-propre à orner les jardins paysagers ; aussi l'y voit - on fréquemment entre les buissons des derniers rangs, à l'exposition du nord, derrière les fabriques et les rochers, sous les massifs même, où il réussit fort bien, pourvu que ces massifs ne soient pas trop épais : là il ne demande aucune culture et ne doit jamais être tourmenté par la serpette. Toutes ses parties sont très-âcres et très-caustiques ; on les regarde comme détersives et purgatives, mais leur emploi est dangereux à l'intérieur ; c'est seulement comme vésicatoire dans la gale, les dartres et les humeurs des enfans, qu'on en fait usage.

Les tiges de cet arbrisseau, divisées en lanières très-minces, au moyen d'un instrument bien tranchant, servent à fabriquer en Suisse, et dans quelques parties de l'Allemagne, ces chapeaux d'un blanc si éclatant, que portent nos femmes sous le nom de chapeaux de paille blanche.

On multiplie la lauréole de ses graines, qu'il faut semer dans une terre légère et bien préparée, à l'aspect du nord, dès

TOME IX.

qu'elles sont récoltées ; si on attendait au printemps suivant, elles ne leveraient que la seconde année. Le plant qui en provient se repique au premier ou second automne, à 6 ou 8 pouces de distance dans un sol semblable, et peut y rester jusqu'à sa transplantation définitive, qui ne doit pas être trop retardée, si on veut qu'elle réussisse.

Cette espèce sert à greffer quelques espèces étrangères, recherchées à raison de l'odeur de leurs fleurs, telles que la *lauréole indienne*, la *lauréole de la Chine*, etc.

La LAURÉOLE GENTILLE, *Daphne mezereum*, Lin., improprement appelée *lauréole femelle*, et plus connue sous les noms de *mézéréon* et de *bois gentil*, a les feuilles éparses, sessiles, lancéolées, entières ; les fleurs rouges, sessiles et disposées en petits paquets le long des rameaux ; ses fruits sont rouges. Elle croît très-abondamment dans les bois des montagnes, à l'exposition du midi, et s'élève à 2 ou 3 pieds ; ses feuilles tombent en automne. C'est un charmant arbrisseau qu'on cultive fréquemment dans les jardins, et qui le mérite principalement par l'odeur agréable et le développement précoce de ses fleurs, développement qui a lieu à la fin de l'hiver, avant la pousse des feuilles : ses rameaux en sont quelquefois couverts dans toute leur longueur.

Une terre trop substantielle ne convient point à cet arbuste, il n'y subsiste que deux ou trois ans ; celle qu'il faut lui donner doit être légère et sèche : il demande une exposition chaude au printemps et de l'ombre en été. Les pieds qui restent toujours exposés au soleil, dans une plate-bande, ne présentent jamais l'aspect de la vigueur ; c'est dans les jardins paysagers, entre les buissons des derniers rangs des massifs exposés au midi, au milieu même de ces massifs, s'ils ne sont pas trop épais, qu'il aime principalement être planté : là on ne saurait trop en mettre pour l'agrément des promeneurs. Une fois placé il ne demande aucune culture, et ne doit plus être tourmenté par la serpette. Il se multiplie et se conduit dans sa jeunesse positivement comme le précédent. Son bois sert aussi en Suisse à faire des chapeaux tressés, qui même sont plus blancs que ceux fabriqués avec le bois du précédent.

Il est plus avantageux de choisir la variété blanche de cette espèce, que la rouge pour greffer des espèces exotiques. Ce fait tient probablement à ce qu'elle est plus faible.

Toutes les parties de la lauréole gentille sont aussi âcres et caustiques que celles de la lauréole commune. On peut les employer aussi comme fondant, purgatif et vésicatoire. Il faut bien se garder de porter à la bouche les rameaux fleuris qu'on coupe pour jouir de leur odeur ; car ils pourraient y causer des excoriations.

La **Lauréole garou**, ou *trintanelle*, *Daphne gnidium*, Lin., a la tige et les rameaux droits, couverts de feuilles linéaires et acuminées; les fleurs rougeâtres en dedans, odorantes et disposées en panicule terminale; ses fruits sont rouges. Elle s'élève à 2 ou 3 pieds et croît abondamment sur les montagnes sèches des parties méridionales de l'Europe. Quoique agréable par ses touffes, ordinairement bien arrondies, on la voit rarement dans les jardins, parce qu'elle se prête difficilement à la culture, et qu'elle gèle dans le climat de Paris. Elle a les propriétés purgatives et vésicatoires au plus haut degré, et est dangereuse à l'intérieur à la plus petite dose. C'est son écorce que, sous le nom de *saint-bois*, on emploie si fréquemment en vésicatoire; elle est, pour cet usage, l'objet d'un commerce de quelque importance. Pour l'employer, on trempe ordinairement de petites portions de cette écorce dans le vinaigre, et on les applique sur la peau, avec une compresse de feuilles de lierre ou de poirée pour entretenir l'humidité nécessaire à son action.

Dans les cantons où cet arbuste est commun, on l'emploie à brûler. Il peut, comme les autres espèces de son genre, donner une couleur jaune assez vive; mais on n'en fait pas usage sous ce rapport.

La **Lauréole blanche**, *Daphne tartonraira*, Lin., est cotonneuse ou argentée dans toutes ses parties; ses feuilles sont ovales et nombreuses; ses fleurs jaunâtres et sessiles dans les aisselles des feuilles supérieures. Elle s'élève à un ou 2 pieds, et croît dans les parties méridionales de l'Europe, aux lieux les plus arides; sa couleur et son port la rendraient précieuse pour l'ornement des jardins paysagers, si elle n'était pas encore plus rebelle à la culture et plus sensible à la gelée que la précédente. On ne la cultive, en conséquence, que dans les orangeries dans le climat de Paris.

La **Lauréole des Alpes** est très-rameuse et s'élève à 2 ou 3 pieds. Ses feuilles sont sessiles, lancéolées, rapprochées au sommet des rameaux; ses fleurs sont blanchâtres, réunies en grappes courtes et très-odorantes; ses baies sont noires. Elle croît dans les Alpes et autres montagnes élevées, et conserve ses feuilles toute l'année. Rarement elle subsiste long-temps dans les jardins, et c'est dommage; car elle forme des touffes très-agréables par leur odeur lorsqu'elles sont en fleurs, c'est-à-dire au milieu du printemps : on la multiplie comme la première.

La **Lauréole odorante**, *Daphne Cneorum*, Lin., a les tiges menues, couchées, simples; les feuilles linéaires; les fleurs roses, disposées en têtes terminales et odorantes; elle est originaire des Alpes, conserve ses feuilles pendant l'hiver, et fleurit pendant presque tout l'été. Quoique ne s'élevant pas à plus d'un demi-pied, elle est fort agréable par ses larges touffes et sa bonne odeur. On la cultive assez souvent dans les jardins; mais elle est fort difficile sur le choix du terrain : il faut qu'il soit en même temps léger et frais; c'est dans la terre de bruyère, à l'ombre, qu'il convient donc de la placer. On la perd souvent, malgré tous les soins possibles, au moment où on s'y attend le moins. Rarement elle donne des semences hors de son climat natal; mais on la multiplie avec assez de facilité par marcottes : une poignée de terre sur la base de ses tiges suffit pour leur faire prendre racine. Greffée sur la lauréole gentille à un pied de terre, elle forme un petit arbre à rameaux pendans d'un très-grand éclat. (B.)

LAURIER, *Laurus.* Genre de plantes qui renferme une quarantaine d'espèces, qui sont presque toutes des arbres de moyenne grandeur, dont les feuilles et le bois exhalent une odeur agréable, et parmi lesquelles il s'en trouve quelques-unes d'une grande utilité pour l'homme sous les rapports médicaux, alimentaires, etc.

Une seule de ces espèces croît en Europe, et encore seulement dans ses parties méridionales : c'est le LAURIER COMMUN, ou le *laurier franc, laurus nobilis*, Lin., si célébré dans l'antiquité, parce qu'il était regardé comme le symbole de la victoire, qu'on en couronnait ceux qui avaient fait de grandes actions, qui avaient remporté le prix dans les jeux publics, dans les concours de poésie, de musique, de peinture, etc. Il était consacré à Apollon, et on croyait que la foudre ne le frappait jamais.

Ce laurier s'élève de 20 à 30 pieds, et est pourvu de nombreux rameaux qui se rapprochent constamment du tronc, de sorte qu'il forme naturellement pyramide comme le cyprès. Ses feuilles sont alternes, pétiolées, lancéolées, plus ou moins ondulées sur leurs bords, coriaces et glabres : elles se conservent toujours vertes; ses fleurs, petites, d'un blanc jaunâtre, sont disposées en petits paquets dans les aisselles des feuilles; ses fruits sont d'un noir bleuâtre. Il fleurit au commencement du printemps. Toutes ses parties sont très-odorantes et ont une saveur âcre un peu amère; elles fournissent une huile essentielle légère, et une huile essentielle pesante, toutes deux très-fortement aromatiques, et qu'on emploie, ainsi que ses feuilles, et que ses fruits, comme céphaliques, nervines, stomachiques, carminatives et fortifiantes. On met souvent ses feuilles et ses fruits dans les ragoûts pour les aromatiser.

Dans le pays où il croît naturellement, le laurier sert à faire des palissades, des haies, des allées d'un aspect fort agréable.

Son bois est dur et très-élastique; on le travaille en petits meubles qui conservent long-temps leur odeur. Dans le climat de Paris, on le cultive pour l'usage de la cuisine plutôt que pour l'ornement; car il subsiste difficilement en pleine terre et n'y prend jamais un beau port. Beaucoup de personnes croient qu'il faut l'y planter à l'exposition la plus chaude pour le garantir des gelées; mais l'expérience prouve qu'il y perd ses tiges, malgré qu'on le couvre pendant l'hiver bien plus fréquemment que lorsqu'il est placé au nord. Dans les climats plus froids, il demande impérieusement l'orangerie.

Un sol léger et sec est celui qui convient le mieux au laurier. J'ai remarqué, dans le climat de Lyon, qu'il gelait bien plus souvent dans un sol gras que dans celui ci-dessus; mais lorsqu'on le tient en caisse, il en demande un substantiel, parce qu'il consomme beaucoup, à raison de ses nombreuses racines.

On multiplie le laurier par ses graines, qu'il faut semer aussitôt qu'elles sont mûres; car elles rancissent facilement dans des terrines qu'on place sur couche et sous châssis au printemps suivant. Le plant levé se repique dans des pots l'année d'après, et se rentre dans l'orangerie pendant les trois ou quatre premières années; après quoi, on peut le mettre en pleine terre avec les précautions indiquées ci-devant. Plus au midi que Paris, on peut le semer en pleine terre dans une plate-bande bien abritée et bien préparée; mais il faut toujours couvrir ce plant pendant l'hiver avec de la fougère ou de la litière, jusqu'à ce qu'il ait assez de force pour résister aux gelées, c'est-à-dire les trois ou quatre premières années.

On multiplie encore cet arbre de rejetons, qu'il donne abondamment, sur-tout quand on a blessé ses racines, et de marcottes qu'on fait au printemps, et qui s'enracinent ordinairement dans l'année.

Il y a plusieurs variétés de laurier, telles que celles à *feuilles étroites*, à *feuilles planes*, à *feuilles panachées*, etc.

Le LAURIER ROUGE, *Laurus borbonia*, Lin., et le LAURIER DE CAROLINE, ont été long-temps confondus. Ce sont de beaux arbres, toujours verts, dont les feuilles sont lancéolées. Le premier, qui vient des Antilles, les a glabres et inodores; le second, originaire des parties méridionales de l'Amérique septentrionale, les a plus ou moins velues et odorantes. On ne peut les cultiver que dans l'orangerie dans le climat de Paris; mais ils sont susceptibles de l'être, sur-tout le dernier, en pleine terre, dans les parties méridionales de la France. L'un et l'autre fournissent un très-beau et très-bon bois pour la menuiserie et l'ébénisterie.

Il en est de même du LAURIER ROYAL, *Laurus indica*, Lin.,

qui vient des Indes, mais qui est, dit-on, naturalisé en Portugal et à Madère : c'est un très-bel arbre, toujours vert, qui s'élève à 30 ou 40 pieds, et dont toutes les parties sont odorantes.

Le Laurier-avocat, *Laurus persea*, Lin., plus connu sous le nom de *poirier-avocat*, ou d'*avocatier*, a les feuilles ovales, coriaces, glabres, plus pâles en dessous ; les fleurs petites, blanches, disposées en corymbes terminaux ; les fruits verdâtres ou violets, de la forme et de la grosseur d'une poire. Il croît dans toute l'Amérique intertropicale, s'élève à 40 pieds, et conserve ses feuilles toute l'année. C'est un superbe arbre propre à orner un paysage de quelque manière qu'on le place. Il aime un bon terrain et le voisinage des eaux. On le cultive beaucoup à Saint-Domingue et dans les autres colonies françaises pour son fruit, qu'on y recherche à raison de sa bonté. Il croît avec rapidité et se reproduit par ses graines, qui ne sont pas bonnes à manger, et qu'on met en terre aussitôt après leur maturité. On ne lui donne, au reste, que peu ou point de culture ; c'est-à-dire qu'on le traite comme les arbres de nos vergers.

La chair du fruit de l'avocatier est d'un vert plus ou moins foncé ; elle n'a presque point d'odeur ; sa consistance est celle du beurre ; sa saveur peut être comparée à celle de la noisette, ou d'une tourte à la moelle de bœuf. Elle ne plaît pas aux personnes qui en goûtent pour la première fois ; mais on s'y accoutume promptement, et on finit par la rechercher avec passion. On la sert sur toutes les tables pour la manger comme le melon.

Cet arbre est rare dans les jardins d'Europe, et y demande la serre chaude pendant toute l'année.

Le Laurier-cannelier, *Laurus cinnamomum*, Lin., a les feuilles trinervées, ovales ; les fleurs blanchâtres, dioïques et disposées en corymbes terminaux ; les fruits bleuâtres, de la grosseur et de la forme d'une olive : c'est un arbre de plus de 20 pieds de haut, d'un port agréable, et dont toutes les parties exhalent une odeur des plus suaves. C'est son écorce qui fournit la cannelle du commerce, dont l'usage est si étendu en Europe pour l'assaisonnement des mets, la fabrication des liqueurs, la composition des parfums, l'usage de la médecine, etc. Long-temps les Hollandais ont été les seuls possesseurs de la cannelle par la conquête de Ceylan, où la véritable croît, dit-on, exclusivement. Aujourd'hui on cultive le cannelier dans plusieurs parties des Indes, à l'Ile de France et dans toutes les colonies françaises et anglaises de l'Amérique méridionale.

A Ceylan, on récolte la cannelle deux fois par an et de deux manières différentes. On en coupe les branches pour les apporter à la maison et les y préparer, et on en enlève l'écorce sur

place ; cette écorce est râclée pour en enlever l'épiderme , et exposée au soleil , où elle se sèche et se roule sur elle-même. Au bout de trois ans, les branches, mises à nu, se trouvent recouvertes d'une nouvelle écorce, qu'on enlève de nouveau.

Pour conserver l'odeur et la saveur à la cannelle, on la met, selon Cossigny , dans une eau de chaux bien clarifiée, aussitôt qu'elle est enlevée de dessus le bois , et on l'y laisse de dix à dix-huit heures , selon son épaisseur.

Les diverses parties des arbres, leur âge, l'exposition des pieds, le plus ou moins de culture qu'on leur donne, produisent diverses variétés ou sortes de cannelles plus estimées les unes que les autres. La meilleure est celle des rameaux de trois ans.

A Cayenne, où on cultive avec soin cet arbre précieux, et où il donne déjà des produits importans, on coupe généralement les rameaux à cet âge, de sorte que les canneliers y ressemblent à des saules étêtés. Les vieux pieds coupés rez terre poussent dans cette colonie, lorsque sur-tout le terrain est humide, des rejetons d'une telle vigueur, qu'on peut en enlever l'écorce au bout d'un an. Là, on les plante à 2 ou 3 pieds de distance seulement, afin qu'ils se servent mutuellement d'abri contre les ardeurs du soleil ; mais quand ils sont devenus trop forts, c'est-à-dire quatre ou cinq ans après, on enlève un pied entre deux. On y recueille l'écorce toute l'année, ce qui est un vice, puisqu'il est des saisons où elle doit être moins aromatique.

La racine du cannelier donne du camphre, qui est très-estimé dans les Indes.

On multiplie le cannelier de rejetons, de marcottes et de boutures. Rarement on emploie les graines , soit parce que ce moyen est le plus long, quoique le meilleur, soit parce que, coupant fréquemment les branches des vieux pieds, ils en fournissent peu souvent. Sa culture consiste à le biner une ou deux fois tous les ans au pied.

De l'écorce de deux pieds de cannelier on obtient, par la distillation , une huile essentielle, épaisse, pesante, noire, qu'on appelle *essence de cannelle*, et dont on fait beaucoup usage en médecine et dans les parfums : elle est toujours très-chère. De celle de sa racine on retire, par les mêmes procédés, une autre espèce d'huile jaunâtre, qui tient le milieu pour l'odeur entre le camphre et la cannelle. On emploie l'une et l'autre extérieurement contre les paralysies, les rhumatismes, et intérieurement pour fortifier l'estomac, chasser les vents, provoquer les urines et les sueurs, etc.

Les feuilles fournissent encore une huile essentielle , analogue aux précédentes, mais d'odeur et de vertus moins intenses.

Celle de ses fleurs est plus douce et plus agréable qu'aucune des autres. On la préfère, lorsqu'on peut s'en procurer, pour la médecine et pour l'usage de la cuisine. On en fait des liqueurs, des conserves parfaites. Un seul bouquet embaume le plus vaste appartement.

On se procure deux espèces d'huiles avec les fruits : par la distillation, une huile essentielle, pesante, fort rapprochée de la première, mais dont l'odeur est un peu différente; par la décoction, une huile grasse, concrète, qu'on met en pain comme le suif, et dont on fait des bougies odorantes. On l'appelle *cire de cannelle*. On l'emploie comme liniment et dans les emplâtres résolutifs.

Il y a lieu de croire que la CANNELLE de la Cochinchine, appelée *bois de sucre* à la Chine, à raison de sa saveur sucrée, provient d'une espèce différente de celle-ci.

Le LAURIER-CASSE a les feuilles trivernées et lancéolées. C'est un arbre toujours vert, de 25 à 30 pieds, qui croît dans les Indes et îles qui en dépendent. Son écorce ressemble beaucoup à la cannelle, mais elle est moins odorante. On l'emploie aux mêmes usages domestiques et médicinaux. Ses feuilles sont également employées en médecine comme alexitères et stomachiques.

Le LAURIER-CAMPHRIER, *Laurus camphora*, Lin., a les feuilles ovales, lancéolées, à trois nervures très-luisantes. Ses fleurs sont petites, blanchâtres et disposées en panicules axillaires. Il croît au Japon, s'élève à 20 ou 30 pieds, et reste toujours vert. C'est de lui qu'on retire le camphre qui se trouve dans le commerce, et toutes ses parties en exhalent l'odeur lorsqu'on les froisse.

Le camphre est une espèce de résine blanche très-odorante, très-volatile, d'une saveur âcre, laissant un sentiment de fraîcheur dans la bouche, qui diffère de toutes les autres par des propriétés particulières. On en fait un grand usage en médecine et dans les arts ; il est calmant, antispasmodique, antiputride, alexitère, diaphorétique et résolutif. On le fait entrer dans la composition des feux d'artifice, dans la fabrication de quelques vernis; on le mélange avec la cire pour donner son odeur aux bougies. Il s'évapore complétement par sa seule exposition à l'air libre, et ne laisse point de résidu par sa combustion.

On retire le camphre du laurier-camphrier en faisant bouillir toutes ses parties coupées par petits morceaux, et sur-tout ses racines, dans des vases faits exprès. Dans quelques endroits, ces vases sont couverts d'un chapiteau, où il se sublime après être monté à la surface de l'eau; dans d'autres, on se contente de le recueillir à mesure qu'il monte, en promenant dans l'eau de petits bâtons, qu'on renouvelle souvent pour qu'ils soient toujours le plus froids possible.

J'ai dit plus haut que les racines du cannelier donnaient un camphre par les mêmes procédés; plusieurs autres lauriers en donnent également, mais sur-tout un, qui se trouve à Java, et qui n'est pas encore, à ce qu'il paraît, connu des botanistes. Marsden le mentionne dans son Histoire de Sumatra, et rapporte que c'est en fendant l'arbre qu'on en retire le camphre, qui est réuni en petites masses dans son intérieur. Ce camphre est le plus estimé de tous par les Chinois, qui le payent au poids de l'or : il paraît qu'il en vient peu en Europe.

Beaucoup de labiées, entre autres le romarin, la sauge, le thym, donnent aussi du camphre, comme Proust l'a fait voir il y a quelques années.

On purifie le camphre en le sublimant lentement dans des vaisseaux fermés. Les Hollandais ont fait long-temps un secret de cette opération, qu'on exécute aujourd'hui en France aussi bien qu'eux.

Il paraît qu'on ne cultive pas le camphrier au Japon, c'est-à-dire qu'on se contente de celui qui croît naturellement dans les forêts; mais il a été apporté depuis long-temps dans nos jardins, où on le multiplie par marcottes et par boutures. Il ne craint que les très-fortes gelées; aussi Miller était-il persuadé qu'il pourrait passer l'hiver en pleine terre dans les parties méridionales de l'Europe. Je ne l'y ai cependant vu nulle part, et cela est fâcheux; car le camphre est l'objet d'un commerce qui n'est pas à mépriser. Dans le climat de Paris, on le tient en caisse pour pouvoir le rentrer l'hiver dans l'orangerie. La terre qu'on lui donne doit être consistante; des arrosemens rares en hiver et fréquens en été sont ce qu'il demande; la serpette ne doit jamais, ou du moins très-rarement le toucher. Ses marcottes s'enracinent avec lenteur; c'est-à-dire qu'il faut communément les attendre trois ans. Les boutures sont difficiles à faire reprendre; mais quand elles réussissent, on peut les transplanter dès le printemps suivant.

Le LAURIER-SASSAFRAS a les feuilles coriaces, glabres et d'un vert foncé en dessus, tantôt ovales, lancéolées, tantôt trilobées; ses fleurs sont petites, verdâtres, disposées en panicules terminaux, et paraissent avant les feuilles; ses fruits sont d'un bleu noir et de la grosseur d'un pois. Il croît en très-grande abondance dans toute l'Amérique septentrionale, et se cultive en pleine terre dans quelques jardins des environs de Paris. Il y en a en Caroline de plus de 30 pieds de haut. Toutes ses parties, froissées, exhalent une odeur aromatique, et, mâchées, ont une saveur piquante assez agréable. On les regarde comme sudorifiques à un haut degré, et on les emploie comme telles, sur-tout les racines, assez fréquemment en médecine. Leur décoction, à laquelle on ajoute un peu de mélasse, forme une boisson, une espèce de bière, fort en usage en Amérique dans les cantons éloignés de la mer : elle passe pour fort saine.

Dans son pays natal, le sassafras se multiplie de graines et de rejetons, qu'il pousse en abondance. Comme il est dioïque, ou, mieux, polygame, et qu'il fleurit de très-bonne heure, c'est-à-dire avant la fin des gelées, peu de ses pieds donnent des graines. Ces graines, semées sur-le-champ, ne lèvent presque toutes que la seconde année, et lorsqu'elles ne sont mises en terre qu'au printemps suivant, elles sont trois, quatre et même cinq ans avant de germer. (J'en ai en ce moment un exemple sous les yeux.) Ainsi quand on en envoie d'Amérique, il faut les stratifier avec de la terre ou du bois pourri.

En France, on multiplie le sassafras par ses marcottes et par ses racines : les premières réussissent rarement, lorsque sur-tout elles ne sont pas faites avec des branches de l'année précédente; les secondes ont besoin de la chaleur d'une couche à châssis. Pour les faire, on enlève au printemps une racine de la grosseur d'une plume à un vieux pied, et on la coupe en tronçons de 4 à 5 pouces, qu'on place dans une terrine remplie de terre de bruyère mélangée de terreau. On arrose peu, mais souvent. Au bout d'un ou deux mois, ces racines poussent des tiges. On rentre ce plant à l'orangerie pendant l'hiver, et on peut le mettre en pots isolés après l'hiver, si mieux on ne préfère attendre encore un an. Souvent le même tronçon donne plusieurs tiges qu'on peut séparer pour en former autant de pieds. Lorsque ce moyen de multiplication sera mieux connu, le sassafras deviendra plus commun en France, et pourra être cultivé en grand dans les parties méridionales de l'Europe. Dans le climat de Paris, quoique beaucoup moins froid que le Canada, il gèle souvent; on est par conséquent obligé de ne le mettre en pleine terre que lorsqu'il a trois à quatre ans, et encore de l'empailler dans le fort de l'hiver.

Cet arbre, si célèbre sous les rapports médicinaux, est propre par la beauté de son feuillage à orner les jardins paysagers. Il donne peu d'ombre, mais conserve ses feuilles jusque bien avant dans l'hiver.

Le LAURIER-BENJOIN a les feuilles ovales, aiguës; les fleurs jaunes, petites, sessiles le long des rameaux, et les fruits rouges de la grosseur d'un pois. Il est originaire de l'Amérique septentrionale, où il s'élève de 10 à 15 pieds et fleurit à la fin de l'hiver avant la pousse des nouvelles feuilles. Il passe l'hiver en pleine terre dans le climat de Paris. Toutes ses parties, et sur-tout son écorce, froissées, exhalent une odeur agréable, approchant de celle du benjoin, et ont un goût piquant et aromatique. On les emploie en Amérique dans les assaisonnemens, dans les coliques venteuses et contre la morsure des serpens. En France, on le cultive dans les jardins paysagers, où il produit un bon effet, soit par ses fleurs, soit par ses feuilles, dont le vert noir contraste avec celui de la plupart des autres arbres. Il n'y forme guère que des buissons, mais des buissons bien élancés et bien garnis.

On le multiplie de graines, qu'il donne assez fréquemment dans nos jardins, et qu'on doit semer, aussitôt qu'elles sont mûres, dans des terrines sur couche et sous châssis. En pleine terre, elles ne lèvent souvent qu'au bout de deux ou trois ans. Comme il est dioïque, ainsi que le précédent, il faut avoir des pieds mâles et femelles les uns auprès des autres. On le multiplie aussi par marcottes; mais elles prennent difficilement racine, sur-tout si on n'emploie pas les pousses de l'année précédente pour les faire.

Le LAURIER DIOSPYROIDE de Michaux ressemble beaucoup au précédent, mais s'élève moins, a les feuilles plus grandes et velues : il est très-rare dans nos jardins.

Le LAURIER GÉNICULÉ du même auteur est un arbrisseau des plus élégans, soit qu'il soit en fleur, soit qu'il soit en feuilles et en fruit. Il ferait un des plus pittoresques ornemens des parties humides de nos jardins paysagers, si on pouvait l'y introduire. Il demande un grand degré de chaleur en été, craint beaucoup les froids de l'hiver, et n'a pu encore être multiplié que par graines venues de Caroline, graines qui lèvent très-difficilement; aussi est-il fort rare en Europe. (TH.)

LAURIER ALEXANDRIN. *Voyez* au mot FRAGON.

LAURIER AU LAIT. C'est le *laurier-cerise. Voyez* CERISIER.

LAURIER-CERISE. *Voyez* CERISIER.

LAURIER DE PORTUGAL. C'est encore un CERISIER.

LAURIER-ROSE. *Voyez* LAUROSE.

LAURIER-ROSE DES ALPES. C'est le ROSAGE FERRUGINEUX.

LAURIER DE SAINT-ANTOINE. *Voyez* EPILOBE A ÉPI.

LAURIER-THYM. Espèce de VIORNE.

LAURIER-TULIPIER. C'est le TULIPIER.

LAURINÉES. Famille de plantes qui est fondée sur le genre LAURIER et qui comprend ses subdivisions, et dans laquelle se range le MUSCADIER. (B.)

LAUROSE, ou LAURIER-ROSE, *Nerium.* Arbrisseau

toujours vert, qui croît naturellement dans les parties méridionales de l'Europe, et qu'on cultive dans les orangeries des parties septentrionales, à raison de la beauté de ses fleurs. Il tire son nom de la forme de ses feuilles semblables à celles du laurier, et de la couleur de ses fleurs analogues à celles de la rose; ses rameaux sont nombreux et de couleur brune; ses feuilles presque sessiles, lancéolées, entières, coriaces, verticillées trois par trois; ses fleurs, d'un rouge vif, larges de plus d'un pouce, sont disposées en petits corymbes terminaux. Il forme un genre, avec trois ou quatre autres, dans la pentandrie monogynie.

C'est sur le bord des ruisseaux, dans les vallées chaudes, que se trouve le laurose. Il y forme toujours de vastes buissons qui s'élèvent à 12 ou 15 pieds et fleurissent au milieu de l'été. Les effets qu'il produit sont très-agréables en tout temps, mais principalement pendant les deux mois qu'il reste couvert de fleurs. Quoiqu'il ne puisse pas supporter les hivers du climat de Paris, on l'y cultive beaucoup. Il s'accommode fort aisément d'être renfermé dans un pot ou dans une caisse; mais alors sa terre doit être substantielle et consistante. Cependant quand on lui en donne trop ou de la trop bonne, il pousse principalement en bois et offre moins de fleurs. Une trop grande humidité lui est très-contraire en hiver, et il demande de forts arrosemens dans les grandes chaleurs de l'été. On doit, autant que possible, l'endurcir contre les froids en le rentrant tard dans l'orangerie, et en donnant de l'air à cette orangerie toutes les fois qu'il ne gèle pas à glace. Pendant l'été, il faut le placer à l'exposition la plus chaude; sans quoi, il fleurirait moins. En général on le laisse en buisson, qui, comme je l'ai dit plus haut, est sa forme naturelle; mais quelquefois on l'oblige à monter en tige et à prendre une tête, chose assez difficile, par la grande propension qu'il a de pousser des rejetons de son pied. Lorsqu'il devient trop vieux, sa base se dégarnit de branches et de feuilles; ce qui diminue ses agrémens et doit engager à le receper, afin de lui faire pousser de nouvelles tiges, qui fleurissent dès la seconde année. Il ne craint point la serpette, mais il faut cependant la lui ménager.

On multiplie le laurose par division des vieux pieds, par les drageons qu'il pousse abondamment et par marcottes; rarement il donne de bonnes graines dans le climat de Paris. Les marcottes se font avec le plus jeune bois, qui doit être fendu avant d'être mis en terre; elles prennent racine dans l'année. C'est en automne, après la floraison, qu'on doit faire toutes les opérations de jardinage qui le concernent, c'est-à-dire renouveler la terre en tout ou en partie, diviser les pieds, lever les rejetons, faire ou lever les marcottes. Le jeune plant

est mis de suite dans des pots proportionnés à sa grandeur et
traité en tout comme les mères. Il donne des fleurs la seconde
ou troisième année; mais comme c'est principalement la quantité qu'on désire, il ne devient propre à la représentation qu'à
la cinquième ou sixième. Il vit très-long-temps. Il y a des pieds
dans l'orangerie de Versailles qui y existent depuis Louis XIV.

Le suc de cet arbrisseau est âcre et caustique, c'est un véritable poison pour l'homme et les animaux; on emploie cependant ses feuilles sèches et réduites en poudre comme sternu-
tatoire. Son bois sert à brûler, et comme le charbon qu'il donne
est très-léger, on l'emploie, sur les côtes de Barbarie, à la
fabrication de la poudre à canon.

Il y a une variété de laurier-rose à fleurs blanches, mais
elle produit bien moins d'effet que l'espèce.

On a regardé long-temps comme une autre de ses variétés
une espèce qui vient de l'Inde et dont les fleurs sont odorantes. Cette espèce est plus délicate, plus sensible au froid,
mais se cultive de même. Elle fournit également des variétés à
fleurs blanches, à fleurs doubles roses et à fleurs doubles
blanches : cette dernière est encore fort rare et ne se trouve
que chez Cels.

Le Laurose a teinture, *Nerium tinctorium*, croît dans
l'Inde; on tire de ses feuilles une fécule bleue, qui sert à la
teinture (*voyez* Indigo). Nous avons peu de renseignemens
sur ce qui le concerne. (B.)

LAUZERTE. Nom de la luzerne dans quelques parties du
midi de la France. (B.)

LAVANDE, *Lavendula*. Genre de plantes de la didynamie
gymnospermie et de la famille des labiées, qui renferme
huit à dix espèces, dont quatre sont originaires des parties
méridionales de l'Europe, mais dont une seule est assez rustique pour passer les hivers en pleine terre dans le climat de
Paris. Toutes ont les feuilles opposées, les fleurs disposées en
épis à l'extrémité des tiges ou des rameaux, et exhalent dans
la chaleur, ou lorsqu'on les froisse, une odeur aromatique
plus ou moins forte.

La Lavande commune est un petit arbrisseau d'un ou 2 pieds
de haut, dont les rameaux sont quadrangulaires; les feuilles
sessiles, linéaires, obtuses, blanchâtres; les fleurs bleuâtres,
presque verticillées et accompagnées de petites bractées. Il
conserve ses feuilles toute l'année, et fleurit pendant une partie
de l'été. On le trouve abondamment sur les collines sèches, dans
les terrains incultes des parties méridionales de la France, et
on le cultive fréquemment dans les jardins du climat de Paris
et autres encore plus au nord. Ses sommités fleuries servent,
en les faisant infuser dans de l'eau-de-vie et en les distillant,

à faire cette liqueur d'une odeur suave qu'on appelle *eau-de-vie de lavande*, et dont on fait un si grand usage dans les toilettes. Ces mêmes sommités passent en médecine pour cordiales, céphaliques, emménagogues, masticatoires, sternutatoires et carminatives.

Cette plante varie à fleurs blanches et à larges feuilles : cette dernière variété est appelée *aspic*, *nard* ou *lavande* mâle. On en tire, par la distillation à feu nu, une huile essentielle qu'on appelle *huile d'aspic*, dont on fait assez fréquemment usage en médecine, dans les arts, et pour augmenter la puissance des appâts destinés à prendre les animaux carnassiers et les poissons d'eau douce. Le principe de son odeur n'est point fugace, car la plante desséchée la conserve long-temps ; aussi en place-t-on des rameaux dans les armoires, dans les garde-robes, en fait-on des sachets odorans, etc. Enfin, elle peut être regardée comme éminemment utile et agréable sous plusieurs rapports.

C'est sur cette plante que les abeilles recueillent ce miel parfumé, connu sous le nom de *miel de Provence*, et qui, après celui de Narbonne, est le meilleur de France. Comme elle fleurit pendant une partie de l'été, il n'y a pas de doute qu'il ne fût utile de la multiplier dans les sols arides, sur-tout dans les bruyères sèches, même dans le climat de Paris, uniquement pour servir à la nourriture des ABEILLES. *Voyez* ce mot et les mots MIEL et BRUYÈRE.

Dans le Midi, on se sert de la lavande, comme des autres arbustes, pour brûler. Dans le Nord, on en a fait des bordures, des palissades, des touffes assez agréables lorsqu'elle est en fleur et que la chaleur exalte son odeur. Elle souffre la tonte comme le buis, et on profite de cette faculté pour lui faire porter des fleurs plus long-temps en la rabaissant très-court, avant que les premières soient entièrement passées. Il est dommage que sa couleur blanchâtre ne produise pas un bon effet ; car, sans cet inconvénient, elle serait une plante d'ornement très-précieuse. On la place aussi dans les jardins paysagers, en grosses touffes contre les fabriques, sur les rochers, dans l'intervalle des buissons exposés au midi, pour donner aux promeneurs le plaisir de froisser ses calices ou ses feuilles dans leurs mains, et de jouir de la bonne odeur qui en résulte.

Toute terre et toute exposition sont bonnes à la lavande. Elle est plus odorante dans celles qui sont sèches et chaudes, et d'une plus belle végétation dans celles qui sont grasses et fraîches. Elle vit peu dans ces dernières. En général, il est avantageux de renouveler ses pieds tous les trois ou quatre ans, afin d'avoir des touffes bien garnies et d'une végétation vigoureuse. On peut la multiplier de graines ; mais comme ce moyen est

long on l'emploie rarement : on préfère la voie des plants en-
racinés et des boutures, qui fournissent autant qu'on le désire.
En effet, un vieux pied qui n'a pas une souche unique, et on
doit éviter ce cas en plantant profondément, en donne autant
de nouveaux qu'il avait de branches enracinées, et chaque
branche de deux ans qu'on met en terre au printemps, dans
une plate-bande bien labourée et bien abritée, donnera l'année suivante un pied propre à être mis en place. On peut aussi
la marcotter en automne, ou butter les vieux pieds de manière
que la base de la plupart de leurs rameaux soit en terre.

Les trois autres espèces européennes de ce genre sont :

La Lavande stoéchade, qui ressemble beaucoup à la première par ses tiges et par ses feuilles, mais dont les épis sont
courts, carrés, imbriqués de larges bractées, ovales, aigus,
et terminés par un paquet de feuilles florales d'un pourpre
bleuâtre ;

La Lavande dentée, qui a les feuilles linéaires, profondément crénelées ; les fleurs d'un bleu rougeâtre, disposées en
épis lâches, et terminées par un bouquet de feuilles florales ;

La Lavande multifide, qui a les feuilles bipinnées, les fleurs
bleuâtres et disposées en épis tétragones.

Ces trois espèces demandent l'orangerie dans le climat de
Paris. (B.)

LAVANDIÈRE. Nom vulgaire d'une espèce de bergeronnette qui aime à vivre sur le bord des eaux fréquentées par
les hommes, qui semble accourir au bruit que font les blan-
chisseuses lorsqu'elles frappent le linge avec leur battoir.
Voyez au mot Bergeronnette.

Cet oiseau suit les troupeaux dans les pâturages pour manger
les stomoxes, les asiles, les taons et autres insectes diptères
qui les tourmentent, et par là il rend un service essentiel à
l'agriculture. Dans les greniers où on l'enferme, il mange les
teignes du blé à mesure qu'elles naissent, et par là diminue
leur reproduction. (B.)

LAVATÈRE, *Lavatera*. Genre de plantes de la monadelphie polyandrie et de la famille des malvacées, qui renferme
une douzaine d'espèces, la plupart propres aux parties méridionales de l'Europe, et qu'on peut employer à la décoration
des jardins.

La Lavatère a feuilles pointues, *Lavatera olbia*, Lin.,
a une tige de 4 à 5 pieds, des feuilles alternes, pétiolées, anguleuses, velues, à trois ou cinq lobes, dont celui du milieu
est pointu ; des fleurs d'un pouce de diamètre, de couleur
pourpre, et sessiles dans les aisselles des feuilles supérieures.
Elle est vivace, croît naturellement sur les bords de la Méditerranée, reste verte toute l'année, et fleurit en automne. On

la cultive dans quelques jardins de Paris, mais elle y passe très-rarement l'hiver en pleine terre; c'est donc pour ce climat une plante d'orangerie. On la multiplie de graines, et plus communément de boutures, qui prennent racine en peu de temps.

La Lavatère arborée n'en diffère pas beaucoup, et tout ce qui vient d'être dit lui convient.

La Lavatère a grandes fleurs, *Lavatera trimestris*, Lin., a des tiges hautes de 2 à 3 pieds; des feuilles pétiolées, cordiformes, dentées, lobées et glabres; des fleurs de près de 2 pouces de diamètre, d'un rouge de diverses nuances, ou blanches ou panachées. Elle croît dans les mêmes pays que les précédentes, mais est annuelle, et ne craint pas par conséquent les hivers du climat de Paris; aussi l'y cultive-t-on fréquemment dans les parterres, où ses touffes font un très-joli effet, sur-tout lorsqu'on a pu mélanger les couleurs de manière à les faire contraster. On sème ordinairement ses graines sur couches, et on en met le plant en place lorsqu'il a 5 à 6 pouces d'élévation. Elle demande une terre un peu substantielle. (B.)

LAVE. On appelle de ce nom deux sortes de pierres : l'une provenant des déjections des volcans, l'autre se trouvant au sommet des montagnes calcaires secondaires.

La première s'offre en couches plus ou moins larges, plus ou moins épaisses, selon que l'irruption du volcan dont elles sont sorties était considérable : elle constitue souvent seule des montagnes d'une grande hauteur ou d'une vaste circonférence. Toujours elles sont infertiles par leur nature; mais elles deviennent des terrains de première qualité, lorsque après bien des siècles elles se sont décomposées : j'en parle aux mots Volcan et Montagne volcanique.

La seconde est toujours en lits plus ou moins épais, plus ou moins étendus, plus ou moins réguliers, separés par de l'argile ferrugineuse, le plus souvent très-près de la surface. On la trouve dans un grand nombre de cantons de l'est et du centre de la France, où elle s'utilise pour bâtir, pour couvrir les maisons des cultivateurs, pour, en la mettant de champ, former des enclos extrêmement économiques. Je suis entré dans quelques détails à son égard aux mots Calcaire et Montagne. (B.)

LAVERONS. On donne ce nom, dans la ci-devant Bourgogne, aux fragmens de pierres calcaires plates qui se trouvent disséminées dans les champs et les vignes. *Voyez* Lave. (B.)

LAVEMENT. Substance fluide qu'on injecte dans les intestins par le fondement, au moyen d'une seringue. Les lavemens sont simples ou composés, et leur dose doit être d'une pinte et demie ou deux pintes pour un bœuf ou un cheval. On compose ce remède suivant l'indication de la maladie, soit afin de tenir simplement le ventre libre, soit pour donner du ton aux intestins, soit pour calmer leur trop grande rigidité, causée par l'inflammation intérieure, etc. : les lavemens les plus simples sont toujours les plus efficaces, et l'on juge beaucoup mieux de leur manière d'agir.

Avant de donner un lavement aux bœufs et aux chevaux, il faut que le valet d'écurie frotte sa main et son bras avec de l'huile, qu'il insinue sa main dans le fondement de l'animal, qu'il en retire les excrémens qui y sont endurcis, qu'il recommence cette opération en enfonçant le bras aussi avant qu'il le pourra : sans cette précaution préliminaire et indispensable, le remède ne produira aucun effet. Dès que l'animal aura reçu le lavement, on le fera trotter, afin qu'il le garde plus long-temps : autrement il le rendrait tout de suite. Si l'animal est trop malade pour courir, on donnera deux lavemens de suite; le second, dès que le premier sera rendu, et même un troisième s'il ne garde pas assez long-temps le second.

Comme souvent dans les campagnes il n'est pas facile de se procurer une seringue proportionnée au volume de l'animal, voici le moyen d'en fabriquer une promptement et à peu de frais. Prenez un morceau de Roseau des jardins (*voyez* ce mot), ou un morceau de sureau dont vous ôterez la moelle, long de 6 à 8 pouces; adaptez à une de ses extrémités une vessie, et fixez-la par plusieurs tours de corde; elle formera une vaste poche dans le bas du tuyau. A l'extrémité supérieure du sureau, placez tout autour de la filasse ou bien du chanvre peigné, ou du coton, ou bien encore un morceau d'étoffe que vous assujettirez avec un fil, afin de former dans cet endroit une espèce de bourrelet, qui empêchera que l'intestin ne soit blessé par l'introduction et le frottement du bois qui sert de canule. Le tout ainsi préparé, videz par le haut du tuyau la matière du lavement, qui se précipitera dans la vessie; introduisez cette espèce de canule dans le fondement de l'animal; de la main gauche soutenez la vessie, et de la droite, pressez fortement de bas en haut cette vessie : la pression forcera l'eau à pénétrer dans l'intestin de l'animal.

Le lavement le plus commun est celui qui est fait avec l'eau simple; il suffit dans les constipations et les inflammations légères : on peut suppléer à l'eau simple par la décoction de mauve ou de pariétaire, ou de mercuriale, etc. Si la saison empêche de cueillir ces plantes, ou si on ne les connaît pas, on fera dissoudre dans l'eau un peu de gomme arabique, ou on fera bouillir de la graine de lin; c'est en raison de leur mucilage que ces substances agissent et rendent l'expulsion des excrémens plus facile : l'eau relâche l'intestin et le mucilage le tapisse. Prenez une once de graine de lin, ou demi-once de gomme, ou une poignée des plantes indiquées, faites-les dissoudre dans l'eau chaude, ou faites-en une décoction, et vous aurez un lavement adoucissant.

Si on désire qu'il calme davantage l'irritation des intestins, il suffit d'ajouter un peu de vinaigre, jusqu'à ce que l'eau acquière une agréable acidité. On ne peut trop recommander ce remède, soit pour les hommes, soit pour les animaux, dans toutes les maladies putrides et inflammatoires, et il peut suppléer tous les autres de ce genre.

L'eau de son en lavement est très-rafraîchissante.

Les lavemens, même simplement composés d'eau, produisent de très-bons effets dans les ardeurs et les rétentions d'urine ; leur action est encore plus marquée, si on y ajoute un peu de vinaigre. On le répète, le vinaigre seul et uni à l'eau d'une décoction mucilagineuse est de tous les remèdes de ce genre celui que l'on doit préférer, soit pour rafraîchir, soit pour s'opposer aux effets de la putridité et de l'inflammation.

Les maladies épizootiques qui se manifestent pendant l'été sont toutes putrides et inflammatoires, et souvent l'une est l'effet de l'autre. Dans ces cas, donnez ces lavemens au nombre de cinq ou six par jour ; continuez et ne diminuez ensuite leur nombre qu'en raison de la diminution des symptômes de la maladie ; mais n'employez jamais les huileux : mettez à leur place les décoctions des plantes mucilagineuses ou les substances gommeuses. Dans plusieurs épizooties, j'ai souvent dû presque aux seuls lavemens la guérison des animaux. On peut ajouter le miel en décoction et supprimer les plantes mucilagineuses... Les graines de concombre, de courges, de melons, les amandes pilées, en un mot leur émulsion servent aux lavemens rafraîchissans et antiputrides. Mais pourquoi recourir à toutes ces préparations longues, lorsque l'eau, le vinaigre et le miel suffisent ? C'est qu'on croit augmenter l'efficacité du remède par la multiplication et la préparation des drogues.

Toutes les plantes odoriférantes, comme le thym, le romarin, le serpolet, la lavande, la camomille romaine, etc., peuvent servir à la décoction du lavement. Si on veut le rendre purgatif, on y ajoutera du sucre rosat, ou une décoction de séné ou des sels neutres, ou même du sel de cuisine.

On appelle lavement *carminatif*, ou propre à expulser les vents, celui que l'on compose avec la décoction de camomille, de mélilot, de coriandre, d'anis, de baies de genièvre, etc., avec le miel commun. Ce lavement est tonique, et il fait rendre beaucoup de vents ; mais n'est-ce pas en augmentant encore leur nombre ? J'ai toujours vu que des lavemens émolliens diminuaient beaucoup l'irritation des intestins, et que l'air y étant moins raréfié par la chaleur, les vents sortaient sans peine : il est très - prudent de faire rarement usage de ces remèdes incendiaires. Il est des cas cependant où les lavemens actifs sont d'un grand secours, par exemple, dans l'apoplexie d'humeur : alors prenez séné, coloquinte, de chacun une once ; ajoutez à la colature 2 onces vin émétique trouble. Comme il est possible qu'on n'ait pas sous la main, et dans une circonstance où les momens sont précieux, les substances dont on vient de parler, on peut les suppléer par une décoction de 2 onces de tabac, soit en feuilles sèches, soit en corde, soit en poudre, et encore mieux par un lavement de fumée de tabac.

Dans les fièvres, on donne des lavemens avec la décoction du quinquina. (R.)

LAVIÈRE. Terre qui repose sur la roche fissile, appelée Lave dans le département de la Haute-Marne.

Les terres lavières sont toujours marneuses et rarement profondes. (B.)

LAVOIR. Architecture rurale. Espèce de bassin disposé sur un cours d'eau pour y placer commodément des laveuses de lessive.

Cet établissement, de peu d'apparence, est cependant très-utile à la campagne ; car le blanchissage du linge est l'une des occupations favorites de la mère de famille, et les lavoirs devraient y être beaucoup plus multipliés.

La construction d'un lavoir n'est ni coûteuse ni compliquée, et il serait à désirer que toutes les communes en eussent de publics. Il est vrai que, pour se procurer un lavoir, il faut un cours d'eau à sa disposition ; mais au défaut d'eaux courantes, on pourrait souvent rencontrer des sources cachées, que des *puits forés* (*voyez* le mot Puits) mettraient à découvert, et dont les eaux, alors jaillissantes, alimenteraient les lavoirs et fourniraient aux habitans une boisson aussi saine qu'agréable,

Nous distinguons deux espèces de lavoirs ; savoir, les lavoirs intérieurs ou *domestiques*, et les lavoirs extérieurs ou *publics* ; mais cette distinction n'est due qu'à la différence des soins plus ou moins grands que l'on donne ordinairement à la construction de l'une ou de l'autre espèce.

§ 1. *Des lavoirs domestiques.* Dans une grande habitation rurale, le lavoir devrait être placé attenant à la Buanderie (*voyez* ce mot), la surveillance des femmes de lessive y serait plus directe, et le transport du linge plus commode ; mais

8 *

cette position, la plus avantageuse, est absolument subordonnée à celle du cours d'eau disponible.

Lorsque les facultés du propriétaire le permettent, un lavoir de cette espèce est ordinairement composé 1°. d'un bassin de la forme la plus commode pour sa destination, et d'un diamètre ou développement suffisant pour y placer un nombre de laveuses déterminé par les besoins du ménage; 2°. d'une enceinte couverte, afin que les laveuses, en fonction, y soient à l'abri de la pluie ou de la grande ardeur du soleil; 3°. d'une petite vanne avec empellement, destinée à maintenir l'eau dans le bassin à la hauteur convenable lorsque la pelle est baissée, et lorsqu'elle est levée, à pouvoir tarir entièrement ce bassin, soit pour le curer, soit pour chercher les pièces de linge qui auraient pu s'y enfoncer; 4°. d'une longueur suffisante de chevalets, placés dans le pourtour de l'enceinte, sur lesquels on dépose le linge à mesure qu'il est lavé.

Pour assurer le jeu des eaux, il vaut mieux placer le bassin sur un canal de dérivation du cours d'eau, que sur le cours d'eau même, parce qu'alors on peut, à volonté, en accepter ou en refuser les eaux, au moyen d'une vanne avec empellement, établie à la naissance du canal de dérivation.

Ce bassin doit être entièrement revêtu en maçonnerie de chaux et ciment, ou construit en béton, si l'on craint des filtrations et des pertes d'eau à travers les terres environnantes. Dans le cas contraire, on peut se contenter d'une maçonnerie en pierres sèches, et de ne faire en bonne maçonnerie que la partie où la vanne se trouve placée.

Le couronnement de la maçonnerie du bassin doit être en pierres de taille dures, posées ou taillées dans l'inclinaison requise pour la facilité du lavage du linge; au défaut de cette espèce de pierre de taille, on se sert de forts madriers de chêne solidement contenus dans la maçonnerie inférieure, et posés dans la même inclinaison.

L'enceinte du lavoir est close à l'extérieur, mais elle est à jour tout le long du bassin. La charpente de sa couverture est supportée d'un côté par la clôture extérieure, et de l'autre par des poteaux solidement encastrés dans la maçonnerie du bassin, qui leur sert de support, et contenus dans leur écartement par des entraits et des chapeaux formant en même temps *sablières*.

Le fond du bassin doit toujours être pavé, afin de pouvoir le nettoyer plus aisément et sans l'approfondir. Une profondeur d'eau d'un mètre est plus que suffisante dans le bassin pour l'usage du lavoir.

§ 2. *Des lavoirs publics.* Ces lavoirs se construisent de la même manière et avec les mêmes soins que les lavoirs domestiques : seulement leurs dimensions doivent être plus grandes, et proportionnées à la population des communes auxquelles ils sont destinés.

Ceux des villes peuvent également être entourés d'une enceinte fermée et couverte, et même être garnis intérieurement de chevalets, parce que généralement elles seront en état de faire cette dépense; mais les lavoirs des communes rurales doivent être bornés à la construction du bassin. Dans ces dernières communes, il sera très-utile de faire précéder le lavoir public par un abreuvoir. (DE PER.)

LAYA. Double fourche à deux dents, disposées comme des échasses, avec lesquelles les vignerons de la Biscaye labourent les vignes.

Il semble que l'emploi des layas devrait être très-fatigant; mais l'habitude la rend facile à ces vignerons. *Voyez* BUCHE. (B.)

LEBAN. C'est le LEVAIN dans le département de Lot-et-Garonne.

LEBRETON. Nom d'une sorte de forme qu'on donne aux arbres fruitiers en ESPALIER ou en CONTR'ESPALIER. *Voyez* ces mots. C'est la même chose que BATARDEAU. (B.)

LÈDE, *Ledum*. Genre de plantes de la décandrie monogynie et de la famille des rhodoracées, qui renferme trois espèces, qu'on cultive fréquemment dans les jardins, à raison de leur agréable aspect quand elles sont en fleur. Ce sont des arbustes de 2 ou 3 pieds au plus, dont les feuilles sont alternes, persistantes; les fleurs disposées en corymbes terminaux, qui demandent une terre légère et fraîche pour prospérer.

Le LÈDE A FEUILLES ÉTROITES, *Ledum palustre*, Lin., à les feuilles linéaires, roulées en dehors sur leurs côtés, et couvertes d'un duvet roux en dessous. Il croît dans les marais du nord de l'Europe. On emploie ses feuilles, qui exhalent, lorsqu'on les froisse, une odeur agréable assez forte pour remplacer le houblon dans la fabrication de la bière. Il se conserve fort difficilement dans nos jardins.

Le LÈDE A FEUILLES LARGES a les feuilles semblables à celles du précédent, mais trois fois plus larges, et ses fleurs sont pentandres. Il est originaire du nord de l'Amérique, où on fait usage, sous le nom de *thé de Labrador*, de l'infusion de ses feuilles, qui passent pour stomachiques et pectorales, et qui ont une odeur aromatique fort agréable. J'ai fait usage à différentes reprises de cette infusion, et les suites ont toujours été une faim dévorante. On le cultive fréquemment dans les jardins, où il se conserve très-bien, et se multiplie très-facilement de rejetons et de marcottes, qu'on fait au printemps, et qui peuvent être levées à la même époque de l'année suivante. C'est le soleil et les sécheresses trop prolongées qui sont ses plus dangereux ennemis, il faut en conséquence le placer toujours au nord et entre des arbustes plus élevés. Son aspect, lorsqu'il est en fleur, est beaucoup plus beau que celui du précédent.

Le Lède a feuilles de thym a les feuilles petites, ovales, planes, vertes et glabres. Il est originaire de la Caroline, et ne se voit pas encore fréquemment dans les jardins d'Europe. Il diffère sensiblement des précédens, et est moins agréable qu'eux lorsqu'il est en fleur. Les fortes gelées l'atteignent quelquefois. (B.)

LÉE. *Voyez* Lin.

LÉGÈRE (TERRE). C'est celle qui n'est pas liée, dont les parties se divisent facilement par les labours, et dans laquelle l'eau ne peut séjourner.

Les terres légères sont généralement précoces et favorables à beaucoup de cultures; mais dans les années sèches, elles sont de peu de produit.

Il est des terres qui sont légères, parce qu'elles contiennent beaucoup d'Humus; d'autres, parce que le Sable, le Gravier, la Craie y surabondent. *Voyez* ces mots.

Une des terres les plus légères est celle qu'on appelle *terre de bruyère*, et qui n'est composée que d'humus et de sable : c'est par cela seul qu'elle est la plus propre au semis des graines fines et à la culture des arbres délicats, et ce, parce que la radicule de ces graines ou les racines de ces arbres y pénètrent avec la plus grande facilité; mais elle a besoin d'arrosemens fréquens. *Voyez* Bruyère. (B.)

LÉGUME. Le légume proprement dit est la graine des fleurs papilionacées : tels sont les pois, les fèves, les haricots, d'où est venue la dénomination de *plantes légumineuses*. Ces graines sont renfermées entre deux battans ou cloisons, qui forment la gousse à laquelle elles tiennent par un cordon ombilical. A Paris et dans ses environs, on a généralisé l'idée attachée à ce mot *légume*, et on lui donne une extension sur toutes les plantes d'un potager; de sorte qu'un artichaut, un chou, une rave, une asperge, sont appelés mal à propos *légumes*; ce qui fait une confusion dans les idées : ce nom ne devrait être consacré qu'aux plantes Légumineuses (*voyez* ce mot). Il est inutile d'entrer ici dans de plus grands détails, parce qu'en parlant de chacune de ces plantes séparément, on traite de leur culture et de la manière de les conserver. (R.)

Autrefois on divisait, à Paris, les légumes et les fruits en deux classes, les acides (*aigrun*), et les doux : l'oignon, l'échalotte, les citrons, etc., entraient dans la première. (B.)

LÉGUMINEUSES. Famille de plantes d'un intérêt majeur

pour l'agriculture, et dont le caractère consiste en un calice monophylle, une corolle polypétale, le plus souvent papilionacée, des étamines presque toujours au nombre de dix et diadelphe, un fruit (légume) tantôt uniloculaire, tantôt divisé transversalement en plusieurs loges.

Les plantes de cette famille sont arborescentes ou herbacées, souvent volubles ; leurs feuilles sont presque toujours alternes, tantôt simples, tantôt ternées, tantôt ailées avec ou sans impaire, et quelquefois pourvues de vrilles : leurs espèces sont extrêmement nombreuses.

Parmi les genres qui la composent, les agriculteurs français sont plus particulièrement dans le cas de remarquer l'ACACIE (*mimosa*), le FÉVIER, le CHICOT, le CAROUBIER, le TAMARINIER, la CASSE, le CAMPÊCHE, le BRESILLET, le COURBARIL, l'AJONC, le SPARTION, le GENÊT, le CYTISE, le LUPIN, la BUGRANE, l'ARACHIDE, le TRÈFLE, le MÉLILOT, la LUZERNE, le FÉNUGREC, le LOTIER, le DOLIQUE, le HARICOT, l'AMORPHA, le ROBINIER, le CARAGAN, l'ASTRAGALE, le BAGNAUDIER, la RÉGLISSE, l'INDIGOTIER, la GESSE, le POIS, la VESCE, la FÈVE, la LENTILLE, le CHICHE, la CORONILLE et le SAINFOIN. *Voyez* tous ces mots.

C'est principalement par leurs graines et par leurs feuilles que les légumineuses sont si utiles à l'agriculture. Les premières fournissent une nourriture saine aux hommes et aux animaux, et les secondes le fourrage le plus abondant pour ces derniers. Aussi plus on en cultive et plus on a droit d'espérer des bénéfices assurés dans quelque nature de terrain que soit placée l'exploitation.

Il n'est peut-être pas inutile d'apprendre aux cultivateurs que les espèces de quelques genres de cette famille, tels que les OROBES, les VESCES, les GESSES, les LENTILLES, ont une germination différente de celle des autres ; c'est-à-dire qu'au lieu de développer leurs COTYLÉDONS, et d'offrir d'abord des FEUILLES SÉMINALES, leurs graines restent entières et poussent immédiatement une TIGE. *Voyez* les mots précités. (B.)

LENTICULE, *Lemna*. Genre de plantes qui renferme cinq à six espèces qui naissent et végètent sur la surface des eaux stagnantes, et qui sont connues sous le nom vulgaire de *lentille d'eau*. Elles sont composées ordinairement de deux ou trois feuilles, de la forme des lentilles, de consistance peu solide, de la jonction desquelles sortent, en dessus, les parties de la fructification, et en dessous un faisceau de racines qui pendent dans l'eau.

La nature a destiné ces singulières plantes à purifier l'air des marais pour les rendre habitables aux animaux. Elles absorbent pendant le jour les principes délétères de cet air, et exhalent pendant la nuit des flots de gaz oxygène, le seul, comme on sait, propre à la respiration.

Il ne faut donc pas les enlever, pendant l'été et l'automne, de la surface de ces eaux ; mais on le peut, sans inconvenient, au commencement de l'hiver, pour les apporter sur le fumier, dont elles augmentent la masse. Cependant, il faut l'avouer, la dépense de leur extraction est toujours plus considérable que le bénéfice qu'elles procurent ; car elles fournissent bien peu de terre végétale par suite de leur décomposition.

On prétend qu'employées à l'extérieur, elles dissolvent le sang caillé des contusions, qu'elles adoucissent les douleurs des érysipèles, des hémorroïdes, des hernies, etc. Les canards et les carpes les mangent. (B.)

LENTILLE. Plante de la diadelphie décandrie et de la famille des légumineuses, que Linnæus avait placée parmi les ens, *ervum*, que Willdenow et autres ont réunie au chiche, *cicer*, et qui est l'objet d'une importante culture, soit pour son fruit, qui fait une excellente nourriture pour l'homme, soit pour sa fane, que les animaux domestiques recherchent.

La vraie patrie de la lentille paraît être du quarantième au cinquantième degré de latitude ; car elle craint également et les feux du midi et les glaces du nord : on la trouve en effet sauvage dans les champs et les vignes vers le quarante-cinquième degré. On en cultive fort peu en Angleterre et dans les plaines de la Flandre, mais beaucoup aux environs de Paris et dans le milieu de la France. Il n'est point avantageux, hors les environs des grandes villes et les lieux qui sont réputés pour en fournir de qualité supérieure, de lui consacrer des champs entiers ; aussi est-ce principalement dans les vignes, au milieu des autres cultures qu'on en voit le plus. Souvent cependant on la sème sur les jachères pour doubler les produits du sol, ou pour remplacer les productions qui ont péri par l'effet des gelées de l'hiver, parce que parcourant avec rapidité les phases de sa végétation, il est toujours possible de faire les premiers labours après sa récolte, ou de lui substituer des raves, des navettes et autres cultures d'automne.

Une terre légère et sèche et une exposition chaude sont indispensables pour avoir des lentilles en abondance et de bonne nature. Dans les sols gras et humides, la plante pousse en herbe et donne des graines pâteuses et sans goût. Là on ne doit en semer que pour fourrage ; mais il y a rarement du bénéfice à le faire, parce que plusieurs autres plantes de la même famille tels que la vesce, les pois gris, la gesse, etc., en fournissent de beaucoup plus élevé et d'aussi bonne qualité. Dans quelques lieux, on les sème avec le seigle en automne, ou l'avoine au printemps, pour les faucher en vert ; et cette méthode n'est pas aussi à dédaigner qu'on s'est plu à le dire, parce que ces deux plantes mûrissent en même temps et se favorisent mutuellement lorsque la première ne fait en nombre de pieds que le quart de l'autre. Les avantages de ce mélange sont bien connus dans quelques parties de la ci-devant Picardie. *Voyez* MÉLANGE.

C'est donc dans les terres sablonneuses et de médiocre qualité qu'il convient de semer les lentilles aussitôt que les gelées ne sont plus à craindre, c'est-à-dire au commencement d'avril dans le climat de Paris. Un bon labour à la charrue, ou mieux, à la bêche ou à la houe, suffit, pourvu que les mottes soient exactement brisées. On les répand à la VOLÉE dans plusieurs endroits ; dans d'autres, on les place en touffes dans des AUGETS, ou on les place en RANGÉES continues (*voyez* ces mots). Ces deux dernières méthodes sont de beaucoup préférables et s'emploient selon les localités. Ainsi, dans une vieille vigne, on les mettra en trochées pour garnir les espaces vides ; en plein champ, on les mettra en rangées, afin de ne pas perdre de terrain. Ces rangées seront écartées de 12 à 15 pouces et même plus, pour donner plus d'air, faciliter les binages et par suite augmenter les produits. 18 à 20 livres de graines suffisent pour ensemencer un arpent. Le premier binage se donne quand les pieds ont 4 à 5 pouces de haut, et le second quand ils sont entrés en fleur : souvent on se dispense de ce dernier. Il faut autant que possible choisir un temps un peu humide pour faire ces binages.

Saupoudrer les lentilles de plâtre au moment où elles vont entrer en fleur augmente beaucoup leur produit en graines ; mais ces graines sont plus dures à cuire que celles des lentilles qui ont été abandonnées à la nature. Cette observation a été faite par M. Dergeres de Mandemont, qui habite un pays où on les cultive très en grand pour la nourriture des bestiaux, pays où l'on préfère la petite rouge à la grosse grise.

Dans beaucoup d'endroits, on sème les lentilles sur des ados existans, comme ceux qui sont la suite d'une plantation de vigne, d'asperge, etc. Dans d'autres, on fait des ados exprès, principalement dans les jardins en fond un peu humide. C'est une très-bonne méthode, mais trop coûteuse pour être conseillée par-tout où l'on peut s'en dispenser.

Un printemps trop sec et trop chaud nuit beaucoup à la production des lentilles ; aussi souvent manquent-elles totalement, c'est-à-dire que leur récolte rend à peine la semence qu'on avait employée. Des arrosemens peuvent seuls empêcher cet inconvénient ; mais rarement hors les jardins on peut les entreprendre sans craindre que leur dépense n'absorbe les profits qu'on attendait de la récolte.

Il faut veiller à l'époque de la maturité des lentilles, car lorsqu'on les récolte trop tard on risque d'en perdre beaucoup par l'effet de l'élasticité des gousses et par suite des ravages des mulots, des pigeons et autres animaux qui sont très-friands de leurs graines. On reconnaît cette époque, qui arrive ordinairement dans le climat de Paris à la fin de juillet, à la couleur grise ou roussâtre que prennent les gousses et à la chute des feuilles inférieures. Alors on arrache les pieds et on les étend, réunis en petites bottes, pendant deux ou trois jours, la tête en bas contre des murs, sur des haies, des échalas, etc., pour qu'ils complètent leur maturité et s'y dessèchent. Lorsqu'on les laisse sur terre, les graines prennent une teinte verdâtre et se rident par l'effet de l'humidité; il est mieux de les apporter immédiatement à la maison pour les étendre et les veiller, que de les laisser dans les champs. Une dessiccation lente est toujours plus favorable à leur bonté et à leur beauté qu'une trop rapide.

J'ai eu occasion de voir une récolte importante ainsi abandonnée, être entièrement mangée par les pigeons, venus par milliers des cantons voisins.

Il est utile de ne battre les lentilles qu'à mesure du besoin ou de la vente, parce qu'elles se conservent mieux dans la gousse que séparées. Elles se battent avec le fléau. Leurs tiges se donnent aux vaches avec du foin, ou s'emploient en litière, ou servent à chauffer le four.

La culture de la lentille est très-épuisante lorsqu'elle a pour objet la récolte de ses graines, parce qu'elles sont grosses et nombreuses relativement à la grandeur de la plante.

On distingue deux variétés principales de lentilles; l'une, qui est large de 3 lignes, s'appelle *grosse lentille*, *lentille blonde*. Les meilleures qu'on connaisse à Paris viennent de Gaillardon, près Rambouillet, dans des sables quartzeux, et aux environs du Puy dans des sables volcaniques. La plupart des communes sont apportées des environs de Soissons et proviennent de terres calcaires très-légères. Elles offrent une sous-variété plus petite et un peu moins blonde. L'autre est la *lentille à la reine*, la *lentille rouge*, plus petite de moitié, plus bombée et plus colorée. On la regarde comme bien plus délicate.

Les lentilles présentent une ressource précieuse dans les pays qui leur conviennent. La nourriture qu'elles fournissent est substantielle, de facile digestion et d'une saveur agréable. On les mange en grain ou en purée, mais jamais en vert; on peut les faire entrer dans la composition du pain. Elles se conservent aussi long-temps qu'on veut, sinon aussi bonnes, au moins aussi nourrissantes, lorsqu'on les a fait passer au four ou à l'étuve, pour enlever la surabondance d'eau qu'elles contiennent et tuer les larves des bruches (*bruchus pisi,* Fab.) ou *mylabres à croix blanche,* Géoff., qui les dévorent. Aussi les fait-on généralement entrer dans les approvisionnemens des places de guerre et des vaisseaux. *Voyez* BRUCHE.

Les Anglais, pour rendre la cuisson des lentilles plus facile, les privent de leur enveloppe coriace par une espèce de demi-mouture dans des moulins appropriés. On doit désirer que cette méthode soit généralement adoptée en France non-seulement pour les lentilles, mais encore pour les pois, les haricots, les fèves, etc.

Il serait sans doute avantageux de revenir à l'usage où étaient nos pères de faire germer les lentilles avant de les faire cuire, afin d'en développer le principe sucré. *Voyez* BIÈRE.

La culture de la lentille, quoique plus étendue en France que dans aucun autre pays, n'y est cependant pas assez générale. Il est des cantons qui y sont très-propres et qui ne la connaissent pas, je voudrais qu'elle y fût encouragée.

Il est trois autres espèces de lentilles, la LENTILLE ERVILLIÈRE, *vicia ervilia,* Willdenow; la LENTILLE A QUATRE SEMENCES, *ervum tetraspermum,* Lin, et la LENTILLE HÉRISSÉE, *ervum hirsutum,* Lin., qu'on voit fréquemment dans les champs cultivés, au milieu des moissons. Elles fournissent toutes trois une excellente nourriture pour les bestiaux, et principalement pour les moutons. Quelques personnes ont proposé de les semer pour fourrage; mais il est évident qu'il y aurait du désavantage à les préférer à la lentille ordinaire, puisqu'elles sont plus petites dans toutes leurs parties et que leurs graines sont inférieures pour le goût. La première l'est cependant, dit-on, dans quelques cantons du midi.

La lentille du Canada est la VESCE BLANCHE, *Viscia pisiformis,* Lin.; celle d'Espagne est la GESSE CULTIVÉE, *Latyrus sativus,* Lin. *Voyez* ces deux mots. (B.)

LENTILLON. C'est, dans quelques cantons, la GESSE CULTIVÉE.

LENTISQUE. Espèce de PISTACHIER. *Voyez* ce mot.

LÉONURUS. *Voyez* PHLOMIDE.

LÈPRE. On a donné ce nom, dans le jardinage, à des croûtes blanches qui naissent sur les feuilles et les bourgeons des arbres fruitiers, sur-tout des pruniers, des abricotiers et des pêchers. Elles font tomber les feuilles avant le temps et nuisent par conséquent à la production du bois et du fruit pour l'année suivante. Quelques auteurs confondent la lèpre avec le BLANC, d'autres l'en distinguent. Il y a tout lieu de croire que cette maladie est produite, ainsi que le BLANC, par un champignon parasite des genres UREDO, ERYSIPHÉ ou autres voisins. (*Voyez* ces trois mots.) Je conseille donc, en conséquence, la soustraction des parties affectées, comme le seul moyen à tenter pour se mettre pour l'avenir à l'abri des ravages de la lèpre.

C'est au milieu et à la fin de l'été que la lèpre se montre, suivant M. de Villehervé, qui l'a suivie, mais qui manquait de connaissances sur la nature de ces champignons, connaissances que nous devons à Bulliard, à Persoon et autres botanistes qui ont écrit après sa mort. (B.)

LEROT, *Myoxus nitela*. Quadrupède de la famille des loirs et de l'ordre des rongeurs, que l'on confond avec le véritable loir, ou mieux, qu'on appelle généralement loir, quoique ce nom appartienne à une autre espèce. C'est lui, et presque exclusivement lui, qui, dans les environs de Paris, par exemple, mange les fruits et cause par là de si grands dommages dans les jardins. Il se retire, pendant le jour, dans les trous de mur, dans les arbres creux, sous des tas de pierres, et y transporte les noix, les noisettes, les pois et autres petits fruits. On le voit souvent, le soir et le matin, courir sur les branches des espaliers, grimper sur les arbres en plein vent, entamer tous les fruits à moitié mûrs qui se trouvent sur son passage, et ne se sauver dans son trou que lorsqu'il craint un danger imminent. Il se bat contre les chats et les chiens lorqu'il est surpris par eux, et les oblige souvent de lâcher prise, par la douleur que leur causent ses morsures. C'est principalement aux pêches qu'il s'attache de préférence, et un seul de ces animaux suffit pour anéantir la récolte de l'espalier qui en est le mieux garni. Il faut donc ne négliger aucun moyen pour s'en débarrasser, c'est-à-dire tendre des piéges de toutes espèces amorcés avec de la viande, car il l'aime, et avec des fruits huileux, tels que des noix, noisettes, chenevis, etc. ; mettre dans les trous des alimens du même genre imprégnés de noix vomique ou d'arsenic, boucher leurs trous avec des pierres bien scellées, etc.

Cet animal semble perdre sa timidité naturelle à l'aspect d'une lumière : en conséquence, en portant devant soi une chandelle, on le chasse à coups de bâton pendant la nuit, époque où il est toujours occupé à manger.

On peut reconnaître l'habitation d'un lérot à la mauvaise odeur qui en sort (odeur qui lui est propre et qui empêche les chats de le manger), et aux excrémens qui sont à l'entrée.

Cet animal s'accouple au printemps, met bas cinq à six petits à la fin de l'été, et passe l'hiver engourdi comme le loir. J'en ai plusieurs fois trouvé un grand nombre dans des greniers à foin qu'on dégarnissait pendant l'hiver, et dans des trous d'arbres qu'on avait abattus : c'est à leur sortie de cet état de léthargie qu'il est bon de leur tendre des piéges, parce que la faim les tourmente. Une fois, à cette époque, j'en pris plus d'une douzaine en un jour, avec une souricière à bascule, à leur sortie d'un trou de mur où je savais qu'il y en avait une bande.

Le lérot est d'un gris rougeâtre en dessus et blanchâtre en dessous. Une large bande noire passe au-dessus et au-dessous de ses yeux et se termine derrière l'oreille. Sa queue n'a de longs poils qu'à son extrémité ; ses pattes ont des poils blancs. Sa longueur est de 4 à 5 pouces dans son état de repos habituel, mais il peut s'étendre et se raccourcir à volonté. (B.)

LESQUE. Dans le Médoc, ce sont des terres abandonnées ou sans culture. *Voyez* FRICHE.

LESSIVE. On appelle LESSIVE l'opération par laquelle on blanchit le linge de ménage, et BUANDERIE, LAVOIR, les lieux dans lesquels s'exécutent les principales opérations de la lessive.

Dans les campagnes, chaque ménage fait sa lessive.

Dans les villes, cette opération forme un métier ou une profession qu'exercent des gens de la campagne placés sur un cours d'eau.

Le but qu'on se propose dans la lessive ou blanchissage du linge, c'est de le nettoyer de toutes les matières qui le salissent : ces matières sont celles qui s'exhalent du corps par la transpiration et la sueur ; celles qui coulent du nez et autres voies excrétoires ; celles qui se déposent sur les vêtemens par les boues, la poussière, etc. ; celles qui, dans nos repas ou dans nos cuisines, s'attachent au linge qu'on y emploie, telles que le suif, la graisse, l'huile, la cire, etc. ; celles qui sont fournies par les sucs des végétaux, le vin, le café, l'encre et les métaux, sur-tout le fer.

Plusieurs de ces substances n'exigent qu'un simple lavage pour abandonner le linge qu'elles salissent : de ce nombre sont la plupart des humeurs qui découlent du corps humain, et la boue, lorsqu'elle n'est pas ferrugineuse. D'autres exigent l'action des alcalis, avec lesquels elles forment un savon que l'eau peut dissoudre et entraîner : telles sont les graisses, les huiles, la cire.

D'autres enfin, inattaquables par l'eau et les alcalis, demandent l'emploi de quelques autres agens chimiques, que nous ferons connaître par la suite.

L'eau et les alcalis sont les substances qu'on emploie généralement. On se sert aussi du savon, parce que ce composé d'huile et d'alcali peut dissoudre et entraîner les matières huileuses et graisseuses, et que d'ailleurs il est moins caustique que l'alcali pur.

C'est l'emploi de l'alcali pur, ou celui des cendres, qui a fait donner le nom de lessive à l'opération du blanchissage. *Voyez* Alcali, Potasse et Soude.

Mais toutes les étoffes ne supportent pas l'action des alcalis : ils dissoudraient celles de laine et de soie; ils ne peuvent servir que pour les tissus de lin, de chanvre et de coton.

On ne peut pas non plus traiter par la lessive les étoffes teintes en faux teint, les alcalis et le savon détruisent la plupart de ces couleurs, et il n'y a que les couleurs fixes qui y résistent.

Avant de faire connaître le procédé par lequel on fait la lessive, je crois convenable de dire un mot sur la manière préjudiciable dont on soigne le linge à mesure qu'il est sali.

Lorsque le linge a servi pendant quelque temps dans nos cuisines et sur nos tables, ou qu'il a été sali sur le corps, on le destine à la lessive et on le met à part. Ce linge est imprégné d'eau, de graisse, d'huile et de sueur ; il est mou et humide, et on le dépose en tas, le plus souvent sur des pavés, dans des lieux peu aérés, souvent chauds et humides : il n'en faut pas davantage pour déterminer un commencement de fermentation qui en relâche le tissu et le dispose à se pourrir. Cette négligence dans la conservation du linge lui porte plus de préjudice que le service de plusieurs années. On peut remédier à cet inconvénient en tenant le linge sale dans un endroit bien sec et très-aéré, on remplira ce but en pratiquant dans chaque maison et dans la partie la plus élevée un lieu de dépôt pour le linge sale : c'est là qu'on le portera à mesure qu'il aura servi. On l'étendra sur des cordes ou sur des perches jusqu'à ce qu'il y en ait une quantité suffisante pour faire une lessive ; on exposera même dans une étuve ou au soleil toutes les pièces qui pourront être imprégnées d'une trop grande humidité pour qu'on puisse espérer de les sécher promptement à l'étendage commun. Je suis persuadé que si on adoptait cette méthode, on économiserait l'achat d'une très-grande quantité de linge, en prolongeant la durée de celui qui existe dans une maison. Je ne saurais trop insister sur cet objet, attendu que le renouvellement du linge est une des dépenses les plus considérables d'un ménage.

Nous allons décrire à présent la manière dont on procède au blanchissage dans les buanderies, nous nous occuperons des moyens de perfectionner le procédé, et nous terminerons cet article par proposer des méthodes économiques pour la lessive des ménages.

On peut réduire à quatre opérations principales tout ce qui se pratique dans un atelier de buanderie :

L'échangeage,

Le coulage,

Le retirage,

Et le savonnage.

Dès que le linge est transporté à la buanderie, on l'échange à l'eau ; c'est-à-dire qu'on le met dans de grands cuviers remplis d'eau, où on l'agite et on le frotte avec soin pour l'imprégner exactement de ce liquide, et en détacher tout ce que l'eau peut en extraire. L'échange se fait souvent, sur-tout pendant l'été, dans les lieux voisins d'une eau courante, dans la rivière ou à la fontaine.

Il arrive souvent que le linge a des taches que l'eau ne peut pas enlever, dans ce cas on échange au savon. On soumet encore à cette opération les parties de linge qui sont plus sales que les autres, telles que les cols et poignets des chemises. L'échangeage au savon exige une eau douce, celle des puits est rarement propre à cet usage ; il faut une eau qui dissolve le savon sans grumeaux, sans cela l'opération est de nul effet. On emploie ordinairement cinq à six livres de savon pour une lessive du poids de cinq cents livres.

Lorsque le linge a été bien travaillé à la main dans cette première opération, on le retire de l'eau pièce à pièce, on le rince avec soin, on l'exprime, on le tord et on le porte dans le cuvier où se fait le *coulage*.

L'arrangement du linge dans le cuvier du coulage demande du temps et des soins : on développe les diverses pièces de linge pour les arranger par couches et une à une dans le cuvier ; on place le linge fin au fond et le gros au-dessus ; on recouvre le tout d'une grosse toile, sur laquelle on fait une couche de cendres provenant de bois neuf ou non flotté, après les avoir tamisées pour en extraire les charbons, le bois mal brûlé et autres corps étrangers, qui non-seulement ne donneraient aucune vertu à la lessive, mais qui pourraient fournir des principes colorans qui s'attacheraient au linge. On emploie de 10 à 25 boisseaux de cendres sur 500 livres pesant de linge, selon leur bonté, leur qualité, ou la quantité d'alcali qu'elles contiennent.

Cela fait, on coule quelquefois à froid, c'est-à-dire qu'on arrose les cendres avec de l'eau froide ; la lessive pénètre peu-à-peu le linge dans toute l'épaisseur de la couche, et s'échappe ensuite du cuvier par la bonde placée au fond sur le côté. Cette lessive est reportée avec soin et sans interruption sur la couche de cendres : on continue cette manœuvre pendant un jour ; puis on lessive à chaud pendant quinze à dix-huit heures.

Mais le plus souvent on coule la lessive à chaud, et, à cet effet, on commence par faire chauffer l'eau dans la chaudière avant de la verser sur les cendres ; et à mesure qu'elle s'écoule par le bas, elle se rend dans la chaudière, sous laquelle on entretient toujours du feu ; on la reporte sans interruption sur la cendre, et on procède sans interruption pendant vingt-quatre heures. Mais comme la cendre seule ne remplit qu'une partie du but qu'on se propose d'atteindre, qui est de nettoyer complétement le linge, on y supplée par une quantité plus ou moins considérable de soude ou de potasse, selon l'*alcalinité* ou le degré de force des cendres. On fait dissoudre ces sels dans la chaudière pour en porter la dissolution sur le cuvier, où on les mêle avec la cendre après les avoir convenablement broyés. On les emploie dans la proportion d'une à 2 livres par 100 pesant de linge. Il y a des personnes qui, pour rendre leur lessive plus caustique et obtenir plus de force d'une quantité déterminée de soude, de potasse ou de cendres, y mêlent de la chaux vive : cette méthode est condamnable, en ce qu'elle tend à détruire le linge. La chaux vive doit être sévèrement proscrite.

Comme le savon et la soude sont des objets très-chers, on a cherché à les remplacer par d'autres substances : les argiles blanches et savonneuses ont été employées à cet effet. On se sert presque généralement en Angleterre de la fiente de cochon, qui est imprégnée d'un vrai savon de soude provenant du foie de l'animal ; mais le linge qu'on savonne avec cette matière conserve une légère odeur de graisse dont il est difficile de le priver.

Après le coulage, on procède au *retirage* ; c'est-à-dire qu'on enlève le linge du cuvier pour le porter à la rivière. Le retirage doit se faire peu-à-peu et au fur et à mesure des besoins qu'en a la buandière ; le linge se maintient chaud dans le cuvier, et lorsque le temps ou le manque de bras ne permettent pas de le laver avant qu'il soit refroidi, on a l'attention d'y entretenir la chaleur en versant dessus de l'eau chaude.

A mesure qu'on retire le linge du cuvier, on le travaille avec soin dans une eau propre et courante ; on le dépouille de toute sa lessive, et par conséquent de toutes les impuretés qu'elle a dissoutes : alors le linge a acquis ce qu'on appelle *le blanc de lessive*. Il ne s'agit plus que de le bien exprimer et de le faire sécher.

Mais trop souvent la lessive n'a pas enlevé toutes les taches, et la partie de linge qui en reste salie a besoin d'une autre opération, qu'on appelle *savonnage*. A cet effet, on couvre la tache d'un peu de savon, on la trempe dans l'eau, on frotte avec les deux mains et on manœuvre jusqu'à ce que la tache ait disparu.

Dans ces diverses opérations, on a recours fort souvent, et constamment dans certains lieux, à l'usage des batoirs et des brosses : nul doute qu'on n'accélère l'opération, mais c'est toujours au détriment du linge ; ces instrumens devraient être bannis de toutes les buanderies.

Le linge ainsi blanchi n'a besoin que d'être séché. Mais comme il importe que cette opération soit prompte, pour que l'humidité ne le détériore pas, et comme d'ailleurs on ne peut pas répondre d'un temps long-temps favorable, on doit l'exprimer avec soin, afin d'enlever, par cet effort mécanique, le plus d'eau possible et de laisser le moins à faire à l'air. C'est dans ces vues qu'on a introduit dans quelques établissemens l'usage des presses et celui des étuves, il faut convenir que dans les grandes buanderies il y a de l'avantage à réunir ces deux moyens.

Un point bien important et qu'on néglige trop dans les buanderies, c'est de sécher le linge aussi parfaitement qu'il est possible : car, lorsqu'on le rend humide du blanchissage, ce qui n'arrive que trop souvent, il porte avec lui un germe de destruction dont il est difficile d'apprécier tous les progrès. Si, dans cet état d'humidité, on l'enferme, selon l'usage, dans des armoires souvent humides, et où l'air ne se renouvelle jamais, il ne tarde pas à fermenter et à exhaler une odeur de *pourri* qui annonce sa destruction. Une ménagère sage et prévoyante qui reçoit du linge dans cet état, doit le déplier, l'exposer au grand air et ne l'enfermer que lorsque le toucher lui prouve qu'il n'y reste plus aucune trace d'humidité.

J'avais toujours pensé qu'il était possible de rendre l'opération du blanchissage du linge de ménage plus simple et plus économique que celle qu'on pratique généralement partout ; j'ai cru qu'on pouvait parvenir à diminuer d'abord la quantité de sel alcali en l'appliquant plus convenablement dans l'opération de la lessive du linge, et que, par suite, cette partie importante du blanchissage exigerait moins de temps et serait moins pénible que le coulage ordinaire tel qu'on le pratique : mon opinion à cet égard était établie, 1°. sur ce que l'alcali des cendres ou de la soude n'agit et ne se combine bien efficacement avec les graisses, les huiles, etc., qu'autant que son action est favorisée par la chaleur et par un contact prolongé entre ces deux substances ; 2°. sur ce que cet alcali, quoique versé pendant vingt-quatre heures sur le linge, à travers lequel il ne fait que passer, ne se sature pas sensiblement, et que par conséquent la totalité n'est pas mise à profit.

Tome IX.

En conséquence, j'ai imprégné des linges sales d'une faible lessive d'alcali, je les ai arrangés dans une petite cuve de bois percée à son fond d'une foule de petits trous, garnie sur les côtés et dans le fond d'un grillage en bois à mailles étroites, de manière qu'il y eût un léger intervalle entre les parois et le grillage. La cuve s'enchâssait par les bords inférieurs dans une chaudière d'alambic, de manière qu'elle en recouvrait bien exactement tout l'orifice : la cuve était fermée d'un couvercle à sa partie supérieure ; le couvercle était percé lui-même d'une petite ouverture pour donner une faible issue aux vapeurs. Trois tuyaux plantés perpendiculairement dans la cuve établissaient encore une communication entre la chaudière et la partie supérieure de la cuve, en même temps qu'ils distribuaient la chaleur dans la masse du linge.

L'appareil ainsi disposé, on a versé de la lessive un peu plus forte dans la chaudière, par une douille pratiquée au renflement supérieur ; après quoi on a mis le feu au fourneau sur lequel la chaudière était montée. La chaleur ne tarda pas à se communiquer à toute la masse du linge ; elle fut portée jusqu'à 85 degrés du thermomètre de Réaumur, et après six heures de chaleur, je démontai l'appareil, fis laver soigneusement le linge, qui se trouva très-blanc, et conserva une odeur de lessive fort agréable. (*Voyez*, pour l'appareil, *Pl. I, fig.* 1.)

D'après ce résultat, obtenu plusieurs fois de suite, je me décidai à tenter l'expérience en grand. M. Bawens m'offrit un local dans sa belle fabrique des *Bons-Hommes*, où il construisit un appareil solide, dans lequel nous fîmes l'essai sur deux cents paires de draps pris à l'Hôtel-Dieu de Paris parmi les plus sales. La cuve fut construite en pierres de taille, et séparée de la chaudière à l'aide d'une grille de bois qui reposait sur les parois de cette dernière. Elle était ovale ; l'ouverture supérieure avait 12 pouces de diamètre, et était fermée, pendant l'opération, avec une pierre qui s'y adaptait assez exactement pour ne laisser sortir qu'une partie des vapeurs. (*Voyez Pl. I, fig.* 2.)

Le 27 pluviôse an 9 (1801) nous fîmes trois lessives dans cet appareil.

1°. Nous imprégnâmes cent trente draps d'une lessive alcaline contenant deux centièmes de soude ; on les porta humides dans la machine à vapeur, où on les chauffa pendant six heures. On les arrosa d'une nouvelle quantité de lessive bouillante sans les déplacer, après quoi on leur donna encore six heures de vapeurs. On les a traités de la même manière une troisième fois. Cela fait, on les a lavés avec soin à la rivière, en employant au savonnage une très-petite quantité de savon.

Tout le monde est convenu que par les procédés ordinaires on ne parvenait jamais à donner un aussi beau blanc ni une odeur aussi agréable de lessive.

Le tissu n'a pas été du tout altéré.

2°. On a traité de la même manière un nombre égal de draps, en formant la lessive avec 6 livres de soude et 5 livres de savon. Les résultats ont paru plus avantageux et le lavage plus facile.

3°. On a ajouté à la seconde lessive un peu de lessive neuve et plus forte : cent quarante draps y ont été traités comme les précédens, le résultat a été le même.

M. Bawens a comparé la dépense occasionnée par ce procédé avec celle qu'on fait par la méthode ordinaire, et il a été prouvé qu'elle était à cette dernière dans le rapport de sept à dix. Il y a donc économie d'environ un tiers.

L'opération se termine aisément en deux jours, tandis que par la méthode ordinaire il en faut au moins quatre.

La lessive pénètre infinimeut mieux dans tout le corps du tissu ; elle y détruit tous les miasmes dont le linge, sur-tout celui d'hôpital, reste imprégné lorsqu'elle ne fait qu'effleurer la surface, comme dans le coulage.

Les médecins, les sœurs hospitalières et les infirmiers de l'Hôtel-Dieu ont unanimement déclaré qu'ils n'avaient jamais obtenu un lavage aussi parfait, et qu'aucun des draps n'avait souffert dans l'opération.

Je me suis borné à consigner tous ces résultats dans le trente-huitième volume des *Annales de chimie*, page 291.

Peu de temps après, M. Widmer fit l'application de cette méthode au lessivage des toiles destinées à l'impression, il y ajouta les perfectionnemens qu'on devait attendre d'un homme aussi éclairé dans les arts (1). Il plaça dans le centre même de l'appareil un petit corps de pompe, qui, sans communiquer avec l'air extérieur, élevait la lessive bouillante jusqu'au sommet, et, par un mécanisme ingénieux, la versait successivement sur chaque partie de la surface que présente le tas de toiles amoncelées dans la cuve à vapeurs, de sorte que toute la masse en était également imprégnée. Par ce moyen, la lessive bouillante filtrait continuellement à travers la couche de toiles, et à mesure qu'elle coulait dans la chaudière, elle y était reprise par la pompe et reportée à la surface.

On sent combien cette méthode de lessivage est supérieure

---

(1) M. Widmer, neveu du célèbre M. Oberkampf, dirige avec un grand succès, depuis plusieurs années, la fameuse manufacture des toiles peintes de Jouy, dans laquelle il est associé à son oncle.

à tout ce qui a été pratiqué jusqu'à ce jour, et avec quel avantage on peut l'introduire dans les grandes buanderies.

Quelques années après, j'invitai M. Cadet-de-Vaux, dont le zèle se dirige si constamment vers les objets utiles, à s'occuper de cet objet et à en faire une opération de ménage : il s'y livra avec ardeur, se réunit à M. Curaudau, et ce concours de travaux et de lumières fut couronné des plus heureux succès. M. Cadet-de-Vaux ne tarda pas à les publier. Dans son ouvrage, imprimé en 1805, sous le titre d'*Instruction populaire sur le blanchissage domestique à la vapeur*, il compare l'ancienne et la nouvelle méthode, et prouve que, sur une lessive de cinq cents livres de poids, il y a près des deux tiers de bénéfice, indépendamment de l'économie du temps, de la facilité de l'opération et de la supériorité du blanchissage.

On croirait sans doute que des expériences aussi authentiques ne pouvaient que déterminer l'adoption de la nouvelle méthode de blanchissage ; mais la résistance de l'habitude est telle, qu'elle rend aveugle sur ses propres intérêts ; et c'est le cas de dire :

Video meliora, proboque, et deteriora sequor.

M. Curaudau a cru devoir employer un autre moyen pour vaincre les préjugés : il a fait construire chez lui un appareil de blanchissage à la vapeur, et il y a appelé toutes les personnes qui voulaient voir par elles-mêmes. Ce moyen de conviction a produit plus d'effet que les précédens : on a vu bientôt se former dans quelques hospices des établissemens du nouveau genre, dans lesquels on a obtenu des résultats aussi heureux que ceux qu'on avait annoncés.

Il n'y a pas de doute que le blanchissage à la vapeur s'établira généralement ; mais il faut du temps et de la patience, parce qu'il est très-difficile de détruire une erreur accréditée.

Pour accélérer la jouissance du bienfait que promet l'adoption du blanchissage à la vapeur, nous donnerons quelques détails sur les principales opérations qu'il exige.

1°. On échange le linge à l'eau ordinaire ; on le laisse bien tremper ; on le frotte à la main, sur-tout les pièces et les parties qui sont les plus sales ; on le laisse macérer dans l'eau pendant quelques heures ; après quoi, on le rince dans une nouvelle eau, et de préférence dans une eau courante, pour enlever et entraîner de suite tout ce que l'eau et le frottement ont pu dissoudre et détacher. Dès que le linge est bien lavé, on l'exprime avec soin.

2°. Le linge exprimé et bien égoutté est placé dans un cuvier, où on l'étend pièce à pièce : là on l'imprègne à mesure d'une eau de lessive dont nous allons donner la composition ; on frotte à la main avec cette lessive les parties les plus sales.

On forme la lessive de 12 livres de sel de soude, d'une livre de savon et de 50 pintes d'eau douce (en supposant qu'on opère sur 500 pesant de linge). Pour éviter que la dissolution de savon et de soude ne se caillebotte, on dissout le savon dans 5 pintes d'eau tiède; on y ajoute peu-à-peu et en agitant, 10 pintes de la dissolution de sel de soude; on y verse ensuite le reste.

La dissolution marque 10 degrés à l'aréomètre des sels; et lorsqu'on l'a mêlée avec l'eau qui reste dans le linge qu'on en imprégne, le mélange ne marque plus que 2 degrés.

On peut remplacer la soude par la potasse ou par une lessive de cendres : dans ce dernier cas, on met de la cendre dans un cuvier dont on a garni le fond d'une couche de paille; on verse de l'eau sur les cendres jusqu'à ce que le liquide recouvre les cendres; on laisse reposer pendant cinq à six heures, après quoi on ouvre la douille adaptée au bas du cuvier pour faire couler la lessive : si elle marque 10 degrés ou plus, on la conserve pour l'usage; si elle marque moins, on la fait tiédir et on la reverse sur la cendre jusqu'à ce qu'elle ait acquis le degré convenable; lorsque la lessive est trop forte, on la ramène à 10 degrés en y mêlant de l'eau ou de la lessive faible. On coule de la lessive faible et chaude à travers les cendres jusqu'à ce qu'elles soient épuisées de tout le sel qu'elles contiennent.

3°. Lorsque le linge est bien imbibé de lessive, on le laisse reposer dans le cuvier pendant toute la nuit.

4°. On porte alors le linge imprégné de lessive dans la cuve à vapeur; on place le linge gros par dessous et le fin par dessus, on ferme le couvercle et on allume le feu sous la chaudière, dans laquelle un tiers à-peu-près de la lessive a coulé : cette lessive ne tarde pas à bouillir, les vapeurs s'élèvent dans la cuve, la masse de linge s'échauffe peu-à-peu, et au bout de quatre à six heures, selon la quantité et la nature du linge, on arrête le feu.

5°. On porte le linge à la rivière; on le lave avec soin en le frottant et l'exprimant entre les mains; on le rince ensuite à grande eau; on l'exprime, on l'égoutte et on le fait sécher.

Il est rare qu'on soit forcé de recourir au savon pour enlever des taches qui aient résisté à la lessive.

Il y a seize ans que, sur l'invitation du comité de salut public, dans ces temps malheureux où le savon était devenu aussi rare que cher, je fis quelques recherches sur les moyens de suppléer à ce produit de nos fabriques du midi : je proposai alors de faire dans chaque ménage une lessive savonneuse aussi facile qu'économique. Le procédé consiste à mêler un peu de chaux vive avec la cendre de nos foyers (une livre chaux sur 50 cendres) ; à lessiver ce mélange par les procédés ordinaires, et à combiner avec cette dissolution un peu d'huile d'olive de la seconde qualité, connue dans le commerce sous nom d'*huile de fabrique :* on prend à cet effet de la lessive à 2 degrés ; on y mêle l'huile dans la proportion d'un vingt-cinquième du volume, il en résulte une eau blanche et savonneuse qu'on agite pendant quelque temps : c'est cette eau dont on se sert pour savonner le linge ; elle produit les meilleurs effets, et en l'employant pour des lessives de ménage, on obtiendra une grande économie comparativement au savon et à la soude.

On peut former ce savon avec la soude ordinaire, si l'on veut éviter le lessivage des cendres.

Mais, indépendamment des taches que la lessive peut enlever, il en est d'autres sur lesquelles elle n'a aucune action : telles sont celles de rouille, d'encre, de boue de ruisseau, de fruits, de cambouis, etc.

Il faut néanmoins que le buandier connaisse les moyens de les faire disparaître, il faut même qu'il recherche et enlève ces taches avant de lessiver le linge ; car l'alcali, l'eau et le savon rendraient cette opération bien plus difficile après le lessivage qu'elle ne l'est lorsque le linge n'a pas été encore mouillé.

Pour donner sur ce sujet une instruction aussi simple que sure, nous distinguerons les taches du linge en trois classes : la première comprendra les taches de rouille ou de fer ; la seconde, celles de fruits ; la troisième, celles de quelques corps gras, tels que les résines et préparations de peinture.

Le fer porté sur le linge peut s'y trouver à divers degrés d'oxidation ; il peut former des taches noires, jaunes ou rougeâtres. Chacun de ces états exige des procédés particuliers.

Lorsque le fer forme des taches noires, on peut les enlever avec un acide quelconque faible ; mais dans ce cas je préfère l'acide sulfureux ou la crême de tartre, comme les moins coûteux et les moins dangereux. Si l'on emploie l'acide sulfureux, on humecte la tache avec l'eau, et on l'expose à la vapeur du soufre en combustion ; si l'on veut employer la crême de tartre, on la réduit en poudre pour en recouvrir la tache, on l'humecte avec l'eau, on la laisse agir quelque temps, après quoi on frotte avec le plus grand soin. On peut aussi se servir avec avantage du sel d'oseille, qu'on traite comme la crême de tartre ; on emploie encore à cet usage le jus de citron. Les taches d'encre peuvent être enlevées par tous ces agens.

Lorsque le fer est plus oxidé et qu'il forme des taches jaunes, le plus sûr, le plus actif de tous les agens est l'acide oxalique, qu'on emploie comme la crême de tartre ou le sel d'oseille.

M. Giobert, de Turin, a proposé de faire rétrograder l'oxidation du fer dans les taches jaunes ou rouges, en les recouvrant d'un peu de graisse fondue qu'on tient pendant quelque temps à l'état liquide à l'aide d'une légère chaleur; il observé qu'après cette opération on peut enlever ces taches avec un acide très-affaibli.

Mais si l'on a à combattre des taches de fruits, il faut recourir à d'autres moyens.

Lorsqu'elles sont récentes, il suffit du lavage de l'eau pour les faire disparaître.

Mais lorsqu'elles ont vieilli sur le linge, on a recours à d'autres procédés, et l'on emploie ou l'acide sulfureux, d'après la méthode que nous venons de décrire, ou l'acide muriatique oxygéné; ce dernier est plus puissant que le premier, mais il est difficile de le conserver sans qu'il perde de sa force; il exhale en outre une odeur insupportable : c'est pour obvier à ces deux inconvéniens qu'on le combine avec un peu de potasse, et, dans cet état, il est connu à Paris sous le nom de *lessive de javelle*, ou *eau de javelle*. Cet acide a la propriété d'enlever toutes les taches de fruits et de faire disparaître aussi celles d'encre.

Lorsque les taches sont formées par des résines ou des vernis, on se sert avec avantage de l'esprit de vin, de l'eau de la reine de Hongrie, de l'eau de lavande ou de quelques essences dont l'huile essentielle de térébenthine fait la base.

Souvent on est obligé de ramollir la tache avec un fer chaud pour faciliter l'action de ces dissolvans; on emploie même alternativement, pour plus de succès, les essences et l'esprit de vin. (CHAP.)

Presque par-tout on jette devant la porte les eaux de lessive et les eaux de lavage, et cependant elles contiennent un véritable SAVON; elles sont en même temps et un des plus puissans ENGRAIS et un des plus actifs AMENDEMENS pour les terres abondantes en HUMUS. Leur seul inconvénient est leur trop d'énergie, qui oblige d'en mettre très-peu à-la-fois ou de l'étendre dans une grande quantité d'eau, sans quoi elles brûleraient les plantes sur lesquelles on les répandrait, rendraient infertile pendant plus ou moins long-temps la terre qu'on en imbiberait. Elles agissent comme engrais, à raison de l'huile ou de la graisse qu'elles tiennent en dissolution, et comme amendement à raison de la soude ou de la potasse, qui opère cette dissolution. On peut les comparer aux eaux de fumier jointes à la chaux; mais ces dernières, reconnues si fécondantes, ne les valent pas à beaucoup près. Je voudrais donc

que les cultivateurs ne perdissent pas une goutte de leurs eaux
de lessive et de leurs eaux de lavage, qu'ils les répandissent, en
hiver, aussitôt qu'elles ne peuvent plus servir, sur des portions
de terres non ensemencées en les dispersant le plus possible,
et qu'ils les réunissent à leurs eaux de fumier lorsqu'ils n'auront pas de terres libres à leur proximité.

C'est principalement aux environs de Paris que la perte des
eaux de lessive et de lavage paraît plus regrettable, parce que
là elles se trouvent en masse, que même dans certains villages,
comme Boulogne, Neuilly, Grenelle, etc., elles infectent l'air,
faute d'écoulement et causent annuellement des maladies graves. Il est remarquable qu'il ne se soit pas encore présenté de
cultivateurs pour enlever ces eaux à mesure de leur formation,
je fais des vœux pour qu'ils ouvrent les yeux sur cet objet. Si
l'on craignait l'embarras du transport dans des tonneaux, il ne
s'agirait que de jeter quelques brouettées de terre dans les
trous où on les rassemble aujourd'hui, chaque fois qu'on y
ferait couler de la nouvelle eau. Un tombereau de cette terre
équivaudrait à deux ou trois voitures de fumier pour certaines natures de terre, celles des environs de Versailles, par
exemple; les terres des communes que je viens de citer sont
trop sèches et trop peu abondantes en humus pour que ces
eaux puissent y être employées avec avantage. Ce sont des
fumiers très-gras, des fumiers de vache principalement qu'il
leur faut.

Les eaux de lessive peuvent être substituées à la chaux pour
garantir le froment de la carie dans les pays où la chaux est
rare et chère, comme dans les montagnes granitiques. *Voyez*
Chaulage. (B.)

LESSIVE POUR LES ARBRES. On a donné ce nom à de
la véritable lessive, ou, ce qui est la même chose, à une dissolution de soude ou de potasse, ou de savon, dans l'eau,
toutes choses qu'on peut employer avec succès, soit seringuées
en forme de pluie, soit appliquées avec un linge qui en est
imprégné, sur les branches des espaliers et autres arbres fruitiers infectés de Pucerons, de Cochenilles, d'Acanthies,
de Chenilles et autres insectes, pour les faire mourir. *Voyez*
les articles des insectes ci-dessus.

Par suite on a aussi donné le même nom aux décoctions de
feuilles de tabac, de sureau, de noyer et autres plantes à sucs
âcres, dont on fait usage dans le même but, mais qui agissent
d'une manière moins sûre.

Certainement si on répandait sur les arbres les premières de
ces lessives à l'état caustique, elles produiraient sur eux des
effets nuisibles; mais lors même qu'elles seraient du double
plus fortes que celles qui sortent du cuvier, et il est bon

qu'elles en approchent, elles ne feraient aucun mal à ces arbres.

Le savon dissous dans ces lessives augmente encore d'efficacité, en ce que non-seulement il cautérise la peau des insectes, mais il bouche leurs stigmates d'une manière permanente, et tout insecte qui est quelques minutes sans respirer cesse immanquablement de vivre.

Si la première seringuée de lessive pouvait atteindre tous les insectes d'un arbre, on serait dispensé d'en donner une seconde; mais comme cela doit être rare, il faut y revenir à plusieurs reprises.

Le prix auquel revient toute autre lessive que celle qui sort du cuvier, et qui, je le répète, est ordinairement trop faible pour agir efficacement, sur-tout sur les cochenilles lorsqu'elles sont d'un âge avancé, ne permet de l'employer que sur les espaliers les plus chéris, sur les arbres étrangers les plus précieux. *Voyez* SERINGUE. (B.)

LESSIVE DES GRAINS. Il y a déjà quelques années qu'on proposa de lessiver les blés pour les préserver de la carie. Les expériences qui furent faites par M. Tillet, d'après les ordres du ministre, donnèrent les résultats les plus satisfaisans, mais aucun cultivateur n'a fait ni dû faire lessiver ses blés, à raison du haut prix de la potasse et de la soude. La chaux récente, qui est plus caustique que ces sels, tels qu'ils se trouvent dans le commerce, et qui ne coûte presque rien, est aujourd'hui généralement en possession de préserver les grains de la CARIE. *Voyez* ce mot et le mot CHAULER. (B.)

LÉTHARGIE. MÉDECINE VÉTÉRINAIRE. Une des meilleures preuves peut-être des erreurs dans lesquelles tombent les personnes qui pratiquent la médecine avec une mauvaise théorie est la multiplication extrême des maladies qu'elles reconnaissent et des traitemens qu'elles enseignent. Ainsi la léthargie, qui n'est qu'un état de stupeur, d'assoupissement, de cessation momentanée des sensations de relation, par suite de diverses affections, a été regardée comme une affection essentielle, et des traitemens lui ont été assignés : on voyait un animal malade, une espèce de léthargie était le signe le plus frappant de l'affection, de suite la léthargie était une maladie pour laquelle on employait divers remèdes jusqu'à ce que la santé rétablie vînt donner de la vogue, de la réputation à un médicament dont l'emploi avait souvent retardé le rétablissement. Maintenant l'on cherche, au moyen de tous les autres signes, de tous les autres symptômes, quelle est la fonction qui est troublée, quel est l'organe primitivement affecté, et la léthargie n'est plus qu'un symptôme de diverses affections (HUZ. fils.)

LEVADO. Synonyme de RIGOLE pour les irrigations dans le département de la Haute-Vienne. (B.)

LEVAIN. Pâte en état de fermentation panaire, dont on met une quantité plus ou moins grande dans la pâte disposée à être pétrie, afin de la disposer à lever, c'est-à-dire à fermenter plus promptement. *Voyez* FERMENTATION et PAIN. (B.)

LEVANT. En agriculture, c'est la partie d'un mur, d'une montagne, ou de tout autre abri qui est en face du soleil au moment où il se lève.

Il a été reconnu depuis long-temps que les maisons dont le plus grand nombre des croisées était exposé au levant offraient une habitation plus saine que les autres. *Voyez* CONSTRUCTIONS RURALES.

Bâtir sa demeure sur une pente exposée au levant est donc ce que doit faire tout propriétaire cultivateur éclairé, lorsqu'il est le maître de choisir.

Dans les terres légères et sèches, et dans le climat de Paris ou ceux au nord de cette ville, le levant est la meilleure des expositions; dans les terres fortes et humides, c'est le midi.

La plupart des arbres fruitiers en espalier qui sont hâtifs, remplissent mieux leur destination au levant qu'ailleurs. Plusieurs pêches, telles que la grosse et petite mignonne, la magdeleine, la galande, la pêche-malte, la pourprée hâtive, la petite violette hâtive, sont de ce nombre.

Tous les semis des légumes d'été demandent de préférence l'exposition du levant. *Voyez* SEMIS.

Cette exposition est, il faut cependant le dire, plus sujette aux GELÉES du printemps, et à la sorte de BRULURE qui en est la suite. (*Voyez* ces mots.) Aussi convient-elle fort peu aux arbres d'agrément qui y sont sensibles.

Les abeilles, à raison de ce qu'il est très-important qu'elles sortent de grand matin de leurs ruches pour aller butiner, doivent toujours être placées au levant. *Voyez* ABEILLE. (B.)

LEVEI, LEVURE. Dans le département des Deux-Sèvres c'est le premier LABOUR (*voyez* ce mot) donné aux champs ou aux vignes.

LEVER. On dit qu'une graine a levé lorsque sa PLANTULE est sortie de terre. *Voyez* GERMINATION et PLANT.

Ce mot s'applique encore dans une autre acception en agriculture, comme quand on dit j'ai levé mes récoltes. Il est alors synonyme d'enlever. (B.)

LEVER EN MANNEQUIN. C'est mettre dans un panier à claire-voie, qu'on appelle mannequin à Paris, les plantes dont on désire que les racines n'éprouvent pas le contact de l'air. Les arbres résineux, si délicats à la transplantation, sont ceux qu'on met le plus souvent en mannequin. *Voyez* PIN et SA-PIN. (B.)

LEVER DE TERRE. Se dit des plantes annuelles ou vivaces, et des plants d'arbres ou d'arbustes qu'on arrache pour les transplanter ailleurs. *Voyez* aux mots ARRACHER, PLANTER et TRANSPLANTER. (B.)

LÈVRE. BOTANIQUE. Nom que les botanistes ont donné au limbe de certaines corolles, qui sont recourbées de l'intérieur à l'extérieur, et qui imitent en quelque sorte les lèvres des animaux. Dans les fleurs PERSONNÉES et LABIÉES, les pétales ont la forme et portent le nom de lèvres. *Voyez* le mot FLEUR et ceux ci-dessus. (R.)

LEVURE. *Voyez* au mot BIÈRE et au mot PAIN.

LEUGÉ. C'est le LIÉGE dans le département de Lot-et-Garonne.

LI. Synonyme de LIN dans le midi de la France. (B.)

LIASSE. *Voyez* CLAVEAU.

LIBER. Je donne ce nom, avec Malpighi et Sennebier, à un réseau rempli d'abord d'un mucilage parenchymateux (*voyez* CAMBIUM), et ensuite de parenchyme, qui existe entre l'écorce et l'aubier dans toutes les plantes de la classe des dicotylédons et qui, dans l'opinion la plus probable, sert à créer, chaque année, et une couche nouvelle d'aubier et une couche corticale. *Voyez* aux mots ECORCE et AUBIER.

On voit facilement le liber dans la plupart des arbres, en enlevant l'écorce avec quelques précautions relatives à l'espèce, à la saison ou à la manière dont on a opéré; son étude est d'une grande importance, relativement à l'accroissement des arbres, à la formation de quelques-uns de leurs sucs propres, à la guérison de leurs plaies, à la réussite des greffes, des boutures, des marcottes, etc., etc.

Il y a tout lieu de croire que la sève, en s'organisant, devient d'abord cambium, que ce cambium se solidifie, devient un parenchyme rempli d'une matière amilacée, et que c'est dans ce parenchyme naissant que se passe l'acte le plus important de l'accroissement végétal. Le liber d'un côté et l'aubier de l'autre en sont le résultat; mais le premier n'étant plus qu'un organe inutile après que l'assimilation est opérée, il est rejeté vers l'écorce, dont il devient partie constituante lorsqu'un nouveau cambium vient le forcer d'élargir ses mailles pour lui faire place. D'après cette explication, on voit que le liber ne se change pas en aubier, mais qu'il est l'organe qui a servi à le former.

C'est parce que je crois que les fonctions premières du liber sont fort différentes de celles des COUCHES CORTICALES (*voyez* ce mot), que je me suis appuyé de l'autorité de Malpighi et de Sennebier au commencement de cet article, Duhamel, ainsi que beaucoup d'autres physiologistes, ne distinguant pas le liber de la dernière COUCHE CORTICALE, à quelque époque de l'année que ce soit. Ainsi la partie du tilleul dont on fait des cordes n'est pas véritablement le liber, mais les dernières couches corticales.

Pour ne pas trop m'écarter de l'usage, je ne considérerai le liber sous le point de vue ci-dessus que dans les articles de physiologie qui y ont rapport.

On peut regarder ce liber comme un tissu cellulaire, ou un parenchyme dont les mailles, au lieu d'être anastomosées dans tous les sens, comme dans les feuilles, les fruits, etc., ne le sont que dans le sens de la hauteur et de la largeur : de là vient qu'il est composé de couches concentriques dont la quantité n'a pas encore pu être comptée, tant elles sont minces et difficiles à séparer, même lorsqu'elles sont devenues couches corticales, et qui, sans doute, varient en nombre comme en épaisseur et en consistance dans chaque espèce de plantes.

Il a été observé que le liber était plus épais dans les arbres qui croissent dans un bon terrain que dans ceux de même espèce qui se trouvent dans un mauvais, qu'il est encore, dans le même arbre, plus épais du côté où les racines sont plus nombreuses ou plus fortes ; ce qui explique fort naturellement l'accroissement plus prompt de ces arbres ou portion d'arbre.

Lorsqu'on enlève les couches corticales d'un arbre, l'arbre ne souffre pas ou peu, et il s'en reproduit successivement de nouvelles ; mais quand on enlève le véritable liber dans une certaine étendue annulaire, l'arbre meurt immanquablement après avoir fait des efforts pour en reproduire, c'est-à-dire pour opérer la réunion des deux parties de la plaie (*voyez* aux mots INCISION ANNULAIRE et BOURRELET) : ce qui est une preuve bien positive de la différence de sa nature aux diverses époques de son existence.

On ne peut séparer les couches du liber, tel que je l'entends, que lorsqu'il a commencé à se dessécher, lorsque la matière destinée à former l'aubier s'en est séparée, qu'il est devenu enfin couche corticale, c'est-à-dire pendant l'hiver. On y parvient au moyen d'une macération plus ou moins prolongée dans l'eau.

Je pourrais beaucoup étendre cet article ; mais comme il faudrait alors entrer dans des discussions fort longues et que la physiologie n'est ici qu'un objet secondaire, je m'en tiendrai aux bases ci-dessus. (B.)

LICHEN, *Lichen*. Genre de plantes de la cryptogamie et

de la famille des algues, qui renferme plus de trois cents espèces intéressantes en général par la singularité de leur croissance, leur influence sur la formation de la terre végétale, et parmi lesquelles plusieurs sont importantes à connaître, soit parce qu'on croit qu'elles nuisent aux arbres, soit parce qu'on peut s'en nourrir et en nourrir divers animaux, soit enfin parce qu'elles fournissent des remèdes à la médecine, des couleurs à la teinture, etc.

Les formes des lichens varient si fort qu'elles ont pu servir à Achard pour les diviser en vingt-huit genres. En effet, les uns présentent des expansions crustacées, étendues et par-tout adhérentes aux corps qui les soutiennent; d'autres sont coriaces, comme foliacées et rampantes, mais ne tenant à la terre ou autres supports que par des espèces de racines; d'autres sont droites, ramifiées, c'est-à-dire fruticuleuses ou filamenteuses. Leurs qualités ne varient pas moins; mais la saveur de la plupart, saveur analogue à celle des champignons, les rapproche des genres de cette famille, dont ils diffèrent tant par leurs formes.

Beaucoup de lichens croissent sur la terre, mais la plupart naissent sur les arbres et sur les pierres. On ne peut pas regarder ceux qui se trouvent sur les arbres comme parasites, quoiqu'on leur donne généralement cette épithète, parce qu'ils ne s'implantent point dans l'écorce de ces arbres pour vivre aux dépens de la sève qui y circule, mais seulement pour résister aux efforts des vents, des pluies et autres causes extérieures. Il est prouvé par l'expérience que tous vivent de l'humidité qui est répandue dans l'air, et des gaz qui y circulent. Ainsi c'est principalement à la fin de l'automne et au commencement du printemps que leur végétation se développe; aussi est-ce sur les hautes montagnes et dans les pays du Nord qu'on en trouve le plus. En été, ils sont crispés et sans vie apparente; mais alors il ne faut qu'une petite pluie pour les ranimer.

Lorsqu'on parcourt les montagnes, qu'on jette des regards observateurs sur les rochers, on les voit presque par-tout couverts de lichens; mais ceux de ces rochers qui ont été nouvellement séparés de la masse n'en offrent que de crustacés, tandis que ceux qui sont le plus anciennement exposés aux injures de l'air en portent de coriaces, de foliacés, etc. Il y a cependant des variations résultant de la nature de la pierre, car Bory Saint-Vincent a remarqué que sur les rochers volcaniques de l'île Bourbon c'étaient les lichens fruticuleux qui paraissaient les premiers.

Il résulte de ces faits que, comme je l'ai déjà dit, les lichens sont les premiers agens de la nature pour former la terre végétale. En effet, les lichens crustacés, en se décomposant, fournissent un peu d'humus, qui permet aux lichens coriaces d'implanter leurs radicules, qu'on ne peut pas encore appeler racines ; à ceux-là succèdent les lichens plus composés, puis des jungermanes, des mousses et enfin de petites plantes. Il faut des siècles pour que sur cette roche il puisse croître un groseillier, encore plus pour qu'il y végète un chêne ; mais que fait le temps à la nature ? Elle l'a tout entier à sa disposition ; sa marche n'est pas entravée par le besoin de se presser.

A ce grand moyen d'utilité générale il convient d'ajouter que quelques lichens servent dans le Nord de nourriture aux rennes et quelquefois aux hommes ; que beaucoup sont employés dans la teinture et y donnent, sinon des couleurs solides, au moins des nuances brillantes. La plus commune de ces nuances est la violette, et se retire des *lichens roccelle* et *parelle* qui croissent sur les rochers volcaniques ; mais il en est de rouges, de jaunes, de bleus, etc.

Les procédés en usage pour développer la couleur violette dans ces deux plantes, qui sont naturellement grises, consistent à les faire macérer pendant un nombre de jours plus ou moins long, selon la chaleur de la saison, avec de la chaux et de l'urine putréfiée. Le résultat est desséché, mis en pain, et répandu dans le commerce sous le nom d'*orseille*.

Les lichens qui vivent sur les arbres, souvent en si grande abondance qu'ils en couvrent toute l'écorce, passent, chez le plus grand nombre des agriculteurs, pour leur faire beaucoup de mal ; mais il n'est pas encore prouvé, à mon avis, que cette opinion soit fondée. Ce n'est pas, ainsi que je l'ai déjà remarqué, en pompant la sève qu'ils peuvent produire cet effet ; ce n'est pas non plus, comme on l'a dit, en s'opposant à leur transpiration, puisqu'ils ne forment pas une croûte continue, et que la transpiration des arbres a principalement lieu par leurs feuilles. Reste l'humidité qu'ils conservent plus longtemps sur l'écorce, et la fraîcheur qui en est la suite ; mais cette humidité n'est jamais assez considérable ni assez durable pour occasionner la pourriture, seul effet apparent qu'elle peut produire ; elle est plutôt un bien qu'un mal, puisqu'elle favorise la dilatation de cette écorce, et par conséquent le grossissement du tronc.

Tous les agriculteurs observateurs ont remarqué, ainsi que moi, que les lichens naissaient principalement sur les arbres plantés dans des sols arides, c'est-à-dire sur ceux dont la croissance est très-ralentie par le défaut de sève, ainsi que sur ceux qui sont très-vieux ou malades. Ne pourrait-on pas en conclure qu'ils leur ont été donnés par la nature pour les protéger contre les hâles trop desséchans ? Ainsi, loin de les enlever, il faudrait en augmenter le nombre si cela était possible ; mais ils produisent un effet désagréable à l'œil , et le préjugé fait croire qu'ils annoncent la négligence du jardinier. J'abandonne ces considérations aux méditations des scrutateurs de la nature.

Comme quelques personnes tiennent à ce qu'ils soient enlevés , je dirai que les deux moyens les plus certains sont de les gratter avec un couteau ou de les imbiber de lait de chaux récente. *Voyez* CHAUX.

Les lichens qui croissent sur la terre, qu'ils soient foliacés ou fruticuleux , indiquent toujours un mauvais sol par excès de sécheresse Le plus grand nombre, en effet, vient dans les sables arides, et les autres , dans les argiles desséchées : il y a très - peu d'exceptions à cet égard. Ainsi ils doivent encore être ici regardés comme fournissant à ces sables et à ces argiles l'humus propre à les rendre fertiles ; ainsi ils peuvent toujours servir d'indication aux cultivateurs qui veulent faire des acquisitions de fonds.

Il serait trop long de mentionner tous les lichens qui se trouvent communément en France ; en conséquence je me bornerai à ceux qui ont quelque utilité.

Le LICHEN PARELLE. Il est crustacé, blanc , et ses cupules sont encore plus blanches. On le trouve abondamment sur les rochers, principalement sur ceux qui sont volcaniques , et on l'emploie à la teinture, comme je l'ai déjà dit.

Le LICHEN DES MURS est crustacé, jaune, a les bords lobés et les cupules rousses ; il est extrêmement commun sur les pierres et les arbres : on l'emploie , comme tonique , contre la diarrhée. Les Suédois en tirent une couleur jaune et une couleur rougeâtre : les chèvres le mangent souvent. Comme il croît également sur les pierres et sur les arbres , il prouve que ce n'est pas aux dépens de ces derniers qu'il se nourrit.

Le LICHEN CILIÉ est gris, foliacé ; ses découpures sont linéaires et ciliées ; ses cupules pédonculées et crénelées. Il est extrêmement commun sur les arbres , et principalement les arbres fruitiers plantés dans un sol ingrat : il est un de ceux dont se plaignent le plus les jardiniers.

Le LICHEN D'ISLANDE est brun et foliacé ; ses découpures sont relevées, ciliées en leurs bords , et ses cupules presque terminales. Il croît dans le nord de l'Europe et sur nos hautes montagnes, sur la terre et sur les arbres ; les pâturages élevés du Cantal et du mont d'Or en sont couverts. Il est amer et passe pour antiseptique, antiscorbutique, vulnéraire et béchique ; les médecins de Paris l'ordonnent aujourd'hui très - fréquemment aux pulmonaires et à ceux dont l'estomac fait mal ses fonctions. Les habitans de l'Islande en mangent fréquemment en bouillie au lait, ce qui adoucit son amertume et diminue sa faculté légèrement purgative; on l'emploie aussi pour engraisser les bœufs, les vaches, les cochons, et pour teindre la laine en jaune. Berzelius, qui en a fait l'analyse, a trouvé qu'il contenait plus de 44 pour 100 de fécule; ce qui le rend plus nourrissant que le froment. Pour enlever son principe amer, il propose de le faire macérer, après l'avoir réduit en poudre, pendant vingt-quatre heures, dans une eau alcalisée. Pour en obtenir la fécule pure, il propose de le faire bouillir dans 12 à 15 fois son poids d'eau, et de filtrer la liqueur réduite à moitié avant son refroidissement. La gelée qui se forme par ce refroidissement est insipide, mais susceptible de recevoir tous les assaisonnemens, et elle nourrit beaucoup. *Voyez* Fécule.

Le Lichen du prunelier est foliacé et d'un brun verdâtre; ses découpures sont relevées et lacuneuses : il croît sur le prunelier : on en obtient une belle couleur rouge. Il sert en médecine comme astringent, forme la base de la poudre de Chypre, et est employé en Égypte, au rapport de Forskal, pour faire lever le pain et la bière, effet dont je ne conçois pas la cause.

Le Lichen farineux a les découpures relevées, rameuses, les cupules marginales et farineuses.

Le Lichen calicaire a les découpures droites, linéaires, rameuses, lacuneuses, mucronées, et les cupules placées au sommet.

Le Lichen a grandes lanières, *lichen fraxineus*, Lin., a les découpures droites, comprimées, rameuses, un peu déchirées, lacuneuses, les cupules marginales et farineuses.

Ces trois espèces sont également communes sur les arbres, et sur-tout les arbres fruitiers. Je les cite sous ce seul rapport quoiqu'elles fournissent aussi une couleur rouge.

Le Lichen pulmonaire a les découpures obtuses, lacuneuses en dessus et velues en dessous; il croît dans les grands bois, principalement sur le chêne, d'où le nom de *pulmonaire du chêne* qu'il porte vulgairement. On lui attribue un grand nombre de vertus médicales; c'est-à-dire qu'il passe pour apéritif, dessiccatif, dépuratif, détersif, pectoral et antivénérien; il donne une teinture brune, peut être substitué au houblon dans la fabrication de la bière, et au tan dans la préparation des cuirs.

Le Lichen contre-rage, *lichen caninus*, Lin., est coriace, rampant; a les lobes obtus, aplatis, et est velu en dessous; il croît très-abondamment dans les bois sablonneux, sur la terre, dont il couvre quelquefois des espaces considérables. Jadis on le regardait comme un spécifique contre la rage ; mais l'expérience a prouvé qu'il n'était d'aucun effet dans ce cas.

Cette espèce embrasse souvent dans sa croissance, comme plusieurs champignons, les plantes qu'elle rencontre. Ce phénomène est digne de remarque.

Le Lichen aux aphthes est coriace, rampant, plane, lobé, verruqueux en dessus et velu en dessous ; ses cupules sont marginales et d'un rouge brun ; il se trouve dans les bois des hautes montagnes : il est drastique et émétique. Willemet l'a employé avec le plus grand succès contre les vers. On guérit les aphthes des enfans par son seul moyen.

Le Lichen en entonnoir, *Lichen pyxidatus*, Lin., a la tige droite, creuse, évasée à son sommet, simple ou prolifère ; ses tubercules sont brunes ; il est excessivement abondant parmi les bruyères, sur les sables les plus arides. Il est le signe certain d'un terrain impropre à la culture. On le regarde comme spécifique contre la coqueluche et la gravelle. Le lichen coccifère s'en rapproche beaucoup, mais a les tubercules rouges.

Le Lichen des rennes a les tiges blanchâtres, très-rameuses et leur extrémité recourbée. Il se trouve dans les mêmes lieux que le précédent, et couvre quelquefois presque exclusivement des espaces considérables ; son aspect est agréable par la délicatesse de ses parties : il entre dans la poudre de Chypre. Les chèvres, les cerfs et autres animaux de leur ordre le mangent avec avidité ; les rennes sur-tout s'en nourrissent exclusivement une partie de l'hiver. Dans le Nord, on en engraisse les bestiaux, principalement les cochons, les hommes en mangent aussi dans les années de disette. J'en ai essayé, soit cru, soit cuit avec du lait, pendant ma retraite dans la forêt de Montmorency, du temps de Robespierre, époque où je craignais de manquer de subsistances, et j'ai trouvé qu'il était presque aussi bon que les champignons, lorsqu'on le préparait comme eux. Or, cette observation devait me tranquilliser pour l'avenir ; car ce qu'il y avait de ce lichen dans les environs de ma demeure aurait suffi pour la nourriture de moi et des miens pendant un siècle, lors même qu'il ne se serait pas annuellement renouvelé. Il est à regretter qu'on n'en fasse aucun usage en France. Seulement appliqué à la nourriture des cochons, il produirait une économie inappréciable : c'est positivement dans les plus mauvais sols, dans ceux qui fournissent le moins de ressources, qu'il est le plus abondant. Sa récolte est extrêmement facile et peut se faire en tout temps, soit à la main, soit au râteau. Le plus grand inconvénient qu'il présente, surtout ramassé par cette dernière manière, c'est d'emporter toujours du sable avec lui, sable dont il n'est pas facile de le débarrasser : aussi, quand j'en ai mangé, ai-je dû n'employer que les sommités de chaque pied, encore n'en étaient - elles pas exemptes.

Les Lichens cornu, fourchu, globifère et pascal, se rapprochent beaucoup du précédent, se trouvent dans les mêmes lieux, et peuvent servir aux mêmes usages.

Le Lichen roccelle a les tiges peu rameuses, solides, sans écailles et les tubercules alternes; il croît dans les parties méridionales de l'Europe, sur les rochers et principalement sur ceux qui sont volcaniques : c'est lui qui fournit la meilleure couleur, ainsi que je l'ai déjà dit. Sa récolte, aux îles Canaries et au cap Vert, faisait, il n'y a pas encore long - temps, l'objet d'un produit considérable; aujourd'hui il est un peu moins employé, parce qu'on sait faire la nuance violette qu'il donne d'une manière plus solide.

Le Lichen entrelacé, *Lichen plicatus*, Lin., est composé de filamens entrelacés extrêmement longs et pendans ; ses écussons sont radiés et latéraux ; il croît sur les branches des vieux arbres dans les grandes forêts : il est fort employé en médecine comme astringent, sous le nom d'*usnée*.

Cette espèce sert encore à faire des matelas, à nourrir les bestiaux et à teindre en jaune ou en vert ; elle exhale une odeur agréable, ce qui fait qu'on le fait entrer dans la poudre de Chypre.

C'est à elle qu'on doit rapporter cette fameuse *usnée hu-maine* qu'on recueillait sur le crâne des hommes attachés depuis long-temps au gibet, et qu'on payait jusqu'à 1000 francs l'once, à raison des prodigieuses vertus qu'on lui attribuait. La raison a fait justice des absurdes préjugés sur lesquels étaient fondées ces vertus : aujourd'hui on ne la recherche plus. (B.)

LICIET, *Lycium*. Genre de plantes de la pentandrie monogynie, et de la famille des solanées, qui renferme une vingtaine d'espèces. Ce sont des arbrisseaux, la plupart sarmenteux et épineux par l'extrémité de leurs rameaux, dont les feuilles sont alternes, entières; les fleurs solitaires ou géminées dans les aisselles des feuilles supérieures. Les plus communs entre eux sont :

Le Liciet d'Europe, qui a les feuilles lancéolées, obliques, un peu charnues, et les fleurs petites, blanchâtres. Il croît parmi les rochers dans les parties méridionales de l'Europe. Ses rameaux sont blancs, fort épineux et droits. On en fait d'excellentes haies ; mais il est moins agréable dans les bosquets que les deux suivans. Il ne craint point les gelées du climat de Paris, et s'élève à 6 ou 8 pieds.

Le Liciet de la Chine a les feuilles ovales, pointues, molles;

les rameaux anguleux, longs, flexibles, rougeâtres; les fleurs d'un rouge vineux, velues en leurs bords. Il croît naturellement à la Chine. Sa hauteur surpasse quelquefois 12 pieds.

Le LICIET A FEUILLES ÉTROITES, *Lycium barbarum*, vulgairement le *jasminoïde*, a les feuilles lancéolées; les rameaux longs, pendans; les fleurs rougeâtres et les calices trifides. Il est originaire d'Afrique, et se confond souvent avec le précédent, dont il diffère en effet fort peu.

Ces deux dernières espèces se cultivent très-fréquemment et très-anciennement dans les jardins, où elles se font remarquer par leurs nombreuses fleurs, qui se succèdent tout l'été, et par leurs fruits d'un rouge lie de vin. La seconde, qui s'élève moins facilement en arbre, forme des buissons, ou mieux, des masses, lorsqu'elle est abandonnée à elle-même. On en fait des palissades, des berceaux; on en garnit les rochers, le dessus des terrasses, les sauts de loups, parce que ses rameaux pendans font un très-bel effet. Il ne faut cependant pas la multiplier outre mesure, comme on le fait dans quelques jardins, parce qu'elle amène la monotonie.

Les liciets viennent dans tous les terrains, ne craignent point les gelées, et se multiplient très-facilement de semences, de rejetons, de marcottes, de racines et de boutures. La seconde de ces manières est la plus employée et suffit ordinairement aux besoins. Lorsqu'il y a nécessité pressante d'accélérer leur multiplication, le déchirement des vieux pieds y satisfait. Tel de ces vieux pieds peut en donner plus d'un cent de nouveaux. Les semences doivent être mises en terre en automne, les boutures au printemps. Peu de ces dernières manquent lorsque le sol est frais et léger.

La faculté qu'ont ces arbustes de croître dans les plus mauvais sols et de se multiplier par toutes les voies, doit les rendre précieux pour la grande agriculture. En effet, lors même qu'ils ne fourniraient tous les trois ou quatre ans que du fagottage propre à chauffer le four, ce serait déjà beaucoup; mais il est probable qu'ils rendraient encore d'autres services. Ils ont éminemment la faculté, comme les ronces et autres plantes sarmenteuses, de favoriser, par la fraîcheur qu'ils conservent à la terre, la germination et la croissance des chênes et autres grands arbres, sur des terres sablonneuses, où tous les semis manqueraient sans leur ombrage tutélaire. Je ne doute pas qu'ils n'améliorent les terres par les débris de leurs nombreuses feuilles, et qu'ils ne soient par conséquent un bien meilleur moyen de repos que les jachères prolongées auxquelles on les soumet dans tant de lieux. Je conseillerai donc aux propriétaires des pays de bruyère, des pays de graviers, des pays calcaires, comme la Sologne, la Crau, la Champagne pouilleuse, etc., de planter des liciets. Je conseillerai encore à ceux dont les champs sont parsemés de tas de pierres qui en ont été enlevées, et le nombre en est considérable, de planter ces arbustes au milieu de ces tas de pierres, ou sur leur pourtour, pour, en dirigeant leurs rameaux dessus, ne pas perdre entièrement le terrain qu'ils recouvrent. Bientôt on les verra pousser du milieu de ces pierres, par la disposition traçante de leurs racines.

Cette même disposition rend les liciets très-utiles pour soutenir les terres très en pente, celles qui sont exposées à être entraînées par les inondations, ou par les pluies : on doit donc en garnir les ravines, le bord des ruisseaux et des rivières, la berge des fossés, etc. J'ai vu sur cela, soit en Espagne avec le liciet d'Europe, soit en France avec lui et les deux autres, des essais qui m'ont paru convaincans.

Quant aux autres liciets, ils sont d'orangerie ou de serre, et ne sont pas dans le cas d'être mentionnés ici. Celui d'entre eux qui peut devenir de quelque importance un jour pour les départemens méridionaux, où il ferait de superbes palissades et d'excellentes haies, est le LICIET GLAUQUE, qui à les feuilles ovales, pointues et blanchâtres. Il est originaire du Pérou, et toujours vert. A une bonne exposition il passe en pleine terre les hivers ordinaires du climat de Paris, mais il n'est pas encore très-commun. (B.)

LICOL. Corde de la grosseur du doigt, terme moyen, et de 4 à 6 pieds, également terme moyen, qui sert à attacher par le cou les animaux domestiques, soit dans l'intérieur des écuries, des étables, des bergeries, soit à l'extérieur, à des râteliers, des auges, des crochets, des arbres, des pieux, etc.

Lorsque le licol est en cuir, il s'appelle LONGE. *Voyez* ce mot.

Les cultivateurs doivent veiller à la conservation des licols de leurs bestiaux; car la rupture d'un seul peut leur causer de grandes pertes, ou donner lieu à de graves accidens. Les faire déposer dans un endroit sec dès que leur service est suspendu, les renouveler dès qu'ils commencent à s'affaiblir par l'usure, doit donc leur être fortement recommandé.

Il est des chevaux et des bœufs qui mâchonnent leur licol : pour les déshabituer de ce goût, on fait entrer du crin dans la composition de la corde de ce licol, ou on lui substitue une chaine de fer. (B.)

LIE. Sédiment qui se précipite de la plupart des liqueurs. Les deux plus connues et les deux seules utiles sont la LIE DU VIN et la LIE DE L'HUILE. *Voyez* aux mots VIN et HUILE.

Les cultivateurs laissent le plus souvent perdre les lies des vins; cependant ils en pourraient tirer un parti avantageux, soit en les vendant aux chapeliers et autres manufacturiers qui en font usage, soit en les desséchant pour en tirer le tartre, dont on fait un assez grand emploi dans les arts et dans la médecine, soit enfin en les brûlant pour en obtenir la potasse, si rare et si chère relativement aux besoins du commerce. Chaque tonneau n'offre, il est vrai, qu'une bien petite quantité de lie; mais le produit de toute une récolte peut déjà être d'une certaine valeur: d'ailleurs il en coûte si peu de réserver un vieux tonneau pour rassembler toute celle qu'on est dans le cas d'ôter des autres!

Je ne parle pas de la lie comme employée à la fabrication du vinaigre et de l'eau-de-vie, parce que ce n'est pas elle qui y sert, mais le vin qu'elle contient et qu'on aurait pu en extraire si on l'eût voulu. (B.)

LIEGE. Espèce de chêne dont l'écorce épaisse, molle, élastique, légère, etc., sert à un grand nombre d'usages écomiques et à plusieurs arts. *Voyez* BOUCHON.

Cette écorce porte aussi, et même plus généralement, le nom de liége. *Voyez* au mot CHÊNE. (B.)

LIEN. L'usage des liens est fort étendu en agriculture: vouloir entrer dans l'énumération de toutes les sortes et de toutes les manières de les employer serait superflu; mais je dois dire un mot de ceux dont on se sert le plus souvent ou le plus avantageusement.

Les liens formés avec des pousses de deux ou trois ans de chêne et de châtaignier sont les plus solides et les plus durables: lorsqu'on s'en sert pour attacher les traverses d'une haie sèche, pour lier deux pieux, etc., on les appelle HARTS. *Voyez* ce mot.

Après eux viennent ceux de coudrier, d'osier, de clématite, etc.

Je citerais ceux de lanières d'écorce de tilleul, s'ils étaient plus communs; car ils jouissent de beaucoup d'avantages, à raison de leur durée et de la facilité de leur emploi.

Pour empêcher que les liens de bois ne cassent, on est dans l'usage de les tordre en mettant le pied sur leur gros bout.

Lorsqu'ils sont secs, on les met tremper vingt-quatre heures dans l'eau, et alors ils sont moins cassans que lorsqu'ils étaient verts.

Il est fâcheux que les liens de chêne et de châtaignier soient presque par-tout le résultat d'un délit destructif des forêts; car ils sont d'un bon user et d'un service facile, on ne peut même les suppléer que très-difficilement dans certains cas. Si l'excellente méthode de conduire les taillis par éclaircies prenait plus généralement faveur, les jeunes pousses latérales de deux et trois ans, qui ont souvent un commencement de courbure, trouveraient, pour leur fabrication, un emploi très-avantageux.

Les osiers qu'on se procure si facilement par la culture dans presque tous les terrains, ont le grave inconvénient de se casser facilement quand ils sont secs, et de ne pouvoir servir deux fois.

Dans la plus grande partie des plaines de la France, on se sert de paille de seigle pour lier les gerbes des céréales, et même les bottes de foin ; ce dernier convient cependant presque aussi bien pour le lier lui-même. A défaut de paille de seigle, on fait usage de celle de froment.

Il n'est pas aussi facile qu'on peut le supposer de bien lier les céréales, le foin, etc. ; dans cette opération, comme dans tant d'autres aussi simples, il faut de l'habitude. (B.)

LIEN. On désigne ainsi, dans le vignoble d'Orléans, un vin qui se fabrique en petite quantité aux approches de la vendange, avec des raisins de l'année, pour la boisson des vendangeurs, lorsqu'il n'y a plus de celui de l'année précédente. Il n'est pas bon de choisir les raisins les plus mûrs pour faire ce vin, parce que devant être consommé peu après sa fabrication, il aurait trop de douceur. On y ajoute le plus souvent de l'eau-de-vie. (B.)

LIERRE, *Hedera*. Arbrisseau d'Europe, qui forme, avec trois autres espèces, un genre dans la pentandrie monogynie et dans la famille des caprifoliacées, et qui, après avoir rampé quelques années sur terre, s'élève contre la tige des arbres, contre les rochers, les murailles, et s'y attache par le moyen d'une immense quantité de vrilles radiciformes, rameuses, qui sortent de ses branches uniquement du côté où cela est nécessaire. Il a des feuilles alternes, longuement pétiolées, coriaces, luisantes, d'un vert noir, et persistantes, les unes ovales entières, les autres plus ou moins trilobées ; ses fleurs sont verdâtres, disposées en ombelles globuleuses à l'extrémité des rameaux, et ses fruits noirs.

Cet arbrisseau croît dans les bois et autres lieux ombragés. Il se plaît principalement à l'exposition du nord et dans les terrains un peu humides ; ses fleurs se développent au milieu de l'été, et ses fruits ne mûrissent qu'après l'hiver suivant.

Quelquefois le lierre perd son appui et devient un petit arbre. On en a vu qui avaient plus d'un demi-pied de diamètre. Son bois est tendre et poreux ; on peut dans quelques cas le substituer au liége. Autrefois il était employé à faire des vases à boire, qu'on supposait avoir la vertu d'empêcher l'ivresse et l'action des poisons, aujourd'hui on ne s'en sert (principalement celui des racines) que pour recevoir l'émeri imprégné d'huile avec lequel on polit les métaux.

Dans les pays chauds, le lierre donne naturellement, ou par

incision une résine qu'on appelle mal-à-propos *gomme de lierre*, et qu'on emploie en médecine comme résolutive et astringente. Elle a une saveur âcre et aromatique, et lorsqu'on la brûle elle répand une odeur des plus suaves. On l'emploie aussi pour fabriquer des vernis.

En France, on fait un grand usage des feuilles de lierre pour appliquer sur les cautères et les tenir frais. Il est tel pied de cet arbre, aux environs de Paris, qui rapporte plus à son propriétaire qu'un arpent de blé. On s'en sert encore en décoction pour déterger les vieux ulcères et faire mourir les pous.

Les fruits ont un goût acidule, et purgent violemment par haut et par bas. On en fait peu d'usage.

Il en est de même des racines, qui passent, comme la résine et les feuilles, pour détersives et résolutives.

On peut tirer un grand parti du lierre dans les jardins paysagers, soit pour couvrir le sol des massifs, ordinairement nu, d'une verdure perpétuelle, soit pour décorer les rochers, les masures, cacher les murs, etc. Il est bon aussi d'en garnir le tronc de quelques arbres. Une fois planté, il ne faut plus s'en occuper, car il n'aime point à être tourmenté par la serpette. Il se multiplie très-facilement de graines semées sur place aussitôt qu'elles sont mûres, de drageons, qu'on va arracher dans les bois, ou de marcottes : ces dernières prennent racine dans la même année.

La facilité d'avoir de ce plant fait qu'on ne cultive dans les pépinières que des variétés, telles que le *lierre à fruit jaune*, ou *lierre de Bacchus*, qui croît en Grèce ; le *lierre stérile* ; le *lierre à feuilles panachées de blanc ou de jaune*. On les multiplie de marcottes, ou on les greffe sur le commun. Les deux dernières font un brillant effet lorsqu'on sait les placer convenablement.

On croit communément que le lierre épuise les arbres sur lesquels il grimpe, mais c'est une erreur. Il ne vit pas à leurs dépens, puisque ses vrilles n'entrent pas dans leur écorce, et qu'il périt lorsqu'on l'isole de la terre en le coupant par le pied. S'il fait fréquemment mourir les arbres, c'est qu'il les empêche de grossir, les étouffe, si on peut employer ce terme, en les entourant de ses rameaux, qui se soudent (se greffent par approche) les uns aux autres.

Dans beaucoup de campagnes, l'on plante ou sème du lierre au pied des murs pour les soutenir. Cette pratique produit en effet le résultat désiré, tant que les pieds ne sont pas arrivés à une certaine grosseur ; mais presque toujours elle donne lieu, en définitif, à la chute de ces murs. (B.)

LIERRE TERRESTRE. *Voyez* TERRETTE.

LIEUE. Ancienne mesure de longueur. *Voyez* MESURE.

LIÉVRE. Quadrupède de l'ordre des rongeurs, qui se trouve dans toute l'Europe, dont les cultivateurs ont souvent à se plaindre, qui est le but le plus commun de la chasse, et dont on peut tirer un parti utile dans quelques localités, à raison de sa chair, fort recherchée de beaucoup de personnes, de sa peau estimée comme fourrure, et de son poil d'un grand usage dans la chapellerie.

La nourriture des lièvres consiste en plantes, en racines, en feuilles et écorce d'arbres. Il n'est pas vrai qu'ils mangent le serpolet et autres plantes de la famille des labiées. Ils ne boivent jamais. Leurs amours ont principalement lieu en hiver. Les femelles, qu'on nomme *hases* dans beaucoup de cantons, portent trente jours, produisent trois à quatre petits, qu'elles allaitent pendant vingt jours; souvent elles sont déjà pleines bien avant de les avoir sevrés. Les petits s'appellent *levrauts* jusqu'à un an, époque où ils deviennent aptes à la reproduction. On les reconnaît à leur taille et à leur pelage plus foncé.

Les longues oreilles des lièvres leur donnent une grande finesse dans le sens de l'ouïe, ils ne sont pas moins bien partagés dans celui de l'odorat : celui de la vue seul paraît obtus chez eux. La position latérale de leurs yeux s'oppose à ce qu'ils voient devant eux. La timidité est leur partage, la fuite leur seule ressource. On ne peut cependant se dissimuler qu'ils montrent souvent beaucoup d'instinct dans les moyens qu'ils emploient pour échapper aux chasseurs. Le nombre de leurs ennemis, outre l'homme, est si considérable, qu'il est rare qu'un individu soit dans le cas de mourir de vieillesse, quoique le terme de leur vie ne soit que de huit à dix ans. Solitaires et silencieux, ils ne se recherchent qu'au temps de l'accouplement, et ne crient que lorsqu'ils sont blessés. On peut les apprivoiser jusqu'à un certain point.

La nature des alimens influe beaucoup sur la qualité de la chair des lièvres, et comme la nature du sol détermine celle des plantes qui y croissent, les lièvres des coteaux et des plaines sont plus estimés que ceux des bois et des marais.

Ceux des lièvres qui restent constamment dans ces derniers lieux, sont exposés à mourir, comme les moutons, de l'espèce d'hydropisie qu'on appelle POURRITURE. (*Voyez* ce mot). La même maladie frappe souvent ceux qui habitent les plaines où on sème beaucoup de trèfle, plante d'une nature très-aqueuse. Il m'a été indiqué des lieux où cette cause, ou seule, ou jointe à une année pluvieuse, les avait rendus fort rares.

J'ai développé au mot CHASSE les motifs qui doivent faire redouter aux cultivateurs de se livrer avec trop de passion au plaisir qu'elle procure : c'est pour ne pas me rendre coupable de favoriser les dispositions de quelques-uns à cet égard, que j'ai été court dans tous les articles qui concernent les animaux qui portent le nom de gibier. Je ne m'écarterai par conséquent pas de mon plan pour celui de ces animaux qui se trouve le plus fréquemment dans le cas d'être l'objet de leurs amusemens. Cependant il est très-certain, comme on ne l'a que trop vu avant la révolution, que les lièvres peuvent devenir par leur grande multiplication le fléau de l'agriculture ; il faut donc détruire chaque année une partie de ceux qui naissent. Or, on ne le peut que par la chasse ou par des piéges ; les cultivateurs doivent donc connaître les moyens à employer pour arriver à ce but.

En Espagne, où je l'ai vu pratiquer, les bergers tuent les lièvres au gîte avec un bâton. Pour cela, ils se font conduire sur eux par leurs chiens qu'ils tiennent en laisse, et lorsqu'ils sont arrivés à une douzaine de pas d'un d'eux, ils tournent autour de lui, laissant leur chien devant ses yeux, et en continuant de marcher, s'en rapprochent assez pour, par derrière, le frapper entre les deux oreilles.

En France, pendant la neige, on fait quelquefois la même manœuvre à l'égard des lièvres qui gîtent dans les bois, et auprès desquels on parvient sans bruit, en suivant la trace de leurs pas.

On obtient un semblable résultat en se promenant avec un lévrier dans les plaines, et le faisant courir après les lièvres qui s'y font voir. La rapidité supérieure de la course de cette espèce de chien lui fait toujours prendre ceux qui sont trop éloignés des buissons ou des bois pour pouvoir s'y réfugier. *Voyez* au mot Chien.

L'affût est une chasse qui procure beaucoup de lièvres. Pour la pratiquer, on se poste, quelques instans avant le coucher ou le lever du soleil, sur le bord d'un bois, dans un lieu où on a reconnu qu'ils sortent pour aller pâturer dans les champs, ou rentrent pour se cacher pendant le jour. On juge facilement des endroits par où ils passent quand on a un peu d'habitude. Un chien peut d'ailleurs toujours indiquer où il est rentré et d'où il est sorti. Si on s'est trouvé trop éloigné de ce lieu, on revient le lendemain, bien sûr qu'il y passera encore, car il n'aime pas changer de route. Il faut toujours se mettre sous le vent, à moins qu'on ne soit monté sur un arbre ; car le lièvre, dont l'odorat est extrêmement fin, comme je l'ai observé, ne sortirait pas. Lorsque le lièvre court, on l'arrête en pipant légèrement, et c'est alors qu'on le tire. L'affût n'est fructueux que depuis le milieu d'avril jusqu'au milieu de septembre : cette sorte de chasse est principalement celle des braconniers.

Une autre, peu compliquée, est de parcourir les plaines où les coteaux garnis de buissons, un fusil à la main, et de tirer ceux qui se lèvent à portée d'être tués. Lorsqu'on est plusieurs et qu'on se dirige avec intelligence, cette chasse ne laisse pas que d'être productive; elle l'est encore plus quand on se fait accompagner d'un chien qui guette le gibier et ou le fait lever, ou, en arrêtant, indique exactement le lieu où il est gîté. Les premiers de ces chiens s'appellent des chiens braques, et les seconds des chiens couchans. *Voyez* au mot Chien.

Dans cette sorte de chasse, l'habitude donne encore des avantages. Ainsi un chasseur sait qu'au printemps et en automne, il faut chercher les lièvres sur les coteaux exposés au soleil levant; en été, sur ceux exposés au nord; en hiver, sur ceux exposés au midi; que, lorsque les blés sont verts, ils y vont paître; que, lorsque la moisson les chasse des champs, ils se réfugient de préférence dans les vignes, et que ce n'est qu'à la dernière extrémité que ceux qui ne sont pas nés dans les grands bois s'y établissent à demeure. Souvent, pendant l'hiver, on peut reconnaître un lièvre au gîte, à deux portées de fusil, à une vapeur qui s'élève de son corps.

Lorsqu'il y a beaucoup de tireurs, et qu'on veut faire une sûre et bonne chasse, on les fait rabattre; c'est-à-dire que beaucoup d'hommes, après avoir pris un grand détour et s'être mis en ligne, s'avancent lentement vers les tireurs, en faisant fuir tous les lièvres devant eux. Il faut une certaine habitude du pays pour exécuter cette manœuvre avec beaucoup de succès, parce que les lièvres ont des retraites de prédilection, et que c'est sur le chemin de ces retraites qu'il faut savoir se porter.

On chasse le lièvre avec des chiens courans, et on l'attend sur son passage pour le tuer avec un fusil. Les chasseurs de profession jugent, par l'aspect du canton et par la manière dont il a été lancé, de la marche qu'il doit suivre, et se postent presque toujours sur son passage. Règle générale, un lièvre du canton, sur-tout un levraut, revient toujours à son gîte lorsqu'il a été chassé pendant quelque temps : ainsi il suffit, pour le tirer, de juger du chemin qu'il doit prendre et de savoir l'attendre. Les vieux lièvres, principalement les mâles qu'on nomme *bouquins*, sont devenus si rusés par suite de leur expérience, qu'ils ne se prêtent pas de même aux combinaisons de cette espèce : aussi les reconnaît-on d'abord à la manière dont ils se font chasser.

Autrefois on chassait beaucoup les lièvres avec des oiseaux de proie; mais cette manière, qui d'ailleurs est hors de la portée des cultivateurs, est complétement tombée en désuétude.

Il n'est peut-être pas en ce moment cinquante faucons dressés en France pour cette chasse.

Les manières habituelles de prendre les lièvres avec des piéges se réduisent à trois : les lacets, les assommoirs et les panneaux.

Les lacets ou collets sont de laiton fin. On les tend dans les passées des lièvres, passées qui, comme je l'ai déjà observé, se reconnaissent souvent avec une grande facilité, sur-tout quand les blés commencent à monter en épi. Un homme exercé en prend beaucoup ainsi. Les braconniers connaissent encore mieux ce moyen que l'affût, parce qu'il a moins de danger pour eux. Il y a aussi des lacets attachés à un jeune arbre recourbé qui se relève.

L'assommoir consiste en une grosse bûche placée entre quatre piquets, et soutenue à un pied de terre par la pression d'un de ses côtés contre deux de ces piquets, et par un petit bâton aplati (liquette) attaché par sa partie supérieure à une ficelle fixée au haut d'un piquet intermédiaire à ceux contre lesquels pose la bûche, et par sa partie inférieure entrant dans une entaille faite à la partie antérieure d'une petite planchette, qui est également fixée avec une très-courte ficelle au bas du piquet intermédiaire. On tend cet appareil dans les passées de lièvres qui, en marchant sur la planchette, la séparent de la liquette, séparation dont la suite est la chute de la bûche, et la mort du lièvre qui se trouve dessous.

Les panneaux sont de longs filets peu élevés et à mailles assez larges pour qu'un lièvre puisse y passer la tête, mais pas assez pour qu'il puisse y passer le corps. Il y en a de simples et de contre-maillés. On les tend le long des champs, dans les lieux que les lièvres fréquentent, en les attachant, en fixant faiblement en terre les piquets qui les tiennent droits. Les lièvres en se jetant dedans les font tomber et s'y trouvent embarrassés au point de ne pouvoir en sortir avant l'arrivée des chasseurs cachés dans le voisinage.

Les ennemis des lièvres sont les renards, les loups, les fouines, les belettes, les milans, les faucons, etc.

Le haut prix des lièvres, comme je l'ai déjà observé, rend leur multiplication en lieu clos très-fructueuse pour les cultivateurs ; mais ils ne se prêtent pas à la domesticité aussi facilement que les lapins. Ce n'est que dans des enclos d'une certaine étendue qu'on peut espérer d'en élever en quantité et d'une manière économique. Là ils seront mis à l'abri des attaques des ennemis ci-dessus indiqués, et de celles des braconniers par une active surveillance. On semera à leur intention de l'avoine dans quelques endroits, parce qu'ils aiment beaucoup les feuilles de cette plante, et que sa graine les engraisse. On y semera aussi quelque peu de luzerne, de sain-foin et sur-tout de pimprenelle, pour qu'ils aient à pâturer en abondance dès les premiers jours du printemps, époque où la plupart des mères sont nourrices. Pendant les neiges, on leur donnera du foin, afin qu'ils ne nuisent pas trop aux ar-bres et qu'ils s'entretiennent en bon état. On ne les tuera pas à coups de fusil ; mais on les prendra dans des panneaux, qui permettront de choisir ceux qu'il sera préférable d'en-voyer au marché, lesquels ne seront jamais les jeunes fe-melles. Un seul mâle pourra suffire pour quinze à vingt femelles.

Comme c'est pendant l'hiver que la peau des lièvres a le plus de valeur et que leur chair est le plus estimée ; comme c'est encore pendant cette saison qu'on peut les envoyer le plus loin, on n'en prendra que depuis septembre jusqu'en mars, à moins que des demandes particulières et l'offre d'un plus haut prix ne déterminent à agir différemment.

Le poil des lièvres de la basse Bretagne est plus estimé dans la chapellerie, que celui de ceux des autres parties de la France. Sa supériorité ne serait-elle pas due au sol aride et sec de cette contrée ? Ne peut-on pas croire qu'il en est beaucoup d'autres, inconnues, où il est de même qualité ? Il est de fait que les animaux petits et mal nourris ont le poil plus abondant et plus fin que les autres. (B.)

LIGATURE DES BRANCHES. Les jardiniers et les pépi-niéristes font assez fréquemment cette opération, qui n'était pas connue de nos pères : les premiers, pour assurer la nouéure de leurs fruits, augmenter leur grosseur et leur précocité ; les seconds, pour faire pousser plus promptement des racines à leurs marcottes ou boutures.

La théorie de la ligature est développée aux mots BOURRE-LET, SÈVE, INCISION ANNULAIRE, TORSION DES BRANCHES, etc. ; ici, je ne parlerai donc que de la manière de la faire et des ma-tériaux qu'on y emploie.

Comme la force d'ascension et de descension de la sève est très-considérable, puisqu'une seule racine, introduite petite dans la fente d'un rocher, suffit pour écarter des masses énor-mes par l'effet de son grossissement, il est bon de faire, dans certains cas, plus d'une ligature, afin qu'elles se soutien-nent réciproquement. Une ligature en spirale a des avantages sur les autres, en ce qu'elle dérange moins brusquement la marche de la sève, qui se dévie un peu en pressant et peut-être en brisant les vaisseaux latéraux. Un écartement d'un pouce suffit le plus souvent aux grosses branches, et 2 ou 3 lignes aux plus petites. Jamais, en les faisant, il ne faut entamer l'é-piderme en serrant trop fort, parce qu'il en résulterait une dé-perdition de sève qui nuirait aux résultats désirés. Quelquesfois même il est bon de diminuer la compression en desserrant au bout de quelques jours.

Un arbre dont l'écorce est épaisse et molle demande à être moins serrée que celui qui l'a mince et sèche.

C'est à la fin de l'hiver ou au milieu de l'été qu'on fait les ligatures, soit qu'elles aient pour but la production du fruit ou la formation des racines ; cependant, à dire vrai, on peut les faire en toutes saisons.

Toutes matières propres à être contournées peuvent être employées à faire des ligatures ; mais les unes sont trop faibles ou se pourrissent trop rapidement, les autres sont sujettes à d'autres inconvéniens. On préfère les petites lanières d'écorce de tilleul pour celles de ces ligatures qui ne doivent pas durer plus d'une saison, et le fil de laiton pour les autres, sur-tout lorsqu'elles sont dans la terre. Le fil de fer se rouille trop promptement. Des lanières de plomb seraient encore bonnes ; mais elles ne sont pas en usage. Un point essentiel, c'est de lier les bouts de ces ligatures de manière qu'ils ne se défassent pas. Il faut un double nœud pour les ficelles, et un double contournement pour les fils métalliques. (TH.)

LIGATURE DES GREFFES. Quelque bien posée que soit une greffe, elle risquerait presque toujours de manquer, si elle n'était assujettie par une ligature jusqu'au moment où elle s'est soudée avec le sujet. Savoir lier les greffes est donc d'une grande importance, mais un jour de pratique en apprend plus qu'un volume de préceptes ; en conséquence cet article sera fort court.

Le plus à considérer lorsqu'on fait la ligature d'une greffe, c'est de serrer assez pour qu'il ne puisse se faire d'écartement, et cependant de ne pas serrer trop pour éviter l'étranglement. Toujours, sur-tout dans les greffes en écusson, il est nécessaire de desserrer les ligatures lorsque les progrès de la végétation ont grossi le sujet. Les arbre jeunes et d'une pousse vigoureuse, les érables sycomores, les marronniers, par exemple, sont principalement dans ce cas. C'est cette considération qui détermine les pépiniéristes à préférer la laine filée à toute autre matière pour faire les ligatures, parce qu'elle se prête, jusqu'à un certain point, au grossissement du sujet : c'est cette même considération qui avait engagé mon camarade Dupont à employer de petites bandes de plomb pour fixer la greffe sur ses rosiers, parce que ces bandes, plus ou moins épaisses, selon la force du sujet, et fixées par un simple reploiement de leurs extrémités, se desserraient d'elles-mêmes selon les progrès de l'accroissement des branches où elles étaient fixées.

Un greffeur habile doit placer ses ligatures de manière

qu'elles puissent être ôtées avec la plus grande facilité. J'entends ici les ligatures en laine, car celles qu'on fait avec des feuilles de rubanier (*sparganium*), de massette (*typha*), de jonc, etc., se déchirent d'elles-mêmes, et ne peuvent servir deux fois. Il en est de même des ligatures faites avec de l'osier dans les greffes en fente, sur-tout dans celles placées en terre.

La pire de toutes les matières qu'on emploie ordinairement pour faire des ligatures des greffes est le chanvre, parce que, loin de se prêter au grossissement après qu'il a été placé, l'humidité le fait se resserrer davantage. On peut juger du peu de connaissance d'un greffeur à l'usage qu'il fait de cette substance.

La laine employée aux ligatures doit être en suin, pour durer plus long-temps et moins coûter. On en trouve de telle chez tous les marchands. La même peut servir trois années de suite lorsqu'on la conserve avec précaution.

Voyez, pour le surplus, au mot GREFFE. (B.)

LIGNE. Longue corde de chanvre ou de crin plus ou moins fine, à l'une des extrémités de laquelle est attaché un ou plusieurs HAMEÇONS qu'on garnit d'un APPAT et qu'on jette dans l'eau pour prendre le poisson et dont l'autre extrémité est fixée sur le bord de cette eau : c'est la LIGNE DORMANTE.

Dans la pêche aux petits poissons, la ligne est fixée par l'autre bout à l'extrémité d'une baguette longue et flexible : c'est la LIGNE VOLANTE.

Comme il n'y a que la jeunesse et la vieillesse oisive qui puissent pêcher à la ligne, même à la ligne dormante, sans ennui, et que tous les momens des cultivateurs peuvent être employés plus utilement, je me dispenserai d'en dire plus long sur cet objet. (B.)

LIGNE. Ancienne mesure de longueur. *Voyez* MESURE.

LIGNEUX. On appelle plantes ligneuses celles qui ont du bois sous leur écorce. Tous les arbres, les arbrisseaux et les arbustes sont donc ligneux ; cependant on ne leur applique pas ordinairement ce nom, on le réserve pour les tiges des plantes qui sont moins solides que celle des arbustes, et plus dures que celles de la plus grande partie des autres.

Les fibres ligneuses sont l'aggrégation des séries de vésicules parenchymateuses qui constituent les couches du BOIS. *Voyez* ce mot et les mots AUBIER, COUCHE LIGNEUSE, COUCHE CORTICALE et PARENCHYME. (B.)

LIGNITE. Bois fossile, noir, souvent imprégné de bitume, qu'on trouve assez fréquemment dans les montagnes secondaires, en couches plus ou moins larges et plus ou moins épaisses. On l'emploie à brûler, mais il donne ordinairement fort peu de chaleur : on l'emploie aussi quelquefois à l'engrais des terres, ce à quoi il est très-propre. Il est des lignites moins noirs que les autres, et dont on fait usage en peinture sous le nom de TERRE D'OMBRE : tel est celui qui s'exploite aux environs de Cologne.

Ces amas de bois fossile ont été formés par l'entraînement, avant la dernière révolution du globe, des arbres par les rivières.

Ils ne diffèrent de ceux qui ont produit la HOUILLE ou CHARBON DE TERRE, que parce que ces derniers ont été immédiatement entraînés par les rivières dans la mer. (B.)

LIGNOULOT. Perche attachée horizontalement à des pieux peu élevés, et sur laquelle on fixe les bourgeons de la vigne, qui alors est toujours plantée en ligne et écartée de 2 pieds.

Cette manière de palissader la vigne est celle que j'indique comme préférable. Elle est en usage dans les départemens du Doubs, de la Gironde, etc. *Voyez* VIGNE. (B.)

LIGORNE On donne ce nom aux tulipes dont la feuille caulinaire est liée à la fleur, et qui, en conséquence de cette disposition, ont la fleur penchée : il arrive quelquefois qu'une partie de la feuille se colore dans ce cas.

Une tulipe ligornée perd la plus grande partie de ses agrémens. En séparant, au moyen d'un greffoir, la feuille de la fleur, on diminue les inconvéniens qu'elle offre à la vue.

C'est dans les terrains gras et humides que les tulipes se ligornent le plus. Il est aussi des oignons qui y sont très-sujets. *Voyez* TULIPE. (B.)

LILAS, *Syringa*. Genre de plantes de la diandrie monogynie et de la famille des lilacées, qui renferme quatre espèces, dont trois se cultivent dans nos jardins.

Le LILAS COMMUN s'élève à 15 pieds et plus. Ses rameaux sont opposés et grisâtres ; ses feuilles opposées, pétiolées, en cœur, pointues, très-entières, luisantes ; ses fleurs violettes, odorantes, nombreuses, disposées en panicule terminale ou axillaire. Il est originaire du Levant, et se trouve naturalisé dans plusieurs endroits de l'Europe : c'est Busbeck qui, en 1556 ou 1557, envoya, de Constantinople en Flandre, dont il était originaire, le premier pied de lilas qui y ait paru. Il fleurit en mai. Peu d'arbustes peuvent lui disputer la prééminence. Tout en lui est flatteur, la fraîcheur de son feuillage, l'agréable couleur et la douce odeur de ses fleurs : aussi, quoiqu'il soit excessivement multiplié dans nos jardins, ne le paraît-il jamais assez. Tous les terrains, toutes les expositions lui conviennent, mais il préfère ceux qui sont légers et substantiels en même temps, et celles qui sont chaudes et aérées. Il produit également de bons effets, soit qu'il soit isolé, soit qu'il soit en massif. Ordinairement il forme buisson ; mais on peut facilement, sur-tout quand il est provenu de semences et qu'on lui a conservé son pivot, en faire un arbre de tige. Il est facile de l'assujettir à la taille comme la charmille, d'en faire des palissades, des boules, etc. ; mais il alors il faut renoncer à ses fleurs. Il n'est jamais plus beau, plus garni de fleurs que lorsqu'on l'abandonne à lui-même : aussi, aujourd'hui que le mauvais goût a disparu de nos jardins, ne lui fait-on plus sentir le tranchant du croissant, et rarement celui de la serpette. Cependant, comme, quand ses tiges deviennent vieilles, ses fleurs sont moins larges et moins nombreuses, il convient, lorsqu'il est en buisson, de le receper tous les dix à douze ans au moins, et lorsqu'il est sur une seule tige, de rapprocher les branches aux mêmes époques. Cette opération est d'ailleurs indiquée par sa disposition à pousser de nouvelles tiges chaque année, et, de plus, souvent commandée par l'irrégularité que prennent les branches, lorsqu'on est dans l'usage de casser leurs rameaux pour emporter les fleurs qu'elles supportent.

On multiplie le lilas de toutes les manières, c'est-à-dire par le semis de ses graines, par déchirement des vieux pieds, par rejetons, par boutures des branches et des racines. Ordinairement on emploie la voie des rejetons, car il en pousse tant, qu'ils suffisent aux besoins du commerce, et il faut bien s'en débarrasser. C'est le seul inconvénient de cet arbuste ; inconvénient qu'on peut diminuer en n'employant que des pieds provenus de graines et encore pourvues de leur pivot.

La graine de lilas se sème au printemps dans une terre légère et bien labourée ; elle lève promptement. Les plants qui en proviennent sont ordinairement laissés deux ans en place, après quoi on les repique en pépinière à 12 à 15 pouces. Ils ne commencent à fleurir que la quatrième ou cinquième année, et ce n'est qu'alors qu'il faut les planter définitivement. La troisième année, on doit mettre sur un brin ceux dont on désire former des tiges, et veiller les années suivantes à ce qu'ils ne poussent pas de rejetons : c'est aussi pendant ces premières années qu'on les greffe.

Comme le lilas pousse de très-bonne heure au printemps, il faut, autant que possible, le transplanter avant l'hiver. Qu'il soit vieux, qu'il soit jeune, il pousse faiblement la première année de sa transplantation ; mais il est rare qu'il meure par suite de cette opération, si elle est faite avec les précautions convenables. Il pousse très-peu à la sève d'août.

On cultive, dans les jardins des environs de Paris, plusieurs variétés de lilas, dont les principales sont le *lilas blanc*, qui a les fleurs blanches et le bois moins foncé en couleur : on l'obtient souvent de semences ; mais en général on le multiplie par les rejetons ; le *lilas de Marly*, dont les feuilles et les fleurs sont beaucoup plus grandes que celles du commun : on le multiplie par les rejetons, les marcottes, les boutures ou la greffe ; le *lilas à feuilles panachées en blanc ou en jaune* : il est rare et ne produit pas un bel effet. Je ne parle pas des nuances plus ou moins foncées du lilas commun : elles varient depuis le violet très-pâle jusqu'au pourpre foncé. On peut dire qu'il n'y a pas deux pieds provenant de semences qui aient la même couleur.

Le bois du lilas est gris, très-dur, et d'un grain analogue à celui du buis. On en ferait, au rapport de Varennes de Fenille, de très-beaux ouvrages, s'il n'avait pas le défaut de se tourmenter et de se fendre ; il pèse environ 70 livres par pied cube : on fait des tuyaux de pipe avec ses rameaux vides de leur moelle.

Jusqu'à présent on n'a pas ou presque pas employé le lilas dans la grande agriculture ; cependant il peut y rendre des services importans : il forme des haies, qui, si elles sont de peu de défense contre les hommes, suffisent à arrêter les animaux les plus gros comme les plus petits, parce qu'elles sont toujours bien garnies du pied, et qu'on peut facilement en greffer les rameaux par approche. Ses nombreuses racines, leur disposition à s'étendre, et la quantité de rejetons qu'elles fournissent, le rendent propre à arrêter la fureur des torrens, à être planté sur la berge des fossés, sur le bord des rivières, etc. La faculté dont il jouit de croître dans les plus mauvais terrains le rend précieux pour utiliser les sols sablonneux ou pierreux qui ne produisent rien : il fournira au moins des fagots tous les trois ou quatre ans.

Le LILAS DE PERSE a les feuilles opposées, pétiolées, lancéolées ; les fleurs disposées comme celles des précédens, mais plus petites, moins nombreuses et d'un pourpre clair. Il est originaire de Perse, s'élève de 5 à 6 pieds au plus, fleurit en juin et est sujet à geler quelquefois dans le climat de Paris. Il craint les terres fortes et humides et se multiplie moins facilement que le commun, quoique des mêmes manières. Sa délicatesse le rend plus propre à être placé dans les parterres, qu'il orne beaucoup. On peut le soumettre à la taille pour lui former une tête régulière, mais non à celle du ciseau ou du croissant, comme on ne le fait que trop souvent ; car dans ce cas il ne porte pas ou presque pas de fleurs : il suffit de couper avec la serpette les branches qui s'écartent le plus des autres. Il fournit trois principales variétés : une à *fleurs blanches* ; une à feuilles *pinnatifides* ; une trouvée par Varin, célèbre cultivateur de Rouen, dans un semis et portant son nom : la seconde est très-jolie, très-pittoresque même, est encore plus délicate

TOME IX.   11

que son espèce, est fort recherchée, principalement pour la faire fleurir pendant l'hiver dans des pots, et en orner les consoles ou les cheminées des riches; mais c'est la troisième qui a les fleurs plus nombreuses, d'un violet plus pâle, portées sur des rameaux grêles, tiquetés de blanc, qu'avec raison on recherche généralement aujourd'hui. Ses panicules sont presque toujours courbées sous le poids de leurs fleurs, qui durent plus long-temps épanouies que celles du précédent. Cette disposition des fleurs fait qu'il produit un meilleur effet lorsqu'il a une tige que quand il forme buisson. On le multiplie comme le précédent, et on le greffe fréquemment sur lui ou sur le troëne. C'est au Luxembourg qu'il faut se rendre pour apprécier tout le luxe de parure qu'il porte dans un jardin, lorsqu'il est dirigé avec intelligence. Je ne puis trop en recommander la multiplication. (B.)

LILIACÉES. Famille de plantes qui présente pour caractère général une corolle (calice), Jussieu, de 6 pétales ou divisée en six parties, six étamines insérées sur la corolle, un ovaire supérieur à stigmate ordinairement trifide, une capsule triloculaire, trivalve et polysperme.

Les plantes de cette famille ont le plus souvent une racine bulbeuse; une tige scapiforme; des feuilles alternes, souvent engaînantes lorsqu'elles sont radicales; des fleurs nues ou spathacées et toujours hermaphrodites.

Elles intéressent l'agriculture soit comme plantes condimenteuses, soit comme plantes médicinales, soit comme plantes à fleurs agréables; mais leur presque totalité est repoussée par les bestiaux.

Ceux des genres de cette famille dont on cultive le plus communément les espèces, sont : l'AIL, la TULIPE, le LIS, l'IMPÉRIALE, la FRITILLAIRE, la JACINTHE, l'ALOÈS, l'HÉMÉROCALLE, le YUCCA, l'ANTHÉRIC, l'ASPHODÈLE, l'ORNITHOGALE. *Voyez* ces mots. (B.)

LIMACE, LIMAÇON, *Limax*. Genre de ver mollusque nu, qui se trouve abondamment dans les bois, les champs, les jardins, qui vit de végétaux, et qui cause quelquefois de grands dommages aux cultivateurs.

L'organisation des limaces, à la coquille près, diffère peu de celle des HÉLICES, auxquelles on donne souvent leurs noms, principalement celui de LIMAÇON. *Voyez* ce mot.

Les limaces mangent la plupart des plantes que l'homme cultive, presque tous les fruits qu'il préfère. C'est principalement dant les semis qu'elles font de grands ravages, parce que les herbes tendres leur plaisent davantage, et que chaque coup de dent est la perte d'un pied. Dans certains cantons et dans certaines années, elles sont un véritable fléau.

On peut suivre les limaces à la trace argentée que laisse sur leur passage la matière gluante qui transsude continuellement de leur corps, et les aller attaquer jusque dans leur retraite. Elles se retirent pendant le jour sous les feuilles sèches, les pierres, dans les trous de mur, les haies, etc., et ne sortent que la nuit, ou lorsqu'il tombe de la pluie. Ainsi c'est le soir et le matin, ou dans ce dernier cas, qu'il faut leur faire la chasse pour les tuer, ou les donner aux volailles ou aux cochons, qui en sont très-friands. On peut encore leur fournir des moyens de retraite en mettant sur la terre des planches inclinées d'un côté, sous lesquelles elles se retirent, et où on va les écraser tous les matins. Pour les empêcher de parvenir sur un semis, il suffit de l'entourer de sable fin, de chaux, de cendre : dès qu'elles sentent ces matières, dont elles s'empâtent avec leur gluten et dont elles ne peuvent se débarrasser qu'à la longue, elles retournent sur leurs pas ; mais il faut que ces matières soient toujours pulvérulentes et sèches.

On trouve dans les Mémoires de la Société d'agriculture de Lyon pour 1812, un procédé pour détruire les limaces, qui m'a paru devoir fort bien remplir son objet et que je crois en conséquence devoir consigner ici ; il consiste à répandre sur le terrain infecté un grand nombre de feuilles de choux, sous lesquelles la plus grande partie d'entre elles se réfugient, et auxquelles elles s'attachent de préférence, feuilles qu'on relève le second jour, pour les donner aux cochons ou aux volailles, ou les brûler.

M. Willmet a indiqué des arrosemens d'eau de chaux comme le meilleur moyen de les détruire dans les jardins.

Dans les campagnes, les limaces ont un grand nombre d'ennemis ; mais il est des années qui leur sont si favorables, qu'ils ne suffisent pas pour les détruire. Elles mangent le blé, le colza, la navette, à mesure qu'ils lèvent, l'écorce des jeunes plants d'une pépinière, etc., et anéantissent ainsi l'espérance d'une récolte. Dans ce cas, un troupeau de dindes est le meilleur remède à employer. Je les ai vues disparaître en peu de jours d'une ferme qui en était infestée, par l'acquisition que fit le propriétaire d'un troupeau de ces animaux. Les poules, les canards rendent aussi le même service, mais il est plus difficile de les conduire. Au reste, il est rare que les limaces (je veux dire les jeunes, car les vieilles ne sont jamais très-nombreuses) soient communes deux années de suite. Un été sec et chaud, un hiver très-froid leur sont également funestes ; elles périssent alors par millions. Un hiver très-doux ne leur est guère plus avantageux, parce qu'alors elles sortent de leurs retraites et que les corbeaux, les plus dangereux de tous leurs ennemis, en font une grande déconfiture.

On ne mange point les limaces, quoiqu'elles soient aussi bonnes que les hélices, ainsi que j'en ai fait l'expérience ; mais on les emploie dans les bouillons rafraîchissans et pectoraux.

Les espèces les plus communes sont :

La LIMACE NOIRE, qui est noire et chagrinée ;

La LIMACE ROUGE, qui est rouge et rugueuse en dessus ;

La LIMACE CENDRÉE, qui est toute grise, ou grise avec des taches noires ;

La LIMACE AGRESTE, qui est blanchâtre, et dont les cornes sont noires. Cette dernière fait plus de ravages dans les champs qu'aucune des autres. (B.)

LIMACE. ULCÉRATION de l'entre-deux des ongles du BŒUF, et qui est le plus souvent produite par de petites pierres ou autres corps durs qui se fixent dans ce lieu. Elle diffère du FOURCHET (*voyez* ce mot), par sa plus grande étendue. On l'appelle PIÉTAIN et PESOGNE dans les MOUTONS, chez lesquels elle se montre également.

Cette maladie se guérit dans ces deux genres d'animaux, d'abord par des cataplasmes émolliens, et ensuite par les caustiques. *Voyez* le mot PESOGNE. (B.)

LIMAÇON. Synonyme de LIMACE OU HÉLICE. (B.)

LIMAGNE. Nom d'un bassin, ancien fond de lac, que traverse l'Allier, et dont la fertilité est extrême. Son sol est un détritus humide amené par cette rivière des montagnes volcaniques de la ci-devant Auvergne.

Il y a aussi une Limagne dans le département de l'Aveyron : celle-ci est calcaire, impraticable après la pluie et impossible à labourer pendant la sécheresse. (B.)

LIMBARDE. Nom vulgaire de l'INULE PERCEPIERRE (*inula crithmoïdes*, Lin.), sur les bords de la Méditerranée, voisins de Montpellier. (B.)

LIMBARGO. C'est la CHENEVOTE, dans le midi de la France. (B.)

LIMBE. On donne ce nom en botanique aux bords des PÉTALES des FLEURS. *Voyez* ces mots.

LIME, LIMIE. Plusieurs variétés d'orangers portent ce nom. *Voyez* ORANGER. (B.)

LIMIER. *Voyez* CHIEN.

LIMITE. Terminaison d'une propriété ; quelquefois c'est une borne qui fixe cette terminaison.

Il est très-important pour les propriétaires, que tous leurs voisins connaissent exactement leurs limites, et lorsqu'elles ne sont pas indiquées d'une manière permanente, qu'ils les fassent fixer par un commun accord, ou, si quelqu'un d'eux s'y refuse, par autorité de justice. Le défaut de soin à cet égard est la source la plus abondante des procès parmi les habitans de la campagne. Les pays cadastrés, où tous les champs ont été mesurés par l'autorité publique, sont avantagés sous ce rapport, parce qu'il suffit de vérifier la contenance des champs, et de la comparer avec les registres du cadastre pour décider le fait contesté; mais malheureusement celui de la France est loin d'être terminé.

Les graves inconvéniens de l'incertitude des limites ont été sentis de tous temps. Les Romains les mettaient sous la protection des dieux. Par-tout elles sont soumises à l'empire de la loi. Comme les clôtures de toutes espèces et sur-tout en murs et en haies vives les annoncent d'une manière patente et permanente, et que leur utilité sous d'autres rapports est également incontestable, on doit, toutes les fois qu'on le peut, en établir autour de ses propriétés. Ce moyen est plus difficile à employer dans les cantons où la subdivision des propriétés est extrême, et c'est un des principaux motifs qu'on puisse faire valoir contre cette subdivision. Dans quelques parties de l'Espagne, les propriétés sont toutes séparées par une petite lisière de terrain en friche, d'un à 2 pieds, qui fournit un pâturage lorsque les récoltes sont levées. Je n'approuve cependant pas ce mode de bornage qui jette dans les champs une surabondance de semences de plantes nuisibles aux moissons, et semble appeler le parcours. Dans d'autres, ainsi que dans quelques cantons de la France, on les sépare chaque année par des pierres plates plantées de champ. Une grande route, une rivière sont d'excellentes limites, mais les inconvéniens qui les accompagnent sont si nombreux, que le plus souvent celles-là ne sont pas désirables.

Toutes les fois qu'on achète un bien, il faut en vérifier les limites en présence de tous les propriétaires voisins ou de leurs fondés de pouvoir, et y appeler les autorités civiles du canton, soit par invitation de bienveillance, soit par acte judiciaire, et faire dresser procès-verbal du résultat de la visite. Par ce moyen simple et peu coûteux, on évite des procès, on opère sa tranquillité.

Voyez pour le surplus au mot BORNE. (B.)

LIMON. Dépôt formé par les eaux et produit par le lavage des terres de toutes espèces. Il est composé, tantôt d'argile, tantôt de terre calcaire, tantôt de terre végétale, selon que les eaux pluviales auront passé sur l'une ou l'autre de ces terres, tantôt du mélange de toutes ces terres avec des débris de végétaux et d'animaux entraînés avec elles. *Voyez* HUMUS et TERRE VÉGÉTALE.

Toute eau courante qui est trouble doit déposer plus tôt ou plus tard du limon: aussi toutes les grandes rivières en laissent

sur leur fond, et en forment à leur embouchure dans la mer
des bancs d'une étendue considérable. C'est au limon du Nil
que l'Egypte doit sa fertilité, c'est au limon du Nil que le
Delta doit sa formation. Il suffit d'avoir voyagé sur le bord
des autres grands fleuves pour savoir que tout s'y passe positivement comme en Egypte. *Voyez* ALLUVION, ÉLÉVATION
DU SOL.

Tous les limons sont fertiles; mais ceux où la terre végétale
domine le sont plus que les autres. Heureux le cultivateur qui
possède des terres limoneuses!

Le limon qu'entraînent les pluies dans les fossés, les
trous, etc., doit être soigneusement enlevé et porté sur les
terres. C'est le meilleur engrais qu'on puisse donner à la
plupart, sur-tout à celles qui sont sablonneuses et arides.
Voyez CANAL. On l'appelle NITE dans la ci-devant Provence,
et on l'y utilise avec intelligence. *Voyez* un Mémoire de
M. Stanislas de Belleval dans le XIVe. vol. de la nouvelle série
des Annales d'agriculture.

On appelle aussi limon la boue qui se trouve au fond des
étangs, des mares et autres eaux où il y a des plantes aquatiques; cependant cette boue, quoique souvent mêlée de limon, n'en est pas toujours; c'est une tourbe imparfaite. Aussi,
lorsqu'on la tire pour en répandre sur les terres, trouve-t-on
qu'elle est infertile : ce n'est qu'après une année d'exposition
à l'air qu'elle devient propre à la végétation. *Voyez* TOURBE
et CURURES DES FOSSÉS.

Les boues de la mer s'appellent vases; elles deviennent également très-fertiles lorsqu'elles ont été exposées un ou deux
ans à l'air, parce quelles contiennent, outre les varecs et
autres plantes en décomposition, une grande quantité de matières animales produites par la destruction des poissons et des
mollusques. *Voyez* VASE.

Il n'est pas toujours facile de décider si un terrain d'alluvion
formé à l'embouchure d'une rivière est dû au limon charrié
par cette rivière ou à la vase accumulée par la mer : probablement ces deux causes y concourent.

Dans le Cheshire, le limon déposé à l'extrémité des marais
salans passe pour l'engrais le plus actif et le plus durable qui
se trouve en Angleterre.

A l'embouchure de l'Humber, on a pratiqué des canaux pour
répandre sur les terres voisines le limon qu'il charrie ou que
la mer y introduit, et on a créé par ce moyen des champs
de la plus grande fertilité. *Voyez* Annales de l'agriculture,
par Arthur Young.

Fait-on quelque part en France des opérations de ce genre?
Je l'ignore; mais je puis dire n'en avoir vu pratiquer nulle

part. Avec de l'intelligence, de l'argent et du temps, on peut
changer la surface de bien des localités pour la plus grande
prospérité des peuples. (B.)

LIMON. Espèce du genre de l'Oranger. *Voyez* ce mot.

LIN, *linum*. Genre de plantes de la pentandrie pentagynie
et de la famille des caryophyllées, qui renferme une trentaine
d'espèces, dont deux ou trois ont quelque intérêt sous le point
de vue agricole, mais dont une sur-tout est cultivée de toute
ancienneté, et tient un rang distingué parmi les végétaux qui
peuvent enrichir un pays.

Cette espèce est le LIN COMMUN, *linum usitatissimum*, Lin.
Plante annuelle originaire du plateau de la haute Asie, ainsi
que l'a reconnu Olivier, membre de l'Institut, dans son Voyage
en Perse, d'où il en a rapporté des graines cueillies dans l'état
sauvage. Sa tige est droite, cylindrique, grêle, glabre, rameuse à son sommet, haute d'un à 2 pieds; ses feuilles sont
épaisses, sessiles, linéaires, d'un vert foncé, glabres, longues d'un pouce; ses fleurs sont bleues, assez grandes, solitaires sur des pédoncules terminaux ou axillaires.

On cultive le lin pour la filasse que fournissent ses tiges,
filasse avec laquelle on fait les plus belles toiles connues, et
pour sa graine, qui donne une huile propre à un grand nombre d'usages.

Dans le premier de ces cas, l'objet principal est d'avoir ou
des tiges très-hautes, afin que la filasse soit très-longue, ou
des tiges très-grêles, afin que la filasse soit plus fine.

Dans le second de ces cas, le but doit être d'avoir le plus
grand nombre de capsules possible.

Ces circonstances déterminent trois modes particuliers de
cultiver le lin, et indiquent les variétés qu'il faut préférer.

On distingue généralement trois variétés de lin dans les pays
où l'on cultive le plus cette plante.

Le *lin froid*, ou *le grand lin*, a les tiges très-élevées, peu
garnies de graines; sa végétation est d'abord lente et ensuite
très-rapide : il mûrit le plus tard. C'est avec lui qu'on fabrique ces belles batistes, ces superbes dentelles qui enrichis-
sent la Flandre.

On vend quelquefois sur pied, aux environs de Lille, la
récolte d'un hectare de ce lin 7000 francs, hectare dont le
fonds ne se vendrait que 4 à 5000 fr.

Le *lin chaud*, ou le *tètard*, a les tiges peu élevées, rameuses,
très-garnies de capsules; sa végétation est d'abord très-rapide,
mais elle s'arrête bientôt: Il mûrit de très-bonne heure : c'est
lui qu'on devrait cultiver exclusivement lorsqu'on veut obtenir de la graine; mais comme la filasse qu'il fournit est très-
courte, il est peu d'endroits où on le préfère.

On appelle *lin moyen* celui qu'on doit regarder comme le type de l'espèce ; car il se rapproche infiniment de celui provenu des graines que m'a remises Olivier. Il tient le milieu entre les deux précédens : c'est lui qu'on cultive le plus fréquemment dans le midi de la France et même par-tout, hors quelques cantons.

En Irlande, où on cultive beaucoup de lin pour alimenter les nombreuses fabriques de toiles qui y existent, on divise différemment les variétés du lin. La meilleure de toutes est appelée *argent pâle* ; ensuite le *lin de Hollande pâle* et le *lin de Hollande blanc*, puis le *Pétersbourg à douze têtes*, le *Marienbourg*, enfin le *Nerva*, qui donne une filasse grossière.

On cultive, dans le ci-devant département du Mont-Tonnerre, deux variétés de lin inconnues ailleurs : l'une appelée *lin précoce* se sème en mars, et donne une filasse très-fine ; l'autre, appelée *lin tardif*, se sème en mai, s'élève beaucoup et fournit une filasse comparable à celle du chanvre : il est à désirer que ces deux variétés se répandent en France.

Une terre légère, mais cependant très-fertile et un peu fraîche, est la seule propre au grand lin lorsqu'on veut qu'à la longueur il joigne la finesse.

Une terre substantielle est celle qui convient au lin moyen et au lin têtard dans le plus grand nombre de cas.

Lorsqu'on sème ces trois sortes de lin dans une terre légère et sèche, la tige s'élève peu, mais la filasse est fine.

Lorsqu'on sème très-serré ces trois sortes de lin, on a de la filasse plus fine, mais plus cassante et peu de graines.

Le défaut et l'excès de l'eau sont également à redouter dans la culture de cette plante : voilà pourquoi elle manque si souvent, et qu'il est des pays où on ne peut l'entreprendre avec succès ; voilà pourquoi il faut toujours élever la terre au moyen des ados et creuser des sillons de décharge dans les terrains qui retiennent l'eau.

On fait mieux encore dans le Nord. Les planches sont tenues fort étroites et élevées par la terre de fossés, de 2 ou 3 pieds de profondeur, qu'on creuse à l'entour. Ces fossés donnent l'écoulement aux eaux quand elles sont trop abondantes, et on les y retient au moyen de quelques pelletées de terre placées à leur décharge, lorsque la sécheresse commence : par là le lin se trouve toujours dans une humidité égale et très-favorable à sa végétation. Cette excellente pratique mérite d'être imitée, mais toutes les localités ne s'y prêtent pas.

Dans quelque nature de terre et sous quelque climat que ce soit, on ne peut trop multiplier les engrais végétaux ou animaux pour le grand lin et le lin moyen ; car leur excès est toujours avantageux à l'abondance des produits et ne nuit jamais à la qualité : l'excès de la dépense doit seule arrêter dans cette opération. Le fumier le plus consommé est le meilleur dans les terres légères, et celui à moitié consommé dans les terres fortes.

On a observé, d'abord aux États-Unis d'Amérique et ensuite en Angleterre, que l'emploi du sel marin avançait la végétation du lin et autres plantes à semences huileuses.

Des labours multipliés et croisés sont indispensables dans les terres fortes; car plus la terre sera divisée ou ameublie, et plus le lin y sera beau. Dans les terres légères, ces labours sont moins nécessaires; mais il en faudra toujours au moins deux, dont le second enterrera le fumier. Le premier de ces labours sera profond, pour ramener à la surface la terre inférieure qui amende toujours, par son mélange, celle de la surface, à moins que ce ne soit un tuf ou un sable manifestement infertile.

Dans quelques parties de la Flandre, on sème dans des terrains sablonneux du lin, qui vient très-bien quoique sans emploi d'engrais; mais ces terrains sont défoncés de 2 pieds : ainsi c'est dans une terre presque neuve qu'il végète. On sème en même temps que lui des carottes : c'est en mai que se font ces semis.

Au rapport de François de Neufchâteau, on redoute, dans ces contrées, d'employer le fumier de cheval et les débris animaux à l'engrais des terres à lin : je ne connais pas les motifs de cette proscription.

En Irlande, on regarde les terres argileuses comme les plus convenables pour semer la graine de lin qu'on tire de Hollande, et les terres sablonneuses comme les meilleures pour celle qu'on tire d'Amérique; il serait difficile de rendre raison de cette pratique. Là, on le sème ou sur un seul labour après une récolte de pommes de terre ou d'orge, ou sur trois labours après une jachère. On a remarqué une augmentation de produit après les pommes de terre, ce qui rentre dans les principes qui guident les Flamands.

Les agriculteurs sont divisés sur l'époque la plus convenable pour semer le lin. Les uns le mettent en terre avant l'hiver, c'est-à-dire en septembre et en octobre, c'est le *lin d'hiver*; les autres au printemps, c'est-à-dire depuis mars jusqu'en juin, c'est le *lin d'été*. Dans ces deux cas, au reste, il faut choisir un jour où la terre n'est pas trop humide, afin que la herse la divise mieux, que le rouleau et les pieds des chevaux ne la compriment pas trop. Il serait difficile de dire laquelle de ces deux époques est généralement la plus avantageuse, car le climat et la nature du sol doivent en décider; je dirais même les circonstances atmosphériques s'il était donné à l'homme de les connaître d'avance.

En effet, dans un climat sec et chaud, dans les parties méridionales de la France, par exemple, ou dans une terre très-légère, il doit être avantageux de semer avant l'hiver, afin que la plante profite des pluies de cette saison et ait acquis assez de force pour aller chercher profondément l'humidité qui lui est nécessaire, tandis que dans un climat froid et humide, dans une terre argileuse, il faut attendre que l'eau surabondante se soit évaporée ou infiltrée, puisque, comme je l'ai observé plus haut, cette eau nuirait à la végétation de la jeune plante. Il est cependant bon d'observer que l'expérience a prouvé que plus le lin restait en terre et plus sa filasse était abondante et bonne, et plus ses graines étaient nombreuses et huileuses, et que dès que les grandes chaleurs sont venues, le lin cesse de croître en hauteur, qu'il ne fait plus que perfectionner sa tige et sa graine : c'est aux esprits réfléchis à tirer de ces deux observations le parti qui conviendra et à la situation et à la nature de la terre qu'ils veulent cultiver en lin.

Quelquefois le plus beau semis de lin, fait avant l'hiver, se détruit entièrement pendant cette saison, et il faut par conséquent le recommencer au printemps. Deux causes concourent ensemble ou séparément à cet accident : la première, ce sont les gelées très-fortes lorsque la terre n'est pas couverte de neige; la seconde est l'alternative du gel et du dégel, alternative qui déchausse le pied de la plante, l'arrache même complétement. Il y a, dans les propriétés de ma famille, aux environs de Langres, des terres où il a toujours été impossible de cultiver du lin d'hiver par cette dernière cause, quelques précautions qu'on ait prises; je crois que cette cause agit bien plus fréquemment que la première : ces circonstances font que dans le nord, en Flandre par exemple, on sème rarement, ou, mieux, jamais le lin avant l'hiver.

Le choix de la semence est un article de première importance dans la sorte de culture dont il est ici question. D'abord on voit qu'il ne faut pas que les différentes variétés de lin soient mélangées, puisqu'elles mûrissent à des époques et s'élèvent à des hauteurs différentes; ensuite on sent que le lin têtard ne remplirait pas l'objet d'un fabricant de dentelles, ni du lin froid, celui d'un marchand d'huile. On est généralement dans l'opinion, et cette opinion est fondée sur l'expérience, que la graine de lin dégénère lorsqu'on la sème plusieurs fois de suite dans le même climat : voilà pourquoi les cultivateurs de Flandre, qui veulent avoir le lin le plus haut et le plus fin possible, tirent presque toutes les années de la nouvelle graine du nord de l'Europe, principalement de Riga, dont les

environs passent pour fournir la meilleure, c'est-à-dire la plus
appropriée au but de ces cultivateurs. Chez eux, on appelle
lin de fin celui provenant du semis de cette graine importée, et
lin de gros celui qui résulte du semis de la graine produite dans
le pays. Les plus rigoureux de ces cultivateurs livrent même,
dit-on, aux fabricateurs d'huile la graine de la seconde génération, pour ne pas altérer la finesse de leur filasse et conserver
la réputation de leurs cultures.

Je n'entreprendrai pas de combattre un système de culture
basé sur l'expérience d'un siècle; mais il est cependant permis
de croire que la véritable cause de la dégénérescence de la
graine du lin ne tient qu'à la culture contre nature, à laquelle
on a soumis la plante dont elle provient (1).

Pour éviter une grande exportation d'argent, on a conseillé,
dans plusieurs écrits, aux cultivateurs flamands de renouveler
leurs semences en les tirant du midi de la France, où cependant je n'ai jamais vu cultiver le grand lin ; mais moi je leur
dirai : Semez de la graine de cette variété assez clair pour que
les pieds qui en proviendront jouissent de toutes les influences
de l'atmosphère, puissent produire des semences aussi développées que possible ; car je ne crois aux bons effets de la substitution des semences qu'autant que les semences substituées
sont plus grosses, plus fermes, plus lourdes, etc. , etc., que
les plus belles nées dans le pays. On sait, au reste, que les
Hollandais, qui sont en possession de fournir ces cultivateurs
de semences de lin de Riga, leur vendent la plupart du temps
de la semence récoltée dans la Zélande, et qu'on ne s'aperçoit
pas ou peu de la différence.

Il résulte de ce que je viens d'observer que lorsqu'on veut
avoir du beau lin dans les trois variétés ci-dessus énoncées,
il faut choisir la plus belle semence de chacune de ces variétés.
Comme cette semence rancit facilement, il faut de plus n'employer que celle de l'année ; cependant des expériences positives prouvent qu'elle peut se conserver trois ou quatre ans,
lorsqu'elle est tenue dans un lieu sec et aéré, et encore mieux
dans les capsules. L'habitude ne permet pas de se tromper
sur ces qualités à ceux qui en font commerce : ainsi il ne s'agit
que de s'adresser à un marchand honnête pour en avoir de celle
qu'on désire.

---

(1) Lorsque j'écrivais ceci en 1819, je n'avais pas connaissance, quoique
je dusse l'avoir, d'un excellent mémoire de M. Tessier sur le lin, inséré
dans le quatrième volume des *Annales d'agriculture*. Il a fait, pour résoudre la question ci-dessus, un grand nombre d'expériences desquelles
il résulte que la graine de Riga ne donne pas, dans le climat de Paris,
de plus beau lin que celle de beaucoup de cantons de la France et des
parties méridionales de l'Europe.

La quantité de graine de lin qu'il convient de confier à la terre dépend de sa qualité, de la nature du sol et du but qu'on se propose. Ainsi, supposé qu'elle soit excellente, on en répandra moins sur une terre maigre, et lorsqu'on veut tirer parti de la graine de la récolte. On compte que 25 livres, terme moyen, suffisent pour 10,000 pieds carrés dans la culture ordinaire, tandis qu'il en faut le double pour faire du lin de fin en Flandre.

On sème la graine de lin positivement comme le blé, c'est-à-dire à la volée, sur des planches plus ou moins larges, mais toujours un peu bombées dans le milieu. On la recouvre avec la herse, et on brise au maillet les plus grosses mottes qui se montrent à la surface. En Flandre, on fait les planches plus étroites, plus plates, et on en travaille la surface au râteau, pour la rendre plus meuble et plus unie. Dans quelques lieux, on répand sur ces planches de la menue paille, des branches d'arbres, etc., tant pour garantir la semence de la voracité des quadrupèdes ou des oiseaux qui la recherchent, que pour abriter le germe de l'ardeur du soleil, et le défendre des effets des pluies violentes. On doit faire en sorte que la semence soit tout enterrée, mais très-peu; car lorsqu'elle l'est de plus d'un demi-pouce, elle ne lève pas.

La graine de lin, semée un peu avant la pluie ou sur une terre humide (et on doit faire en sorte qu'elle le soit), ne tarde pas à lever. Le plant qui en provient est sarclé une ou deux fois, selon le besoin, dans sa première jeunesse; mais lorsqu'il a acquis 6 pouces de haut, on ne peut plus faire cette opération sans inconvénient. A cette époque, il est quelquefois infesté de cuscute (*angure de lin*), qui en fait périr de grandes quantités. Le seul remède, c'est d'arracher tout le plant attaqué, dès qu'on peut le distinguer; car lorsqu'on laisse cette plante parasite s'étendre, elle est dans le cas de faire perdre la récolte d'un champ entier. *Voyez* Cuscute.

Quelquefois, sur-tout dans les pays chauds, le lin, au sortir de terre, est coupé par un insecte que je n'ai pas pu prendre sur le fait, et par là reconnaître. Olivier de Serres recommande de semer de la cendre sur le sol pour mettre obstacle à ses ravages, et j'ajouterai que la suie de cheminée produirait encore mieux cet effet.

Une sécheresse prolongée, peu après que le lin est levé, le fait souvent complétement périr; d'autres fois, ce n'est que par places : on appelle cet accident *flambe* dans quelques endroits.

Lorsqu'on cultive le lin tétard ou le lin moyen dans une terre médiocre, encore lorsque ce dernier, quoique dans un bon sol, est semé clair, il n'y a plus rien à faire jusqu'à la récolte;

mais quand on a du lin froid, qu'on sème toujours très-épais
en Flandre, ou du lin moyen semé de même dans un excellent terrain, il faut encore suppléer à la faiblesse des tiges (qui
s'élèvent beaucoup relativement à leur grosseur) contre les
effets des vents ou des grosses pluies, par le moyen de perches parallèles, perches fixées à 18 ou 20 pouces de terre au
moyen de piquets placés autour des planches à un ou 2 pieds
de distance, plus ou moins, selon la hauteur présumée que
devra acquérir le plant. Ces perches, d'un bois léger, ordinairement de saule, sont attachées aux piquets, par leurs extrémités, avec du jonc ou de l'osier, et ne s'enlèvent qu'après
la récolte du lin.

S'il y a possibilité d'arroser le lin par irrigation pendant
les sécheresses, on devra en profiter, mais non quand il est
en fleur, parce que cela empêcherait la graine de nouer. Cependant lorsqu'on ne cherche que la finesse de la filasse, il
est souvent avantageux de l'arroser dans cette circonstance, les
tiges profitant de la sève qui devait servir à la formation et à
la nourriture de la graine.

L'époque de la maturité du lin dépend des climats, des
années, de la nature du sol, du temps des semis, etc. : on ne
peut donc jamais l'indiquer d'une manière précise. Ordinairement cette maturité est annoncée par le changement de couleur de la tige, la chute d'une partie des feuilles, l'ouverture
naturelle d'une partie des capsules; cependant ces caractères
ne sont pas tellement rigoureux qu'ils ne puissent induire à
erreur.

En général, chaque localité offre, à cet égard, un usage
fondé sur l'expérience, de sorte que si on en consultait plusieurs, on serait embarrassé pour choisir. Voici les principes :

Plus la graine est grosse et pesante, et plus elle vaut pour
faire de l'huile et pour être semée : or, elle acquiert de la
grosseur et de la pesanteur tant qu'elle reste attachée à son
placenta, et elle y reste attachée tant que la capsule n'est pas
ouverte. Il faut donc ne récolter le lin, principalement semé
pour la graine, que lorsque la moitié de ses capsules commence
à s'ouvrir.

Il en est de même quand on cultive le lin uniquement pour
la filasse : c'est par un préjugé fondé sur une fausse théorie
qu'on agit différemment. En effet, c'est de la hauteur et de la
faiblesse de la tige que dépend la finesse de cette filasse; le défaut
de maturité ne fait que la rendre plus cassante : c'est un fait
prouvé par l'expérience.

Comme on sème souvent, ainsi que je l'ai déjà observé, le
lin froid, le lin moyen et le lin têtard ensemble, qu'ils arrivent
à maturité à des époques différentes, et qu'ils sont d'inégales

hauteurs, il est quelquefois nécessaire de les cueillir séparément. Cette considération seule devrait empêcher ce mélange, si nuisible encore sous les rapports de la qualité de la filasse. De même il est avantageux d'arracher à trois époques différentes le lin de la même variété lorsqu'il y a inégalité de maturité dans le même champ.

J'observerai de plus que quand on considère la perte qu'éprouve la filasse au peignage par suite de l'inégalité de longueur des tiges, on sent la nécessité de mettre à part, au moment même de l'arrachage, les longues, les moyennes et les petites tiges. Cette opération est alors très-facile, puisqu'on peut commencer par arracher les premières et finir par les dernières, en les saisissant toutes par leur extrémité ; seulement il faut que la terre ne soit pas trop sèche, afin que la résistance des racines soit moindre.

Je ne connais aucun lieu où l'on arrache le lin au point de maturité convenable ; par-tout on le recueille avant cette époque, par poignées, qu'on couche sur le sol, ou qu'on réunit en petites bottes, pour, en les écartant en trois parties, les faire tenir droites sur le même sol. Ces deux dernières opérations ont le même but, c'est-à-dire de compléter la maturité, ou, si l'on veut, le desséchement des tiges et des graines, et de faire tomber les feuilles encore attachées aux premières. Dans quelques endroits, où la culture de cette plante n'a pas une très-grande étendue, on préfère l'apporter de suite à la maison pour la faire sécher dans les cours et dans les jardins, même dans des granges, sous des hangars, etc., et pouvoir plus facilement la garantir des coups de vents, des pluies violentes, des voleurs, etc.

Dès que la plante est suffisamment desséchée, on bat sa graine, soit dans le champ même, sur de grands draps étendus sur le sol, soit dans la grange, où on l'a apportée dans des voitures garnies de draps. Le plus souvent les instrumens employés à cette opération sont le banc sur lequel la famille s'assecit à table, et le battoir dont la ménagère se sert pour laver son linge. Une femme prend de la main gauche une poignée de lin du côté des racines, en place les têtes sur le banc, et frappe, de la droite, sur elles avec le battoir ; les capsules se brisent, les graines tombent pêle-mêle avec leurs débris sur le drap ; elle remet sa poignée à une autre femme, qui, la réunissant avec d'autres, égalisant la hauteur des tiges du côté des racines, en forme de petites bottes prêtes à être portées au rouissoir. L'important dans ce travail, outre l'exacte séparation des semences, est de ne pas déranger le parallélisme des tiges, parce qu'il en résulterait un plus grand déchet lors du serançage. Cette dernière considération doit toujours être présente à l'esprit de ceux qui touchent au lin, depuis le moment où l'on arrache jusqu'à celui où on le broie.

Dans quelques endroits, on fait passer l'extrémité des tiges à travers les dents d'un peigne de fer attaché sur un banc ou sur une table, et les capsules en sont séparées par suite de l'obstacle que ces dents apportent à leur passage. Ce peigne s'appelle *gruge*. Il a une, deux ou trois rangées de dents longues de 2 pouces. Cette méthode a l'inconvénient de casser souvent l'extrémité des tiges et d'obliger à une seconde opération pour obtenir la graine, beaucoup de capsules restant entières.

On trouve dans le Journal des Arts, n°. 94, une machine pour battre le chanvre et le lin : c'est un treuil à quatre branches, à l'extrémité desquelles sont deux fléaux accouplés, qui jouent sur une tablette où l'on place les objets à battre. Cette machine, qui peut battre en un jour tout le chanvre que donne un acre de terre, a été approuvée par la Société d'encouragement de Londres : elle m'a paru fort simple.

L'opération de l'égrenage, ou la journée finie, on vanne la graine, afin de la séparer des débris des capsules, et on la porte au grenier, où elle achève de se dessécher. Là il faut la remuer souvent pendant les premiers jours et quelquefois pendant les premiers mois, pour l'empêcher de moisir ou de s'échauffer; il faut aussi la garantir des souris, qui en sont très-friandes. Lorsqu'on juge qu'elle est suffisamment sèche, on la met dans des sacs ou dans des tonneaux jusqu'au momement de l'emploi ou de la vente.

Un hectare semé en lin de Riga pour graine en donne environ 12 hectolitres, et chaque hectolitre produit 15 litres d'huile.

Quelques cultivateurs entassent leur lin dans des greniers, à l'instar du blé, et n'en battent la graine que long-temps après la récolte. Cette pratique, quoique favorable à la conservation de la graine, ne peut être tolérée que lorsqu'on y est forcé par des circonstances majeures, attendu qu'il y a toujours, dans ce cas, un grand déchet dans la graine ou dans la filasse, soit par le fait des souris, soit par l'emmêlement des tiges, supposé encore que le lin a été rentré très-sec, qu'il n'a pas moisi, qu'il ne s'est pas échauffé, deux causes qui peuvent occasionner sa perte en tout ou en partie.

La graine de lin, comme toutes les graines huileuses, ne donne pas autant d'huile lorsqu'on la presse au moulin peu après sa récolte, que lorsqu'on attend deux ou trois mois pour le faire : cela tient à ce qu'une partie du mucilage s'évapore sous forme aqueuse, et qu'une autre se transforme en huile. Si cependant on croyait, par ce motif, utile d'attendre plus long-temps, on pourrait se tromper : car, d'un côté, une partie de l'huile s'évaporerait elle-même, et, de l'autre, quelques grains ranciraient ; ce qui altérerait la qualité du tout.

Pendant long-temps les Hollandais ont eu la fabrication exclusive des huiles de lin de toute l'Europe ; nulle part on ne pouvait en livrer au commerce au même prix qu'eux. Il a été reconnu que cela tenait à la perfection de leurs moulins, appelés *tordoirs*, qui tiraient de la même quantité de graines un tiers plus d'huile que les nôtres. Depuis quelques années, on a établi, dans le nord de la France, un grand nombre de moulins semblables à ceux des Hollandais ; mais il s'en faut beaucoup qu'il y en ait assez, sur-tout dans les départemens du milieu et du midi. *Voyez* au mot MOULIN A HUILE et HUILE.

La graine de lin est fréquemment employée en médecine, soit en décoction à l'intérieur, comme adoucissante et émolliente, soit en cataplasme à l'extérieur sous les mêmes indications.

L'huile de lin a les vertus des autres huiles, soit à l'intérieur, soit à l'extérieur, et, de plus, passe pour faire mourir les vers intestinaux.

Il est bon de porter le lin au rouissoir ou sur le pré aussitôt qu'on en a séparé la graine, parce que plus il est desséché et moins le rouissage s'opère rapidement. On trouvera, aux mots ROUIR, ROUISSAGE et ROUTOIRS l'exposé des principes sur lesquels repose cette opération, ainsi que l'indication de la pratique qu'il est le plus avantageux de suivre : j'y renvoie le lecteur.

Dans quelques cantons, on fait sécher le lin au sortir du routoir, au moyen de la chaleur du feu, soit dans des étuves, soit dans des fours. *Voyez* au mot HALLER.

Lorsque le lin est roui et séché, il ne s'agit plus que de séparer la filasse de la chenevotte ; pour cela, on se sert de différens instrumens.

Les plus simples sont encore ceux dont on a fait usage pour briser les capsules et faire tomber les graines, je veux dire un banc et un battoir. Un ouvrier donc prend une poignée de lin roui et séché, la pose sur le banc, la frappe avec son battoir sur sa moitié supérieure, la retourne pour la frapper également ment sur sa moitié inférieure ; ensuite, lorsque la chenevotte est convenablement brisée, il prend sa poignée des deux mains et la passe et repasse avec force sur l'angle du banc, pour faire tomber les fragmens de chenevottes qui adhèrent à la filasse, et enfin la secoue en ne la tenant que d'une main.

Un autre instrument fort simple, et d'un usage fort répandu en France, c'est la *broie*, ou *broye*, ou *mache*, ou *serançoir*, dont il y a plusieurs modifications. Dans quelques endroits, on fait passer le lin sous la meule d'une sorte de moulin qu'on appelle RIBE, presque semblable à celui qui sert à écraser les pommes à cidre, les graines huileuses (*voyez* HUILE), et qui brise ses tiges avec plus de rapidité et d'égalité. *Voyez* ce mot.

La *Planche II* représente l'atelier des espadeurs, dont le mur du fond est supposé abattu, pour laisser voir dans le lointain les premières préparations.

Fig. 1. *Routoir* où l'on a mis le lin. Plusieurs hommes sont occupés à le couvrir de planches et à charger ces planches de pierres, pour tenir le lin au fond de l'eau, et l'empêcher de surnager.

Fig. 2. Ouvrier qui passe le lin sur l'égrugeoir, pour en détacher les capsules.

Fig. 3. *Le haloir.* C'est une espèce de cabane où l'on fait sécher le lin, en le posant sur des bâtons, au-dessus d'un feu de chenevottes. Comme la blancheur du lin fait un de ses principaux mérites, on doit préférer le haloir à l'air libre.

Fig. 4. Une femme qui teille du lin, c'est-à-dire qui, en rompant le brin, sépare l'écorce du bois.

Fig. 5. Ouvrier qui rompt la chenevotte avec les deux mâchoires de la broie.

Fig. 6. Ouvrier qui espade, c'est-à-dire qui frappe avec l'espadon sur la poignée de lin qu'il tient dans l'entaille demi-circulaire de la planche verticale du chevalet.

Fig. 7. Ouvrier qui, pour faire tomber les chenevottes, secoue contre la planche du chevalet la poignée de lin qui a été espadée.

Fig. 8. Autre espadeur qui fait la même opération sur l'autre planche verticale du chevalet.

Fig. 9. *Bas de la planche.* L'égrugeoir dont se sert l'ouvrier de la fig. 2 ; l'extrémité de cet instrument, qui pose à terre, est chargée de pierres pour l'empêcher de se renverser.

Fig. 10. La broie toute montée : la mâchoire supérieure est retenue dans l'inférieure par une cheville qui traverse tous les tranchans.

Fig. 11. Chevalet simple.

Fig. 12. Chevalet double.

Fig. 13. Élévation et profil d'un espadon vu de face en **A**, et de côté en **B**.

On a, à différentes époques, proposé de séparer la filasse du lin sans le soumettre à l'opération, qui, quelque bien faite qu'elle soit, occasionne une perte de 25 pour 100, expose sa filasse à un affaiblissement au moins d'un cinquième; mais les expériences qui ont été faites dans ces derniers temps en Angleterre par Lée et Bondy; en France, par Christian, ainsi qu'en Allemagne et en Italie, n'ont point eu les résultats que les amis de la prospérité et des arts avaient espérés. J'en parle avec connaissance de cause, ayant été appelé à concourir à ces expériences comme commissaire du Gouvernement et des Sociétés savantes dont je suis membre. Je crois donc être autorisé à n'en pas parler.

Je garderai également le silence sur les essais tentés pour blanchir la filasse du lin avant sa conversion en fil, soit à l'aide des alcalis, soit à l'aide de l'alcool, parce qu'il a été constaté que ces opérations étaient trop coûteuses et sujettes à de trop graves inconvéniens.

Le commerce de lin en filasse et de la graine de lin est une source de richesses pour les parties septentrionales de la France. Quoique les terres du centre du midi y soient moins propres en général, si on l'y cultive peu, c'est uniquement par ignorance des moyens d'en tirer tout le parti possible. J'en ai vu dans beaucoup de lieux, principalement dans la ci-devant Bourgogne, qu'on semait dans des champs qui n'avaient reçu d'autres préparations que celles usitées pour le blé. Ce n'est, je le répète, qu'à force de labours, à force d'engrais, et dans des terres fraîches et légères, qu'on peut espérer des récoltes fructueuses. Le lin vient également bien dans les pays chauds et dans les pays froids, lorsqu'on le place dans les circonstances couvenables. On l'a de tout temps cultivé avec succès en Egypte, en Syrie et autres contrées du Levant, et aujourd'hui on le cultive également avec succès dans le voisinage du cercle polaire.

On est dans l'opinion, dans quelques endroits, qu'il est bon de semer deux ou trois années de suite le lin sur le même sol, pour profiter des bonnes façons qu'on a données à la terre, et des engrais dont on l'a surchargée; mais c'est une grave erreur. Comme plante fournissant une graine huileuse, le lin a besoin d'alterner, parce qu'il épuise beaucoup la terre. Virgile parle, dans ses Géorgiques, de la faculté épuisante du lin, et conseille de ne pas semer du froment dans les champs qui viennent d'en porter. Cinq à six ans ne sont pas de trop pour le faire reparaître dans un local qui en a porté. Le système d'assolement qui lui convient n'est pas encore rigoureusement fixé en France, et par conséquent varie beaucoup dans la pratique, parmi les cultivateurs qui en reconnaissent l'utilité comme ceux de la Flandre; mais il semble qu'on peut déduire de quelques observations, qu'il fait mieux sur une prairie artificielle défoncée, et qui vient de donner une récolte d'avoine ou de pomme de terre, que dans toute autre circonstance. Olivier de Serres est de cet avis, et son témoignage doit être de poids pour tous ceux qui savent l'apprécier.

Voici le système d'assolement qu'Arthur Young propose pour cette culture en Irlande.

Terres légères, 1°. turneps, 2°. lin, 3°. trèfle, 4°. froment ; ou, 1°. pommes de terre, 2°. lin, 3°. trèfle, 4°. froment.

Terres fortes, 1°. fèves, 2°. lin, 3°. trèfle, 4°. froment.

Cette rotation paraît pouvoir être appliquée à toute la partie septentrionale de la France.

Elle peut être également usitée dans les parties méridionales ; car en Italie, aux environs de Brescia, on pratique de temps immémorial l'assolement suivant : 1°. trèfle, 2°. lin, 3°. froment, 4°. maïs. On arrose toutes les fois qu'on en a la facilité. J'ai entendu dire à Brescia même que la culture de cette plante était une des richesses du pays.

En Zélande, où les terres sont fortes, et où l'on cultive et beaucoup de lin et beaucoup de garance, on met ordinairement le premier à la suite de la dernière, parce que la terre a été bien nettoyée des mauvaises herbes pendant les trois années que la garance est restée en terre, et qu'elle a été bien ameublie par le défoncement à la pioche que nécessite l'arrachis des racines de cette plante. Cet ordre d'assolement est parfaitement bon, mais il ne peut être employé que dans peu de localités, la culture de la garance étant fort circonscrite.

Les cultivateurs flamands laissent assez généralement leurs terres en jachère un an avant d'y semer du lin, et pendant ce temps ils n'y ménagent pas les labours. C'est un reste de l'ancienne routine.

Le lin se récolte d'assez bonne heure, même dans les pays du nord, pour qu'on puisse immédiatement après labourer le champ, et y semer des navets ou autres articles.

La pratique de semer du foin avec le lin est des plus vicieuses, et peut au plus être tolérée lorsqu'on ne veut que de la graine et qu'on le répand en conséquence très-clair. On est par ce moyen payé des frais d'ensemencement de ce foin et on tire un revenu d'une terre qui n'en aurait pas donné cette année.

Le LIN VIVACE, OU LIN DE SIBÉRIE, *Linum perenne*, Lin., a les racines vivaces et les tiges deux fois plus élevées que le lin commun, auquel il ressemble d'ailleurs complétement. Il est originaire de Sibérie et contrées voisines. On le cultive dans quelques jardins pour l'ornement. Son aspect semble indiquer qu'il doit être de beaucoup préférable au lin commun pour être cultivé sous les rapports de la filasse et de la graine ; cependant je ne sache pas qu'en France, malgré la quantité de graines qui a été distribuée par Thouin, il soit encore sorti des jardins. Selon Miller, il ne peut donner que trois récoltes, et sa filasse est plus grossière que celle du lin commun, ce qui explique le peu d'ardeur avec laquelle on s'est livré à sa culture. Je n'en crois pas moins qu'il serait bon de tenter de nouveaux essais, par exemple, de le mettre en rangées écartées de 2 ou 3 pieds, et de planter dans l'intervalle des légumes ou d'autres articles. Cette remarque est fondée sur l'observation de pieds isolés qui ont subsisté plus de trois ans, et qui ont constamment donné plus de tiges que ceux réunis en planches. J'ajouterai que j'en ai vu de très-beaux pieds dans des sables argileux d'une très-médiocre fertilité. On rapporte qu'il se cultive en Suède et en Allemagne avec avantage dans des terrains de cette nature, et que les procédés qu'on emploie dans ces pays ne diffèrent que très-peu de ce qu'on pratique dans le nôtre pour le lin commun.

M. Lullin de Châteauvieux a cultivé ce lin avec succès aux environs de Genève. Une observation importante, c'est qu'il est plus beau à l'ombre qu'au soleil, ce qui s'explique par un commencement d'étiolement : c'est le même effet que celui qui se produit sur le lin froid quand on le sème très-épais. La toile qu'il en a fait faire était plus fine que celle du chanvre et plus forte que celle du lin ordinaire. Il est venu plus haut que le lin froid et moins que le chanvre.

Le LIN CAMPANULÉ a les racines vivaces, les feuilles spatulées et les fleurs jaunes. Il est originaire des montagnes arides, des parties méridionales de la France. On le cultive dans quelques jardins, à raison de la grandeur et de la belle couleur de ses fleurs. Il s'élève rarement à un pied. Sa culture, ainsi que celle de la précédente espèce, ne consiste qu'en des binages et des sarclages, et à l'enlèvement des tiges aux approches de l'hiver. On ne les multiplie que de semences. (B.)

LIN DE LA NOUVELLE ZÉLANDE. Plante de la famille des liliacées, dont les feuilles, de la forme de celle des iris, contiennent des fibres d'une grande finesse, avec lesquelles on peut fabriquer des toiles, des cordes, etc. *Voyez* au mot PHORMION. (B.)

LINA. On appelle ainsi les CHAMPS cultivés en lin, dans le midi de la France. (B.)

LINAIRE, *Linaria*. Genre de plantes que Linnæus a réuni aux MUFLIERS, mais que Desfontaines croit pourvu de caractères suffisans pour être conservé. Il renferme une soixantaine d'espèces, dont plusieurs, extrêmement communes dans

les campagnes, doivent être connues des cultivateurs, quoiqu'elles leur soient peu utiles.

La Linaire cymbalaire, qui a des tiges nombreuses, rampantes; des feuilles alternes, pétiolées, en cœur et à cinq
lobes; des fleurs solitaires et axillaires, de couleur bleue avec
le palais jaune. Elle est vivace et croît à l'exposition du nord,
sur les vieux murs, les rochers et fleurit toute l'année. Elle
forme quelquefois de si agréables effets, qu'elle fait désirer la
voir placer exprès et avec intelligence dans les jardins paysagers, où elle croît souvent spontanément sans utilité.

La Linaire velvotte, *Antirrhinum elatine*, Lin., a les tiges
faibles, couchées, rameuses; les feuilles opposées, hastées,
velues, très-entières, les supérieures auriculées et alternes; les
fleurs jaunes avec le palais noirâtre, solitaires et axillaires.
Elle est annuelle, et croît dans les champs argileux avec une
telle abondance, qu'elle en couvre quelquefois le sol à la fin
de l'automne. Elle fleurit en août, et passe pour vulnéraire,
détersive et résolutive. On l'ordonne en infusion sous le nom
de *véronique femelle*.

La Linaire couchée a les tiges grêles; les feuilles sessiles,
linéaires, lancéolées, les inférieures verticillées; les fleurs
jaunes avec deux taches violettes sur leur palais, et disposées
en épi court. Elle est annuelle et se trouve dans les champs
sablonneux, sur-tout dans ceux des parties méridionales de
l'Europe. Elle s'élève à 4 à 5 pouces.

La Linaire des champs a les tiges droites, hautes d'un pied;
les feuilles étroites, linéaires, les inférieures quaternées; les
fleurs jaunâtres avec un éperon blanc, disposées en épi terminal. Elle est annuelle, se trouve fréquemment dans les blés,
et fleurit au milieu de l'été.

La Linaire commune, *Antirrhinum linaria*, Lin., a les tiges
droites, simples, hautes d'un pied pied et demi; les feuilles alternes, linéaires; les fleurs jaunes avec le palais plus foncé, et
disposées en épis terminaux. Elle est vivace, croît sur le bord
des fossés, dans tous les terrains incultes et gras, et fleurit
en été. C'est une fort jolie plante qu'on place avec avantage
dans les parterres et sur le bord des gazons, dans les jardins
paysagers. Son odeur est fétide et sa saveur légèrement salée
et amère. Elle passe pour résolutive et émolliente.

Les bestiaux ne mangent point les linaires, ainsi on ne peut
en tirer parti que pour faire de la litière. (B.)

LINAIGRETTE, *Eriophorum*. Plante vivace des lieux marécageux, qui forme dans la triandrie monogynie et dans la
famille des cypéroïdes un genre qui se rapproche infiniment
des scirpes, et qui se fait remarquer, lorsqu'elle est en fruit,
par les houppes de soie blanche qui pendent à son sommet.

Ses tiges sont cylindriques, hautes d'un pied, et pourvues de deux ou trois feuilles planes; ses fleurs sont disposées sur trois ou quatre épillets terminaux. Elle fleurit en mars. Ses houpes blanches sont dans tout leur éclat en juillet, et y restent jusqu'en septembre. Je ne la cite ici que parce qu'elle est extrêmement commune dans les lieux qui lui conviennent; que tous ceux qui la voient sont frappés de son élégance et de l'apparente utilité de ses houpes comme suppléant le coton. On doit la faire entrer dans la composition des jardins paysagers lorsque le local le permet. Les bestiaux en mangent les feuilles sans les rechercher. Les filamens de ses houpes sont trop cassans pour pouvoir être filés ou employés aux rembourremens.

Les autres espèces du même genre, au nombre de cinq à six, sont rares et moins remarquables. (B.)

LIONDENT, *Leontodon*. Genre de plantes qui faisait autrefois partie des PISSENLITS. Il n'en diffère que parce que les écailles du calice ne sont pas réfléchies, et que les aigrettes ne sont pas stipitées. *Voyez* au mot PISSENLIT.

Les trois espèces les plus communes des huit à dix qui composent ce genre sont :

Le LIONDENT HISPIDE, qui a les feuilles toutes radicales, étalées sur la terre, découpées, dentées, ondulées et couvertes de poils fourchus; la tige nue et ordinairement à une seule fleur. Il est vivace, se trouve abondamment dans les prés, les pâturages argileux, et fleurit au commencement de l'automne.

Le LIONDENT AUTOMNAL a les feuilles lancéolées, rongées, pinnées, presque glabres; ses tiges portent plusieurs fleurs. Il est vivace, croît abondamment dans les mêmes lieux que le précédent, et fleurit à la même époque.

Le LIONDENT SAXATILE a les feuilles lancéolées, sinuées, chargées de poils simples, et les tiges peu chargées de fleurs. Il se trouve dans les lieux incultes et pierreux, et fleurit en été.

Je parle de ces trois plantes, parce qu'elles sont si communes dans quelques endroits, qu'elles couvrent le terrain, nuisent beaucoup au pâturage des bestiaux, qui ne les mangent que malgré eux. Elles se distinguent facilement à leurs fleurs jaunes et à peine élevées de 5 à 6 pouces. Le seul moyen de s'en débarrasser est de labourer le sol et d'y semer des céréales ou autres plantes annuelles, d'y introduire sur-tout un système d'ASSOLEMENT régulier. (*Voyez* ce mot.) On en voit peu dans les cantons bien cultivés, dans ceux dont la terre est fertile. La suppression si désirée des communaux et autres pâturages vagues en ferait périr bien des milliards de pieds, car c'est là principalement qu'ils foisonnent. (B.)

LIQUIDAMBAR, *Liquidambar*. Genre de plantes de la monoécie polyandrie et de la famille des amentacées, qui renferme deux arbres que l'on peut cultiver en pleine terre dans le climat de Paris, et qui donnent des produits utiles à la médecine.

Le premier, le LIQUIDAMBAR D'AMÉRIQUE, est un très-bel arbre qui s'élève à plus de 40 pieds, et croît dans les lieux inondés de presque toute l'Amérique. Ses feuilles sont alternes, pétiolées, luisantes, à cinq lobes écartés et finement dentés ; ses fleurs sont disposées en grappes terminales, les mâles au-dessus des femelles. Il fleurit au printemps avant le développement des feuilles. Toutes ses parties froissées ou brûlées exhalent une odeur agréable. Il découle naturellement des plaies faites à son écorce une résine qui a la même odeur et qu'on appelle *baume de Copalme*.

J'ai observé en Amérique d'immenses quantités de liquidambars, et je puis dire que si c'est un bel arbre d'ornement, c'est un arbre bien peu utile ; car par-tout, quoiqu'il soit l'indice d'une bonne terre, j'ai entendu les propriétaires se plaindre de son abondance. En effet, son bois n'est pas bon à brûler, parce qu'il ne donne pas de flamme, et il est trop tendre pour être employé à des ouvrages exposés aux injures de l'air, trop cassant pour fournir de la charpente, trop susceptible de retraite pour servir à la menuiserie : aussi le laisse-t-on presque toujours pourrir sur place, seulement quelques nègres en font des baquets ou des planches à leur usage.

Dans l'Amérique méridionale, on ramasse la résine du liquidambar pour l'usage de la médecine; mais en Caroline, il n'en fournit pas assez pour payer les frais de la récolte : là on se contente de faire bouillir ses jeunes rameaux dans de grandes chaudières pleines d'eau, et de prendre la liqueur huileuse qui surnage par suite de cette opération. Elle possède à un moindre degré les mêmes vertus que le baume.

En Europe, on multiplie le liquidambar d'Amérique par ses graines tirées de ce pays, graines qu'on sème dans des terrines remplies de terre de bruyère, et qu'on place, au printemps, sur couche et sous châssis. On arrose largement ces terrines. Le plant ne tarde pas à lever, et au printemps suivant on le repique dans une plate-bande de terre de bruyère, à l'exposition du nord et à la distance de 8 à 10 pouces. Deux ans après, on le transplante encore en l'espaçant à 2 pieds. Ces plants demandent des arrosemens fréquens en été, et d'être garantis des fortes gelées par de la fougère ou de la litière. Il faut les mettre en place définitive dans un sol chaud et humide à cinq à six ans au plus tard. C'est sans doute à la difficulté de rencontrer des terrains de cette sorte aux environs de Paris qu'il faut attribuer la rareté des liquidambars qui s'y trouvent, malgré la grande quantité de bonnes graines que Michaux a envoyées à différentes époques, dont plus d'un million ont levé dans les pépinières de Versailles pendant que j'étais à leur tête.

Je dois prévenir les cultivateurs que les graines de cet arbre sont allongées, très-plates et fort brunes, et qu'elles se trouvent entourées dans leur capsule de grains fauves et irréguliers qu'on est tenté de prendre pour elles.

On multiplie aussi cet arbre par marcottes ; elles prennent racine la première année, ou tout au plus tard la seconde, et peuvent être levées et mises en pépinière à 2 pieds de distance au printemps suivant.

Le LIQUIDAMBAR D'ORIENT diffère du précédent par ses feuilles plus courtes et plus sinuées, ainsi que par ses fruits plus petits. Il est originaire du Levant. On croit que c'est lui qui fournit le *styrax* ou *storax calamite* des boutiques, un des plus exquis parfums. On le cultive dans quelques jardins, où on le multiplie de marcottes. Les gelées l'affectent moins que le précédent.

Le LIQUIDAMBAR A FEUILLES DE CÉTÉRACH forme aujourd'hui le genre COMPTONIE. *Voyez* ce mot. (B.)

LIS, *Lilium*. Genre de plantes de l'hexandrie monogynie, et de la famille des liliacées, qui se fait remarquer par la beauté des fleurs de presque toutes les espèces qui le composent, et par l'excellente odeur d'une d'entre elles. Comme ces espèces sont très-recherchées, leur culture demande à être indiquée avec quelques détails.

Le LIS BLANC ou *lis commun* a une bulbe jaune, écailleuse, de la grosseur du poing ; une tige simple, haute de 3 ou 4 pieds ; des feuilles alternes, sessiles, oblongues, lisses ; des fleurs grandes, blanches, et disposées en grappe terminale peu garnie. Il est originaire du Levant, et se cultive en Europe depuis le quinzième siècle. C'est un des plus beaux ornemens de nos jardins, tant par sa taille et par son port, que par la grandeur, l'éclatante blancheur et l'odeur suave de ses fleurs. Il brille sur-tout dans les grands parterres, entouré des richesses d'une savante architecture. Il produit des effets imposans dans les jardins paysagers ; mais par-tout il faut le ménager si on ne veut pas affaiblir les jouissances qu'il procure, parce que son aspect est monotone et qu'il finit par fatiguer. Sous ce rapport seul il le cède à la rose, à laquelle on l'oppose si souvent en poésie ; car on peut multiplier cette dernière outre mesure sans que jamais l'œil s'en plaigne.

Il faut au lis blanc une terre légère et en même temps substantielle. Les sols argileux et trop humides, comme ceux qui sont sablonneux et secs, lui sont contraires. Les expositions qui lui conviennent sont celles du levant et du midi. Les gelées ne lui nuisent pas. Il fleurit en été.

On peut multiplier le lis de graines qu'on sème sur couche ou en pleine terre aussitôt après qu'elles sont mûres; mais on emploie très-rarement ce moyen ; on préfère, et avec raison, celui des caïeux qui se forment tous les ans autour de l'oignon, et qu'on enlève pour les planter séparément. En général, il est bon de lever les oignons de lis tous les trois ou quatre ans au plus tard pour les changer de place, car ils épuisent beaucoup la terre, et c'est alors qu'on sépare les caïeux; souvent dans ce cas, on trouve l'oignon principal pourri. Ordinairement les caïeux fleurissent la seconde année après leur transplantation. Quelques personnes ne veulent qu'une seule tige à leurs lis, ce qui rend cette opération encore plus nécessaire ; car les caïeux, quoique non séparés, en poussent souvent à trois ans. C'est à la fin de l'été, lorsque la tige du lis est fanée, qu'il faut faire cette opération. Plus tard on nuirait à sa végétation, qui recommence en automne et s'accélère dès la fin de l'hiver. On enfonce les oignons ou les caïeux de 6 pouces en terre, parce qu'ils ont une tendance à remonter.

On connaît trois variétés du lis blanc; celle dont les fleurs sont doubles, celle dont les fleurs sont rayées ou panachées de pourpre, celle à feuilles bordées de jaune. La première s'ouvre rarement d'une manière complète, et est bien moins agréable par conséquent que l'espèce simple. Les autres sont plus recherchées, mais elles sont rares. On les multiplie comme l'espèce simple.

Un insecte, le criocère du lis, et encore plus sa larve, dévorent les feuilles du lis blanc, et, dans certains jardins, certaines années, ils empêchent tous les pieds de fleurir. J'ai indiqué au mot CRIOCÈRE les moyens de le détruire, j'y renvoie le lecteur.

Les lis mis en place ne demandent que les soins ordinaires à tout jardin, c'est-à-dire un labour d'hiver, deux ou trois sarclages ou binages d'été.

Les fleurs du lis, malgré leur suave odeur, sont dangereuses dans un lieu fermé, parce qu'elles vicient l'air très-promptement : on ne doit jamais sur-tout les laisser dans une chambre à coucher pendant la nuit ; on en prépare une huile odoriférante qu'on dit anodine ; on en tire une eau distillée, regardée comme cosmétique; son oignon, qui est mucilagineux à un haut degré, s'emploie fréquemment comme émollient et suppuratif à l'extérieur, et comme diurétique à l'intérieur.

Le LIS BULBIFÈRE ou *lis rouge*, a la tige droite, légèrement rameuse, haute de 3 ou 4 pieds; les feuilles presque linéaires, et portant souvent de petites bulbes dans leur aisselle ; les fleurs droites, grandes, d'un rouge obscur et parsemées de points noirs ; il croît dans les parties méridionales de l'Europe, fleurit en juin, et se cultive dans les jardins, à raison seulement de la beauté de ses fleurs, car elles sont sans odeur : il aime l'ombre, et se place en conséquence avec plus d'avantage que le précédent dans les jardins paysagers. On le multiplie comme lui, et de plus au moyen des bulbes que portent ses feuilles ; ces bulbes s'enlèvent lorsque la tige commence à se dessécher, c'est-à-dire à la fin de l'été, et se mettent tout de suite en terre à 5 à 6 pouces l'une de l'autre ; on les laisse deux ans dans le même lieu, après quoi on les transplante autre part à une plus grande distance ; ce n'est guère qu'à la quatrième ou cinquième année qu'ils commencent à donner des fleurs ; ils ne poussent pas pendant l'hiver.

Cette espèce fournit deux variétés, qui sont peut-être deux espèces. La première est le *lis oranger*, qui est plus grand et ne porte pas de bulbes ; l'autre n'a qu'une fleur au sommet de la tige.

Le Lis de Philadelphie a les bulbes écailleuses, blanches et très-petites ; sa tige est haute d'un à 2 pieds ; ses feuilles sont lancéolées et verticillées ; ses fleurs sont droites, onguiculées, d'un rouge vif, tachées dans le fond, et au nombre de deux seulement ; il est originaire de l'Amérique septentrionale ; on le cultive dans nos jardins, mais il y est rare parce que sa multiplication n'est pas facile, et que d'ailleurs il n'y produit pas un grand effet : il fleurit au milieu de l'été.

Le Lis du Kamtchatka a la tige haute d'un pied ; les feuilles lancéolées, striées, verticillées ; la fleur rouge, terminale, sans onglets et striée : on le trouve dans le nord-est de l'Asie. Sa bulbe, sous le nom de *serenna*, sert de nourriture aux habitans du Kamtchatka ; elle a un petit goût aigre fort agréable et est fort nourrissante : on la mange cuite sous la cendre, ou avec des viandes et des poissons. C'est une ressource précieuse pour les malheureux habitans de ces contrées, où on ne peut établir de culture à cause de la longueur des hivers et du peu de chaleur des étés ; mais il ne faudrait pas penser à le multiplier en Europe dans le même but : car à peine peut-on renouveler les pieds qui y ont été apportés il y a une vingtaine d'années, ses bulbes fournissant fort rarement des caïeux.

Le Lis superbe, ou le *grand martagon jaune*, a une tige de 4 à 5 pieds ; des feuilles lancéolées, presque linéaires, verticillées dans le bas et alternes dans le haut ; des fleurs grandes, pendantes, disposées en panicule terminale, jaunâtres, et ponctuées de noir dans le fond, d'un rouge orangé à leurs pointes, qui sont recourbées en dehors ; il croît dans l'Amérique septentrionale, et fleurit au milieu de l'été : c'est une magnifique espèce, mais ses fleurs ont une odeur désagréable ; ses panicules en portent quelquefois jusqu'à cinquante, qui s'épanouissent successivement et durent assez long-temps.

Le Lis du Canada, vulgairement *martagon du Canada*, a les bulbes allongées ; les tiges hautes de 3 ou 4 pieds ; les feuilles oblongues et verticillées ; les fleurs disposées en panicule terminale, grandes, jaunes, tachées de noir et recourbées en dehors à leurs pointes : il est originaire du même pays que le précédent, et, quoique moins beau, est extrêmement propre à orner les jardins.

Le Lis de Pompone, ou le *turban*. Il s'élève d'un à 2 pieds ; ses feuilles sont linéaires, éparses et très - nombreuses dans le bas ; ses fleurs sont pendantes, disposées en panicule terminale, de couleur rouge très-vive ; leurs divisions sont recourbées en dehors. Il est originaire des parties méridionales de l'Europe, et fleurit au milieu de l'été. Il offre une variété (qui fait probablement espèce) dont les fleurs sont jaunâtres, tachées de poupre dans l'intérieur.

Le Lis de la Chine, *lilium tigrinum*, a les fleurs rouges, très-grosses, peu nombreuses, à divisions recourbées, tachées de brun, les feuilles lancéolées, les tiges hautes de 2 pieds, couvertes de longs poils blancs. Il nous a été dernièrement apporté de la Chine. On le multiplie avec la plus grande facilité par ses caïeux et par les bulbes qui naissent aux aisselles de ses feuilles. C'est une précieuse acquisition pour nos jardins. Les gelées ne lui nuisent en rien.

Le Lis de Calcédoine, ou *martagon écarlate*, se rapproche beaucoup du précédent ; sa tige est haute de 2 ou 3 pieds ; ses feuilles sont lancéolées, éparses, bordées de blanc ; ses fleurs disposées en panicule terminale, d'un rouge très-éclatant. Leurs divisions sont recourbées en dehors. Il est originaire du Levant.

Le Lis martagon, ou *martagon commun*, a les tiges de 2 ou 3 pieds de haut ; les feuilles ovales, lancéolées, verticillées ; les fleurs paniculées, pendantes, d'un rouge safrané, avec des points noirs ; leurs divisions sont recourbées en dehors : il se trouve sur les hautes montagnes de l'intérieur de la France, et fleurit au milieu de l'été.

Ces cinq dernières espèces sont d'une élégance et d'un éclat qui les rend l'ornement des jardins : elles font sur-tout prodigieusement d'effet dans les jardins paysagers, lorsqu'elles y sont placées avec intelligence. Une terre très-légère (celle de bruyère principalement) leur est indispensable ; il leur faut de l'ombre et de la fraîcheur en été : celle du pays est une des plus rebelles à la culture. Leurs racines peuvent être conservées deux mois hors de terre sans inconvénient ; mais jamais on ne doit les relever lorsqu'elles commencent à pousser ; car, dans ce cas, on les fait certainement périr. Quelques-unes d'elles, et principalement la première, outre les moyens indiqués pour le lis blanc, peuvent se multiplier par la séparation des écailles de leurs bulbes, écailles que l'on met en terre dans les plates-bandes de terre de bruyère à l'ombre, et qu'on arrose légèrement de temps en temps. Plusieurs de ces écailles pourrissent ; mais le plus grand nombre prend racine et forme de nouveaux bulbes. Leurs boutures faites sur couche et sous châssis réussissent presque toujours. (B.)

LIS ASPHODÈLE. *Voyez* Asphodèle.

LIS D'ÉTANG. *Voyez* Nénuphar blanc.

LIS JAUNE. *Voyez* Hémérocalle.

LIS ORANGER. *Voyez* Hémérocalle.

LIS DE SAINT-BRUNO. C'est la phalangère.

LIS DE SAINT-JACQUES. C'est l'amaryllis a fleurs en croix.

LIS DES VALLÉES. C'est le muguet.

LISERON, *Convolvulus.* Genre de plantes de la pentandrie monogynie et de la famille des convolvulacées, qui renferme plus de cent espèces, dont quelques-unes ont des fleurs très-agréables, d'autres des racines très-utiles comme article de nourriture, ou comme médicament, et qui par conséquent doit être l'objet d'un article de quelque étendue.

Tous les liserons ont les feuilles alternes et les fleurs axillaires ; mais les uns ont la tige droite, les autres la tige grimpante, et parmi les uns et les autres il en est de frutescens et d'herbacés. Les espèces les plus importantes à connaître pour les cultivateurs sont :

Le Liseron des haies, tiges grimpantes ; feuilles sagittées, à lobes postérieurs tronqués ; fleurs solitaires, grandes, blanches, portées sur des pédoncules axillaires et quadrangulaires. Il est annuel, s'élève à 10 ou 12 pieds, fleurit pendant tout l'été, et croît abondamment dans les bois, les haies, les buissons, aux lieux gras et frais. C'est une très-belle plante dont on ne doit pas manquer de placer quelques pieds dans les jardins paysagers. Les chevaux l'aiment beaucoup ; mais les vaches n'y touchent point. Ses feuilles sont purgatives, vulnéraires et détersives.

Le Liseron des champs, tiges grimpantes ou rampantes ; feuilles sagittées, à lobes pointus, fleurs médiocres, ou roses, ou blanches, ou panachées, solitaires sur des pédoncules axillaires et cylindriques. Il est vivace, et croît dans les champs, les jardins, le long des chemins, même dans les sables arides. C'est une plante des plus agréables par le nombre et la couleur de ses fleurs. C'est dommage qu'elles ne durent que quelques heures épanouies, encore seulement quand le soleil brille. Tous les bestiaux la mangent; les bœufs et les chevaux surtout l'aiment beaucoup. C'est un très-bon vulnéraire.

Mais si le liseron des champs embellit les lieux où il se trouve, et s'il est utile sous quelques rapports, il nuit beaucoup aux cultivateurs dans les lieux où il est abondant, en s'entortillant autour des blés et autres plantes cultivées, et en étouffant les semis tardifs. Il fait le désespoir des jardiniers, qui ne savent comment le détruire dans leurs plates-bandes et leurs allées. Ses racines sont si profondément enterrées, qu'on ne peut en trouver le bout, et elles sont si vivaces, que chaque morceau qu'on en coupe en labourant suffit pour donner naissance à un nouveau pied. On a proposé de le faire périr en épuisant ses racines par le retranchement des tiges; cependant l'aspect de certains jardins, dans les allées desquels on ne souffre pas que ces dernières se montrent, et où cependant il est très-multiplié, prouve que ce remède est insuffisant. Je n'en connais point dans ce cas; mais il est facile de s'en débarrasser, dans la grande culture, par la substitution d'un système d'assolement régulier. (*Voyez* Assolement.) Les prairies artificielles, sur-tout la luzerne qui pousse bien avant le liseron, l'étouffent.

Le Liseron tricolor, tiges couchées, velues, d'un à deux pieds de haut; feuilles sessiles, lancéolées, glabres; fleurs grandes, d'un beau bleu sur le bord, blanches au milieu et jaunes au centre, solitaires dans les aisselles des feuilles supérieures. Il est annuel et propre aux parties méridionales de l'Europe. On le cultive fréquemment dans les parterres, sous le nom de belle de jour, et il le mérite par l'éclat de ses fleurs, quoique, comme celles des précédens, elles aient le grave inconvénient de ne durer que quelques heures, et de ne pas s'épanouir lorsque le ciel est couvert de nuages. On le multiplie de graines qu'on sème sur place, les unes en automne, pour avoir des fleurs hâtives, et les autres au printemps, pour en avoir de tardives. Il aime un terrain gras et une exposition chaude, mais du reste s'accommode de ce qu'on lui donne. On en fait des touffes ou des bordures, qui subsistent au moins deux mois dans leur beauté.

Le Liseron soldanelle, tiges rampantes; feuilles réniformes, glabres, un peu épaisses; fleurs grandes, pourpres, axillaires et solitaires. Il est vivace, et croît dans les sables des bords de la mer. On le connaît sur nos côtes sous le nom de *chou marin*. Lorsqu'on le blesse, il laisse fluer un suc laiteux, âcre et amer. Ses feuilles sont un purgatif très-violent qu'on emploie dans les cas extrêmes. C'est une assez belle plante, mais qui ne subsiste pas long-temps dans nos jardins.

Le **Liseron argenté**, *Convolvulus cneorum*, Lin., tige frutescente, droite, très-rameuse, haute de 2 pieds; feuilles presque linéaires, soyeuses, blanches; fleurs blanches, disposées en corymbe terminal. Il croît naturellement sur les rochers les plus arides de l'Espagne, où je l'ai observé; est toujours vert, et fleurit pendant une partie de l'été. Les gelées du climat de Paris permettent difficilement de l'y cultiver en pleine terre; cependant, placé dans une bonne exposition, il peut y passer les hivers qui ne sont pas trop rigoureux. C'est dommage, car ses feuilles font un très-bel effet, et contrastent avantageusement avec celles de la plupart des autres arbustes.

Le **Liseron bleu**, *Convolvulus nil*, tige voluble, très-longue; feuilles cordiformes, trilobées; fleurs grandes, bleues ou violettes, solitaires et axillaires. Il est annuel et originaire d'Amérique. On le cultive dans beaucoup de jardins pour la beauté de ses fleurs. Il demande une terre fertile et une exposition chaude. Les effets qu'il produit sur les buissons des jardins paysagers, lorsqu'on sait l'y placer à propos, sont très-agréables. Il orne également les tonnelles et les berceaux sur lesquels on le fait monter. Il fleurit depuis le milieu de l'été jusqu'aux gelées. On le multiplie en semant au printemps ses graines en place, lorsqu'il n'y a plus de gelées à craindre, ou, mieux, en les semant dans des pots sur couche et sous châssis, pour mettre la potée entière en place. Je dis la potée entière, parce que, lorsqu'on met ses racines au jour, il reprend difficilement, et ne pousse jamais avec vigueur.

Le **Liseron patate**, tige voluble, traînante; feuilles cordiformes, hastées; fleurs petites, bleuâtres, géminées ou ternées, sur des pétioles axillaires; racine tubéreuse. La culture de cette précieuse plante, dont la racine sert de nourriture à tous les peuples situés entre les tropiques pendant la moitié de l'année, sera convenablement traitée au mot **Patate**.

Le **Liseron scamonée**. Racine épaisse, laiteuse, tige voluble, un peu velue; feuilles hastées; fleurs grandes, d'un bleu foncé, et géminées dans les aisselles des feuilles. Il est vivace, et croît dans le Levant. C'est de sa racine qu'on tire, par incision, la résine purgative qu'on appelle *scamonée d'Alep* ou *véritable scamonée des boutiques*. Il passe l'hiver en pleine terre dans le climat de Paris, et a assez de beauté pour y être cultivé; cependant on ne le voit pas dans nos jardins. Un ami de l'agriculture doit faire des vœux pour qu'on le transporte dans ceux des parties méridionales de la France, où il pourrait donner sa résine au commerce, et par conséquent empêcher la sortie de l'argent qu'on envoie en Turquie pour l'acheter.

Le **Liseron turbith**, racines grosses, laiteuses; tiges volubles, à quatre ailes; feuilles en cœur, anguleuses, dentées;

fleurs grandes, blanches ou incarnates, et réunies en bouquets sur des pédoncules axillaires. Il est vivace ; et croît dans l'île de Ceylan. C'est sa racine desséchée qu'on emploie en médecine comme purgatif drastique, sous le nom de *turbith* ou *turpetum*. Il demanderait la serre chaude dans le climat de Paris.

Le Liseron-jalap, racine très-grosse et laiteuse ; tige voluble; feuilles en cœur, obtuses, ridées, velues; fleurs d'un blanc jaunâtre, grandes, solitaires dans les aisselles des feuilles. Il croît naturellement dans le Mexique et contrées voisines. J'en ai cultivé des pieds en Caroline, dont les racines avaient 15 à 18 pouces de diamètre. Les pieds qui se voient dans les serres du Muséum d'histoire naturelle proviennent de graines que j'ai rapportées d'Amérique. Ses racines desséchées sont le véritable jalap des boutiques, avec lequel on purge si fréquemment dans les maladies qui exigent qu'on donne de fortes secousses au corps. Je ne doute pas qu'on puisse cultiver cette plante avec profit dans les parties méridionales de la France.

Le Liseron a bouquet croît à Saint-Domingue. C'est un arbuste dont le bois est odorant, et se vend dans le commerce sous le nom de *bois de Rhodes*.

Quelques botanistes ont réuni les Quamoclits aux liserons. *Voyez* ce mot. (B.)

LISETTE. On donne ce nom aux larves des Attelabes, des Gribouris et autres insectes qui dévorent les bourgeons des arbres fruitiers. *Voyez* ces deux mots. (B.)

LISETTE. Ce sont les attelabes vert et cramoisi.

LISIER. *Voyez* Lizée.

LISIÈRE. C'est le bord des bois et des champs. Les arbres de lisières sont ceux qui croissent au bord d'un bois. Ils fournissent le meilleur bois et des graines en abondance.

LISIMACHIE, *Lysimachia*. Genre de plantes de la pentandrie monogynie, et de la famille des primulacées, qui renferme une quinzaine de plantes, dont deux ou trois sont très-communes et d'usage en médecine, ou dans le cas d'être cultivées dans les jardins pour l'ornement.

Ces espèces sont :

La Lisimachie vulgaire, dont les tiges sont droites; les feuilles opposées ou ternées, presque sessiles, velues, les fleurs jaunes, de 6 à 8 lignes de diamètre, et disposées en corymbe terminal. Elle est vivace, croît dans les bois humides, les marais, sur le bord des ruisseaux, s'élève à 2 ou 3 pieds, et fleurit au milieu de l'été. C'est une très-belle plante, qu'on ne doit pas négliger de placer dans les jardins paysagers lorsque la nature de leur terrain le comporte. Elle jouit de l'avantage de venir fort bien à l'ombre, et de tracer au point qu'un seul pied suffit pour peupler un grand espace. On la regarde comme astringente et vulnéraire. Sa réputation était plus grande autrefois qu'aujourd'hui? Ses noms vulgaires sont *chasse-bosse* et *perce-bosse*. Les bestiaux la mangent rarement, et il est des lieux où elle est excessivement abondante. Il ne faut pas la souffrir dans les prairies, auxquelles elle nuit beaucoup. On peut en faire de la litière ou en chauffer le four.

La LISIMACHIE A FEUILLES DE SAULE, *Lysimachia ephemerum*, Lin., a les tiges droites; les feuilles sessiles, opposées, lancéolées, glabres et glauques; les fleurs blanches, disposées en grappes ramassées au sommet des tiges. Elle est vivace, originaire d'Espagne, s'élève à un ou 2 pieds, et fleurit en été. On la cultive fréquemment dans les jardins, où elle se fait remarquer par son élégance et l'abondance de ses fleurs. Elle aime une terre chaude, légère et cependant substantielle. Elle se multiplie de graines qu'on sème au printemps dans une plate-bande bien préparée, et qu'on repique en place l'année suivante. On la multiplie aussi par le déchirement des vieux pieds. Ses racines tracent un peu moins que celles de la précédente, mais n'en déplaisent pas moins quelquefois dans les parterres bien peignés aux jardiniers paresseux.

Elle produit de très-bons effets dans les jardins paysagers, où l'on peut l'abandonner à elle-même sans inconvénient.

La LISIMACHIE NOMMULAIRE a la tige rampante; les feuilles opposées, légèrement pétiolées, rondes et glabres; les fleurs jaunes, solitaires et axillaires. Elle est vivace, croît dans les bois humides, les prés marécageux, le long des haies, fleurit pendant tout l'été et est excessivement commune. On la connaît vulgairement sous les noms de *monoyère* ou *herbe aux écus*, et on l'emploie en médecine comme astringente, détersive et vulnéraire. Les bestiaux la mangent tous. Quoique rampante, elle se fait remarquer par ses fleurs, et on doit d'autant plus l'introduire dans les jardins paysagers qui sont plus susceptibles de la recevoir, qu'elle vient parfaitement à l'ombre, et peut couvrir par conséquent le sol des massifs, souvent si désagréable à la vue par sa nudité.

Il en est de même de la LISIMACHIE DES BOIS, *Lysimachia nemorum*, beaucoup plus élégante lorsqu'elle est en fleur, mais qui lui ressemble beaucoup par ses feuilles et sa manière de croître. (B.)

LIT. En agriculture, ce mot signifie une épaisseur quelconque. On dit un lit de fumier, un lit d'argile, etc.

LITCHI, *Euphoria*. Arbre de la famille des SAVONNIERS, qui croît en abondance à la Chine et à la Cochinchine, et qu'on y cultive, ainsi que dans toute l'Inde, pour l'excellence de son fruit, qui passe pour un des meilleurs de ces contrées.

Il y a deux principales espèces de litchi; savoir, le LITCHI PONCEAU et le LITCHI LONGANIER. Le premier s'élève à 15 ou 18 pieds; le second parvient à une plus grande hauteur. Dans l'une et l'autre espèce, les feuilles sont alternes, ailées sans impaire, et les fleurs petites et disposées en panicules lâches aux aisselles des feuilles et à l'extrémité des rameaux. Chaque fleur a un calice monophylle découpé en cinq parties, une corolle à cinq pétales, huit étamines et un seul pistil. Le fruit est une baie sphérique ne contenant qu'une semence.

Le litchi ponceau a été ainsi nommé, parce que ses fruits ont cette couleur; ils sont gros comme une pomme, et contiennent une pulpe dont le goût peut être comparé à celui du meilleur raisin muscat. On les sèche au four pour les conserver et les exporter.

Dans le litchi longanier, les fruits sont plus petits et moins délicats que ceux du précédent; ce sont des baies rondes et jaunâtres qui ont un goût vineux. Leur semence ou noyau présente une tache d'un beau noir, ce qui a fait donner à cette espèce le nom vulgaire d'*œil de dragon*.

M. Labillardière a fait connaître une troisième espèce de litchi, qu'il nomme *ramboutan aké*, qu'on cultive dans les îles Moluques, et dont le fruit est aussi agréable que celui du litchi ponceau; son amande a un goût de noisette, et donne par expression une huile qui égale en bonté l'huile d'olive.

L'illustre Poivre a enrichi l'Ile de France du litchi ponceau, qui de là a été transporté à la Jamaïque et à Cayenne, où M. Martin le cultive avec succès depuis quelques années. On le multiplie de graines ou de marcottes. Comme sa croissance est rapide, la voie des marcottes est préférable, parce qu'on peut le transplanter au bout de trois à quatre mois, et que les arbres qui en sont provenus fructifient à l'âge de trois ou quatre ans, tandis qu'il en faut huit et neuf aux litchis venus de graines pour produire du fruit. (D.)

LITHARGE. Oxide de plomb contenant plus d'oxygène que de blanc de plomb et moins que le minium.

On emploie souvent la litharge dans la médecine vétérinaire pour composer les onguens et les emplâtres; dans les arts, comme facilitant la dessiccation de la peinture à l'huile. C'est un poison très-dangereux à l'intérieur, aussi la loi punit-elle de mort ceux qui en mettent dans les vins et dans les cidres pour les rendre plus agréables au goût. *Voyez* au mot PLOMB. (B.)

LITIÈRE. Paille qu'on étend dans les écuries sous les animaux domestiques, pour qu'ils puissent se coucher plus mollement, plus proprement, et pour qu'après avoir reçu leurs excrémens, leurs urines, et même la matière de leur transpiration, on puisse en composer les FUMIERS. *Voyez* ce mot.

Non-seulement on emploie la paille pour litière, mais encore des rameaux d'arbres, des feuilles sèches, de grandes plantes impropres à la nourriture des bestiaux, des fourrages altérés, la bruyère et autres plantes ligneuses analogues, des herbes de marais, etc. On pourrait aussi la faire avec de la terre, du sable, etc.

Il semble que l'établissement d'une litière est une chose facile et que les principes de sa formation devraient être généralement connus; cependant rarement on la sait bien disposer dans les campagnes et on varie dans chaque localité sur la manière de la faire.

Presque par-tout on ne réserve que la quantité de paille justement nécessaire à la nourriture des animaux et à la formation de la litière, sans considérer que la vente du surplus de cette paille, loin d'être un gain, est une véritable perte, puisque la masse des récoltes est toujours proportionnelle, année commune, à celle des engrais. C'est donc plutôt avec excès qu'avec économie qu'on doit faire la litière dans une exploitation rurale bien conduite.

L'abondance de la litière est encore commandée par le bien-être des animaux, qui sont plus mollement et plus sèchement couchés sur une couche épaisse de paille que sur une couche mince, et par l'immense utilité des fumiers dont on ne peut jamais avoir assez.

Comme ce sont les excrémens des animaux qui font la bonté des fumiers, on doit disposer la litière de manière à ce qu'il s'en perde le moins possible; ainsi on en mettra davantage sous leurs pieds de derrière que sous leurs pieds de devant, et on n'en mettra point du tout sous le râtelier et dans les passages. Cette disposition est de plus commandée par la manière de se coucher des animaux, qui, dans ce cas, s'appuient beaucoup plus sur leurs parties postérieures.

Cette observation ne s'applique pas cependant aux moutons et aux cochons, puisqu'ils restent libres dans les bergeries ou sous les toits, et qu'ils se couchent où ils veulent. Pour eux, il faut couvrir entièrement le sol de litière.

Pour *faire de la litière neuve* (c'est le mot), on disperse d'abord la paille également dans toute la partie qui en doit être couverte, au moyen d'une fourche qui la prend dans le tas qu'on a apporté; ensuite on fortifie le bord extérieur par une seconde dispersion. Il ne doit pas y en avoir moins de 6 pouces d'épaisseur dans ce bord, qu'on relève, pour la propreté, au moyen du manche de la fourche. C'est dans les écuries des chevaux de luxe de Paris qu'il faut entrer pour apprendre à bien faire la litière. Sans doute on ne doit pas exiger la même perfection dans les écuries et les étables de campagne; mais on peut, sans un plus grand emploi de temps, en approcher suffisamment. C'est cette approximation vers laquelle je voudrais que les cultivateurs tendissent davantage.

Il est des lieux où on enlève tous les jours la partie de la litière qui est salie par les excrémens et mouillée par les urines des animaux. Cette pratique est très-louable pour la santé des animaux, mais elle a quelques inconvéniens pour la bonté des fumiers. Il en est d'autres où au contraire on la laisse, sans en mettre de nouvelle, jusqu'à ce qu'elle soit presque complétement pourrie. Enfin il en est d'autres où l'on en remet tous les jours, tous les deux ou trois jours, toutes les semaines, et où on ne l'ôte que tous les mois, tous les six mois, même tous les ans.

Aux articles FUMIER, ETABLE, ECURIE, BERGERIE, CHEVAL, BOEUF, VACHE, MOUTON, BREBIS, COCHON, POULE, PIGEON, etc., il a été prouvé par des raisonnemens et par des faits que ces deux derniers modes de conduite étaient aussi nuisibles à la propreté qu'à la santé des animaux, et que, loin de faire gagner quelque chose sous les rapports de l'engrais, ils occasionnaient la perte de beaucoup plus de matières excrémentitielles. Je ne répéterai pas ce qui se trouve dans ces articles; mais je conjurerai de nouveau les cultivateurs de faire attention aux principes qui y sont établis et d'en adopter les résultats dans leur pratique. C'est leur intérêt, rien que leur intérêt que j'ai en vue.

Cependant, diront certaines personnes attachées aux usages, c'est ainsi qu'a toujours fait mon père, c'est ainsi que je fais depuis trente ans, et mes chevaux, mes vaches, mes brebis ne sont pas toutes mortes. Non, elles ne sont pas toutes mortes; mais n'en est-il pas plus mort que si vous aviez pris les précautions requises? mais sont-elles aussi fortes qu'elles l'eussent été? mais leurs petits ont-ils été aussi bien constitués? mais leur lait n'a-t-il jamais été altéré? Parce qu'un homme qui est tombé dans une rivière ne s'est pas noyé, faut-il ne pas craindre d'y tomber?

En m'élevant contre l'habitude de laisser la litière s'accumuler et se pourrir sous les animaux, je n'exigerai pas qu'on l'enlève dans les campagnes aussi souvent qu'on le fait dans les villes; mais je voudrais que tous les deux ou trois jours on en remît de la nouvelle sur l'ancienne, et que tous les huit, dix, douze ou quinze jours au plus tard, on en enlevât la totalité.

On se dispute quelquefois pour savoir quelle est la paille la meilleure pour faire de la litière. Les uns tiennent pour celle de froment, les autres pour celle d'avoine ou de seigle. On convient assez généralement que celle d'orge est la plus mauvaise. Si on recourt aux principes, on trouvera que, soit pour la commodité des animaux, soit pour la bonté du fumier, la litière la plus convenable est celle faite avec du foin de bas prés, tant parce qu'elle est d'un coucher plus doux, que parce qu'elle fournit, d'après les analyses de Th. de Saussure, une plus grande abondance de carbone, puisqu'elle a été coupée avant la maturité des graines des plantes qui la composent. Au reste on doit employer celle qui est sous la main.

J'ai toujours été étonné que les cultivateurs fissent aussi peu souvent usage pour litière des mousses, qui sont si abondantes dans certains lieux et qui remplissent si complétement toutes les données désirables. Il est possible que ce soit la dépense de leur récolte qui les arrête; mais cette raison ne me parait pas suffisamment valable. J'engage ceux qui liront cet article et qui se trouveront dans le voisinage des grands bois ou des marais d'en faire l'essai. (B.)

LITIÈRE SAUTÉE. On donne ce nom, dans les environs de Paris, à la litière dont on a enlevé tous les crottins, en la faisant sauter par le moyen d'une fourche.

Cette litière, qui souvent n'a été que deux jours sous les chevaux, ainsi débarrassée de ces crottins, diffère peu de la paille et peut s'employer à quelques-uns de ses usages agricoles. On s'en sert, par exemple, de préférence, à raison de son bon marché, pour nourrir les vaches laitières, qui la mangent avec plaisir, à raison de l'urine dont elle est imprégnée; pour PAILLER les semis et les plantations; pour garantir les plantes délicates des effets de la gelée, soit en en couvrant leurs pieds comme pour les artichauts, soit en enveloppant leur tige comme le figuier. *Voyez* ce mot et le mot EMPAILLER. (B.)

LITRON. Ancienne mesure de capacité. *Voyez* au mot MESURE.

LIVRE. Ancienne mesure de pesanteur. *Voyez* MESURE.

LIVRELAS. C'est la même chose que la poignée. *Voyez* MESURE.

LIZÉE. On appelle ainsi, dans la Suisse allemande, un engrais liquide duquel on retire des avantages très-précieux, et qu'il est à désirer qu'on introduise dans toutes les parties de la France. *Voyez* ENGRAIS et FUMIER.

J'ai vu préparer de la lizée dans les environs de Zurich, mais je n'y ai pas fait l'attention convenable : je prends donc ce que je vais en dire dans la notice de M. Barre fils, publiée par la Société d'agriculture de Lyon.

Avant de décrire la lizée, M. Barre expose les considérations suivantes :

« 1°. La propriété fertilisante des engrais est due à la présence de la matière organique, soit animale, soit végétale, qu'ils tiennent en dissolution, tantôt à l'état d'extractif, tantôt à celui de muqueux, matière développée par la fermentation.

» 2°. Le meilleur engrais est celui qui contient le plus de matière organique.

» 3°. La fermentation de cette matière est subordonnée à certaines conditions qui en changent la nature et les produits.

» 4°. Il y a divers modes de fermentation, depuis l'acide jusqu'au putride, enfin jusqu'à celui dont le résultat est la carbonisation.

» 5°. La fermentation qui a lieu dans l'eau est bien différente de celle qui s'excite dans les substances solides.

» 6°. Les substances animales, particulièrement les excrémens exposés à l'air, éprouvent d'abord une espèce de carbonisation qui en détruit le mucus ; ensuite ils se dessèchent entièrement, perdent leur odeur, et se changent en une espèce de tourbe. L'urine elle-même n'est plus qu'une dissolution carbonée après avoir subi la fermentation putride.

» 7°. Il est donc nécessaire de ne pas pousser trop loin, dans les engrais, une fermentation qui finirait par détruire complétement le mucus qu'on veut conserver.

» 8°. De même qu'une cuillerée d'eau peut arrêter instantanément l'ébullition de toute une chaudière, il suffit d'une petite quantité d'une matière qui a déjà fermenté, pour arrêter la fermentation putride dans une fosse entière.

» 9°. Enfin plus les urines et les excrémens solides seront frais dans un engrais, plus celui-ci sera parfait.

» La lizée se prépare dans une étable dont le sol, compacte et bien pavé, ne permet aucune infiltration. Ce sol est sur un plan incliné d'environ 3 pouces du râtelier au fond de l'étable : c'est là que règne, dans toute la longueur de celle-ci, un canal de bois fermé aux deux bouts, dont la largeur et la profondeur sont de 18 pouces. On a pratiqué au-dessous de ce canal plusieurs fosses communiquant avec lui par des ouvertures qu'on ferme à volonté, et séparées entre elles, sans communication, soit par des planches de 3 pouces d'épaisseur, soit par des bandes de pierre. Le canal serait ouvert supérieurement dans toute sa longueur, sans quelques rondins de bois qu'on place en forme de ponts, pour traverser l'étable. Les choses ainsi disposées, on introduit dans le canal assez d'eau pour le remplir à moitié, et on y fait entrer ensuite les excrémens du bétail qui n'y ont pas coulé. Le canal est, pour l'ordinaire, entièrement plein au bout de 24 heures : alors, après avoir brassé les matières, on ouvre le bondon qui correspond à la première fosse, elles y entrent ; on introduit encore de l'eau dans le canal pour le laver exactement, et on la fait couler dans la fosse : cette eau s'y trouve dans la proportion d'environ trois parties contre une d'excrémens, qu'on a fait entrer à l'état le plus frais possible.

» Le lendemain, même opération jusqu'à ce que la première fosse soit pleine aux trois quarts ; on la ferme alors et la fermentation s'y établit.

» On ouvre la seconde, qui se remplit de la même manière ; ensuite la troisième.

Lasteyrie, dans son importante Collection de constructions rurales, a donné le plan et la coupe d'une de ces fosses.

» Le nombre des fosses est ordinairement de cinq ; leur capacité varie selon celle de l'étable ; on la calcule de manière que tout soit plein au bout de cinq à six semaines, parce qu'il faut ce temps pour la perfection de la lizée, et par conséquent pour exploiter la première fosse. A peine vidée, on la remplit de nouveau ; il en est de même des autres. Ainsi toutes les semaines, on a une fosse à exploiter ; mais comme on n'a pas si souvent l'emploi du fumier, on le dépose dans un réservoir, qui est ordinairement placé derrière l'étable, à l'abri du froid et des courans d'air.

» On observe que, dans les fosses, la matière qui a subi la fermentation, s'est séparée en trois parties ; savoir, 1°. un sédiment, qui se précipite au fond ; 2°. une matière liquide recouvrant ce dépôt, c'est la lizée proprement dite ; 3°. une croûte spongieuse, en forme de chapeau, dont l'épaisseur est quelquefois de 18 pouces et qui se présente à la surface.

» La lizée est un liquide muqueux, d'une consistance huileuse, d'une couleur brune verdâtre, sans odeur désagréable, qui ne mousse que lorsqu'elle a trop fermenté.

» Pour extraire ce liquide, les cultivateurs suisses se servent d'une petite pompe portative en bois, qu'ils fabriquent eux-mêmes : s'ils en ont l'emploi, ils le transportent sur les terrains à fumer, dans des tonneaux disposés de manière qu'il s'en échappe, comme l'eau dont on arrose les places publiques. *Voyez* ARROSOIR et ARROSEMENT.

» Après l'extraction de la lizée, le chapeau qui était à la surface des fosses, tombe au fond et se mêle avec le sédiment. On tire cette espèce de dépôt tous les cinq à six jours ; on le verse dans le canal qu'on a vidé ; on l'y mêle avec de la paille à demi pourrie, qui a servi de litière : le tout est ensuite mis en tas hors de l'écurie, et il en résulte un fumier solide, excellent, presque aussi abondant que si on n'en avait pas extrait de la lizée.

» Celle-ci est tellement énergique, qu'on fait cinq coupes dans les prairies où on l'a répandue.

» Au lieu de la répandre immédiatement après la fauchaison, on attend cinq à six jours, pour que les plantes aient déjà poussé de nouveaux bourgeons.

» Elle sert à fumer les vignes, qui, presque par-tout en Suisse, sont sur des pentes rapides : à cet effet, on fait un creux autour de chaque cep, et un homme portant sur son dos une hotte doublée en cuir, garnie d'un robinet et remplie de lizée, verse de cet engrais dans chaque creux ; un autre homme le comble. »

On voit par cet exposé que la lizée ne diffère pas essentiellement de l'eau de fumier, mais qu'elle possède l'avantage immense de n'avoir perdu aucune de ses particules fertilisantes ; elle se rapproche aussi de la gadoue artificielle qui se fabrique aujourd'hui avec tant de succès aux environs de Lyon. Comme ses principes sont tous à l'état soluble, elle agit sur-le-champ : aussi donne-t-elle une grande amplitude de végétation aux plantes qui poussent ; aussi n'est-ce jamais sur les terres non couvertes de récoltes, ou pendant l'hiver, qu'il faut l'utiliser. Point de doute que si on en exagérait l'emploi, elle ferait périr les plantes par surabondance d'engrais. *Voyez* VÉGÉTATION. (B.)

LEDONÉ. Nom vulgaire du MICOCOULIER, dans le ci-devant Roussillon. (B.)

LOAM. Mot anglais qui se rapproche infiniment de celui LAME, employé aux environs de Tonnerre. Il indique une terre qui tient le milieu entre les sablonneuses et les argileuses. On peut la comparer à notre TERRE FRANCHE. *Voyez* ce mot.

Les loams sont très-estimés, parce qu'ils sont propres à toutes sortes de cultures et généralement fertiles ou susceptibles d'être fertilisés. (B.)

LOBE. On donne ce nom, en botanique, aux divisions des graines, des fleurs et des feuilles. *Voyez* PLANTE.

LOBÉLIE, *Lobelia* Genre de plante de la pentandrie monogynie et de la famille des campanulacées, qui réunit une cinquantaine d'espèces, la plupart étrangères à l'Europe, mais dont on en cultive deux en pleine terre, dans le climat de Paris, à raison de la beauté de leurs fleurs.

La LOBÉLIE SYPHILLITIQUE a une tige droite, simple ; des feuilles alternes, sessiles, lancéolées, légèrement dentées ; des fleurs bleues disposées en un long épi terminal. Elle est vivace et croît dans les bois humides de l'Amérique septentrionale, où j'en ai vu de grandes quantités. Sa hauteur est souvent de 2 pieds. On l'emploie, dans le pays, à la guérison des maladies vénériennes. Comme elle produit un bel effet lorsqu'elle est en fleur, on la cultive dans les jardins sous le nom de *cardinale bleue*.

La LOBÉLIE CARDINALE a la tige droite; les feuilles alternes, ovales, pointues, dentées, velues; les fleurs d'un rouge vif et disposées en un long épi terminal. Elle croît dans les mêmes endroits que la précédente, qu'elle surpasse en hauteur et en éclat. Aussi la cultive-t-on de préférence.

Ces deux plantes ne craignent point les hivers ordinaires du climat de Paris; mais cependant elles sont sensibles aux gelées humides du printemps. Elles demandent un sol léger et chaud, de l'ombre et de fréquens arrosemens en été. On les multiplie de graines qu'on sème dans des terrines sur couche et sous châssis, et par le déchirement des vieux pieds. On peut aussi en faire des boutures. En général, elles ne sont pas aussi communes qu'elles mériteraient de l'être, probablement parce qu'elles se conservent difficilement.

La LOBÉLIE ÉRINOÏDE dont Salisbury a fait son genre MONOPSIS, est assez belle pour mériter d'être cultivée dans les jardins d'agrément; et le botaniste précité a indiqué le mode de sa culture dans le deuxième volume des *Transactions de la Société horticulturale de Londres*. (B.)

LOCHE. Poisson. *Voyez* COBITE.

LOCHET. Synonyme de BÊCHE aux environs de Troyes. (B.)

LOCHETAGE, LOCHETER. Ce mot est substitué à celui de LABOURER A LA BÊCHE dans le département de l'Aube. (B.)

LOGEMENT. *Voyez* CONSTRUCTIONS RURALES.

LOIR, *Myoxus glis*. Quadrupède fort semblable à un écureuil, mais dont le dos est gris et le ventre blanc. Il se trouve dans les forêts, où il vit de glands, de noisettes et autres fruits. Rarement il vient dans les vergers, à moins qu'ils ne soient très-voisins de sa retraite. Il est généralement peu commun en France. Les dommages qu'il cause aux cultivateurs sont presque nuls. C'est le lérot qui, sous son nom, est, presque partout, le fléau des amateurs de fruits, sur-tout des pêches et des abricots; c'est donc à lui que les jardiniers doivent faire la guerre. *Voyez* au mot LÉROT. (B.)

LOLIOT. Nom de la LUPULINE dans les Vosges. (B.)

LOMBARDETTE. On donne ce nom à la POIRÉE dans quelques lieux. (B.)

LOMBRIC, *Lombricus*. Animal très-connu des cultivateurs sous le nom de *ver de terre* et d'*achée*, qu'on trouve en grande abondance dans la terre, presque par tout l'univers.

Cet animal est rougeâtre, demi-transparent, et toujours enduit d'une humeur visqueuse. Sa plus grande longueur ne surpasse pas un demi-pied, et son plus grand diamètre 3 lignes. Sa bouche est composée de deux lèvres, dont la supérieure est pointue et propre à faire l'office de tarière. L'anus est à son extrémité postérieure, et les organes de sa génération sur le côté d'un anneau plus gros que les autres, qu'on remarque au tiers de la longueur de ceux qui sont adultes. Il est hermaphrodite; c'est-à-dire qu'il agit en même temps comme mâle et comme femelle. Son accouplement se fait toujours hors de terre, pendant la nuit, au printemps, et son résultat est une grande quantité d'œufs qui sortent par l'anus.

Pendant l'hiver, les lombrics s'enfoncent dans la terre; mais dès que le printemps ramène la chaleur, ils remontent à la surface, la sillonnent dans tous les sens, s'élèvent au-dessus pendant la nuit, pour s'accoupler, et nuisent alors, comme on l'a vu au mot ACHÉE, aux jardiniers et aux pépiniéristes, en même temps qu'ils se rendent très-utiles à la végétation en général, en favorisant la germination des graines abandonnées à la nature.

Ils favorisent également la conservation des graminées vivaces dans les prairies, les pâturages et les jardins. Combien de fois n'ai-je pas vu, sur-tout dans les terrains humides, ces excrémens recouvrir presque entièrement l'herbe vers la fin de l'hiver!

C'est dans les sols humides que se trouvent le plus communément les vers de terre, parce que c'est là où ils peuvent percer le plus facilement la terre, et en avaler de petites portions pour s'en nourrir, en absorbant l'humus qui s'y trouve. Ainsi leurs excrémens, qu'on voit si souvent à la surface de la terre, doivent être infertiles. Cependant il est à croire que l'effet que produisent ces animaux, quelque nombreux qu'ils soient dans un terrain, ne nuit pas sensiblement à ses productions, qu'au contraire il le rend plus perméable à l'eau et à l'air, qui, comme on sait, sont les deux principaux agens de la végétation.

Il n'est point d'agriculteur qui ne sache que les vers de terre ont la vie très-dure : la bêche les coupe souvent en plusieurs morceaux sans qu'ils semblent en souffrir. On croit généralement que chaque morceau devient un ver parfait, qui prend une bouche, un anus, des organes de la génération; mais il paraît constaté, par des observations positives, dont quelques-unes me sont propres, qu'il n'y a que la portion où est la tête et les organes de la génération qui survive, s'allonge et prenne un anus.

Les vers de terre servent de nourriture aux taupes, aux hérissons et autres petits quadrupèdes, à un grand nombre d'oiseaux, à un grand nombre de poissons, d'insectes, et même, dans certaines contrées de l'Asie, aux hommes. On en fait partout un grand usage pour la pêche à la ligne des petits poissons, et, dans quelques endroits, on les donne à la jeune volaille, sur-tout aux canards, qu'ils fortifient rapidement. Pour les ramasser, on les laboure à la bêche ou à la charrue, ou on fouille dans les jardins humides, sur-tout dans les cours des fermes, autour des fumiers. Lorsque ces moyens n'en fournissent pas suffisamment, on enfonce un gros pieu dans différentes places, et lorsqu'il est arrivé à un pied de profondeur, on le tourne, on le fait agir de côté et d'autre, en le tirant à soi. Les vers, pour échapper à la compression que cause ce pieu, viennent en foule à la surface, où on les prend facilement.

Lorsqu'on emploie les vers de terre pour la pêche à la ligne, il est très-important de les attacher à l'hameçon de manière à ce qu'ils puissent vivre long-temps et se remuer même avec le plus de facilité possible, et pour cela ne pas blesser la partie du corps qui est en avant des organes de la génération. On a indiqué un grand nombre de recettes pour les rendre plus propres à attirer les poissons : une d'elles, que j'ai éprouvée avec succès, c'est de les mettre, quelques jours à l'avance, dans de la terre mêlée par moitié avec le résidu de la fabrication de l'huile de chenevis, résidu qu'on appelle *pain de chenevis*.

« Les lombrics, dit Thouin, font souvent beaucoup de tort aux semis de toute espèce. En creusant leurs galeries, en venant à la surface déposer leurs excrémens, ils détruisent non-seulement les plantules qui se trouvent sur leur passage, mais encore font périr celles qui se trouvent dans le voisinage, en établissant des conduits qui détournent l'eau de sa destination et rendent nul l'effet des arrosemens qu'on leur donne. Il est donc utile de connaître les moyens de les détruire. »

1°. On visite la nuit, à la lumière d'une lanterne, les nouveaux semis, et ou prend les lombrics, qui se promènent alors sur la surface de la terre. Il est bon d'observer qu'ils ne sortent pas lorsque la terre est sèche ou qu'il fait du vent, et que le plus petit bruit les fait rentrer.

2°. On frappe sur la paroi extérieure de la caisse on du pot où se trouvent les semis, les vers sortent et on les tire. Ce moyen rentre dans celui indiqué plus haut pour prendre les lombrics pour la pêche, moyen qu'on peut aussi employer, mais qui est sujet à inconvéniens.

3°. On fait une forte décoction de brou de noix ou de feuilles de noyer, de tabac, de chanvre, et on la répand, au moyen d'un arrosoir, sur les semis. L'amertume de ces décoctions fait sortir les lombrics en fort peu de temps.

4°. Quelques personnes recommandent de faire tremper les graines dans une eau chargée de vert-de-gris ; mais ce moyen n'est pas sans danger.

5°. On met les graines dans une forte eau de chaux. J'observe que les résultats de ce dernier moyen doivent être nuls, la chaux cessant d'être caustique dès qu'elle est très-divisée et en contact avec la terre. (B.)

LOQUE, LOQUETTE. Morceau d'étoffe avec lequel on fixe chaque branche ou chaque bourgeon d'un arbre contre un mur, en retenant la loque à l'aide d'un clou qu'on plante dans le mur. *Voyez* Espalier, Palissage et Mur.

Quoique cette manière de disposer les branches et les bourgeons soit, sans contredit, la plus avantageuse et la plus commode, puisqu'on les place dans la direction qu'on désire, elle n'est cependant pas praticable par-tout ; elle exige des murs construits en Plâtre ou en Pisé (*voyez* ces mots), et dans plus des trois quarts de la France le plâtre est très-cher.

C'est principalement aux environs de Paris que le palissage à la loque est en faveur. Dans les murs à chaux, à mortier et à pierres, on n'est pas le maître de choisir la place du clou ; il ne reste donc plus que la ressource des treillages appliqués contre les murs, et, avec un peu d'industrie de la part du jardinier, ces treillages permettent de bien palisser les bourgeons, sur-tout si on a eu le soin d'éloigner peu les bois, c'est-à-dire d'en former de petits carreaux.

Les clous entrent à volonté dans les murs de pisé ; mais comme ils sont construits en terre, et qu'on est obligé de les revêtir à l'extérieur d'une couche de mortier à chaux et à sable, ces clous détachent une partie de cette couche, et peu-à-peu dégradent complétement le mur. Il faut donc, pour les murs en pierres ou en pisé, recourir également aux treillages.

La loque a l'avantage de ne point étrangler la branche ou le bourgeon à mesure qu'il grossit, au lieu que l'osier ne prête pas ; il établit une forte compression, s'implante dans l'écorce, y forme un Bourrelet (*voyez* ce mot), enfin dérange et nuit beaucoup à la végétation de l'arbre. (R.)

LOTE ou **LOTTE.** Seul poisson de rivière qui appartienne au genre des Gades. Il se reconnaît à son corps presque cylindrique, à sa tête comprimée, à ses yeux éloignés, à ses deux mâchoires égales, à son barbillon au menton, à sa nageoire de la queue arrondie, aux marbrures jaunes et brunes de son dos. Sa grandeur surpasse rarement un pied.

Ce poisson est recherché à raison de l'excellent goût et la facile digestion de sa chair par les palais délicats et par les estomacs faibles. Il se trouve dans les eaux claires et s'y cache sous les pierres, dans les trous des rivages, etc., où il vit d'insectes, de vers, etc. Ce n'est que la nuit qu'il sort de sa retraite. On le prend à la main, à la ligne de fond, dans les nasses, etc. Toujours on doit tenter d'en mettre dans les étangs dont le fond est sablonneux, les eaux pures ; mais il n'est jamais certain qu'il s'y multiplie, malgré sa prodigieuse fécondité, parce qu'il se prête difficilement au changement.

On donne quelquefois le nom de BARBOTTE et de MOUTELLE à ce poisson, mais mal à propos. (B.)

LOTIER, *Lotus*. Genre de plantes de la diadelphie décandrie et de la famille des légumineuses, qui renferme une quarantaine d'espèces dont quelques-unes doivent être connues des cultivateurs, soit à raison de leur abondance dans certains endroits, soit parce qu'elles peuvent servir à l'ornement des jardins.

Tous les lotiers sont herbacés. Leurs feuilles sont ternées, pétiolées et accompagnées de stipules. Leurs fleurs sont ou solitaires ou paniculées, et dans ces deux cas axillaires ou terminales.

Le LOTIER SILIQUEUX a les tiges couchées à leur base, les feuilles velues, les bractées lancéolées, les légumes pourvus de quatre ailes membraneuses. Il est vivace et croît abondamment dans les pâturages argileux et humides. Il fleurit au milieu de l'été. Les bestiaux paraissent ne pas s'en soucier. On le remarque à son abondance, à la grandeur de ses fleurs jaunes et à la singulière forme de ses fruits. Rarement il s'élève à un pied de haut. Il annonce, par sa présence, que les prés où il se trouve doivent être labourés et cultivés en céréales pendant quelques années.

Le LOTIER COMESTIBLE a les tiges rampantes ; les fleurs solitaires, jaunes, et les légumes recourbés et canaliculés. Il est annuel et croît en Italie et en Egypte. Dans ce dernier pays, on en mange les gousses, qui, avant leur maturité, sont remplies d'une pulpe douce analogue à celle des petits pois. J'en ai mangé. Je crois que cette plante, qui fructifie fort bien dans le climat de Paris, devrait être cultivée en grand pour la nourriture des bestiaux et sur-tout des cochons. Ses tiges ont plus d'un pied de long et portent une assez grande quantité de gousses. On couperait sa fane avant la maturité des graines.

Le LOTIER CORNICULÉ a la tige rampante ou grimpante, haute de 2 ou 3 pieds ; les fleurs jaunes, réunies en têtes comprimées sur de longs pédoncules axillaires. Il est vivace, croît abondamment dans les bois, les prés, les pâturages, et fleurit pendant tout l'été. On le regarde comme vulnéraire, apéritif et détersif. Les bestiaux et sur-tout les chevaux le recherchent. On le cultive dans quelques endroits de l'Angleterre pour servir de nourriture aux moutons. L'abondance de son fourrage fait croire qu'on en doit tirer bon parti sous ce rapport. Un autre avantage dont on doit l'observation à M. Yvart, c'est qu'il résiste également à l'effet des sécheresses et des débordemens. Il est assez beau en fleur pour mériter d'être placé dans les jardins paysagers contre les buissons des derniers rangs.

Le Lotier de Saint-Jacques a la tige droite, rameuse, haute de 2 à 3 pieds; les feuilles velues, blanchâtres; les fleurs brunes et réunies plusieurs ensemble au sommet de pédoncules assez longs et axillaires. Il est vivace, originaire de l'île de Madère, fleurit presque tout l'été, et reste toujours vert. On le cultive fréquemment dans les jardins des environs de Paris; mais il craint les gelées du climat de cette ville, et il faut le rentrer dans l'orangerie pendant l'hiver. La singulière couleur de ses fleurs fait son principal mérite. On le multiplie de graines et plus communément par séparation des racines. Comme il vient beaucoup plus beau en pleine terre, quelques amateurs en sacrifient des pieds qu'ils y placent au printemps, à une bonne exposition. Quelquefois ils ne les conservent qu'en les faisant couvrir de paille à l'approche des gelées.

Le Lotier hémorrhoïdal, *Lotus hirsutus*, Lin., a la tige droite très-rameuse, les feuilles velues, les fleurs rougeâtres et disposées en tête sur de courts pédoncules axillaires. Il est bisannuel, croît dans les parties méridionales de l'Europe, et fleurit tout l'été. On le cultive dans quelques jardins, où il se fait remarquer par ses touffes très-grosses et très-chargées de fleurs. C'est contre les rochers, les fabriques des jardins paysagers, c'est-à-dire dans les parties les plus chaudes, qu'il doit être placé. On peut le rendre vivace en coupant ses tiges immédiatement après la floraison. Il vient même de boutures, ainsi que le hasard me l'a prouvé. On le multiplie par ses graines, qu'on sème en place au printemps. Son nom de *lotier hémorrhoïdal* est dû à ce que ses semences sont tachées de rouge.

Le Lotier digité, *Lotus dorycnium*, Lin., a les tiges très-rameuses; les feuilles à cinq folioles étroites; les fleurs blanchâtres, très-petites, disposées en têtes portées sur des pédoncules axillaires. Il croît naturellement dans les parties méridionales de l'Europe, aux lieux arides, exposés au soleil, et fleurit à la fin de l'été. C'est encore une plante bisannuelle qu'on peut cultiver dans les jardins paysagers pour l'ornement. Tout ce que j'ai dit de la précédente lui convient.

Le Lotier cultivé, *Lotus tetragonolobus*, Lin., a les fleurs grandes, rouges, solitaires; les gousses à quatre angles membraneux, la tige couchée. Il est annuel et originaire de Sicile. C'est une belle plante qu'on cultive depuis quelques années en Allemagne pour l'ornement, et pour employer ses graines en place de café. De là le nom de *pois-café* qu'elle porte quelquefois. Il y a peu de temps qu'elle a été introduite dans les jardins des environs de Paris ; cependant elle y est déjà fort répandue. On l'y sème en avril en pleine terre, en rayons ou en touffes. Elle craint beaucoup plus les gelées que le pois et le haricot. Du reste, sa culture est la même.

On dit ses semences très-bonnes à manger en vert, mais je ne sache pas qu'on ait encore pensé à en tirer parti sous ce rapport. (B.)

LOTIER ODORANT. On appelle quelquefois ainsi le MÉLILOT BLEU.

LOUBO. On nomme ainsi, dans le midi de la France, des bourgeons stériles qui poussent au-dessous des fertiles sur les ceps de VIGNE. (B.)

LOUCET. Nom de la BÊCHE dans le département des Ardennes.

LOUCHE. Ecuelle emmanchée à un long bâton et qui sert, aux environs de Lille, à répandre les EXCRÉMENS HUMAINS liquides sur les terres. *Voyez* ce mot.

LOUCHET ou **LUCHET.** Sorte de bêche de fer longue et étroite, dont on se sert dans certains endroits. *Voyez* au mot BÊCHE. (B.)

LOUP. Quadrupède du genre du chien, et qui se rapproche si fort de ce dernier, qu'on ne trouve en lui de caractère véritablement distinctif que sa queue courbée en bas et ses yeux obliques. Sa longueur moyenne, y compris la queue, est de 5 pieds.

Qui ne connaît pas le loup, au moins de nom, dans les campagnes ? Qui n'a pas entendu parler des dommages qu'il cause aux cultivateurs, en tuant les bestiaux de toutes les espèces, principalement les moutons ? de telle ou telle circonstance où il a attaqué des enfans et même des hommes ? de telle autre où, affecté de la rage, il a mordu tout ce qu'il a rencontré, hommes et animaux, et leur a communiqué cette cruelle maladie ? Aussi le loup est-il l'objet de la haine, je dirais même de la terreur des cultivateurs : c'est lui dont on présente l'idée aux enfans lorsqu'on veut leur inspirer de la frayeur. Il est l'objet de beaucoup de dictons populaires plus ou moins vrais.

Tous les animaux propres à l'Europe peuvent devenir la proie du loup, tant il est fort, agile et rusé en même temps. Les cornes du taureau, les jambes du cerf, la timidité du lièvre, l'intelligence du chien, ne les empêchent pas de tomber sous sa dent meurtrière. Ses sens sont excellens et lui fournis-

sent les moyens de suivre sa proie et d'éviter les dangers.
Dans l'état ordinaire, il fuit l'homme ; ce n'est que par l'effet
d'un impérieux besoin qu'il ose l'attaquer, ou lorsqu'il est
malade de la rage. Sans doute il y a eu des loups qui, par circonstance, ont pris assez de confiance en leurs forces et assez
de goût pour la chair humaine pour préférer faire leur nourriture de cette dernière ; mais ils ne se sont montrés que de
loin en loin : ce n'est pas le caractère habituel de l'espèce. Ils
sont assez nuisibles, par la guerre perpétuelle qu'ils font aux
bestiaux, pour qu'il ne soit pas nécessaire d'exagérer les motifs
de celle qu'on leur fait également.

C'est pendant la nuit que les loups cherchent leur nourriture. Souvent ils se réunissent plusieurs pour chasser un animal sauvage ou pour attaquer un troupeau. Ils hurlent principalement pendant l'hiver lorsqu'ils sont en chaleur. Les plus
vieilles femelles sont les premières en cet état, vers la fin de
décembre, et les plus jeunes les dernières, au commencement
de mars. La portée est de soixante-trois jours et de cinq à six
petits, quelquefois de huit à dix. Ils sont en état d'engendrer
à deux ans, et en vivent quinze à vingt. La louve devient terrible quand il s'agit de défendre sa progéniture.

L'histoire naturelle du loup intéressant bien moins les cultivateurs que la connaissance des moyens employés pour le détruire, je passe de suite à l'énumération des principaux de ces
moyens.

La multitude des loups et leur hardiesse forcent de garder
les bestiaux pendant le jour et de les renfermer pendant la nuit.
Il est même des pays de montagnes boisées où les VACHERS et
les BERGERS sont armés d'un fusil pour se défendre contre
eux. J'ai habité un tel pays dans ma jeunesse, aussi ne se pas-
sait-il pas d'année que mon père ne perdît quelque pièce de
bétail, gros ou petit, malgré la rude chasse qu'il leur faisait.

Tessier nous a enseigné dans son excellente Instruction sur
les bêtes à laine, un moyen simple, assuré et peu coûteux
d'écarter les loups des parcs à brebis pendant la nuit : c'est
une lanterne composée de quatre verres de couleur différente,
lanterne qu'on attache à l'enceinte du parc opposé à la cabane du berger. Elle sert aussi à éclairer le berger, dans les
nuits sombres, pour changer le parc. Mon savant collègue assure qu'elle ne consomme, aux environs de Paris où tout est
cher, que pour 2 sous d'huile par nuit. Qui doit craindre de
faire cette dépense pendant la durée du PARC (*voyez* ce mot),
pour opérer sa sécurité ? J'ai trop observé le loup pour ne pas
être certain de la réussite de ce moyen.

En Angleterre on a fait aux loups une chasse si constante, que
depuis l'année 800 il ne s'y en trouve plus. La position de la

France ne permet pas d'espérer arriver jamais à ce point; mais par une guerre perpétuelle on peut arrêter leur multiplication de manière que leurs ravages soient à peine sensibles. Comme ils sont un fléau pour tous les cultivateurs, l'autorité est fondée à réclamer l'assistance de tous pour arriver à ce but. Aussi, dès le commencement du quinzième siècle, François Ier. érigea-t-il des officiers sous le nom de louvetiers, avec la fonction de faire la chasse aux loups, et avec l'autorité de requérir les habitans des communes voisines des forêts pour les aider. Aussi plusieurs fois a-t-on imposé des taxes générales, dont le produit devait être appliqué à des récompenses pour ceux qui tueraient les loups. La louveterie, après avoir été supprimée et rétablie plusieurs fois, existe encore. Il en est de même des récompenses : ces dernières sont plus fortes pour les louves que pour les loups, et devaient l'être, on sent bien pourquoi. De temps en temps, le gouvernement ranime le zèle des habitans des campagnes par des instructions, à la rédaction de la dernière desquelles, celle du 9 juillet 1818, j'ai concouru avec mon collaborateur Huzard.

On chasse le loup à force ouverte, c'est-à-dire en le poursuivant (en renouvelant les chiens) jusqu'à ce qu'il tombe de fatigue. Cette chasse, très-dispendieuse, ne convient qu'aux personnages riches, et produit très-peu souvent des résultats utiles, les loups entraînant souvent la meute à des 10, 20, 30, lieues et plus du point du lancé. Elle est d'ailleurs dangereuse pour les chiens, sur lesquels le loup se jette dès qu'il ne les voit plus soutenus par les hommes.

Les chasses aux loups les plus à la portée des simples cultivateurs sont les suivantes :

1°. Lorsqu'on sait qu'un loup est dans telle partie d'un bois coupé de routes, une troupe de tireurs armés de fusils chargés à balle l'entourent. Un d'eux, accompagné d'un limier, entre dans ce bois et fait lever l'animal, qui est tiré à sa sortie.

2°. Dans le même cas, au lieu de faire guetter le loup par un limier, on le fait chasser du côté des tireurs par une troupe d'hommes, qui, rangés sur une seule ligne, parcourent la totalité du bois en jetant des cris et en frappant les arbres avec leurs bâtons. C'est cette chasse qu'on appelle une *battue*, un *traque*, et pour laquelle les louvetiers et en général tous les officiers de police rurale peuvent requérir de force le concours des cultivateurs. Aucune manière de détruire le loup ne lui est supérieure quand elle est bien dirigée; mais elle l'est rarement, ainsi que je le sais par expérience. Ne devrait-on pas y employer les soldats en temps de paix? Une ou deux compagnies bien commandées produiraient plus d'effet, par la régularité de leurs manœuvres, que des multitudes de cultivateurs qui ne savent pas agir avec ensemble.

3°. En toute saison, mais principalement en temps de neige, un homme monté sur un cheval traîne une charogne dans les routes et sur la lisière des bois où on sait qu'il y a des loups, et la dépose dans un lieu à portée d'un arbre ou d'un bâtiment. Attirés par l'odeur, ils accourent quelquefois la première, plus ordinairement seulement la seconde nuit, pour la dévorer. Un tireur caché sur l'arbre ou dans le bâtiment peut ainsi les tuer facilement.

On dit qu'il est possible d'attirer le loup à portée du chasseur à l'affût en contrefaisant son hurlement dans un sabot. Si cela est, il faut que le chasseur soit bien exercé, car le loup a l'oreille fine et le caractère méfiant au dernier degré.

Lorsqu'au printemps le hasard fait rencontrer et tuer des louveteaux encore à la mamelle, on est sûr, en traînant l'un d'eux dans les environs, de faire venir la mère dans l'endroit où l'attend un tireur à l'affût.

L'affût simple ou à portée des parcs où sont renfermés les moutons pendant la nuit, ou des charognes déjà entamées par le loup, réussit quelquefois; mais il change toutes les nuits l'heure de son arrivée, et il faut avoir beaucoup de patience.

Un grand nombre de piéges ont été indiqués pour tuer ou prendre les loups : les plus dans le cas d'être cités sont,

1°. L'HAMEÇON. On attache, au moyen d'une petite corde, un fort hameçon à un arbre, et on le garnit de viande. Le loup, avalant la viande sans la mâcher, se prend, et les efforts qu'il fait pour s'échapper accélèrent sa mort. Il faut tendre beaucoup d'appâts de ce genre dans les bois fréquentés par les loups. L'hiver est la saison la plus favorable.

2°. Le HAUSSE-PIED. On ébranche un baliveau de chêne de la grosseur du bras et on attache à son sommet une petite corde terminée par un nœud coulant; ensuite on fixe en terre, à 3 ou 4 pieds de distance, deux pieux à crochets, qu'on enfonce fortement et également en terre. Contre ces ces crochets, on place deux billots de la grosseur du pouce, et à quelque distance l'un de l'autre; autour on fait passer la corde, après avoir courbé le baliveau. A un point convenable de cette corde est attaché un morceau de bois plat qu'on introduit entre et contre les deux traverses, ce qui tient le piége tendu. On pose ensuite sur le bord de la traverse du bas quatre ou cinq petits bâtons un peu enfoncés en terre, et on étend dessus le nœud coulant, ouvert aussi régulièrement que possible. Le tout est caché par des feuilles sèches. Le loup, en passant, marche sur un des petits bâtons, qui font distendre le petit morceau de bois plat, qui fait tomber les deux billots, qui font relever l'arbre ; le loup se prend par la patte, et reste suspendu en l'air.

On tend aussi des lacets perpendiculaires à la manière ordinaire ; mais ils sont de peu d'effet.

Le TRAQUE-RENARD. Il y en a de deux sortes assez généralement usitées : toutes deux sont des demi-cercles de fer, qui, ouverts, forment un cercle complet, qu'on étend sur la terre, même qu'on enterre un peu pour le cacher, et qui, par le moyen d'un ressort, se rapprochent et saisissent l'animal. Le ressort de l'une des sortes se détend par la chute d'une planche sur laquelle marche le loup, celui de l'autre par une ficelle qu'il tire en emportant une proie qui y est attachée ; je ne ferai pas la description de ces piéges, que les cultivateurs ne peuvent construire eux-mêmes, et qui se vendent dans les villes.

Pour obtenir des succès certains dans cette sorte de chasse, il faut traîner une charogne autour des bois, et placer les piéges dans le passage de cette charogne et autour d'elle, avec quelque appât particulier si le piége est de la seconde sorte ; on indique aussi de se procurer une matrice de louve en chaleur, de la faire dessécher pour pouvoir la conserver, et lorsqu'on veut tendre le ou les piéges, on en frotte la semelle de ses souliers, et on fait une longue promenade autour des bois où il y a des loups. Ce moyen doit être excellent pendant l'hiver ; mais ce n'est que le hasard qui peut procurer une matrice de louve en chaleur, les femelles n'y étant que pendant une quinzaine de jours au plus, et sortant rarement des fourrés pendant ce temps.

4°. Le PIÉGE DE FER. C'est un instrument assez compliqué, dont la partie principale est formée de quatre crochets qui se réunissent par l'effet d'un ressort, qu'une détente lâche pour peu qu'on tire la corde qui y est attachée. On enfonce ce piége dans un trou qui a exactement sa largeur, et on fixe au milieu de ses crochets un morceau de charogne ; le loup, en voulant emporter ce morceau, détend le ressort et se trouve pris par le museau.

5°. La FOSSE. On fait une fosse de 6 à 8 pieds de largeur et de 8 à 10 de profondeur dans un chemin écarté, et on la couvre de petites baguettes surmontées de mousse et de feuilles sèches, ou d'une planche en équilibre sur un bâton transversal. Les loups qui passent tombent dans cette fosse, où on les trouve le lendemain matin ; on peut encore diriger leurs pas vers elle par le moyen de la charogne déjà citée. On peut attacher cette charogne, ou portion de cette charogne, à un poteau fixé au milieu de la fosse, lorsque ce n'est pas une trappe, ou sur la ligne de mouvement de la trappe. Un mouton, un chien, ou une oie vivante, produisent également de bons effets, parce qu'ils attirent le loup par leurs cris continuels.

Quatre bâtons mis en traverse sur quatre autres, à quelque distance de la fosse, et à 3 ou 4 pieds de terre, suffisent pour empêcher les hommes qui n'auraient pas connaissance de la fosse de tomber dedans.

6°. LA GALERIE. On creuse une fosse de 6 pieds de diamètre et de 8 à 10 de profondeur. Autour de cette fosse on forme, avec des pieux de 3 à 4 pieds de longueur, et écartés de 2 à 3 pouces, une double enceinte de 2 pieds de large, enceinte rendue solide par une traverse, et recouverte d'une claie fortement attachée à cette traverse. On met un chien ou un mouton dans cette galerie, qui attire le loup par ses cris; après avoir tourné autour de la galerie, pensant pouvoir saisir sa proie de l'autre côté, il saute par dessus et tombe dans la fosse; on en peut prendre ainsi plusieurs de suite et à-la-fois.

7°. La CHAMBRE. Avec des pieux de 4 à 5 pouces de diamètre et de 8 à 10 pieds de haut, liés fortement entre eux par plusieurs traverses écartées comme précédemment, on forme une enceinte de 8 à 9 pieds de diamètre au milieu d'un bois, dans une clairière, une place à charbon, etc., à laquelle on laisse une ouverture propre à recevoir une porte, qui reste à moitié ouverte au moyen d'un bâton transversal. À ce bâton est attachée une ficelle qui correspond à 1, 2 ou 3 pieds de hauteur, parallèlement à la porte dans le milieu de l'enceinte. Au fond de cette enceinte, c'est-à-dire du côté opposé à la porte, on attache ou un chien, ou un mouton, ou une oie, qui par ses cris attire le loup : celui-ci entre dans l'enceinte, et rencontrant les ficelles transversales, fait tomber le bâton et fermer la porte.

8°. La DOUBLE ENCEINTE. La manière la plus curieuse, et peut-être la plus simple de prendre les loups, manière qu'on emploie dans la Camargue, en Suisse et ailleurs, est celle-ci. On fait une double enceinte circulaire de pieux de la hauteur, grosseur et écartement indiqués plus haut. Les pieux sont liés en haut seulement, et du côté extérieur, avec des traverses qui en fortifient la masse; le diamètre intérieur de ces enceintes doit être de 8 à 10 pieds, et la distance qui les sépare rigoureusement de 14 à 15 pouces. À l'enceinte extérieure, on réserve une ouverture, où on adapte une porte disposée de manière à rester toujours ouverte : on produit cet effet par le moyen d'un ressort en bois ou d'un contre-poids, ou seulement en écartant en dedans le pivot inférieur de la perpendiculaire. Dans l'enceinte intérieure, on met des moutons, ou des chiens, ou des oies, qui, comme dans les autres piéges, appellent les loups par leurs cris. Le premier arrivé, trouvant la porte ouverte , enfile l'entre-deux des palissades , qui ne lui laisse juste que ce qu'il faut pour passer , et dans lequel il ne peut se retourner ; arrivé à la porte , il la pousse , et lorsqu'il est passé, elle reprend sa position première , de manière qu'il peut tourner toujours , et cependant ne jamais s'échapper : ceux qui viennent ensuite , encouragés par la présence du premier , enfilent le même chemin , et y restent également engagés.

Une manière de former les enceintes est d'employer des claies de gros brins peu serrés , claies qu'on lie les unes avec les autres au moyen de harts , et qu'on fixe droit , également à l'aide de harts , à de gros piquets opposés , enfoncés en terre à refus de coups de maillet; six de ces claies , de 5 pieds de long et de hauteur , suffisent pour l'enceinte intérieure , et le même nombre , d'un peu moins de 6 pieds , pour l'enceinte extérieure : ces enceintes peuvent se changer de place et se rentrer à la maison lorsqu'on juge que leur utilité est diminuée.

On emploie encore les poisons contre les loups : il paraît que nos ancêtres faisaient usage des racines de colchique et d'aconit ; mais aujourd'hui on préfère la noix vomique. Pour cela , on fait des trous avec un couteau dans la chair d'une charogne; dans chacun d'eux , on met une pincée de la poudre de cette drogue , et après avoir traîné cette charogne dans les chemins et sur la lisière des bois , on la dépose dans un lieu solitaire. Un chien est préférable , parce que les autres chiens ne le mangent pas. L'hiver est plus favorable , sur-tout les temps de neige , parce que les loups sont plus affamés et par suite plus hardis. Peu après que l'un d'eux a avalé un morceau (les loups, comme les chiens , mâchent rarement ce qu'ils mangent); il ressent une soif dévorante, et plus il boit, et plus le poison agit violemment ; il est mort plus ou moins promptement , selon qu'il en a mangé.

L'arsenic ne doit pas être employé dans ce cas , non-seulement à cause de son plus grand danger , mais parce que le loup l'évente plus facilement.

Les vieux loups étant très-rusés , il convient de n'empoisonner les charognes qu'après qu'ils sont venus en manger.

On dit que les loups empoisonnés se font vomir en enfonçant leur patte dans leur gorge ; ce qui leur sauve souvent la vie.

Quelquefois, au lieu de poison, on met dans la charogne des aiguilles liées en croix au moyen d'un crin ; ces aiguilles percent les intestins et font mourir l'animal : ce moyen doit être peu certain.

Quoiqu'il ne faille considérer le loup que comme l'ennemi des cultivateurs , cependant il leur rend quelques services en mettant à mort les fouines, les belettes, les rats, les campagnols, les mulots et autres quadrupèdes nuisibles. Comme le renard, il détruit même les hannetons, ainsi que j'ai eu occasion de le voir par l'ouverture de l'estomac d'un d'eux tué pendant la saison de ces insectes. La peau du loup forme une bonne fourrure ; son poil entre dans la confection des chapeaux, et ses dents servent à polir l'or et l'argent. (B.)

LOUP. Motte de terre très-longue et très-élevée résultant d'un mauvais labourage aux environs de Mirecourt. *Voyez* Motte, Labour et Casse-Motte. (B.)

LOUPE. On appelle ainsi des grosseurs couvertes d'écorce qui se forment sur la tige ou les branches des arbres ; ce sont de véritables Exostoses (*voyez* ce mot) qui reconnaissent différentes causes, dont la plupart nous sont inconnues.

Je vais d'abord copier Duhamel, et ensuite je parlerai de quelques autres sortes de loupes dont il ne fait pas mention.

« Quelquefois on aperçoit sur de grands arbres de grosses tumeurs qui sont recouvertes d'écorce comme le reste de l'arbre ; mais quand on examine l'intérieur, on voit qu'elles sont formées d'un bois très-dur dont les fibres ont des directions très-bizarres ; ces excroissances ligneuses changent la direction régulière des fibres de l'écorce qui les recouvre, et elles ne paraissent provenir que d'un développement de la partie ligneuse, qui s'est fait avec plus d'abondance dans ces endroits qu'ailleurs. Nous n'avons pu découvrir quelle peut être la cause de cet accident, quoique nous ayons inutilement tenté divers moyens d'occasionner artificiellement de pareilles tumeurs ; au reste, cet accident ne porte aucun dommage à l'arbre : le bois qui se trouve sous ces espèces d'exostoses est ordinairement de bonne qualité.

» On aperçoit encore plus fréquemment des exostoses d'une autre espèce : ces accidens, au lieu de former une grosseur qu'on pourrait comparer à une loupe, occasionnent des éminences qui suivent la direction du tronc dans toute sa longueur, et qui défigurent sa forme. J'ai vu quelquefois que la plus grande partie des arbres d'une avenue étaient affectées de ce défaut ; et comme le renflement se trouvait être placé sur un même côté de tous les arbres de cette avenue, il y a lieu de présumer qu'il avait été produit par une cause commune à tous : ce sera peut-être l'effet d'un coup de soleil vif, ou d'une forte gelée, qui aura altéré les couches ligneuses nouvellement formées, et l'effort que l'arbre aura fait pour réparer cette altération aura occasionné le boursoufflement local dont il s'agit. J'ai examiné l'intérieur de quelques-uns de ces arbres, et j'ai trouvé dans les couches ligneuses des défauts qui m'ont fait soupçonner les causes que je viens d'indiquer. J'ai occasionné des exostoses assez semblables en faisant, avec la pointe d'une serpette, des incisions longitudinales qui traversaient toute l'épaisseur de l'écorce, et qui pénétraient un peu dans le bois. »

L'explication que donne Duhamel de cette seconde sorte d'exostose aurait dû le mettre sur la voie pour reconnaître la cause d'une partie de celles dont il a d'abord parlé : en effet, dans l'un et l'autre cas, c'est véritablement un épanchement de sève occasionné par l'affaiblissement de l'écorce, ou par une blessure. La rareté des loupes sur les arbres des forêts et leur fréquence sur ceux des grandes routes, des promenades et autres lieux très-fréquentés, annoncent que l'homme influe beaucoup sur leur formation dans quelques cas. Il n'y a pas de doute pour moi, d'après plusieurs observations qui me sont propres, que des coups (je ne dis pas tous les coups), peuvent les produire : on doit le préjuger d'ailleurs en observant que la plupart des loupes de ces arbres des routes, ou autres lieux où ils sont exposés à être frappés par les voitures, se trouvent en majeure partie dans la partie inférieure de ces arbres.

Il faut donc considérer ces sortes de loupes comme des BOURRELETS (*voyez* ce mot) d'une nature particulière et très-circonscrite. Il y en a de toutes les formes et de toutes les grosseurs.

On voit très-fréquemment une loupe au point où a été placée une greffe, parce qu'il s'y forme un bourrelet, soit à raison de la plus grande faiblesse de l'arbre greffé ou du sujet, soit par quelque autre cause de perturbation dans le mouvement de la sève. *Voyez* GREFFE.

Il est une autre sorte de loupe fort différente de celles dont il vient d'être question, et qu'on trouve fréquemment, avec ou sans elles, sur les arbres sujets à être mutilés; ce sont celles qui sont le résultat de la coupe répétée des jeunes branches. Les ormes, les érables, les saules, etc., qu'on élague tous les ans ou tous les deux ans pour avoir des feuilles pour fourrage ou des brindilles pour chauffer le four, y sont très-sujets. Tout le monde peut en voir des exemples, principalement sur tous les saules têtards. Elles sont produites par l'accumulation et le recouvrement annuel des chicots. L'irrégularité de leur accroissement est visible dans leur intérieur, qui est varié par l'entrelacement des fibres ligneuses et par la différence de leur coloration. Ce sont ces sortes de loupes qui, sous le nom de *brouzin,* sont si recherchées par les tourneurs et les ébénistes, qui en font des boîtes, des meubles ou autres objets fort agréables. *Voyez* aux mots EXCROISSANCE, BROUZIN, ORME, ÉRABLE, BUIS et FRÊNE.

Les GALLES sont des excroissances d'une nature particulière, ainsi qu'on peut le voir à leur article. Beaucoup de loupes doivent leur origine à des blessures produites par des insectes. Il suffit de jeter un coup d'œil sur un taillis de peupliers existans dans un terrain sec, pour en être convaincu. En effet, on trouvera des loupes sur les troncs comme sur les branches ; et une de ces branches, de l'année précédente, fendue, fera voir une larve de la Saperde du peuplier. (*Voyez* ce mot.) Je pourrais beaucoup multiplier les citations de ce genre.

Des maladies sont aussi la cause de la formation de certaines loupes ; mais elles sont trop peu connues pour que j'ose entreprendre d'en parler.

Quelques plantes parasites, peut-être même toutes les plantes parasites, donnent naissance à des loupes temporaires ou permanentes. On peut en voir la preuve dans les arbres qui nourrissent le Gui, dans les genevriers qui sont infestés de Gymnosporanges, dans beaucoup d'autres plantes qui le sont de Puccinies. *Voyez* ces trois mots.

Rarement il est prudent d'extirper une loupe d'une certaine grosseur sur le tronc d'un arbre, si on tient à conserver cet arbre, parce que la plaie se ferme difficilement, ou se transforme en un ulcère incurable. Lorsqu'il s'en trouve sur des branches, alors il est plus sûr de couper la branche même, que d'enlever la loupe. Au reste, il est rare que les loupes nuisent beaucoup à la croissance des arbres qu'elles défigurent le plus ; et souvent, sur-tout dans l'orme, elles améliorent la qualité du bois. (B.)

LOUPE. Médecine vétérinaire. La loupe est une tumeur ordinairement indolente qui se développe et s'accroît dans le tissu de la peau ou dans le tissu cellulaire sous-cutané ; elle est ou graisseuse ou de matières de différentes natures, soit comme la bouillie, soit comme la matière du squirrhe, soit simplement comme une sérosité. On appelle *lipome* une loupe dont la substance ressemble à de la graisse.

Il y a des loupes enkistées (*voyez* Kiste) et des loupes sans kistes : ces dernières se guérissent par la corrosion ou l'amputation. La corrosion a été abandonnée, et l'on se borne à l'amputation, beaucoup plus simple, plus prompte, et dont le succès est bien plus certain. L'opération consiste à enlever la loupe de dessus les parties auxquelles elle adhère, en ménageant la peau autant qu'il est possible, afin de rendre la cicatrisation plus facile et plus prompte ; on panse la plaie alors comme une plaie simple.

La loupe que l'on remarque assez souvent au coude du cheval vient de ce que cet animal se couche en vache, c'est-à-dire lorsque étant couché le coude repose sur l'éponge du fer en dedans ; la compression continuelle de l'éponge sur le coude y fait venir une loupe, qui grossit toujours peu-à-peu, si l'on n'y remédie dans le principe par les frictions résolutives avec l'eau marinée et par la ferrure courte. (R.)

LOURDÉE, ou **LOURDIE**, ou **LOURDRIE**. Synonyme de TOURNIS, de *maladie du sang*, dans quelques lieux. (B.)

LOUTRE. Quadrupède qui a la tête plate, le museau fort large, la mâchoire du dessous plus étroite et moins longue que celle de dessus, le cou gros et court, les jambes courtes; la queue grosse à l'origine, pointue à l'extrémité; chaque côté du museau garni de moustaches formées par des poils rudes; le corps couvert de deux espèces de poils, les uns soyeux, de couleur grise blanchâtre, les autres de couleur brune et luisante; les doigts tiennent les uns aux autres par une membrane plus étendue dans les pieds de derrière : cinq doigts à chaque pied, ceux de derrière armés de petits ongles crochus.

Cet animal, plus avide de poisson que de chair, fréquente les bords des rivières, des lacs et des étangs, et finit par dépeupler ceux-ci des poissons qui s'y trouvent. Il mange également les écrevisses, les rats et les grenouilles. Avec sa peau on fait des fourrures; les chapeliers se servent de son poil pour fabriquer des chapeaux. Sa chair est un mauvais manger.

La loutre ne creuse point de terrier; mais elle se retire dans les trous formés par les racines, ou sous les racines des arbres qui bordent les rivières. Elle est fine et défiante comme tous les animaux qui vivent de rapines.

On reconnaît la présence des loutres dans le voisinage des étangs par leurs excrémens remplis d'écailles et d'arrêtes. Elles passent toujours dans le même endroit, et lorsqu'on a reconnu leurs *passées*, on tend dessus un TRAQUENARD (*voyez* ce mot), dont la chaîne doit être fortement assujettie à un pieu ou à un arbre.

L'affût pendant la nuit est le second moyen qu'on emploie pour prendre cet animal. La loutre a pour habitude d'aller fienter sur une pierre blanche, lorsqu'elle en rencontre près de l'étang; si cette pierre manque, on peut en transporter une. Lorsque le chasseur connaît l'habitude contractée, il se poste près de la pierre, attend l'animal, et le tire de très-près.

M. Jean Lots a donné un mémoire sur la manière avantageuse de dresser la loutre pour prendre du poisson. Il faut qu'elle soit jeune : on la nourrit pendant quelques jours avec du poisson et de l'eau; ensuite on mêle de plus en plus dans cette eau du lait, de la soupe, des choux et des herbes. Dès que l'on s'aperçoit que l'animal s'habitue à cette espèce d'aliment, on lui retranche successivement presque tout le poisson, et à sa place on substitue du pain, dont elle se nourrit très-bien. Enfin il ne faut plus lui donner ni poissons entiers ni intestins, mais seulement des têtes. On dresse ensuite l'animal à rapporter, comme on dresse un chien ; lorsqu'il rapporte tout ce qu'on veut, on le mène sur le bord d'un ruisseau clair ; on lui jette du poisson, qu'il a bientôt joint et qu'on lui fait rapporter ; la tête de ce poisson lui est donnée en récompense de sa docilité. Un homme de la Savoie, par le secours d'une loutre ainsi dressée, prenait journellement autant de poisson qu'il lui en fallait pour nourrir toute sa famille. Cette méthode est fort ancienne en Suède. (R.)

LOUVE. Femelle du LOUP. (B.)

LOUVE. Sorte de filet en forme d'entonnoir qu'on fixe dans les eaux peu profondes, au moyen de trois perches, deux en avant et l'autre à la pointe. Lorsqu'on veut s'emparer du poisson qu'on a fait entrer dans la louve, en la chassant de ses retraites au moyen du BOULOIR (*voyez* ce mot), on lève brusquement les deux premières de ces perches. (B.)

LOUVET ou LOVAT. MÉDECINE VÉTÉRINAIRE. C'est un mot vulgaire employé en Suisse pour désigner une maladie qui attaque les bœufs et les chevaux : en énumérant les symptômes qui la caractérisent, peut-être pourra-t-on lui donner un nom plus convenable, et lui donner la place qui lui convient dans une nosologie.

Aussitôt que l'animal en est atteint, il perd ses forces ; il tremble, il veut se tenir couché, il ne se lève que pour se rafraîchir et rechercher les lieux frais ; il porte la tête basse et les oreilles pendantes ; il est triste ; ses yeux sont rouges et larmoyans ; sa peau est fort chaude et sèche ; sa respiration est fréquente et difficile. Lorsque le mal a fait beaucoup de progrès, la respiration est toujours suivie d'un battement de flancs ; il tousse fréquemment ; l'haleine est d'une odeur fétide. En appliquant la main le long des côtes, on sent que le cœur et les artères battent avec force ; la langue et le palais sont arides et deviennent noirâtres ; il perd l'appétit, et cesse de ruminer ; la soif est considérable ; il urine très-rarement et fort peu à-la-fois ; les urines sont rougeâtres ; les excrémens durs et noirâtres dans le commencement, quelquefois liquides et sanguinolens : les vaches perdent leur lait. Dans les uns, il se forme des tumeurs inflammatoires, tantôt vers le poitrail, tantôt aux vertèbres du cou et du ventre, tantôt aux mamelles et aux parties naturelles ; dans les autres, il paraît dans toute la superficie du corps des boutons, comme de la gale et des furoncles. Il est rare de voir tous les symptômes attaquer en même temps le même sujet ; mais l'expérience prouve que plus ils sont nombreux, plus promptement l'animal périt. Ordinairement il meurt vers le quatrième jour, lorsque les symptômes sont violens ; s'il guérit, la convalescence est longue.

L'abondance des urines troubles, déposant un sédiment blanchâtre, les excrémens plus abondans que dans l'état naturel, humectés et dépourvus de beaucoup d'odeur, la peau souple, les boutons pleins d'un pus blanchâtre, la soif supprimée, le retour de l'appétit, sont les signes avant-coureurs de la guérison, tandis que la tuméfaction du ventre, les mugissemens, les défaillances, la débilité, les tremblemens, les convulsions, la rétention d'urine, la diarrhée et la dysenterie, n'annoncent rien que de fâcheux.

Cette maladie est plus fréquente en été qu'en hiver, et elle est moins meurtrière au printemps qu'en automne ; les cantons qui abondent en pâturages marécageux y sont beaucoup plus exposés que les autres.

M. Reynier (1) admet, pour cause prochaine de cette épizootie, la mauvaise qualité des eaux dont le bétail est abreuvé, le fourrage corrompu, des fatigues excessives, des écuries trop basses et mal aérées, l'intempérie de l'air.

L'ouverture des cadavres a présenté les lésions suivantes : les tumeurs étaient noirâtres, comme brûlées, fort puantes, pleines d'une sérosité jaunâtre ; ces tumeurs ressemblaient fort au charbon, sur-tout celles qui se sont formées à la poitrine et au ventre. La bouche et les naseaux ont paru un peu noirâtres et fort desséchés : en levant le cuir, il sortait un vent très-fétide ; la chair paraissait livide, presque sans taches de sang. Dans la cavité du ventre, on a trouvé beaucoup de sang fort séreux et purulent : les poumons étaient desséchés, remplis de tubercules et de petits abcès, sur-tout à ceux qui étaient péris après le quatrième jour ; le péricarde était rempli d'une sérosité jaunâtre ; l'estomac et les intestins rougeâtres de place en place, enduits de glaires fort tenaces, etc.

Malheureusement il n'est pas indiqué, parmi ces lésions, quelles étaient celles qui étaient constantes, et celles qui n'existaient que chez quelques individus ; cependant, en confrontant les signes de la maladie avec les lésions qu'on a trouvées, il n'est pas difficile de reconnaître l'affection connue des vétérinaires sous le nom de *charbon*, de *fièvre charbonneuse* ; mais ce nom, qui indique bien aux vétérinaires une série de symptômes connus par eux, n'indique pas encore le siége de la maladie, et c'est, autant qu'il est possible, ce siége qu'il faut connaître. Mais lorsqu'à l'ouverture des cadavres l'on trouve dans tous les individus malades du charbon une affection des membranes muqueuses du canal digestif, tandis que tous les autres symptômes sont variables d'après les écrits des vétérinaires sur cette maladie ; quand dans tous les animaux l'on

____

(1) *Le Louvet du Bétail*, etc., par J.-F. Reynier, docteur en Médecine. in-12. Lausanne, 1762.

trouve, pendant le cours de la maladie, prostration des forces, désir des endroits frais, peau sèche et chaude, haleine d'une odeur fétide, langue et palais arides et noirâtres, cessation de l'appétit, soif considérable, les excrémens noirâtres, san- guinolens (tous symptômes qui indiquent l'inflammation des membranes muqueuses intestinales), n'est-on pas porté à penser que cette affection n'est qu'une *gastro-entérite*, qui de- vient épidémique et contagieuse dans certains cas, et par des causes que nous n'avons pas encore pu saisir?

Que ces vétérinaires s'occupent de rechercher le siége des maladies, la nature de ces maladies, et ils deviendront bien plus sûrs dans le traitement à employer! Ainsi, dans ce genre d'affection, les maladies charbonneuses, s'il est bien reconnu que ce n'est qu'une inflammation violente des estomacs et des intestins, le traitement, sans être infaillible, est tout trouvé, tout simple : au lieu de cette complication de médicamens si savamment et si inutilement recommandée, il se réduit au traitement antiphlogistique. Ainsi les saignées, l'eau pure, plutôt fraîche que tiède, le petit-lait, les décoctions d'orge, de semences de courge, de concombre, administrés en breu- vage, en lavement ; les saignées locales autour du ventre, doi- vent être employés, et d'autant plus activement, que la ma- ladie se montrera avec des symptômes plus alarmans. Quand donc les vétérinaires trouveront-ils une manière d'employer activement le moyen thérapeutique des saignées locales si effi- cace dans les maladies inflammatoires de l'homme? (Huz. fils.)

LOUVOTTE. Synonyme de TRÈFLE RAMPANT aux environs de Bourmont.

LUCE (EAU DE). On donnait autrefois ce nom à l'AM- MONIAC liquide ou ALCALI VOLATIL FLUOR. *Voyez* ces deux mots.

LUCIE (BOIS DE SAINTE-). Nom vulgaire du CERISIER MAHALEB. *Voyez* ce mot.

LUMIE. On donne vulgairement ce nom à quelques variétés d'orangers, principalement aux bigaradiers pommes d'Adam. *Voyez* ORANGER. (B.)

LUMIÈRE. Beaucoup de personnes se croient très en état de dire ce que c'est que la lumière; cependant il n'a pas en- core été possible de la définir d'une manière satisfaisante, quoiqu'on ait écrit des volumes sans nombre pour expliquer sa nature; nous en jouissons sans la connaître.

Les effets de la lumière peuvent être divisés en deux classes bien distinctes, son action physique et son action chimique ; je traiterai successivement de ces effets, et ensuite de ceux non moins importans qu'elle exerce sur les végétaux et même les minéraux.

Lorsque nous voyons la lumière devenir sensible par la présence du soleil et disparaître avec lui, nous sommes déterminés à croire qu'elle émane immédiatement de lui ; mais une chandelle allumée, du bois en ignition en donnent aussi. Cette circonstance a fait naître l'opinion que la lumière est répandue dans tout l'espace, mais a besoin d'être mise en mouvement pour produire en nous la sensation qui nous fait *voir* ; cependant celle qui établit que le soleil est l'origine de la lumière prévaut, et c'est celle que j'adopterai : cette dernière a été fortifiée depuis peu par les importantes observations d'Herschel sur les taches du soleil.

Ce n'est pas ici le lieu de développer les effets de la lumière sur l'œil, effets si merveilleux, qui constituent la vision, sans lesquels l'homme et les animaux auraient tant de peine à subsister, sur lesquels repose la plus grande partie de leur intelligence, etc., etc ; je renvoie aux ouvrages des anatomistes et des physiciens ceux qui voudraient apprendre à les connaître avec toute l'étendue convenable.

Sous beaucoup de rapports, la lumière jouit des propriétés de la matière.

1°. Elle est divisible, ainsi que le prouve le prisme qui la décompose, en partageant sa couleur blanche, ou, mieux, diaphane, en trois couleurs principales, qui sont, le rouge, le jaune et le bleu : le noir est l'absorption ou l'absence de toutes les couleurs ; le blanc est la réflexion ou la réunion de toutes les couleurs. Par le mélange des rayons rouges, jaunes et bleus, on imite toutes les couleurs du prisme ; par le mélange des substances colorées en rouge, en jaune, en bleu, en noir et en blanc, on obtient toutes les nuances de couleur qui existent dans la nature. *Voyez* COULEUR.

2°. Elle est pesante, car elle change de direction lorsqu'elle est à la proximité de certains corps, elle fait mouvoir une aiguille placée sur un pivot au foyer d'une lentille. Chacune de ses molécules est même d'une pesanteur différente, puisqu'il a été constaté que le rayon bleu est beaucoup plus léger que le rouge.

3°. Elle est élastique, et sans doute le plus élastique de tous les corps de la nature, ce qu'on peut assurer, puisqu'elle se réfléchit exactement sous le même angle sous lequel elle a frappé un corps : c'est sa réflexion qui, se propageant jusqu'à notre œil, produit en nous la sensation de la vue des corps.

4°. Elle se meut en ligne droite lorsqu'elle ne trouve point d'obstacle sur son passage.

5°. Il est des corps d'une nature telle qu'elle les traverse : ce sont ceux qu'on appelle diaphanes ou transparens, comme l'eau, le verre, etc. Lorsque ces corps sont concaves ou convexes, les rayons se courbent, se réfractent, se dispersent ou se réunissent ; mais cette réfraction n'est la même ni dans chacun de ces corps, ni pour chacun de ces rayons. C'est sur ce fondement qu'est assise la théorie de la fabrication des lunettes, des télescopes, des microscopes, etc. ; c'est encore sur lui que repose celle de la décomposition de la lumière par le prisme, décomposition qui n'a lieu, comme je l'ai déjà annoncé plus haut, que parce que chaque rayon a une puissance réfrangible différente. Le soleil ne nous paraît rouge à l'horizon qu'à raison de ce que cette couleur est celle qui se réfracte le moins, et qui peut par conséquent surmonter le mieux les obstacles qu'opposent les vapeurs de la terre à leur arrivée. Le ciel paraît constamment bleu, parce que les rayons bleus sont ceux qui se dispersent le plus.

6°. Elle est étroitement unie avec le calorique, au moins dans les rayons solaires, comme le prouvent et le phénomène des miroirs concaves ou de la lentille, et l'observation de ses effets sur les corps qui en absorbent le plus, les corps noirs, par exemple, qui s'échauffent bien davantage que les autres lorsqu'ils sont exposés au soleil. Elle se fixe dans les corps en nature de chaleur. Au reste, chaque sorte de corps a une capacité différente à cet égard. C'est sur ce fait qu'est fondée la pratique agricole des Hautes-Alpes, où on répand des terres noires sur la neige pour accélérer sa fonte, et celle de quelques jardiniers qui peignent leurs murs en noir pour obtenir une plus prompte maturité des fruits des arbres qu'ils y palissadent.

Les rayons jaunes, d'après les expériences d'Herschel, éclairent davantage, et les rayons rouges échauffent le plus.

Je devrais peut-être entrer ici dans quelques détails sur l'immense chaleur qu'on obtient par le seul effet des rayons du soleil réunis en un point par des miroirs concaves, ou par une lentille d'un grand diamètre, chaleur telle que celle de nos plus ardens fourneaux de forge ne peut lui être comparée. On sait que la lentille de 6 pieds, qu'on voyait il y a quelques années au jardin de l'Infante à Paris, brûlait le diamant, vaporisait l'or en quelques secondes, et que l'impossibilité de trouver des matières qui pussent résister à la fusion a mis obstacle à l'exécution des projets d'expériences qui avaient déterminé sa construction.

Tous les rayons solaires n'offrent pas la même quantité de calorique ; les rouges sont ceux qui en contiennent le plus : ainsi une serre vitrée en rouge serait de beaucoup supérieure à une vitrée en blanc, pour tous les cas où un haut degré de chaleur est à désirer, comme pour faire des boutures forcées, pour provoquer la germination des vieilles graines, ou de celles provenant des pays très-chauds, etc.

Sennebier et Gilby ont prouvé, par des expériences, que les rayons violets avaient la propriété de décomposer plus fortement le gaz acide carbonique que les autres : c'est donc une importante amélioration agricole que de mettre les boutures sous des cloches violettes, que de placer des vitres violettes aux châssis, aux serres, etc.

Il est des corps qui paraissent avoir une lumière propre sans une chaleur sensible, telles sont les matières animales et végétales qui se pourrissent, certains insectes, beaucoup de vers marins. La plupart des corps peuvent devenir plus chauds, sans pour cela devenir lumineux ; cependant on ne doit pas en conclure que le calorique puisse être séparé de la lumière : car les matières animales et végétales s'enflamment quelquefois spontanément, et une masse de fer incandescente qui a cessé de paraître rouge au soleil, le paraît de nouveau lorsqu'on la transporte à l'obscurité : c'est au peu de perfection de nos organes qu'il faut le plus souvent attribuer nos erreurs en ce genre.

La lumière se propage dans tous les sens : la plus petite étincelle lance donc des rayons lumineux; mais comme ces rayons divergent continuellement, leur éclat, qui était le résultat de leur réunion, s'affaiblit par leur écartement. Plus on s'éloigne d'une chandelle et moins elle éclaire; on ne la voit plus à la distance d'une lieue (peut-être moins) par exemple : c'est le même principe qui fait qu'en plein jour plus nous nous écartons d'un objet quelconque, et moins nous le distinguons. La grosseur du soleil, et son peu d'éloignement de la terre, comparé à celui des étoiles fixes, qui sont aussi des soleils, rend cet effet peu sensible pour nous; mais nous l'éprouvons beaucoup pour les astres, qui, comme la lune, ne nous envoient qu'une lumière réfléchie, sans éclat et sans chaleur.

La rapidité avec laquelle la lumière se transmet fait croire à quelques personnes que sa propagation est instantanée; mais les éclipses de soleil ont appris qu'elle mettait 8 minutes 13 secondes à parcourir les 34,000,000 de lieues de distance de cet astre à la terre.

Une des propriétés de la lumière qu'il ne faut pas oublier de noter ici, à raison de sa grande influence, c'est la puissante affinité qu'elle a avec la plupart des corps, affinité telle qu'elle entre souvent pour beaucoup dans leur composition, et quelques-uns peuvent s'en surcharger sans qu'elle y soit combinée. Son affinité avec l'oxygène et les substances inflammables

a sur-tout des effets très-remarquables, comme je le dirai
plus bas.

Les anciens physiciens ont cru que les corps étaient colorés
par eux-mêmes ; mais aujourd'hui que l'observation nous a
appris qu'on pouvait changer instantanément leur couleur, en
modifiant chimiquement la disposition de leurs principes, que
les animaux, les végétaux et les minéraux passaient par toutes
les couleurs au moyen d'une modification, souvent peu sensible
sous d'autres rapports, des matières qui entrent dans leur
composition, on n'attribue plus la coloration qu'à la faculté
qu'a tel ou tel objet de réfléchir les rayons rouges, les rayons
jaunes, les rayons bleus, ou point de rayon (le noir). Le blanc,
ainsi que je l'ai déjà observé, est la réunion de tous les rayons
réfléchis.

L'action chimique de la lumière sur les animaux n'a pas encore été suffisamment étudiée pour que je puisse entreprendre
d'en traiter longuement ; cependant cette action est permanente. Point de doute que ceux qui sont exposés au soleil ne
soient plus forts, moins souvent malades, ne donnent des productions d'une meilleure nature que ceux qui vivent à l'ombre ;
car, quant à l'obscurité parfaite, aucun de ceux auxquels
l'homme prend intérêt n'y restent constamment. Cette seule
observation suffit pour apprécier à sa juste valeur l'opinion
de ceux qui prétendent qu'il est avantageux d'élever les bestiaux à l'écurie. J'ai bu du lait de vache, j'ai mangé des œufs
de poule, ainsi tenues renfermées sans exercice et sans lumière, et j'ai pu, ainsi que tant d'autres personnes, juger de
l'infériorité de leur saveur. Les lapins domestiques sont d'autant meilleurs qu'ils sont laissés plus libres de jouir des bienfaits de la lumière : ceci autorise à faire entrer la lumière
comme un des élémens de la plus grande sapidité des animaux sauvages. Qui doute que cette même cause ne soit celle
de la faiblesse de tempérament des habitans des villes, de
tant d'ouvriers sur-tout que la nécessité de gagner leur pain
retient toute la semaine dans des chambres obscures et dont
l'air est peu renouvelé ? Il n'est qu'un cas où il soit reconnu
utile de mettre les animaux domestiques dans un lieu obscur,
c'est quand on les engraisse : or, tout le monde sait que
l'excès de graisse est une véritable maladie, presque toujours
suivie de la mort dans quelques animaux, les moutons, par
exemple.

On doit à Sennebier de nombreux et importans travaux sur
la lumière considérée comme agissant sur les végétaux : je vais
en présenter l'extrait.

Il est indubitable que la lumière colore les végétaux, puisque ceux qu'on élève dans un lieu obscur, ceux qu'on enve-

loppe d'une matière opaque, le centre de ceux qui pomment, ou dont on lie les feuilles extérieures, deviennent blancs. *Voyez* au mot ÉTIOLEMENT.

Le parenchyme est le siége de l'étiolement, et ce probablement parce qu'il est de la nature des résines, qui, comme je l'ai annoncé plus haut, ont une attraction très-puissante pour la lumière.

L'influence de la lumière sur les plantes retarde leur accroissement, augmente leur vigueur, assure leur fécondité, donne de la saveur à toutes leurs parties. Quel est le cultivateur qui ne soit chaque année mille fois témoin des faits qui le prouvent? Elle agit même sur les racines, mais d'une manière indirecte, c'est-à-dire en donnant plus d'amplitude aux branches. Il faut ici se souvenir qu'il y a toujours un rapport nécessaire entre le nombre et la force des racines, et le nombre et la force des branches.

La lumière favorise la succion et la transpiration des plantes, probablement en stimulant leurs organes. Un grand nombre de phénomènes prouvent que c'est principalement comme stimulant qu'elle agit dans ce cas.

Qui ne sait que les plantes cherchent la lumière? Qui n'a mille fois observé que celles qu'on tient dans une chambre dirigent leurs sommets vers la fenêtre, que les branches des espaliers s'éloignent des murs, que les rameaux des arbres des forêts sont plus forts du côté des clairières que du côté du fourré?

Tessier a fait sur ce sujet des expériences curieuses qu'on peut voir dans les Mémoires de l'Académie des sciences, pour 1783. Il en conclut que l'inclinaison des branches, dans ce cas, est en raison de leur jeunesse, de leur distance à la lumière, de la couleur des corps placés devant elles, de la facilité plus ou moins grande des tiges pour sortir de terre.

Un des plus importans effets de la lumière sur les plantes est certainement d'en tirer le gaz oxygène en décomposant l'acide carbonique. Je développerai au mot OXYGÈNE la théorie de ces effets, et j'indiquerai quelques-unes de leurs conséquences : j'y renvoie le lecteur.

Tous ces résultats prouvent que les plantes doivent toujours jouir dans les orangeries, les serres, etc., des bienfaits de la lumière ; que même celles qui aiment l'ombre ne doivent pas être trop ombragées; que dans tous les semis, dans toutes les plantations, il faut que l'écartement entre les pieds soit tel qu'ils ne se privent pas réciproquement des influences de la lumière. Il se perd peut-être chaque année cent millions de fois plus de produits agricoles en France, par la malheureuse habitude où l'on est de semer et de planter trop épais, que par la réunion de tous les fléaux qui pèsent sur l'agriculture.

Il faut que les amis de leur pays ne cessent de répéter : Ne craignez pas de ménager votre semence, d'écarter vos légumes, vos arbres, etc., en proportion de la grandeur à laquelle ils doivent parvenir, afin que les cultivateurs se pénètrent de cette importante vérité, et s'y conforment dans leur pratique.

Mais la lumière, si nécessaire à la vie des plantes, ne l'est pas de même à la germination des graines. Il résulte des expériences de Sennebier, d'Ingenhousz et de Th. de Saussure, qu'il y a quelque chose à gagner à tenir les semis à l'obscurité. Il y a déjà long-temps que l'expérience a appris ce fait aux jardiniers, aussi sèment-ils de préférence à l'exposition du nord beaucoup de sortes de graines, couvrent-ils celles qu'ils ont placées au midi pendant la grande chaleur du jour avec des paillassons, des toiles, des claies, etc.

Un excès de lumière nuit aux plantes qu'on y expose après les avoir tirées de l'orangerie, de la serre, de la bache, etc. : c'est pourquoi il faut, ou choisir un temps couvert pour faire l'opération de leur sortie, ou les placer à l'ombre.

« Dans l'obscurité, les plantes changeant en acide carbonique plus d'air qu'elles n'en peuvent digérer, elles en rejettent une grande quantité, et rendent d'autant moins propre à la respiration l'air avec lequel elles se trouvent en contact.

» Dans le jour, au contraire, elles absorbent, avec l'air de l'atmosphère, une si grande quantité de calorique fourni par le soleil, que, ne pouvant le digérer en entier, elles en rejettent le superflu, qui, combiné avec l'oxygène, forme le gaz oxygène, qu'elles rendent alors en si grande abondance. » Ingenhousz, *Annales d'agriculture*, tome VI.

Décandolle prouve, par des expériences irrécusables, 1°. que la lumière artificielle acccélère les mouvemens périodiques des sensitives et autres plantes qui ont des facultés analogues; 2°. qu'en éclairant les plantes pendant la nuit, et en les laissant dans l'obscurité pendant le jour, on change totalement leurs habitudes, de manière que les feuilles ou les fleurs des plantes nocturnes s'épanouissent le matin, et celles des plantes diurnes le soir.

En général, les effets de la lumière sur les plantes se confondent dans un si grand nombre de cas avec ceux de la chaleur, avec ceux de l'air, etc., qu'il est difficile de les distinguer. Je m'arrête, en conséquence, me réservant, dans les articles où j'y serai conduit par le sujet, de m'étendre davantage sur ce qui les concerne. *Voyez* GÉOGRAPHIE AGRICOLE. (B.)

LUNAIRE, *Lunaria*. Genre de plantes de la tétradynamie siliculeuse et de la famille des crucifères, qui ne comprend que deux espèces que l'on cultive assez fréquemment dans les jardins d'agrément, quoiqu'elles n'aient d'autre mérite que la singulière apparence de la cloison de leurs silicules.

Les lunaires ont les feuilles alternes, cordiformes, dentées, et les fleurs violettes, ou blanches, ou panachées de ces deux couleurs, et disposées en panicules terminales. L'une, la LUNAIRE VIVACE, est vivace, haute de 2 pieds, velue : toutes ses feuilles sont pétiolées, et ses silicules oblongues ; l'autre, la LUNAIRE ANNUELLE, est annuelle ou bisannuelle ; a les tiges hautes de 3 pieds, glabres, les feuilles supérieures sessiles ; les silicules presque orbiculaires. Toutes deux sont originaires des parties méridionales de l'Europe, et fleurissent au milieu du printemps, la seconde année de leur semis ; toutes deux ont la cloison des silicules d'un satin argenté très-brillant. La dernière est plus grande dans toutes ses parties que la première, et est cultivée de préférence. On l'appelle vulgairement *satinée, satin blanc, passe-satin, médaille* et *bulbonac*. On croit ses semences incisives et diurétiques. Ses feuilles sont âcres et échauffantes. On mange ses racines en salade comme celles de la raiponce ; on la multiplie par ses semences, qu'il faut mettre en terre aussitôt qu'elles sont mûres. Il lui faut un bon sol, mais sec et chaud. Ses cloisons sont moins blanches dans les sols humides et ombragés. On coupe ses panicules dès que les semences sont mûres, et on les conserve dans les appartemens pour jouir, pendant l'hiver, de l'éclat de ses cloisons. (B.)

LUNATIQUE. Ce mot tire son origine du préjugé qui a long-temps fait croire que la lune, dans son déclin, influait sur le caractère des animaux et sur plusieurs des maladies auxquelles ils sont assujettis.

Un cheval ordinairement facile à conduire devient-il rebelle au mors ; rue-t-il sous les coups de fouet, ou y est-il insensible dans quelques circonstances ; est-il plus peureux dans un temps que dans un autre, etc., on dit qu'il est lunatique.

Il est une sorte de FLUXION (*voyez* ce mot) qui affecte périodiquement les yeux des chevaux, et à laquelle on a aussi appliqué le même nom.

L'opinion relative à l'influence de la lune n'est plus aussi générale qu'autrefois dans les campagnes, mais elle y règne cependant encore. *Voyez* au mot LUNE. (B.)

LUNE. L'influence de cet astre sur les vicissitudes du temps est pour le moins très-douteuse, malgré l'opinion généralement répandue dans les campagnes à ce sujet, et même les systèmes de quelques savans qui ont voulu la prouver par l'observation des faits : c'est ce que je vais tâcher de montrer dans cet article.

Les différens météores produits dans l'atmosphère résultent en général des variations de température de l'air et de ses mouvemens, qui sont les causes ou les conséquences des changemens que subissent sa densité et ses combinaisons avec les vapeurs aqueuses : pour que la lune concourût à la production de ces météores, il faudrait donc qu'elle changeât la température de l'air ou qu'elle lui imprimât un mouvement. Des expériences directes prouvent que le premier de ces effets ne saurait avoir lieu : les rayons de la pleine lune, réunis au foyer d'un grand miroir concave, n'ont pas fait monter sensiblement un thermomètre placé à ce foyer. A l'égard des mouvemens de l'air dus à l'action de la lune, ils doivent être analogues à ceux de l'Océan dans les marées, toutefois avec les différences qui tiennent à l'élasticité de l'air et à son peu de densité comparativement à l'eau. En calculant sur ce pied, par l'analyse mathématique, les marées de l'atmosphère, M. Laplace s'est assuré qu'elles produisent à peine une demi-ligne de variation sur la hauteur du mercure dans le baromètre, et sont par conséquent bien éloignées de répondre aux grands changemens que subit cette hauteur dans le cours de l'année.

Il faudrait donc attribuer à la lune une action tout-à-fait particulière sur quelque agent impondérable, dont l'effet direct ne serait pas connu, ou ne saurait être mesuré par aucun de nos instrumens, le fluide électrique, par exemple, pour établir une correspondance entre les mouvemens de la lune et les grands mouvemens de l'atmosphère ; mais avant d'être fondé à présenter avec quelque apparence de raison une pareille hypothèse, il faudrait montrer, par un grand nombre d'observations bien choisies et bien discutées, qu'il existe dans les derniers de ces mouvemens des périodes conformes à celles qui sont bien connues dans les autres. C'est ce qu'ont tenté de faire plusieurs savans, entre autres M. Toalpo, physicien de Padoue; mais, pour procéder avec ordre dans cette recherche, il faut classer les phénomènes astronomiques dont on cherche à déterminer l'influence. Les uns, comme les phases, se rapportent à la position relative de la lune et du soleil; les autres, comme le passage de la lune par son apogée, par son périgée, par son nœud, ses changemens de position à l'égard de l'équateur, sont particulièrement liés avec la révolution de la lune autour de la terre. Si, dans le relevé que l'on fait des changemens de temps, on ne distingue pas la nature de ceux qui répondent à chacun de ces phénomènes en particulier, on ne peut rien conclure de la coïncidence générale qui pourrait se trouver entre le plus grand nombre des changemens de temps et quelques-uns de ces phénomènes. En effet, dans l'espace de vingt-neuf jours qui embrasse la révolution de la lune par rapport à l'équinoxe et par rapport au soleil, il y a nécessairement quatre phases de la lune, un passage par l'apogée et un par le périgée, deux par l'équateur, deux époques où elle cesse de s'éloigner de son cercle pour s'en rapprocher, et qu'on nomme *lunistices* : or, si l'on regarde comme appartenant à chacune de ces dix époques les changemens qui peuvent avoir lieu la veille ou le lendemain, il se trouvera que les points lunaires embrasseront plus de vingt jours dans le mois ; il n'est donc pas besoin d'une cause particulière pour faire arriver plus souvent les changemens de temps dans l'un de ces vingt jours que dans les dix restant. Quand on se restreindrait aux seules phases de la lune, comme le font ordinairement les gens de la campagne, et qu'on en étendrait l'influence au jour qui les précède et au jour qui les suit, on embrasserait encore douze jours du mois, nombre assez grand pour comprendre très-souvent des changemens de temps. Ainsi donc, tant qu'une longue suite d'observations n'aura pas prouvé que ces changemens se distribuent avec précision sur les époques des points lunaires, conformément à leur nature et à celle de ces points, on ne pourra rien affirmer sur l'influence de la lune dans les phénomènes météorologiques, et les raisons qu'on a pour la révoquer en doute subsisteront dans toute leur force. (L. C.)

LUPIN, *Lupinus*. Genre de plantes de la diadelphie décandrie et de la famille des légumineuses, qui renferme une vingtaine d'espèces, dont une est cultivée dans les parties méridionales de l'Europe pour la nourriture des hommes et des animaux, et plusieurs dans les jardins pour l'agrément de leurs fleurs.

Tous les lupins ont les racines ligneuses ; les tiges droites ; les feuilles alternes, composées de cinq ou sept folioles lancéolées, verticillées au sommet d'un long pétiole ; les fleurs grandes, disposées en épis à l'extrémité des tiges. Un seul est vivace.

Le LUPIN CULTIVÉ ou LUPIN BLANC, *Lupinus albus*, Lin., a la racine annuelle ; la tige rameuse, cylindrique, un peu velue, haute d'environ 2 pieds ; les feuilles velues et les fleurs blanches. Oliver l'a trouvé en Perse dans l'état sauvage. On le cultive dans tout le Levant et dans les parties méridionales de l'Europe comme aliment, comme engrais et comme plante d'ornement. Il fleurit au milieu de l'été. Les anciens l'ont connu. «De tous les légumes, dit Columelle, le lupin est celui qui mérite le plus d'attention, parce qu'il emploie moins de journées, coûte très-peu et fournit un excellent engrais pour les terres maigres. On peut le semer ou dans le mois de septembre, avant l'équinoxe, ou incontinent après les calendes d'octobre, dans les terres qu'on laisse en jachère. De quelque manière qu'on le traite il réussit toujours ; cependant il a besoin des chaleurs modérées de l'automne pour prendre promptement de la force, car lorsqu'il n'a pas assez de consistance avant l'hiver, les froids lui sont préjudiciables. Il se plaît dans les terres maigres, principalement dans celles qui sont rouges ; il craint l'argile et ne vient pas dans un sol limoneux. » Col. liv. 2, chap. 10.

On a remarqué que le lupin végétait mal dans les sols calcaires, et que sa fane était souvent d'une très-lente décomposition : ce sont peut-être ces deux inconvéniens qui s'opposent à ce qu'on l'enterre pour engrais ; un troisième, c'est que l'époque de sa maturité coïncide avec celle de la moisson, et que ces deux récoltes se gênent réciproquement.

Tous les agriculteurs qui ont écrit sur le lupin depuis Columelle parlent de la même manière sur les avantages qui résultent de sa culture. Non-seulement son fruit fournit un aliment très-nourrissant pour les animaux, et que les hommes mêmes mangent dans quelques endroits ; mais la plante entière, enterrée avec la charrue pendant qu'elle est en fleur, engraisse la terre aussi bien que le meilleur fumier. Aujourd'hui, comme du temps de Columelle, on emploie le lupin sous ce rapport et on s'en trouve bien ; mais combien peu sa culture est étendue relativement à ce qu'elle devrait être !

C'est dans le midi de la France que l'on doit principalement cultiver le lupin, car il craint autant l'humidité que la gelée, et son semis manque très-souvent dans le climat de Paris et autres plus septentrionaux. L'époque des semailles indiquée par Columelle est celle qu'on doit suivre.

On prétend qu'il faut de légers labours à la terre destinée au lupin, et on n'en donne pas d'autres dans tous les lieux où je l'ai vu cultiver : c'est une erreur, ainsi que le prouve l'expérience.

La culture du lupin ayant deux buts doit être soumise à deux modes.

Lorsqu'on veut récolter la graine, il faut semer sur deux bons labours croisés. On emploie 24 à 25 livres de graines pour 100 toises carrées, qui rendent, terme moyen, quinze pour un.

Lorsqu'on veut enterrer la fane, on peut se contenter d'un seul. Dans ce cas, et c'est toujours des pays chauds dont il est question, il faut faire le labour et le semis immédiatement après la récolte du blé, pour que le lupin puisse fleurir avant l'époque des semailles et être enfoui par un labour très-profond et très-serré. Les fanes, étant alors herbacées ne tardent pas à pourrir et à remplir leur destination.

C'est principalement parce que le lupin a une végétation

rapide dans les pays chauds, qu'il est très-précieux non-seulement pour y faire disparaître les jachères, mais pour y obtenir deux récoltes en un an, ou au moins trois en deux ans : il y remplace les raves que les sécheresses ne permettent pas toujours d'y cultiver avec fruit.

Un autre avantage du lupin, c'est de détruire complétement les mauvaises herbes, qu'il surmonte par la vitesse de sa croissance et qu'il étouffe par l'ombre de ses larges feuilles. Sa graine se conserve sur pied dans sa gousse, sans se perdre, aussi long-temps qu'on le désire, après sa maturité achevée : de sorte qu'on peut choisir un moment opportun pour la récolter.

La tige desséchée du lupin fournit de la litière pour les animaux, et peut être employée à chauffer le four.

Si on était curieux de faire la comparaison de la somme nécessaire pour l'achat des engrais animaux capables de fumer un champ, et de ce que coûtent la graine et les petits frais de culture excédant la culture ordinaire, on verrait du premier coup d'œil que tout l'avantage est pour le lupin. On objectera que l'engrais animal sera plus actif et durera plus, soit ; mais quel est le particulier assez riche en engrais, dans les pays méridionaux, pour fumer tous ses champs ? Combien en est-il que les frais de transport empêchent de fumer ceux qui sont éloignés de leur maison ? Il n'en est pas moins vrai que l'engrais du lupin est excellent. Je ne connais aucune plante dont la culture soit moins coûteuse et plus avantageuse dans les pays pauvres, même dans les bons fonds qu'on est forcé de laisser en jachère.

On peut encore cultiver le lupin comme fourrage. Les bœufs et sur-tout les brebis l'aiment beaucoup, il les engraisse et les fortifie. Cependant, quoiqu'on le fasse dans quelques endroits, j'ai lieu de croire qu'il est plus avantageux de le laisser venir en graine, parce que les graines sont toujours plus nourrissantes que les feuilles.

La bonne graine de lupin est blanchâtre, aplatie, orbiculaire, un peu anguleuse ; elle n'est mangeable que lorsqu'elle a perdu son amertume par la macération dans de l'eau. En Corse, où on en consomme beaucoup, on la fait tremper dans de l'eau de mer, qu'on change deux ou trois fois ; dans d'autres endroits, on la met dans de l'eau douce. Par-tout on devrait préférer des eaux alcalines, la lessive des cendres ; car elle est plus propre à agir sur l'écorce, partie où réside l'amertume. Pourquoi ne pas enlever cette écorce par une mouture à meules fort écartées, comme on le fait en Angleterre pour les pois ? C'est sans doute parce que les cantons où l'on mange des lupins sont habités par des hommes pauvres et ignorans. Sous tous ces rapports, même pour la nourriture des bestiaux, il serait

avantageux de moudre grossièrement les graines de lupin. Ordinairement on en fait par la cuisson une espèce de purée
qu'on assaisonne avec du sel, du beurre ou de l'huile : c'est,
si j'en juge par deux ou trois fois que j'en ai goûté en Espagne
et en France, un fort mauvais manger, que je n'ai pas de peine
à croire venteux et difficile à digérer, comme on le dit. Les
anciens, à ce qu'il paraît, en faisaient un grand usage, principalement pour la nourriture de leurs esclaves. Aujourd'hui, je
le répète, à part quelques contrées pauvres, on l'emploie seulement pour engraisser les bœufs, les cochons et les moutons;
on le leur donne généralement bouilli dans l'eau.

Dans les environs de Paris, on ne cultive guère le lupin que
pour les usages médicinaux, car la farine de sa semence est
une des plus éminemment résolutives; cependant des agronomes en sèment quelques parties dans les mêmes buts que
ceux mentionnés plus haut. Là, et encore plus dans les climats
plus septentrionaux, on ne doit faire ces semis qu'au printemps, à raison de l'humidité ou du froid des hivers, et on ne
remplit par conséquent pas toutes les données qu'il présente
au midi. Cependant, soit qu'on l'y sème pour la graine, soit
pour être enterré sur place, il doit utilement entrer pour une
petite quantité dans les assolemens d'une ferme bien montée.

On peut faire figurer le lupin blanc dans les parterres ; mais
comme la couleur de sa fleur est moins remarquable que celle
des autres, on l'y voit moins souvent. Dans ce cas, on le sème
sur place, lorsqu'il n'y a plus de gelées à craindre, dans de
petits AUGETS (*voyez* ce mot), qu'on remplit de terreau. Il
faut placer cinq à six graines à peu de distance les unes des
autres, parce qu'il fait un plus bel effet en petites touffes
qu'isolé.

Le LUPIN BLEU , *Lupinus hirsutus* , Lin. , a les racines annuelles, les tiges très-velues, hautes d'un à 2 pieds; les feuilles
composées de neuf ou onze folioles également très-velues; les
fleurs bleues ou roses disposées en épis verticillés et terminaux. Il est originaire du Levant. On le cultive fréquemment
dans les parterres, à raison de la beauté de ses fleurs. On le
sème au printemps comme le précédent.

Le LUPIN JAUNE a la racine annuelle; la tige haute d'un
pied, velue; les feuilles à sept ou neuf folioles obtuses et velues; les fleurs jaunes, odorantes, disposées en épis verticillés et terminaux. Il est originaire de Sicile. C'est l'espèce qu'on
aime le plus à cultiver dans les parterres, quoique moins agréable que les autres, parce que ses fleurs exhalent une odeur très-
suave analogue à celle de la giroflée. On le sème comme les
autres en touffes, au printemps, en plusieurs fois, et à huit

jours de distance , pour que sa floraison se prolonge plus long-temps ; il fleurit aussi au milieu de l'été.

En général , tous les lupins n'aiment point à être transplantés et craignent l'eau.

Il y a encore quelques espèces qu'on pourrait mettre dans les parterres, telles que le LUPIN VARIÉ et le LUPIN VIVACE; mais ils sont rares. (B.)

LUPINELLE. Nom vulgaire du TRÈFLE INCARNAT.

LUPULINE. Espèce de luzerne commune dans une partie de la France et qui forme un excellent fourrage. *Voyez* au mot LUZERNE.

LUQUET. Synonyme d'ALUMETTE , de CHENEVOTTE , dans le midi de la France. (B.)

LUXATION. MÉDECINE VÉTÉRINAIRE. On appelle luxation le déplacement d'un ou de plusieurs os mobiles hors de leur cavité.

Il y a des luxations complètes et incomplètes : elle est complète lorsque la surface d'un os est totalement séparée de celle d'un autre os sur lequel il porte en avant, en arrière, ou sur les côtés; elle est incomplète lorsqu'il y a extension de ligamens , ou qu'un os se porte en dehors de la cavité, ou s'écarte du centre de l'os dont il est voisin. La luxation de la première espèce a rarement lieu dans les animaux, à moins qu'il n'y ait une rupture de ligamens et quelquefois des tendons.

Les causes des luxations sont les coups, les chutes, les efforts violens , les mouvemens extraordinaires , etc.

On connaît qu'il y a luxation dans une partie par la douleur vive qui se fait sentir à l'articulation , par la difficulté qu'a l'animal de mouvoir la partie , par la tumeur qui paraît à l'endroit où l'os s'est jeté, et par une dépression à l'endroit où l'os s'est séparé.

Si la luxation est complète , la réduction s'opère par l'extension , la contre-extension et la conduite de l'os en sa place ; on applique ensuite sur la partie des compresses imbibées d'eau-de-vie camphrée , et on assujettit l'appareil avec un bandage fait de manière à contenir les os en situation. Au contraire, si elle est incomplète , il suffit de la traiter simplement par les embrocations avec les aromatiques et les vulnéraires, tels que le vin aromatique , la lie de vin , etc. Le repos sur-tout contribue à la guérison de cette dernière espèce de luxation , qui arrive le plus souvent aux articulations du boulet avec le paturon.

Il est des cas où la luxation se trouve compliquée avec la fracture, et que l'inflammation , l'enflure et quelquefois l'hémorrhagie s'opposent à la réduction. Alors le parti qu'il y a à prendre, si l'os est fracturé loin de l'articulation, c'est d'en tenter la réduction ; mais si la fracture est près de l'articulation, il faut attendre que les os soient soudés. On emploie à cet effet les émolliens et les résolutifs ; on a attention de prévenir l'endurcissement des ligamens, et l'épanchement de l'humeur synoviale dans l'articulation, et quand le cal se trouve formé (*voyez* CALUS), on procède à la réduction. Elle se fait de la manière indiquée au mot FRACTURE. *Voyez* ce mot. (R.)

LUZERNA. C'est le SAINFOIN dans le département de la Haute-Garonne.

LUZERNE, *Medicago*. Genre de plantes de la diadelphie décandrie et de la famille des légumineuses, qui renferme une quarantaine d'espèces toutes propres à la nourriture des bestiaux, et dont une est, dans les parties tempérées de l'Europe, l'objet d'une des plus importantes cultures.

Toutes les luzernes ont les feuilles alternes, ternées, et les fleurs disposées en têtes ou en épis sur des pédoncules axillaires.

La LUZERNE CUTIVÉE était connue des anciens ; Varon, Caton et Palladius parlent de son excellence et des avantages de sa culture avec enthousiasme ; Olivier de Serres, sous le nom de sainfoin, nom qu'on lui donne encore dans beaucoup de localités, l'appelle la *merveille du ménage*, et lui consacre un long article rempli de sages préceptes. Depuis cette époque, la culture de cette plante s'est beaucoup étendue ; mais elle ne l'est pas cependant autant que l'exigerait l'intérêt de l'agriculture. Il est encore beaucoup de cantons en France où l'on n'en voit pas, quoique leur terrain lui soit aussi ou plus favorable qu'ailleurs.

Comme plante des parties méridionales de l'Europe, la luzerne craint les gelées, et, par suite, ne peut pas être cultivée dans le nord. Aux environs de Paris même, localité qui lui est encore très-favorable, elle en souffre quelquefois, sur-tout au printemps, lorsque après être entrée en végétation il survient des froids tardifs. La conséquence de ce fait, c'est qu'au nord de ce climat il ne faut la semer que dans des lieux secs et chauds.

« Non-seulement, dit Gilbert, Traité des prairies artificielles, la luzerne ne vient pas sur tous les sols, mais ceux qui lui conviennent le mieux ne sont nulle part les plus communs. Les terrains légers et substantiels, ni trop secs ni trop humides, d'une température moyenne, dont les molécules ont entre elles peu d'aggrégation, qui, conséquemment, sont faciles à diviser ; une couche végétale profonde ou portant sur un lit assez ferme pour retenir les principes fertilisans, et pourtant assez perméable pour laisser échapper l'eau superflue, voilà les caractères généraux de la terre dans laquelle elle se plaît. La luzerne languit et ne subsiste pas long-temps dans les sables arides, dans les terres froides, argileuses, où ses racines ne peuvent pénétrer que très-difficilement, et trouvent une humidité permanente qui la tue : les craies, les marnes, les tufs ne lui sont pas plus favorables. Quelquefois la luzerne paraît prospérer dans ces sortes de terrains pendant les premières années, parce que la couche supérieure est de bonne nature; mais lorsque ses racines sont parvenues à la mauvaise terre, elle dépérit avec rapidité. »

J'ajouterai que ce n'est que dans les très-bonnes terres légères, profondes et substantielles en même temps, qu'il est réellement profitable de semer la luzerne; car là seulement ses racines peuvent parvenir à la longueur de plus de 3 pieds qu'on leur trouve quelquefois (Rozier dit même 10), et que ses tiges peuvent s'élever à la même hauteur : or, il n'en coûte pas plus de frais pour obtenir une pareille luzerne, qui donne des produits triples de celle semée en terrain de nature différente. Ce n'est pas sur les montagnes que les botanistes trouvent cette plante dans l'état sauvage, c'est dans les vallées, sur les bords des rivières, dans les sols d'alluvion : elle doit donc se plaire le mieux, donner des récoltes plus abondantes dans ces dernières localités. Les indications de la nature ne trompent jamais le cultivateur. La durée d'une luzernière dépend presque toujours de la qualité du sol, aussi varie-t-elle entre trois et vingt ans. Dans les terres trop légères et trop fraîches, il vaut mieux semer du TRÈFLE, et dans celles qui sont arides et trop peu profondes, il est plus fructueux de semer du SAINFOIN. *Voyez* ces deux mots.

Pline assure trente ans de durée à la luzerne semée en bon fonds : on voit en effet des pieds isolés atteindre cet âge, même aux environs de Paris.

Communément on ne cueille la graine que sur de vieilles luzernes qu'on veut détruire, et même sur la troisième repousse de ces luzernes. Il n'en est pas moins vrai que pour avoir toujours de la graine de luzerne de qualité supérieure, et abondamment, il faudrait la prendre sur des luzernières d'âge moyen, de six ans, par exemple, et pour cela en réserver une pièce, que, comme je l'ai déjà observé, on ne faucherait jamais pour fourrage en première coupe.

J'ajouterai que la graine récoltée sur une luzernière à détruire ne peut manquer d'être mêlée avec celle des plantes qui y croissent toujours, et qu'il est fort difficile de les séparer :

or, on conçoit quels sont les inconvéniens qui sont la suite de cette circonstance. Aussi la plupart des cultivateurs, malgré la faiblesse organique qu'ils reconnaissent à la graine de la seconde coupe, n'en récoltent-ils pas d'autre, parce qu'elle est généralement peu mélangée.

Les gousses de la luzerne s'ouvrant difficilement, on n'a pas à craindre que ses graines se perdent en retardant la coupe de celle qui est mûre ; en conséquence il faut la laisser mûrir avec excès, et on peut choisir sans inconvénient le moment le plus opportun pour la faucher ; cependant il est bon de ne pas trop prolonger l'époque de cette opération, afin de tirer quelque profit du regain qu'on peut encore espérer.

Coupée et séchée, la luzerne pour graine se porte dans un grenier, et y reste jusqu'à ce que l'époque de la semer soit près d'arriver, parce qu'elle s'améliore d'abord et ensuite se conserve mieux dans sa gousse que dehors. Ce n'est pas une chose facile que de la battre de manière à n'en pas perdre ; mais on y parvient avec du temps et de la persévérance.

La bonne graine de luzerne est luisante, brune et pesante ; elle peut se conserver cinq à six ans et plus, sur-tout si elle est laissée dans sa gousse ; cependant il est avantageux de préférer toujours la plus nouvelle, et on gagne, dans le nord, à en faire venir, de loin en loin, du midi.

Il est toujours utile de préparer la terre à recevoir de la luzerne par quelque culture qui empêche les mauvaises herbes de croître, telles que celles de la vesce, des pois gris, ou oblige à des binages propres à les faire périr lorsqu'elles ont poussé, telles que celles des fèves de marais, des pommes de terre, etc. En Angleterre, on la sème très-fréquemment après une récolte de raves, ou sur une houblonnière, une garancière détruites.

Dans le midi, on peut semer la luzerne sous les arbres ; mais plus on approche vers le nord, et plus elle demande à être exposée au soleil et à l'air pour fournir quantité et qualité.

Comme la durée moyenne de la luzerne dans un fonds médiocre est de douze ans, et que pendant ce temps, au moins dans la méthode ordinaire, elle ne recevra pas d'engrais, il est nécessaire que le terrain qu'on lui destine soit largement fumé. Ce terrain sera aussi profondément labouré que possible, parce que cette plante étant pivotante, il est bon de favoriser sa disposition à s'enfoncer. Plus elle pourra la première année aller chercher bas sa nourriture, et plus elle profitera et plus elle bravera la sécheresse. Ordinairement on la sème sur trois labours, mais deux peuvent suffire lorsqu'ils sont convenablent exécutés. *Voyez* LABOUR.

Immédiatement après le dernier labour, on fera passer la herse, puis le rouleau, jusqu'à ce que le terrain soit aussi uni que possible. Si ce terrain est de nature forte et qu'il offre des mottes trop dures pour être brisées par ces opérations, on les fera travailler avec le Casse-Motte, encore mieux avec la Houe a cheval à plusieurs rangs de fer. (*Voyez* ces mots.) On sent combien il est utile qu'une prairie destinée à être fauchée soit de niveau.

Indiquer une époque fixe pour semer la luzerne serait induire à erreur, cette époque dépendant du climat et de la saison. Dans le midi, qui, comme je l'ai déjà observé, est sa véritable patrie, on la sème en septembre ou en mars, un peu plus tôt ou un peu plus tard, selon les temps et les lieux. Les semailles faites en septembre font gagner une année, puisque dans la suivante on coupe cette luzerne comme les autres; il faut cependant observer qu'elle fleurit plus tard et qu'ordinairement on a une coupe de moins. Dans le nord, on doit semer dès qu'on ne craint plus l'effet des gelées; car une gelée un peu forte détruit complétement toute luzerne qui lève. Il est plus avantageux de semer la luzerne un peu clair que trop épais, parce que l'influence de la première année des plantes agit sur toute leur vie; c'est-à-dire que celles qui ont alors souffert ne sont jamais aussi belles que celles qui ont crû en liberté. La quantité de semence à répandre dépendant de la nature du sol et de celle du climat, je ne l'indiquerai pas d'une manière rigoureuse : aux environs de Paris, c'est ordinairement entre 15 et 20 livres par arpent.

Généralement on sème à la volée avec de l'avoine ou de l'orge, qui abritent le jeune plant de la trop grande ardeur du soleil, ou des hâles trop desséchans, et dont la récolte paye les frais de la culture et de la rente la terre : on s'en trouve bien; cependant il paraît par les écrits d'Arthur Young que les semis en rangées qu'on peut biner à la charrue donnent des produits plus avantageux dans les terrains de médiocre qualité, ce qui n'est pas difficile à croire; mais aussi les tiges sont si grosses et si dures que les bestiaux ne peuvent pas les manger. *Voyez* Rangée.

Dès que la graine de luzerne est semée, il faut l'enterrer avec une herse légère armée de rameaux d'épines, et de manière à perfectionner le nivellement déjà donné au sol. Elle craint d'être trop recouverte, mais veut l'être suffisamment, de sorte que cette opération ne doit être faite que par des hommes exercés.

Quelques cultivateurs sèment du trèfle avec la luzerne dans la proportion d'un quart, d'après la considération que les ré-

coltes des deux premières années seront plus fortes et que le
trèfle disparaîtra à l'époque où la luzerne sera arrivée à toute
sa force; mais il reste à savoir, et je crois même que cela a
immanquablement lieu, si la gêne où s'est trouvée cette dernière n'influe pas en mal sur le reste de sa durée, et si l'on ne
perd pas plus par la suite qu'on n'a d'abord gagné.

Lorsque la terre est trempée et que le temps est chaud, la
graine de luzerne ne tarde pas à lever; le plant fait d'abord
peu de progrès, cependant il ne faut pas s'en inquiéter. Quelques auteurs prescrivent de le sarcler, mais c'est une opération généralement superflue : il saura bien, l'année suivante,
lorsqu'il aura acquis de la force, étouffer toutes les plantes
qui se trouveraient dans ses intervalles; seulement s'il se
présentait de trop grandes plantes, la bardane, par exemple, il
l'en débarrasser par le moyen de la houe.

L'avoine ou l'orge semée avec la luzerne se coupe à l'é-
poque ordinaire et un peu haut, pour que les tiges ne soient
qu'étêtées.

Cette dernière observation paraîtra peut-être singulière à
certains cultivateurs qui ne croient pouvoir jamais assez promptement jouir des produits de leurs travaux, et qui sont persuadés que plus on coupe les plantes et plus elles tallent;
mais ils ne savent pas, ces cultivateurs, que les plantes vivent
autant par leurs feuilles que par leurs racines, et que toutes les
fois qu'on coupe la tige ou une partie de la tige d'une plante,
on retarde nécessairement sa végétation. Il résulte de cette remarque qu'en fauchant la luzerne la première année, ses pieds
prennent moins de force, ce qui influe puissamment, comme
je l'ai observé plus haut, sur sa végétation pendant les années
suivantes : il convient donc de ne pas la couper.

La première coupe d'une luzerne nouvellement semée doit
être faite, par la même raison, avant sa floraison, afin de déterminer une plus forte repousse, qui augmente le nombre des
tiges et la vigueur des racines. *Voyez* TALLER.

Il est des luzernières qui, après quelques coupes, semblent
s'arrêter ou poussent très-lentement, tandis que les voisines
suivent à l'ordinaire les phases de leur végétation. En les observant de près, on voit qu'il pousse du collet de leur racine
de nouveaux jets, dont la croissance est arrêtée par les tiges;
aussi, en coupant de suite ces tiges, rétablit-on la luzernière
dans toute sa vigueur première.

Pendant l'hiver, on fera exactement enlever toutes les pierres
qui se trouveront à la surface du champ. Dès la seconde année, la luzerne peut déjà donner deux coupes; mais ce n'est
qu'à la troisième qu'elle parvient à toute sa vigueur : si alors

les pieds sont moins gros, ils sont plus nombreux; ce qui revient à-peu-près au même.

L'époque où il convient de couper les luzernes est lorsqu'elles commencent à entrer en fleur : plus tôt elles sont trop aqueuses, noircissent, diminuent beaucoup au fanage, se cassent davantage dans les opérations du bottelage, du transport, etc., et enfin nourrissent moins les animaux; plus tard elles laissent moins de temps pour la repousse, sont plus dures sous la dent des bestiaux, et s'affaiblissent d'autant plus qu'elles perfectionnent plus leurs semences. *Voyez* Graine.

En général il est bon de couper la luzerne peu après la pluie, afin que les racines profitent de l'humidité de la terre pour donner promptement naissance à de nouvelles tiges; cependant il faut éviter de la rentrer humide, car elle perdrait dans ce cas beaucoup de ses qualités et pourrait même devenir impropre à la nourriture des bestiaux.

Un faucheur peut toujours couper dans sa journée le double de luzerne que de foin naturel.

Aucune plante cultivée ne donne donc des produits plus avantageux que la luzerne ; les calculs faits par Gilbert, ceux qu'on lit dans les ouvrages d'Arthur Young et autres écrivains, établissent cette vérité dans tout son jour : Tessier évalue qu'elle fournit quatre fois plus de fourrage dans la même étendue que le meilleur pré. Donner les résultats de ces calculs serait chose superflue, puisqu'ils changent selon les localités, selon les années, selon les temps atmosphériques, et que la supériorité de cette plante n'est contestée par personne. Je ne puis cependant me refuser au désir de rapporter que Duhamel, à peu de distance de Paris et dans un sol médiocre, a obtenu 20,000 livres de fourrage sec d'un arpent. Quels doivent donc être les produits des luzernes en bons fonds arrosables des pays cités plus haut ? Ils sont, d'après M. de la Borde, auteur de l'Itinéraire d'Espagne, aux environs de Malaga, au moyen des arrosemens, de quatorze récoltes dans une année : tant est active la végétation où la chaleur se trouve concorder avec l'humidité. Je l'ai vue en fournir huit dans les vallées volcaniques du Vicentin. Dans le centre de la France, on en fait ordinairement quatre; aux environs de Paris, presque toujours trois, et plus au nord deux, même une seule : aussi je fais des vœux pour que sa culture continue à s'étendre dans les parties de la France où elle n'est pas encore assez généralement connue.

Je dois dire ici que, dans une vieille luzerne, la première coupe est la moins bonne, quant à la qualité du fourrage, parce qu'elle contient beaucoup d'autres espèces de plantes moins nourrissantes.

Il est commun, en effet, de voir aux environs de Paris de vieilles luzernes où il ne croît presque plus que des bromes stérile et seglin et des thaspis bourse à berger : ces luzernes produisent à peine la dépense de leur coupe, et on ne comprend pas comment on les conserve.

Le hersage des vieilles luzernes à la fin de l'hiver est toujours une excellente opération lorsqu'il est fait avec une herse de fer suffisamment lourde et avec la lenteur convenable ; il produit les effets d'un binage, détruit les mousses, les herbes annuelles germantes. Tous les faits qui sont venus à ma connaissance prouvent qu'il est sans inconvénient lorsqu'on le fait un peu tard, c'est-à-dire quand les gelées ne sont plus à craindre.

Plusieurs agriculteurs ont indiqué différens moyens plus ou moins bons pour rajeunir les vieilles luzernes ; mais l'expérience prouve que rarement il y a un grand avantage à le faire : je préférerai donc conseiller leur destruction, conformément au principe des ASSOLEMENS. (*Voyez* ce mot et le mot SUCCESSION DE CULTURE.) Ce que je viens de dire n'exclut pas les opérations propres à ranimer la végétation de celles qui seraient languissantes, telles que des TERRES VÉGÉTALES, de la MARNE, des CENDRES, de la CHAUX, du FUMIER très-consommé répandu pendant l'hiver, du PLÂTRE en poudre semé sur ses feuilles au commencement de sa végétation, enfin des ARROSEMENS lors des chaleurs ou des grandes sécheresses, sur-tout des arrosemens d'eau de fumier ou de LIZÉE. *Voyez* tous ces mots.

De tout cela, le plâtre est ce qui produit les effets les plus étonnans ; des observations prouvent qu'il y a quelquefois double à gagner à en faire usage, et la dépense, dans certaines localités, est très-peu de chose en comparaison de l'augmentation des produits.

« Les qualités alimentaires de la luzerne, dit Rozier, diminuent à mesure qu'elle s'éloigne du midi ; mais malgré cela aucun fourrage ne peut lui être comparé pour la qualité, aucun n'entretient les animaux dans une aussi bonne graisse, n'augmente autant l'abondance du lait dans les vaches et autres femelles qui nourrissent. »

Ces éloges, mérités à tous égards, exigent cependant des restrictions. Sèche, elle échauffe beaucoup les animaux, et si on ne modère la quantité qu'on leur en donne pendant les chaleurs, et sur-tout dans les pays chauds, les bœufs ne tardent pas à pisser le sang par une sorte d'irritation générale ;

maladie qui se guérit facilement, il est vrai, par un régime rafraîchissant, mais qui, enfin, amène quelquefois des accidens graves; verte et en petite quantité, elle les relâche ou les purge, et par suite les affaiblit au point qu'on n'en peut plus exiger les mêmes services; verte et en grande quantité, elle cause des Météorisations (*voyez* ce mot), qui conduisent souvent en peu d'instans les animaux, principalement les vaches et les brebis, à la mort. Jamais donc il ne faut permettre que les bestiaux, sur-tout au printemps, paissent en liberté dans les luzernes. L'intérêt du propriétaire, par rapport à la conservation même de cette plante, doit aussi l'y engager; car rien ne la ruine plus promptement que le piétinement des chevaux, des bœufs, des vaches, et que le broutement des moutons.

Il est toujours prudent de ne donner la luzerne aux bestiaux qu'après qu'elle aura eu le temps de perdre la surabondance de son eau de végétation, c'est-à-dire après vingt-quatre heures. Une bonne manière de leur faire manger cette plante, c'est de la stratifier fraîche avec de la paille, et de leur donner ensuite le tout exactement mélangé; elle communique sa bonne odeur et sa saveur à la paille, et la rend par conséquent plus agréable pour eux.

Cette dernière considération, et celle que les feuilles de la luzerne desséchée se séparent facilement des tiges et se perdent dans les transports et remuemens, déterminent beaucoup de cultivateurs à faire faire cette stratification, même pour leur grande récolte, et ils sont dignes d'être imités; car la petite dépense de main d'œuvre que nécessite cette opération est de beaucoup couverte non-seulement par la conservation de la partie du fourrage qui se serait perdue, et l'augmentation de la qualité de la paille, mais encore par la certitude que la luzerne se conservera toujours saine, qu'on évitera la moisissure qui en résulte souvent, et l'inflammation, qui est quelquefois la suite de son accumulation dans les greniers lorsqu'elle n'est pas complétement sèche, ou qu'elle reçoit l'eau des pluies à travers le toit.

La luzerne mise dans des tonneaux défoncés d'un côté, avec du petit-lait ou du vinaigre, se conserve fort bien pendant un an et plus : on a proposé d'employer ce moyen pour utiliser, en faveur des cochons qui l'aiment beaucoup, une partie de sa dernière coupe, qui souvent ne peut être desséchée à raison de l'humidité de la saison.

C'est avec les racines de cette plante qu'on fabrique des brosses à dents, qui, après avoir été colorées avec l'orcanette, et parfumées avec la vanille ou l'ambre, se vendent jusqu'à

3 fr. pièce, à Paris, à ce prix : un seul vieux pied de luzerne pourrait produire plus de 300 fr., après avoir été arraché.

Les pauvres, dans quelques cantons, ont pris l'habitude d'enlever les racines de la luzerne que les labours ont amenées à la surface de la terre, pour les employer à faire du feu. Comme ces racines laissées en terre fournissent abondamment un humus réparateur, il y aurait, pour le propriétaire, un grand avantage à racheter ces racines pour quelques fagots ou par quelques secours en argent.

Malgré le grand désir que j'ai de voir multiplier par-tout les semis de luzerne, je ne puis taire que, donnée exclusivement aux vaches, elle diminue la bonté de leur lait, et par suite du beurre et du fromage que ce lait doit fournir.

Décandolle a observé sur la luzerne, dans le midi de la France, un champignon analogue à la *mort du safran*, et qui cause également de grands dommages aux cultivateurs en la faisant périr par places circulaires, qui s'agrandissent continuellement. Ce champignon, qui ferait partie des TRUFFES de Bulliard et des SCLÉROTES de Persoon, constitue, selon lui, avec celui de la *mort du safran*, un nouveau genre qu'il a appelé RHIZOCTONE. On ne peut arrêter les ravages des campignons qu'en creusant, à 2 pieds du cercle privé de luzerne, un fossé de pareille profondeur, et en rejetant la terre sur le cercle. Il ne faut remettre de la luzerne dans le champ qui en a été infesté, que dix à douze ans après ; je n'ai pas observé, dans les environs de Paris, les effets de cette plante.

Quelque avantageuse que soit la culture de la luzerne en elle-même, ses suites le sont peut-être encore plus : c'est en effet une des meilleures plantes qu'on puisse employer dans les assolemens, à raison de ce qu'elle reste long-temps dans le même lieu, qu'elle y laisse beaucoup de débris ; qu'elle introduit dans la terre, par l'intermédiaire de ses nombreuses feuilles, les principes qu'elle soutire de l'atmosphère ; enfin que, ne portant pas graine, elle enlève moins de ces principes à la terre que beaucoup d'autres. Je ne m'étendrai pas sur cet important objet, parce que mon collaborateur Yvart doit le traiter dans les articles ASSOLEMENT et SUCCESSION DE CULTURE. *Voyez* ces deux mots.

Plusieurs insectes nuisent à la luzerne ; les plus dangereux d'entre eux sont les larves de l'EUMOLPE OBSCUR, du CHARANÇON PYSIFORME, de la CANTHARIDE MARGINÉE (*voyez* ces mots). Cette dernière ne se trouve que dans le Midi.

Une plante, la CUSCUTE, cause de grandes pertes à ceux qui cultivent la luzerne : j'ai donné, dans l'article qui la concerne, les moyens reconnus les plus certains pour la détruire.

Les autres espèces de luzernes qu'il convient de citer encore, sont :

La Luzerne en arbre, qui a la tige frutescente, les feuilles couvertes de poils blancs et les gousses recourbées : elle est originaire des parties les plus chaudes de l'Europe, et ne peut se cultiver que dans l'orangerie dans le climat de Paris ; j'en parle, parce que tous les bestiaux l'aiment avec passion, et qu'elle a été extrêmement vantée par les agriculteurs romains, sous le nom de cytise. Il paraît que partout où elle croît naturellement, elle est appréciée à sa juste valeur par les propriétaires de bestiaux. On doit à Amoureux un très-bon mémoire sur sa culture. La couleur de son feuillage et ses nombreux épis de fleurs la rendent propre à servir à l'ornement des jardins dans les climats où il n'y a pas à craindre les gelées pour elle ; son bois est dur, et sert à faire des poignées de sabres, des manches de couteaux et autres petits meubles.

La Luzerne-faucille a les racines vivaces ; les tiges grêles et hautes d'environ 2 pieds ; les feuilles oblongues, légèrement dentées, et les gousses recourbées et contournées. Elle croît dans les bois, les haies, les prés arides, est beaucoup moins productive que la luzerne cultivée ; cependant il peut être avantageux d'en faire aussi des prairies artificielles, parce qu'elle se plaît dans des sols où la première ne peut subsister. Je sais que quelques amis zélés de la prospérité agricole de la France en ont fait des semis ; mais j'ignore quelles en ont été les suites : je sollicite de nouveaux essais. Tous les bestiaux la recherchent avec passion ; aussi ce n'est que lorsqu'elle est défendue par les buissons où elle se trouve qu'elle peut arriver à toute sa hauteur et amener ses graines à maturité.

La Luzerne lupuline a les racines bisannuelles ; les tiges grêles, hautes d'un pied ; les folioles ovales ; les gousses réniformes et monospermes. Elle est très-commune dans les champs, les prés, le long des chemins ; les bestiaux en sont très-friands. On commence à en semer beaucoup aux environs de Paris et ailleurs. On ne peut trop la recommander comme Prairie temporaire. (*Voyez* ce mot.) Quoique bisannuelle, elle peut durer plusieurs années lorsqu'on la fauche avant sa floraison.

Je n'indiquerai pas les autres espèces, quoique plusieurs améliorent beaucoup les pâturages où elles croissent, parce qu'elles sont moins importantes que celles ci-dessus. (B.)

LUZERNO. Nom du sainfoin dans le département de la Haute-Garonne. (B.)

LYCNIDE, *Lychnis*. Genre de plantes de la décandrie pentagynie et de la famille des cariophyllées, qui renferme une dixaine d'espèces, dont quatre sont généralement cultivées dans les jardins pour leurs fleurs, d'un rouge de diverses nuances et toujours éclatant.

La Lychnide de Chalcédoine est vivace ; a des tiges droites, simples, noueuses, velues ; des feuilles opposées, sessiles, lancéolées, dentées, velues, d'un vert jaune ; les fleurs d'un rouge écarlate et disposées en un corymbe terminal très-serré. Elle est originaire du Levant et fleurit pendant tout l'été. On la cultive fréquemment dans les parterres sous les noms de *croix de Jérusalem*, *croix de Malte*, de *fleur de Constantinople*. Sa hauteur surpasse souvent 2 pieds. Elle varie à *fleurs doubles*, à *fleurs safranées*, à *fleurs couleur de chair* et à *fleurs blanches*. On en fait des touffes, des bordures ; on en couvre même des espaces d'une certaine étendue qui, lorsque le soleil brille, paraissent de loin être en feu. Elle produit moins d'effet dans les jardins paysagers ; cependant elle y trouve sa place contre les fabriques, au pied des rochers, etc. La simple a plus d'éclat, la double plus de durée ; ses variétés sont moins agréables selon moi, mais font contraste. Une terre substantielle et un peu fraîche, une exposition chaude lui conviennent le mieux ; elle ne craint cependant pas les gelées les plus rigoureuses. On la multiplie de graines, mais plus communément par le déchirement des vieux pieds, déchirement qui fournit beaucoup, dont les effets se réparent promptement (car elle a beaucoup de propension à taller), qui a lieu dans le courant de l'hiver et qui ne manque jamais quand on le fait convenablement. On arrose, si besoin il y a, aussitôt qu'il est terminé. On multiplie aussi fréquemment cette plante de boutures.

La Lychnide laciniée, *Lychnis flos cuculi*, Lin., a les racines vivaces ; les tiges grêles, rameuses, striées et velues ; les feuilles opposées, amplexicaules, linéaires ; les fleurs d'un rouge de sang, peu nombreuses et à pétales laciniés très-profondément. Elle croît abondamment dans les prés humides, dans les bois marécageux, s'élève à 2 ou 3 pieds et fleurit au milieu de l'été. Elle est moins brillante, mais plus élégante que la précédente. J'ai vu des prés bas qui en étaient si remplis, qu'ils étaient tout rouges, ce qui indiquait la paresse ou l'ignorance des propriétaires ; car comme les bestiaux n'y touchent pas, elle leur est évidemment nuisible. Dans ce cas, il n'y a pas d'autre remède que le labourage et la culture, pendant quelques années, de plantes céréales ou de plantes exigeant des binages d'été, telles que les fèves, les pommes de terre, etc. On la cultive quelquefois dans les parterres, où elle varie à fleurs doubles et à fleurs blanches ; on doit sur-tout la multiplier dans les jardins paysagers dont le sol est humide, sur le bord des pièces d'eau, parce qu'elle y produit d'agréables effets et qu'elle ne demande aucune culture. On la multiplie comme la précédente.

La Lychnide visqueuse, *Lychnis viscaria*, Lin., a les tiges visqueuses à leur sommet ; les feuilles opposées, lancéolées, même linéaires et quelquefois rougeâtres ; les fleurs purpurines et disposées en panicule terminal. Elle est vivace, haute d'environ un pied, croît dans les parties moyennes et méridionales de la France, et fleurit pendant une partie du printemps et de l'été. Les moutons l'aiment beaucoup, mais les vaches n'y touchent pas. On la cultive dans quelques jardins sous le nom de *bourbonnaise* ou d'*attrape-mouche*. Ce sont ses belles fleurs qui la font remarquer. Sa multiplication s'opère comme celle des précédentes. Il y en a une variété à fleurs doubles. On l'appelle attrape-mouche, parce que les mouches et autres petits insectes s'engluent souvent dans la viscosité du sommet de ses tiges et y périssent.

La Lychnide dioïque a la racine vivace ; les tiges droites, rougeâtres et velues ; les feuilles opposées, sessiles, ovales, oblongues, très-velues ; les fleurs rouges assez grandes et disposées en panicule terminal. Elle croît dans les prés, les champs, le long des chemins, s'élève à 2 ou 3 pieds et fleurit pendant une partie du printemps et de l'été. Tous les bestiaux la mangent. On la cultive dans les jardins sous le nom de *jacée*, de *passe-fleur sauvage*, de *compagnon blanc*. Elle y double et y varie à fleurs blanches. Tout ce qui a été dit pour les autres espèces lui convient, excepté que la nature du terrain lui est plus indifférente. Les fleurs mâles sont sur des pieds autres que les fleurs femelles, de sorte qu'il faut placer les deux sexes à côté l'un de l'autre pour avoir des graines. Une chose remarquable, c'est que les graines de la variété blanche la rendent constamment.

Quelques auteurs ont placé les Agrostèmes et les Githages dans ce genre. *Voyez* ces mots. (B.)

LYCOPE, *Lycopus*. Plante vivace de la diandrie monogynie et de la famille des labiées ; à tiges quandrangulaires, hautes de 3 à 4 pieds ; à feuilles opposées, ovales, lancéolées, dentées ; à fleurs blanchâtres, petites, nombreuses, disposées en verticille dans les aisselles des feuilles supérieures, qui croît dans les marais, sur le bord des étangs et des rivières, et qui fleurit au milieu de l'été.

Cette plante, qu'on connaît vulgairement sous les noms de *pied-de-loup* ou *marrube aquatique*, est quelquefois si abondante dans les lieux qui lui conviennent, qu'il est avantageux de la couper pour faire de la litière et augmenter la masse des fumiers, ou pour chauffer le four ; car elle ne peut être utile à aucune autre chose. Les bestiaux, excepté les chèvres et les moutons, n'y touchent point. D'après quelques expériences, cette plante peut suppléer le quinquina dans la guérison des fièvres. Comme elle n'est pas sans élégance dans son port, on peut en placer quelques touffes sur le bord des eaux dans les jardins paysagers, touffes qui se conserveront long-temps sans culture. (B.)

LYCOPERDE. *Voyez* VESSELOUP. (B.)

LYCOPODE, *Lycopodium*. Genre de plantes cryptogames, de la famille des mousses, qui renferme une cinquantaine d'espèces, dont une est dans le cas d'être citée ici, à raison de l'utilité qu'on en retire sous plusieurs rapports.

Le LYCOPODE EN MASSUE est la plus grande des mousses d'Europe. Elle croît dans les bois des montagnes, au pied des rochers, toujours à l'exposition du nord. Son abondance est extrême dans certains cantons. Ses tiges sont rampantes, dichotomes de distance en distance, et souvent longues de 3 ou 4 pieds; ses feuilles sont courtes, très-nombreuses et terminées par un poil. Les pédoncules qui portent ses fleurs naissent à l'extrémité des rameaux latéraux, et sont hauts de 3 à 4 pouces.

La poussière fécondante de cette plante est si inflammable, qu'il suffit d'en jeter une pincée sur un charbon pour remplir un appartement de feu, qui passe instantanément sans se communiquer aux meubles et sans laisser d'odeur : c'est elle qu'on emploie à l'Opéra et dans les feux d'artifice, sous le nom de *soufre végétal*. Elle est pour les habitans des Alpes l'objet d'une récolte de quelque importance; ils l'effectuent à la fin de l'été en coupant les épis du lycopode, qu'ils emportent dans des sacs et qu'ils mettent dans des tonneaux, où ils se dessèchent et laissent tomber leur poussière. Cette poussière est très-légère, et ses particules ont tant d'affinité entre elles, qu'une pincée, jetée sur un sceau d'eau, suffit pour qu'on puisse porter la main au fond sans la mouiller.

Les feuilles de la plante passent pour astringentes et diurétiques. (B.)

LYCOPSIDE, *Lycopsis*. Plante annuelle, à tige épaisse, rude, couchée, haute d'un à 2 pieds; à feuilles alternes, sessiles, lancéolées, hérissées; à fleurs bleues, petites, insérées dans les aisselles des feuilles supérieures; qu'on trouve abondamment, par toute l'Europe, dans les champs, sur la berge des fossés, dans les jardins et autres lieux où la terre a été remuée. Elle forme, avec une douzaine d'autres, un genre dans la pentandrie monogynie et dans la famille des borraginées.

Tous les bestiaux mangent la LYCOPSIDE DES CHAMPS et les moutons la recherchent. C'est pour eux une nourriture très-rafraîchissante au printemps, époque où elle commence à entrer en fleur et où ils quittent leur nourriture d'hiver. Sous ce rapport seul, elle serait dans le cas d'être cultivée ; mais elle mérite encore de l'être sous un autre. Comme elle croît dans les plus mauvais sols, dans les sables arides et les craies les plus infertiles, et que ses tiges et ses feuilles sont épaisses, après l'avoir fait brouter au printemps par les moutons, on pourrait la laisser repousser et l'enterrer en été avec la charrue pour servir à favoriser la germination des raves, des navettes d'hiver et autres plantes qu'on sème à la fin de cette saison. Cette observation m'a été suggérée par l'aspect de certains champs en jachère qui en étaient couverts. *Voyez* Assolement et Engrais. Le difficile serait peut-être d'en ramasser la graine, parce qu'elle mûrit successivement et tombe à mesure. J'abandonne cette idée à l'expérience, car je ne sache pas que nulle part on ait cultivé la lycopside. (B.)

LYMNÉE, *Lymnea*. Genre de coquille univalve qui renferme sept à huit espèces, toutes habitant les eaux douces stagnantes de la France, et dont quelques-unes sont si abondantes dans certains cantons, qu'il devient avantageux aux cultivateurs de les faire ramasser pour fumer les terres.

Les lymnées sont hermaphrodites ; mais elles ne peuvent se féconder réciproquement comme les hélices, avec lesquels Linnæus les avait cependant confondues ; elles sont alternativement fécondantes et fécondées : de là vient les longs chapelets de ces animaux qu'on observe au printemps dans les eaux stagnantes, chapelets dont le premier individu agit comme mâle et le dernier comme femelle, et tous les autres sous ces deux rapports en même temps. C'est à cette époque qu'il convient de les pêcher avec de grandes troubles et de les répandre sur les champs, parce que plus tôt elles sont enfoncées dans la boue, et plus tard elles sont dispersées au milieu des eaux. Je les ai vues quelquefois alors couvrir les rivages dans une distance de plusieurs pieds, de sorte qu'on pouvait en prendre en peu de momens la charge d'un cheval. L'engrais qu'elles fournissent est très-recherché en Angleterre ; il agit mécaniquement par la coquille dans les terres fortes, et chimiquement par l'animal : il est donc propre aux terres fortes comme aux terres sablonneuses. *Voyez* au mot Engrais.

Les canards, les dindes, les poules mangent les lymnées ; on peut aussi les donner utilement aux cochons.

La plus grande des espèces est la lymnée stagnale, qui a plus d'un pouce de long.

La plus remarquable est la lymnée-radis, dont l'ouverture est presque aussi ample que la coquille est grosse. (B.)

LYMPHE. Partie la plus aqueuse de la sève des plantes. Ce

mot est un peu vague et se prend souvent pour la **Sève** même. *Voyez* ce mot.

LYSIMACHIE. *Voyez* **Lisimachie.**

M.

MABOLO, *Cavanillea*. Arbre des Philippines, qu'on cultive à l'Ile-de-France, à cause de son fruit, qui ressemble à un gros coin, et qu'on mange, quoique fort acide.

Cet arbre, dont les rameaux sont velus, les feuilles alternes, ovales, coriaces, glabres en dessus, velues et argentées en dessous, dont les fleurs sont blanches, argentées en dehors, et placées à l'extrémité des rameaux, forme seul un genre dans la polyandrie monogynie.

Le bois du Mabolo est noir, fort dur, et peut remplacer l'ébène. Son fruit est fort sain. (B.)

MACÉRATION. On fait macérer une plante en la mettant dans l'eau à la température habituelle de l'air, et en l'y laissant jusqu'à ce qu'elle soit plus ou moins désorganisée. Souvent les produits de la macération sont employés dans la médecine des animaux.

On pourrait appliquer le même mot à la décomposition naturelle des plantes dans les eaux où elles ont vécu, ou dans celles où elles ont été entraînées; mais il n'est pas d'usage dans ce cas. *Voyez* **Infusion** et **Décoction.** (B.)

MACERON, *Smyrnium*. Genre de plantes de la pentandrie monogynie et de la famille des ombellifères, qui renferme neuf à dix espèces, dont une était autrefois employée, comme légume, à la nourriture de l'homme et est encore d'usage en médecine.

Cette espèce est le **maceron commun**, *smyrnium olus atrum*, Lin., autrement appelé le *persil de Macédoine*, qui est bisannuel, dont la racine est épaisse, les tiges hautes de 2 ou 3 pieds, les feuilles radicales composées, les caulinaires ternées, et lanugineuses sur les bords de leur gaîne. Il croît dans les bois marécageux des parties méridionales de l'Europe et fleurit en été. On regarde ses racines et ses semences comme apéritives, carminatives et diurétiques. On mangeait jadis ses jeunes pousses en salade, après les avoir fait blanchir; ses racines, comme on mange encore celles de céleri, et ses feuilles en guise de persil. Aujourd'hui on a abandonné sa culture au point qu'on ne le trouve plus que dans les écoles de botanique. (B.)

MACHE, *Fedia*. Plante du genre des **Valérianes** (*voyez* ce mot), dans les ouvrages de Linnæus, mais dont on a fait un genre particulier.

La racine de la mâche est annuelle : ses feuilles opposées, spatulées ou linéaires, assez épaisses, molles, glabres, d'un vert foncé, sont d'abord toutes radicales, et forment une rosette plus ou moins large, étendue sur la terre, du centre de laquelle s'élève une tige haute d'un pied, cylindrique, striée, creuse, noueuse, dichotome et feuillée; ses fleurs sont petites, blanches ou bleuâtres, et disposées en petites ombelles au sommet des rameaux, qui sont toujours nombreux.

Cette plante, qu'on appelle aussi *doucette*, *blanchette*, *poule grasse*, *salade de chanoine*, etc., se trouve par toute l'Europe dans les champs et les vignes. Elle fleurit en avril. Ses feuilles ont une saveur douce, et passent pour rafraîchissantes. On la mange généralement en salade pendant l'hiver et le commencement du printemps, c'est-à-dire avant qu'elle ne monte en fleur.

Dans les campagnes, on se contente de celle qui croît naturellement; mais autour des grandes villes, on la cultive pour en avoir toujours à la disposition des consommateurs pendant la saison. Les soins qu'on en a pris lui ont fait produire plusieurs variétés, toutes à feuilles plus larges et plus tendres que celle des champs, mais du reste peu caractérisées, excepté celle à feuilles dentées. On la multiplie de graines, qu'on sème, depuis la fin de l'été jusqu'au commencement de l'hiver, de quinzaine en quinzaine, afin que sa durée soit la plus longue possible. La terre où on la place doit être bien préparée, mais non fumée, car les feuilles prennent très-facilement le goût de fumier, ainsi que s'en aperçoivent souvent ceux qui vivent à Paris. Les premiers semis se feront au midi, afin que la chaleur du soleil fasse végéter le plant pendant l'hiver, et les derniers au nord, pour qu'il soit retardé au printemps. A peine faut-il enterrer la graine, puisque quand elle l'est d'un demi-pouce, elle ne lève plus. Il n'y a pas de danger à la répandre dru, parce que lorsqu'on cueille le plant pour le manger, on choisit toujours les plus beaux, ce qui l'éclaircit; cependant cela a nécessairement des bornes. Le plant s'arrose au besoin; car si la saison est sèche, celui qui ne l'a pas été reste petit et devient dur. On réserve toujours un petit coin pour la graine, cette plante n'aimant point à être transplantée. Comme elle fleurit successivement, les premières graines sont toujours tombées, que les dernières ne sont pas encore formées. Il faut qu'un jardinier soigneux veille sur l'époque où il y en a le plus de mûres, pour arracher tous les pieds et les suspendre dans une orangerie ou une salle basse, avec un linge dessous, afin qu'il s'en perde le moins possible. Il fera cette opération de bon matin. Je dis de les mettre dans un lieu frais, pour que les graines qui ne sont pas mûres puissent achever leur évolution au moyen de la sève qui est encore dans la tige, qui s'évaporerait trop promptement si on les laissait au soleil, comme on le fait souvent, ou qui occasionnerait leur pourriture, si on les entassait dans un coin humide, ainsi que cela a lieu quelquefois. Lorsque toutes les bonnes graines sont tombées, on les nettoie et on les met dans des sacs de papier. Elles peuvent se conserver bonnes pendant plusieurs années.

Tous les bestiaux, et sur-tout les moutons, aiment cette plante, et ce ne serait pas une mauvaise opération que d'en semer pour eux, après la récolte, dans les champs qu'on laisse en jachère, même d'en former des cultures spéciales pour les agneaux, qu'elle fortifie. Elle se plaît dans un terrain frais; mais du reste elle est presque indifférente sur le sol. (B.)

MACHE. Synonyme de Broye.

MACHEFER. Mélange de fer, de verre et de charbon, que réjettent les forgerons et autres ouvriers qui travaillent le fer. Il diffère du Laitier (*voyez* ce mot), en ce qu'il contient moins de verre et plus de charbon. On l'appelle aussi scorie.

Le mâchefer est éminemment infertile, et porte l'infertilité par-tout où il se trouve. Il se décompose à l'air avec une extrême lenteur. Son seul usage en agriculture a été jusqu'à présent de servir de base aux allées sablées des jardins, qu'il tient plus constamment sèches que toute autre substance, et où il empêche les herbes de pousser. Comme sa couleur noire est d'un aspect désagréable, une légère couche de terre argileuse recouverte de sable le cache aux yeux des promeneurs. Depuis quelques temps on l'emploie dans les jardins des cultivateurs de plantes étrangères pour servir, étant en lit d'un demi-pied d'épaisseur, de support, pendant l'été, aux pots qu'on sort des serres ou des orangeries. il produit, dans ce cas, trois avantages très-importans : 1°. il absorbe, à raison de sa couleur noire, les rayons du soleil, et transmet leur chaleur aux plantes ; 2°. il empêche les vapeurs de la terre, qui, à cette époque de l'année, sont plus froides que celles de l'air, même pendant la nuit, de retarder la végétation de ces plantes; 3°. il s'oppose à l'introduction des Lombrics dans les pots. (*Voyez* ce mot.) Le seul inconvénient qu'il ait, c'est d'exiger qu'on arrose plus fréquemment les plantes.

Mon collaborateur Thouin a été conduit, par ses observations, à croire que, mis dans les serres, il empêcherait la déperdition de la chaleur qu'on y accumule, et qu'il faciliterait les moyens de se passer de tannée, et l'expérience a confirmé son opinion. Aujourd'hui la plupart des serres du jardin du Muséum sont garnies de mâchefer.

Je crois que le laitier produirait plus d'effet, au moins sous ce dernier rapport; mais il est difficile de s'en procurer à Paris. *Voyez* LAITIER, CHARBON et SERRE. (B.)

MACHER. C'est, dans le département des Deux-Sèvres, le synonyme de BLOSSIR.

MACHEUL. Synonyme de MANCIENNE, aux environs de Toul. *Voyez* VIORNE. (B.)

MACHINE HYDRAULIQUE. *Voyez* POMPE.

MACHINES. Dans l'agriculture et dans les arts, on appelle ainsi tout assemblage de pièces de bois, de fer ou d'autre matière, qui se lient et se rapportent les unes aux autres, et qui, étant mises en jeu ensemble ou séparément, produisent par leur mouvement un effet utile quelconque. Ainsi les moulins de toute espèce qui servent à moudre les grains, à exprimer les huiles, à hacher le tabac, à passer le coton, à écraser les cannes à sucre, à scier des planches ou des madriers, sont des machines. Les pompes employées à tirer l'eau des puits ou des rivières, celles qui servent à dessécher les marais, à arroser les jardins et les plantations, les grues avec lesquelles on élève des fardeaux considérables, les chariots ou voitures sur lesquels on transporte les produits des champs, sont aussi des machines.

Toutes les machines ont pour premier moteur l'homme ou les animaux, l'air, l'eau ou le feu. Elles diffèrent des instrumens sous plusieurs rapports : les instrumens sont simples et formés seulement de deux ou trois pièces; les machines sont composées de plusieurs pièces, ressorts et rouages. La plupart des instrumens sont nus et dirigés immédiatement par la main de l'homme; presque toutes les machines sont mises en mouvement par d'autres agens plus forts que lui. Les instrumens doublent ou triplent la force et l'adresse de l'ouvrier qui s'en sert, mais ils ne tiennent pas lieu de plusieurs ouvriers; les machines, au contraire, font l'office et le travail d'un grand nombre d'hommes, que sans elles on serait obligé d'employer pour faire le même ouvrage. Sous ce rapport elles ont un grand avantage sur les instrumens; mais ceux-ci étant plus simples, d'un moindre prix, plus aisés par conséquent à faire et à réparer, étant d'ailleurs plus près de l'homme, et maniés par lui, sont par toutes ces raisons d'un usage plus général. Il n'y a aucun doute qu'ils ont été inventés avant les machines, qu'on peut regarder comme un composé d'instrumens de diverses sortes, réunis les uns aux autres et agissant à-la-fois.

Tout ce que j'ai dit à l'article INSTRUMENS sur leur invention, et sur-tout sur leur utilité, s'applique de soi-même aux machines, dont l'utilité n'est pas moins grande et n'est plus aujourd'hui contestée. Il faut pourtant se défier des inventions nouvelles en ce genre ; car l'homme industrieux qui a fait ou qui croit avoir fait une découverte utile est toujours très-empressé de la vanter. Il vous montre son petit modèle en relief : il en fait jouer à merveille les pièces et les rouages, et il en conclut, sans balancer, que la machine établie en grand produira l'effet promis et désiré. Il peut se tromper. Les dimensions de la machine n'étant plus les mêmes, il arrive souvent que les frottemens et les mouvemens des pièces qui la composent ne sont plus dans le même rapport entre eux, la force et l'élasticité relatives de ces pièces changent et présentent des différences qui en ralentissent ou en gênent tout-à-fait le jeu : de sorte que la prétendue merveilleuse machine, après avoir coûté beaucoup à construire, est reconnue imparfaite ou inutile, au grand étonnement de l'inventeur, qui comptait sur son brevet d'invention.

En agriculture, où il y a tant de dépenses indispensables, et où l'on n'a ni argent ni temps à perdre, on doit donc se tenir en garde contre les machines nouvelles. Un homme sage en laissera faire l'essai aux inventeurs, aux gens riches ou au gouvernement ; celles qui présenteront dans la pratique des avantages évidens seront bientôt connues et employées. Depuis long-temps a-t-on besoin d'encourager l'usage de la charrue ou de la herse ? Au siècle de Pascal, pour faire adopter la brouette dont il est l'inventeur, fallut-il en préconiser l'utilité dans les journaux ? Présentez au plus simple laboureur et mettez en jeu devant lui une machine nouvelle, qu'il puisse faire aller lui-même ou à l'aide d'un cheval, et qui ne soit pas d'un prix disproportionné à ses moyens, s'il a l'assurance qu'elle le soulagera dans son travail et qu'elle accroîtra ses produits, vous le verrez bien vite en faire l'emplette et s'en servir. Des exemples, des faits, voilà ce qu'il faut au commun des cultivateurs, et non des discours académiques. Les faits sont démonstratifs, ils inspirent de la confiance ; et les discours sont souvent vains et mensongers.

Je viens de dire que le prix d'une machine de nouvelle invention, même reconnue bonne, ne doit pas surpasser les facultés des cultivateurs auxquels on la propose : si le contraire a lieu, on prêchera dans le désert en voulant en faire adopter l'usage. Cependant si les avantages considérables qu'on peut en retirer sont en rapport avec sa valeur, et compensent au-delà les avances qu'elle a exigées, il est alors de l'intérêt du cultivateur de l'acheter, pourvu qu'elle soit construite solidement, qu'elle soit durable, point trop compliquée, aisée à réparer dans le besoin, et pourvu que son possesseur ait aussi toujours à sa portée et à sa disposition les agens nécessaires pour la faire mouvoir. Toutes ces conditions, et la dernière sur-tout, sont de rigueur ; car comment proposer une pompe à feu à l'habitant d'un canton qui manquerait de charbon et de bois ? Comment établir un moulin à eau ailleurs que sur une rivière ou un ruisseau ? et si, pour faire aller la machine dont il s'agit, il suffit d'avoir des animaux, ne faut-il point alors faire entrer en compte les prix de leur achat, évaluer ce que coûtent les soins de leur conservation, et calculer même jusqu'aux pertes éventuelles auxquelles on doit s'attendre ?

On voit que pour l'emploi des machines il faut beaucoup d'accessoires, tandis que l'usage d'un simple outil ou instrument n'en exige presque aucun. Voilà le plus grand obstacle à l'établissement des machines en agriculture. Il en est encore un autre. Dans les campagnes, il se trouve peu d'hommes en état de les réparer, le cultivateur ne l'ignore pas : par cette raison seule il les rejette souvent, ou néglige de se les procurer ; il aime mieux se fier à ses propres forces pour ses travaux, que d'être dépendant d'une machine qui, lui manquant tout-à-coup, les suspendrait nécessairement, et dont la réparation d'ailleurs serait incertaine, ou lente, ou très-coûteuse.

Dans l'agriculture européenne, on emploie avec succès beaucoup de machines plus ou moins simples ou composées, plus ou moins ingénieuses, qui toutes atteignent le but que so sont proposé ceux qui les ont inventées ou perfectionnées. Nous avons décrit les plus utiles à leur lettre dans ce dictionnaire, nous y renvoyons le lecteur, en le prévenant qu'on en a représenté et fait graver un assez grand nombre, principalement celles dont il eût été difficile de comprendre la description sans figures. *Voyez* les articles INSTRUMENS, OUTIL, USTENSILES D'AGRICULTURE. (D.) (1)

MACIS. Seconde écorce de la MUSCADE.

MAÇONNERIES. ARCHITECTURE RURALE. Sous cette dénomination nous comprenons tous les ouvrages de la campagne qui sont exécutés par les maçons, construits en pierres ou en briques, etc., et liés avec des mortiers de chaux de l'espèce qui convient à chacun de ces ouvrages. *Voyez* MORTIER. Les maçons de la campagne sont généralement si ignorans et si maladroits, que souvent avec les meilleurs matériaux disponibles ils ne peuvent parvenir à faire des constructions solides ; et cependant la solidité est la principale qualité qu'il faut procurer aux constructions.

---

(1) Depuis que cet article est rédigé, il a été publié, en France, plus de recueils de machines en usage en agriculture qu'il n'en avait paru dans le cours entier du dernier siècle. Je citerai entre autres le Recueil de Leblanc, la Collection de Lasteyrie, la Traduction de Thaër, l'Exposé de la Culture de Koch, par Molard ; l'Atlas de Guillaume, le quatrième volume du Traité des Machines, de.... (*Note de M. Bosc.*)

Il est donc de la plus grande importance pour un propriétaire de connaître les détails de la meilleure construction des différens ouvrages de maçonnerie, afin de pouvoir guider lui-même ses maçons, ou au moins d'être en état d'en surveiller les travaux avec connaissance de cause.

SECTION Ire. *Des maçonneries ordinaires*. Elles peuvent être regardées comme étant subdivisées en deux parties distinctes, à cause de la différence d'épaisseur qu'il est nécessaire de leur donner ; savoir, la *maçonnerie des fondations* et *la nette maçonnerie*, c'est-à-dire celle qui est élevée au-dessus du niveau du terrain environnant.

§ 1. *Maçonnerie des fondations*. Il faut les établir de niveau, ou par ressauts, si cela est nécessaire, sur un fond toujours assez solide pour pouvoir résister au poids de toute la maçonnerie qui doit être élevée au-dessus, ainsi qu'à celui des planchers, de la couverture et des autres objets que cette maçonnerie est destinée à supporter.

Si le fond du terrain ne se trouvait pas d'une consistance assez grande pour remplir ce but, ou s'il fallait le creuser trop profondément pour trouver un sol suffisamment ferme, il serait souvent plus économique d'y suppléer par des pilots, ou autres bâtis de charpente recouverts avec des madriers placés de niveau au-dessus, ou par des piliers de maçonnerie convenablement enfoncés en terre, et liés les uns aux autres par des arceaux également en maçonnerie.

Sur toute espèce de terrain, le roc excepté, il est nécessaire d'enfoncer les fondations d'une maçonnerie au moins à un demi-mètre au-dessous du niveau du rez-de-chaussée, ou de l'aire du souterrain de la construction.

On commencera la maçonnerie de la fondation par une première assise de grandes pierres, appelées *libages*, posées en *boutisses* serrées, arrangées les unes contre les autres, frappées du marteau, et garnies dans les joints avec d'autres pierres plus petites. Sur ces libages, ainsi consolidés entre eux et contre le terrain dans lequel la fondation a été creusée, on appliquera un lit de bon mortier de la première espèce, qu'on fera entrer exactement dans tous les joints. Ensuite on posera d'autres pierres, frappées aussi du marteau, en bain de mortier, jusqu'à ce qu'elles arrasent de niveau le dessus des plus hauts libages ; après quoi l'on appliquera une nouvelle couche de mortier, et on continuera d'élever la fondation en gros et petits moellons ayant une bonne assiette, afin qu'ils siégent bien : on les frappera tous également du marteau, le mortier soufflant de tous côtés, et les vides entre les gros moellons garnis avec de plus petits, en sorte qu'il n'y ait point de mortier sans pierres ni de pierres sans mortier.

Cette maçonnerie de fondation sera élevée d'aplomb, par retraites si cela est nécessaire, terminée à chaque retraite par les pierres les plus grandes posées en boutisses, et la dernière retraite, c'est-à-dire la partie supérieure de la fondation, sera arrasée avec soin et de niveau pour recevoir la nette maçonnerie à la hauteur qui aura été fixée.

Si l'on rencontrait des sources dans les fondations d'un bâtiment, il ne faudrait pas se contenter de les épuiser pour faciliter les travaux ; car les eaux s'accumuleraient dans la fosse, empêcheraient le mortier d'y prendre aucune consistance, et compromettraient ainsi la solidité de l'édifice. Dans ce cas, il est absolument nécessaire de procurer à ces eaux une issue extérieure, soit par des barbacanes, comme dans les murs de terrasse, lorsque la pente naturelle du terrain le permet, soit en les réunissant dans un puits, dont le voisinage est toujours avantageux.

§ 2. *Maçonneries de parement*, ou *nette maçonnerie*. On les établit en retraite sur la maçonnerie de fondation, afin qu'elles y soient assises plus solidement. Cette retraite est d'environ un décimètre (2 ou 3 pouces) pour les murs des bâtimens ordinaires : à cet effet on donne à la maçonnerie de la fondation une sur-épaisseur équivalente, en sorte que l'épaisseur de la nette maçonnerie étant déterminée d'après la nature des matériaux disponibles, l'élévation et la destination du bâtiment, celle de la maçonnerie de fondation doit être égale à l'épaisseur de la nette maçonnerie, augmentée des sur-épaisseurs nécessaires pour ses retraites.

Dans les bâtimens composés de plusieurs étages, on peut économiser quelque chose sur l'épaisseur de la nette maçonnerie, en l'établissant par retraites intérieures d'étage en étage.

Les nettes maçonneries doivent être élevées dans un aplomb parfait, et conduites par nœuds, ou *plumées* de trois assises de hauteur, espacées, si la longueur du mur le requiert, de 12 à 20 mètres, et assujetties à des lambourdes pour en régler la pose, au moyen d'un cordeau tendu d'une plumée à l'autre. On commence par les angles, qui doivent être construits en pierre de taille, ou au moins avec les meilleurs moellons. Le reste du parement se fait en gros moellons simplement épincés au marteau, posés sur leur lit de carrière, bien dressés au cordeau assujetti aux angles, et placé de niveau : les moellons ne doivent pas avoir moins d'un diamètre de longueur de queue.

Dans la construction des murs de peu d'épaisseur, il faut avoir l'attention d'employer une cinquième partie de pierres boutisses de longueur suffisante pour faire parement des deux côtés, et de les placer en échiquier, afin de procurer à ces murs la plus grande solidité possible.

Toutes les maçonneries doivent d'ailleurs être faites à joints scrupuleusement recouverts, et en liaisons, et être fréquemment arrosées pendant les températures sèches et chaudes.

Section II. *Des murs de terrasses*. Les maçonneries destinées à soutenir des terres, ou de *soutenement*, seront faites avec les mêmes précautions que les autres, et d'une épaisseur relative à la masse de terre qu'elles doivent contenir. Il est seulement nécessaire de pratiquer dans leur épaisseur, et au niveau du terrain extérieur, de petites ouvertures d'un décimètre de largeur sur un demi-mètre de hauteur, pour l'écoulement des eaux d'infiltration de l'intérieur. Ces ouvertures s'appellent des *barbacanes*.

On est aujourd'hui dans l'usage de donner un talus extérieur à ces murs de soutenement, et cette pratique, due sans doute au désir d'économiser quelque chose sur l'épaisseur qu'ils doivent avoir pour résister à la poussée des terres, nous paraît très-vicieuse.

D'abord les joints du parement de la maçonnerie sont plus exposés aux dégradations des pluies que si elle avait été élevée d'aplomb. En second lieu, les joints une fois dégradés servent de retraites aux semences volatiles des arbres ou des plantes que les vents y déposent; elles y germent, s'y développent, et les végétaux parviennent avec le temps à introduire leurs racines dans ces joints; enfin, à mesure que les racines grossissent, elles pénètrent plus en avant dans le corps de la maçonnerie, en déplacent les pierres, et finissent par la détruire.

Nous avons eu plusieurs occasions d'examiner des murailles construites par les Romains, et même de faire démolir des tours fortifiées, dont la construction remontait à peine à deux siècles, et nous avons reconnu que toutes avaient été construites intérieurement et extérieurement dans l'aplomb le plus parfait : aussi elles étaient dans le meilleur état de conservation, tandis que des murs de fortification édifiés par Vauban, mais avec des talus extérieurs, se trouvaient déjà assez dégradés pour être reconstruits; cependant c'était dans la même localité et avec les mêmes matériaux. Nous avons donc dû atttribuer à l'adoption des talus extérieurs la différence de solidité qui existait dans ces constructions.

Ces observations nous ont conduits à rechercher les moyens de supprimer les talus extérieurs dans la construction des murs de soutenement, sans compromettre leur solidité, et nous croyons avoir atteint ce but.

En effet le principal objet de la construction des murs de

soutenement, est de pouvoir résister à la poussée des terres qu'ils doivent supporter : cette poussée est représentée par le poids de leur masse, qu'il est toujours facile de calculer; et la théorie apprend qu'elle exerce son action sur le mur de soutenement dans la direction de la ligne qui, au profil, unit le centre de gravité du remblai avec celui de ce mur. Si cette ligne, prolongée à travers le profil du mur de soutenement, porte à faux, c'est-à-dire si son prolongement arrive au-dessus de la fondation, le mur de soutenement n'aura pas assez d'épaisseur pour résister à la poussée du remblai; mais si elle s'abaisse au-dessous du niveau supérieur de cette fondation, ou si sa direction aboutit seulement à ce niveau, dans le premier cas, la nette maçonnerie aura assez d'épaisseur pour résister à la poussée des terres; et dans le second, pour lui faire équilibre.

Cela posé, nous proposons, à l'exemple des anciens, de conserver aux paremens extérieurs des murs de fortification et de soutenement, et sauf le *fruit* nécessaire pour le coup d'œil lorsqu'ils doivent être très-élevés, cet aplomb parfait, si recommandé par Vitruve pour procurer une *durée éternelle* aux différentes constructions, et de reporter intérieurement les épaisseurs nécessaires, pour que la ligne d'union des centres de gravité du remblai et de la maçonnerie ne porte jamais à faux. D'ailleurs, il serait possible d'économiser encore sur les épaisseurs de ces maçonneries, soit en adoptant pour les contreforts la forme trapézoïde, au lieu de celle rectangulaire qui est en usage, soit en diminuant graduellement leur épaisseur par retraite, depuis le bas jusqu'en haut.

Nous avons comparé la dépense qu'exigerait une construction de ce genre dans une localité donnée, avec celle d'un mur de soutenement ayant un talus extérieur, et nous nous sommes assurés que la différence était trop faible paur pouvoir en balancer les avantages.

Section III. *Maçonneries hydrauliques.* Les maçonneries destinées à être lavées ou baignées par les eaux, seront faites avec les mêmes précautions que les autres, seulement on ne doit employer dans leur construction que des mortiers de ciment, ou de la quatrième espèce.

La construction des espèces de maçonnerie dont nous venons de parler, doit être conduite *de niveau* et avec *célérité* : de niveau, afin que le tassement des murs se fasse en même temps et également dans tout leur développement; et avec célérité, pour que ce tassement ait lieu pendant que les mortiers sont encore frais, et afin qu'ils puissent prendre consistance dans le même temps. *Voyez* Chaux hydraulique.

Toutes les maçonneries exigent, en pierres, un et un quart

de leur volume , et en mortiers, le cinquième de ce cube. *Voyez*
Mortier.

Ces préceptes généraux , qu'il faut suivre dans la conduite
ou la surveillance des travaux de maçonnerie , sont également
applicables à celles en Platre, en Pisé et en Béton. *Voyez*
ces trois mots.

Si maintenant on les compare avec la manière dont les maçons de campagne exécutent leurs travaux, on ne sera plus
surpris du défaut de solidité et de durée de ces maçonneries.

1°. Les maçons de la campagne savent rarement distinguer
le lit de carrière des pierres qu'ils mettent en œuvre : ils les
posent au hasard, et sans s'embarrasser si elles siégeront bien
ou mal.

2°. Souvent ils ne connaissent pas les doses des substances
qui doivent entrer dans la composition du mortier , et lorsqu'ils le trouvent trop dur , ils le délayent presque toujours
avec de l'eau, au lieu de le battre jusqu'à ce qu'il ait repris
l'état liquide qu'il doit avoir , ou au moins d'employer l'eau de
chaux à cette opération.

3°. Ils ont pour ainsi dire honte de se servir de plomb, de
niveau, d'équerre ; et c'est presque toujours à vue de nez qu'ils
opèrent, en sorte que leurs maçonneries ne sont jamais élevées
dans un aplomb parfait.

4°. Ils emploient beaucoup trop de pierres dans la construction des murs, ou plutôt ils n'y mettent pas assez de mortier.
A chaque assise, ils se contentent d'établir un mince lit de
mortier , sur lequel ils posent les pierres du parement; lorsqu'elles sont placées, ils en remplissent les vides avec de petites
pierres *sans mortier;* ils les entassent autant qu'il en peut tenir, et c'est sur cette couche de pierres sèches qu'ils répandent
un nouveau lit de mortier , pour élever de la même manière
une nouvelle assise, etc. C'est ainsi que les maçons de la campagne opèrent le plus ordinairement, et qu'avec les meilleurs
matériaux disponibles leurs constructions manquent presque
toujours de solidité.

Section IV. *Jointemens , crépis et enduits de maçonneries.*
Les maçonneries de toute espèce doivent être jointoyées avec
du mortier de la deuxième , troisième ou quatrième espèce,
suivant la destination de l'ouvrage, bien serré dans les joints
et sans bavure sur la pierre , au moyen d'une petite truelle
étroite.

Ce jointement à pierres apparentes est le meilleur que l'on
puisse adopter pour les paremens extérieurs des murs, lorsque
les pierres en sont de bonne qualité et non gélisses : autrement
il vaut mieux les crépir en plein avec le mortier de la seconde

Tome IX.   17

espèce. On recouvre ensuite intérieurement ces murs avec un enduit de mortier doux et lissé.

Les rejointoiemens des vieilles maçonneries doivent se faire avec les mêmes précautions, après en avoir exactement arraché le vieux mortier jusqu'au vif; et dans le cas où les joints seraient grands et délavés, il y sera coulé et fiché du mortier pour les remplir parfaitement.

Section V. *Pavemens*. Les pavés en briques de plat pour les rez-de-chaussée doivent être posés sur une forme ourdie de terre grasse, bien dressée et battue avec soin à mesure qu'elle se dessèche; mais si l'on veut établir un semblable pavé dans les étages supérieurs, après avoir posé sur le plancher une couche de terre grasse un peu humide, battue et unie avec soin, on ourdira la forme pour recevoir le pavé avec mortier de chaux et sable, mêlé et corroyé avec du tan ou du mâche-fer pulvérisé, que l'on unira à la truelle et qu'on laissera sécher sans le battre. Sur l'une ou l'autre de ces formes, on étendra une couche de mortier fin, sur laquelle on posera le pavé. On aura soin d'en garnir les joints avec attention, et même de les couler ensuite, pour n'y laisser aucun vide. Les briques seront posées en liaison et suivant les compartimens adoptés.

Les carreaux de terre cuite se posent de la même manière et avec le même mortier fin, dans lequel on mêle un huitième de plâtre gâché pendant qu'on l'emploie.

Les pavemens pour les citernemens seront faits de plusieurs briques de plat posées les unes sur les autres, en mortier de ciment; le tout rejointoyé et tiré à plusieurs reprises, et recouvert, comme les murs de côté, d'un enduit en plein de même mortier, de 13 à 14 millimètres (6 lignes) d'épaisseur, poli, lisse et serré à la truelle du plafonneur, arrosé et lavé plusieurs fois avec un coulis de ciment, jusqu'à ce que le tout étant parfaitement pris et sec, il n'y reste absolument aucune gerçure. (De Per.)

MACRE. *Trapa*. Plante annuelle qui croît dans les eaux stagnantes, et dont le fruit, qui a le goût de la châtaigne, se mange dans beaucoup de lieux.

La racine de la macre, qu'on appelle encore *saligot, cornuelle, châtaigne d'eau, truffe d'eau*, est fibreuse; sa tige est grêle et s'élève d'autant plus que l'eau est plus profonde. Elle a deux sortes de feuilles : les unes, qui plongent dans l'eau, sont opposées, écartées, sessiles et pectinées; les autres, qui s'étalent en manière de rosette à la surface, sont alternes, très-rapprochées, rhomboïdales, dentées et portées sur un long pétiole renflé et vésiculeux en son milieu. Ses fleurs sont

blanches, petites et solitaires dans les aisselles des feuilles supérieures ; elles paraissent au commencement de l'été, et les
fruits sont mûrs au milieu de l'automne. Ces fruits un peu plus
gros que le pouce, et armés de quatre cornes opposées à hauteur
différente, tombent dans l'eau aussitôt qu'ils sont mûrs, de
sorte qu'il faut connaître le moment de les cueillir, sinon on
est exposé à les manger mauvais ou à n'en plus trouver ; on
se les procure, ou avec des bateaux, ou en entrant dans l'eau,
ou en tirant à soi les pieds avec de longs râteaux : on peut les
conserver en les tenant dans l'eau, jusque bien après l'hiver.
Il est quelques parties de la France où l'on en fait une grande
consommation, telles que les environs de Nantes, de la Ro-
chelle ; mais un ami de son pays a lieu de se plaindre qu'on
ne la multiplie pas par-tout où cela est possible, qu'on n'imite
pas les Chinois, qui en font l'objet d'une culture réglée.

En effet, le fruit de la macre est agréable, fort sain, fort
nourrissant, et se conserve tel pendant près de six mois ; il
croît dans les eaux où on ne peut pas planter d'autres végétaux : que d'avantages ! Et quels sont les embarras de sa culture ? Dans les lieux qui en sont bien peuplés, il ne faut qu'en
réserver quelques pieds ; dans ceux qui n'en ont point, il s'agit
seulement d'y jeter quelques fruits aussitôt qu'ils sont mûrs.
Les frais de la récolte sont les seuls à faire, et ce que j'ai dit
plus haut peut faire préjuger combien peu ils sont considérables. Loin de nuire aux poissons, les macres leur sont utiles
en les protégeant de leur ombre pendant les chaleurs de l'été ;
loin de nuire aux hommes, elles leur sont précieuses en absorbant, par leurs feuilles, l'air infect des marais. Je vous
invite donc, propriétaires d'étangs, riverains des marais, à
regarder la macre comme un végétal de grande importance,
et à le multiplier le plus qu'il vous sera possible, pour votre
bien et celui de vos concitoyens. Je vous dirai cependant que
les eaux qui ont moins d'un pied de profondeur, et celles qui
en ont plus de trois, y sont impropres ; qu'elles deviennent plus
grosses dans les fonds limoneux que dans tous les autres ;
qu'elles fournissent plus de fruits dans les pays chauds que
dans les pays froids. Aux environs de Paris, par exemple, j'ai
rarement vu plus de deux fruits sur chaque pied, et dans les
fossés de Mantoue j'en ai compté jusqu'à huit.

On mange les macres crues comme les noisettes, ou cuites
sous la cendre ou dans l'eau comme les châtaignes. En les
écrasant on en fait une bouillie très-agréable. Elles peuvent
être introduites en petite quantité dans le pain ; mais elles ne
sont pas susceptibles de la fermentation panaire. Leurs feuilles
sont fort du goût des bestiaux, et passent pour astringentes
et résolutives. (B.)

MACUSSON. Un des noms de la Gesse tubéreuse. *Voyez* ce mot.

MACOIN. Liqueur de table, qui se fait dans le Jura avec du moût de sauvignon concentré et de l'eau-de-vie : on la dit très-bonne. (B.)

MADELEINE.. Variété de poire et de pêche.

MADET. Dans le Médoc, on donne ce nom à un vieux bœuf qu'on engraisse.

MAGAOU. Nom d'une bêche recourbée dont on se sert dans le département du Var. (B.)

MAGASIN. Synonyme de Compost dans le vignoble de Reims, où on amende la terre le plus possible, mais on ne met jamais de Fumier frais. *Voyez* ces mots. (B.)

MAGNAN. C'est le ver-à-soie dans le département du Var.

MAGNANIÈRES, MAGNONIÈRES, COCONIÈRES, etc. Économie et architecture rurales. On nomme ainsi les bâtimens destinés exclusivement à l'éducation des Vers a soie. *Voyez* ce mot.

La question de savoir s'il convient mieux d'élever les vers à soie en grand qu'en petit, a été discutée à leur article. Ici nous supposons que les magnanières sont par-tout nécessaires.

Tous les emplacemens ne sont pas également bons pour établir une magnanière. Il faut éviter le voisinage des rivières, des ruisseaux, et sur-tout celui des eaux stagnantes. L'humidité, jointe à la chaleur qui est nécessaire aux vers à soie, accélère la putréfaction de toute substance animale et végétale, et toute putréfaction corrompt bientôt l'air que l'on respire.

Le voisinage des bois n'est pas moins dangereux pour ces précieux insectes. Outre la transpiration des plantes, qui augmente l'humidité atmosphérique, elles attirent encore celle de l'air et la conservent fortement.

Il en est de même du voisinage des montagnes assez élevées pour empêcher la circulation de l'air, ou de celles qui sont humides, ou qui sont garnies de rochers saillans capables de réfléchir les rayons du soleil sur les magnanières : celles-ci occasionnent dans l'atelier une chaleur suffocante dont les vers sont très-incommodés.

L'emplacement le plus favorable pour un atelier de vers à soie est un monticule environné d'un grand courant d'air, que la plantation de mûriers ou d'autres arbres de même grandeur, et qui donneront aussi peu d'ombrage, entretiennent dans une agitation continuelle, et où la chaleur et la lumière parviennent librement et le plus long-temps possible.

Quant à l'exposition, la meilleure que l'on puisse procurer à cet atelier dépend souvent de la localité où il est placé; mais si rien n'y dérange les effets ordinaires des différens rumbs de vent dans notre climat, voici comment il faut disposer une magnanière pour assurer le succès d'une éducation de vers à soie.

1°. Il faut choisir un emplacement qui peut recevoir les premiers rayons du soleil, mais qui en est à l'abri depuis trois heures jusqu'au soir, c'est-à-dire donner au bâtiment la direction du nord au sud, en observant que sa plus longue face soit au levant.

2°. On percera ce bâtiment, sur toutes ses faces, d'un nombre suffisant de fenêtres larges et élevées, afin d'avoir la facilité d'établir à volonté un courant d'air dans tous les sens, suivant le besoin, et pour pouvoir procurer beaucoup de lumière dans l'atelier. On a tort de croire que les vers se plaisent dans l'obscurité, le fait est faux et démontré tel par l'expérience.

3°. Chaque fenêtre sera garnie, 1°. de son contrevent extérieur en bois double et bien fermant; 2°. de son châssis garni en vitres, ou en toile, ou en papier huilé : les vitres et le papier sont préférables à la toile. Suivant les climats, il est bon de se pourvoir de paillassons ou de toiles piquées, pour boucher intérieurement les fenêtres du côté du nord ou du couchant, lorsque le besoin le commande.

4°. L'atelier doit être composé de trois pièces; savoir : 1°. d'un rez-de-chaussée, qui servira au dépôt des feuilles de mûriers à mesure qu'on les apportera des champs, lorsqu'elles ne seront point humides; 2°. d'un premier étage exactement carrelé, et dont les murs seront bien recrépis : ce sera l'atelier proprement dit; 3°. d'un grenier bien aéré, pour y étendre les feuilles lorsqu'elles seront humides. Il ne faut pas craindre de multiplier les fenêtres dans ces trois pièces en les garnissant de contrevents, puisqu'on sera libre d'ouvrir les croisées et de les fermer lorsque les circonstances l'exigeront : on aura par conséquent la facilité de garantir les vers à soie du froid ou du chaud, selon qu'il sera nécessaire. L'expérience prouve qu'on est souvent dans le cas de n'avoir point assez de fenêtres pour renouveler assez promptement ou pour faire sécher les feuilles.

L'atelier doit être d'une grandeur proportionnée à la quantité de vers à soie qu'on veut élever, et celle-ci au nombre de mûriers qui doivent les nourir. Il vaut mieux cependant que l'atelier soit trop grand que s'il était trop petit, parce que rien ne nuit plus aux progrès d'une éducation de vers à soie qu'un emplacement où ils sont trop pressés et entassés les uns sur les autres. D'ailleurs, on doit toujours compter sur un reste de feuilles, plutôt que d'être dans la nécessité d'en acheter. Il paraît que 4 décagrammes (une once) de graines de vers à soie contiennent environ quarante mille œufs, qui produiraient quarante mille vers, si la couvée réussissait parfaitement, et qu'il faut 25 kilogrammes (50 livres) de feuilles pour conduire à terme mille vers à soie.

Un atelier simple doit être composé de trois pièces : 1°. d'une chambre pour la première éducation, c'est-à-dire pour soigner les vers depuis le moment où ils sortent de la coque jusqu'à leur première mue ; 2°. de l'atelier proprement dit, de 13 mètres environ (40 pieds) de longueur, sur 6 mètres et demi (20 pieds) de largeur, et 4 mètres au moins (12 pieds) de hauteur sous plancher ; 3°. d'une infirmerie pour loger les vers lorsqu'ils seront malades : cette dernière pièce peut être supprimée, parce que la première en tiendra lieu.

L'atelier construit dans ces dimensions contiendra les vers à soie de 2 hectogrammes un tiers de graines (7 onces).

Dans un atelier de cette grandeur, il faudra ménager dans les planchers quatre ouvertures ou trappes placées près des murs, et éloignées de 33 décimètres (10 pieds) les unes des autres. Elles seront également établies et dans le plancher qui sépare le rez-de-chaussée de l'atelier, et dans celui qui sépare l'atelier du grenier supérieur, et on aura l'attention de ne pas les placer immédiatement les unes au-dessus des autres, mais d'en alterner les positions respectives, afin de pouvoir renouveler l'air plus promptement et sur une plus grande superficie à-la-fois.

L'intérieur de l'atelier est garni de tablettes établies par rangées, et disposées de la manière la plus convenable pour la facilité et la commodité du service.

Lorsque l'année est chaude, on a plus souvent besoin d'un air frais que de chaleur dans l'atelier pour assurer le succès de l'éducation des vers à soie ; mais dans celles où la température ne donne pas habituellement une chaleur de 19 degrés dans l'atelier pendant l'éducation, il est nécessaire de lui procurer ce degré de chaleur par des moyens artificiels.

A cet effet, on se sert ordinairement de grandes *terrasses*, ou de *bassines* en cuivre ou en fer, dans lesquelles on met du charbon allumé à l'air extérieur, et qu'on apporte ensuite dans l'atelier lorsque le charbon est bien enflammé ; cette précaution est indispensable, autrement les hommes et les vers périraient asphyxiés par la vapeur mortelle du charbon.

Mais, malgré cette précaution, le charbon allumé conserve

encore une trop grande partie de son méphitisme, jusqu'à ce qu'il soit entièrement consumé, pour que cette pratique ne nuise point à la santé des hommes et des vers; d'ailleurs ces bassines ont l'inconvénient d'échauffer trop subitement l'intérieur de l'atelier, et le ver demande une chaleur douce et égale dans tous les temps : il faut donc abandonner ce moyen artificiel de procurer aux magnanières le degré de chaleur qui leur est nécessaire, et le remplacer par des poêles convenablement disposés.

On en trouvera la disposition dans notre Traité d'architecture rurale, ainsi que le plan et l'élévation d'une magnanière construite dans les dimensions que nous venons de donner. Deux poêles placés au rez-de-chaussée suffisent pour échauffer convenablement toutes les pièces de l'établissement.

On sent tous les avantages de cette pratique, et combien elle est préférable à celle des bassines de charbon; en adoptant les poêles, on obtiendra une grande économie de combustible et une chaleur suffisante, douce et toujours égale, sans courir aucun danger pour la vie des hommes et des vers à soie. (De Per.)

MAGNAUDERIE. Nom qu'on donne, dans quelques cantons, au bâtiment où on élève des vers à soie.

La réussite en grand de l'éducation des vers à soie dépend beaucoup du mode de construction de ces bâtimens : ainsi les agriculteurs doivent y faire beaucoup d'attention. *Voyez* l'article précédent et le mot Ver a soie. (B.)

MAGNÉSIE. Terre particulière, fort rapprochée en apparence de l'Alumine (*voyez* ce mot), mais qui forme avec les acides des sels très-différens; le sel de Sedlitz ou d'Epsom, dont on fait un si fréquent usage en médecine, est l'union de cette terre avec l'acide sulfurique : elle-même s'emploie souvent pure à l'intérieur, comme absorbant, sous son nom propre.

Cette terre est rarement isolée dans la nature : on n'en connaît que quelques filons dans les Alpes, en Allemagne et en Angleterre; mais elle se trouve fréquemment combinée avec la terre argileuse dans les pierres quartzeuses, les schistes, les argiles primitives, etc. Elle a été observée même dans certains gypses, certaines pierres calcaires des montagnes secondaires; je la cite ici, parce qu'il vient d'être reconnu qu'elle porte l'infertilité sur toutes les terres où l'on répand, en état de calcination ou de décomposition naturelle, les pierres qui en contiennent plus de deux cinquièmes : ce n'est qu'après qu'elle s'est complétement saturée d'acide carbonique, que la terre où elle se trouve reprend sa faculté de nourrir des plantes.

Cette étonnante propriété de la magnésie a été constatée avec des DOLOMIES, ou *chaux carbonatées lentes*, qui en contiennent près de la moitié de leur poids : en Angleterre, près de Doncartère, par le chimiste Smitson-Tennant ; et dans les montagnes voisines du Saint-Gothard, par un agriculteur dont on m'a dit le nom à mon passage par cette montagne, mais dont j'ai perdu la mémoire.

On peut donc croire actuellement que toutes les fois qu'on s'est plaint des effets nuisibles de la chaux, de la marne, du schiste, du gypse, qu'on avait employés comme amendemens en quantité convenable, c'est que ces pierres contenaient de la magnésie.

C'est peut-être à elle que sont dus l'amertume des raves qu'on cultive dans certaines argiles provenant de la décomposition des schistes, et le défaut d'effet du plâtre sur les trèfles qu'on y sème.

Une TERRE QUI NE DÉCOMPOSAIT PAS LE FUMIER a été trouvée, par l'analyse, contenir près de six pour cent de sous-carbonate de magnésie ; c'est à elle qu'est due cette remarquable propriété. *Voyez* son article.

M. Davy explique l'action délétère de la magnésie, à ce qu'elle absorbe moins rapidement que le calcaire l'acide carbonique de l'air et de la terre, et qu'ainsi elle reste plus long-temps caustique, et il a vérifié que le carbonate de magnésie non-seulement ne nuisait pas à la végétation, mais même la favorisait, puisque les pays à roches magnésiennes sont généralement très-fertiles. Cette explication est très-plausible. (B.)

MAGNOLIER, *Magnolia*. Genre de plantes de la polyandrie polygynie et de la famille des tulipifères, dans lequel se trouvent réunis une douzaine d'arbres, la plupart originaires de l'Amérique septentrionale et de l'est de l'Asie, tous susceptibles d'être cultivés en pleine terre, dans les parties méridionales de la France, et tous remarquables par la grandeur et la beauté de leurs feuilles et de leurs fleurs.

Les espèces de ce genre ont les feuilles alternes, pétiolées, et les fleurs solitaires à l'extrémité des rameaux : leurs graines, d'un rouge de corail, restent suspendues pendant quelque temps à leur capsule, après que leur maturité est complète, au moyen de longs filets blancs, ce qui leur fait produire un effet très-pittoresque ; celles qui se cultivent dans les jardins des environs de Paris sont :

Le MAGNOLIER A GRANDES FLEURS. C'est un des plus beaux et des plus grands arbres de l'Amérique septentrionale ; son tronc acquiert jusqu'à 6 pieds de diamètre et 100 pieds de hauteur ; ses feuilles sont ovales, lancéolées, grandes, épaisses, coriaces, très-entières, persistantes, d'un vert luisant en dessus, couvertes de poils fauves en dessous; ses fleurs sont d'un beau blanc, très-odorantes, de 8 à 10 pouces de diamètre; ses fruits sont de la grosseur du poing.

Il faut, comme moi, avoir vu cet arbre dans les antiques forêts de l'Amérique pour pouvoir apprécier tous ses avantages; car l'idée qu'on en prend dans nos jardins est bien au-dessous de la réalité. Tout en lui inspire l'enthousiasme; sa grandeur, l'étendue et la régularité de sa cime, le luisant de ses feuilles, l'éclat, l'odeur et la largeur de ses fleurs, sont propres à frapper les ames les plus apathiques. En effet, pendant presque tous les mois de mai et de juin, il offre chaque jour une immense quantité de fleurs dans trois états différens; savoir, celles de la veille, fanées, jaunes et sans odeur; celles du jour, qui jouissent de tout leur éclat et versent à une grande distance des torrens de parfums; enfin celles du lendemain, qui forment des cônes blancs d'une grande élégance.

Un terrain gras et frais est celui qui convient le mieux au magnolier à grandes fleurs; aussi ne le trouve-t-on abondamment en Caroline que sur le bord des rivières et autour des marais.

Il y a près d'un siècle que le magnolier à grandes fleurs a été apporté en Europe pour la première fois; cependant il n'en existe pas, que je sache, de gros pieds nulle part : cela vient sans doute de ce qu'il a été jusqu'à présent presque exclusivement cultivé aux environs de Paris et de Londres, villes dont le climat est trop froid pour lui. C'est dans les parties méridionales de la France seulement qu'on peut se flatter de le naturaliser; déjà même plusieurs pieds y donnent de la bonne graine, ce qui est une preuve qu'ils s'y plaisent.

Lorsque, dans les pays tempérés, aux environs de Paris, par exemple, on veut cultiver des magnoliers à grandes fleurs, il faut nécessairement les mettre en caisse pour pouvoir les rentrer dans l'orangerie pendant l'hiver; si on en place dans ce climat en pleine terre, sous des baches, ce sont des pieds destinés à la reproduction par marcottes, parce que là ils font des pousses plus vigoureuses et qui s'enracinent plus facilement lorsqu'on les a couchées.

Les pieds de magnolier à grandes fleurs, tenus en caisse, doivent être dans une bonne terre à oranger. Il faut, selon Dumont Courset, ne renouveler cette terre que lorsque les racines tapissent les parois de la caisse, afin de forcer le pied à fleurir plus tôt. Cette pratique nuit nécessairement à la durée des arbres qu'on y assujettit; mais elle produit l'effet désiré. Dans son pays natal, cet arbre ne commence à donner des fleurs que lorsqu'il a 30 pieds de haut et un demi-pied de diamètre, grandeur que ne pourront jamais atteindre les individus cultivés en caisse.

Des arrosemens fréquens, mais peu abondans en été, rares et encore peu abondans en hiver ; des binages tous les mois, et quelques pelletées de nouvelle terre tous les ans, sont ce que demandent les magnoliers en caisses : du reste, ou les rentre et on les sort de l'orangerie en même temps que les autres arbres : comme ils conservent leurs feuilles pendant l'hiver, il faut les placer en face du jour.

On multiplie le magnolier à grandes fleurs par graines tirées d'Amérique, par celles recueillies en France, par marcottes, et quelquefois par rejetons.

Les graines perdent promptement leur faculté germinative lorsqu'on les conserve à l'air : il faut donc se les faire envoyer stratifiées dans de la terre, et les semer aussitôt leur arrivée, à quelque époque de l'année que ce soit, dans des terrines qu'on place au printemps sur une couche à châssis, et qu'on arrose comme il a été dit plus haut. Une partie d'entre elles lève la première, et le reste la seconde année. Le plant se repique au printemps suivant dans des pots séparés et encore laissés sous châssis pendant le reste de l'année. Ce plant, à sa troisième année, est déjà assez fort, quoiqu'il n'ait que 6 à 8 pouces de hauteur, pour pouvoir rester tout l'été en plein air à une bonne exposition. Chaque année, on le change de pot et on lui donne de la nouvelle terre. Du reste il se conduit comme les vieux pieds.

La multiplication par marcottes s'exécute de deux manières ; savoir, ou au moyen des jeunes pousses des pieds plantés en pleine terre dans une bache, comme je l'ai déjà annoncé, ou au moyen de pots ou de cornets au travers desquels on fait passer une jeune branche d'un gros pied.

Les premières de ces marcottes s'enracinent presque toujours dans le courant de la première année, sur-tout si on a couvert le sol de mousse, afin de lui conserver une humidité constante, tandis que les secondes restent quelquefois trois ou quatre ans sans pouvoir être sevrées, parce qu'il suffit qu'on ait oublié une seule fois de les arroser, pour que leurs racines se sèchent, qu'elles sont souvent secouées et généralement faites sur du bois trop vieux. Aussi la méthode de mettre en pleine terre quelques pieds uniquement pour la reproduction doit-elle être employée par tous les pépiniéristes jaloux de leurs intérêts.

Les marcottes de magnolier peuvent être levées au printemps qui suit leur enracinement ; mais il est prudent d'attendre, lorsqu'on le peut, la seconde année : car il arrive fréquemment qu'elles périssent à la transplantation, lorsqu'elles ne sont pas bien pourvues de chevelu.

Il est assez ordinaire que les pieds ainsi provenus de marcottes donnent des fleurs deux à trois ans après qu'elles ont été mises en caisse.

Quant aux rejetons, ils sont rares et se lèvent comme les marcottes.

Le magnolier à grandes fleurs présente quelques variétés peu saillantes dans la grandeur et la largeur de ses feuilles. Une de ces variétés n'a pas de poils roux dessous ses feuilles.

Le MAGNOLIER ACUMINÉ est un arbre aussi grand que le précédent, mais moins gros, et qui lui est inférieur sous tous les rapports ; ses feuilles sont ovales, oblongues, acuminées, entières, glabres, non coriaces, d'un vert glauque, et tombent tous les hivers ; ses fleurs verdâtres ou bleuâtres sont inodores et au plus de 3 pouces de diamètre. Il croît naturellement dans les parties fertiles des forêts de l'Amérique septentrionale, et ne craint point les hivers les plus rigoureux du climat de Paris; aussi l'y cultive-t-on en pleine terre, aussi l'appelle-t-on dans nos jardins le *magnolier rustique*. Une terre substantielle ni trop sèche, ni trop humide, est celle qu'il lui faut. L'exposition lui est indifférente. Quoiqu'il fleurisse fort bien dans nos jardins, il y donne rarement de bons fruits. C'est presque uniquement de graines venant d'Amérique qu'il se multiplie ; car ses marcottes s'enracinent fort difficilement. Sa culture ne présente rien de remarquable.

Toutes les parties de cet arbre sont amères et employées en Amérique pour guérir la fièvre. Son bois, de couleur orange et d'un grain fin, sert à faire des tables, des armoires, et s'emploie à un grand nombre d'autres usages analogues.

Le MAGNOLIER-PARASOL, *Magnolia tripetata,* Lin., s'élève à 20 ou 30 pieds au plus. Ses rameaux sont souvent étalés ; ses feuilles lancéolées, très-entières, glabres, molles, ramassées au bout des branches, longues de 15 à 20 pouces, larges de 5 à 6 ; ses fleurs sont blanches, larges de 4 à 5 pouces et d'une odeur désagréable. Il croît dans toute l'Amérique septentrionale, sur le bord des ruisseaux, dans les lieux où le sol est frais sans être humide.

La grandeur et la disposition des feuilles de cet arbre produisent un effet très-pittoresque, ainsi que j'ai pu en juger en Caroline, où il est très-commun. De plus il jouit de l'avantage de croître et fleurir sous l'ombre des autres arbres, ce qui le rend très-précieux pour l'embellissement des jardins paysagers. Il brave les rigueurs du climat de Paris, et s'y cultive en conséquence en pleine terre ; mais il est rare, parce qu'il y a encore fort peu de pieds qui y donnent de la bonne graine, et que ses marcottes s'enracinent très-difficilement. On est donc presque réduit aux pieds provenant des graines envoyées d'Amérique : or ces graines, à moins qu'elles n'aient été stratifiées dans de la terre ou dans de la mousse, réussissent peu souvent, quoiqu'on les sème, comme on le doit, aussitôt leur arrivée, dans des pots placés sur couches à châssis.

L'exposition au nord me paraît, d'après la manière de végéter de cet arbre en Amérique, la meilleure qu'on puisse lui donner en France. Il perd ses feuilles pendant l'hiver. Son bois est mou.

Le Magnolier auriculé diffère peu du précédent pour la grandeur et ses autres qualités. Ses feuilles sont spathulées, aiguës, en cœur, molles, d'un vert clair en dessus et glauques en dessous, longues de près d'un pied, et rapprochées au sommet des rameaux ; ses pétales sont blanchâtres, petits, onguiculés, et exhalent une mauvaise odeur. Il a été découvert par Michaux, et ensuite par Frazer, sur les montagnes de la Caroline. Je l'ai cultivé dans le jardin de Charleston, d'où il a été apporté à Paris par Michaux fils. C'est un très-bel arbre, mais qui cédera toujours le pas au suivant, dont il se rapproche beaucoup. Il est encore fort rare et par conséquent fort cher. Cels en possède quelques pieds, qui sont, à ma connaissance, les seuls employés à la reproduction aux environs de Paris. Sa culture ne diffère pas de celle du précédent.

Le Magnolier a grandes feuilles est un arbre peu élevé, dont les rameaux sont peu nombreux ; les feuilles ovales, aiguës, légèrement auriculées à leur base, glauques en dessous, souvent longues de plus de 2 pieds sur un de large ; ses fleurs sont inodores, et offrent six pétales blancs à base purpurine. Il croît dans l'Amérique septentrionale sur les bords du Ténassée, d'où Michaux père l'a fait passer à Charleston. J'ai apporté les premiers pieds qui aient paru en Europe ; mais ils ont péri. Depuis, Michaux fils les a remplacés. Sa culture doit être la même que celle des précédens, avec lesquels il a beaucoup de rapport. Ils se greffent les uns sur les autres, ainsi que je m'en suis assuré en Caroline. Cels multiplie chaque année de marcottes les deux ou trois pieds qu'il possède, et qu'il a mis en pleine terre dans une bache ; mais il n'en restera pas moins encore long-temps extrêmement cher, parce qu'aucun arbre, parmi ceux qu'on peut cultiver en France en pleine terre, n'a d'aussi belles feuilles.

Le Magnolier glauque acquiert rarement plus de 20 pieds de haut et plus de 4 à 5 pouces de diamètre. Il croît dans les marécages de presque toute l'Amérique septentrionale. Ses feuilles sont ovales, oblongues, coriaces, très-entières, d'un vert clair en dessus et glauques en dessous, au plus longues de 3 ou 4 pouces; ses fleurs sont d'un blanc éclatant, d'une odeur suave, mais faible, et d'environ 3 pouces de diamètre. On l'appelle vulgairement en Amérique *arbre de castor,* parce que cet animal fait sa principale nourriture de son écorce. Cette écorce odorante et fort amère est employée dans le pays comme fébrifuge et quelquefois même importée en Europe sous le nom de *faux kinkina,* ou de *kinkina de Virginie.*

J'ai observé d'immenses quantités de ce magnolier en Caroline, où il forme le plus communément de hauts buissons d'un charmant aspect lorsqu'ils sont en fleurs ou en fruit. Depuis déjà fort long-temps on le cultive dans les jardins de l'Europe; il y passe en pleine terre les hivers les plus rigoureux, y fleurit tous les ans et y porte de bonnes graines; mais combien il y est dégénéré!

Cet arbrisseau devrait donc être aujourd'hui très-commun; cependant il ne l'est pas, parce qu'on s'obstine à le tenir hors de l'eau et à le planter dans la terre de bruyère, tandis que c'est une terre humide et substantielle sans être forte, qu'il demande, ainsi que j'ai pu m'en assurer en Amérique. Il ne peut être trop multiplié dans les jardins paysagers, car il s'accommode de toutes les expositions : c'est sur le bord des eaux, au premier rang des massifs, qu'il convient de le placer.

On reproduit le magnolier glauque de graines apportées d'Amérique ou nées en France : on les sème et on les traite comme celles des autres espèces. C'est ordinairement dans des terrines remplies de terre de bruyère et placées sur une couche à châssis qu'on les sème; cependant j'ai l'expérience qu'elles réussissent beaucoup mieux lorsqu'on les met en pleine terre sous une simple bache à l'exposition du levant : elles lèvent en partie la première et en partie la seconde année. Le plant qu'elles ont produit se repique l'année suivante, ou seulement deux ans après au printemps dans des pots ou en pleine terre, à 6 ou 8 pouces de distance. Deux ans après, on les change de pots ou de place en les écartant du double. A cette époque, ils doivent avoir environ 2 pieds de haut et être vendables. Quelques-uns donnent même déjà des fleurs et peuvent être mis définitivement en place.

Pendant tout ce temps, le plant demande des binages, et pendant l'été des arrosemens fréquens. Jamais la serpette ne doit le toucher.

La multiplication du magnolier glauque par marcottes n'est pas plus difficile que celle du magnolier à grandes fleurs. Ces marcottes prennent ordinairement racine dans le courant de la même année, lorsque le bois est jeune et le terrain humide;

il est bon cependant de ne les lever qu'à la fin de la seconde, pour leur donner le temps de se fortifier.

Quelques personnes ont dit avoir vu réussir des boutures de magnoliers, et cela n'est point hors de vraisemblance ; cependant celles que j'ai tentées en Amérique et en France n'ont point réussi, quoique j'en aie varié le mode.

Michaux a mentionné un MAGNOLIER A FEUILLES EN COEUR, mais il n'est pas encore cultivé dans nos jardins.

Les autres espèces connues sont originaires de la Chine, et ne paraissent pouvoir bien supporter la pleine terre que dans les parties méridionales de la France : on cultive dans les serres tempérées cinq à six d'entre elles. (B.)

MAHALEB ou **BOIS DE SAINTE-LUCIE.** Espèce d'arbre du genre des cerisiers, qu'on cultive fréquemment dans les jardins d'agrément, et qu'on devrait cultiver plus généralement dans les mauvais terrains, qu'on utiliserait par son moyen. *Voyez* CERISIER.

Les habitans de Sainte-Lucie en enfouissent les troncs en terre pendant une année avant de les employer, et prétendent par là augmenter la qualité de leur bois, et du côté de la ténacité, et du côté de la couleur, et du côté de l'odeur. Il n'est pas facile d'expliquer ce fait ; mais il est constaté par une longue expérience. (B.)

MAHON. Nom du PAVOT-COQUELICOT dans les environs de Boulogne. (B.)

MAI. Ce mois, le plus beau de l'année, est celui qui influe le plus sur le succès d'une grande partie des cultures. Il exige des travaux assidus et multipliés de la part de tous les cultivateurs.

C'est pendant son cours que la nature achève de développer son action, que la plupart des plantes fleurissent, qu'on parvient à se fixer sur les espérances que peuvent donner la généralité des récoltes.

On commence alors les premiers labours dans les pays où on suit encore le système des jachères. On châtre les veaux, on tond les brebis. On achève les sarclages des champs. On sème les chanvres, les pois, les haricots et les fèves de plein champ dans les grandes exploitations rurales. On veille sur les ruches qui sont dans le cas de donner des essaims.

Dans les jardins, on sème encore de tous les articles qu'on avait semés en avril, afin, ou de remplacer ce que les gelées tardives auraient pu faire périr, ou de se procurer une jouissance plus longue des mêmes objets. C'est alors que se fait le grand semis des haricots, des concombres, des cornichons, le repiquage des citrouilles, des potirons, des melons, des choux-fleurs, des choux hâtifs, de la plupart des fleurs semées sur

couche ou contre des abris, qu'on arrête les pois et les fèves
de primeur qui commencent à fleurir, qu'on sarcle et bine tout
ce qui en a besoin.

Comme beaucoup de plantes d'agrément entrent en fleur à
cette époque, c'est le moment des plus grandes jouissances des
amateurs, il faut en conséquence que les jardins soient plus
soignés qu'à aucune autre; c'est-à-dire que les gazons soient
tondus, les allées ratissées, les plates-bandes sarclées et même
binées, les désordres de toutes espèces réparés.

Les arbres en espaliers demandent à être de temps en temps
visités, tant pour donner forcément une direction convenable
aux bourgeons qui poussent devant ou derrière les mères branches, et dont on a besoin pour regarnir les vides, que pour les
débarrasser des chenilles, des cochenilles et des pucerons qui
les dévorent.

On taille à la même époque les figuiers et les orangers.

On donne les étalons aux jumens et aux ânesses.

On sèvre les agneaux nés avant janvier.

Le chêne pour écorcer se coupe alors.

Les abeilles essaiment généralement dans ce mois, et c'est
dès son commencement qu'il faut s'occuper d'en faire d'artificiels.

Le premier binage des vignes a lieu à la fin de ce mois dans
quelques cantons. (B.)

MAIGRAGE. Nom des herbages à engrais des bœufs, dans
les environs de Caen. (B.)

MAIGRE (TERRE). Ce nom s'applique en général aux
terres peu FERTILES, quelle que soit leur nature; cependant il
m'a paru qu'il se donnait particulièrement à celles qui étaient
en même temps dépourvues d'HUMUS, ainsi que d'humidité
permanente, et très-légères. Ainsi ce sont les TERRAINS SA-
BLONNEUX qui le portent le plus généralement.

Une terre maigre peut être engraissée par des FUMIERS, par
des RÉCOLTES ENTERRÉES, même quelquefois par des apports de
MARNE, d'ARGILE, par un ASSOLEMENT à longs retours. *Voyez*
ce nom et celui TERRES qui ne décomposent pas le fumier. (B.)

MAILLE. Petites MEULES momentanées qu'on place à côté
de l'aire des granges dans le département des Deux-Sèvres.

MAILLE. Sorte de PIOCHE large, pointue et recourbée, avec
laquelle on fait le premier labour de la vigne dans le département de l'Ain : elle opère bien et vite, sur-tout dans les terrains pierreux et chargés de mauvaises herbes. (B.)

MAILLON. Dans l'Orléanais, ce mot est synonyme de LIEN

pour la vigne. Il y a des MAILLONS D'OSIER et des MAILLONS DE PAILLE, *Voyez* VIGNE. (B.)

MAILLOT. Ce nom se donne aux environs de Clermont aux CROCETTES de la VIGNE. (B.)

MAIN. Synonyme de SOLE dans le département des Hautes-Alpes. (B.)

MAIN. Ce nom se donne, dans la ci-devant Normandie, au mélange, pour engrais, de la LITIÈRE avec le VAREC. *Voyez* ces mots. (B.)

MAIN DÉCOUPÉE. Nom vulgaire du PLATANE D'ORIENT. *Voyez* ce mot.

MAINS. Nom vulgaire des vrilles avec lesquelles quelques plantes s'attachent à d'autres. *Voyez* VRILLE.

MAIS, *Zea.* Plante annuelle de la monoécie triandrie et de la famille des graminées, originaire de l'Amérique méridionale, et aujourd'hui cultivée dans la plus grande partie de l'univers, à raison de sa fécondité et de l'excellence de la nourriture qu'elle fournit aux hommes et aux animaux.

La racine du maïs, qu'on appelle aussi *blé de Turquie, blé d'Inde, blé d'Espagne,* est pivotante, articulée, garnie de fibrilles traçantes à chaque articulation; sa tige est droite, solide, articulée, comprimée dans quelques-unes de ses parties par la gaîne des feuilles et par les épis, rarement rameuse, haute de 5 à 6 pieds, et d'un pouce au plus de diamètre à sa base; ses feuilles sont engaînantes; striées, rudes au toucher, d'un vert foncé, longues d'un pied et plus sur 2 à 3 pouces de large; ses épis femelles ont communément, terme moyen, douze rangées de trente - six grains, ce qui, à deux épis par pied, aussi terme moyen, donne un produit de sept cent quatre - vingt - quatre pour un. Quelle source de richesses! Il paraît que la couleur naturelle de ces grains est la jaune.

C'est vers le commencement du seizième siècle que le maïs a été apporté en Europe, et aujourd'hui on l'y trouve cultivé par-tout où la chaleur du climat le permet. Dans beaucoup de lieux, il a fait abandonner la culture du blé; mais il lui faut un sol profond, des engrais abondans, des labours fréquens, etc.; de sorte qu'il ne peut pas être cultivé par-tout et que sa manutention est coûteuse : aussi nulle part il n'est l'objet de ce qu'on appelle une grande culture, quoique des cantons entiers en soient complétement couverts.

C'est à l'estimable et savant Parmentier qu'on doit le premier écrit régulier qui ait été publié sur la culture du maïs. Ce sont les principes qu'il a développés qui servent de base au travail que j'entreprends sur le même objet, quoique j'aie suivi sa culture d'abord sur les bords de la Saône, ensuite à Bordeaux, en Caroline, en Espagne, en Italie, dans le midi de la France. Je profite de cette occasion pour renouveler l'expression de mes sentimens envers ce célèbre agronome, à qui les sciences économiques ont tant d'obligations.

Comme plante cultivée depuis un temps immémorial au Pérou, au Mexique, dans les îles du golfe du Mexique et autres lieux de l'Amérique, le maïs présente plusieurs variétés dont quelques-unes jouissent d'avantages particuliers.

Relativement au temps de la maturité, on distingue du maïs ordinaire le *maïs précoce*, ou *maïs de deux mois*, ou *quarantain* ; c'est l'*onona* des Américains, ainsi que le *maïs à poulet* : il y en a de blanc et de jaune ; toutes leurs parties sont plus petites, mais ils mûrissent deux mois plus tôt et s'accommodent d'une terre moins substantielle. Quoique connus dans quelques parties du midi de l'Europe, il n'y sont pas encore aussi abondans qu'ils devraient l'être ; mais ils sont très-communs en Amérique : les avantages qu'ils présentent sont d'autant plus sensibles que le climat où ils sont plantés est plus chaud. A Saint-Domingue, il ne faut réellement que quarante jours pour faire parcourir au premier toutes les phases de sa végétation ; en Bresse, il ne présente, d'après Varennes de Fenille, qu'une précocité de quinze jours. Cet agriculteur ne le regarde pas moins comme très-précieux pour ce pays, et il pense qu'il peut y devenir aussi productif que les deux autres variétés qu'on y cultive habituellement ; il recommande de le semer toujours loin de ces variétés, parce qu'il s'est assuré qu'il grossissait par suite de la fécondation opérée par elles. Le peu de grosseur des grains du dernier permet de le donner à toute espèce de volaille : l'épi n'a qu'environ 3 pouces de long et n'offre que huit à dix rangées.

La boulie du quarantain n'est pas aussi savoureuse que celle du maïs d'automne, ainsi que j'ai eu plusieurs fois l'occasion d'en juger.

On cultive en Piémont un quarantain tardif ; mais il semble qu'il ne doit être employé que lorsque quelques circonstances ont empêché le gros maïs de réussir : car ses avantages, hors le peu de durée de sa végétation, sont inférieurs au sien.

Relativement à la couleur du grain, on reconnaît beaucoup de variétés de maïs ; il en est de blanc, de brun noir, de bleuâtre, de violet, de roux, de rouge, de chiné, de marbré. On ne paraît rechercher ces variétés que par curiosité, n'ayant aucun avantage réel les unes sur les autres. La seule de cette sorte qui mérite d'être mentionnée sous les rapports d'utilité est le maïs blanc, dont l'épi est plus long, plus gros ; les grains, disposés sur huit rangées, sont plus larges, moins épais et d'un jaune beaucoup plus pâle. Ces grains fournissent un tiers plus de farine que le jaune ordinaire, et il mûrit douze

à quinze jours plus tôt ; mais sa farine m'a paru moins savoureuse que celle des grains de ce dernier. C'est lui qu'on cultive
le plus généralement en Caroline, pour la nourriture des noirs
et des chevaux ; je l'ai vu préférer au jaune dans les environs
de Bordeaux et dans quelques endroits d'Espagne et d'Italie.
Il paraît qu'il est d'autant plus rare dans les plantations qu'on
s'éloigne le plus des tropiques. Sa couleur et sa forme se per-
pétuent exactement dans la série des générations, pendant que
les nuances de couleur citées plus haut varient presque toujours d'une année à l'autre, ou qu'elles se montrent souvent
ensemble sur le même épi.

On pourrait aussi distinguer les variétés de maïs d'après le
nombre des rangées de graines qui existent sur leurs épis ; car
ce nombre est assez constant dans la même variété, quoique
le sol, les circonstances soit atmosphériques, soit de culture,
influent sur lui. Ainsi on voit dans quelques parties du sud
et de la France un maïs dont l'épi n'a que huit rangées de
graines et qu'on appelle *maïs de Pradie*, et un autre qui en a
seize et qu'on appelle *maïs de Gussac*, des lieux d'où on peut
présumer qu'ils sont sortis ; mais en dernier résultat ils n'offrent aucun avantage, les produits ne différant pas sensiblement. En Amérique, il y en a encore d'autres relatives à la
forme plus ou moins globuleuse, à la consistance plus ou moins
dure des grains, à la grosseur et longueur du réceptacle qu'on
appelle *rafle* dans certains lieux ; mais toutes ces variétés sont
bientôt confondues lorsqu'on les cultive les unes à côté des
autres : on ne peut cependant se dissimuler que quelques-unes
ont des avantages, soit relativement à leur précoce maturité,
soit relativement à leur bonté, à l'abondance de leurs produits, à la facilité de leur conservation, etc.

Les cantons de la France propres à la culture du maïs sont
presque tous au midi d'une ligne tirée depuis Bordeaux jusqu'à
Strasbourg ; mais la chaîne des Cévennes et du Vivarais, à
raison de son élévation, rétrécit beaucoup la zone que la nature lui a fixée : les bords de la Saône sont le terme le plus
septentrional où je l'ai vu donner des récoltes avantageuses.
Quoique dans les années chaudes il amène quelquefois ses
graines à parfaite maturité dans le climat de Paris, il ne pourra
jamais y être regardé comme un objet de spéculation agricole.

Les variétés de maïs qu'on cultive aux environs de New-
Yorck, semées le 20 avril 1807 aux environs de Paris, ont été
récoltées ; savoir,

Le maïs dit à poulet, le 20 juin ; semé de suite, il a donné
une seconde récolte, recueillie le premier octobre.

Le maïs quarantain est du double plus gros et mûrit quinze
jours plus tard.

Le maïs dit, à raison de la dureté de son grain, pierre à fusil, a mûri : le jaune, le 15 août ; le blanc, le 1er. septembre ;

Le maïs blanc, le 10 septembre ;

Le maïs blanc blanc, le 10 octobre ;

Le maïs à fleur de farine, le 15 octobre ;

Le maïs dix rangs, le 20 octobre ;

Le maïs douze rangs, le 1er. novembre.

On voit par là combien il est avantageux de préférer les espèces hâtives ; car dans les pays froids leur récolte est plus assurée, et dans les pays chauds elles peuvent faire espérer deux récoltes sur le même terrain.

Cette note est extraite d'un ouvrage récent sur la culture du maïs.

Par-tout les variétés les plus fortes et les plus productives sont les plus tardives à arriver à leur maturité.

Le bonheur du peuple étant toujours en raison de la masse des subsistances, et un champ de maïs fournissant plus de nourriture que tout autre champ de même étendue semé en blé ou autres céréales, même en mil, millet, etc. , on doit désirer voir la culture de cette plante s'étendre encore plus s'il est possible dans le nord, et on peut l'espérer, d'après ce que je viens de dire, en préférant les variétés les plus précoces, principalement le maïs à poulet et le quarantain dont il a déjà été parlé. J'ai par devers moi, depuis plus de vingt ans, des preuves que ce dernier réussit fort bien auprès de Paris lorsqu'on le place dans une terre légère et à une exposition abritée des vents du nord, à plus forte raison le premier, qui y est arrivé postérieurement à cette époque.

Toute terre, pourvu qu'elle soit profonde, bien travaillée et suffisamment amendée, convient au maïs ; cependant il réussit mieux dans celle qui est légère et humide que dans les autres. Je l'ai vu planter en Caroline dans des sables presque purs, sur le bord de la Saône dans des argiles très-compactes, aux environs de la Corogne dans des fissures de rochers granitiques ou schisteux, et dans tous ces lieux donner de copieuses récoltes. On dit que dans les terres vierges des états de l'ouest de l'Amérique septentrionale il s'élève jusqu'à 18 pieds, et j'en ai observé de la moitié de cette hauteur dans les fertiles vallées volcaniques du Vicentin. On ne doit pas cependant désirer une aussi grande exubération, parce qu'elle n'a lieu qu'aux dépens du grain, qui manque souvent tout-à-fait dans ce cas. Cette considération doit engager les cultivateurs à ménager les amendemens et encore plus les engrais, dans les terres déjà naturellement très-fertiles, quelque nécessaires qu'ils soient dans les autres.

D'après ces faits, on doit croire que le maïs est exclusive-

18 *

ment propre à former des abris, soit contre le chaud, soit contre le froid, dans les jardins, autour des carrés desquels il se plante, sur deux rangs, à 6 pouces de distance vide contre plein. *Voyez* ABRI.

La culture du maïs épuise promptement le terrain, c'est pourquoi il est bon de ne le faire paraître que de loin en loin, par exemple, au plus tous les quatre, cinq ou six ans, dans la rotation des assolemens des terres qui lui sont propres : c'est à la suite du défoncement des prairies artificielles, ou après une culture de plantes qui exigent des binages d'été, telles que celle des fèves, des haricots, des pommes de terre, qu'il est le plus avantageux de le semer. Nous manquons encore d'observations précises sur le meilleur mode du placement du maïs dans le système des assolemens. La pratique des pays où j'ai observé sa culture est des plus variables, c'est-à-dire ne repose sur aucune base solide. Le principe absolu est de ne la pas faire précéder ou suivre de récoltes de graminées.

On est généralement dans l'usage de donner deux labours aux terres destinées à recevoir une plantation de maïs, l'un avant ou pendant l'hiver ; l'autre au printemps, peu avant les semailles : c'est au moment de faire ce dernier qu'on fume autant que possible et avec du fumier bien consommé.

Dans plusieurs cantons de l'Amérique septentrionale et de l'Italie, on ne laboure pas la totalité des champs destinés au maïs, on fait seulement deux traits de charrue par chaque trois pieds, qu'on coupe à angles droits par deux autres traits semblables : c'est dans les points de jonction de ces traits qu'on creuse à la bêche un trou d'un demi-pied carré, dans lequel on met une poignée de fumier et des grains de maïs. Cette pratique est-elle dans le cas d'être conseillée ? Je n'ose dire oui.

Il n'est pas indifférent de prendre toute espèce de graine pour la semence ; on doit, lors de la récolte, réserver les épis les plus gros et les plus sains à cette intention, les conserver intactes dans un endroit sec et aéré, ne les égrener qu'au moment de l'emploi, et rebuter les grains des extrémités comme moins parfaits. La graine de deux et à plus forte raison de trois ans est de beaucoup inférieure à la nouvelle, et ne sera par conséquent employée qu'au défaut de cette dernière.

Le maïs, ainsi que je le dirai plus bas, est sujet à trois sortes de charbon, ou peut-être de carie ; il est donc bon, quoique je ne sache pas qu'on le fasse nulle part, de le chauler avant de le semer. (*Voyez* au mot CHAULAGE et aux mots CARIE et CHARBON.) Comme il est d'une nature cornée, c'est-à-dire très-dur, il est encore bon, dans le cas où on ne le chaulerait pas, de le mettre tremper dans l'eau pendant vingt-quatre heures, afin de faciliter le développement du germe. On trouve de plus dans cette opération la facilité de distinguer les mauvais grains qui, comme plus légers, restent à la surface de l'eau, d'où on les enlève avec une écumoire pour les donner aux volailles.

C'est pour la France méridionale le commencement d'avril, et plus au nord les premiers jours de mai qu'il convient de choisir pour semer le maïs, car il craint beaucoup les gelées dans sa jeunesse. J'ai plusieurs fois vu, aux environs d'Auxonne, les semis entièrement perdus par cette cause ; cet accident arrivant, il faut recommencer le semis en entier, ce qui, outre la perte de la graine et de l'emploi du temps, retarde d'autant la récolte.

Dans la haute Garonne, où la culture du maïs est dans la plus grande faveur, on le sème depuis le 15 avril jusqu'au 15 mai ; on dirige autant que possible les rangées du levant au couchant : ces rangées sont écartées de 2 pieds. Le maïs jaune s'y cultive de préférence comme fourrage, parce qu'on a reconnu qu'il s'élevait davantage.

Il y a diverses pratiques employées pour répandre la semence du maïs sur la terre ; la plus simple consiste à suivre la charrue et à jeter, à environ 3 ou 4 pieds de distance, quatre à cinq graines de maïs, que le rayon suivant recouvre. Le meilleur et le plus coûteux est de faire de petites fosses en quinconce, avec la houe, à la distance précitée, et d'y mettre le même nombre de grains, qu'on recouvre en faisant la fosse suivante. Dans beaucoup de lieux, comme sur les bords de la Saône, où j'ai suivi sa culture dans ma jeunesse, on sème à la volée et on enterre avec la herse ; mais cette méthode a le double inconvénient de ne pas espacer également les grains et de ne les pas enterrer assez profondément, inconvénient très-grave. Je ne parlerai pas du semis au cordeau, du semis au plantoir et autres, peu pratiqués.

Il résulte d'expériences exactes et faites dans la vue de savoir positivement à quelle profondeur les grains du maïs devaient être enterrés, que plus il étaient près de la surface et plutôt ils levaient, et plus étaient vigoureux les plants qu'ils fournissaient : un pouce dans les terres fortes, et un pouce et demi dans les terres légères sont la profondeur convenable.

Dans beaucoup de lieux, on sème le maïs fort épais, et à chaque binage on éclaircit le plant pour le donner aux bestiaux ; mais cette pratique est nuisible, quelque précaution qu'on prenne, à la récolte principale, parce que toute plante qui souffre dans sa jeunesse ne peut se développer aussi bien que celle qui a joui de circonstances aussi favorables que possible.

Le maïs sort d'autant plus promptement de terre qu'il fait plus chaud et que la terre est plus humide ; lorsque la graine a été trempée dans l'eau, il ne faut souvent que cinq à six jours pour que le plantule se montre. On n'entre point dans le champ tant qu'il y a des gelées à craindre, mais dès que le jeune plant a acquis 3 pouces de haut il faut l'éclaircir, c'est-à-dire arracher tous les pieds les plus faibles parmi ceux qui ne sont pas à 2 pieds au moins les uns des autres ; je dis au moins, car dans les sols très-fertiles 3 pieds ne sont pas souvent de trop. On calcule qu'un boisseau de graines suffit pour un arpent. Ils se trompent grossièrement les cultivateurs qui croient que plus ils auront de pieds et plus leur récolte sera abondante. Tous ceux de ces pieds qui n'auront pas assez d'espace pour étendre leurs racines latérales au loin, pour que l'air ne circule pas librement autour de leur tige, pour que les rayons du soleil ne les frappent pas directement, donneront point ou peu d'épis, ou des épis petits et courts. Par-tout où j'ai vu cultiver du maïs, j'ai pu remarquer ce fait : par-tout les pieds isolés donnaient trois, quatre ou cinq épis, tandis que ceux qui étaient pressés n'en offraient qu'un ou deux ; cependant il ne faut pas d'excès : car des pieds trop écartés obligent, lorsqu'on n'établit pas d'autres cultures dans leurs intervalles, à des labours inutiles, et des pieds raisonnablement rapprochés entretiennent une favorable humidité à la surface de la terre, se soutiennent contre les efforts des vents, qui, surtout en Amérique, causent souvent de grands ravages dans les plantations.

En Caroline et dans les landes de Bordeaux, pays où une petite couche de sable repose immédiatement sur l'argile, on plante le maïs par rangées sur des ados d'un pied de large et écartés de 3 pieds. Là les binages ne consistent qu'à amener la superficie de la terre de l'intervalle au sommet de l'ados. Cette méthode, très-bien appropriée à la nature du sol de ces cantons (sol très-aquatique après la pluie, et très-sec dans tout autre temps), me paraît dans le cas d'être généralement employée par-tout, comme remplissant mieux l'objet des binages et les économisant ; elle permet aussi de planter les pieds un peu plus près les uns des autres dans la ligne, parce qu'ils sont plus écartés dans l'autre sens.

C'est à la même époque qu'on donne le premier binage ; il doit être peu profond et ménagé de manière que les pieds ne soient ni blessés avec la houe, ni écrasés par les pieds des ouvriers. Quelques agronomes ont proposé de donner ce binage, ainsi que les autres, avec la charrue, dans les plantations où les pieds sont placés en rangées régulières ou en quinconce ; mais toujours on apercevra, à la récolte, combien ce moyen, quoique plus économique en apparence, est peu avantageux : j'en dirai plus bas la raison. Ce premier binage, ainsi que tous les autres, doit être, autant que possible, fait dans un temps humide ou après la pluie ; son principal objet est de détruire les mauvaises herbes, d'ameublir la terre, de la rendre plus apte à recevoir et à communiquer aux racines les influences atmosphériques.

Dans quelques endroits, en faisant ce premier binage, on repique, dans les places vagues, les pieds arrachés dans les places trop garnies, et ce, en faisant un trou avec un plantoir; mais ces pieds ainsi repiqués viennent rarement aussi beaux que les autres, et leurs épis avortent souvent.

Le second binage a lieu lorsque la plante a acquis environ un pied de hauteur ; il ne diffère du premier qu'en ce qu'on rapproche la terre des pieds de maïs ; on les *butte*, on les *chausse*, pour me servir des expressions techniques, c'est-à-dire qu'on élève un petit monticule autour de chacun de ces pieds. *Voyez* BUTTAGE.

La raison de cette pratique est que la tige du maïs est articulée, que ses articulations sont très-rapprochées à la base, et qu'il sort de toutes, lorsqu'on les met en terre, de nouvelles racines traçantes, qui augmentent d'autant plus la masse de la sève circulante, qu'elles agissent dans une terre plus divisée et plus perméable à l'air : on ne saurait donc faire les buttes trop élevées.

C'est parce qu'on ne peut pas aussi bien butter ou chausser les pieds avec la charrue, que les binages qu'on fait avec elle sont inférieurs à ceux faits à la houe.

Le troisième binage s'exécute lorsque les fleurs sont près de se développer ; on perdrait à attendre qu'elles le fussent, et encore plus après qu'elles seraient passées. Ce binage n'a pas besoin d'être aussi profond que le précédent, il suffit de gratter la terre pour détruire les mauvaises herbes et d'élever jusqu'à 6 à 8 pouces, avec la terre de ce grattage, les buttes déjà existantes autour de chaque pied. Beaucoup de cultivateurs le négligent, mais bien à tort, ainsi qu'on peut s'en convaincre en lisant le mémoire déjà cité de Varennes de Fenille : en effet ce cultivateur a augmenté sa récolte d'un treizième, en faisant entourer de terre une articulation de plus de la base de la tige de son maïs.

Cette belle observation avait déjà été faite par Bonnet; mais son application à l'économie rurale est entièrement due à mon malheureux ami.

J'ai oublié de dire que les buttes ne devaient pas être terminées en pointe, mais aplaties, même un peu excavées autour

de la tige, afin de donner aux eaux pluviales les moyens d'a-
breuver toutes les racines.

Il convient de ne pas oublier de faire l'extirpation pendant
le second et le troisième binages, de toutes les pousses latérales qui se seraient développées sur les pieds, parce que ces
pousses affameraient ces pieds et empêcheraient les épis de se
former.

On se refuse assez généralement à un quatrième binage; mais
il n'est pas moins utile, pour augmenter le grossissement du
grain et débarrasser le champ des mauvaises herbes, de le faire
vers le milieu ou à la fin d'août selon le climat, c'est-à-dire
avant l'époque où le grain commence à se solidifier.

Ce sont ces binages qui rendent la culture du maïs si chère,
et qui en soutiennent le produit au taux où on le voit; si on
pouvait les éviter, cette denrée n'aurait presque pas de valeur
numérique.

Pour diminuer les frais de ces binages et ne pas perdre de
terrain, on place assez ordinairement d'autres plantes dans les
intervalles qui se trouvent entre les pieds du maïs; mais il
faut et les choisir et ne pas trop les multiplier. J'ai vu des
champs de maïs tellement encombrés avec ces plantes surnu-
méraires, qu'on ne pouvait plus les biner. Il faut principalement éviter les plantes qui grimpent, telles que certains
pois et haricots; celles qui occupent beaucoup d'espace, telles
que les courges; celles qui s'élèvent considérablement, comme
les topinambours, le chanvre, etc. Je crois bon d'en mettre,
sur-tout dans les terres sèches, mais meilleur d'en mettre peu.
La méthode que j'ai vu pratiquer dans quelques cantons me
paraît préférable à celle généralement usitée, parce qu'elle
produit le même effet, et n'a aucun inconvénient; elle consiste à donner un quatrième binage, sur lequel on sème ou des
raves, ou bien après lequel on plante des choux, soit pour
l'usage de la cuisine, soit pour la nourriture des bestiaux. En
Espagne, on y sème souvent de la spargoute. En Caroline, où
on ne donne que deux binages, il se produit, après le dernier,
une si grande quantité de *syntherisma*, plante annuelle fort
ressemblante au *panicum sanguinale*, qu'on en fait jusqu'à
trois coupes avant l'hiver pour la nourriture des bestiaux, qui
l'aiment beaucoup.

Dans les départemens à l'est de la Saône, on cultive presque
toujours du chanvre très-espacé dans les maïs pour en obtenir
plus de graines. J'ai vu, dans ces départemens, des pieds femelles qui en devaient produire plus d'une livre, tant ils
étaient garnis de petites têtes latérales.

La graine de maïs est d'autant plus abondante sur les épis,
que la chaleur et l'humidité ont agi plus simultanément sur les

pieds. Lorsque la première seule se fait sentir, les épis sont petits ; lorsque la seconde domine, toute la sève se portant dans les feuilles, il n'y a presque pas d'épis : c'est sur-tout à l'époque de la floraison que les circonstances favorables sont importantes. Un temps froid et humide, une pluie long-temps prolongée, occasionnent l'avortement d'une partie plus ou moins grande des grains. Il n'y a point d'industrie qui puisse empêcher cet effet ; cependant les culivateurs prudens, pour diminuer les chances de cette nature, sèment leur maïs à trois reprises différentes, c'est-à-dire à huit ou dix jours de distance, afin qu'il ne fleurisse pas à la même époque, et cette pratique est très-recommandable.

Dans beaucoup de lieux, on coupe la sommité de la tige des maïs peu après que la floraison est terminée, pour la donner en vert aux bestiaux, et ce, sous la fausse considération que ce retranchement facilite, ou, mieux, accélère la maturité des grains : on doit être fâché de voir Varennes de Fenille partager cette erreur, dont les suites sont nuisibles et au grossissement et à la saveur du grain. En effet, d'abord on forme une très-large plaie dans la direction de la sève, plaie qui occasionne une déperdition considérable de cette sève pendant plusieurs jours ; ensuite on prive la plante de l'influence des deux ou trois feuilles supérieures. La théorie, en conséquence, est très-opposée à cette pratique, ainsi qu'à celle, bien plus générale encore, d'arracher la plus grande partie des feuilles avant la maturité complète du grain ; je voudrais donc qu'on retardât cette opération le plus possible, quoique ce retard nuise nécessairement à la qualité des feuilles, qui deviennent plus dures et moins savoureuses à mesure qu'elles approchent de la caducité. Lorsqu'on attend la récolte des épis pour les enlever, et je ne prétends pas dire qu'il faille l'attendre, elles ne valent pas la peine d'être séparées des tiges ; aussi les y laisse-t-on ordinairement, soit pour brûler le tout, afin de tirer de la potasse de leurs cendres, soit pour chauffer le four, soit pour faire cuire les alimens. *Voyez* FEUILLE.

C'est ici le cas de parler de la culture du maïs comme fourrage, culture très-avantageuse lorsqu'on sait la diriger convenablement.

Dans leur jeunesse, les feuilles, et sur-tout les tiges de maïs, contiennent une si grande quantité de mucilage sucré, que les hommes mêmes trouvent du plaisir à les sucer, et qu'on en a retiré du véritable sucre par les procédés employés pour la canne (1). Aussi, je le répète, tous les animaux herbivores

_____

(1) Les tentatives faites en Italie et en France pendant la guerre, pour retirer du sucre de la tige de maïs, ont toutes réussi ; mais la dé-

les aiment-ils avec passion ; aussi leur usage habituel les en-
graisse-t-il promptement , et leur donne-t-il une chair d'un
excellent goût ; aussi leur en faut-il moins que d'aucune autre
sorte de nourriture pour les entretenir en bon état. Par-tout ,
et sur-tout dans les pays chauds, où les fourrages sont souvent
rares, on les nourrit une partie de l'année avec des feuilles et
des tiges de maïs : on en sème donc dans les parties méridionales de la France uniquement pour cet objet ; l'important est
de faire succéder cette culture à une précoce, afin que le terrain donne deux récoltes dans la même année. On peut attendre
sans inconvénient jusqu'au 15 juillet dans les localités susceptibles d'irrigation , parce qu'un mois ou un mois et demi suffit
pour faire arriver le maïs à la hauteur convenable ; dans les
localités où l'irrigation n'est pas praticable, il faut semer avant
les sécheresses , c'est-à-dire le plus tôt possible , sans quoi on
risquerait de perdre sa peine.

C'est principalement sur les champs qui ont porté de l'orge,
ou autre récolte hâtive, qu'il devient fructueux de semer du
maïs pour fourrage, parce qu'on en tire , par son moyen, deux
récoltes dans une année.

Le semis du maïs pour fourrage se fait sur un seul labour
et à la volée. On répand huit ou neuf boisseaux de graines
par arpent ; car le plant peut être très-dru sans inconvénient ,
pourvu qu'il n'y ait pas excès , et le semeur doit se diriger en
conséquence. On coupe ordinairement, au moment où les panicules des fleurs mâles sortent de leurs enveloppes , quelquefois cependant plus tôt ou plus tard , selon les convenances.
J'ai vu en Italie , dans les vallées volcaniques du Vicentin ,
faire encore un semis après cette récolte , de manière que le
même champ fournissait trois et quelquefois quatre récoltes
différentes dans la même année ; mais les terrains de cette nature ne sont pas communs. Le maïs ainsi coupé se dessèche
comme le foin ; seulement il faut un temps considérable , à
raison de la grande épaisseur des tiges et du suc muqueux dont
elles sont remplies : celles de ces tiges qui sont trop dures
sont écrasées avec un maillet au moment de la consommation.
Ce fourrage se conserve bon pendant deux ou trois ans ; peu
de plantes en fournissent autant sur la même étendue de terrain, ainsi que j'ai pu en juger un grand nombre de fois.

Dans les plantations destinées à la production du grain , il
se trouve toujours des pieds échappés au premier éclairci, par

---

pense l'a constamment emporté sur le bénéfice. Il n'en est pas de même
dans les pays plus chauds : là il peut toujours être économique de retirer
le sucre des tiges de maïs arrivé à maturité , et Humboldt rapporte qu'on
le fait au Mexique et contrées voisines.

conséquent trop voisins les uns des autres ; il en est d'autres, et malheureusement souvent en trop grand nombre, qui ne donnent pas d'épis. Il est bon de supprimer les uns et les autres, dès qu'on les reconnaît, pour augmenter la masse des fourrages et donner plus d'air à la plantation. Il en est de même des épis tardifs ou surabondans ; mais ces épis, pouvant difficilement se dessécher, doivent être donnés en vert aux bestiaux, sur-tout aux vaches, dont ils augmentent considérablement le lait. Je m'apercevais toujours en Amérique, pendant l'hiver, au goût du lait, si mes vaches avaient été nourries tel jour de feuilles de maïs, tant, dans ce cas, il était plus savoureux.

Les épis de maïs qui ne sont pas encore fécondés se confisent dans le vinaigre à l'instar des cornichons ; la plante est cultivée avec avantage, aux environs de Paris, pour ce seul objet. Plus tard, c'est-à-dire ceux dont le grain n'est pas encore consolidé se rôtissent sur les charbons, et leurs grains sont très-agréables à manger ; les enfans font un grand dégât dans les plantations pour s'en procurer.

Les animaux qui nuisent au maïs en herbe se réduisent aux bestiaux, aux cerfs, aux chevreuils, etc. ; mais quand il est en graine, le nombre de ses ennemis augmente considérablement. Les sangliers, les blaireaux, les écureuils, les rats de toutes espèces, se jettent dessus et dévorent ses épis, une surveillance active peut seule l'en garantir : je n'ai nulle part observé d'insectes qui lui fussent nuisibles dans les champs.

Une phalène, la *phalæna forficalis*, Lin., dépose ses œufs dans les tiges du maïs, et les larves qui en naissent, en en rongeant l'intérieur, ou les font périr, ou les affaiblissent au moins de manière à nuire à la production des épis ; il n'y a pas moyen de les détruire.

Aux dépens des diverses parties du maïs vivent trois sortes de champignons du genre des réticulaires de Bulliard (*uredo*, Persoon), et peut-être quatre ; car je crois qu'il est sujet à la rouille : ces plantes parasites, analogues au charbon du froment, sont connues, mais n'ont pas encore été décrites d'une manière convenable ; du moins, il m'a semblé que les expériences de M. Tillet n'étaient rien moins que concordantes avec les phénomènes observés ailleurs. Il en est de même de celles de M. Imhoff. (*Voyez* les Mémoires de l'Académie des sciences, 1760, et une thèse imprimée à Strasbourg, en 1734.) J'ai observé, comme eux, les trois espèces de charbon du maïs : la première attaque le grain par son intérieur, et le réduit en poussière noire ; la seconde s'observe dans les fleurs mâles : sa poussière est également noire, je la crois différente de la première ; la troisième consiste en des fongosités irrégulièrement globuleuses, souvent plus grosses que le poing, qui naissent sur la tige, absorbent la plus grande partie de la sève, et empêchent les épis de paraître, ou d'arriver à maturité ; elle finit, comme les autres, par se décomposer en poussière noire : toutes trois causent de grands dommages, certaines années et dans certains lieux, aux cultivateurs de maïs. J'avais pris à leur occasion, pendant mon voyage en Italie, où elles m'ont paru plus communes qu'en France, des notes et des dessins que j'ai perdus en route, j'invite les naturalistes à les observer et à écrire leur histoire : en attendant, je me crois autorisé, par l'analogie de ces plantes avec celles auxquelles je les ai comparées, à conseiller aux agriculteurs qui auront à se plaindre de leur présence, comme je l'ai déjà dit plus haut, de chauler le maïs positivement de la même manière que le blé Je ne fais pas de doute que ce qui empêche ces plantes parasites de se multiplier en France autant qu'en Italie c'est l'usage où on est de séparer, au moment même de la récolte, les épis dont on destine les graines à la reproduction, et de les conserver dans un lieu à part, sans les ôter de leurs enveloppes.

La Société d'agriculture de Toulouse a cependant constaté, par une expérience positive, que des grains pris sur un épi en partie charbonné ont donné des pieds nullement atteints de cette maladie.

La maturité du maïs se reconnaît à la dessiccation de la plus grande partie de ses feuilles, au déchirement d'une partie des enveloppes de l'épi, enfin à la couleur et à la dureté du grain ; elle a généralement lieu quatre mois après les semailles. On gagne presque toujours à laisser l'épi le plus possible sur le pied ; car le grain paraît arrivé à son dernier degré de perfection long-temps avant qu'il le soit en effet. On ne voit que trop, dans les marchés, du maïs cueilli avant cette époque, et qu'on reconnaît aux rides et aux excavations de ses côtés les plus larges, aux environs du point où il était attaché à son axe ; ces maïs donnent moins de farine, de la farine de plus mauvaise qualité, sont plus facilement attaqués par les insectes, et se conservent moins long-temps, ainsi que j'en ai l'expérience.

Cependant il est quelques cantons sur les bords de la Saône où, pour avoir un maïs plus sucré, on le cueille un peu avant sa maturité ; cette pratique est même quelquefois commandée dans ce même pays, et sans doute ailleurs, par la précocité des froids, et alors elle doit être suivie d'une dessiccation au four, dessiccation qui, ainsi que je m'en suis assuré dans le pays, altère toujours la qualité de la graine.

Lors donc qu'à la vue, et par l'examen de grains pris sur différens épis, on juge que le maïs est arrivé au degré convenable de maturité, on cueille les épis en cassant leur pédicule, et on les apporte à la maison, où on les étend dans un endroit abrité pour les faire sécher. On doit les remuer assez souvent pour que les enveloppes ne se moisissent pas, ce qui altérerait la qualité du grain en lui communiquant un mauvais goût. Après que ces enveloppes sont parfaitement desséchées, on les enlève à la main, et les épis sont conservés dans des greniers ou sous des hangars, aussi long-temps garnis de leur grain que cela est possible; car on a remarqué que le grain se conservait mieux ainsi que lorsqu'il était isolé. En faisant cette opération, on a soin de séparer des autres les épis les moins mûrs pour être mangés les premiers par les bestiaux ou la volaille, parce que leur grain pourrait s'altérer et favoriser l'altération des autres épis, et que d'ailleurs il n'est pas susceptible d'être moulu.

M. Buniva a fait moudre les axes des épis, et leur farine, mêlée à celle de froment, lui a fourni un pain qui n'a pas été trouvé mauvais. Tous les animaux ont mangé cette farine. *Voyez* son excellent *Mémoire sur le maïs quarantain*, imprimé dans le 9ᵉ vol. des Mémoires de l'académie de Turin.

Dès que les épis de maïs sont rentrés, il faut s'occuper de couper ou arracher les tiges et les feuilles qui sont restées dans le champ, parce que plus ils y séjourneront et moins ils seront propres aux usages auxquels on peut les employer, usages que j'ai déjà énumérés. Les feuilles qui entouraient l'épi, ou la spathe, peuvent être données de suite aux bestiaux; mais ils les refusent, comme trop coriaces et trop insipides, lorsqu'elles sont desséchées. Dans quelques pays, on en garnit les paillasses; dans d'autres, on en chauffe le four; plus généralement, on en fait de la litière. Les axes des épis, ou rafles, ne peuvent servir qu'à brûler, soit pour en tirer de la potasse, soit pour faire bouillir la marmite : le feu qu'ils donnent est très-peu ardent.

Dans quelques parties des États-Unis de l'Amérique septentrionale, on fait deux récoltes de graines de maïs sur le même terrain, en semant en juillet de la graine dans les intervalles des pieds du premier semis, graine dont les produits entrent en fleur lorsqu'on est dans le cas de faire la première récolte. Cette pratique, qui ne peut réussir que dans des localités en même temps chaudes et humides, n'est pas dans le cas d'être approuvée, à raison de l'épuisement du sol qui en est la suite nécessaire.

Le maïs quarantain, plus que les autres, pousse, du collet de ses racines, plusieurs rejetons, qui, après la récolte du pied principal, peuvent servir à la nourriture des bestiaux;

ou, étant réduits à deux ou trois, donner une seconde récolte de deux ou trois épis chacun.

Ces deux avantages peuvent être tels, que cette variété devient du double plus productive que le maïs commun.

Trente hectolitres de grains par arpent est la récolte moyenne du maïs quarantain dans les circonstances ci-dessus.

Par la même raison, il est préférable pour la formation des PRAIRIES TEMPORAIRES. *Voyez* ce mot.

Il résulte des calculs de Varennes de Fenille qu'en Bresse la culture du maïs rapporte souvent cinquante pour cent de bénéfice, et que ses produits sont d'autant plus considérables, que le buttage a été plus élevé. Dans ce pays, on appelle *maïs de regain* celui qu'on a semé fort tard, c'est-à-dire à la fin de juin, et qui donne sa récolte à la fin d'octobre; il est sujet à manquer par suite des sécheresses de l'été, et à ne pas parvenir à maturité lorsque l'automne est froid ou pluvieux.

La meilleure manière de conserver le maïs, dans les pays où les vols sont peu à craindre, c'est de placer immédiatement après leur récolte, et avec leurs enveloppes, les épis deux par deux sur des perches, et de les recouvrir de nattes grossières, qui les défendent de la pluie.

Dans les pays de grande culture, comme en Caroline, en Espagne, en Italie, on construit très-près de la maison, mais isolément, à quelques pieds de terre, avec des perches ou des solives, des espèces de cages rondes ou carrées, plus ou moins hautes, plus ou moins larges, recouvertes d'un toit de chaume, ou de planches qui débordent beaucoup, et dans lesquelles on met les épis de maïs dépouillés de leurs enveloppes, au moyen d'une fenêtre ménagée dans la partie supérieure, et d'où on les en retire, à mesure du besoin, par une autre fenêtre ménagée dans la partie inférieure. Le grand air circulant toujours autour des épis de maïs renfermés dans ces cages, le grain s'y conserve parfaitement bien. Il ne faut pas s'inquiéter de la pluie, qui y est quelquefois chassée par le vent, parce que l'eau qu'elle y porte s'évapore promptement.

Dans les petites cultures, les épis destinés à la semence sont suspendus, deux par deux, par leurs feuilles, alors relevées, sur des perches, dans un hangar ou dans un grenier.

Lorsqu'on veut consommer le grain du maïs, on le détache généralement des épis avec la main, ce qu'on appelle *égrener*. Cette opération est longue et fatigante. Dans quelques cantons, on la facilite en faisant, au préalable, dessécher les épis au four. M. Parmentier s'est assuré que cette dessiccation des grains sur l'épi valait mieux que celle des mêmes grains isolés, pour leur conservation et la facilité de la mouture.

Je dois donc la recommander par-tout ; cependant je n'aime point la bouillie faite avec de la farine de maïs séché au four, attendu qu'elle a en partie perdu le goût qui lui est propre pour en prendre un de rissolé fort différent.

On peut aussi détacher les grains de maïs de leur axe en les frappant avec le fléau ou des bâtons, en marchant dessus avec des sabots ou des souliers ferrés, en les mettant sous une planche sur laquelle on s'assied, et qu'on fait mouvoir dans différens sens, en les frottant avec force contre une barre de fer fixée aux deux bords d'un tonneau défoncé, etc., etc.

M. Romand a publié, dans la Feuille du Cultivateur, vol. 7, page 83, une machine ingénieuse pour dépouiller l'axe de l'épi de son grain. Je renvoie à cette collection ceux qui voudraient la connaître,

Lorsque le maïs est égrené, on le vanne pour le débarrasser des pellicules de son axe et autres corps étrangers qui auraient pu s'y mêler, et on le met au grenier, soit en tas, soit dans des tonneaux défoncés, soit enfin dans des sacs isolés. Ce dernier moyen, conseillé par M. Parmentier, est certainement le meilleur, parce qu'il ne prive pas le grain du contact de l'air, et qu'il empêche les insectes de déposer leurs œufs sur sa surface.

Les insectes qui attaquent le blé attaquent aussi le maïs : parmi eux les deux plus dangereux sont le CHARANÇON et l'ALUCITE. (*Voyez* ces mots.) J'ai vu cette dernière si abondante en Caroline, dans le grenier où je conservais le maïs destiné à la nourriture de mes chevaux, que ma chandelle a été plusieurs fois éteinte par le grand nombre des individus qui se précipitaient à-la-fois sur elle lorsque j'en allais chercher la nuit. Il n'y aurait peut-être pas un grain qui échapperait à leur voracité, si on en laissait une année entière sans y toucher. La perte qu'elle fait éprouver aux planteurs de ce pays est immense, quoiqu'elle ne mange que le quart des grains qu'elle attaque, et que le même grain ne soit jamais attaqué deux fois.

Il faut que la graine de maïs soit parfaitement sèche pour pouvoir être convertie en farine, parce qu'elle est de nature à graisser les meules et les bluteaux. Généralement on la concasse plutôt qu'on ne la moud pour l'usage des habitans des campagnes ; mais les riches, qui en mangent pour se régaler, la font passer une seconde fois au moulin après en avoir séparé le son. Ordinairement elle rend les trois quarts en farine.

La farine de maïs ne peut pas se conserver au-delà d'un an, ainsi que j'en ai fait plusieurs fois l'expérience (quelques précautions qu'on prenne), sans se détériorer relativement à son goût; mais en la plaçant dans des sacs isolés, elle se conservera saine bien au-delà de ce temps.

La matière glutineuse manque complétement dans la farine du maïs; aussi ne peut-on pas la convertir en pain sans y ajouter une moitié ou au moins un tiers de farine de froment. Au reste le pain qui résulte de ce mélange est agréable au goût et très-sain.

La manière de manger le maïs dans la plus grande partie de l'Europe est en bouillie au lait ou au beurre avec un peu de sel. On appelle cette bouillie *polenta* en Italie, *gaude* en Bourgogne, *millasse* dans les Cévennes. En Amérique, on en forme des espèces de gâteaux légèrement salés, et on les fait cuire dans une tourtière, ou, plus simplement, sur une planche devant le feu. Quoique compacte en apparence, cet aliment se digère facilement, ainsi que le prouve l'expérience de trois siècles, et ainsi que je l'ai éprouvé maintes fois moi-même.

La bouillie épaisse de maïs coupée par tranches, et grillées des deux côtés, s'appelle Cruchade dans les landes de Bordeaux, et y sert de nourriture aux cultivateurs pendant la moitié de l'année. Une autre préparation du maïs, peu différente de la cruchade, se nomme Mique dans le même pays. *Voyez* ce mot.

Mackensie dit que, dans le haut Canada, on prépare le maïs en le faisant bouillir dans une eau fortement alcalisée, qui en détache la pellicule, on le fait ensuite sécher : par cette opération, on évite sa mouture, puisqu'il suffit de le faire bouillir pour en former du pileau.

Une boisson analogue à la bière se fait, dans plusieurs parties de l'Amérique méridionale, avec la farine de maïs mise à fermenter dans l'eau avec un peu de levain. Je n'ai pas eu occasion d'en goûter et on ne me l'a pas vantée. Sans doute elle a bien des modes de fabrication, dont les uns amènent de bons, d'autres de mauvais résultats. Il suffit sans doute pour certaines peuplades que ce soit une liqueur vineuse qui fortifie leur tête et leurs bras, pour qu'elles aiment à en boire.

Tous nos animaux domestiques, quadrupèdes ou bipèdes, aiment le maïs en grain avec passion : ils préfèrent généralement le jaune au blanc. Il engraisse très-promptement les bœufs, les cochons, les dindes, les oies, les poules, etc. En Amérique, il remplace l'avoine pour la nourriture des chevaux. On commence à en faire aussi usage, sous ce rapport, dans les parties méridionales de l'Europe. Lorsqu'on veut lui faire produire de plus rapides effets relativement à l'engrais des bestiaux et encore plus des volailles, il faut le leur donner en farine délayée dans l'eau chaude. On reconnaît nonseulement au goût, mais même à la vue, le lard des cochons, la graisse des volailles engraissées avec du maïs. C'est au maïs qu'est due la réputation si méritée des poulardes de Bresse et du Mans. Il n'y a pas jusqu'aux carpes dont on améliore la chair avec du maïs, lorsqu'on les en nourrit dans les réservoirs.

Il faut cependant dire que le maïs en grain, ainsi que je l'ai observé en Amérique, a un inconvénient grave pour les chevaux. C'est qu'il use et fait remuer leurs dents bien plus tôt que les autres grains, à raison de son extrême dureté. Le moyen de diminuer ce dernier inconvénient serait sans doute de ne le leur donner qu'après vingt-quatre heures d'immersion dans l'eau. De plus, il ne leur donne pas autant de courage au travail que l'avoine. Toujours mon activité de corps et d'esprit a diminué lorsque j'en ai fait plusieurs jours de suite ma nourriture exclusive. Je l'aime d'ailleurs extrêmement, comme tous ceux qui en ont mangé dans leur enfance.

Peut-être ne me blâmera-t-on pas d'ajouter que, dans le même pays, les chevaux, les vaches et les cochons sont laissés libres toute l'année dans les bois, et que c'est l'appât d'une poignée de maïs qui fait régulièrement revenir tous les soirs ces animaux au logis. Les cochons, dont on n'a pas si fréquemment besoin, n'ont ordinairement cette poignée que tous les samedis soir, et ce jour, à cinq heures précises, ils ne manquent jamais d'arriver en courant à la barrière, par-dessus laquelle on la leur jette, après les avoir comptés, si on n'a pas d'autre chose à leur demander, ou qu'on leur ouvre lorsqu'on a besoin d'en prendre. (B.)

MAISON DE CAMPAGNE. Architecture rurale. On appelle de ce nom l'habitation du propriétaire aisé : les anciens châteaux étaient des maisons de campagne.

En agriculture, les bons exemples sont presque toujours plus utiles que les meilleurs préceptes : c'est une vérité reconnue par tous les esprits justes ; c'est aux grands capitaux que de riches propriétaires ont consacrés à l'agriculture, et aux exemples de bonne culture qu'ils ont donnés, qu'il faut attribuer son perfectionnement dans la Belgique, dans les villes anséatiques, en Hollande, en France et en Angleterre. Eux seuls pouvaient lui faire faire de grands progrès ; car eux seuls réunissaient les trois conditions indispensables pour réussir dans la pratique de cet art, qui doit tenir le premier rang dans un état essentiellement agricole, le *pouvoir*, le *vouloir* et le *savoir*.

Si donc les propriétaires aisés des différens départemens de la France voulaient s'adonner à l'agriculture, elle s'y élèverait dans tous à un degré de perfection que l'on ne trouve que dans un nombre encore beaucoup trop petit.

En nous exprimant ainsi, nous n'entendons pas dire que tous seraient susceptibles des mêmes pratiques et des mêmes assolemens; mais seulement que les essais et l'intelligence des propriétaires aisés finiraient par ouvrir les yeux aux cultivateurs les plus routiniers sur les avantages évidens d'une culture plus soignée et mieux appropriée aux besoins et aux ressources de la localité.

Après une révolution aussi terrible, pendant laquelle personne n'était assuré, ni de son existence, ni de sa fortune, l'homme est en quelque sorte dégagé des illusions de l'ambition et des richesses fictives; il contemple avec reconnaissance les biens plus réels que la divine Providence lui a sauvés du naufrage, une conscience pure et la demeure des auteurs de ses jours, et il regrette de n'avoir pas aperçu plus tôt dans ses propriétés foncières la source des avantages et des jouissances paisibles qu'elles lui auraient procurés, si, loin du tumulte des cours, il s'était d'abord occupé de leur amélioration.

Aussi, et malgré la gêne que la guerre a fait éprouver à différentes branches de la propriété publique, et particulièrement à l'agriculture, le goût pour cet art a gagné presque toutes les classes de propriétaires, et cette direction des esprits ne peut qu'être singulièrement favorable à ses progrès.

Mais ce goût, pour être convenablement cultivé, exige un séjour à la campagne beaucoup plus long qu'on ne le faisait autrefois; et pour pouvoir s'y plaire, l'homme aisé veut y être commodement logé. Il est donc nécessaire qu'il connaisse les principes qu'il doit adopter dans la construction ou l'arrangement d'une maison de campagne, et qu'il se rende familières les différentes distributions dont elle peut être susceptible, tant pour l'agrément et la commodité que pour la facilité de la surveillance; car aujourd'hui une maison de campagne doit être composée de deux parties distinctes, et cependant subordonnées l'une à l'autre par leurs rapports continuels; savoir, l'habitation proprement dite, et les bâtimens d'exploitation, sur lesquels le propriétaire doit avoir constamment les yeux ouverts.

Les maisons de campagne se construisent suivant les mêmes principes généraux que les autres constructions rurales, en ce qui concerne le placement, l'orientement, la distribution générale, le nombre et l'étendue des différens bâtimens d'exploitation dont elles doivent être composées; mais la grandeur de l'habitation ne doit pas y dépendre entièrement de l'aisance de leur propriétaire : la prudence veut que ce principe soit ici modifié par d'autres considérations. En effet, les constructions ont toujours été très-dispendieuses, et trop souvent elles ont ruiné ceux qui s'y sont livrés avec imprudence; aujourd'hui qu'elles coûtent encore davantage, on ne saurait mettre trop de circonspection dans leur exécution.

D'un autre côté, la conservation des propriétés foncières exige les visites fréquentes de leurs propriétaires, mais toutes ne demandent pas la même continuité de surveillance.

Enfin l'entretien d'une maison de campagne se prend nécessairement et vient en déduction sur le revenu des propriétés qui y sont attachées : plus elle sera grande, et plus conséquemment le revenu doit diminuer. D'ailleurs, en cas de partage ou de vente de ces propriétés, on ne mettra de prix à la maison qu'en raison du besoin que l'on aura de l'habiter annuellement plus ou moins de temps ; et encore ne pourra-t-on l'évaluer qu'au capital que pourra représenter sa valeur locative intrinsèque, et abstraction faite des dépenses de sa construction.

Nous croyons donc que l'on doit proportionner l'étendue de l'habitation dans une maison de campagne à celle des propriétés qui y sont réunies, ou plutôt à la quotité du revenu qu'elles produisent, sauf à leur procurer ensuite les agrémens et les commodités convenables, lorsque l'on veut en faire sa demeure habituelle.

Heureux le propriétaire qui peut trouver un architecte sage et intelligent pour en faire le projet, et de bons ouvriers pour l'exécuter ! Malheureusement, plus on s'éloigne des grandes villes et moins on trouve de ressources de ce genre. (DE PER.)

MAISSONAGE. On donne ce nom à Pont-à-Mousson à des jardins légumiers établis au sud-ouest de cette ville, sur une ancienne alluvion sablonneuse de la Moselle, et qni s'arrosent par le moyen des eaux du ruisseau de Montauville, à cet effet pourvu de coupures multipliées.

Ces maissonages sont cultivés avec soin dans le genre des marais de Paris, et procurent la vie à beaucoup de jardiniers; mais nul ne s'enrichit, à raison de la concurrence et du haut prix des locations, qui s'élèvent à 80 francs par arpent.

La plupart des villes manufacturières, et Pont-à-Mousson l'est beaucoup, ont ainsi des jardins légumiers pour satisfaire aux besoins de la population aisée et non propriétaire. *Voyez* JARDIN et MARAICHER. (B.)

MAITRES. On donne ce nom à des sillons plus larges et plus profonds que les autres, qui les coupent dans tous les sens d'une manière irrégulière, et qui se dirigent hors du champ à sa partie la plus basse; leur objet est de faciliter l'écoulement des eaux surabondantes qui pourraient nuire aux céréales semées dans ce champ. La confection des maîtres demande beaucoup d'intelligence, et il n'est pas donné à tous les valets de charrues de les bien faire. *Voyez* DESSÉCHEMENT, CHEINTRE, ÉGOUT DES TERRES et LABOUR. (B.)

MAJAUFE. Nom provençal d'une sorte de fraise, que j'ai cru devoir employer pour désigner la moins nombreuse section de la seconde série. *Voyez* FRAISIER. (DUCH.)

MAL D'ANE. MÉDECINE VÉTÉRINAIRE. C'est une maladie semblable au PEIGNE, qui se manifeste par de petites crevasses autour de la couronne du sabot de l'âne et du cheval. L'animal boite continuellement; la démangeaison qui a lieu presque toujours dans cette partie l'incite à y porter la dent, ce qui lui occasionne quelquefois non-seulement un dégoût, mais une espèce de dartre ou des ulcères à la langue et aux autres parties de la bouche (*voyez* DARTRE); et quant au traitement de la maladie dont il s'agit, *consultez* les mots ARRÊTE ou QUEUE DE RAT, CREVASSE, EAUX AUX JAMBES, PEIGNE, etc. (R.)

MAL BLANC. Synonyme de PIÉTAIN dans quelques lieux. (B.)

MAL DE BROUT, MALADIE DE BOIS, *Entérite*. Au printemps, les animaux qui vont pâturer dans les bois mangent les jeunes pousses des arbres : c'est cette nourriture qui leur donne le *mal de brout* ou *maladie de bois*; elle est commune aux monogastriques herbivores et aux ruminans.

Les signes communs qui l'annoncent sont, la chaleur de la bouche, la soif, la constipation, la difficulté d'uriner, la rougeur, l'épaississement et la rareté des urines; la dureté, la vitesse et la force du pouls, la rougeur ou l'inflammation de la membrane pituitaire et de la conjonctive. Quand la maladie est plus avancée, le cheval n'a plus d'appétit, le bœuf ne rumine plus, l'air expiré devient très-chaud, les muqueuses très-rouges, les yeux larmoyans, rouges, enflés; les déjections alvines deviennent rares, dures, elles sont couvertes d'une matière glaireuse, teintes de sang, et d'une mauvaise odeur; les animaux sont abattus, ils ont le poil hérissé, la peau sèche et dure, le ventre douloureux; le pouls dur, fréquent et intermittent; les flancs se retroussent, enfin quand la maladie est à son comble, les frissons surviennent; l'animal tremble, chancelle; le pouls devient faible, presque insensible; la température du corps baisse; la bouche se remplit de bave visqueuse, épaisse et fétide; les ruminans éprouvent une sensibilité très-vive le long de l'épine du dos, et principalement sur le garrot. Il y a par l'anus des évacuations de matières liquides, purulentes, noirâtres, glaireuses, sanguinolentes, extrêmement fétides; l'animal jette aussi par les naseaux; les yeux s'enfoncent dans l'orbite ; le flanc s'agite de plus en plus : l'animal se couche et meurt.

Cette affection a tous les signes d'une affection inflammatoire : c'est donc le régime appelé antiphlogistique qu'il convient d'employer. Dès les premiers symptômes, il faut supprimer la nourriture, donner seulement aux animaux de l'eau blanchie avec de la farine, et leur faire prendre de temps en temps des breuvages mucilagineux, adoucissans ; si la maladie se montre ave des symptômes un peu violens, on saignera à la jugulaire, on tirera 2 litres de sang aux chevaux et aux bœufs, un quart de litre aux moutons ; on réitérera cette opération, une fois, deux fois et même plus, selon le bien qu'elle produira, à des intervalles éloignés. Il vaut mieux pratiquer plusieurs légères saignées qu'une trop forte. Cette opération n'interdit point l'usage des breuvages et des lavemens, qu'il faut au contraire administrer en plus grande quantité en raison de l'intensité de la maladie : pendant ce traitement, on aura soin de tenir les animaux chaudement, de les bouchonner souvent et assez fortement. Ces frictions de la peau activent la circulation extérieure, diminuent le mouvement inflammatoire de l'intestin, et facilitent singulièrement l'évacuation alvine.

Au bout de quelques jours de ce traitement, quand les signes de l'inflammation aiguë commenceront à tomber, l'on aiguisera les boissons mucilagineuses en les mêlant d'infusions de plantes aromatiques amères, et l'on substituera petit à petit ces boissons aux premières ; à mesure que l'appétit reviendra, on donnera une petite quantité d'alimens, mais de la meilleure qualité, et sur-tout de ceux dont la digestion est la plus facile, tels que des légumes cuits à l'eau.

Enfin quand la maladie a fait de trop grands progrès, quand l'inflammation n'a pu être calmée et n'a pu se terminer par résolution, une véritable suppuration s'établit sur toute la surface muqueuse de l'intestin qui a été inflammée ; cet état est annoncé par les signes suivans : les excrémens ne sont plus des débris d'alimens ; ils sont en petite quantité, composés de matières glaireuses, purulentes, d'espèces de débris de membranes, et exhalent une odeur fétide ; il faut bien se garder alors d'employer la saignée et les boissons mucilagineuses : on leur substitue les boissons légèrement stimulantes, les infusions de plantes aromatiques, auxquelles on mêle un peu de vin ou d'alcool ; on donne du vin chaud miellé ; on administre des lavemens faits des mêmes infusions de plantes aromatiques ; enfin l'on fait prendre des bains de vapeurs aux animaux, que l'on sèche ensuite par le bouchonnement et que l'on couvre de bonnes couvertures. Malgré ces soins, souvent les animaux succombent ; leur mort arrive bien plus rapidement quand l'inflammation, portée à un degré extrême, se termine par la gangrène. Pour pouvoir être sûr de triompher de la maladie, il faut pouvoir la prendre dans son commencement, et faire avorter, pour ainsi dire, l'inflammation.

Quelquefois elle se termine par des tumeurs et des dépôts critiques, il faut toujours favoriser leur développement. (Huz. fils.)

MAL DE CERF. Médecine vétérinaire. Le cheval qui est atteint de cette maladie éprouve une tension spasmodique dans les muscles de la mâchoire postérieure, dans ceux des yeux, des oreilles, dans ceux de l'encolure du corps, de la croupe, de la queue, et dans ceux des extrémités. Ce spasme n'est pas toujours général; il se borne quelquefois aux muscles de quelques parties du corps : cette affection est le Tétanos. *Voyez* ce mot. (R.)

MAL-CUP. Nom qui se donne, dans le département de l'Aveyron, à une hernie du cerveau, produite par les secousses que reçoit la tête des bœufs par suite d'un attelage mal entendu. *Voyez* Encéphalocèle. (B.)

MAL DE FEU, ou D'ESPAGNE. Médecine Vétérinaire. C'est un terme qui a servi et qui sert encore à désigner plusieurs maladies, ou seulement des symptômes de maladies. Le plus ordinairement on l'a employé pour désigner l'inflammation du diaphragme; on l'emploie maintenant pour désigner l'inflammation des méninges, appelée improprement Vertige idiopathique. *Voyez* ce mot. (Huz. fils.)

MAL DE FEU DES BREBIS. *Voyez* Brulure.

MAL DE FOIE. *Voyez* Pourriture des moutons.

MAL DE GARROT. Médecine Vétérinaire. On appelle ainsi une plaie contuse sur le garrot : elle provient toujours d'un coup, ou de quelques frottemens forts et réitérés; elle commence par une tumeur phlegmoneuse, dégénère par le manque de soins en un ulcère fistuleux et est alors ce qu'on appelle *mal de garrot*. Cette plaie est plus commune dans les gros chevaux de trait dont les conducteurs n'ont point de soin, et qui ont de la gale dans la crinière et sur le garrot. Si le collier vient à les blesser, et une tumeur phlegmoneuse à se développer, le prurit qui accompagne la gale force l'animal à se gratter : le phlegmon, au lieu de se terminer par résolution ou suppuration, devient plus grave plus profond; des déchiremens intérieurs s'opèrent, des dépôts de matière ou séreuse ou purulente se forment, se font passage, ou nécessitent des ouvertures et une plaie contuse des plus graves s'établit. Dans les chevaux plus fins, mieux soignés, elle devient rarement aussi dangereuse, parce que des soins mieux entendus sont donnés et parce qu'il n'existe pas le prurit de la gale qui, en contraignant les chevaux à se gratter, vient retarder la guérison.

La texture et la position de la partie attaquée sont les principales causes du danger. Cette partie, composée d'aponévroses et d'un tissu cellulaire fibreux peu excitable, passe difficilement à une bonne suppuration; les bourgeons charnus ne s'y développent pas facilement, et souvent, quand on croit ouvrir un abcès, on n'ouvre qu'une poche remplie d'un liquide séreux, roussâtre. Sa position ensuite empêche les liquides, produits de la sécrétion suppuratoire, de s'échapper; ils restent dans la tumeur, y forment des clapiers et y produisent des accidens funestes, tels que des caries des aponévroses et même des apophyses épineuses des vertèbres dorsales.

Toute tumeur phlegmoneuse, toute plaie sur le garrot doit donc être traitée avec soin dès son commencement; les émolliens sur-tout doivent être mis en usage, et quand la cause de l'accident et toute autre cause d'irritation sont disparues, ils suffisent souvent pour amener la cicatrisation de la plaie contuse; mais la terminaison n'est pas soujours si heureuse : la suppuration s'établit profondément quelquefois, et des dépôts de pus se forment. Il faut les ouvrir aussitôt que l'on s'en aperçoit et toujours dans la partie la plus déclive. Dans ces opérations, on doit épargner la peau avec grand soin : à cette place, la cicatrisation est difficile, et plus il y a perte de peau, plus elle se fait difficilement. Les émolliens long-temps prolongés suffisent pour la cicatrisation de la plaie tant qu'il n'y a pas de carie des aponévroses ou des vertèbres dorsales; mais quand cette complication arrive, il faut attendre que la séparation des parties cariées s'opère, ou il faut la faire avec l'instrument tranchant : on a cru et l'on croit encore que les plaies du garrot doivent être traitées avec des excitans et l'on imbibe encore souvent les étoupes dont on les couvre d'eau et d'eau-de-vie; cette méthode, fondée sur l'empirisme, et que des raisonnemens hypothétiques sont venus quelquefois défendre, prolonge l'irritation inflammatoire et retarde la guérison. A l'Ecole vétérinaire de Berlin, l'on n'emploie maintenant que les émolliens et j'y ai vu des maux de garrots énormes se guérir et se cicatriser d'après cette méthode, et après avoir résisté à des traitemens antérieurs très-différens.

A la suite d'une irritation, d'une inflammation long-temps prolongées, il se forme, dans la plaie, des tissus lardacés, blanchâtres, durs, qui présentent une surface unie, lisse, et qui ne viennent pas à une bonne suppuration ; quand les émolliens ne peuvent pas les dissiper, il faut avoir recours à l'instrument tranchant, et les enlever complétement; ensuite on emploie les émolliens. L'apohyse des vertèbres dorsales est-elle carié? si on peut l'enlever avec le fer, c'est le moyen le plus simple, et qui permet à la cicatrisation de s'opérer le plus promptement ; mais quelquefois ce moyen n'est pas possible, on doit alors employer le cautère actuel sur la carie : on brûle toute la partie de l'os affectée avec un fer chauffé à blanc : il se forme une eschare, une inflammation de bonne nature se développe au-dessous, la suppuration s'établit, l'eschare tombe et la cicatrisation marche ensuite rapidement. Dans toutes ces opérations, je le répète, il faut ménager la peau. Si elles ne sont pas bien faites par un vétérinaire éclairé, il faut quelquefois les recommencer; en général, les maux de garrots mal traités dans les commencemens, et dégénérés en ulcères fistuleux, sont toujours longs, difficiles à traiter, et, plus que toute autre plaie, exigent un traitement méthodique raisonné. *Voyez* PLAIE CONTUSE. (Huz. fils.)

MAL DE PIEDS. Synonyme de Piétin dans quelques lieux. (B.)

MAL DE RATE. Synonyme de FLUXION DE POITRINE dans les bœufs, autour de Lyon. (B.)

MAL DE ROGNON. Lorsque la partie postérieure de la selle ou un porte-manteau trop lourd entame la peau sur la croupe du cheval, on dit qu'il a attrappé un mal de rognon.

Cette maladie, ordinairement très-légère, est dans certains cas susceptible de devenir grave. Elle se traite comme le MAL DE GARROT, dont elle ne diffère que par la position. *Voyez* l'article précédent. (B.)

MAL ROUGE. Dans quelques lieux, ce mot est synonyme de CLAVEAU. (B.)

MAL ROUGE. MÉDECINE VÉTÉRINAIRE. Cette maladie épizootique, qui attaque tous les ans les bêtes à laine de plusieurs provinces, porte différens noms. On l'appelle mal rouge, maladie rouge, à cause du sang que quelques-unes d'elles rendent particulièrement par la voie des urines. Dans le bas Languedoc, on l'appelle maladie d'été, parce qu'elle exerce ses ravages après l'hiver; et enfin, maladie de Sologne, parce que, d'après les observations de M. Tessier, c'est le pays où elle est le plus généralement répandue.

Il est difficile de s'apercevoir, dans les premiers instans, quand des bêtes à laine en sont attaquées, parce qu'elles sont mêlées à un grand nombre d'autres bêtes; ce qui empêche de distinguer celles qui sont malades. On n'en est assuré que lorsque, dans la saison où règne l'épizootie, on les voit ralentir leur marche, s'écarter du troupeau, ne brouter que d'une manière languissante la pointe des herbes, au lieu de les dévorer jusqu'à la racine, revenir à la bergerie avec le ventre aplati, l'air triste, les oreilles basses et la queue pendante. Alors, si on les examine de près, on leur trouve l'œil terne, larmoyant et presque couvert; le globe et les vaisseaux qui s'y distribuent, les lèvres, les gencives et la langue blanchâtres ou livides; les naseaux sont remplis d'une humeur épaisse qui les bouche; les urines sont ordinairement rares et coulent lentement; la tête est souvent gonflée, ainsi que les jambes de devant. La faiblesse des bêtes malades est telle, qu'on les fait tomber facilement si on applique la main sur leurs reins; elles ne font aucune résistance lorsqu'on les saisit par une jambe de derrière: la laine dont les filamens, à la tête sur-tout, sont dressés et hérissés, est d'une mollesse extrême, au point que les hommes qui tondent ces animaux jugent que ceux dans lesquels ils remarquent ces signes sont malades ou le deviendront bientôt. Lorsque les bêtes à laine sont attaquées de cette maladie, elles cherchent l'ombre, sans doute pour se garantir des mouches, qui se jettent sur elles en grand nombre sans qu'elles fassent aucun effort pour les chasser. Souvent il s'en perd au milieu des bruyères, où elles périssent et deviennent la proie des chiens et des oiseaux de proie. Le plus souvent elles restent auprès des métairies, parce que le berger ne peut les déterminer à suivre les autres. Quand le mal est dans sa force, elles portent la tête basse jusqu'à plonger le museau dans la terre; l'épine du dos se courbe; les quatre pieds se rapprochent; elles restent immobiles, tantôt debout, tantôt couchées, battant du flanc et respirant avec peine. A cette époque on les fait suffoquer facilement, si, en leur examinant l'intérieur de la gueule, on la tient quelque temps ouverte. On ne peut guère juger de leur pouls; car les bêtes a laine sont si timides, que même dans l'état de santé ses battemens sont accélérés et irréguliers lorsqu'on les saisit pour leur tâter le cœur ou l'artère crurale. La maladie parvenue à son dernier terme, il sort de la gueule des bêtes une bave écumeuse; leurs extrémités sont froides: on en voit beaucoup qui, avec leurs excrémens tantôt fluides, tantôt de consistance moyenne, rendent un sang peu foncé et en petite quantité, ou par le nez, ou par la voie des urines: circonstance d'où vraisemblablement la maladie a pris son nom. Quelques bêtes ont de longs frissons; d'autres sont si altérées, qu'elles boivent abondamment quelque espèce de boisson qui se présente: peu de temps avant la mort, il leur survient un flux extraordinaire d'urine. Aucune de celles qui bavent, ou qui rendent du sang, ou qui boivent abondamment, ne guérit de la maladie.

La durée de cette maladie est ordinairement de six, huit, dix ou douze jours, quelquefois plus, mais rarement moins, à compter du moment où les bêtes à laine cessent de manger et de ruminer, jusqu'à celui de leur mort. Si elles en reviennent quelquefois, leur rétablissement se fait lentement. Nous avons observé, ainsi que M. Tessier, que les bêtes les premières frappées de la maladie périssent plus promptement que les autres.

Causes. D'après les observations de M. Tessier, la maladie rouge ne paraissant pas contagieuse, ce savant a cru qu'il fallait en chercher la cause dans la manière dont on soignait en Sologne les bêtes à laine et dans la qualité des pâturages. Voici ce que ses recherches lui ont appris.

Au mois de novembre, on forme, dans chaque métairie, deux troupeaux, l'un de brebis pleines, et qui sont d'un âge plus ou moins avancé ; on y joint de jeunes femelles de l'année d'auparavant, parmi lesquelles quelques-unes ont des agneaux au mois de mars suivant.

Le second troupeau est composé d'agneaux nés au mois de mars précédent.

Chacun est conduit séparément aux champs, quelque temps qu'il fasse, à l'exception des jours de très-grandes pluies. On ne donne jamais rien aux bêtes à la bergerie, où il n'y a pas même des râteliers, en sorte qu'elles ne vivent que de ce qu'elles trouvent aux champs. Si la terre n'est pas couverte de neige jusqu'à la mi-janvier ou jusque après les gelées, elle fournit assez de nourriture aux bêtes à laine ; mais elles en manquent en février. Lorsqu'il y a de la neige, on les conduit dans les lieux plantés de genêt, ou dans les plus hautes bruyères, ou le long des haies. C'est alors qu'elles souffrent encore la faim.

C'est à la fin de février et dans le courant de mars que les brebis font leurs agneaux ; elles seules, à cette époque, sont conduites dans les terres où l'on a récolté du seigle et où il y a de l'herbe qu'on leur a réservée.

Si la saison est favorable, l'herbe pousse au mois d'avril, et les troupeaux en trouvent abondamment.

Alors on apporte dans les bergeries des agneaux de lait des branchages d'arbres garnis de feuilles et coupés au mois de septembre, afin de les accoutumer à brouter. Dès le commencement de mai, ils sont menés indistinctement dans toute espèce de pâturage, parce que les habitans de la Sologne sont persuadés qu'un agneau, tant qu'il tette, ne peut jamais contracter la pourriture : persuadés également que vers la fin du même mois ces jeunes animaux n'ont plus besoin de lait, ils traient les mères pour faire du beurre, et souvent ils commencent à les traire plus tôt.

Si les bergers écoutaient les ordres de leurs maîtres, ils écarteraient presque toujours les brebis et les moutons, qu'on ne veut pas engraisser, des pâturages humides, qui leur sont funestes. Mais souvent, malgré ces défenses, ils les y laissent aller, ou par négligence, ou dans le dessein de leur procurer une nourriture plus abondante.

Les brebis, les moutons et les agneaux paissent dans les chaumes du seigle après la récolte qui s'en est faite en juillet, on ne les mène paître ailleurs qu'à la fin de septembre.

La Sologne, pays compris entre la Loire et le Cher, est presque perpétuellement abreuvée d'eau. Le sol en est composé de sable et d'argile, qu'on trouve à 2 pieds ou 2 pieds et demi de profondeur. Il n'y a nulle part un aussi grand nombre d'étangs. Presque par-tout on y voit des plantes aquatiques.

Les bergeries de Sologne, où l'on renferme les bêtes à laine, sont humides, mal closes et sans litière; souvent ces animaux sont aux champs par la pluie, et confiés à de jeunes filles incapables d'attention. Que résulte-t-il de toute cette conduite?

1°. Que les brebis pleines souffrent de la faim pendant l'hiver, et sur-tout dans les derniers mois de leur gestation, temps où elles auraient besoin d'une nourriture plus substantielle et plus abondante que jamais;

2°. Que les agneaux qui en proviennent sont faibles et languissans, et remplis d'obstructions;

3°. Qu'ils se gorgent d'herbes humides dans les pâturages où on les conduit, et avec d'autant plus d'avidité, que leurs mères ont moins de lait;

4°. Qu'étant déjà d'une constitution faible et lâche pendant la première année, ils ne peuvent supporter, dans l'hiver suivant, les effets de la faim sans être exposés, au printemps, à une maladie occasionnée par le relâchement.

Plus le mois d'avril est pluvieux, plus la maladie rouge est considérable en Sologne (c'est une observation que nous n'avons point faite dans le bas Languedoc). Les ravages qu'elle exerce sont d'autant plus grands, que les pâturages sont plus humides.

Plus tôt on donne les béliers aux brebis, ou, ce qui est la même chose, plus tôt on fait naître les agneaux, plus la maladie rouge en enlève. Dans ce cas, la saison n'étant pas encore assez avancée, les brebis ne trouvent pas d'herbe aux champs, et ne peuvent fournir assez de lait à leurs agneaux pour leur subsistance.

Cette maladie dépendant donc, comme on vient de le voir, des soins qu'on a des bêtes à laine, sur-tout des brebis pleines, et de l'humidité du sol, on doit bien comprendre pourquoi elle attaque particulièrement les agneaux et les antenois, pourquoi elle n'est pas aussi considérable tous les ans.

S'il arrive souvent de grandes mortalités qui détruisent la moitié ou plus de la moitié des troupeaux, on doit chercher la cause de ces ravages extraordinaires dans les troupeaux achetés à des marchands, que l'on introduit dans les métairies, et qui viennent des lieux humides.

Quand il serait possible de guérir facilement toutes les maladies des bestiaux chaque fois qu'elles reparaissent, il ne serait pas moins intéressant de leur chercher de sûrs préservatifs. La multiplicité des occupations des cultivateurs, le peu d'habitude qu'ils ont d'appliquer des remèdes, les soins qu'il faut pour les employer convenablement, tout doit faire craindre que si on ne leur présentait que des moyens de les guérir, même assurés, ils ne perdissent encore un grand nombre de leurs bestiaux. Mais ils sont bien plus en droit de désirer qu'on leur enseigne des préservatifs pour une maladie qu'on n'ose encore se flatter de combattre avec succès lorsqu'elle est déclarée; telle est la maladie rouge : on ne peut en indiquer de ce genre que d'après l'examen des circonstances qui l'accompagnent, et d'après l'étude de ses symptômes et de ses effets. Voici ceux qui ont paru à M. Tessier les moins douteux, non pas pour éteindre entièrement la maladie, d'autant plus qu'elle dépend en partie de la nature du sol de la Sologne, mais pour en diminuer, autant qu'il est possible, les ravages.

Procurer un écoulement aux eaux stagnantes de la Sologne, en creusant le lit des rivières et des ruisseaux, et en y pratiquant des canaux, comme il y a lieu de croire qu'il y en avait autrefois, par les traces qu'on en rencontre dans beaucoup d'endroits, ce serait, sans doute, la manière la plus sûre de donner à-la-fois à cette province et la salubrité et la fertilité dont elle a le plus grand besoin. Ces terres étant alors moins humides et les récoltes plus abondantes, on préviendrait bien des maux, et particulièrement la maladie rouge. Mais ce sont là de grands moyens qu'on ne peut espérer de voir exécutés de long-temps, et que le gouvernement seul est en état d'entreprendre.

Pour corriger le mal autant qu'il est au pouvoir des habitans du pays, il serait à désirer, avant tout, que les métayers de Sologne, en employant plus de soin et d'activité, veillassent davantage à la conservation de leur bétail.

Afin d'éviter les grandes mortalités, on n'introduira dans les métairies qu'on veut garnir de troupeaux que des bêtes à laine élevées dans des endroits connus et non suspects. Celles qu'on achetera dans le voisinage, ou dans une autre province dont le sol est plus sec, seront moins sujettes à cette maladie.

On diminuera les mortalités ordinaires, si l'on mène souvent les troupeaux dans les lieux plantés en genêt ; si on ne les laisse point exposés à la rosée, à la pluie et aux orages; si on les écarte des prairies humides, et enfin si on ne les tond qu'après la mi-juillet.

On ne doit pas laisser la bête à laine de Sologne trop longtemps aux champs; elle a toujours l'œil plus ou moins gras, et par conséquent elle est habituellement menacée de pourriture : il suffit qu'elle paisse deux fois par jour pendant trois heures chaque fois.

Comme la principale source du mal est dans la manière dont on soigne les brebis pleines et les agneaux, on nourrira les brebis pleines à la bergerie, dans la saison rigoureuse, et surtout vers le temps qu'elles doivent bientôt mettre bas. On ne les traira jamais, parce qu'indépendamment de ce que le lait maternel est plus convenable à la faible constitution des agneaux, plus ceux-ci en tetteront, moins ils seront empressés de brouter les herbes dont les sucs trop humides leur causent des maladies.

On se gardera de mener les jeunes animaux dans les prairies, dont on écartera encore avec plus de soin leurs mères et les moutons, puisqu'ils sont également susceptibles d'en être incommodés. Ils seraient bien plus sûrement préservés de la maladie, si on leur donnait à la bergerie quelques alimens, tels que du son, de l'avoine, etc.

Que l'hiver suivant on les entretienne de nourriture quand ils n'en trouvent pas aux champs, et qu'au printemps on ne les laisse point brouter des herbes trop aqueuses; leur tempérament se fortifiera, et on aura des antenois bien sains et bien constitués, que la maladie rouge épargnera.

Vers le temps où ce fléau doit commencer à exercer ses ravages, on brûlera, plusieurs jours de suite, dans les bergeries, des branches de bois aromatiques, tels que le genièvre, dont on fera avaler de la décoction aux bêtes les plus languissantes. On se contentera de pendre, dans leurs bergeries, des sachets de sel marin qu'elles pourront lécher, puisqu'en Sologne la cherté de cette denrée, si utile pour les bestiaux, ne permet pas de leur en donner à manger. On peut au sel ordinaire substituer de la potasse ou des cendres gravelées, ou du sel contenu dans de la cendre de bois, le plus facile à obtenir en Sologne. Un gros de chacun de ces derniers sels, par pinte de boisson, est une dose suffisante.

Les bergeries seront placées dans les endroits les plus élevés des métairies; on en rendra le sol aussi sec qu'il sera possible, et on y fera de la litière, qu'il faudra renouveler de temps en temps : ces moyens garantiront de l'humidité les bêtes à laine. On donnera à ces habitations plus d'étendue qu'elles n'en ont dans beaucoup de métairies, afin que les animaux y soient à l'aise.

La fraîcheur des terres de la Sologne formera toujours un obstacle à l'établissement du parcage dans ce pays : il demande beaucoup de précautions de la part des personnes qui voudront le tenter. L'humidité, je le répète encore, est à redouter pour les bêtes à laine. On peut, dans les grandes chaleurs, les faire coucher en plein air; mais, dans ce cas, on aura soin de ne former le parc domestique que sur un endroit où l'eau ne séjourne pas, et sous des arbres qui garantissent les animaux de l'ardeur du soleil quand au milieu du jour ils sont de retour des champs.

Parmi toutes ces précautions, il en est une qu'on regardera comme dispendieuse, c'est celle de nourrir à la bergerie les bêtes à laine pendant l'hiver, tandis qu'en ne leur donnant pas à manger, tout est profit pour les propriétaires. Il faut convenir qu'en Sologne, dans l'état où est actuellement la province, les habitans ont peu de ressources pour se procurer de quoi alimenter leurs bêtes à laine en hiver, le sol est si ingrat et si mal cultivé, qu'on n'y récolte presque que la quantité de seigle nécessaire pour les habitans, et du foin seulement pour la nourriture des bœufs employés aux travaux de l'agriculture.

Malgré ces obstacles apparens, il y a des moyens de donner des alimens aux bêtes à laine de Sologne quand elles ne trouvent rien aux champs, et même d'en augmenter par là le nombre, puisqu'il suffit de suppléer en hiver à ce que la terre ne fournit pas alors. On n'en peut être que convaincu, en adoptant les réflexions suivantes de M. Tessier.

On entretient, dit-il, trop de bœufs dans cette province, où ils ne deviennent jamais beaux, et où par conséquent ils produisent peu aux métayers lorsqu'ils les vendent. La culture des terres n'en exige pas une si grande quantité. Quatre ou six de ces animaux traîneraient sans peine une charrue, à laquelle on en attèle dix ordinairement. En en diminuant le nombre, une partie du foin qui leur est destiné pourrait être donnée aux bêtes à laine, la seule espèce de bétail sur laquelle on doive porter ses vues en Sologne, dont les pâturages ne conviennent pas aux autres bestiaux.

On doublera les récoltes de foin, si on a l'attention de soigner les prairies, soit en faisant des fossés tout autour pour les empêcher d'être inondées, soit en arrachant les plantes de mauvaise qualité, qui nuisent à l'accroissement de celles qui forment de bon foin.

La Sologne est couverte d'arbres, les métayers ont la permission d'en couper les branches : il y en a très-peu dont les feuilles ne conviennent aux bêtes à laine. On aura soin, dans le temps où la sève est encore en vigueur, d'en faire des provisions proportionnées aux besoins des troupeaux.

Dans plusieurs cantons de diverses provinces de la France, on donne aux bêtes à laine des galettes faites avec le marc de chanvre dont on a exprimé l'huile. En Sologne, où l'on cultive du chanvre, ne pourrait-on pas employer la graine à cet usage? Ne pourrait-on pas encore y établir des cultures de prairies artificielles, de pommes de terre, de carottes et de turneps, espèce de navets que les bêtes à laine mangent volontiers, même dans les champs, et dont on les nourrit pendant l'hiver dans toute l'Angleterre, où les troupeaux sont si multipliés?

Pour guérir la maladie rouge, on a imaginé et employé jusqu'ici différens remèdes qui n'ont eu aucun succès, ou qui n'en ont eu que de très-faibles. Parmi ces remèdes, les uns sont enveloppés du voile du mystère; les autres, qu'on a moins de peine à pénétrer, sont des composés si bizarres et si peu convenables à la maladie, qu'il est inutile de les rapporter.

Quelques métayers de la Sologne ont employé avec succès la décoction de serpolet et d'autres plantes aromatiques. Il y en a qui prétendent avoir guéri des bêtes malades, en leur faisant avaler de la décoction de sureau, et en les exposant à des fumigations d'hièble. Ces moyens nous paraissent très-bien indiqués, et méritent qu'on y ait confiance : ils prouvent d'ailleurs qu'il existe une analogie marquée entre la pourriture et la maladie rouge.

Malgré ces légers succès, on ne doit pas conclure qu'on puisse facilement guérir cette maladie. Il ne faut du moins pas l'espérer, lorsqu'elle est parvenue à un certain degré, comme lorsque le foie et le poumon sont déjà dans un état de putréfaction. Vraisemblablement les animaux guéris par M. Tessier n'étaient encore que faiblement attaqués. La médecine vétérinaire a des bornes qui limitent son pouvoir ; c'est à ceux qui l'exercent à les connaître, afin de ne pas employer inutilement pour les franchir un temps qu'on peut appliquer à des recherches capables de procurer de grands avantages.

Lorsque la maladie rouge est déclarée, on doit essayer, sur les bêtes qui ne sont pas dans un état désespéré, les remèdes que la connaissance des symptômes et l'ouverture des corps indiquent, c'est-à-dire des apéritifs, des diurétiques et des toniques, tels que ceux que nous allons indiquer.

On donnera chaque jour, et dans les premiers temps, aux bêtes à laine malades, plusieurs verres d'une décoction d'écorce moyenne de sureau, ou des baies d'alkekenge ou coqueret; on remplacera, quelques jours après, cette décoction par une autre faite avec la sauge, ou l'hysope, ou le pouliot, ou toute autre plante aromatique, en y joignant un gros de sel de nitre, ou deux gros de sel marin par pinte d'eau; on enfumera les bergeries avec des branches ou des baies de genièvre..

Il faut rejeter la saignée et les remèdes rafraîchissans.

La nourriture sera ou du seigle en gerbe, ou du genêt, ou des plantes sèches; pour cette raison, on éloignera les bêtes des prairies humides.

Nous ne conseillons pas de faire usage de la thériaque ni de l'orviétan, d'après notre expérience, celle de M. Vitet et de M. Daubenton.

On aura grand soin, pendant tout le temps du traitement, de n'exposer les troupeaux malades ni au froid ni à la pluie. (R.)

MALADIE DU SANG, MALADIE ROUGE, MALADIE DE SOLOGNE. *Voyez* Mal rouge.

MAL DE TAUPE. Médecine vétérinaire. On appelle taupe une plaie contuse de la partie supérieure de la tête, en arrière de la nuque; elle est toujours la suite de quelques coups, de quelques frottemens un peu forts ou réitérés. Elle commence par une tumeur phlegmoneuse, dégénère, par le manque de soin, en un ulcère fistuleux, et alors constitue ce qu'on appelle *la Taupe*. Elle est plus commune dans les gros chevaux attaqués de gale et de roux-vieux. Le prurit, suite de ces maladies, engage les animaux à se frotter continuellement : ils se donnent des contusions ; une tumeur phlegmoneuse, légère et peu douloureuse s'établit dans cette partie, composée d'aponévroses et de tendons peu irritables; le besoin de se gratter augmente de plus en plus ; l'animal se frotte et se meurtrit continuellement : le phlegmon, au lieu de se terminer, devient plus profond ; des déchiremens intérieurs s'opèrent ; des dépôts de matière, ou séreuse, ou purulente, se forment, se font passage, ou nécessitent des ouvertures, et une plaie contuse des plus graves s'établit. Dans les chevaux plus fins, plus délicats et mieux soignés, elle est la suite de la pression d'une mauvaise têtière, ou de coups donnés sur cette partie; et elle devient rarement aussi dangereuse, parce que des soins mieux entendus sont donnés, et parce qu'il n'existe pas le prurit de la gale, qui, si fréquent dans les chevaux de trait, les porte continuellement à se gratter.

La texture et la position de la partie attaquée sont les principales causes du danger. Cette partie, composée d'aponévroses principalement, de tendons et d'un tissu cellulaire fibreux peu irritable, passe difficilement à l'état de suppuration louable; des bourgeons charnus ne s'y développent pas facilement; et souvent quand on croit ouvrir un abcès, on n'ouvre qu'une poche remplie d'un liquide séreux et roussâtre. Sa position ensuite empêche les liquides produits d'une sécrétion extraordinaire de s'échapper ; ils restent dans la tumeur, dans des sinus, et y produisent toujours des accidens funestes, des caries des aponévroses, des tendons, et même des os.

Traitement. — La première indication à remplir est d'éloigner soigneusement toutes les causes de l'irritation ; ensuite, si la peau n'est point entamée, et si l'on pense que les parties internes ne le soient également pas, de chercher à obtenir la résolution.

Si, au contraire, l'on pense que la contusion ait été violente, que les tissus intérieurs soient attaqués, déchirés, il faut de suite chercher à obtenir une bonne suppuration, surveiller la formation de l'abcès, et aussitôt qu'il commence à se faire, pratiquer une ouverture pour donner issue au pus.

Assez souvent, et malheureusement, le dépôt du pus ne se forme pas superficiellement, mais profondément, et l'on n'a la certitude de sa formation que quand il a déjà produit des ravages assez considérables ; quelquefois, dans ce cas, sa formation s'annonce par la tristesse de l'animal, par une fièvre plus ou moins forte, par la position basse de la tête, et une espèce de nonchalance, de torpeur générale. Dans tous les cas, aussitôt que quelques signes indiquent sa formation, on ne doit plus attendre, et l'on doit, par une opération, donner issue à la matière qui s'est formée.

L'animal abattu sur la litière, on met la tête dans le plus grand degré d'extension, afin que les muscles de la face supérieure de l'encolure soient dans le relâchement. On pratique une incision sur la tumeur parallèle à la direction des tendons, et on la fait pénétrer entre les interstices qu'ils présentent, jusqu'au fond de l'abcès. On la pratique toujours sur le côté ; dans le milieu, on rencontrerait la corde du ligament cervical, qu'il est indispensable de ménager, et ensuite la cicatrisation de la peau serait beaucoup plus difficile dans cette partie exposée à des mouvemens continuels. Quand l'on est parvenu dans l'abcès, on y introduit le doigt, on juge de la direction des sinus qu'il présente, et de quels côtés doivent être pratiquées les contre-ouvertures. On doit les faire, autant que possible, dans les parties les plus déclives, et y passer des sétons pour les empêcher de se refermer trop vite. Quand l'on rencontre quelques caries des tendons et des ligamens, il faut les enlever avec le bistouri, si l'on peut : ce sont ces caries qui retardent et même qui empêchent la cure : elles sont rarement arrêtées par la suppuration ; elles gagnent de proche en proche, détruisent les tendons, attaquent les os, et finissent par la mort de l'individu. L'enlèvement avec le bistouri est presque le seul praticable ; le cautère est trop

TOME IX.

dangereux et trop difficile à manier dans des parties qui approchent autant la colonne vertébrale. Aussi quand le crâne ou les vertèbres sont attaquées, est-il presque impossible d'y porter remède.

Souvent, malgré les soins les mieux entendus et au moment où l'on croit la cicatrisation sur le point de se faire, quelques parties de la peau deviennent lardacées, blafardes, calleuses, et le pus change de nature : ces accidens assez fréquens annoncent presque toujours quelques caries qui ont échappé et dont il faut effectuer la séparation. La carie enlevée, la plaie reprend bientôt sa première tendance à la cicatrisation. Quand ces tissus lardacés ont pris de la consistance, il est quelquefois impossible de les faire résoudre, de les faire suppurer : c'est alors une vraie terminaison par induration ; c'est un corps nouveau qui s'organise, et qu'il est de toute nécessité d'enlever pour obtenir la guérison.

Dans le cours de la maladie, et après toutes les opérations graves que nous venons d'indiquer, le traitement antiphlogistique doit être employé, des cataplasmes émolliens sur la tumeur et sur les plaies les préserveront du contact de l'air et de tous les agens extérieurs qui pourraient les irriter. L'usage des excitans, des caustiques même, long-temps employés dans ces sortes de plaies, est contre les lois physiologiques, et ils ne peuvent être employés, les caustiques sur-tout, que dans quelques cas rares, particuliers, par exemple, pour ronger, détruire quelques excroissances contre nature : dans ce cas, l'emploi du fer est encore préférable s'il est possible. (Huz. fils.)

MAL DE TÊTE DE CONTAGION. Médecine vétérinaire. C'est une ancienne dénomination qui désigne dans le cheval un gonflement inflammatoire non-seulement des parties inférieures de la tête depuis les yeux, mais encore des membranes muqueuses du nez et quelquefois de celles du conduit aérien. Dans cette affection, ou la gangrène se développe rapidement sur les membranes muqueuses et enlève l'animal, ou la suppuration s'établit sur ces mêmes membranes, et l'animal se guérit assez promptement, après avoir jeté par les naseaux.

On reconnaît cette affection à la rapidité avec laquelle le gonflement de la tête s'opère, aux yeux larmoyans, à la position basse de la tête, à la chaleur et à la sensibilité de la peau, à l'accélération et à la petitesse du pouls, à la difficulté de respirer, à des glaires qui sortent de la bouche et des naseaux du cheval ; à la chaleur de la bouche, à la couleur foncée, violette quelquefois, de la membrane nasale. Quand les animaux succombent, ce qui arrive fréquemment, on trouve la membrane muqueuse nasale décomposée, gangrénée, celle de la trachée, irritée, enflammée, et quelquefois quelques parties du poumon sont dans le même état; cette affection paraît donc être une inflammation violente qui se termine rapidement par gangrène.

Quelles en sont les causes? Nous ne les connaissons pas encore bien, les plus probables paraissent être les erreurs de régime. Quant au traitement, la nature inflammatoire de la maladie dans ses commencemens indique le régime antiphlogiste, par conséquent la saignée dès le début. La difficulté que l'animal éprouve à avaler empêche de se servir des médicamens à l'intérieur, le traitement est donc tout-à-fait externe. Des fumigations, des lavemens laxatifs, le bouchonnement fréquemment répété, viendront ensuite aider l'effet de la saignée. M. Gohier, professeur à l'école vétérinaire de Lyon, dit avoir obtenu de bons effets de l'emploi de larges vésicatoires à la partie supérieure de l'encolure. Quand le gonflement des muqueuses nasales gêne la respiration, on doit pratiquer de suite la trachéotomie. La gêne de la respiration concourt puissamment à la terminaison funeste de la maladie, tandis que la libre respiration par l'ouverture faite à la trachée détermine souvent une heureuse terminaison. (Huz. fils.)

MALADIES DES ANIMAUX DOMESTIQUES. Il ne paraît pas que dans l'état sauvage les animaux soient sujets à un aussi grand nombre de maladies que dans l'état domestique; ce triste résultat de leur assujettissement ne peut être évité qu'en partie, et ce en les rapprochant autant que possible de la manière de vivre qu'ils suivent lorsqu'ils sont en liberté. *Voyez* au mot HYGIÈNE VÉTÉRINAIRE.

Sans doute il est, dans les animaux comme dans l'homme, beaucoup de maladies qui peuvent se guérir sans remèdes par le seul effet du repos et des efforts de la nature; mais il en est aussi beaucoup dont la terminaison serait certainement fatale, si l'art ne venait au secours de ceux de ces animaux qui en sont affectés; c'est pour en faciliter la guérison que les articles vétérinaires ont été rédigés dans cet ouvrage. Dans beaucoup de cas, les cultivateurs pourront en faire l'application; mais dans ceux qui sont graves, ils ne devront pas se dispenser d'avoir recours à l'artiste vétérinaire de leur canton : car l'expérience ne peut être suppléée. Une autre recommandation importante, c'est de ne pas attendre, comme on le fait presque par-tout, que la maladie ait fait des progrès, pour commencer à y porter remède; un retard de quelques jours, de quelques heures peut-être, suffit pour l'aggraver au point d'ôter tout espoir de guérison.

Toute bête malade, quels que soient les symptômes qu'elle offre, doit être d'abord séparée des autres, laissée en repos, nourrie plus délicatement et moins abondamment. Quand on sait quels sont les inconvéniens des maladies contagieuses, on ne doit pas se refuser à cette précaution. *Voyez* au mot ÉPIZOOTIE.

Une considération à avoir toutes les fois qu'une bête devient gravement malade, c'est le rapport de sa valeur avec la dépense qu'elle peut occasioner en remèdes : il est beaucoup de cas où il vaut mieux la tuer que la guérir. (B.)

MALADIE DE BOIS. *Voyez* BOIS.

MALADIE CHARBONNEUSE. MÉDECINE VÉTÉRINAIRE. C'est une maladie dont les symptômes se développent avec une rapidité que l'on peut dire effrayante ; elle s'annonce par une ou plusieurs tumeurs accompagnées de douleurs vives et de chaleur brûlante : ces tumeurs sont petites dans leur principe ; mais en très - peu de temps elles acquièrent un volume considérable.

Cette maladie attaque tous les animaux domestiques ; elle n'épargne même pas les volailles, parmi lesquelles elle fait souvent de grands ravages ; elle est contagieuse, épizootique et quelquefois enzootique ; elle se manifeste indistinctement sur toutes les parties du corps.

Cependant dans le cheval, l'âne et le mulet, elle se montre constamment à la langue, à l'*avant - cœur* et à la face interne de la cuisse. Lorsqu'elle a son siége sur cette dernière partie, elle s'annonce par une tumeur dure très-douloureuse, petite dans son commencement et qui devient très - volumineuse en six, huit, dix et douze heures (l'animal attaqué périt quelquefois avant ce terme). M. Chabert regarde comme un vrai charbon *la soie* dans le cochon. *Voy.* SOIE, maladie des porcs.

Le charbon nous paraît être une tumeur inflammatoire qui passe très-promptement à l'état gangréneux, et de là à celui de sphacèle ; ce dernier période se développe avec une extrême rapidité, cela est très - remarquable dans le charbon qu'on nomme *trousse-galant* dans le cheval (charbon à la face interne de la cuisse).

Cette maladie a lieu spontanément; on l'a vue être aussi la terminaison de quelque autre affection particulière (1).

Dans les bêtes à cornes, les tumeurs sont plus volumineuses, moins douloureuses, et il s'en manifeste quelquefois plusieurs.

Le charbon a reçu différens noms : sur la langue, on l'appelle glossanthrax, bouffle ou boussole, le louet, l'ampoule, le mal de langue, le chancre volant, etc., etc. ; au poitrail, avant-cœur, anti-cœur, ancœur, avertîcœur, la nappe avant-couroix; sur l'épine, on le nomme quartier; sur les reins,

---

(1) M. Huzard a vu une légère enclouure donner lieu au développement du charbon.

pourriture sèche ; à la cuisse, araignée, noire-cuisse, mal noir, rouge-cuisse, trousse-galant, mal de cuisse, musette, musaraigne : ce dernier nom lui a été donné, parce qu'on l'attribuait à la morsure d'un petit animal qui porte ce nom. M. Lafosse a démontré la fausseté de cette idée dans un mémoire qu'il a lu à l'Académie royale des sciences, le 23 décembre 1757.

Le charbon qui n'a point de siége déterminé, a reçu beaucoup de noms, tels que l'araignée, la bosse, le trop de sang, l'enflure, la gamadure, le larron, l'anthrax, la poujolle, la peste rouge, la puce maligne, le violet, le mal fort, etc., etc.

Le charbon paraît aussi se porter sur les viscères : c'est ce que M. Chabert appelle la fièvre charbonneuse. A l'ouverture des cadavres, on trouve les parties lésées frappées des mêmes désordres que ceux que l'on remarque sur les parties externes qui en ont été le siége.

Le bas-ventre est plus particulièrement affecté de cette sorte de charbon : les animaux qui en sont atteints meurent presque subitement, après quelques heures de signes de maladie, et même souvent sans en avoir donné aucun.

Le charbon affecte les glandes, les membranes, le tissu cellulaire, les chairs et la peau.

Sur les glandes, il est très-douloureux, et presque toujours mortel.

Dans le tissu cellulaire, il le soulève promptement, il l'infiltre d'une sérosité roussâtre, il lui donne une teinte jaune et quelquefois verdâtre sur les membranes et sur les chairs ; il les rend noires, et le pus qui en découle est sanieux, sanguinolent et séreux.

La malignité du charbon, la célérité de sa marche dépendent beaucoup des parties sur lesquelles il se manifeste : nous avons déjà fait remarquer que celui qui paraît à la face interne de la cuisse du cheval donnait très-promptement lieu à la mort (dans cette partie, il est sur les glandes inguinales). La nature de ces organes, les fonctions qu'ils exercent dans l'économie animale, et la quantité de vaisseaux lymphatiques qui s'y réunissent, expliquent suffisamment ce fait : il en est de même du tissu cellulaire, qui paraît favoriser singulièrement le développement de cette maladie ; la texture serrée des membranes, leur irritabilité, concourent également à accélérer sa marche. Sur les chairs, il est plus facile d'en borner les progrès.

L'extirpation des tumeurs, lorsqu'elle est praticable, les scarifications et le feu ont été quelquefois suivis de succès.

Nous avons dit que le charbon était contagieux et épizootique : rarement il a ce dernier caractère dans le cheval ; il le prend presque toujours dans les bêtes à cornes, et généralement dans les animaux qui vivent en troupeaux.

Une multitude de faits prouvent qu'il est contagieux : il l'est des animaux à l'homme, et il se communique facilement d'une espèce à une autre. Nous pourrions rapporter, à cette occasion, une infinité de faits cités par les auteurs qui ont écrit sur cette maladie ; nous nous bornerons à en faire connaître ici quelques-uns.

M. Petit, artiste vétérinaire, qui traita une maladie charbonneuse dans les montagnes de l'Auvergne, cite les faits suivans :

François Mars fut chercher dans les montagnes des peaux d'animaux morts du charbon ; il jeta sa veste sur ces peaux ; il couvrit pendant la nuit avec ce vêtement les pieds de deux de ses filles : dès le lendemain leur bouche devint noire, et successivement le reste du corps ; elles s'écorchaient au moindre mouvement. Le fils, couchant avec son père, éprouva les mêmes accidens ; tous les trois moururent le soir même du jour de l'apparition du mal. M. Petit cite cinq observations du même genre. *Voyez* les Instructions et les Observations sur les maladies des animaux domestiques, vol. de 1791, p. 262 et suivantes.

Voici ce que j'ai eu occasion d'observer dans une maladie charbonneuse que j'ai traitée dans le Querci en 1786. M. Laurens, vétérinaire à Montauban, chargé de soigner, conjointement avec moi, les animaux malades, s'étant piqué le doigt indicateur de la main gauche en ouvrant une tumeur, éprouva le même soir du malaise, de l'anxiété, et il se manifesta sur l'endroit piqué une petite grosseur noire très-douloureuse ; il la scarifia et cautérisa lui-même sur-le-champ : par ce traitement, il arrêta les progrès qu'aurait pu faire la maladie.

Les nommés Jean Laforgue et Pierre Létang éprouvèrent le même malaise et la même anxiété, pour s'être piqués avec une côte en faisant des ouvertures : ces accidens n'eurent pas de suites fâcheuses. Plusieurs poules sont mortes pour avoir avalé des graviers couverts du sang des bœufs malades ; des chiens ont aussi péri pour avoir mangé de la chair de ces animaux ; un taureau l'a fait naître dans une génisse pour l'avoir couverte une seule fois. *Voyez* le même volume des Instructions, page 276.

M. Peret, artiste vétérinaire à Angers, a ressenti deux fois les effets de cette funeste maladie : il a succombé à la deuxième fois ; il est mort victime de son zèle. On peut voir beaucoup de faits semblables dans les *Recherches historiques et physiques sur les maladies épizootiques*, par M. Paulet ; dans le *Traité du charbon*, par M. Chabert ; et dans les ouvrages de M. Vicq-d'Azyr.

D'après ces observations, il est bien constant que le charbon est contagieux par le contact : il n'est pas aussi facile d'expliquer comment il peut l'être d'une autre manière, par exemple, lorsque plusieurs animaux sont affectés en même temps. Il est difficile d'expliquer le mode de contagion, sur-tout par rapport aux animaux qui sont les premiers affectés.

Au reste, il paraît que la difficulté de déterminer d'une manière positive les différens modes de contagion, a été sentie par les auteurs qui ont écrit sur les maladies contagieuses, si les symptômes de cette maladie sont les mêmes dans tous les animaux, et si elle est une dans ses résultats ; le praticien y remarque cependant des différences dans les diverses espèces d'animaux.

Par exemple, dans le cheval, l'âne et le mulet, le premier temps est marqué par des bâillemens, des anxiétés, auxquels succèdent bientôt le brillant des yeux, qui deviennent hagars et étincelans, et l'accélération de la circulation. Cet état ne tarde pas à être suivi de sueurs abondantes, de l'intermittence et de la lenteur du pouls, qui se fait à peine reconnaître. Dans les bêtes à cornes, aux symptômes qui viennent d'être décrits, se joignent le hérissement du poil, la rigidité du tégument, la cessation de la rumination, et la suppression presque totale du lait dans les femelles.

Le charbon peut tenir à des causes éloignées : une nourriture malsaine long-temps continuée ; des travaux forcés qui donnent lieu à des déperditions que les alimens viciés ne peuvent réparer ; un long séjour dans des lieux et dans des étables peu ou point aérés, et les mauvaises qualités de l'air qui y circule.

Son développement a plus particulièrement lieu aux époques pendant lesquelles on remarque des variations fréquentes dans l'atmosphère, soit dans les grandes sécheresses, soit après ou lorsque les pluies deviennent très-abondantes ; enfin tout ce qui peut opérer un changement sensible et trop subit dans l'économie animale.

On peut prévenir cette maladie quand elle est due aux causes dont nous venons de parler.

Assainir les habitations, donner des fourrages de bonne qualité, ne point laisser boire aux animaux des eaux bourbeuses et croupissantes, et entretenir la transpiration insensible par le pansement souvent répété de la main : telles sont les indications à remplir.

On peut encore ajouter à ces soins le placement d'un séton au poitrail. Quelques personnes conseillent la saignée, je pense qu'elle ne peut être avantageuse que pour les animaux chez lesquels la pléthore sanguine paraît avoir lieu ; elle est nuisible pour ceux qui sont affaiblis par le travail et la mauvaise nourriture.

Il n'est pas aussi facile de guérir le charbon lorsqu'il se développe : je ne ferai que rappeler ici la rapidité de sa marche, pour faire sentir le peu de succès qu'on peut espérer d'obtenir en pareil cas ; il ne faut cependant pas pour cela négliger les moyens curatifs, il en est dont l'usage a quelquefois été suivi de succès.

Les scarifications et l'ouverture des tumeurs par le feu, leur extirpation lorsqu'elle est praticable ; le feu mis autour de ces tumeurs et appliqué même sur les parties scarifiées, ou extirpées avec un cautère ou morceau de fer *chauffé à blanc*, avec lequel on cautérise ces parties jusqu'à ce qu'elles paraissent pour ainsi dire charbonnées, et l'application d'un large vésicatoire sur les tumeurs : tel est le traitement externe qu'on peut employer. Le choix de ces moyens est subordonné aux différentes espèces d'animaux, à leur tempérament, et à la nature des parties sur lesquelles le charbon se manifeste ; il est impossible de prescrire quelque chose de positif à cet égard, et qui puisse être approprié à tous les cas qui se rencontrent dans cette cruelle maladie.

Le traitement interne porte sur l'usage des antigangreneux.

Les billots ou nouets d'assa-fœtida tenus dans la bouche ; cette même substance à laquelle on a joint la gomme ammoniaque employée à la dose de 4 gros (16 grammes), délayées dans un litre de vin rouge ; l'alcali volatil fluor (ammoniac) à la dose de 2 gros (8 grammes) dans une pinte d'infusion aromatique ; l'extrait de gentiane à la dose d'une once (32 grammes) dans un litre de vin rouge, ou incorporé avec 8 onces (256 grammes) de miel ; cette même plante réduite en poudre ainsi que l'aunée, à la dose de 2 onces (64 grammes), données dans le vin ou le miel.

Les doses indiquées ici sont pour le cheval, l'âne et le mulet ; elles peuvent être augmentées et même doublées pour le bœuf, et réduites au quart pour les petits animaux.

Le quinquina serait aussi très-bon ; mais son extrême cherté n'en permet pas l'usage dans la médecine vétérinaire.

On donnera pour boisson l'eau blanchie avec la farine d'orge et acidulée avec le vinaigre de vin ou l'acide sulfurique, jusqu'à une agréable acidité.

Les étables doivent être tenues très-propres ; on en renouvellera souvent l'air, et on bouchonnera plusieurs fois par jour les animaux.

Cette maladie étant une de celles qui se communiquent le

plus facilement, il faut que les personnes qui soignent les animaux qui en sont atteints, s'abstiennent de les *fouiller* (1),
comme cela se pratique quelquefois, il en pourrait résulter
pour elles des accidens fâcheux.

Les maladies contagieuses nécessitent des mesures adminis-
tratives : le charbon est une de celles pour lesquelles les propriétaires doivent faire leur déclaration aux autorités, ainsi
que les vétérinaires qui sont appelés pour traiter les animaux
qui en sont affectés : c'est plus particulièrement lorsque le
charbon se manifeste sur des animaux qui vivent en troupeaux
que ces déclarations sont indispensables. Dans ces circonstances, les propriétaires doivent suivre strictement ce qui leur
est prescrit par les autorités.

Outre les formalités et les précautions qui sont relatives au
bien public, il en est encore d'autres à prendre qui intéressent
directement les propriétaires.

Toute communication avec les animaux malades doit être
strictement interdite, il faut bien prendre garde que les domestiques qui les soignent ne fréquentent les écuries où sont
les animaux sains : pour cet effet, on fera sortir des étables
ceux qui sont bien portans, pour n'y laisser que ceux chez lesquels la maladie s'est montrée.

Enfin on évitera soigneusement tout ce qui peut contribuer
à propager la contagion, de rassembler, par exemple, un trop
grand nombre d'animaux dans les écuries, qui, comme nous
l'avons déjà dit, seront bien aérées et parfumées avec le par-
fum indiqué ci-après; il faut que les animaux aient été sortis
des étables avant de procéder à cette opération, et on ne
doit les y faire rentrer qu'une heure après.

Prenez, muriate de soude (sel marin) 5 hectogrammes;
oxide noir de manganèse en poudre, 128 grammes; acide sulfurique affaibli à 55 degrés, 5 hectogrammes. Cette dose est
déterminée pour une écurie de quarante à cinquante chevaux;
on la diminue ou on l'augmente dans les mêmes proportions,
suivant l'étendue du local. Après avoir fait sortir les bestiaux,
on place une grande terrine de grès vernissée, on y met le
muriate et l'oxide de manganèse mêlés ensemble, on verse
dessus l'acide sulfurique; on ferme les portes, et on ne les
ouvre que deux ou trois heures après.

Cette maladie est susceptible d'un plus grand développement; mais dans un ouvrage de la nature de celui pour lequel
cet article est fait, un traité *ex professo* aurait pu être déplacé :

____

(1) On appelle *fouiller* l'introduction de la main dans l'intestin rectum
pour le vider des matières qui s'y accumulent.

nous avons cru devoir nous borner à l'exposé simple de la maladie, afin d'en faire reconnaître les caractères aux cultivateurs, et leur indiquer comment ils pouvaient la combattre et s'en préserver. D'après cette idée, nous n'avons fait aucune description anatomique ; nous avons, autant qu'il nous a été possible, éloigné le langage médical, pour ne parler que celui connu de tout le monde. Nous croyons devoir inviter les lecteurs à consulter les *Instructions et observations sur les maladies des animaux domestiques*, années 1782 et 1790 ; le même ouvrage, année 1791 ; le *Traité du charbon*, par M. Chabert ; les *Recherches sur les maladies épizootiques*, par M. Paulet ; et l'*Exposé des moyens curatifs et préservatifs des maladies des bêtes à cornes*, par Vicq-d'Azyr : on trouvera dans ces ouvrages, qu'il ne nous appartiendrait pas de vouloir rivaliser, des notions beaucoup plus étendues sur le charbon. (DESPLAS.)

MALADIE DES CHIENS. Maladie qui semble devenir de plus en plus commune parmi les chiens, et qui en emporte chaque année de grandes quantités. *Voyez* CHIEN.

Cette maladie commence par une espèce de catarrhe, accompagné de tristesse et de dégoût. Des mouvemens convulsifs ne tardent pas à se développer dans les muscles de l'abdomen, ensuite dans tout le corps. Souvent elle s'aggrave avec tant de lenteur, que l'animal reste affecté pendant des années entières : rarement elle se guérit d'elle-même, et lorsque cela arrive, il y a toujours diminution dans une ou plusieurs de ses facultés.

Il paraît que, parmi les nombreux remèdes employés contre cette maladie, ceux qui ont le mieux rempli leur objet sont les purgatifs et les émétiques à forte dose et répétés, accompagnés d'émonctoirs, tels que le cautère actuel, le séton, etc.

Il est d'observation que les chiens de chasse, qui ne sont nourris que de pain, et ceux dont les pères et mères sont morts de cette maladie, y sont plus sujets que les autres.

Quelque important que soit pour les cultivateurs le sujet que je traite, je ne m'étendrai pas davantage, parce que la plus grande discordance règne parmi les vétérinaires sur les causes de la maladie des chiens et sur les moyens de l'empêcher de se développer. Si l'attachement pour un chien fait passer par dessus la dépense et la longueur du traitement, c'est à un vétérinaire instruit qu'il faut s'adresser, mais cela au moment même de l'invasion des symptômes. *Voyez* MÉDECINE VÉTÉRINAIRE. (B.)

MALADIE CONVULSIVE. Affection peu connue des bêtes à laine, signalée par mon collaborateur Tessier dans sa savante

Instruction sur ces animaux. Elle ressemble à l'ÉPILEPSIE. *Voyez* ce mot.

Vendre au boucher les individus qui montrent les premiers symptômes de cette maladie, est ce qu'il y a de mieux à faire. (B.)

MALADIE FOLLE. *Voyez* MALADIE CONVULSIVE.

MALADIE DES VÉGÉTAUX. Les végétaux, comme les animaux, passent par trois états différens dans le cours de leur vie ; ils naissent, se développent, se soutiennent quelque temps en état parfait, décroissent et meurent. Cette succession a son principe dans l'organisation même des plantes. Il est impossible à l'homme de l'empêcher d'avoir lieu ; c'est une maladie continuelle à laquelle tous les êtres vivans sont soumis.

Mais il est quelques affections des plantes sur lesquelles l'art peut exercer plus ou moins d'influence ; ce sont ces affections qu'on appelle proprement les maladies des plantes.

De tout temps, on s'est aperçu que les plantes étaient sujettes à des altérations organiques, que même plusieurs de ces altérations pouvaient être assimilées à celles propres aux animaux; mais on n'a pas encore cherché à les étudier d'une manière suivie. Duhamel seul peut-être en a observé un certain nombre. Les auteurs qui en ont le plus particulièrement traité, tels que Plenk et Ré, n'en ont parlé que d'après lui ou d'après quelques faits remarqués par d'autres. Il serait bien à désirer qu'un agriculteur éclairé, pourvu de la patience et du loisir nécessaires, voulût bien consacrer quelques années de sa vie à vérifier tout ce qui a été écrit sur cet objet, et à chercher les causes de celles de ces altérations qui n'ont pas encore été expliquées. Quant à moi, quoique j'aie cherché à les étudier et que je les aie observées, je ne puis être encore que leur historien.

Les progrès de la science ont fait découvrir, dans ces derniers temps, que des altérations qu'on croyait être des maladies étaient produites par des plantes parasites. Ainsi actuellement il ne faut plus classer parmi elles le BLANC, la ROUILLE, le CHARBON, la CARIE, la MORT DU SAFRAN, la MOISISSURE, etc., quoiqu'elles donnent lieu à de véritables maladies. *Voyez* ces mots.

Plenk, à qui on doit la meilleure pathologie végétale, divise les maladies des plantes en,

1°. LÉSIONS EXTERNES, *plaie, fente, fracture, ulcération, défoliation ;*

2°. ECOULEMENT, *hémorrhagie, pleurs des bourgeons, miélat;*

3°. DÉBILITÉ, *faiblesse, accroissement arrêté ;*

4°. CACHEXIE, *chlorose* ou *étiolement, ictère, anasarque, taches, phthisie ;*

5°. PUTRÉFACTION , *teigne des pins, nécrose* ou *brûlure, gangrène*;

6°. EXCROISSANCES , *squamation des bourgeons, verrucosités des feuilles, carcinome des arbres, lèpre des arbres*;

7°. MONSTRUOSITÉ , *fleurs doubles, fleurs mutilées naturellement, difformité*;

8°. STÉRILITÉ *par excès de nourriture, par défaut de nourriture, par avortement des organes sexuels produits par des causes accidentelles*. *Voyez* tous ces mots.

Les quadrupèdes, en mangeant les feuilles, en coupant les bourgeons, en rongeant l'écorce du tronc et des racines, causent aussi des maladies aux plantes.

Quelques oiseaux, tels que le gros bec, le bouvreuil, le pinçon, en coupant les bourgeons, leur font aussi souvent beaucoup de mal.

Parmi les vers il n'y a guère que l'hélice ou escargot, et la limace, qui nuisent aux plantes.

C'est parmi les insectes que se trouvent les plus nombreux et les plus puissans ennemis des plantes, la moitié au moins vivant à leurs dépens. Beaucoup de leurs maladies sont la suite de leur action sur elles. J'ai donné, au mot INSECTE, la liste des genres dont les cultivateurs ont le plus à se plaindre, et à chaque genre celle des espèces les plus communes : j'y renvoie le lecteur. *Voyez* aussi GALLE (B.)

MALADIES DES VOLAILLES. Nous répéterons ici, pour les maladies des oiseaux de basse-cour, ce que nous avons exposé en parlant de celles qui affectent les animaux domestiques (*voyez* HYGIÈNE VÉTÉRINAIRE), qu'il est plus aisé de les conserver en santé que de les guérir.

Faisons connaître d'abord quelques préservatifs de leurs maladies et des ennemis qu'ils ont à combattre.

Préservatifs des maladies des volailles. C'est dans les années froides et humides qu'il périt un plus grand nombre de petits, que leur éducation, par conséquent, devient plus difficile; il s'agit alors, dans ces années-là, de les garantir, autant qu'il est possible, de l'influence de l'atmosphère en les tenant plus long-temps enfermés dans l'endroit où ils passent la première quinzaine de leur naissance; en les nourrissant d'alimens propres à échauffer et à fortifier, tels que le chènevis, le sarrasin, l'avoine, la mie de pain trempée dans du vin, associée avec des œufs durcis. Si l'année péche au contraire par une sécheresse jointe à de vives chaleurs, la volaille est exposée aux maladies inflammatoires; il faut retrancher alors toute nourriture échauffante, donner une plus grande quantité de relâchans, comme racines, laitues, choux, poirée, son bouilli dans l'eau, lait pur ou caillé.

La bonne éducation des oiseaux de basse-cour prescrit *chaleur, manger, repos, propreté*. On voit en effet que dès que les nouveaux nés ont pris leur nourriture, ils courent sous l'aile de leur mère, ils y dorment, et la chaleur qu'elle leur communique, hâte la digestion : c'est une véritable couvaison.

Lorsque les couvées sont tardives et que la saison ne favorise pas encore leur succès, les petits qui en naissent sont exposés à un plus grand nombre d'accidens ; les oies, entre autres, et plus souvent les canards qui éclosent en juillet, sont sujets à avoir des crampes qui souvent les font périr, si on ne redouble pas d'attention pour rendre ces accidens moins funestes.

Mais en tenant les oiseaux dans un endroit chaud, il faut cependant prendre garde qu'il soit assez aéré ; car on sait que le défaut d'air les rend galeux et les étouffe. On peut les garantir d'autres accidens en ne les laissant sortir que quand la saison est favorable, en les obligeant, par la nourriture qu'on leur jette de temps en temps près du gîte, à ne pas trop s'en écarter, en renouvelant souvent leur eau et leur administrant du sel, qui leur peut être aussi utile qu'aux autres animaux domestiques. Au reste, il y a dans la volaille des états particuliers, qui, sans être regardés comme des maladies, ne demandent pas moins quelques soins pour en arrêter les suites. Si une jeune poule passe trop promptement à la graisse, il faut diminuer sa nourriture, la rendre moins substantielle, et y ajouter des coquilles d'œufs ; celles qui gloussent trop souvent, mangent ou cassent leurs œufs, étouffent leurs petits, doivent être sur-le-champ engraissées et tuées ; elles ne peuvent rapporter aucun profit à la maison.

Au reste les maladies qui affectent les oiseaux de basse-cour sont à-peu-près les mêmes pour tous les individus, et les remèdes prescrits peuvent leur être appliqués avec un succès égal, quand on saura les varier et les modifier selon les circonstances ; mais toutes les fois qu'il s'agit d'un traitement, la première chose à faire c'est de séparer les oiseaux malades et de les mettre sous des mues dans une chambre qu'on peut regarder comme l'infirmerie : cette précaution est utile, non-seulement pour empêcher la maladie de se communiquer, mais elle favorise encore l'administration du régime ; sans quoi, les remèdes ou la nourriture appropriée seraient pris par la volaille en santé.

Il faut prendre garde aux limaces et aux sauterelles, dont les dindons sont fort avides, et qui, quand ils en mangent à discrétion, leur causent le flux de ventre dont ils meurent.

Lorsqu'on remarque chez un oiseau un vice de conformation ou de caractère, quelques bizarreries de la nature, il faut s'en défaire plutôt que d'essayer à le corriger : c'est presque toujours un mal incurable ; ainsi les poules qui ont de grands ergots grattent et appellent à la manière des coqs ; celles qui sont acariâtres, farouches et se laissent difficilement cocher, qui pondent rarement et couvent mal, ou abandonnent leurs couvées, perdent, cassent ou mangent leurs œufs, doivent être réformées, ainsi que les poules trop grasses et celles qui sont vieilles : les premières, à raison de leur embonpoint, donnent rarement des œufs, encore sont-ils sans coquille ; les autres, reconnaissables en ce qu'elles ont la crête et les pattes rudes au toucher, ne pondent plus. On soumettra la plupart à l'engrais. Les coqs muets et les poules bavardes ne sont pas non plus dignes de figurer dans la basse-cour ; il faut les réformer après les avoir engraissés de la manière que nous l'avons déjà proposé, comme aussi les poules qui chantent : elles ne coûtent que des frais à la maison sans rapport.

Un fléau redoutable pour les oisons, ce sont de petits insectes qui se mettent dans leurs oreilles, les naseaux, qui les fatiguent et les épuisent : alors ils marchent les ailes pendantes et secouent la tête. Le secours proposé par tous les agronomes, c'est de présenter à ces oiseaux, au retour des champs, de l'orge au fond d'un vase rempli d'eau claire ; pour la manger, ils sont obligés de plonger la tête dans l'eau, ce qui force les insectes de fuir et d'abandonner leur proie.

Les pous, les puces et d'autres insectes particuliers tourmentent les volailles au point de les empêcher d'élever leurs petits et de les faire périr. Quand on laisse croupir les ordures dans leur demeure, ils sont souvent en si grande quantité, qu'on ne peut parvenir à leur destruction totale ; il n'y a pas d'autres moyens que de les changer d'habitation et de nid, et de les plonger dans une forte décoction de tabac et de tanaisie, et d'autres plantes amères à un degré de chaleur qui ne puisse pas les incommoder.

Il existe dans les alentours des habitations quelques plantes préjudiciables à la santé des oiseaux de basse-cour, et qui sont même pour eux un véritable poison, telles que la jusquiame, la grande digitale et la ciguë : l'oison est très-avide de cette dernière. A peine en a-t-il avalé un brin, qu'il étend les ailes, entre en convulsions et meurt : la jusquiame est également pour lui et pour les canards un poison. Ces plantes devraient être indiquées aux conducteurs de troupeaux pour les arracher par-tout où ils les mènent paître ; elles ne sont pas assez multipliées pour qu'il soit si difficile d'en délivrer le canton pour le salut de toute la volaille.

On sait que l'instinct des poules les porte à avaler de petites pierres ou de petites cailloux pour hâter et préparer leur digestion ; mais il arrive souvent que, rencontrant du verre, des fragmens d'écaille, etc., elles les avalent comme corps durs. La faculté qu'ils ont d'irriter et de couper produit des effets funestes sur l'organisation de la volaille. Ces raisons doivent déterminer les cultivateurs à ne pas souffrir que parmi les débris de la cuisine que l'on jette sur le fumier, il se trouve des matières de cette nature. On a vu, dans les environs de Mon-didier, département de la Somme, une maladie régner sur les pigeons, qui dépendait en partie des cendres rouges vitrio-liques employées sur les terres en qualité d'engrais, et que cet oiseau avalait par amour pour tout ce qui est salé.

La pluie est le plus mortel ennemi des poussins dindes : s'ils en ont été atteints, il faut les essuyer les uns après les autres, et leur souffler du vin chaud sur le dos et sur les ailes ; le grand soleil et les brouillards leur occasionnent d'autres acci-dens dont il convient de les préserver.

La vesce, les pois carrés, l'ers, sont un poison pour les pous-sins dindes, et si dans leur potée on fait entrer une sura-bondance de laitues, l'usage immodéré de cette plante les re-lâche; aucun remède ne les garantit de la mort : il faut donc s'attacher à leur administrer de préférence des herbes aroma-tiques, plus propres à les échauffer qu'à les rafraîchir.

Nous allons présenter le tableau des maladies qui affectent le plus fréquemment les volailles, et l'indication des remèdes à employer à leur traitement.

Mue. Cette crise périodique, commune à tous les oiseaux, leur est plus ou moins funeste : elle ne dure chez le canard qu'une nuit; mais elle affecte particulièrement les poulets. Alors ils sont tristes, mornes ; les plumes se hérissent; ils se-couent souvent de côté et d'autre celles de leur ventre pour les faire tomber, et les tirent avec leur bec en se grattant la peau; ils mangent peu : quelques-uns en meurent, particuliè-rement les tardifs. Elle est, pour le pigeon de volière qui ne peut se livrer à toute l'activité à laquelle la nature l'avait des-tiné, une maladie aussi cruelle que l'est pour d'autres animaux la détention.

Si la mue survient dans la saison chaude, elle est moins pré-judiciable que dans les temps froids : il faut faire jucher de bonne heure les oiseaux qui en sont affectés, ne pas les laisser sortir trop matin, les tenir même renfermés dans un endroit chaud quand il pleut, les mieux nourrir qu'à l'ordinaire ; leur donner du chenevis, du sarrasin, de la mie de pain trem-pée dans du vin ; éviter sur-tout cette mauvaise pratique d'ar-roser leurs plumes avec du vin et de l'eau tiède, ou qu'on souffle sur eux, parce que c'est encore les refroidir et aug-menter l'état humide auquel il convient plutôt de les soustraire.

Pépie. Cette maladie affecte les poules communes, les

poules d'Inde et les pintades, mais plus fréquemment les premières. Le bout de la langue alors se durcit et forme cette espèce d'écaille qu'on nomme la *pépie*, pendant laquelle les volailles ne peuvent ni boire ni manger : il en périt un grand nombre. Les canards, les oies et les pigeons n'y paraissent pas sujets. Quelques faits prouvent que cet état n'est dû ni à la privation de l'eau, ni à l'état corrompu de ce fluide, comme on le prétend : j'ai vu des poules communes et des dindes avoir la pépie, quoique elles n'eussent jamais manqué d'eau, ou n'en être pas attaquées en buvant des eaux épaisses de mares, même dans une saison fort chaude.

Il est important d'observer à temps les oiseaux attaqués de la pépie, parce qu'alors le remède en est plus facile et plus certain. La fille de basse-cour doit prendre l'animal malade, en assujettissant le corps et les pattes, et appuyer le pouce gauche à un angle du bec et l'index à l'autre ; elle ouvre le bec par ce moyen, et gratte avec l'ongle ou une aiguille la pellicule raccornie, qu'elle mouille ensuite avec du lait, après quoi elle enferme l'animal sous une mue, et ne lui permet l'usage des alimens et des boissons qu'une demi-heure après l'opération.

Goutte. Il est facile de juger que les poules ont cette maladie par leurs plumes hérissées, lorsque leurs pattes sont raides, quelquefois enflées, et qu'elles ne peuvent se soutenir sur les juchoirs. Si les dindons couchent dans un lieu froid ou trop humide, les articulations de leurs pattes s'engourdissent, à peine peuvent-ils les plier. Dès que les dindonneaux se trouvent surpris par une pluie froide, ils restent sans mouvement.

Le remède à cette maladie est d'éloigner toutes les causes d'humidité du poulailler, de changer de demeure les goutteux, d'empêcher qu'ils ne marchent dans leur fiente, de frotter les cuisses de beurre frais, de laver les pattes et les doigts des dindonneaux avec du vin chaud ; d'ouvrir le bec de ceux qui sont immobiles, d'y souffler de l'air, de les envelopper de linges chauds, et lorsqu'ils reprennent des forces, de leur faire avaler un peu de vin : les uns et les autres guérissent aisément dans tous ces cas.

Epilepsie, mal caduc, vertige. Le premier accès de cette maladie est quelquefois mortel, le sang porte à la tête en trop grande abondance : elle rend les poules lourdes, immobiles, les maigrit extrêmement, et les jette souvent dans des convulsions violentes. Les oies sont aussi exposées à des vertiges qui les font tourner quelque temps sur elles-mêmes, et elles meurent si elles ne sont pas secourues à temps : le remède est de saigner l'oiseau avec une épingle ou une aiguille, en perçant une veine assez apparente située sous la peau qui sépare les ongles, ou à la veine de dessous l'aile. Un autre moyen proposé, c'est de leur rogner les ongles, de les arroser souvent de vin, et de bien se garder de les mettre à l'usage du chènevis, mais bien à celui de l'orge bouillie et de quelques plantes rafraîchissantes, comme la laitue et la bette. Quelques fermières prétendent que les grains trop nouveaux (le seigle, par exemple), quoique parvenus à leur parfaite maturité, déterminent chez les volailles la pléthore sanguine, leur portent quelquefois à la tête, et leur donnent toutes les apparences de l'épilepsie.

Gale. Les couveuses y sont encore plus sujettes, parce qu'elles n'ont plus de quoi se vautrer : il est facile de voir que les poules en sont affectées par le désordre de leurs plumes, qui tombent hors le temps de la mue, et par leur état triste et languissant. Une dissolution de savon noir dans 2 pintes d'eau, ou bien une forte décoction de camomille puante et de tabac, à laquelle on ajoute 2 gros de sel, appliquée chaud à l'extérieur, comme lotion ou comme bain, pendant quelques jours de suite, opère la guérison, mais il faut exposer l'oiseau devant le feu ou au soleil pour qu'il sèche.

Tumeurs. Les dindes, quoique de la famille des gallinacées, sont exposées à des affections particulières, auxquelles leur constitution sanguine les assujettit à toutes les époques de la vie. Leur corps se couvre de boutons qu'on a comparés au claveau des moutons ; mais on a remarqué que cette maladie n'avait aucun des caractères distinctifs qui appartiennent à cette éruption contagieuse. Comme elle est assez ordinairement meurtrière lorsque l'engorgement est à la tête, il faut sacrifier l'animal, en séparer la tête, le reste est bon a manger ; en faire autant pour l'oie, qui y est également sujette. Ces boutons, semblables à ceux de la petite vérole, sont si communs dans certaines parties de l'Italie, que, dans une volière de mille pigeons, à peine en trouve-t-on un centième qui n'en soit pas attaqué : cette maladie donne rarement la mort à plus du vingtième. Lorsque les tumeurs sont à d'autres parties, il faut les brûler avec un fer rouge ; et si elles sont dans l'intérieur de la bouche, les laver avec un pinceau trempé dans du vinaigre, dans lequel on a fait dissoudre un peu de vitriol bleu (sulfate de cuivre), dont on se sert également pour les aphthes ou ulcères qui attaquent les bords du bec des poules : on frotte l'ulcère trois à quatre fois le jour, ce qui suffit pour déterminer la guérison.

Quand les poules paraissent mélancoliques, regardez-les au croupion : s'il s'y forme à son extrémité une petite tumeur douloureuse, qu'on l'ouvre avec un instrument tranchant, on favorise l'écoulement du pus en pressant la tumeur avec les doigts, et on lave la plaie avec de l'eau-de-vie et de l'eau tiède. Souvent il se trouve sur cette partie deux ou trois plumes dont le tuyau est rempli de sang, leur extraction rend bientôt à l'animal la force et la santé.

Constipation, diarrhée. Parfois les volailles sont constipées, ou ont le dévoiement : pour le dernier, c'est de les réchauffer par du vin dans un endroit abrité ; pour la constipation, c'est de plumer le fondement et de frictionner le tour du croupion avec un peu d'huile.

La jeune volaille a encore trois maladies, que l'on peut comparer à la dentition des enfans : la première, c'est lorsque les plumes de la queue commencent à pousser ; la seconde, dès que la crête se montre ; la troisième enfin, c'est la poussée du rouge aux dindonneaux : ces maladies sont un effort que fait la nature pour perfectionner les organes et le sexe de l'animal. Les oiseaux sont tristes, languissans, mangent peu ; c'est véritablement pour eux un temps critique à passer : les soins alors ne sauraient être trop multipliés. *Voyez* POULE et DINDON.

Les oiseaux de basse-cour sont encore exposés à des ophthalmies qui leur font perdre la vue, à des catarrhes, à des fluxions, à la rupture des pattes, à la langueur, à la phthisie : ces différens états les réduisent à ne plus être d'une grande utilité. Ce serait en vain qu'on les soumettrait aux traitemens curatifs indiqués dans tous les livres, ils sont nuls : le seul parti qu'on doit prendre, c'est de porter à la cuisine ceux qui peuvent encore y être admis, et de ne les apprêter qu'après avoir séparé et lavé avec un peu de vinaigre la partie affectée. Au reste, le plus sûr moyen de prévenir et de diminuer les maladies de la volaille consiste, comme nous l'avons déjà dit, à maintenir dans leur demeure une extrême propreté, à y renouveler l'air et la litière, à pourvoir à leurs besoins, surtout au moment où ils viennent de naître, et à les mettre en état de braver, dans les périodes de la vie, les accidens qui dérangent et détruisent leur organisation. (PAR.)

MALANDRE. MÉDECINE VÉTÉRINAIRE. On appelle ainsi une petite plaie qui se forme à la face postérieure du genou du cheval dans les plis de la peau : ces plaies, qui suivent la direction des plis, laissent découler une humeur âcre, qui irrite la peau et fait tomber les poils. Le séjour de la boue dans cette partie, et les mouvemens de la peau lors de la marche de l'animal, sont les causes de cet accident, qui est d'autant plus difficile à guérir, que le mouvement de l'articulation entretient l'irritation, et empêche la réunion des bords de la plaie : cette maladie se rencontre le plus souvent sur les chevaux mal soignés, et sur-tout sur ceux d'un tempérament lymphatique, dont le tissu cellulaire est abondant, rempli continuellement de fluides dont les jambes se gorgent facilement. La propreté d'abord, ensuite des lotions émollientes, et même l'application des cataplasmes quand cela est possible, font disparaître ordinairement les malandres ; quelquefois cependant les cataplasmes émolliens long-temps prolongés ne guérissent pas, et donnent une teinte blafarde, livide à la plaie, quoique le gonflement et la douleur aient disparu : dans ce cas, le remplacement subit des émolliens par des lotions astringentes, même par l'application de l'alun en poudre, amène presque spontanément la guérison ; les malandres accompagnent souvent les EAUX AUX JAMBES. *Voyez* ce mot. (Huz. fils.)

MALASSIN. Synonyme de la maladie des moutons qu'on appelle PHALÈRE. *Voyez* ce mot. (B.)

MALEFICE. Mal fait à un homme, soit sur sa personne, soit sur sa propriété, par la puissance des paroles, des gestes, et de certaines opérations dites magiques d'un autre homme.

Autrefois les cultivateurs croyaient beaucoup aux maléfices ; mais les progrès des lumières les mettent aujourd'hui, sous ce rapport, dans le cas de se moquer des fripons qui voudraient encore les épouvanter par leur moyen : il n'est plus de sorciers, de revenans, de loups-garous, etc. : il est donc superflu de parler plus longuement des maléfices et autres sottises du même genre. (B.)

MALLET. Petit cochon d'un an, qui, dans le département des Vosges, sert une année à féconder les truies, et qu'on tue ensuite : cette détestable méthode est propre à abâtardir la race, et doit être proscrite de toute exploitation bien conduite. (B.)

MALPIGHIACÉES. Famille de plantes qui diffère fort peu de celle des ÉRABLES.

Si on en retranche les ÉRABLES et les MARONNIERS, elle ne renferme plus que des genres dont les espèces ne sont pas susceptibles d'être cultivées en pleine terre dans le climat de Paris, et qui ne le sont pas dans leur pays natal. (B.)

MALVACÉES. Famille de plantes, dont les caractères consistent en un calice à cinq divisions et souvent double ; en une corolle régulière de cinq pétales ; en un grand nombre d'étamines réunies par leur base ; en un ovaire supérieur, à style terminé par un stigmate lobé ; en un fruit, ou multiloculaire et à plusieurs valves, ou uniloculaire et rassemblé en verticille autour de la base du style.

Les plantes de cette famille ont les tiges cylindriques, le plus souvent rameuses ; les feuilles alternes, toujours garnies de stipules ; les fleurs axillaires ou terminales, et rarement monoïques ou dioïques. Beaucoup sont d'un aspect agréable et d'un grand emploi en médecine, deux seules sont d'une culture de première importance : ce sont le COTONNIER et le CA-

CAOTER : celles de ces plantes qu'il est le plus utile que les cultivateurs connaissent sont renfermées dans les genres MAUVE, GUIMAUVE, ALCÉE, ABUTILON, KETMIE et MAUVISQUE. *Voyez* ces mots.

Les malvacées renferment toutes un mucilage abondant qui conserve l'eau pendant long-temps : aussi les emploie-t-on très-fréquemment en médecine, soit à l'intérieur, soit à l'extérieur, comme émollientes et adoucissantes. Un cultivateur ne peut se dispenser d'en avoir quelques pieds dans son jardin pour son usage et celui de ses bestiaux : ordinairement ce sont la mauve et la guimauve qu'on préfère pour cet objet. (B.)

MAMALS. Nom qu'on donne en Egypte aux fours dans lesquels on fait éclore des poulets.

Comme depuis Réaumur, qui le premier a tenté d'employer en France ce moyen de multiplication des volailles, personne n'a pu réussir à imiter les Egyptiens, il y a tout lieu de croire que notre climat est trop froid ou trop variable pour espérer d'arriver un jour à des résultats utiles par le même moyen : je me dispenserai de donner les descriptions des mamals. *Voyez* au mot POULE. (B.)

MAMEI ou ABRICOTIER D'AMÉRIQUE. Arbre de la première grandeur, qui croît dans l'Amérique espagnole et aux Antilles, où on le cultive pour ses fruits bons à manger, auxquels on a donné le nom d'abricots, à cause de la ressemblance qu'ils ont pour la couleur et la saveur avec les abricots d'Europe. Cet arbre, qui est de la polyandrie monogynie de Linnæus, et qui appartient à la famille des GUTTIFÈRES, s'élève jusqu'à 70 et 80 pieds; son tronc a quelquefois 3 pieds de diamètre; il est revêtu d'une écorce grise et écailleuse, et porte à son sommet un très-grand nombre de branches qui, par leur disposition, forment une longue et large tête arrondie et pyramidale : c'est pour le port et l'élévation le plus bel arbre fruitier que je connaisse. Il est toujours vert. Il a des rameaux quadrangulaires dans leur jeunesse, et des feuilles épaisses et très-entieres, longues communément de 7 à 8 pouces, et larges de 4 à 5; elles sont opposées, ovales, obtuses, luisantes, veinées, avec de très-courts pétioles; leur surface supérieure est d'un vert foncé, l'inférieure d'un vert clair : on y remarque à l'œil nu grand nombre de petits points élevés qui correspondent à autant de vésicules transparentes.

Les fleurs de l'abricotier d'Amérique, portées par de courts pédoncules, viennent éparses sur les anciens rameaux; elles sont grandes, blanches et d'une odeur suave. Leur calice est caduc et d'une seule pièce, divisée jusqu'à la base en deux ou trois segmens coriaces et colorés. Leur corolle a quatre pétales larges, arrondis, concaves et entièrement ouverts. Les étamines sont nombreuses, en forme d'alènes et à anthères jaunes et oblongues. A leur centre est placé un pistil ou germe arrondi, ayant un style épais à stigmate simple. Ce germe devient ensuite un très-gros fruit jaunâtre, dont la forme est à peu près sphérique, avec un diamètre de 3 à 6 pouces. Il contient une chaire ferme, aromatique, de couleur jaune aussi et d'une saveur douce et agréable ; mais cette chair est recouverte de deux écorces ou enveloppes qu'il faut enlever avec soin avant de manger le fruit. La première est une pellicule mince et raboteuse ; la seconde est une matière spongieuse, filandreuse et blanchâtre, qui adhére assez fortement à la pulpe, et qui est d'une amertume considérable. Cette amertume n'est pas d'abord très-sensible ; mais elle ne tarde pas à se manifester, et son impression se conserve même pendant deux ou trois jours, parce que la partie résineuse qu'elle contient s'attache aux dents et ne se dissout pas aisément dans la salive. Ce fruit contient deux, trois ou quatre noyaux gros, ovales, convexes en dessus, aplatis du côté qu'ils se touchent, et composés de filamens posés en tous sens les uns sur les autres. Ils renferment chacun une amande de couleur brune, divisée en deux lobes et d'un goût âcre.

L'abricot d'Amérique se vend sur les marchés dans ce pays et se sert sur toutes les tables. On le mange ordinairement cru, coupé par tranches et infusé dans du vin avec du sucre ; on en fait aussi une très-bonne marmelade, et des conserves qui sont envoyées en Europe. On tire des fleurs de l'abricotier par la distillation une liqueur renommée, connue, dans les Antilles, sous le nom d'*eau créole*. Le bois de cet arbre est blanchâtre, gommeux et fendant ; on l'exploite avec succès dans plusieurs cantons de Saint-Domingue, et sur-tout dans celui de *Jérémie*, où il est fort commun. On en fait des essentes, du merrain, des chaises, des tables, des poutres et quantité d'autres ouvrages. Il transsude du corps de l'arbre, sur-tout quand on y a fait une incision, une gomme qui a la propriété de tuer les *chiques*, espèces d'insectes qui s'insinuent souvent dans la chair aux pieds et aux doigts, et y excitent des démangeaisons très-douloureuses.

L'abricotier d'Amérique croît par-tout ; mais les plus beaux se trouvent ou dans les lieux élevés, ou dans les plaines riches et fertiles. On le multiplie par ses noyaux. Il demande quelques soins dans son enfance ; mais quand il est parvenu à une certaine hauteur, il n'en exige plus aucun, et il prend de lui-même la belle forme qu'on lui connaît. Pour la lui conserver, on n'a pas besoin de le tailler : il suffit d'enlever les branches mortes quand il y en a, et de couper celles qui auraient pu être brisées par quelque ouragan ; car il faut un vent très-violent pour endommager et ébranler cet arbre, qui a une constitution robuste et des racines pivotantes très-profondes. Il figure très-bien dans un verger, pourvu qu'on sache l'y placer convenablement, et de manière à ce qu'il n'écrase pas les autres arbres par sa force et sa hauteur.

En Europe, on ne peut élever cet arbre que dans des serres. Ses noyaux ne germent point s'ils n'ont été apportés récemment de l'Amérique. On les met dans des pots remplis d'une terre fraîche et légère, et qu'on plonge dans une couche chaude de tan. Au bout d'un mois ou de six semaines, les jeunes plantes commencent à se montrer, on les arrose alors souvent ; on leur donne de l'air dans les temps chauds, et quand les racines remplissent les pots, on les transplante avec soin dans des pots plus grands, qu'on place comme les premiers. A l'entrée de l'hiver, on met les plantes dans la couche de tan de la serre chaude, où elles doivent rester constamment. Il faut avoir soin de laver exactement leurs feuilles pour les débarrasser des ordures dont elles sont sujettes à se couvrir dans la serre. Au printemps suivant, on renouvelle leur terre, et si les pots sont trop petits, on leur en substitue d'autres, mais qui ne doivent pas être trop grands ; car ces plantes ne font de progrès qu'autant que leurs racines sont gênées. (D.)

MAMELLES. Organes extérieurs de la sécrétion du lait dans les femelles des animaux domestiques, ou, mieux, vase, dans lequel le lait sécrété se dépose jusqu'à ce que le nourrisson ou la ménagère vienne le réclamer.

La grosseur des mamelles est un des signes d'après lesquels on peut apprécier la bonté d'une jument, d'une vache, d'une brebis, etc., sous le rapport de la production du lait ; mais ce n'est pas le seul, ainsi qu'il sera prouvé au mot VACHE.

L'ENGORGEMENT des mamelles est souvent suivi d'INFLAMMATION, qui se termine quelquefois par la GANGRÈNE, ou d'INDURATIONS, dont le résultat est un ULCÈRE presque toujours mortel. *Voyez* ces mots.

L'intérêt des cultivateurs est donc de veiller à ce que leurs vaches soient régulièrement tirées ou traites, à ce qu'aucune de leurs jumens ne soit frappée sur les mamelles. *Voyez* MÉDECINE VÉTÉRINAIRE. (B.)

MAMÉLO, synonyme de GRAPILLE dans le midi de la France. *Voyez* VIGNE. (B.)

MANADE, sorte de BAIL en usage dans les montagnes du Languedoc, j'ignore en quoi il diffère des baux ordinaires. (B.)

MANCENILLIER, *Hippomane mancinella*, Lin. Arbre très-vénéneux, de la famille des EUPHORBES, qui croît aux Antilles et dans l'Amérique méridionale sur les bords de la mer, et qui, par son port et son feuillage, a l'apparence d'un grand poirier. Il est assez élevé, d'une moyenne grosseur, et contient dans toutes ses parties une sève laiteuse très-caustique. Son écorce est grisâtre, lisse et épaisse; son bois dur et compacte comme celui du noyer. Ses feuilles tombent toutes les années: elles ont un pétiole de 12 à 15 lignes de longueur, sont alternes, crénelées dans leur contour, presque rondes, avec un diamètre d'environ 2 pouces, et d'une consistance épaisse; leur surface supérieure est d'un vert foncé, l'inférieure offre un vert pâle. Les fleurs sont petites, d'un pourpre foncé, et unisexuelles. Les fleurs mâles et les fleurs femelles naissent sur le même individu: les premières viennent à l'extrémité des branches sur de longs épis garnis, de distance en distance, de chatons arrondis contenant chacun environ trente fleurs; les secondes sont solitaires et placées au milieu des épis mâles: elles produisent un fruit sphérique de la grosseur à-peu-près d'une pomme d'api, et n'ayant presque point d'ombilic. Ce fruit est lisse, d'un vert jaunâtre et rougeâtre et d'une odeur suave: cette apparence trompeuse invite à le manger; mais sa chair spongieuse et mollasse contient un suc perfide qui, d'abord d'un goût fade, brûle bientôt après le palais, les lèvres et la langue.

Les feuilles, l'écorce et le bois de mancenillier sont pleins du même suc, qui est un poison très-âcre et mortel: les Indiens y trempent leurs flèches quand ils se font la guerre. Autrefois quand on voulait couper cet arbre, on commençait par faire tout autour un grand feu de bois sec pour lui enlever une partie de sa sève laiteuse et malfaisante; après cette opération, pendant laquelle on évitait avec soin la fumée, on y mettait la hache: aujourd'hui les ouvriers prennent seulement la précaution de se couvrir le visage d'une gaze, afin de se garantir de l'impression fâcheuse des gouttes de liqueur qui pourraient arriver jusqu'à eux. Malgré ces propriétés dangereuses du mancenillier, on ne doit point ajouter foi à tout ce qu'on a dit de l'influence maligne de son ombre et des vertus nuisibles de la rosée ou de la pluie qui a touché son feuillage. Je me suis reposé plusieurs fois sous ces arbres pendant plus de deux heures et dans un temps de pluie, sans qu'il me soit arrivé le moindre accident; cependant je ne crois pas que l'air qui les entoure soit pur et sain, et je ne conseillerais à aucun voyageur de choisir cet abri pour y passer la nuit, ou même pour y dormir une partie du jour.

Le bois du mancenillier dure très-long-temps, a un beau grain et prend aisément le poli; il est d'un gris cendré, veiné de brun, avec des nuances de jaune. On l'emploie en Amérique à faire des meubles et sur-tout de belles tables, dont la surface est très-lisse et semble marbrée. A Saint-Domingue, on donne aux fruits de cet arbre le nom de *pommes de mancenillier*. Les corps gras et huileux en sont le meilleur antidote.

On juge bien que le mancenillier n'est pas cultivé même dans son pays natal, où il serait au contraire prudent de le détruire. En Europe, on le voit dans les jardins de quelques curieux. Miller prétend qu'il fait un assez bel effet en hiver dans les serres, à cause du vert brillant de ses feuilles; mais comme peu d'amateurs seront tentés d'élever un végétal aussi malfaisant, je ne dirai rien de sa culture artificielle. (D.)

MANCHERONS. On donne ce nom, dans quelques lieux, aux deux bras de la charrue. (B.)

MANCHETTE DE LA VIERGE. Nom vulgaire du Liseron des haies. *Voyez* ce mot.

MANDER. C'est dans le département des Ardennes enlever le Fumier des écuries. *Voyez* ce mot. (B.)

MANDRAGORE., *Mandragora*. Plante vivace à racine pivotante; à feuilles grandes, ovales, rugueuses, étalées sur la terre; à fleurs violâtres, solitaires sur des pédoncules sortant immédiatement de la racine, qui est indigène des parties méridionales de l'Europe, et célèbre par les propriétés merveilleuses que l'ignorance et le charlatanisme lui ont attribuées.

Toutes les parties de la mandragore, et sur-tout ses fruits, qui sont jaunes et de près d'un pouce de diamètre, ont une odeur forte et puante. A haute dose, elles sont un véritable poison. On les emploie en médecine, à l'intérieur, comme stupéfiantes et purgatives, à l'extérieur, comme atténuantes et résolutives, mais rarement, à cause du danger.

J'ai dit que l'ignorance et le charlatanisme avaient su tirer parti de cette plante, voici comment : ses racines sont souvent fourchues et souvent grosses comme le bras. Au moyen de quelques coups de couteau ou d'un moule approprié, on peut facilement y ajouter l'image des organes extérieurs de la génération des hommes et des femmes : de là la mandragore mâle, de là la mandragore femelle, qui font engendrer à volonté des garçons ou des filles, qui font accoucher heureusement, etc. Aujourd'hui, on ne fait plus que rire des sottises de cette espèce; mais malgré cela il faut encore les citer.

On multiplie la mandragore par le semis de ses graines, semis qu'on effectue au printemps lorsque les gelées ne sont plus à craindre; car elle y est sensible dans le climat de Paris. Il lui faut une terre sèche et légère et une bonne exposition. Au reste, comme elle n'a aucun agrément et qu'elle est dangereuse, on ne la voit guère que dans les jardins de botanique. (B.)

MANE. Nom des grappes de la vigne avant la floraison.

MANETTE. Instrument de fer dont se servent les fleuristes pour arracher les plants avec leur motte, ou pour faire des trous propres à recevoir ces mêmes plants ; c'est un cylindre creux, mince, ouvert des deux bouts, au moyen d'une fourche de fer, attaché par le haut à un court manche de bois, coupant et un peu plus étroit par le bas. Il varie beaucoup dans les extrêmes de 2 à 6 pouces de diamètre et de 4 à 8 pouces de haut. Cet instrument a des avantages réels ; mais son service est lent et n'est pas toujours régulier. En conséquence on en fait aujourd'hui beaucoup moins d'usage qu'autrefois ; il est même devenu si rare, qu'il faut parcourir beaucoup de jardins des environs de Paris pour en trouver. (B.)

MANGEOIRE. Espèce de boîte ouverte composée de cinq planches, dont trois sont fort longues et deux très-petites, dans laquelle on met l'AVOINE ou autre GRAIN, la FARINE, le SON, les RACINES, etc., qu'on donne à manger aux bestiaux.

Il y a des mangeoires de toutes les longueurs, mais leur largeur ne peut être moindre de 6 pouces, et ne doit être de plus d'un pied. On les fixe presque toujours au dessous et en avant du RATELIER (*voyez* ce mot). Quelquefois, sur-tout dans les auberges, elles sont mobiles et portées sur des pieds. Dans certains cantons, on les appelle CRÈCHE ; dans certains autres, AUGE, quoique ce nom doive être réservé pour les pierres creusées dans lesquelles se met l'eau destinée à la boisson des bestiaux, dans les lieux où on est forcé de les abreuver avec de l'eau de PUITS ou de CITERNE.

Les mangeoires doivent être tenues le plus proprement possible par le moyen de balayages journaliers, et être lavées très-souvent avec de l'eau chaude : c'est par elles que les chevaux sains gagnent la MORVE, dont l'humeur y est déposée, en mangeant, par les chevaux malades. *Voyez* ce mot. (B.)

MANGLIER. Nom donné à des arbres ou arbrisseaux de divers genres, indigènes des contrées chaudes de l'Asie et de l'Amérique, et qui croissent le long des rivages de la mer, où ils sont le plus souvent baignés par ses flots. Leurs rameaux pendans s'enfoncent dans la terre, y prennent racine et deviennent de nouveaux arbres, lesquels se multiplient à leur tour de la même manière. Leur disposition et leurs entrelacemens forment sur le rivage comme une barrière impénétrable, qui le défend et qui sert en même temps de retraite aux poissons ; les huîtres déposent même leur frai sur les tiges et les branches, y croissent et y vivent : aussi sur le bord des mers où se trouve cet arbre, on les cueille au lieu de les pêcher :

l'écorce attachée à leurs écailles atteste le lieu où on les a prises.

Les mangliers n'étant cultivés nulle part, tout ce que je pourrais en dire encore serait étranger à ce dictionnaire. (D.)

MANGO-FANGOS. Synonyme de CERS et de MISTRAU. (B.)

MANGOUSTAN, ou MAGOSTAN, *Garcinia mungostana*, Lin. Arbre fruitier exotique, originaire des Moluques, appartenant à un genre du même nom, de la dodécandrie monogynie et de la famille des guttifères. Il a de loin l'apparence d'un citronnier ; il s'élève à 18 ou 20 pieds, avec une tige droite et une tête égale et régulière. Son écorce est grisâtre et crevassée ; ses branches sont opposées et obliques l'une à l'autre ; ses feuilles sont entières, ovales, pointues, lisses et fermes : leur longueur est de 6 à 8 pouces, leur pétiole est court et renflé, leur surface offre beaucoup de nervures latérales et parallèles, leur surface supérieure est d'un vert luisant, l'inférieure olivâtre. Les fleurs, de couleur jaune ou aurore, sont axillaires, presque solitaires, et viennent à l'extrémité des rameaux ; elles ont quatre pétales arrondis et concaves, seize étamines, et un pistil à stigmate plat et étoilé ; le fruit qui leur succède est gros comme une petite orange : il est contenu dans une espèce de coque d'un demi-doigt d'épaisseur, dont l'épiderme est un peu semblable à celui de la grenade, mais moins amer. Cette enveloppe est grise et d'un vert jaunâtre en dehors, et rouge en dedans ; elle contient un jus de couleur pourpre, et elle n'adhère point au fruit ou s'en détache aisément. La baie qu'elle renferme est légèrement sillonnée et divisée dans autant de segmens et de loges qu'il y a de rayons au stigmate ; ces segmens sont circonscrits d'une membrane comme ceux de l'orange, et remplis d'une pulpe blanche, succulente, un peu transparente, et d'une saveur délicieuse ; ils contiennent chacun une semence de la figure et de la grosseur d'une petite amande dépouillée de sa coque, et dont la substance approche beaucoup de celle de la châtaigne, pour la consistance, la couleur et la qualité astringente. Suivant Garcin, peu de ces semences sont bonnes à planter, et la plupart avortent.

Dans les Grandes-Indes, on cultive par-tout le mangoustan pour ses fruits, qui sont réputés les meilleurs de l'Asie ; ils flattent également l'odorat et le goût, sont rafraîchissans, très-sains, et n'incommodent jamais : on les donne aux malades. Leur pulpe est laxative ; mais l'écorce de ces fruits est styptique et astringente : on en fait usage en décoction dans la dysenterie, maladie commune dans l'Inde. Les Chinois emploient cette écorce dans la teinture en noir. Le bois du mangoustan n'est bon qu'à brûler.

Il y a d'autres espèces de mangoustans, qui toutes présentent quelque agrément ou quelque utilité ; mais comme elles ne sont point cultivées, il est inutile d'en parler. (D.)

MANGUIER, ARBRE DE MANGO, *Mangifera indica*, Lin. Arbre fruitier exotique qu'on trouve aux Indes, et qu'on cultive en Amérique pour son fruit, qui est savoureux, d'un très-bon goût et d'une odeur agréable. Ce fruit porte le nom de *mangue*; il a, selon Rumphe, une saveur délicieuse, qui ne le cède guère qu'à celle des fruits du mangoustan. Les mangues varient beaucoup pour la forme générale ; elles sont comprimées sur les côtés et un peu arquées ; quelquefois elles ont une conformation bizarre ; on en voit de diverses couleurs sur un même arbre, les unes verdâtres, les autres rouges, jaunes ou noires : il y en a qui n'excèdent pas la grosseur d'un œuf de poule ; d'autres pèsent jusqu'à 2 livres. Leur peau, quoique mince, est assez forte ; leur pulpe est jaune, succulente et plus ou moins filamenteuse ; leur noyau, large et aplati, contient une amande très-amère. Plus ce noyau est petit, plus les fruits sont recherchés ; on préfère aussi les espèces ou variétés qui n'ont point de fibres ou qui en ont peu.

La mangue est bienfaisante et purifie le sang : on la coupe par morceaux, et on la mange crue ou macérée dans le vin ; les Indiens en font des gelées, des compotes et les confisent aussi au vinaigre. On peut manger une grande quantité de mangues sans en être incommodé.

Le manguier appartient à un genre du même nom de la pentandrie monogynie de Linnæus, et de la famille des térébinthacées de Jussieu : c'est un arbre de la seconde grandeur, très-gros, et qui, par le nombre et la disposition de ses branches, présente une cime ample et étalée. Son bois est cassant ; son tronc revêtu d'une écorce épaisse et noirâtre ; ses feuilles sont simples, terminées en pointes et opposées ; leur largeur est à-peu-près de 2 pouces, et leur longueur de 7 à 8. Les fleurs du manguier naissent en panicules lâches vers le sommet des branches; elles ont un calice découpé en cinq parties, une corolle à cinq pétales, cinq étamines, dont une seule fertile, et un pistil à stigmate simple.

Le manguier est difficile à élever en Europe ; on le cultive depuis quelque temps à Cayenne, où l'on espère l'acclimater. On en a obtenu du fruit au bout de cinq ans : dans les Indes, il en porte deux fois par an, et depuis l'âge de six ou sept ans jusqu'à cent ans. (D.)

MANIOC, MAGNOC ou MANIHOT, *Jatropha manihot*, Lin., arbrisseau qui croît naturellement dans les pays de l'Amérique situés sous la zone torride, et que l'on cultive pour la fécule nourrissante que donne sa racine. Il appartient au genre MÉDECINIER, et s'élève ordinairement à 7 pieds. Sa tige est ligneuse, noueuse, tendre, cassante, pleine de moelle, et revêtue d'une écorce lisse, verdâtre ou rougeâtre; elle se partage, vers son extrémité, en rameaux fragiles, peu nombreux, garnis de feuilles profondément palmées et disposées alternativement. Ces feuilles ont de très-longs pétioles : leur surface supérieure est d'un vert clair; l'inférieure, blanchâtre et comme veloutée; leurs lobes ou segmens varient, pour le nombre, de trois à sept : ils sont lisses, un peu fermes, très-entiers, pointus à la base et au sommet, et longs communément de 4 à 5 pouces.

Les fleurs du manioc sont unisexuelles, et croissent par bouquets au sommet de la tige ou des rameaux; les fleurs mâles et les femelles viennent sur le même pied : les premières ont une corolle découpée jusqu'à moitié en cinq segmens, et dix étamines réunies en une colonne; les secondes ont les divisions de leur corolle prolongées jusqu'à la base, et un ovaire surmonté de trois styles à double stigmate. Le fruit est une capsule à-peu-près sphérique, lisse, légèrement ridée à sa surface, et composée de trois coques renfermant chacune une semence luisante, de la forme de celle du ricin, et d'un gris blanchâtre mêlé de petites taches un peu foncées.

Le manioc fait aux Antilles la base de la nourriture des noirs: cette plante offre un assez grand nombre de variétés relatives à la couleur des tiges ou rameaux, des fleurs et des racines. En général ses racines sont brunes, d'une forme oblongue, et revêtues d'une écorce qui se détache facilement; elles ont à-peu-près la grosseur du bras, sont terminées par quelques fibres chevelues, et contiennent une chair tendre, blanche, remplie d'un suc très-caustique. Ce suc exprimé est un poison; mais la partie sèche de la racine devient, par la cuisson et la torréfaction, un bon aliment qui n'incommode jamais. Nous ferons connaître tout-à-l'heure les procédés qu'on emploie pour convertir cette substance en une espèce de pain, qui diffère, il est vrai, entièrement du nôtre pour la forme, la consistance et le goût, mais qui n'est pas moins nourrissant et sain (1).

---

(1) Deux variétés de cette plante se cultivent dans presque toute l'Amérique, et se distinguent par leurs racines, dont l'une, connue sous le nom de *camanioc*, est douce et peut se manger cuite sous la cendre; et l'autre, qui porte particulièrement celui de *manioc*, est amère et vénéneuse : c'est cependant cette dernière qu'on préfère généralement pour fabriquer la CASSAVE.

La tige du camanioc n'est pas rameuse comme celle du manioc; ses racines arrivent plus promptement à leur point de maturité.

Il y a encore d'autres variétés qui mûrissent à des époques différentes.

(Note de M. Bosc.)

§ 1. *Culture du manioc; avantages de cette culture.* Le manioc est précieux non-seulement par l'utilité, la grosseur et l'abondance de ses racines, mais encore par la facilité extrême avec laquelle on peut le multiplier. Comme il est plein de moelle, il prend aisément de bouture ; d'ailleurs il croît promptement, et se plaît dans les terrains médiocres et secs, pourvu qu'ils soient bien aérés. Il faut préparer avec soin la terre où il doit être planté, la nettoyer de toutes mauvaises herbes, et sur-tout la bien ameublir, afin que sa racine puisse acquérir le développement nécessaire. La distance entre les plants doit être de 2 pieds et demi à 4 pieds, suivant la nature du sol. On pourrait faire cette plantation d'une manière régulière, en quinconce, par exemple ; mais dans nos colonies on n'est pas si recherché dans cette culture, et peut-être perdrait-on un temps précieux à y mettre cette régularité. Le coup d'œil exercé du cultivateur noir lui suffit pour planter aux distances convenables (1).

Lorsque la reprise des boutures est assurée, et quand les jeunes pieds commencent à développer leurs bourgeons, on leur donne une première sarclaison qui, dans le cours de leur croissance, doit être suivie de deux ou trois autres ; car la tige du manioc étant élancée, et son feuillage élevé et rare, le sol en est peu ombragé, et par cette raison les herbes parasites et étrangères sont difficilement étouffées : il faut donc s'en débarrasser, mais c'est à ce soin seul que se borne la culture de cette plante jusqu'au moment de la récolte. Quelquefois de grosses chenilles attaquent ses feuilles et les dévorent entièrement, si on ne s'occupe pas de prévenir leurs dégâts. Le moyen le plus sûr et le plus simple pour les détruire est de secouer l'arbrisseau ou de frapper légèrement sur ses feuilles avec une petite baguette, les chenilles tombent à terre, et on les fait manger par des dindes ou des cochons.

Les ressources alimentaires que cet arbrisseau procure aux habitans de l'Amérique équivalent à celles que les Européens et les Asiatiques trouvent dans le blé et le riz. Le manioc a même sur ces dernières plantes un grand avantage, en ce que la récolte de sa racine est beaucoup moins éventuelle que celle des deux grains dont je viens de parler, lesquels sont toujours exposés aux variations de l'atmosphère, et sujets à être ren-

---

(1) Quelque générale que soit l'opinion que la multiplication du manioc par bouture est la meilleure, j'ai lieu de croire que celle au moyen des extrémités des racines, et des très-petites racines, serait préférable, principalement parce que leur végétation ne souffrirait pas de retard, et que la récolte se ferait plus tôt. Je ne parle pas d'après l'expérience, mais d'après des analogies qui l'équivalent presque.

(*Note de M. Bosc.*)

versés par des vents violens, ou gâtés par des pluies continuelles. Sa récolte est aussi plus considérable ; le plus beau champ de blé ou de riz ne nourrit point autant d'hommes qu'une surface égale de terrain planté en manioc. Enfin les racines de cette plante, mûrissant à diverses époques de l'année et à des termes différens, selon les variétés, laissent au cultivateur la faculté d'attendre pour les élever le moment qui lui convient. Rarement récolte-t-on à-la-fois une pièce entière de manioc, on se contente d'arracher la quantité de racines dont on a besoin pour la semaine ou pour le mois, l'excédant reste en dépôt dans la terre et s'y conserve en bon état ; cependant on ne doit pas y laisser ces racines trop long-temps, parce qu'elles pourriraient ou deviendraient trop dures. Quand elles sont venues dans un sol de bonne qualité et après une saison favorable, elles acquièrent quelquefois la grosseur de la cuisse, et une longueur d'un pied et demi à 2 pieds.

§ 2. *Récolte du manioc. Préparation de la cassave et du couaque.* Quand le moment de la récolte est arrivé, on ébranche les tiges du manioc, et sans beaucoup d'effort on les enlève avec les racines, qui sont peu adhérentes à la terre. Après avoir séparé ces racines de leurs tiges, on les transporte sous un hangar, on en racle l'écorce avec un couteau comme on ratisse les navets, puis on les lave et on les râpe ; elles sont mises râpées dans des nattes ou dans des sacs de toile, et soumises en cet état, pendant plusieurs heures, à l'action d'une forte presse. Après avoir suffisamment exprimé le jus de cette râpure, on la passe au travers d'une espèce de crible un peu gros, et on l'apporte dans le lieu destiné à la faire cuire, pour en fabriquer de la cassave ou de la farine de manioc.

Pour faire la cassave, on se sert d'une platine de fer ronde ayant environ 2 pieds de diamètre, épaisse de 6 à 7 lignes, et élevée sur quatre pieds, entre lesquels on allume du feu. Quand cette platine commence à s'échauffer, on couvre toute la surface de farine de manioc jusqu'à l'épaisseur de deux doigts, ayant soin de l'étendre également par-tout et de l'aplatir avec un large couteau de bois fait en spatule : on la laisse cuire sans la remuer. Les grains, au moyen de l'humidité qu'ils recèlent encore, s'attachent les uns aux autres, et ne forment bientôt qu'un seul corps, qui diminue beaucoup d'épaisseur en cuisant ; on le retourne sur la platine pour donner aux surfaces un égal degré de cuisson : le tout forme alors une galette plate, fort mince, de couleur dorée, et qui a la même forme ronde et le même diamètre que la platine ; c'est cette galette qu'on appelle *cassave* : on la met refroidir à l'air, où elle achève de prendre une consistance sèche et ferme, qui la rend très-aisée à rompre par morceaux.

La farine de manioc préparée ne diffère de la cassave qu'en ce que les grains de râpure, au lieu d'être liés les uns aux autres, restent en petits grumeaux, qui ressemblent à de la chapelure de pain, ou plutôt à du biscuit de mer grossièrement pilé. Pour faire une grande quantité de cette farine, on se sert d'une poêle de cuivre à fond plat, de 4 pieds environ de diamètre, et de 7 à 8 pouces de profondeur. Quand cette poêle est échauffée, on y jette de la râpure de manioc, et sans perdre de temps on la remue en tous sens avec un rabot de bois : ce mouvement empêche les grains de s'attacher les uns aux autres; ils perdent leur humidité et cuisent également. Quand ils sont cuits, ce qu'on reconnaît à leur couleur un peu roussâtre et à leur odeur savoureuse, on les retire avec une pelle de bois; on étend cette farine sur des nappes de grosse toile, et lorsqu'elle est refroidie on l'enferme dans des barils, où elle se conserve long-temps.

La cassave s'appelle aussi *pain de cassave*, et la farine de manioc préparée comme il vient d'être dit porte dans beaucoup d'endroits le nom de *couaque* : plus la cassave est mince, plus elle est délicate; on la mange rarement sèche et sans préparation secondaire, ainsi que la farine de manioc. Avant de s'en servir, on trempe légèrement l'une et l'autre dans de l'eau pure ou dans du bouillon : alors ces substances renflent considérablement, et font une nourriture solide et saine, que quelques habitans des îles et les nègres préfèrent au pain : j'ai toujours trouvé cette nourriture fort peu savoureuse et même insipide.

La *cassave* et le *couaque* ont l'avantage de se conserver pendant quinze ans et plus sans altération. Aublet dit avoir gardé pendant tout ce temps-là, dans une boîte, du couaque, qui le dernier jour était aussi bon et aussi sain que le jour où il avait été enfermé : 10 livres de cette substance, ajoute-t-il, suffisent à un voyageur pour le faire vivre quinze jours; ceux qui s'embarquent sur le fleuve des Amazones n'emportent pas d'autres provisions. En versant un peu d'eau, ou du bouillon chaud ou froid sur 2 onces de couaque, il y a de quoi faire un bon repas : cette farine gonfle prodigieusement.

§ 3. *Fécule de manioc. Boissons, rob qu'on obtient avec sa racine et son suc.* Le suc exprimé de la farine de manioc avant sa torréfaction entraîne avec lui une fécule extrêmement fine et du plus beau blanc, qui se dépose au fond du vase, où ce suc est recueilli; quand on la froisse avec les doigts, elle craque comme l'amidon. Pour l'obtenir, on décante le suc après quelques heures de repos, et on lave à plusieurs eaux la matière qu'il recouvrait. Avec cette matière, qui est légère et très-blanche, on prépare différens mets fort délicats, tels que des massepains, des échaudés, des galettes ; elle sert quelquefois à fabriquer de la poudre à poudrer : pour cela, on la fait sécher à l'ombre, on l'écrase et on la passe à travers un tamis fin. Elle est aussi employée, en guise de farine, à frire le poisson, à donner de la liaison aux sauces, et à faire de bonne colle à coller le papier : dans la Guiane française, cette fécule porte le nom de CIPIPA, et au Brésil celui de TAPIOCA.

« Les naturels de cette partie de l'Amérique, dit Aublet (*Histoire des plantes de la Guiane française*), savent encore tirer un grand parti de la racine de manioc, pour composer diverses boissons, qu'il nomment *vicou, cachiri, paya, voua-paya.*

» Le *vicou* est une liqueur acide, rafraîchissante, agréable à boire et même nourrissante, qu'on fait en mêlant de l'eau avec une pâte en état de fermentation, composée de cassave et de patates râpées. On ajoute du sucre à cette boisson.

» Le *cachiri* est enivrant et a presque le goût du poiré. On prépare cette liqueur en faisant bouillir ensemble dans de l'eau la râpure fraîche d'une variété particulière (dite *cachiri*) de manioc, quelques patates, et souvent un peu de jus de canne à sucre ; puis, en laissant fermenter ce mélange durant environ quarante-huit heures. Cette boisson, prise avec modération, passe pour apéritive et diurétique.

» Le *paya* est une boisson fermentée que son goût rapproche du vin blanc ; on la compose avec des cassaves récemment cuites, qu'on amoncelle pour qu'elles se moisissent, qu'on pétrit ensuite avec quelques patates et auxquelles on ajoute une quantité d'eau suffisante. Il faut que ce mélange fermente pendant environ deux jours.

» Enfin, le *voua-paya* est une quatrième espèce de liqueur analogue aux précédentes. Pour la faire, on prépare la cassave plus épaisse qu'à l'ordinaire, et quand cette cassave est cuite à moitié, l'on en forme des mottes qu'on empile les unes sur les autres, et qu'on laisse ainsi entassées jusqu'à ce qu'elles acquièrent un moisi de couleur purpurine. On pétrit quelques-unes de ces mottes avec des patates, puis on délaye la pâte dans de l'eau, et on laisse fermenter ce mélange pendant vingt-quatre heures. La liqueur qui en résulte est piquant comme le cidre. Plus elle vieillit, plus elle devient violente, et plus elle enivre. Souvent on se contente, ainsi que pour le *vicou*, de préparer la pâte et de la délayer dans de l'eau quand on a besoin de se désaltérer. On peut faire provision de cette pâte pour un voyage de trois semaines.

» C'est le suc de manioc qui fait la base d'une sorte d'assaisonnement, qu'on connaît dans le même pays sous le nom de *cabiou*, et qu'on compose de la manière suivante : on prend la quantité qu'on veut de ce suc, après l'avoir séparé du *cipipa*; on le passe au travers d'un linge, on le fait ensuite bouillir dans un vase de terre ou de fer, on l'écume continuellement, et on y met quelques baies de piment. Lorsque la liqueur ne rend plus d'écume, c'est une preuve que toute la partie qui était le venin contenu dans le suc est séparée; on passe et l'on fait bouillir de nouveau cette liqueur jusqu'à ce qu'elle ait acquis la consistance du sirop, ou même celle du rob; on retire le suc du feu quand il est à ce degré d'évaporation. Lorsqu'il est refroidi on le verse dans des bouteilles, alors il peut passer les mers et se conserver long-temps. Ce rob est excellent pour assaisonner les ragoûts, les rôtis, sur-tout les canards et les oies; il a un goût excellent et aiguise l'appétit.

§ 4. *Nature du suc vénéneux de manioc; moyens d'en arrêter les effets.* Quoique le suc fraîchement exprimé de la racine de manioc soit un violent poison, et quoique ce poison soit mêlé à une substance alimentaire, jamais la cassave, ni le couaque, ni les boissons préparées avec cette racine n'ont incommodé personne, ni causé aucun accident. Ainsi l'homme, et l'homme presque sauvage, par l'art le plus simple, a su trouver le moyen de séparer dans cette plante le venin de l'aliment : ce moyen est le feu. Dans les diverses préparations dont nous avons parlé, on a vu que le feu était toujours le principal agent, ce qui fait soupçonner avec raison que le principe vénéneux du manioc réside dans une matière volatile, puisque cette racine ne devient tout-à-fait innocente qu'après avoir été soumise à l'action du feu. Le docteur Fermin a fait à Surinam plusieurs expériences sur le suc de manioc qui confirment cette conjecture, elles sont rapportées dans un mémoire lu à l'académie de Berlin en 1764. En voici le résultat.

Ce médecin ayant fait prendre une dose médiocre de suc de manioc à des chiens et à des chats, ces animaux ont péri en vingt-quatre minutes. Une once et demie a suffi pour tuer un chien de moyenne taille. Les symptômes qui précédaient une mort si prompte étaient des envies de vomir, des anxiétés, des mouvemens convulsifs, la salivation et une évacuation abondante d'urine et d'excrémens. Ayant ouvert le corps de ces animaux, Fermin trouva dans leur estomac la même quantité de suc qu'ils avaient avalée, sans aucun vestige d'inflammation, d'altération dans les viscères, ni de coagulation dans le sang, d'où il conclut que ce poison n'est point âcre ni corrosif, et qu'il n'agit que sur le genre nerveux. Il présente, à l'appui de cette opinion, l'expérience suivante :

Ayant distillé à un feu gradué 50 livres de suc récent de manioc, la vertu du poison n'a passé que dans les trois premières onces de l'esprit qu'il a retiré, et dont l'odeur était insupportable. Il a eu occasion d'essayer sur un esclave empoisonneur la force terrible de cet esprit, il en donna à ce malheureux trente-cinq gouttes, qui furent à peine descendues dans son estomac qu'il poussa des hurlemens affreux, et donna le spectacle des contorsions les plus violentes; ce qui fut suivi d'évacuations et de mouvemens convulsifs, dans lesquels il expira au bout de six minutes. Trois heures après, son cadavre fut ouvert, on n'y trouva aucune partie offensée ni enflammée, mais l'estomac s'était rétréci de moitié.

Le docteur Fermin dit avoir guéri un chat qu'il avait empoisonné avec une petite quantité de suc de manioc, mais non distillé. On prétend que le suc de *rocou*, pourvu qu'on l'avale dans les premiers instans, est un antidote contre ce venin. (D.)

MANNE. Suc concret qui s'extravase naturellement ou par incision d'une grande quantité de végétaux, et qui est composé de sucre et de muco-sucré unis à du mucilage et à une matière extractive particulière.

C'est principalement du frêne à feuilles rondes, du frêne à petites feuilles, et plus souvent, du moins en Calabre, du FRÊNE A FLEURS, qu'on retire en Europe la manne du commerce, c'est-à-dire celle qu'on emploie si généralement en médecine comme purgatif.

Toutes les fois qu'il y a sécrétion surabondante de manne, l'arbre, ou la plante qui la fournit, souffre nécessairement; aussi est-ce dans les mauvais terrains et dans les années sèches qu'il s'en produit le plus, aussi les moyens à employer pour s'opposer à sa formation sont-ils le fumier et les arrosemens.

Au reste, peu de végétaux cultivés en Europe fournissent de la manne en certaine quantité. J'en ai observé sur les ROSAGES.

Le MIÉLAT (*voyez* ce mot) est une véritable manne.

Je suis entré dans de grands détails sur la manne au mot FRÊNE, mot auquel je renvoie le lecteur.

Il découle du mélèze une manne que les Italiens viennent ramasser tous les ans dans les environs de Briançon, et qu'ils mettent dans le commerce. Il paraît qu'elle a les mêmes propriétés purgatives que celle du frêne; mais elle est peu connue. (B.)

MANNE. Espèce de panier plus long que large, fait communément d'osier, de lanières de chêne ou de tout autre bois léger, et qui sert au transport de plusieurs choses, particulièrement à celui des fruits et des légumes, à la maison ou au marché. On fait usage des mannes pour recevoir les sarclages de gazons, et pour transporter, soit les terres préparées dans les serres, soit la tannée nécessaire à la construction des couches qu'on y forme.

Les mannes varient de forme et de grandeur, il est inutile
par cette raison de les décrire. Elles doivent être en même
temps solides et légères pour pouvoir contenir les différentes
choses qu'on y place, et pour ne point trop surcharger en
même temps celui qui les porte. Dans les momens où on ne
s'en sert pas, on ne doit point les laisser à l'air, sur la terre ou
le fumier, ni exposées aux jeux des enfans ou aux ordures des
volailles; il faut les serrer dans un lieu sec, propre à leur
conservation. (D.)

MANNEQUIN. Sorte de panier fait d'osier, employé à divers usages. Il est tantôt plein, tantôt à claire-voie, et il y en
a de différentes formes et grandeurs. Celui qui est long et étroit
sert communément au transport des fruits ou de la marée au
marché; il est propre aussi à recevoir momentanément des
arbustes ou de jeunes arbres qu'on se propose de planter à con-
tre-saison, ce qui leur fait donner le nom d'*arbre en mannequin*. Ils sont mis en terre avec l'osier même, qui pourrit et
fournit un humus propre à leur croissance. C'est ainsi qu'on
dispose et qu'on fait voyager beaucoup d'arbres résineux. Le
mannequin à huître est employé dans les jardins à couvrir en
hiver les plantes délicates, pour les préserver de la gelée et de
l'humidité. Après avoir butté de terre la plante qu'on veut garantir, et l'avoir recouverte de feuilles mortes, de fumier court,
de litière ou de vieille tannée, on pose ce mannequin par
dessus, et on le couvre encore de terre qui puisse recevoir la
pluie et l'empêcher de mouiller les matières sèches dont la
butte est recouverte : alors l'humidité ne pénètre pas jusqu'à la
plante, et le froid la frappe plus difficilement. (D.)

MANNEQUIN (ARBRE EN). On donne ce nom, dans les
pépinières des environs de Paris, à des arbres qu'après avoir
cultivés pendant deux ou trois ans en pots ou en pleine terre,
on place dans un de ces paniers, ou mannequins à claire-voie
dans lesquels on apporte les huîtres au marché, et qu'on enterre ensuite, afin qu'une ou deux années après, lorsqu'on
voudra les transplanter à demeure, on puisse les enlever avec
la motte et par conséquent ne pas mettre à l'air la totalité ou
au moins une partie de leurs racines. Ce sont presque exclusivement les arbres verts, résineux ou autres, tels que les pins,
les sapins, le chêne vert, le liége, l'alaterne, qui se mettent
ainsi dans des mannequins, parce qu'ils sont extrêmement
difficiles à la reprise lorsqu'ils sont arrachés à la manière
ordinaire.

Il est des pépiniéristes qui mettent leurs arbres résineux en
mannequins un an avant leur enlèvement, et qui enterrent le
tout. Ces arbres, ayant repris, sont ensuite transplantés avec
une complète certitude de succès, lorsque le mannequin n'est

pas assez pourri pour ne pouvoir pas supporter les chances du transport. *Voyez* PIN , SAPIN , THUYA , GENEVRIER , etc.

La pratique de mettre les arbres en mannequins, quoique excellente par elle-même , ne peut pas avoir lieu par-tout, ni dans les grandes cultures , à raison de l'augmentation de dépense qu'elle occasionne. Un panier qui à Paris ne coûte que 2 sous , parce que les frais de son retour sur les bords de la mer absorberaient sa valeur , et qu'on ne peut pas faire emploi de tous ceux qui sont apportés dans cette ville, coûterait 6 à 8 sous ailleurs.

Comme la valeur des mannequins doit être , pour le cultivateur, proportionnée à sa durée en terre , il doit , lorsqu'il le peut , les choisir en bois dur. La plupart de ceux qu'on achète à Paris sont fabriqués avec du saule , aussi les trouve-t-on toujours pourris lorsque la seconde année de leur emploi on les lève de terre. Souvent il faut pour les transporter à la plus petite distance les mettre dans un autre mannequin plus grand.

Avec des précautions, on peut transplanter en sûreté des arbres verts dans le voisinage de la pépinière , sans qu'ils aient été mis en mannequins ; mais cela devient très-incertain quand il faut, à raison de la longueur du transport, que les racines restent à l'air quelques heures, et encore plus quelques jours. C'est donc pour ceux de ces arbres qui sont destinés à être envoyés au loin, que l'usage de ces mannequins est avantageux. Aucun emballage ne peut les suppléer.

Par le moyen des mannequins , il devient facile de transplanter toutes espèces d'arbres en tous temps ; on peut garantir, par leur moyen , les arbres du ver blanc , des courtilières , etc. Il serait à désirer qu'il en pût être sacrifié des milliers chaque année dans les pépinières ; mais la dépense , je le répète , s'y oppose et s'y opposera toujours.

J'ai souvent réfléchi à la possibilité de faire à très-bon compte des mannequins uniquement destinés à cet usage , avec les jeunes pousses de l'aune , et j'en ai même exécuté pendant la terreur , lorsque j'étais réfugié dans la forêt de Montmorency. Pour cela, je fis huit trous convergens autour d'un cercle de 3 à 4 pouces, tracé sur une planche d'un pouce d'épaisseur. Dans ces trous, je plaçai des bâtons d'aune d'un pied et demi de long, qui faisaient par leur réunion un entonnoir régulier, et j'entrelaçai entre eux des pousses d'aune de deux ans, refendues et garnies de leur écorce. Un quart d'heure me suffisait pour une de ces fabrications, ce qui indique qu'un ouvrier exercé , et avec des aides, pourrait en fournir six à huit douzaines par jour. Ces mannequins n'avaient pas de fond ; mais c'est un avantage dans la plupart des cas , et ils étaient assez

solides pour remplir leur objet. J'ai regretté de n'avoir pas été
à portée de suivre cet objet. (B.)

MANNER. Synonyme de BROUIR. *Voyez* BROUISSURE. (B.)

MANNO. On appelle ainsi, dans le midi de la France, la
GRAPPE de la VIGNE avant sa floraison. (B.)

MAOUM. Nom vulgaire de l'OSEILLE A FEUILLES AIGUES.
Voyez ce mot.

MAOURES. Nom des LANDES dans le département du VAR.

MAQUE. Synonyme de SÉRANÇOIR dans quelques cantons.
(B.)

MAQUI. Nom spécifique de l'ARISTOLÈLE. *Voyez* ce mot.

MARA. Nom du BÉLIER dans le département de la Haute-
Garonne.

MARAICHER. On donne ce nom, à Paris, aux jardiniers
qui cultivent des *marais*, c'est-à-dire des jardins consacrés à
la culture des légumes pour la consommation des habitans de
cette grande ville.

On a dit que ce nom de marais venait de ce que les terrains
sur lesquels ils exercent leur industrie étaient originairement
des marécages; mais, à quelques-uns près du faubourg Saint-
Marceau, sur la rivière de Bièvre, qui en effet le furent, tous
les autres sont dans un sol sablonneux, fort pauvre en terre
végétale, ce qui repousse cette opinion.

La culture des maraîchers ne ressemble à aucune autre dans
son ensemble, mais elle ne diffère pas de celle des jardins particuliers dans ses détails. Son but est de faire produire à un
espace de terrain très-circonscrit le plus d'articles et le plus
promptement possible, soit en ne laissant pas un moment la
terre en repos, soit en accélérant, par tous les moyens indus-
triels connus, la croissance des légumes qu'on lui confie. Il
n'est pas rare de leur voir obtenir quatre, cinq et même six
récoltes par an sur la même planche, qui n'en aurait produit
qu'une, et encore inférieure à la plus faible des leurs, dans
un jardin particulier.

Ces étonnans résultats, les maraîchers les doivent à l'abondance des engrais et des eaux dont ils peuvent disposer, et à
la vente toujours certaine, quoique souvent peu avantageuse
de leurs légumes. Ce serait, j'ose le dire, folie à un particulier qui peut disposer d'un grand espace, de vouloir en cultiver un petit avec ce degré de perfection; car par là il aug-
menterait ses dépenses et diminuerait ses jouissances. Je dis
diminuerait ses jouissances, parce que les légumes des maraîchers, si beaux et si tendres, sont sans saveur et sans sucs nu-
tritifs, ainsi que le reconnaissent tous ceux qui en mangent
pour la première fois.

Un marais est très-long et très-coûteux à mettre en valeur.

Il faut qu'il soit muni d'un, deux ou trois puits, selon sa grandeur, de rigoles propres à conduire l'eau à la tête de tous les carrés, de réservoirs en pierre ou de tonneaux défoncés pour recevoir cette eau, d'instrumens de jardinage de toutes sortes, et de fumier. Pendant les premières années, le sol, non encore saturé de principes fertilisans, ne donnera que des récoltes peu abondantes ou peu apparentes, qui par conséquent ne pourraient entrer en concurrence avec celles des jardins depuis long-temps en état de culture. Aussi à combien de travaux pénibles et de privations se résout celui qui entreprend d'en monter un ? Si le maraîcher le plus anciennement établi ne peut, malgré ses avantages, trouver un bénéfice à la fin de l'année, pour peu qu'il se repose sur d'autres du soin de sa culture, pour peu qu'il ne mette pas dans toutes ses opérations de ventes et d'achats toute la précision nécessaire, dans ses dépenses personnelles la plus sévère économie, comment pourra se tirer d'affaire celui qui commence ? Pendant le jour, il faut travailler et travailler avec une activité toujours soutenue ; pendant la nuit, il faut disposer sa marchandise et la porter au marché. Le dimanche, qui pour le jardinier ordinaire est un jour de repos, n'en est pas un pour un maraîcher. Il n'a réellement quelques heures de bon temps que les jours de pluie. Malgré cette continuité de fatigues, il ne veut pas quitter son état pour un plus doux. Celui dont la ruine est complète aimera mieux se mettre aux gages de son voisin, que de prendre la conduite d'un jardin de particulier.

Un des grands avantages des maraîchers sur les jardiniers ordinaires, c'est qu'ils sont excités, par leur intérêt même, à perfectionner continuellement leur culture, à profiter de tout ce qu'elle présente d'avantageux. On est étonné, en suivant leurs travaux, des pratiques savantes qu'ils emploient ; c'est auprès d'eux que les partisans des jachères doivent aller apprendre à connaître l'utilité des assolemens : là, jamais la terre n'est un jour en repos, et cependant elle produit toujours. *Voyez* ASSOLEMENT et SUCCESSION DE CULTURE.

Je ne crois pas nécessaire, d'après ce que j'ai dit plus haut, de présenter en détail le mode de la culture des marais. Je me contenterai, en conséquence, de faire connaître leur système d'assolement.

Ils divisent leur année en trois saisons.

Dans la première, qui commence vers le milieu d'octobre, ils sèment de la romaine sur couche, la repiquent un mois après, et la plantent définitivement devant un abri naturel ou artificiel vers la fin de janvier, après avoir labouré une ou deux fois le terrain et l'avoir abondamment fumé avec du terreau bien consommé. Le jour de cette plantation, ils sèment des radis et des poireaux dans la même planche. A la fin de mars, ils vendent leurs radis, au commencement de mai leur salade, et les poireaux en juin.

Dans la seconde, au lieu de fumer avec du terreau, ils le font avec de la paille, débris de vieilles couches, et plantent alternativement un rang de chicorée ou d'escarole et un rang de cornichons. La chicorée s'arrache en juillet et les cornichons finissent de fournir en septembre.

Dans la troisième saison, on fume comme dans la première ; on sème des radis et des mâches, on plante de la chicorée, etc.

On voit par cet exposé qu'il est avantageux aux maraîchers de préférer les plantes annuelles d'une croissance rapide et d'une consommation journalière à toutes les autres : aussi le nombre de celles qu'ils cultivent est-il fort borné. Les salades de toutes les espèces, les petites raves, le cerfeuil, le persil, les carottes, les panais, les oignons, les poireaux, les choux et les raves, les épinards et les choux-fleurs sont presque les seuls, encore n'est-ce que dans la primeur qu'on y voit plusieurs de ces légumes. Quelques-uns cultivent du céleri et des cardons, mais ce n'est que de loin en loin. L'oseille est la seule plante vivace qu'on trouve chez eux en certaine abondance, parce qu'ils en tirent un très-grand parti en accélérant, au printemps, sa végétation par des abris. On ne voit jamais, dans leurs enclos, d'asperges, d'artichauts et autres gros légumes. Quelques-uns se livrent spécialement à la culture des melons et en obtiennent certaines années de grands bénéfices ; mais aussi souvent ils en sont pour leurs frais ou partie de leurs frais. Les champignons sont aussi pour certains la matière d'un bon produit.

Comme c'est toujours dans la précocité que les maraîchers trouvent leurs plus certains avantages, non-seulement ils pratiquent tout ce que l'art indique pour l'obtenir, mais ils ont un soin scrupuleux de choisir les variétés qui le sont par elles-mêmes plus que les autres.

Quelquefois les circonstances atmosphériques hâtent si fort la végétation dans les jardins des maraîchers, qu'ils ont lieu de craindre que tous leurs légumes, arrivant à-la-fois au point convenable, ils ne puissent pas les vendre avant leur détérioration. Alors ils cherchent à les retarder par l'enlèvement d'une partie des feuilles, par la suppression du sommet de la tige future (du cœur), et principalement en arrosant avec de l'eau immédiatement tirée de leurs puits et par conséquent beaucoup au-dessous de la température de l'atmosphère. (B.)

MARAICHINS. Nom des bœufs qui sont élevés dans les marais du ci-devant Poitou et du ci-devant Aunis. Ils ont beaucoup de suif; mais ce suif est huileux et communique son goût à leur chair. *Voyez* Bœuf. (B.)

MARAIS. On comprend sous cette dénomination de vastes terrains couverts d'eaux, qui n'ont aucun, ou peu d'écoulement, et qui ne disparaissent naturellement que par l'évaporation ou par l'infiltration.

Un marais abandonné à lui-même est le plus dangereux voisin pour tout ce qui respire; au moment où il s'assèche, il devient un foyer de corruption, où les plantes aquatiques, les poissons et les animaux meurent, pourrissent et répandent au loin la contagion, le marasme et la mort. En voyant le teint hâve et livide des habitans, la démarche lente, lourde, l'air triste et abattu des animaux domestiques, on est averti au loin que l'on approche de ces vastes foyers de corruption.

Mais que l'industrie de l'homme vienne ici au secours de la nature, et les terrains infects vont devenir de belles prairies coupées par des canaux d'eaux vives, couvertes de bestiaux d'une taille élevée, ou de vastes champs de blé dont les épis forts, égaux, nombreux et serrés forment au-dessus du sol une seconde plaine parfaitement unie. L'homme y devient grand, fort, vigoureux, parce qu'il habite une terre fertile, où il trouve sans peine tout ce qui est nécessaire à la vie. Aussi ne peut-il quitter le sol qui l'a vu naître, il y tient aussi fortement qu'aux habitudes de ses pères. Chasseur, pêcheur ou pasteur, simple et religeux, il est peu instruit et désire peu de l'être; il ne tire qu'un faible parti du sol que lui a départi la nature : tel est l'habitant des marais desséchés de l'ancienne France. Celui des beaux desséchemens de la Flandre et de la Hollande est, si j'ose m'exprimer ainsi, plus perfectionné, plus industrieux; aussi est-il bon cultivateur, bon négociant et même spéculateur. Il tire de son sol et de son industrie des produits doubles et triples de ceux qu'obtiennent les habitans de nos marais desséchés. Le prix de vente des fonds et celui des baux le démontrent par des faits qu'on peut vérifier.

Résumons les données et cherchons-en les conséquences utiles.

A l'article Desséchement, j'ai indiqué les moyens pratiques de rendre à la culture ces vastes marais qui couvrent le sol français, ceux de conserver, d'améliorer les desséchemens faits par des travaux d'entretien simples et faciles.

A l'article Culture des desséchemens, j'ai développé les méthodes les plus propres à tirer un grand parti de ces vastes contrées.

Mais ce n'est point assez d'avoir vaincu la nature, il faudrait aussi vaincre l'homme des marais et réformer ses habitudes. L'agriculture y gagnerait sans doute plus que le bonheur des habitans ; mais cette question appartient tout entière à la science de l'administration, et n'est pas du ressort de cet ouvrage. (Chas.)

Il est une manière de dessécher les marais qui peut être employée dans certaines localités, c'est celle d'élever successivement leur sol en y rendant momentanément stagnantes les eaux boueuses des torrens et des rivières. On trouvera, aux mots Acoulis, Canal et Élévation du sol, des exemples de cette sorte de desséchement, qu'on appelle en français *desséchement par acoulis.*

La plupart des marais peuvent sans doute être desséchés ; mais il en est dont le desséchement coûterait cent fois, mille fois plus que le capital que représenterait leur revenu, et même qu'on peut regarder comme indesséchables, tant serait exorbitante la somme qu'il faudrait y employer. Cependant les uns et les autres sont nuisibles à la santé des cultivateurs de leur voisinage, et ne rendent que de faibles produits comparativement à leur étendue. Dans ce cas, on a deux moyens à employer pour les rendre plus salubres et plus utiles : le premier, c'est de les transformer, s'il est possible, en étangs, ou, mieux, en lacs, qui fourniront abondance de poissons et qui, ayant une grande hauteur d'eau et des bords toujours submergés, seront très-sains ; le second, c'est de les planter en arbres, c'est-à-dire d'y former une forêt.

Il y a dans les genres des saules, des peupliers, des bouleaux, plusieurs espèces qui ne craignent point le sol des marais, et qui peuvent y croître avec profit, sur-tout si on a commencé à en faire écouler les eaux par des saignées, des fossés, des canaux, des pierrées, des fascinages, des puisards, etc. Celui de tous ces arbres qu'on doit placer d'abord dans ceux qui sont les plus fangeux, c'est le saule-marceau, ou une espèce fort voisine, à feuilles plus petites et plus rugueuses. Il fixe la vase autour de ses racines, et y appelle la végétation de beaucoup d'autres plantes qui élèvent plus ou moins promptement le terrain au moyen de leurs débris. Bientôt quelques autres espèces de saules, comme celui à feuilles d'amandier, l'hélix, ou le Galé (*voyez* ce mot) croissent à côté de lui, et le remplacent en continuant de produire le même effet. S'il y a de la Tourbe (*voyez* ce mot), elle se solidifie. L'aune, dont les racines traçantes, fort grosses et nombreuses, et l'abondant feuillage élèvent si rapidement le sol, leur succède ordinairement : alors le produit du marais, ainsi que sa salubrité, sont assurés. (*Voyez* Aune.) Après cet arbre croît le frêne, et on sait combien la vente de son bois est avantageuse. *Voyez* Frêne.

Il faut sans doute bien des années avant qu'un marais, seulement susceptible de laisser croître le saule indiqué plus haut, soit parvenu au point de pouvoir nourrir le frêne, qui ne veut que de l'humidité ; mais enfin ce moment arrive.

Une des causes qui, selon moi, retardent beaucoup l'assainissement et l'élévation du sol des marais, c'est qu'appartenans au gouvernement, à des communes ou à de riches propriétaires, ils sont livrés au pillage, et que les buissons qui y croissent sont coupés tous les ans, et même arrachés dès qu'ils ont acquis quelque grosseur.

J'ai dit que la multiplication des arbres dans les marais en rendait le séjour moins insalubre, et je l'ai dit d'après l'expérience de tous les siècles et de tous les pays. Il paraît qu'ils agissent de deux manières, c'est-à-dire en décomposant le gaz hydrogène sulfuré, qui s'en dégage continuellement pendant l'été, et en y portant un ombrage qui empêche ce gaz de se développer avec la même activité. J'ai lieu de croire que quelques espèces ont plus que d'autres la première de ces propriétés : par exemple, le galé, déjà cité, qui contient une si grande quantité de résine dans ses feuilles ; après lui c'est l'aune, que je crois le plus avantageux sous ce rapport.

La même expérience a prouvé qu'un des moyens de se garantir des effets dangereux du voisinage du marais, c'était d'allumer des feux en plein air, vers le coucher du soleil, et de s'y chauffer, le soir, pendant quelques instans.

J'ai donné, au mot Aquatique, la liste des plantes qui croissent le plus communément en France dans les marais. Peu d'entre elles sont du goût des bestiaux ; cependant ils s'y accoutument, et il est des cantons où ils n'en ont pas d'autres.

Le pâturage des marais dégrade les races des chevaux et des bœufs : j'ai vu ceux de ces animaux qui ne quittent point les marais de Bourgoin aussi cacochymes que leurs propriétaires. Ce pâturage est mortel pour les moutons ; cependant il est une race en Allemagne qui y est tellement faite, que des individus dont la grosseur semble démentir ce que je viens de dire, amenés à l'École vétérinaire d'Alfort, refusaient de manger dans le bois de Vincennes (bois en sol extrêmement aride), et se jetaient dans la Marne, pour dévorer les plantes aquatiques qui y croissent, lorsqu'elles revenaient de ce bois.

Dans les pays fertiles où se trouvent des marais de peu d'étendue, on ne doit pas mener les bestiaux dans ces marais, mais en couper le foin pour en faire de la litière ou augmenter la masse des fumiers, sauf à en trier les meilleures parties pour donner aux bœufs et aux vaches, qui s'en accommodent mieux que les chevaux et autres bestiaux.

Les buffles, les cochons et les canards communs sont les seuls animaux qu'il soit avantageux de tenir dans les marais, encore les premiers veulent-ils un climat chaud, et les seconds y ont-ils un lard de mauvaise qualité.

En général, les marais diminuent en France et en nombre et en étendue, soit par l'effet des progrès de la culture, soit par leur comblement naturel, soit par la diminution de la masse des eaux, diminution à laquelle on ne peut se refuser de croire, tant il y a de faits qui l'attestent. *Voyez* EAU. (B.)

MARAIS SALANS. Lieux bas, disposés sur quelques parties de nos côtes, pour recevoir à volonté l'eau de la mer, et lui donner moyen de s'évaporer et livrer à la consommation le sel qu'elle contient. Cet objet n'étant point directement du ressort de l'agriculture, je n'en parlerai pas plus au long. *Voyez* SEL MARIN. (B.)

MARAIS SALÉS. Marais formés sur les bords de la mer par la mer même, et dont par conséquent l'eau est salée. *Voyez* MER.

Ces marais, qu'il faut distinguer des marais salans, puisque ces derniers sont le produit de l'art, et le plus souvent faits à leurs dépens, ne donnent naissance qu'à un petit nombre de plantes particulières, qu'on a appelées plantes maritimes, telles que les soudes, les salicornes, le crambé, etc., qu'on doit distinguer des plantes marines, qui sont les varecs, les ulves et les conferves. Les céréales et les autres articles de nos cultures ordinaires ne peuvent y croître, de sorte qu'il faut s'y borner à semer des soudes dans les parties qui sont susceptibles d'être labourées, dans le but d'en tirer de l'alcali. *Voyez* SOUDE.

Mais il arrive quelquefois qu'on peut empêcher le retour des eaux de la mer par le moyen des digues, et alors la première opération à faire pour rendre la terre de ces marais propre à recevoir des semences de blé et autres céréales, des prairies artificielles, des arbres fruitiers et forestiers, etc., c'est de la dessaler.

Pour cela on a trois moyens, 1°. d'attendre que les eaux des pluies aient entraîné le sel, ce qui demande quatre à cinq ans; 2°. d'y introduire une rivière ou un ruisseau, ce qui va plus vite, mais ne peut se pratiquer par-tout; 3°. d'y semer d'abord de la soude, et ensuite d'y planter du tamarix, qui décomposent le sel. Comme ce dernier moyen concourt avec le premier, et fait qu'on arrive plus promptement au but, on en fait fréquemment usage.

Les mêmes moyens s'emploient ou peuvent s'employer pour les terres qu'une marée extraordinaire, ou une violente tempête, aurait momentanément couvertes d'eau de mer, et qui par là seraient devenues infertiles.

J'ai eu occasion de voir, en Amérique, beaucoup de ces marais salés ainsi digués, dans lesquels on employait un ou plusieurs de ces moyens, et qui, au bout de quelques années, devenaient des terres à riz d'une excessive fertilité. Je sais qu'on fait aussi usage des mêmes moyens aux environs de Montpellier, aux environs de Venise, etc.

Il n'est pas facile de rendre raison des causes de la décomposition du sel marin dans les vaisseaux des SOUDES, des TAMARIX, etc.; mais le fait n'en est pas moins constant. (B.)

MARASME. Synonyme, ou, mieux, excès de l'AMAIGRISSEMENT. *Voyez* ce mot.

MARBRÉ (GROS). Variété de noix; c'est la même que la noix de jauge. *Voyez* NOYER. (B.)

MARBRE. Sous le nom de marbre, nous entendons seulement toute pierre calcaire dont le grain est assez fin et assez dur pour recevoir le poli. Cette définition distingue le marbre des pierres vitrifiables, comme granit, porphyre, etc., auxquelles on a donné souvent le nom de marbre, et des pierres calcaires communes. On en trouve dans un grand nombre de contrées. Les anciens en faisaient un grand usage et nous en ont laissé de travaillés, dont on ne connaît plus les carrières. *Voyez* aux mots CALCAIRE et CHAUX.

La France est beaucoup plus riche en marbres qu'on ne le pense, et lorsqu'on aura bien étudié les Pyrénées sur-tout, on verra qu'elle ne le cède à aucun autre pays pour la quantité, la beauté et la variété de ses marbres.

Nous allons faire connaître ceux que l'on emploie le plus communément et les endroits où on les trouve.

Le marbre noir d'une seule couleur, très-pur et sans tache, se trouve près de la ville de Dinant, dans le pays de Liége.

Le marbre de Namur est très-commun, et aussi noir que celui de Dinant; mais il n'est pas tout-à-fait aussi parfait, parce qu'il tire un peu sur le bleuâtre, et qu'il est traversé de quelques filons gris. Auprès de Dinant on trouve aussi le marbre de Gauchenet, d'un fond rouge brun, tacheté et mêlé de quelques veines blanches; et à l'Art, près de Dinant, un marbre d'un rouge pâle, avec de grandes plaques et quelques veines blanches.

A Barbançon, pays du Hainaut, on trouve un marbre noir veiné de blanc en tous sens; a Givet, près de Charlemont, pays de Luxembourg, un marbre noir mêlé de blanc, mais moins brouillé que le précédent.

Le marbre de Champagne est une brocatelle mêlée de bleu, par taches rondes, comme des yeux de perdrix : on en trouve encore dans la même province nuancé de blanc et de jaune pâle. A la Sainte-Baume, en Provence, il existe un marbre d'un fond blanc et rouge, mêlé de jaune, approchant de la brocatelle;

à Tray, près de la Sainte-Baume, un marbre d'un fond jaunâtre, tacheté d'un peu de rouge, de blanc et de gris mêlé.

Le Languedoc fournit une très-grande variété de beaux marbres. A Cosne, marbre d'un fond rouge de vermillon sale entremêlé de grandes veines et de taches blanches. Auprès du même endroit, le marbre de Griotte, dont la couleur approche de celle des cerises qui portent ce nom. A Narbonne, marbre de couleur blanche, gris et bleuâtre. A Roquebrune, à sept lieues de Narbonne, marbre pareil à celui de Languedoc ou de Cosne, excepté que ses taches blanches ont la forme de pommes rondes. A Caen, en Normandie, marbre semblable à celui de Languedoc, mais plus brouillé et moins vif en couleur.

Les différentes vallées des Pyrénées sont très-riches en marbres, et il y en a de très-belles carrières exploitées : à Serancolin, marbre qui porte ce nom ; sa couleur est d'un rouge de sang mêlé de gris, de jaune et de spath transparent. A Belvacaire, au bas de Saint-Bertrand, près Cominges, marbre d'un fond verdâtre, mêlé de quelques tâches rouges, et fort peu de blanches. A Campan, marbres de plusieurs espèces, de rouge, de vert, d'isabelle, mêlés par tâches et par veines : celui qu'on nomme vert de Campan est d'un vert très-vif, mêlé seulement de blanc.

On voit dans la vallée d'Ossan, presque vis-à-vis Lavaux, une carrière de marbre blanc, semblable à celui de Carrare; il est très-blanc, comme le marbre blanc antique. On en voit de beaux blocs; mais on dit qu'il est un peu trop tendre, et sujet à jaunir et à se tacher. Peut-être que plus on pénétrera dans l'intérieur du filon, et plus on trouvera qu'il a acquis de dureté.

Dans la même vallée, en allant aux eaux chaudes, après avoir passé Lavaux et le monument de la sœur de Henri IV, sur le chemin à droite, on voit un filon de marbre noir et blanc, qui paraît aussi beau que l'antique.

La province d'Auvergne fournit un marbre d'un fond de couleur rose, mêlé de violet, de jaune et de vert. Le marbre de Bourbon est d'un gris bleuâtre et d'un rouge sale. A Sablé, à Mayenne, à Laval, en Anjou et sur les confins du Maine, on trouve plusieurs variétés de beaux marbres, ainsi qu'à Antin, Cerfontaine, Montbart, Merlemont, Saint-Remy, etc.

On emploie le marbre à deux usages principaux, à la décoration des bâtimens, et à faire de la chaux. (*Voyez* le mot CHAUX.) Il est à remarquer que le plus beau marbre blanc, comme celui de Carrare, ne fait pas le meilleur mortier, quoiqu'il fournisse la chaux la plus vive et la plus active, si l'on considère sa manière de fuser à l'air ou dans l'eau. Cela tient sans doute à son extrême pureté ; car il se rencontre dans la pierre à chaux ordinaire une substance intermédiaire, qui manque dans le marbre blanc de Carrare, et qui sert à faire adhérer plus intimement la chaux avec le sable, et concourt certainement à ce que la cristallisation s'opère de façon que le lien soit plus étroit et plus serré. (R.)

MARC. Résidu de la pression des Raisins, des Pommes, des Poires, des Olives, des Graines a huile, etc. *Voyez* ces mots.

Le marc des raisins, au sortir du pressoir, outre la Grappe, la Peau et les Pepins, contient encore un peu de vin dont on peut obtenir de l'eau-de-vie par la distillation. *Voyez* ces mots.

La distillation des marcs pour en retirer l'eau-de-vie demande des précautions qui ne sont pas assez connues : aussi en obtient-on rarement de la bonne eau-de-vie; un appareil particulier est même indispensable dans ce cas, à raison de la difficulté d'empêcher le marc de brûler dans les alambics ordinaires. Le premier produit de cette distillation s'appelle Blanchet. *Voyez* ce mot.

Dans quelques vignobles des bords du Rhin, on donne le marc de raisin aux bestiaux pendant l'hiver. Pour cela, on le met dans les cuves, on l'y comprime le plus possible, on le recouvre de feuilles de noyer, par-dessus lesquelles on répand de l'argile de manière qu'il n'ait aucun contact avec l'air.

Chaque fois qu'on prend de ce marc, on a soin de recouvrir le trou, afin que ce qu'on laisse ne moisisse pas.

On donne rarement ce marc seul aux bestiaux, on le mêle avec de menues pailles, de la paille hachée, des navets, des carottes, des pommes de terre, etc. Ce mélange les tient en bon état de santé et de graisse.

Les poules et les dindons mangent aussi fort bien le marc de raisin quand il est frais, et en tout temps les pepins qu'il contient.

On peut encore tirer de l'huile de ces Pepins. *Voyez* ce mot.

Dans d'autres cantons, le marc de raisin sert à l'engrais des terres, il passe même pour très-chaud. (*Voyez* Engrais.) Un de ses fréquens emplois, c'est de garantir du Hale les planches de jardin. (*Voyez* ce mot.) Répandu sur les prairies, il active singulièrement la production de l'herbe.

Enfin, si on ne veut l'utiliser sous aucun de ces rapports, on peut encore en tirer parti pour, en le brûlant, en obtenir les cendres, un quintal métrique en donnant environ 12 kilogrammes, qui fournissent environ 2 kilogrammes de Potasse. *Voyez* ce mot.

Pourquoi donc le marc de raisin est - il si souvent perdu pour son propriétaire, qui le laisse d'abord moisir, ce qui empêche de le donner aux bestiaux, et ensuite le jette dans la rue au lieu de le porter sur ses terres, au lieu de le brûler ? C'est encore par l'effet de l'ignorance. *Voyez*, pour le surplus, l'article VIGNE.

Le marc des pommes et des poires se trouve moins favorablement composé : aussi, après qu'il a été pressé autant que possible, qu'on l'a deux fois imbibé d'eau pour en faire le petit CIDRE (*voyez* ce mot), n'a-t-on plus qu'à le porter sur les champs, où il produit extrêmement peu d'effet, parce qu'il pourrit avec une extrême lenteur ; cependant les volailles ont soin de ne pas laisser perdre un seul des pepins qui y sont restés.

Il est cependant des propriétaires qui le donnent à leurs vaches et à leurs cochons, et d'autres qui le brûlent pour se chauffer ; mais il ne nourrit presque pas et ne donne presque point de chaleur.

Le marc des olives offre la peau, le parenchyme, et les détritus des noyaux. Quelque bien pressé qu'il soit, même dans les moulins de recense, il contient encore de l'huile, qu'on en retire en le faisant pourrir dans des citernes ; la boue qu'il laisse au fond de ces citernes est un excellent engrais, mais dont je n'ai pas entendu dire qu'on sût tirer parti dans les cantons de la France où on cultive l'OLIVIER.

Toutes les sortes de marcs d'huile de graines, y compris ceux de noix et de faînes, peuvent être presque entièrement privés d'huile, surtout dans les MOULINS appelés TORDOIRS, dont le coin est le principe. *Voyez* ces mots.

J'ai indiqué, à chacun des articles des plantes qui fournissent ces graines, l'opinion qu'on a de leur importance relative, soit comme objet de nourriture pour tous les bestiaux et toutes les volailles, qui les aiment beaucoup et qui s'engraissent très-rapidement par leur usage, soit comme suppléant avantageusement le fumier pour l'ENGRAIS des TERRES. *Voyez* ces mots.

Le prix élevé où se tiennent ces marcs, fait qu'on en perd peu ; mais comme ils sont mal conseillés ces cultivateurs qui les vendent au lieu de les employer sur leurs terres! Croirait-on qu'il est des cantons de la France où ils passent presque tous à l'étranger ?

On appelle ces marcs TOURTEAUX. *Voyez* ce mot.

Le marc des huiles et du vin en tonneaux s'appelle LIE. *Voyez* ce mot. (B.)

MARC. Mesure de pesanteur anciennement employée : c'est la moitié d'une livre. *Voyez* au mot MESURE.

MARGARY. Synonyme d'ÉTABLE dans les environs de Nancy.

MARCASSIN. Jeune sanglier qui n'a pas encore de défense ; on donne aussi ce nom aux jeunes cochons dans quelques cantons.

MARCEAU. Espèce de saule.

MARCHÉ. Nom des mares dans le département des Deux-Sèvres.

MARCOTTE. Branche d'un arbre, d'un arbuste ou d'une plante vivace, qu'on couche en terre, afin qu'elle y prenne racine et devienne un nouveau pied.

« Cette pratique, dit A. Thouin, que je ne puis mieux faire que de copier ici, a pour but de multiplier certains végétaux qui ne se propagent pas avec leurs qualités utiles ou agréables par la voie des semences, ceux encore qui ne donnent pas de bonnes graines, enfin ceux qui sont trop long-temps à procurer des jouissances par la voie des semis.

» Toute la théorie de cette opération consiste à déterminer, au moyen de l'humidité, de la chaleur, d'une terre préparée, des incisions, des ligatures, les rameaux marcottés à pousser des racines et à former, par ce moyen, de nouveaux individus doués de toutes les qualités de leurs souches.

» Les arbres ou arbustes offrent plus ou moins de facilités ou de difficultés à se multiplier de marcottes, ce qui a obligé les cultivateurs à employer différens moyens et divers procédés. On va exposer les uns et les autres en commençant par les plus simples.

» Le marcottage le plus simple consiste à butter ou à élever une butte de terre autour d'une cépée de jeunes tiges d'arbres ou d'arbustes plantés en pleine terre. On se sert ordinairement pour former cette butte d'une terre limoneuse un peu grasse, c'est-à-dire qui soit susceptible de s'imprégner d'humidité et de la conserver pendant long-temps ; on lui donne une hauteur à-peu-près égale à sa base. On la foule autour des jeunes branches et on en affermit la surface, pour qu'elle se gerce moins et conserve plus long-temps sa fraîcheur.

» Lorsqu'on attache plus de prix à la réussite des marcottes et qu'elles exigent une terre plus meuble et plus d'humidité, on forme, avec quatre planchettes, une caisse sans fond autour de la cépée ; on la remplit de terre convenable ; on la couvre d'un lit de mousse de l'épaisseur de 2 pouces, et on arrose suivant le besoin.

» La saison la plus convenable à cette sorte de marcottage, qui n'exige aucune autre opération, c'est la fin de l'hiver, lorsque la terre est profondément humectée ; elle ne demande d'autre culture que d'être arrosée de temps en temps pendant les grandes chaleurs de l'été : à l'automne, il est bon de s'assurer si les branches enterrées ont poussé suffisamment de racines pour être séparées de leur souche ; dans le cas où le chevelu est abondant, on sèvre les marcottes et on les met en place. Si au contraire les racines ne sont pas assez nombreuses pour nourrir les jeunes arbustes, on attend l'année suivante pour les séparer de leur mère.

» La voie de multiplication par Provins (*voyez* ce mot) convient à un certain nombre d'arbres et d'arbustes dont les tiges, d'une consistance plus ferme que celle de la division précédente, ont besoin d'une opération de plus pour pousser des racines. Elle consiste à courber ces branches en terre au lieu de les laisser dans leur direction perpendiculaire, et de se contenter de les butter comme dans le marcottage.

» On emploie ce moyen pour regarnir les clairières qui ne sont pas trop étendues dans les bois taillis, et c'est un des procédés les plus simples et les moins dispendieux pour remplir cet objet important. Lorsque sur la lisière ou dans l'intérieur d'une clairière il se trouve des espèces d'arbres composés de jeunes branches vigoureuses et flexibles, on ouvre de petites tranchées d'environ un pied de profondeur dans lesquelles on couche l'extrémité de ces branches avec précaution pour ne pas casser leurs tiges; ces extrémités doivent être redressées et coupées à 5 à 6 pouces de terre, afin d'arrêter la sève et la déterminer à porter ses efforts sur la production des racines. Des gazons, de la terre de la surface, des feuilles pourries doivent entourer la branche couchée, et le reste des rigoles est rempli par la terre qui en est sortie : on la foule pour l'affermir autour des branches et leur conserver une humidité favorable. Il ne faut pas laisser sur la cépée, dont on a couché une grande partie des rameaux, de branches perpendiculaires; la sève de la souche, ayant une bien plus grande tendance à monter droit que de circuler dans des branches courbées, abandonnerait celles-ci pour se porter avec affluence sur les autres; il en résulterait la perte des marcottes. Il est donc essentiel de supprimer toutes les branches verticales, et pour qu'il n'en pousse pas de nouvelles jusqu'à la parfaite reprise des branches marcottées, il convient de couvrir la cépée de 4 à 5 pouces de terre en forme de petite butte.

» Ces marcottes sont souvent deux années avant d'être enracinées et quelquefois davantage; lorsqu'elles sont reprises on les sépare de leurs cépées, et on découvre la souche des terres dont on l'avait couverte. Sa sève, débarrassée d'une circulation gênée, ne tarde pas à donner naissance à des productions vigoureuses qui remplacent celles qui ont été marcottées.

» Lorsqu'il s'agit de remplacer des ceps de vigne dans une pièce et même de renouveler en entier les souches trop vieilles et dépérissantes d'une plantation de vigne, on emploie cette espèce de marcottes. Pour l'opérer, on ouvre de grandes fosses dans lesquelles on enterre les jeunes sarmens des vieux pieds. C'est à cette opération qu'est affecté plus particulièrement ce mot de provigner, et à son produit ou au jeune plant obtenu par son moyen le nom de *provins*. Dans les pépinières et chez les fleuristes, le moyen de multiplier les arbres par des marcottes en provins est fort en usage, mais il diffère un peu de celui qui vient d'être décrit. *Voyez* VIGNE et PÉPINIÈRE.

» Dans un carré destiné à cet usage, on établit des MÈRES-SOUCHES. (*Voyez* ce mot.) Ce sont de forts pieds d'arbres et d'arbustes dont on coupe la tige principale ou les plus gros jets au niveau de la terre. Lorsque ces souches sont garnies de jeunes pousses vigoureuses d'un ou 2 pieds de haut, on les couche de 8 à 10 pouces de profondeur dans toute la circonférence de la mère-souche. On la recouvre elle-même d'une éminence de terre en forme conique de 6 pouces de haut, et disposée de telle manière que les eaux pluviales glissent sur la souche et s'arrêtent dans une fossette qui a été établie à sa circonférence par le moyen d'un bourrelet de terre contre lequel sont appuyées toutes les extrémités des branches couchées. Si ce sont des arbrisseaux ou des arbustes, on leur pince l'extrémité de la tige pour arrêter la sève et occasionner plus promptement la croissance des racines ; mais si ce sont des arbres destinés à faire des lignes, il est convenable de ne pas toucher à cette extrémité. Pour l'ordinaire cette opération se pratique en automne, dans des terrains secs et sous des climats chauds. Dans les pays septentrionaux et aquatiques, on remet à le faire au printemps. Les branches, ainsi marcottées, poussent suffisamment de racines pour vivre sur leur propre fonds pendant le courant de l'année, et on peut les lever à l'automne suivant pour les mettre en pépinière. Si elles ne se trouvaient pas assez garnies de racines, il faudrait attendre une année de plus pour les lever avec sûreté. On multiplie par la voie des marcottes en provins toutes les espèces de vignes, plusieurs variétés d'arbres fruitiers qui font de bons sujets pour recevoir la greffe d'espèces domestiques, différens grands arbres d'alignement, tels que le platane, le tilleul, etc., un grand nombre d'arbustes et d'arbrisseaux étrangers qui ne portent pas de graines dans nos climats et ne peuvent s'y propager que par ce moyen.

» La troisième manière de marcotter est celle qui se pratique pour les œillets, c'est-à-dire avec incision. On l'emploie pour déterminer la production des racines aux branches des espèces qui résistent aux deux procédés ci-dessus.

» Voici la manière d'opérer : pour l'ordinaire on choisit un rameau de l'avant-dernière pousse. Au petit gonflement qui

marque son extrémité et le commencement de la dernière
pousse, on fait une incision horizontale, qui coupe la branche
jusque vers le milieu de son diamètre. Ensuite, en remontant
vers le haut de la branche, on fait une autre incision perpendiculaire d'environ un pouce de long, qui aboutit par sa partie
inférieure à l'incision horizontale. Il est très-utile de se servir
pour cette opération d'un canif à lame très-fine et très-tran-
chante. Ces deux opérations faites, on courbe la marcotte :
alors la portion de la branche qui a été séparée s'ouvre et forme
un angle ou un Y renversé. Pour que cette ouverture se main-
tienne dans son écartement, quelques personnes y mettent de
la terre, un caillou, un morceau de bois. Lorsque les marcottes sont susceptibles de reprendre dans le courant d'une
année, la terre seule est suffisante; mais lorsqu'elles doivent
rester deux ou trois ans sur leur pied, comme cela arrive quelquefois, le caillou est préférable; mais la cale de bois doit être
proscrite, par la raison qu'en se pourrissant elle peut vicier les
plaies de la branche et occasionner sa mort. Cette précaution de
mettre un corps étranger dans la fente a pour but d'empêcher ses deux parties de se rapprocher, ce à quoi elles ont de
la propension. La marcotte ayant été préparée ainsi, est courbée
en anse de panier et enfoncée de 4 à 8 pouces en terre, suivant la force de la branche, soit en pleine terre, soit dans un
pot à marcottes ou un entonnoir, d'après sa position. Cette
branche est retenue et fixée à sa place par un ou deux petits
crochets de bois fichés en terre. L'extrémité de la branche
marcottée doit être relevée et maintenue perpendiculaire,
soit par la pression qu'on donne à la terre, soit par un tuteur
contre lequel elle est attachée. Il est quelques cultivateurs
qui coupent les feuilles aux branches marcottées; quoique cette
opération semble être au moins inutile, comme les marcottes
qui l'ont subie reprennent très-bien, il paraît qu'elle n'est pas
nuisible.

»La terre qu'on emploie pour marcotter doit être très-subs-
tantielle, fine, extrêmement douce au toucher. Elle doit s'imprégner facilement de l'humidité, et la conserver long-temps
sans se putréfier. On emploie souvent de la terre limoneuse
pure; d'autres fois on se sert de terreau de saule sans mélange;
mais quelque nature de terre dont on fasse usage, il est nécessaire
d'en couvrir la surface d'un léger lit de mousse qui la tienne
fraîche et la garantisse des rayons d'un soleil trop ardent.
Pour parvenir à entretenir une humidité constante dans la terre
des marcottes, on a imaginé de suspendre, auprès des vases
qui les renferment, un pot qu'on entretient plein d'eau et dans
lequel trempe une lisière de laine, dont l'autre bout est posé
sur le vase à marcotte. La saison la plus favorable à la réussite

23 *

de cette sorte de marcotte est le printemps, lorsque la sève est sur le point de monter dans les branches des végétaux. Elle offre deux chances également favorables à courir. La première c'est l'ascension de la sève qui, rencontrant sur son passage, pour monter à l'extrémité de la branche marcottée, une longue plaie, la cicatrise, y forme des mamelons qui, par la suite, deviennent des racines, mais seulement dans la partie où il n'y a pas solution de continuité. La seconde chance est celle de la sève descendante. Celle-ci, en revenant vers les racines, trouvant la portion qui a été séparée du reste de la branche, et qui n'y tient que par le haut, cicatrise le bord de la plaie, y produit des mamelons, et se trouvant arrêtée comme dans une bourse, sa propension la détermine à pousser des racines. Lorsque les marcottes sont suffisamment pourvues de racines pour se sustenter elles-mêmes sans avoir besoin du secours de leurs mères, on les en sépare, en coupant la branche au-dessous de la partie marcottée. Ces jeunes plants doivent être mis à l'ombre pendant quelques jours, aidés par une douce chaleur et traités enfin comme des végétaux délicats, jusqu'à ce qu'ils aient acquis de la force.

» Que pour vouloir trop multiplier une plante unique on se garde bien de la surcharger de marcottes ! C'est ici le cas de dire que trop d'ambition nuit ou peut nuire à la fortune. En effet, les incisions faites sur beaucoup de branches d'un même pied le fatiguent beaucoup : la sève se portant avec affluence pour cicatriser les plaies, lorsqu'elles sont trop multipliées, se dissipe en pure perte pour la végétation de l'individu; les feuilles tombent n'étant plus alimentéespar leur nourriture quotidienne, et la mort, non-seulement des marcottes, mais même de la souche, en est souvent la suite.

» On emploie la ligature des branches pour certaines espèces de végétaux ligneux qui se prêtent difficilement au marcottage par incision : elle convient particulièrement à des branches portées sur des arbres élevés, d'une grosseur à ne pouvoir être courbées dans un pot à marcottes, et auxquelles on se contente d'ajuster un entonnoir.

» Cette ligature se fait en fil, en ficelle cirée, et en fil de fer ou de laiton, suivant le plus ou moins de temps qu'on présume que les marcottes doivent mettre à reprendre. Le laiton seul est ici dans le cas d'être rejeté, son oxide étant mortel pour presque tous les végétaux.

» C'est ordinairement sur de jeunes rameaux de la dernière ou de l'avant-dernière pousse qu'on fait les ligatures, qui doivent serrer l'écorce sans la trop comprimer, et encore moins en couper l'épiderme; il vaut mieux laisser au grossissement insensible et progressif de l'écorce le soin de former le bour-

relet, que de le déterminer subitement par une pression trop
forte qui obstruerait les canaux de la sève. D'ailleurs, ce bourrelet se forme assez promptement, et il est à craindre qu'ayant
bientôt dépassé la ligature, il ne la recouvre, et que, se joignant avec la partie supérieure, il ne s'y soude et rende, par
ce moyen, la ligature inutile.

» Pour remédier à cet inconvénient, plusieurs cultivateurs
donnent à leur ligature 4 à 5 lignes de large, en multipliant
autour de la branche les tours de leur corde ou de leur fil de
fer. D'autres emploient un autre moyen : ils établissent leur
ligature en forme de spirale dans une longueur d'environ
2 pouces. Le premier tour du bas et celui du haut doivent
être un peu plus serrés que les autres, et disposés horizontalement.

» La ligature étant faite, on passe un pot à marcottes ou
un entonnoir dans la branche ligaturée, et on fait en sorte
que la ligature se trouve au milieu du vase qu'on remplit de
terre préparée recouverte de mousse. C'est plus particulièrement pour cette sorte de marcotte qu'il convient de faire usage
du vase rempli d'eau et de la lanière de laine, pour entretenir
la terre dans un état d'humidité constante.

» Cette opération se fait avec plus de sûreté au printemps
qu'en toute autre saison : la raison, c'est qu'on a quatre chances
à courir pendant un été, les deux sèves montantes et les deux
descendantes.

» Si, en visitant les marcottes, on ne leur trouve que de
faibles racines à l'automne, il est convenable de les laisser attachées à leurs mères pendant l'hiver, et de ne les sevrer
qu'au printemps. Dans ce cas, on supprime les arrosemens
d'hiver, et si les marcottes sont en plein air, on les entoure
de paille pour les préserver des fortes gelées qui pourraient
les faire périr.

» On emploie le moyen de l'anneau cortical sur les branches
gourmandes d'arbres fruitiers ou autres qui emportent la sève.
C'est pour ne pas perdre ces branches et en faire, au contraire, des arbres utiles et francs de pied, qu'on pratique
cette sorte de marcotte.

» Son procédé est simple. Il consiste à enlever dans la circonférence de la branche qu'on veut marcotter un anneau
d'écorce de la largeur d'une à 5 lignes, suivant la grosseur
des branches, l'état de l'écorce et la force des individus. Non-
seulement il est nécessaire au succès de l'opération que l'épiderme de l'écorce soit enlevé dans la largeur de l'anneau,
mais même les couches du liber dans leur intégrité, et que
l'aubier se trouve à nu.

» L'instrument dont on se sert pour cette opération doit

avoir la lame fine et bien tranchante, afin de couper net et sans déchirures la lanière d'écorce qui doit être enlevée. On commence par décrire deux cercles autour de la branche dont on veut enlever l'anneau; ensuite on fait, dans la largeur de l'anneau, une incision perpendiculaire; après quoi, avec la pointe de l'instrument, on enlève un des bouts de la bande d'écorce qui a été coupée, et on la tire dans toute sa circonférence. Lorsque l'arbre est en sève, cet enlèvement se fait avec la plus grande facilité, et c'est toujours le temps qu'il faut choisir pour cette opération; mais il est plus naturel et plus sûr d'attendre le moment qui précède l'époque de la descente de la sève vers les racines. Cette sève, trouvant un obstacle insurmontable, s'arrête sur la partie de l'écorce qui forme la lèvre supérieure de la plaie; elle y établit un bourrelet, qui commence à s'y montrer entre l'aubier et les dernières couches du liber, s'augmente rapidement, et donne naissance à des mamelons qui, par leur prolongement, deviennent des racines.

» Il est des arbres à écorce mince et à bois dur dont il faut laisser l'incision à l'air libre jusqu'à ce que le bourrelet soit formé; d'autres, au contraire, dont l'écorce est épaisse et le bois d'une consistance tendre, qu'il faut préserver du contact de l'air: les incisions faites sur les branches de ces derniers doivent être renfermées sur-le-champ dans des pots ou des entonnoirs à marcottes. Les soins qu'exigent ces marcottes, la nature de la terre qui leur convient et leur culture journalière, sont les mêmes que pour les autres sortes de marcottes, on doit seulement assujettir les rameaux marcottés à des tuteurs qui les préservent d'être cassés par les vents (1).

» On pratique, dans quelques colonies, une sorte de marcotte extrêmement simple, et qui est propre à multiplier des arbres dont le bois et l'écorce ne sont pas d'une consistance dure: ce marcottage consiste à faire une ligature avec une ficelle cirée à la branche dont on veut faire un nouveau pied; ensuite on prend un morceau de toile carré, susceptible de faire trois fois le tour de la branche ligaturée, et de la longueur d'environ 2 pieds. On place ce morceau de toile autour de la branche de manière à ce qu'il déborde le dessus de la ligature d'environ le tiers de sa hauteur. On coud la partie inférieure de la toile en la plissant en forme de fond de sac, et en sorte que la branche se trouve au milieu du diamètre de ce

---

(1) Des observations nouvelles tendent à faire croire que fendre la partie de la branche qu'on veut mettre en terre, et tenir la fente ouverte au moyen d'une petite pierre, est le moyen le plus certain d'assurer l'enracinement rapide des marcottes : je conseille donc de le préférer à la LIGATURE, et à l'INCISION ANNULAIRE.

(*Note de M. Bosc.*)

morceau ; on coud ensuite la partie latérale dans toute sa longueur jusqu'au bord supérieur, qu'on laisse ouvert : c'est par
cette ouverture qu'après avoir fixé le sac à la place qu'il doit
occuper , on le remplit de terre.

» Chacune de ces sortes de marcottes a ses avantages et ses
inconvéniens : il n'est pas possible de déterminer la prééminence des unes sur les autres, et encore moins de les affecter
plus particulièrement à une espèce d'arbres qu'à une autre ;
c'est aux cultivateurs intelligens à les mettre en pratique seule
à seule , ou combinées plusieurs ensemble , suivant la nature
des arbres qu'ils veulent multiplier, leur état de vigueur, les
localités, et le pays d'où ils sont originaires. »

Le même cultivateur, Annales du Muséum , n°. 62 , a donné ,
dans la description de l'Ecole pratique de jardinage qu'il a
établie à la suite du Jardin de botanique , des exemples de
toutes les sortes de marcottages connues ; à ceux indiqués plus
haut , il a ajouté le *marcottage en serpentaux*, c'est-à-dire des
branches flexibles entrant et sortant plusieurs fois de terre , et
prenant racine par tous les points enterrés , et le *marcottage
en berceau* , c'est-à-dire des branches enterrées seulement par
leur extrémité : ce dernier s'emploie principalement pour les
ronces, qui jouissent de la singulière propriété de ne prendre
racine que par cette extrémité.

Je renvoie à cet important mémoire, et encore plus à l'E-
cole pratique qu'il mentionne , tous ceux qui voudraient de
plus grands détails sur la théorie et la pratique du marcottage ;
j'ajouterai seulement que Thouin met au nombre des marcottages quelques opérations qui portent des noms particuliers
dans la pratique , et qu'il donne souvent le même nom à
d'autres opérations qu'on ne regarde souvent que comme des
accessoires. *Voyez* aux mots STOLONE, TURION , DRAGEON ,
OEILLETON , ÉCLAT, RACINE, PROVINS , SERPENTAUX , TOR-
SION , PLAIE ANNULAIRE , INCISION.

J'ai vu , dans quelques-uns des vignobles des environs de
Paris , faire des marcottes aux vignes dans la seule intention
de leur faire donner plus de grappes et de plus gros grains :
cette pratique, en concordance avec la théorie, doit être principalement excellente à suivre dans les terrains maigres ; dans
ce cas, on relève et on coupe la marcotte l'hiver suivant.
Voyez SAUTERELLE et VIGNE.

Il a été reconnu par expérience , sur-tout relativement à la
vigne , que les marcottes faites avec des branches imparfaitement AOUTÉES périssaient le plus souvent : on rend raison de
ce fait par les considérations tirées d'abord de la moindre vigueur organique de ces branches , et ensuite de l'affaiblissement qui est la suite de leur ARQURE. *Voyez* ce mot.

Les branches qui ont été frappées de la grêle font de mauvaises marcottes, parce que la circulation de la sève y est gênée.

On doit regarder comme une espèce de marcottage le buttage qu'on fait précéder par l'écartement des tiges de certaines plantes, de la pomme de terre, du maïs, par exemple, dans l'intention de favoriser, par l'augmentation de leurs racines, la multiplication ou le grossissement de ces mêmes tiges, de leurs feuilles, de leurs fleurs, de leurs fruits, de leurs tubercules : cette sorte de marcottage n'est peut-être pas assez généralement pratiquée. *Voyez* BUTTAGE.

Tous les arbres résineux, excepté les pins d'Écosse et maritimes, ont été multipliés avec succès, au moyen des marcottes, par M. Turgot, frère du Ministre ; cependant on emploie peu ce moyen, excepté pour le CYPRÈS DISTIQUE (*voyez* ce mot), parce que les arbres qui en résultent ne sont jamais d'une belle venue ; le même cultivateur a observé que les marcottes d'épicéa conservent, pendant trois ou quatre ans, l'aspect de simples branches, c'est-à-dire, ne poussent pas de rameaux sur toute leur circonférence. Dans les arbres à bois tendre, et par conséquent faciles à reproduire de marcottes, on reconnaît que la marcotte a pris des racines à la différence de grosseur de la partie sortant de terre comparée à celle qui y entre : ce résultat est fondé sur ce que les nouvelles racines ont augmenté la masse de la nourriture prise par la partie couchée en terre.

Lorsqu'une marcotte a des racines dans une assez grande longueur pour qu'on puisse retrancher, sans inconvénient pour la reprise, une partie de cette longueur, on peut en faire deux et même quelquefois trois pieds. *Voyez* RACINE. (B.)

MAREAU. Ancienne mesure pour les bois. *Voyez* MESURE.

MARES. On donne ce nom, dans le département de l'Ain, à des terres compactes et fertiles, qui conviennent à toutes les productions, excepté au trèfle. Ces terres se labourent difficilement, ne craignent ni les étés secs, ni les étés humides, et ne se reposent jamais, quelques-unes même donnent trois récoltes en deux ans. (B.)

MARES. Amas d'eau plus ou moins considérables, formés par la nature, quelquefois par l'industrie de l'homme, pour se procurer, près de son habitation, des moyens faciles d'abreuver et de baigner ses bestiaux, quelquefois lui-même et ses enfans. C'est sur-tout dans la Normandie que les mares sont usitées.

Des agronomes célèbres voudraient que les mares fussent défendues, qu'on y substituât des puits, des citernes, des abreuvoirs murés et pavés. Le précepte est très-bon, s'ils veulent fournir les fonds nécessaires pour la construction et l'entretien, et plus encore pour l'usage; car ce n'est pas une petite affaire que de puiser chaque jour au fond d'un puits ou d'une citerne l'eau nécessaire pour abreuver de nombreux bestiaux et pour le service d'une ferme.

D'ailleurs, cette eau toujours crue, dure, séléniteuse, remplacera-t-elle jamais pour la boisson et le bain des animaux ces eaux long-temps exposées aux influences de l'atmosphère, et saturées, si j'ose m'exprimer ainsi, de principes vivifians? Les remplacera-t-elle encore pour l'irrigation des plantes? Sera-t-elle toujours prête, toujours disponible en cas d'incendie, etc., etc.?

N'exagérons rien, pas même le *mieux*, qui souvent, en économie rurale, *est l'ennemi du bien*.

Pour moi, je voudrais voir une mare bien faite, bien entretenue auprès de chaque cabane. Je voudrais apprendre à les faire à peu de frais dans les pays où le sol ne permet pas de conserver l'eau à volonté.

Je voudrais que chaque cultivateur profitât de la pente des terrains, de l'égout des toits, des ruisseaux naturels que forme la pluie près de sa demeure, pour rassembler ces eaux dans un réservoir ou mare préparés par lui, soit en creusant simplement le terrain si le sol retient l'eau, soit en y portant une forte couche d'argile s'il en trouve à sa proximité.

Mais je mets une condition à l'usage d'avoir une mare (faute de meilleur moyen), c'est que cette mare sera disposée de manière à pouvoir être bien entretenue, bien aérée et nettoyée, quelquefois asséchée pour en enlever les *détritus* de plantes et d'animaux, qui iront féconder les champs voisins, au lieu d'empester les hommes et les animaux.

Pour rendre cette opération facile, il faut profiter d'un terrain légèrement incliné, ou lui donner cette direction par des rigoles, qui de divers points se rendent dans la mare; car j'en veux deux : l'une, supérieure et plus grande, destinée à l'usage de la maison; la seconde, inférieure, qui peut n'être qu'un fossé conduisant à quelque bas-fonds. Une simple vanne en bois sera construite dans la rigole qui conduit de la mare supérieure à l'inférieure. Survient-il un orage, une forte pluie, la vanne est ouverte, l'eau court d'une mare à l'autre; elle est ainsi rafraîchie, renouvelée. Au printemps, à la saison des pluies, la mare supérieure est mise à sec et curée; la mare inférieure abreuve le bétail jusqu'au moment où la première lui fournit des eaux vives, fraîches et abondantes.

Je ne retrace ici que ce que j'ai vu pratiquer dans une ferme dont je n'aurais pas dû oublier le nom. Ce travail est simple, facile, sans dépenses de constructions et d'entretien. Les avantages en sont certains. Peut-être devraient-ils devenir l'objet d'un réglement d'administration publique. En attendant, conseillons aux cultivateurs intelligens une pratique aussi simple que facile et avantageuse, et loin de détruire les mares, félicitons-les d'habiter un pays où il est possible de s'en procurer de salubres.

Pour ce qui concerne la construction, l'emplacement des mares, qu'il faut toujours éloigner des égouts des fumiers, des eaux malsaines, *voyez* les articles CONSTRUCTIONS RURALES et CITERNE. (CHAS.)

Les mares qui contiennent des plantes en végétation offrent toujours de l'eau de couleur brune et d'une saveur marécageuse ; celles qui n'en contiennent pas sont sujettes à se dessécher, parce qu'elles ne sont pas garanties de l'action évaporante des VENTS et du SOLEIL. *Voyez* ces mots.

Pour remédier à ces deux inconvéniens, il y a un moyen que j'ai vu employer avec succès. C'est, 1°. de rétrécir la mare le plus possible, relativement à ses usages, en l'approfondissant en même temps ; 2°. de creuser des fossés plus ou moins nombreux, plus ou moins longs, plus ou moins larges dans toutes les directions qui peuvent y amener l'eau ; 3°. de remplir ces fossés avec de grosses pierres irrégulières et disposées de manière à laisser le plus possible d'intervalles entre elles. On superpose à ces pierres d'autres pierres plus petites et ensuite de la terre. Ces sortes de PIERRÉES ou d'EMPIERREMENS (*voyez* ces mots) conservent l'eau aussi fraîche et aussi pure qu'on peut raisonnablement l'exiger, et empêchent l'évaporation. On les relève tous les dix, quinze à vingt ans, suivant la nature de la terre : cette opération n'est pas coûteuse.

J'ai aussi vu dans quelques localités, même aux environs de Paris, les mares placées à l'ouverture de longs égouts voûtés, qui remplissaient mieux encore le même objet, mais dont la construction était plus coûteuse. On peut appeler ces sortes d'égouts des citernes plates ou des CITERNES SUPERFICIELLES. *Voyez* ce mot.

Dans beaucoup de lieux on est obligé de creuser des mares au milieu des champs, des prés, des bois, etc., pour en favoriser le desséchement. Rarement elles sont fort grandes; mais leur multiplication doit faire désirer de les voir utiliser plus généralement par des poissons, tels que les tanches, les gardons, les carassins, des cobites, etc., qui se plaisent dans des eaux stagnantes, ou par des plantations d'herbes aquatiques de grande stature, qui, coupées en automne, serviraient à faire de la litière et à augmenter la masse des fumiers. *Voyez* DESSÉCHEMENT, ÉGOUT DES TERRES.

L'eau des mares est toujours excellente pour les arrosemens. On peut la rendre également propre pour la boisson des hommes et des animaux, en la filtrant à travers le charbon. *Voyez* Eau. (B.)

MARGAILLÈRE. C'est dans le département des Bouches-du-Rhône, des portions de champ, dont on vient de couper le froment, qui présentent un pâturage abondant, principalement dû à l'ivraie et autres graminées annuelles. On vante beaucoup les margaillères, mais la meilleure ne vaut pas une prairie artificielle du vingtième de son étendue. *Voyez* Chaume. (B.)

MARGAL, ou MARGAIL, ou MARGAOU, ou MARGAU. Nom de l'ivraie vivace dans la ci-devant Provence. (B.)

MARGOTINS. Nom qu'on donne, dans quelques cantons, à des fagots un peu plus gros que le bras, avec lesquels on alimente le feu de certaines usines, dont le feu doit être le plus égal possible. *Voyez* Fagot. (B.)

MARGOUSIER. Nom vulgaire de l'azédarach.

MARGUERITE. Nom français d'une plante qui a servi de type à un genre que les botanistes ont appelé chrysanthème.

Ce genre de la syngénésie superflue et de la famille des corymbifères, se rapproche beaucoup des Matricaires. *Voyez* ce mot. Willdenow lui a enlevé beaucoup d'espèces pour en former son genre pyrèthre.

Toutes les marguerites ont les feuilles alternes, multifides, ou au moins profondément dentées, et les fleurs disposées en corymbe. On en compte une trentaine d'espèces, dont les unes ont les fleurs jaunes et blanches, c'est-à-dire les rayons de cette dernière couleur, et les autres les ont toutes jaunes.

La Marguerite des prés ou grande marguerite, *Chrysanthemum leucanthemum*, Lin., qui a les feuilles inférieures très-profondément divisées, les supérieures amplexicaules, lancéolées, simplement dentées, et les tiges droites. C'est une plante vivace, qui s'élève à environ un pied, et qui surabonde dans les prés de presque toute l'Europe. Elle fleurit au milieu du printemps. Qui dans son enfance n'a pas cueilli cette fleur, n'a pas joué avec ses demi-fleurons d'un blanc de neige? Les prés en retirent une partie de leur éclat pendant le mois de mai, parce qu'elle contraste fort bien avec les autres fleurs qui y brillent à la même époque. Les parterres ne sont pas déparés par sa présence, et elle doit toujours entrer dans la composition des jardins paysagers, où elle se place contre les massifs, au pied des bouquets d'arbustes, etc. Les bestiaux s'en accommodent fort bien, il paraît même que les chevaux la recherchent. Cependant il n'est pas avantageux de la laisser trop se multiplier dans les prairies, parce qu'elle ne fournit pas assez de fourrage comparativement à d'autres plantes; mais il n'y a de moyen de la détruire que de la couper avec une houlette au collet de sa racine, au premier printemps, ou de labourer et de semer le local en céréales et autres articles pendant quelques années. Ce moyen est le meilleur.

L'apparition de cette plante, dans les prairies artificielles, indique qu'il faut penser à les rompre pour les remplacer par des cultures de céréales et autres.

La MARGUERITE DES BLÉS, *Chrysanthemum segetum*, a les feuilles amplexicaules, les supérieures laciniées, et les inférieures simplement dentées. Ses fleurs sont jaunes. Elle est annuelle, et ne s'élève guère au-delà d'un pied. C'est dans les sols argileux et humides qu'elle se plaît le plus. Je l'ai vue quelquefois si abondante qu'elle devait nuire aux moissons; mais cela est rare.

La MARGUERITE DES PARTERRES ou MARGUERITE JAUNE, *Chrysanthemum coronarium*, Lin., dont les feuilles sont amplexicaules, bipinnées, et la tige rameuse. Elle est annuelle et originaire des parties méridionales de l'Europe. Sa hauteur est d'environ un pied. La couleur jaune brillant, le nombre et la longue durée de ses fleurs la rendent propre à l'ornement des parterres, et on l'y emploie souvent. Lorsqu'on veut en jouir de bonne heure, on la sème sur couche, et on la transplante lorsqu'elle a 4 à 5 pouces de haut; mais comme la transplantation ne lui est pas favorable, il vaut mieux la semer en place dans des AUGETS d'un pied de large et de 2 pouces de profondeur, bien garnis de terreau. Le plant levé se sarfouit et s'éclaircit au besoin. 3 pieds, lorsque le sol est bon, sont suffisans pour garnir l'espace indiqué. Des arrosemens dans la chaleur leur sont très-avantageux, mais non nécessaires. L'important est de faire contraster leurs fleurs avec d'autres fleurs blanches, bleues, rouges etc. Ce n'est qu'aux gelées qu'elles cessent d'en donner. On doit réserver la graine des premières pour les semis de l'année suivante.

La MARGUERITE DE L'INDE étant plus connue sous le nom de MATRICAIRE, j'en parlerai à ce mot.

On donne souvent le nom de marguerite à l'ASTÈRE DE LA CHINE. *Voyez* ce mot. (B.)

MARGUERITE PETITE. *Voyez* PAQUERETTE.

MARGUERITE DE LA SAINT-MICHEL. Quelques jardiniers donnent ce nom à l'ASTÈRE ANNUELLE.

MARGUERITELLE. Synonyme de petite marguerite. *Voyez* PAQUERETTE.

MARIEN. Nom du SARMENT qu'on réserve dans le vignoble de Metz, pour fournir les bourgeons porte-fruit. On le taille à sept ou huit yeux, selon la force des ceps, puis on le recourbe en arc complet.

A chaque taille, on réserve un œil pour fournir un marien deux ans après, celui qui a porté du fruit étant toujours retranché à cette taille. *Voyez* Vigne.

Toujours il est utile d'attacher le marien à l'échalas lorsqu'on lui fait subir l'ébourgeonnement, parce que c'est le moyen de l'assurer contre l'effort des vents. (B.)

MARM. On donne ce nom, dans le département de la Meurthe, aux pousses de la vigne, depuis l'époque de la floraison jusqu'à celle des vendanges. *Voyez* Vigne, Bourgeon et Cep. (B.)

MARJOLAINE. Espèce d'Origan. *Voyez* ce mot.

MARMANTAUX, ou TOUCHE (BOIS DE), arbres qui entourent un château, une maison et qui lui servent d'ornement. Les usufruitiers ne peuvent en disposer. (DE Per.)

MARMITE. Vase de fonte, de cuivre, de terre, à-peu-près aussi haut que large, de forme approchant de la cylindrique, dans lequel on fait souvent la soupe dans les villes et dans les campagnes. *Voyez* Chaudière et Casserole.

Les cultivateurs ne peuvent se dispenser d'avoir une ou plusieurs marmites de grandeurs différentes. Dans les pays où il y a beaucoup de mines de fer, elles sont en fonte; dans les autres, elles sont en terre. Les avantages et les inconvéniens des unes et des autres sont à-peu-près compensés; celles en cuivre sont plus rares. *Voyez* Chaudron.

Généralement les femmes des cultivateurs ne veillent pas assez sur la conservation de leurs marmites, de là la dépense ruineuse d'en acheter souvent de neuves.

La propreté des marmites doit être fortement recommandée.

On a donné le nom de marmite américaine à celle dans laquelle on place un treillage en fer ou en bois, ou une seconde marmite de fer-blanc percée de trous comme une passoire, l'un et l'autre élevés 2 à 3 pouces au-dessus du fond.

Cette marmite a été appelée américaine, parce que celui qui l'a propagée en France, l'avait vue en Amérique; mais c'est en Angleterre qu'elle a d'abord été préconisée.

Par le moyen de cette marmite, on cuit les légumes et même la viande, non dans l'eau, mais dans la vapeur de l'eau. Pour cela on y met de l'eau jusqu'à la hauteur du treillage ou de la marmite intérieure, ensuite les objets à cuir; puis on ferme avec un couvercle le plus exactement calibré possible, et on fait bouillir l'eau.

Les avantages de cette marmite consistent en ce que les légumes exigent moins de bois pour être cuits, puisqu'il ne s'agit le plus souvent que de faire bouillir deux à trois verres d'eau, au lieu de quarante ou cinquante, qu'ils cuisent plus promptement, plus également, et conservent toute leur saveur.

Ajoutez encore qu'on peut faire cuire en même temps dans la même marmite trois à quatre sortes de légumes sans que les uns nuisent aux autres, lorsqu'il y a des séparations qui les empêchent de se toucher.

J'ai plusieurs fois mangé des légumes cuits ainsi à la vapeur, et je les ai toujours trouvés supérieurs à ceux cuits dans l'eau.

Il est à desirer que cette méthode, si économique et si avantageuse, se propage parmi les cultivateurs, sur-tout pour faire cuire les pommes de terre et les châtaignes, dont ils mangent de grandes quantités. (B.)

MARNE. Ce nom s'applique à tous les mélanges de calcaire et d'argile qui sont susceptibles de se déliter à l'air, et qu'on emploie dans beaucoup de lieux pour AMENDER les terres. *Voyez* ce mot.

Il résulte de cette définition que les pierres calcaires solides, qui contiennent souvent plus d'argile, et les craies, qui contiennent toujours plus de calcaire, ne sont point des marnes, quoique composées de même, et quoiqu'on puisse aussi les employer au même objet lorsqu'on les a réduites artificiellement en poudre ou transformées en CHAUX. *Voyez* ce mot.

Toutes les marnes, comme les pierres calcaires tertiaires (*voyez* au mot CALCAIRE et au mot PIERRE), sont produites par le détritus des madrépores et des coquillages marins, et déposées en couches plus ou moins épaisses, plus ou moins nombreuses, plus ou moins voisines de la surface du sol, par les eaux qui tenaient leurs molécules en suspension lorsque la mer couvrait les continens actuels : ainsi on n'en trouve point dans les pays granitiques ni dans ceux de calcaire secondaire, où celle qu'on y trouve est de nature différente. Telle est la *marne à foulon*, uniquement composée d'argile mêlée avec moitié et plus de quartz en molécules extrêmement fines.

Les marnes, outre les élémens ci-dessus, contiennent aussi très-fréquemment du sable quartzeux, de la magnésie, du plâtre, etc.

Dans la rigoureuse acception du mot, toutes les terres labourables, excepté quelques-unes des montagnes granitiques, sont des marnes; car il s'y trouve de l'argile, du calcaire et du sable; mais il n'est pas dans l'usage de les considérer comme telles : les couches inférieures composées de ce mélange sont les seules qui portent ce nom.

Je dois cependant observer qu'il est des champs dont la surface ne peut pas être distinguée du fond, qui est réellement marneux, dans toute la force de l'expression. Ces terres portent tantôt le nom de Terre blanche, lorsque le calcaire y domine; de Terre forte, lorsque c'est l'argile; de Terre molle, lorsque c'est le sable. *Voyez* ces trois mots.

C'est principalement dans les terres marneuses que les blés sont sujets à être déchaussés pendant l'hiver, par suite de l'action des gelées sur elles lorsqu'elles sont imbibées d'eau. *Voyez* Déchaussement et Gelée.

Il est des marnes qui sont le produit du dépôt des molécules calcaires provenant du frottement des pierres calcaires et des pierres argileuses entraînées par les rivières; mais ces marnes ne présentent jamais que des amas superficiels et se distinguent aisément des précédentes. Il en est de même de celles qui sont le résultat de la décomposition des laves des volcans qui se sont élevées dans les sols calcaires.

Quelques marnes sont le résultat de l'infiltration de leurs élémens à travers les terres à une époque plus moderne; on les reconnaît en ce qu'elles ne forment point de bancs ou de couches, mais entourent des pierres calcaires, remplissent les fissures des roches de cette nature. On les trouve souvent dans les carrières qu'on exploite pour la bâtisse, et j'ai rarement vu en faire usage en agriculture, quoiqu'elles soient souvent d'une excellente qualité et très-appropriées aux terrains environnans.

Les couleurs de la marne varient extrêmement; toutes leurs nuances sont dues au fer et n'influent sur ses qualités relativement à l'agriculture, qu'autant qu'elles seraient produites par une surabondance d'oxide de fer; mais alors on les appellerait Glaise ou Mine de fer limoneuse. *Voyez* ces mots.

Pour pourvoir parler utilement de l'emploi des marnes, il faut les diviser en marnes où l'argile domine, *marnes argileuses*, et en marnes où le calcaire domine, *marnes calcaires*; car si ces deux sortes de marnes ont des propriétés communes, elles en ont aussi d'opposées, comme on le verra plus bas. Parmi les unes comme parmi les autres il en est qui se délitent facilement à l'air, c'est-à-dire qui s'y réduisent bientôt en fragmens pulvérulens, état auquel il faut nécessairement qu'elles passent pour remplir leur objet relativement à l'agriculture; toutes hapent à la langue, sont très-avides d'humidité et absorbent l'eau avec bruit lorsqu'elles sont sèches.

On apprend à connaître la proportion des principes de la marne en en faisant dissoudre une petite quantité, un gros, par exemple, dans du vinaigre ou de l'eau forte. Ces acides dissolvent la partie calcaire et n'attaquent point l'argile ni le sable, qui se précipitent au fond du vase. Le sable se sépare à son tour de l'argile en mettant le précipité dans une certaine quantité d'eau, et en agitant le tout pendant quelque temps avec un morceau de bois : le sable, comme plus pesant, se précipite le premier lorsqu'on cesse de remuer. Ces deux parties se pèsent après avoir été desséchées, et leur somme, défalquée du poids total, donne le poids du calcaire.

Souvent la marne se trouve immédiatement sous la terre végétale, quelquefois même la charrue seule suffit pour l'amener à la surface, souvent aussi elle est à 100 pieds de profondeur et il faut faire une dépense considérable pour l'y aller chercher. Les diverses couches (car il y en a souvent plusieurs superposées les unes aux autres) sont rarement de même espèce, et il faut les analyser pour savoir laquelle de ces couches il est, d'après la nature du terrain, le plus avantageux d'exploiter. En général les frais d'exploitation, et encore plus de transport, sont les causes qui s'opposent le plus communément au marnage des terres, et ces causes ne peuvent être affaiblies que par une grande aisance des cultivateurs.

L'usage de la marne est très-ancien en agriculture. Les Grecs, les Romains et les Gaulois l'employaient fréquemment. Elle est usitée de temps immémorial dans plusieurs de nos départemens ; dans d'autres, où cette terre est également abondante, elle n'est connue que de nom. Les cultivateurs des autres parties de l'Europe, sur-tout de l'Allemagne et de l'Angleterre, s'en servent habituellement. Il en est de même dans toutes les autres contrées du globe où l'agriculture est pratiquée : de sorte qu'on ne peut douter, d'après les résultats de l'expérience de tous les temps et de tous les lieux, qu'elle ne soit un des meilleurs moyens d'améliorer la terre, d'augmenter le produit des récoltes dans tous les genres ; cependant la marne par elle-même, sur-tout quand elle est tirée depuis peu de temps de la terre, est je ne dirai pas seulement peu fertile, mais même totalement infertile, comme l'observation de tous les jours le prouve aux cultivateurs. Les sols naturellement marneux à leur surface sont aussi d'assez mauvais fonds, soit que cette marne soit avec excès d'argile, soit qu'elle soit avec excès de calcaire. Ils offrent les inconvéniens de ces deux sortes de terres. (*Voyez* ARGILE, CALCAIRE et CRAIE.) De ce fait on doit conclure qu'une terre trop marnée perd de sa fertilité pendant la première, et même les premières années qui suivent son marnage ; qu'il faut par conséquent n'en répandre que la quantité nécessaire, ou la laisser long-temps exposée à l'air (au moins un an), pour qu'elle puisse se saturer du carbone ou autres principes de l'air nécessaires à la végétation : c'est un inconvénient qu'elle partage avec toutes les terres des couches inférieures du sol quand elles sont mises au jour pour la première fois. *Voyez* MAGNÉSIE.

Mais comment agit la marne? De deux manières : mécaniquement et chimiquement..

Lorsqu'un terrain trop argileux ne donne pas assez facilement passage à l'eau surabondante des pluies et aux racines encore faibles des jeunes plantes, il suffit d'y mêler une portion plus ou moins considérable de pierre calcaire réduite en poudre, ou de marne très-calcaire, pour diminuer ces deux inconvéniens extrêmement majeurs en agriculture. *Voyez* aux mots Argile, Germination, Racine, etc.

Lorsqu'au contraire un terrain trop léger et trop sec laisse passer les eaux pluviales et ne donne pas suffisamment de prise aux racines des jeunes plantes, on le rend plus solide et plus apte à conserver l'humidité si nécessaire à la végétation, en lui fournissant de l'argile ou de la marne très-argileuse.

Je mets la pierre calcaire et l'argile avant la marne, parce qu'en théorie ces substances pures lui sont réellement supérieures, et le simple exposé ci-dessus le prouve suffisamment; mais il devient presque impossible de les employer dans la pratique, à raison de la difficulté et de la dépense de leur division. La marne donc doit leur être préférée, puisqu'elle jouit naturellement de la faculté de se déliter à l'air, de s'y réduire en une poudre qu'on peut facilement mélanger avec égalité, par de simples labours, au sol qu'on veut améliorer.

Voilà tout le secret de l'action physique du marnage : il ne s'agit donc, pour le bien faire, que de connaître la nature de son sol et la nature de sa marne; le succès dépend entièrement des justes proportions du mélange. Si l'on mettait, par exemple, de la marne argileuse sur un sol argileux, ou de la marne calcaire sur un sol calcaire, on obtiendrait bien une amélioration; mais elle ne serait pas en proportion avec les dépenses, parce que l'on n'aurait pas assez changé la nature de ces sols : si on mettait trop de marne argileuse sur un sol calcaire, ou trop de marne calcaire sur un sol argileux, on manquerait son but; car cette grosse dépense ne servirait qu'à faire changer de sorte d'inconvénient à la terre. Ces résultats sont trop sensibles pour qu'il soit nécessaire de s'arrêter plus long-temps à les développer.

Puisqu'il ne s'agit, dans un de ces cas, dira-t-on, que de diviser la terre trop argileuse, on peut également y parvenir en la mélangeant avec du sable ou toute autre matière, elle-même très-divisée ou susceptible d'être réduite en poudre. Sans doute repondrai-je : aussi toutes les fois qu'on n'a pas de pierres calcaires en poudre ou de marne à sa disposition, doit-on le faire; cependant ces dernières sont préférables, parce qu'elles agissent, comme je l'ai dit plus haut, non-seulement mécaniquement, mais encore chimiquement.

Tome IX. 24

Il résulte en effet des expériences des chimistes modernes que la marne, encore plus que la terre végétale, absorbe l'air atmosphérique en se délitant, et fixe entre ses molécules en surabondance l'acide carbonique qui s'y trouve, et celui qui provient de la décomposition des animaux et des végétaux.

Comme contenant du calcaire, la marne agit encore en rendant soluble la portion de terreau qui ne l'est pas encore; mais sous ce rapport son effet est plus incomplet et plus lent que celui de la chaux vive, ce qui est presque toujours un bien, car on ne peut se dissimuler que l'abus de cette dernière peut amener la terre à une infertilité complète : aussi ai-je craint, en la conseillant, de nuire à la postérité. *Voyez* Chaux.

Puisque le calcaire dissout l'humus et que les terrains infertiles le sont le plus souvent par manque d'humus, on doit croire que lorsque l'on fume et qu'on marne en même temps, les récoltes doivent être surabondantes dans ces sortes de terrains, et c'est ce qu'a constaté l'expérience de tous les temps et de tous les lieux.

Comme l'humus dissous est, dans les terrains en pente, facilement entraîné par les eaux pluviales, il serait bon de ne les marner que fort légèrement chaque fois, c'est-à-dire proportionnellement à la consommation probable de cet humus dissous que doivent faire les récoltes demandées à ces terrains pendant deux ou trois ans au plus.

Toutes les fois qu'une terre a le degré convenable de consistance; c'est-à-dire qu'elle n'est ni trop légère ni trop forte, il n'est nullement convenable de la marner, parce que la marne est plus coûteuse que la chaux, et que cette dernière y produit, à la plus petite dose, un plus grand effet. *Voyez* Chaux.

La marne absorbe l'eau avec la plus grande facilité, et la perd de même : c'est un des motifs qui la rendent si précieuse dans les terres argileuses, qu'elle dessèche et rend par conséquent propres à un plus grand nombre de cultures.

De plus, il est sans doute des marnes, comme des pierres calcaires, qui conservent encore quelques restes des parties des animaux qui ont formé les coquilles auxquelles elles doivent leur existence, et du sel marin qui les a autrefois imprégnées. (*Voyez* au mot Calcaire.) Elles peuvent donc encore agir dans quelques cas, comme un véritable engrais et comme un stimulant.

On peut conclure du fait de la décomposition de l'air par la marne, et l'expérience de tous les siècles et de tous les pays le confirme, qu'il est, je ne dis pas seulement utile, mais même nécessaire de laisser long-temps la marne hors de terre avant de l'employer, comme je l'ai déjà annoncé, soit qu'elle soit argileuse, soit qu'elle soit pulvérulente, soit qu'elle soit pierreuse.

Il faudra donc s'y prendre au moins un an à l'avance, et mieux deux, trois, quatre, six, lorsqu'on aura le projet de marner un champ, c'est-à-dire tirer la marne de la terre, et la laisser se *mûrir en petits tas*, pour se servir de l'expression des cultivateurs, aussi long-temps que possible, tas qu'on changera de place une ou deux fois par an, si on veut bien faire. Outre l'avantage de fixer plus de carbone dans la marne, on gagne encore, à ne l'employer que long-temps après sa sortie de terre, une plus grande division de ses molécules ; ce qui est très-important.

Les agronomes ont beaucoup disputé pour décider combien il fallait répandre de marne sur un champ de telle dimension, combien de temps durait l'effet de la marne, etc. : ils pourraient le faire encore long-temps sans s'entendre, puisque les calculs les plus justes faits pour un canton, ne peuvent que rarement s'appliquer à un autre, la nature du sol et celle de la marne variant sans cesse, comme je l'ai déjà dit plus haut. C'est s'il convient de marner beaucoup à-la-fois, ou de marner souvent, qu'ils auraient dû rechercher ; et je ne trouve pas de principes à cet égard dans leurs écrits. La théorie et la pratique décident la question en faveur du dernier mode, et à ces deux guides se joint l'économie qu'il faut toujours apporter dans les travaux agricoles ; car la dépense est souvent excessive lorsqu'on est obligé de tirer la marne d'une grande profondeur, et de l'aller chercher loin. C'est à chaque cultivateur à combiner ses besoins et ses moyens de manière à prendre le parti le plus conforme à sa position : tel qui emploierait pour améliorer un champ par le marnage un capital supérieur à celui de la rente qu'il peut espérer retirer de plus de ce champ par suite de cette opération, passerait pour un fou et le serait en effet, puisque toute opération agricole doit rapporter une bénéfice prochain ou éloigné. Je crois donc qu'on doit généralement conseiller de marner médiocrement et fréquemment, c'est-à-dire tous les trois, quatre, cinq, six ou dix ans, etc., selon les circonstances dans lesquelles on se trouve et les avantages qu'on peut espérer.

L'époque du marnage est indiquée par son but même, c'est celle où la terre se repose, où les pluies sont plus abondantes, où les gelées commencent à se faire sentir ; c'est enfin à la fin de l'automne, parce que, pendant l'hiver, les molécules qui auraient échappé à la décomposition y sont plus exposées, et que c'est véritablement alors que l'air, plus comprimé par les nuages, plus condensé par le froid, plus agité par les vents, pénètre le mieux dans les interstices de la terre. On répand la

24 *

marne le plus également possible, au moyen d'une pelle ou d'un râteau, et on la laisse ainsi passer l'hiver. Ce n'est qu'au mois de mars et même d'avril qu'il faut l'enterrer par les labours. Il est des marnes ou des morceaux de marnes qui se délitent difficilement, et même jamais; en conséquence il faut nécessairement les réduire artificiellement en poudre ou au moins en plus petits fragmens, et c'est ce qu'on doit faire, au moyen d'un maillet à long manche, plutôt en automne qu'au printemps. Dans ce dernier cas, il est quelquefois nécessaire de recourir à la calcination, qui transforme une de ses parties en chaux, et l'autre en BRIQUE (*voyez* ce mot); mais il ne faut pas la tenter en grand sans l'avoir essayée en petit, certaines marnes se durcissant au feu de manière à exiger le pilon pour être ensuite réduites en poudre. Il faut ordinairement très-peu de feu pour arriver au but.

Un autre moyen de tirer parti des marnes d'une manière bien plus avantageuse, c'est de les stratifier, après qu'elles sont délitées, pendant un ou deux ans, avec de la terre végétale, ou des plantes de quelque espèce qu'elles soient, ou, mieux, du fumier, et d'en former des espèces de murs dans un lieu abrité. Cette marne décompose alors l'air avec tant d'activité, que l'azote qu'il contient se fixe, et que ces murs deviennent une nitrière artificielle, et acquièrent une surabondance de fertilité telle, qu'une très-petite quantité produit de grands effets. On augmente encore ses qualités en l'arrosant de sang et d'eau légèrement salée. *Voyez* COMPOST et MAGASIN.

Lorsqu'on répand la marne en même temps que le fumier sur les terres, leur action particulière et commune, quoique plus faible que dans le cas de stratification, est encore si avantageuse, qu'on ne doit jamais s'y refuser. Arthur Young cite un grand nombre de faits très-convaincans à cet égard dans ses *Annales d'agriculture*.

On peut tirer la marne de la terre à toutes les époques de l'année; mais c'est pendant l'hiver, dans le temps où les travaux de la culture sont suspendus, où les bras sont le moins cher, qu'on le fait ordinairement: ce moment est le plus favorable non-seulement sous le rapport de l'économie, mais encore sous celui de la plus facile délitation de cette substance. En effet, sortant de terre humide, elle reste humide jusqu'aux gelées, et ce sont les gelées qui concourent le plus puissamment à sa division par la glace qu'elles forment entre ses molécules et qui les écarte. J'ai vu des marnes pierreuses tirées pendant l'été se dessécher et rester inutiles par le défaut de division. Dans ce cas, il n'y a de ressource que la calcination indiquée plus haut.

On peut se guider dans la recherche de la marne par l'aspect général du pays, l'examen des pierres qui en font la base, les ravins, les fouilles entreprises pour les carrières, les puits, etc. Si les deux premières considérations donnent de l'espoir, et qu'on ne puisse le confirmer par les autres, on a la ressource, pour ne pas faire la dépense des fouilles sans certitude de succès, d'employer la tarière, instrument de minéralogie inventé par Bernard de Palissy, qui devait se trouver au compte du gouvernement dans tous les chefs-lieux de préfecture et de sous-préfecture.

On exploite la marne à ciel ouvert, ou au moyen des puits et des galeries : ces dernières sont fort exposés à s'ébouler ; il faut donc n'y travailler qu'avec prudence. Donner des règles à cet égard mènerait trop loin.

Il est des marnes qui se laissent tellement pénétrer par l'eau, qu'elles fusent comme la chaux lorsqu'on les met dedans, que la plus petite pluie les réduit en bouillie : ce sont les crayeuses. J'ai lieu de les croire inférieures aux autres, ne fût-ce que parce qu'elles se réunissent en masse solide par le dessèchement, et qu'alors l'air ne peut pas aussi facilement pénétrer entre leurs molécules.

La marne ne s'emploie pas seulement sur les terres labourables. On en fait aussi un usage fréquent sur les prairies naturelles et artificielles, ses effets y sont même plus prompts et plus sensibles. Ce fait indique qu'il est un grand nombre de cas où il faudrait répandre la marne après le semis des grains. Je trouve en effet dans les ouvrages d'Arthur Young, qu'un fermier d'Angleterre ayant répandu sur partie d'un champ de turneps une petite quantité de marne, les turneps de cette partie furent les plus gros. Il serait à désirer qu'on fît des expériences sur la marne ainsi employée à l'égard de toutes les espèces des plantes annuelles qui font l'objet de la grande culture ; car je ne sache pas qu'on l'utilise nulle part en France de cette manière.

Il n'y a pas de doute pour moi que la marne produirait de grands effets dans les jardins à légumes, à fleurs, dans les vergers, mais je n'ai point de fait à citer.

Arthur Young a trouvé que les pommes de terre devenaient mauvaises lorsqu'on les plantait dans un sol nouvellement marné. C'est peut-être la nature de la marne employée qui a produit cet effet ; mais il n'en est pas moins bon que les cultivateurs soient prévenus de ce résultat.

J'ai vu les bestiaux refuser de paître dans une prairie nouvellement marnée, ce qui ne m'a ni étonné ni inquiété.

Les Anglais font un fréquent usage de la marne, et plusieurs gros fermiers de ce pays lui doivent leur fortune. Là on

ne la répand pas en petite quantité sur les champs, on en met
2, 3 et 4 pouces d'épaisseur à-la-fois; mais il faut de forts capitaux pour faire une pareille opération, et peu de nos fermiers seraient en état de l'entreprendre. Il est vrai qu'on peut
la mettre à la portée du plus grand nombre, en la circonscri-
vant chaque année dans un espace proportionné à ses moyens.
Je ne vois pas en effet la nécessité de marner 100 arpens à-la-
fois. Un propriétaire prudent doit fixer toutes les années une
certaine somme pour cet objet et ne pas la dépasser. Au bout
d'une révolution quelconque, sa terre sera complétement
marnée, et ses revenus par conséquent augmentés sans, pour
ainsi dire, avoir fait de sacrifice pour cela.

La durée des effets de la marne est extrêmement variable,
et doit l'être, puisque, outre les causes qui résultent de sa nature, il y a encore celles résultant des circonstances atmosphériques, des labours, de la nature des plantes semées, etc.
Des notions générales sur cet objet ne peuvent jamais être
bonnes; c'est sur les localités qu'il faut les développer, si on
veut les utiliser.

Il est d'observation qu'un terrain marné demande à l'être
de nouveau au bout d'un nombre d'années plus ou moins
long. Ce fait peut s'expliquer de deux manières : ou on juge
la fertilité du sol altérée, parce qu'on compare ses produits,
lorsque l'effet de la marne s'est affaibli, à ce qu'ils étaient
pendant la durée de sa grande force; ou réellement la marne
ayant rendu soluble annuellement plus de terreau que la végétation et les engrais n'en pouvaient fournir, il en est véritablement épuisé. (*Voyez* CHAUX et HUMUS.) Dans ce dernier
cas, il n'y a que des ENGRAIS animaux ou végétaux, ou une
non culture de plusieurs années, qui puissent réparer le mal. Je
ne parle pas de la cessation de l'action mécanique de la marne,
qui ne peut, pour ainsi dire, jamais avoir lieu.

On a remarqué, dans le comté de Norfolck, que les terrains
depuis long-temps accoutumés à être marnés ne reçoivent
presque plus d'amélioration par le marnage; ce qui s'explique
fort aisément par la considération de l'épuisement de l'humus.

Un des emplois de la marne qui n'a pas échappé à l'observation des Chinois, c'est son mélange avec les excrémens humains, pour les employer avec moins de dégoût et de perte à
l'engrais des terres. *Voyez* CHAUX, HUMUS, POUDRETTE, URATE.

La montagne de Saint-Pierre, près Maëstricht, si célèbre
par les fossiles qu'elle fournit à nos collections, est composée
d'une pierre marneuse tendre, qu'on taille ou scie avec une
grande facilité pour la bâtisse : les rognures de cette pierre ont
été et sont encore l'objet d'un important commerce avec les
pays voisins et avec la Hollande, où on les conduit par la

Meuse, qui passe au pied de cette montagne, et où on les emploie à l'amendement des terres. *Voyez* CRAN.

Je pourrais beaucoup plus m'étendre sur les merveilleuses propriétés de la marne en agriculture, citer des exemples sans nombre des avantages qu'on en retire dans tous les lieux qui ont le bonheur de l'employer; mais je suis obligé de me restreindre. On trouvera d'ailleurs des supplémens à cet article aux mots ARGILE, CHAUX, CALCAIRE, CRAIE, SABLE, AMENDEMENT, ENGRAIS, etc. (B.)

MAROUTE. Nom vulgaire de la CAMOMILLE PUANTE.

MARQUE DES BESTIAUX. La nécessité de reconnaître les animaux domestiques qui appartiennent à différens propriétaires, lorsqu'ils sont réunis en troupeau commun, ou lorsque s'étant égarés ils ont été recueillis ou volés, a engagé à chercher les moyens de leur faire des marques propres à les reconnaître.

Ces marques sont de deux sortes : les unes sont effaçables, les autres ineffaçables. Ces dernières se subdivisent encore en peu durables et en perpétuelles.

Les marques effaçables se font avec des matières colorées ou colorantes. On n'en fait guère usage que sur le mouton, afin de ne pas perdre la laine. Le crayon rouge ou la sanguine et le goudron sont les deux substances les plus généralement employées. On les applique sur la tête, sur le cou et sur la croupe.

J'appelle marques non effaçables, mais peu durables, celles qui se font en coupant le poil en forme de lettres, de chiffre, d'étoile, etc. Ce sont principalement les bœufs et les cochons qu'on mène en foire qui se marquent ainsi.

On en fait aussi du même genre sur les cornes et les ongles des gros animaux.

Très-souvent les bestiaux, sur-tout les gros, ont des marques naturelles qui permettent de les reconnaître, et qui constituent ce qu'on appelle leur SIGNALÉMENT (*voyez* ce mot); mais comme d'autres bestiaux peuvent aussi avoir les mêmes marques, elles ne sont pas toujours regardées en justice comme preuves certaines de la propriété.

Couper les deux oreilles, la queue des animaux domestiques, c'est les marquer d'une manière perpétuelle; mais ces mutilations ne sont cependant pas mises au nombre des marques, parce qu'on les exécute souvent par des motifs de goût ou de mode, et que beaucoup de propriétaires le font de la même manière. Mais couper une seule oreille à un mouton, à un cochon, à un bœuf est une marque. Leur fendre une oreille ou les deux oreilles en long, en large, en bas, en haut en est encore une autre : on ne devrait pas les percer, car alors elles peuvent s'accrocher aux buissons.

Cependant les marques proprement dites sont celles qui sont imprimées par une blessure représentant une ou plusieurs lettres de l'alphabet, un ou plusieurs chiffres, ou une figure quelconque, faite sur la peau, soit au moyen d'un fer tranchant, soit ou moyen d'un fer rouge, soit au moyen des caustiques. De ces trois modes, le moins douloureux et le plus sûr est l'application du fer.

Les cultivateurs qui sont toujours prêts à vendre leurs bestiaux, pour peu qu'en leur en offre un prix avantageux, et le nombre n'en est malheureusement que trop grand, ne doivent pas marquer leurs bestiaux, parce que cela nuirait à leur vente; mais ceux qui, contens des services de ceux qu'ils ont, sont dans l'intention de les conserver jusqu'à leur mort, ou jusqu'à ce qu'ils aillent à la boucherie, feront bien de faire fabriquer une marque en fer, dont les lettres auront 3 pouces de long et 4 lignes d'épaisseur de trait pour les grands animaux et moitié moins pour les petits, laquelle sera fixée au bout d'une verge de même métal, d'un à 2 pieds de long, verge qui entrera par le bout opposé dans un manche de bois.

C'est généralement à la cuisse qu'on marque les chevaux, les mulets, les bœufs et les vaches avec la grande marque, parce que c'est là où il y a le moins de danger ; car, il faut l'avouer, cette opération peut avoir des suites graves. Quelquefois on marque aux oreilles, aux jambes, aux joues, même au front avec le petit fer.

Pour bien imprimer la marque, il faut que le fer ne soit ni trop ni pas assez chaud. Trop chaud, il ferait une plaie profonde qui amenerait une longue suppuration, dont la suite serait l'altération de la forme de la marque et une difformité ; pas assez chaud, il formerait une plaie légère, dont les traces s'effaceraient facilement. On juge que le fer est au point convenable, lorsqu'on sent sa chaleur en l'approchant à 6 pouces du dos de sa main ou de son visage. L'application doit être ferme et prompte et ne pas durer plus d'une minute. Quand elle est faite convenablement, l'escarhe tombe au bout de huit jours presque sans suppuration, et les bords de la plaie restent nets. (B.)

MARRE. Pelle fort large et courbée qui sert à façonner la vigne dans le Médoc.

Dans d'autres lieux, c'est une grosse pioche fort peu différente de celle qu'on appelle TOURNÉE aux environs de Paris.

MARRE. Sorte de HOUE. *Voyez* ce mot.

MARRE. C'est un BÉLIER dans le département de Lot-et-Garonne.

MARRON. Variété de CHATAIGNE et fruit du MARRONNIER. *Voyez* ces mots.

MARRON D'INDE. Baumé, à qui l'art pharmaceutique doit une grande partie de son perfectionnement, a donné, à la suite de ses Élémens de pharmacie, un traité complet sur les marrons d'Inde et sur l'usage qu'on peut faire de son fruit : le travail de ce savant consiste à dépouiller le fruit de son amertume : pour y parvenir, il conseille d'écorcer le marron d'Inde, de le râper, de le broyer, de le réduire en pâte sur une pierre, comme pour faire le chocolat, avec cette différence que le broiement se fait à froid. On met ensuite le résultat dans un vase, en versant dessus de l'alcool ; on met infuser au bain-marie l'espace de vingt-quatre heures, et on répète jusqu'à six fois en changeant chaque fois d'esprit de vin : le résidu, décanté, séché au four ou dans une étuve, est en état de faire du pain.

On peut, au lieu d'alcool, employer l'eau, et on obtient le même avantage. Je ne doute pas que ce dernier procédé ne soit employé ; il est beaucoup plus à la portée de tout le monde, plus économique et bien moins embarrassant. Baumé avait très-bien senti que le procédé de l'alcool ne pouvait convenir à tout le monde ; aussi ne l'a-t-il indiqué que pour les chimistes qui cherchent à déterminer la nature des substances qui constituent le marron d'Inde.

Les expériences sur le fruit du marronnier d'Inde n'ont pas toutes été dirigées sur l'utilité que les hommes pouvaient en retirer pour leur nourriture et pour celle des animaux. J'ai plus d'une fois proposé deux moyens simples pour étendre son utilité vers les besoins des arts. Le premier consiste à réduire les marrons en poudre ou farine, et à lui donner la consistance capable de suppléer la colle préparée avec les bons grains : elle adhère fortement aux corps auxquels on la fixe, et loin de se ramollir à l'air, elle y acquiert plus de consistance, surtout si on a la précaution de ne pas tenir cette colle trop claire ; elle a de plus l'avantage de n'être pas attaquée par les vers, à cause de son amertume. On sait depuis long-temps que les relieurs et les fabricans de cartons font entrer dans la préparation des colles le suc épaissi de l'aloës, à dessein précisément d'en éloigner les vers : cette substance extracto-résineuse amère se trouve dans la farine du marron d'Inde. Le second moyen d'utiliser les marrons, ce serait d'en retirer le salin, qu'ils fournissent abondamment comme tous les végétaux : il suffit, pour cela, de ramasser ce fruit, de le faire sécher, de l'incinérer et d'en séparer le salin par le lessivage des cendres, ou bien, si on le préfère, employer les cendres au blanchîment du linge. *Voyez* POTASSE.

Marcandier, dans son Traité sur le chanvre, rapporte qu'en France et en Suisse on emploie l'eau dans laquelle on a fait bouillir les marrons d'Inde, à blanchir le chanvre, le lin et les autres tissus, et qu'on peut s'en servir au lieu de savon : on savait enfin depuis long-temps que la fécule était très-propre pour laver les mains.

D'après cet aperçu et l'utilité que présentent les marrons d'Inde, il n'y a pas de doute qu'un jour quelques personnes animées de l'esprit public, placées dans des cantons où les marronniers sont abondans, n'introduisent dans les ateliers les procédés indiqués pour donner au fruit de cet arbre une destination vraiment utile à la société.

Voyez, pour le surplus, l'article MARRONNIER. (PAR.)

MARRONNIER, *Esculus*. Genre de plantes de l'heptandrie monogynie et de la famille des malpighiacées, qui renferme cinq à six espèces qui se cultivent dans les jardins d'agrément, dont deux sont ou peuvent être utilisées dans l'économie agricole.

Ce genre a été divisé en deux, sous la considération que la première espèce a cinq pétales presque égaux et très-ouverts et le fruit hérissé de pointes; mais cette division n'a pas été généralement admise, et je ne crois pas devoir en faire usage ici.

Le MARRONNIER D'INDE, *Esculus hippocastanum*, Lin., est un arbre de la haute Asie (les montagnes du Thibet), apporté en Europe en 1550; le premier venu à Paris fut planté en 1615, dans le jardin de l'hôtel de Soubise. Il est aujourd'hui généralement cultivé, à raison de la beauté de ses feuilles et de ses fleurs et de sa prompte croissance. Sa racine est pivotante; son tronc droit, élevé de 60 pieds et plus; ses branches souvent opposées, nombreuses, forment une belle tête; ses feuilles sont alternes, pétiolées, digitées, composées de cinq ou de sept grandes folioles ovales, lancéolées, dentées, ridées; ses fleurs blanches, fouettées de rouge ou de jaune, sont disposées en grappes à l'extrémité de ses rameaux; ses fruits sont armés de piquans plus ou moins nombreux.

Il est impossible de voir un marronnier d'Inde en fleur sans s'extasier de sa beauté; aussi, au commencement du siècle dernier, excitait-il en France un enthousiasme universel. On ne voulait que des marronniers d'Inde dans les allées des jardins; mais petit-à-petit l'habitude de le voir a affaibli cet engouement et fait sentir ses inconvéniens : aujourd'hui, où la variété est le principal mérite des jardins, on le recherche moins, mais on lui accorde encore un haut degré d'estime. Il n'est point de jardin paysager où il ne doive entrer, soit dans les massifs, soit isolé; car toujours il y produit des effets du plus grand genre, sur-tout au commencement du printemps, époque où il entre en fleur.

Une terre fraîche, profonde et substantielle, est celle qui convient le mieux au marronnier d'Inde ; cependant il s'accommode de toutes, pourvu qu'elles ne soient ni trop sèches ni trop marécageuses. Dans les sèches, il fait de faibles pousses, et perd ses feuilles de bonne heure ; dans les marécageuses, il reprend et subsiste difficilement.

Quoiqu'on puisse multiplier le marronnier d'Inde de rejetons, de marcottes et même de boutures, jamais on n'emploie ces moyens, qui donnent des arbres de peu de vigueur et d'une courte durée : l'abondance de ses fruits permet d'en obtenir par semis beaucoup plus que les besoins du commerce ne le demandent.

Les marrons d'Inde ne peuvent se conserver plus d'un mois à l'air sans se dessécher, c'est-à-dire perdre leur faculté germinative : on doit donc, ou les semer immédiatement après leur chute de l'arbre, c'est-à-dire au commencement de l'automne, ou les conserver pendant l'hiver, stratifiés dans du sable ; dans ce dernier cas, on attend que les fortes gelées soient passées pour les mettre en terre : presque toujours alors ils sont germés, et quelques pépiniéristes profitent de cette circonstance pour casser l'extrémité de leur radicule, et par là empêcher la formation d'un pivot, pratique qu'on ne doit jamais admettre lorsqu'on plante des marrons en place, mais qui a quelques avantages lorsqu'on les élève dans une pépinière. *Voyez* PIVOT.

On plante les marrons un à un, en ligne, à la distance de 8, 10 et 12 pouces, dans un terrain convenablement labouré, ils ne tardent ordinairement pas à lever : le plant, dans cette première année, se bine deux à trois fois.

Quelques pépiniéristes lèvent le plant de marronnier d'Inde dès le printemps suivant pour le planter à 20 ou 30 pouces de distance dans une autre partie de la pépinière également profondément labourée, d'autres attendent l'année suivante : l'une et l'autre de ces deux méthodes ont des avantages et des inconvéniens et peuvent indifféremment être adoptées.

Comme le marronnier d'Inde a toujours un bourgeon terminal, de la conservation duquel dépendent la beauté et la prompte croissance de l'arbre, dans aucun cas on ne mutile la tige du plant ; mais on coupe le pivot s'il ne l'a pas été, et on rafraîchit ses racines, c'est-à-dire qu'on les raccourcit au moyen de la serpette. *Voyez* au mot PLANT.

Rarement le marronnier d'Inde manque à la reprise pour peu que la plantation ait été faite en temps convenable, cependant il pousse faiblement la première année ; mais la seconde, ou au plus tard la troisième, il fait des jets de plus d'un pied, et à quatre à cinq ans il commence à être propre à être mis en place, et peut l'être jusqu'à dix et douze.

Quoique plus qu'aucun autre arbre le marronnier puisse se passer de la taille en crochets, cependant il est bon de la lui appliquer, la seconde ou troisième année de sa transplantation, pour le faire monter plus vite, ou au moins de raccourcir celles de ses branches latérales qui rivalisent trop avec la tige; on continue cette opération chaque année pendant l'hiver, jusqu'à ce que l'arbre soit ce qu'on appelle formé, et chaque fois on coupe, rez tronc, les chicots laissés l'année précédente.

Dans aucun cas, on ne rebote (coupe rez terre) les plants de marronnier; ceux qui sont trop mal venans, ou qui ont été cassés par accident, sont arrachés et remplacés si la plantation est encore jeune, sinon leur place reste vide.

La transplantation du marronnier d'Inde arrivé à l'âge d'être mis en ligne demande à être faite avec quelque soin : ses racines sont très-susceptibles des impressions du hâle; ainsi il faut ou opérer dans un temps couvert, même pluvieux, ou les tenir rigoureusement couvertes. On raccourcit les branches de la tête lorsque leur masse est trop considérable relativement aux racines; mais jamais on ne doit couper la tête même, comme le font trop souvent ces entrepreneurs qui osent s'appeler planteurs.

Autant que possible, il faut laisser quelques boutons sur ces branches dans la direction qu'on veut que prennent les nouvelles pousses.

Comme on désire jouir promptement sans s'inquiéter de la durée de la jouissance, on plante ordinairement les marronniers, soit en quinconce, soit en allée, à 3 ou 4 toises les uns des autres; mais quand on veut avoir de beaux arbres, et qu'ils doivent durer des siècles, il faut les espacer du double, supposé, s'entend, que le terrain soit bon, et qu'ils ne seront pas mutilés.

La forme du marronnier, lorsqu'il a cru naturellement et isolément, est plus belle qu'aucune de celles que peut lui donner l'art. Il est difficile de comprendre pourquoi il est si général que l'homme se soit plu à le gâter en lui en donnant une factice : c'est chose remarquable que la facilité avec laquelle ses branches se prêtent à prendre, sous le croissant, la direction qu'on veut leur donner, témoin ce pied sous l'ombrage duquel les habitans de Paris vont manger des matelotes à la Râpée, pied dont la tête a une largeur de 4 à 5 toises, et une hauteur de 2 et 3 pieds au plus; dans les jardins ornés, on en fait des palissades, des allées ou rideaux, des berceaux, etc., qu'on taille tous les hivers.

Il y a une variété de marronnier d'Inde dont les capusles ne sont pas épineuses, il y en a d'autres qui ont les fleurs très-rouges ou presque blanches : on les recherche peu.

Le bois du marronnier donne peu de flamme, peu de chaleur, peu de charbon ; il est filandreux, mou et sujet à se tourmenter : débité en planches, il ne peut servir qu'à quelques tablettes et autres usages de peu d'importance. Cependant une expérience suivie pendant dix-huit ans a convaincu M. de Goussier que la volige de marronnier d'Inde était préférable à celle des peupliers pour recevoir les ardoises des toits, en ce que le clou y tient mieux, et qu'elles ne sont pas attaquées par les insectes : cet emploi mérite l'attention des propriétaires.

Zanichelli et autres avaient préconisé l'écorce du marronnier comme propre à remplacer le quinquina pour la guérison des fièvres ; mais des expériences faites à Paris, à Versailles et ailleurs, dans ces dernières années, ont prouvé que cela n'était pas. De plus, M. Henri, chef de la pharmacie centrale, a donné, dans le n°. 200 des Annales de chimie, août 1808, une notice sur l'écorce du marronnier d'Inde, dans laquelle il démontre que l'*infusum* et le *decoctum* de cette écorce diffèrent beaucoup de ceux de quinquina ; que l'*infusum* d'écorce de marronnier réfléchit le rayon violet ; qu'il ne décompose pas le tartrite de potasse et d'antimoine (*vulgò* émétique) ; que écorce de marronnier ne fournit pas le sel reconnu dans le quinquina : d'où il conclut qu'il n'y a pas d'analogie entre écorce de marronnier et celle de quinquina.

D'après Varennes de Fenille, le bois de marronnier pèse vert livres 7 onces un gros, et perd, par la dessiccation, plus du seizième de son volume.

Dans aucun cas, le marronnier ne peut être rangé parmi les arbres utiles ; mais comme les agrémens dont il est pourvu le feront toujours multiplier, M. Parmentier a recherché les moyens de tirer parti de ses feuilles et de ses fruits pour la nourriture des bestiaux et autres usages économiques.

Le fruit du marronnier d'Inde s'appelle *marron* : son amertume, qu'on ne peut faire disparaître qu'au moyen de l'alcool, ne permet pas de l'employer à la nourriture de l'homme ; mais il est du goût de tous les bestiaux, principalement des vaches, des moutons, des cochons et des lapins. On peut le leur donner ou cru ou bouilli. Il contient une grande abondance de fécule, qui, extraite au moyen de la râpe, peut être utilisée pour faire de la colle, de la poudre à poudrer, etc. (*voyez* Fécule) ; on peut aussi les brûler pour en retirer la potasse (*voyez* ce mot), qui y est passablement abondante. Il est fâcheux qu'on en laisse autant perdre.

Le **Marronnier-Pavie**, ou **Pavia a fleurs rouges**, a les feuilles composées de cinq folioles inégalement dentées, la corolle rouge composée de quatre pétales formant un long tube, le fruit sans épines ; il croît naturellement dans les forêts de l'Amérique, où il s'élève rarement au-dessus de 6 pieds : c'est un très-élégant arbuste lorsqu'il est en fleur. Rarement il donne des fruits, même dans son pays natal, ainsi que je m'en suis assuré en Caroline, où il est commun. On le cultive depuis long-temps dans les jardins d'Europe, où on le multiplie de marcottes et plus communément par la greffe sur le marronnier d'Inde, qui, comme plus grand et plus vigoureux, l'emporte enfin sur lui et le fait périr ; aussi en voit-on peu de vieux pieds dans les jardins des environs de Paris, quoiqu'il se trouve dans tous ceux qui renferment la collection des arbustes étrangers de pleine terre. Les marcottes se font en hiver et sont enracinées la première et quelquefois seulement la seconde année ; les greffes s'exécutent ordinairement en été et à œil dormant : ces greffes donnent des fleurs dès la seconde année.

Il a été reconnu que deux espèces fort voisines ont été confondues sous ce nom.

Un terrain gras, sablonneux et ombragé est celui qui convient le mieux à cet arbuste, qu'on place le plus communément au premier rang des massifs, dans des angles qui le mettent à l'abri des rayons du soleil du midi ; il fleurit au commencement de l'été : on en connaît une variété à feuilles velues en dessous.

Le **Marronnier a fleurs jaunes** ou **Pavia jaune**, a les feuilles composées de cinq folioles également dentées, velues en dessous ; la corolle jaune pâle composée de quatre pétales formant un tube court ; le fruit sans épines. Il est originaire de l'Amérique septentrionale, où Michaux en a vu des pieds de près d'une toise de diamètre et de 10 à 12 de hauteur ; on le cultive dans beaucoup de jardins en France, où il réussit fort bien et où il forme, quand il est franc de pied, des arbres qui ne cèdent qu'au marronnier d'Inde en beauté. On le multiplie par ses fruits, par ses marcottes, par ses racines et principalement par sa greffe sur le marronnier d'Inde ; greffe qui fleurit ordinairement dès la seconde année et donne quelques fruits dès la troisième, mais qui ne dure pas très-long-temps, par le motif contraire à celui indiqué plus haut, le marronnier d'Inde étant plus petit.

C'est isolée au milieu des gazons ou à quelque distance des massifs que se place ordinairement cette espèce ; il lui faut une terre profonde, substantielle et fraîche : elle fleurit à la fin du printemps.

Il s'est trouvé, ces années dernières, dans les pépinières

de Versailles, une variété fort remarquable de cette espèce; elle se distingue par ses fleurs rouges et par ses folioles plus longues, plus pendantes, et d'un vert plus pâle : elle est plus qu'elle propre à orner les jardins; aussi l'ai-je beaucoup multipliée.

Une autre variété, si ce n'est une espèce à fleurs beaucoup plus rouges, se cultive au jardin du Muséum.

Le MARRONNIER A PETITES FLEURS OU A LONGS ÉPIS, a les feuilles composées de cinq folioles dentées, velues en dessous; les grappes très-longues et très-garnies de petites fleurs blanches et odorantes : il est originaire de la Foride, où Michaux l'a découvert. C'est un charmant arbuste de 6 pieds de haut, qui, le soir, embaume l'air pendant qu'il est en fleur, c'est-à-dire pendant près de deux mois; on le cultive aujourd'hui dans beaucoup de jardins des environs de Paris, où il fleurit fort bien, mais où ses épis n'acquièrent pas la longueur qu'ils ont dans leur pays natal : c'est dans une planche de terre de bruyère, située à quelque distance des massifs, à l'exposition du levant ou du midi qu'il demande à être placé. Il fleurit au milieu de l'été. On le multiplie presque exclusivement de racines et de marcottes, donnant fort peu de fruits, même dans son pays natal, et subsistant rarement plus d'un an sur le marronnier d'Inde, où sa greffe réussit cependant fort bien, par la raison indiquée à l'avant-dernière espèce : je ne puis trop encourager sa culture.

Ce marronnier a été reconnu donner des fruits très-bons à manger; on le trouve en conséquence figuré sous le nom de *Pavia doux*, dans la superbe édition de Duhamel, que donnent Poiteau et Turpin.

Michaux fils a rapporté d'Amérique une nouvelle espèce de ce genre, qui a les fleurs blanches et les capsules épineuses; son tronc ne s'élève qu'à 25 pieds, et il est fort gros relativement à l'étendue de sa tête : il l'a appelée PAVIE DE L'OHIO, *pavia ohiotensis*, du nom de la rivière sur les bords de laquelle elle a été trouvée. Ses fleurs sont verdâtres et de la forme de celles du pavia rouge, ses fruits sont hérissés comme ceux du marronnier d'Inde. On en voit beaucoup de pieds fleurissant et fructifiant dans les jardins des environs de Paris; mais il est moins propre à les orner qu'aucun des autres. (B.)

MAROUCHIAS. On donne ce nom aux dernières récoltes des feuilles de pastel pour la teinture (la cinquième et la sixième dans les pays chauds), récoltes qui donnent de mauvais produits et qui sont prohibées par les ordonnances. *Voyez* PASTEL. (B.)

MARRUBE, *Marrubium*. Genre de plantes de la didynamie gymnospermie, et de la famille des labiées, qui renferme une vingtaine de plantes d'une odeur forte, et dont une est trop commune en France pour n'être pas mentionnée ici.

Le Marrube commun ou Marrube blanc, a les racines fibreuses, les tiges quadrangulaires, velues, rameuses, hautes d'un à 2 pieds; les feuilles opposées, pétiolées, ovales, dentées, ridées, velues; les fleurs blanchâtres, ramassées en verticille dans les aisselles des feuilles supérieures. Il se trouve très-fréquemment autour des villes et des villages, le long des haies, sur la berge des fossés, les décombres, etc., et fleurit pendant tout l'été; son odeur est éthérée et sa saveur amère : on le regarde comme un excellent remède dans beaucoup de maladies. Sa grande abondance dans certains lieux invite les cultivateurs à le faire couper à la fin de l'été pour en faire de la litière ou chauffer le four; car, comme aucun animal domestique ne le mange, il serait sans cela perdu pour l'agriculture; on en peut tirer aussi de la potasse. (B.)

MARRUBE NOIR. C'est la ballotte.

MARS. Pendant ce mois, le dernier de l'hiver, le soleil acquiert de plus en plus de la force, les jours s'allongent rapidement, et des vents souvent violens dessèchent la surface de la terre : alors beaucoup de plantes commencent à pousser, quelques fleurs s'épanouissent, l'amateur jouit déjà, et le cultivateur reprend la série de ses pénibles travaux. Les terres destinées à recevoir les semences des céréales de printemps, que par son nom on appelle des *mars* dans beaucoup de cantons, qui n'ont pu être labourées, fumées et marnées dans le courant du mois précédent, le sont pendant sa durée : toutes sont semées. Les pommes de terre, les topinambours, les vesces, les gesses, les pois, les fèves, les trèfles, les luzernes, les sainfoins sont mis en terre. On donne l'eau aux prés qui en sont susceptibles, et on les défend tous de l'approche des bestiaux.

C'est alors qu'il faut donner aux vignes le premier labour, les tailler, les provigner, etc.

Dans les jardins, on sème la plus grande partie des légumes, soit sur couche, soit contre des abris, soit en planches, tels que l'arroche, la poirée, l'oseille, la carotte, le panais, le navet printanier, les oignons, les radis, les scorsonnères, salsifis, épinards, le cerfeuil, le cresson, la capucine, le pourpier, la laitue, les choux-fleurs, les pois, fèves, haricots de primeur, asperges, melons, betteraves, cresson alenois, cresson de fontaine, et la plupart des fleurs des parterres.

On plante aussi le fraisier, l'ail, l'échalote et autres plantes de ce genre.

On repique les choux-fleurs, les oignons, les poireaux, les choux pommés, les salades conservées pendant l'hiver dans la planche du semis, ou levées sur couche, ainsi que les mêmes espèces destinées pour la production des semences.

On éclate les racines de l'oseille, de l'estragon, de la sauge, de l'hysope et autres plantes vivaces qu'on veut multiplier.

Vers la fin de ce mois, les pois de primeur se rament, les artichauts se découvrent, les greffes d'asperge se plantent; les sarclages, binages, ratissages se terminent.

Toutes les plantations d'arbres doivent cesser vers la même époque, même celle des arbres verts, qui ne s'exécute que lorsque la végétation commence à se montrer, ainsi que toute taille; mais c'est cependant pendant la durée de ce mois que se fait celle des arbres à fruits à noyaux, sur-tout des pêchers, parce que ce n'est qu'alors que leurs boutons à fruit se distinguent de leurs boutons à bois. Leur palissage doit s'exécuter de suite.

On commence le plus souvent à greffer en fente et à œil poussant dans le courant de ce mois. On sème les graines d'arbres conservées en jauge pendant l'hiver, comme amandes, marrons d'Inde, châtaignes, glands, faînes, érables, etc., et celles dont le plant craint les gelées dans sa jeunesse.

C'est aussi dans ce mois qu'il faut semer les graines de chêne, de frêne, de hêtre, de charme, etc., pour repeupler les bois qui offrent des clairières; y planter des boutures de peupliers, de saules, même de sureau.

Les oies, les canards et quelques poules couvent dans le commencement de ce mois.

On châtre alors les agneaux de novembre et de décembre. (B.)

MARS, MARSAIS. Dans la plupart des départemens, on donne ce nom au FROMENT, à l'AVOINE, à l'ORGE et autres grains qu'on sème après l'hiver. Toutes les plantes susceptibles des atteintes des fortes gelées de l'hiver doivent être semées lorsque ces gelées ne sont plus à craindre; mais il est de fait que ces plantes ne sont pas aussi belles, ne donnent pas autant de graines que lorsqu'elles ont pu être semées en automne. Lenteur de croissance et longueur de croissance sont les deux circonstances que le plus souvent les cultivateurs doivent favoriser pour le succès de leurs travaux. (B.)

MARSAGE. On donne ce nom, dans le département des Vosges, aux grains qu'on sème en mars.

MARSECHE. On appelle ainsi une variété de SEIGLE qu'on cultive beaucoup dans la ci-devant Auvergne, et qui se sème en MARS. *Voyez* ce mot.

Cette variété peut être avantageuse dans les montagnes élevées, mais il n'est pas à désirer qu'elle remplace le seigle d'automne dans les plaines, hors quelques cas rares, parce qu'elle fournit moins. (B.)

MARSEICHE. Nom qu'on donne, dans quelques cantons, à l'orge à deux rangs qu'on sème au printemps.

MARSELLE. C'est la VIORNE COMMUNE, dans les environs de Boulogne.

MARTINET. Ce mot, dans les environs d'Orléans, est synonyme de VRILLE de la VIGNE. *Voyez* ces mots. (B.)

MARTAGON. Nom commun aux lis qui ont les divisions de la corolle réfléchis. *Voyez* au mot LIS.

MARTRAS. Nom des tas de FUMIER dans le Jura : ce sont des masses carrées, élevées, dont les bords sont formés avec la longue litière.

La régularité des matras sert de base à l'estime que les garçons font des jeunes filles, aussi y a-t-il rivalité entre ces dernières à qui les fabriquera le mieux. (B.)

MARUM. Nom latin de la GERMANDRÉE MARITIME.

MASSAIS. On donne ce nom, dans le Cotentin, aux murs faits en BAUGE, murs qu'on garnit souvent d'ESPALIERS avec beaucoup d'avantage, en ce qu'ils sont plus chauds que ceux en pierre ou en plâtre. *Voyez* ces mots. (B.)

MASSETTE, *Typha*. Plante à racines rampantes garnies de fibrilles verticillées ; à feuilles engaînantes par leur base, presque toutes radicales, alternes, droites, fermes, légèrement convexes en dehors, épaisses, spongieuses, striées, longues de 5 à 6 pieds sur 5 à 6 lignes de large ; à tige presque nue, haute de 6 à 7 pieds, cylindrique, pleine de moelle, portant deux épis cylindriques de fleurs à son sommet ; le supérieur composé de fleurs mâles, et l'inférieur, plus gros, de fleurs femelles. Cette plante croît en très-grande abondance dans les étangs, les marais, les rivières dont le cours est tranquille, et, avec deux ou trois autres peu différentes, forme un genre dans la monoécie triandrie, et dans la famille des typhoïdes.

La MASSETTE D'EAU, ou MASSE D'EAU, fleurit en été. Les chevaux en mangent les feuilles, et les cochons les racines : ces dernières sont astringentes, et s'emploient en médecine. On confit, dans quelques endroits, ses jeunes pousses pour l'usage de la table. Ses feuilles servent généralement par-tout à couvrir les maisons, ce à quoi elles sont très-propres par leur longueur, leur largeur et leur peu de disposition à se pourrir. On les emploie aussi à faire des nattes, des paillassons, à rembourrer les chaises, etc. Le pis-aller, c'est d'en faire de la litière, et par là augmenter la masse des fumiers. C'est donc une plante des plus intéressantes pour les cultivateurs ; plante qui ne demande aucune culture, qui donne chaque année des récoltes assurées, et qui croît dans des lieux qui n'en produisent pas de plus utiles ; car le scirpe des lacs et le roseau des marais qui s'y trouvent aussi, lui sont inférieurs pour les avantages qu'on en retire. On la coupe à deux époques, à la fin de l'été, lorsqu'elle est dans toute sa force de végétation, et pendant l'hiver, lorsque les eaux sont glacées. On n'a en vue que la plus grande facilité de sa récolte dans ce dernier cas, car elle est alors d'une qualité inférieure. Dans l'un et l'autre, l'important est de la faire sécher rapidement, et de ne pas la conserver en tas dans des lieux humides.

Les poils qui entourent les semences sont blancs, doux et soyeux. On s'en sert dans quelques endroits pour ouater, rembourrer les selles des chevaux, les coussins, les oreillers, calfater les bateaux, etc. ; mais ils sont courts et sans ressort, et par conséquent peu propres à la plupart de ces objets. On a essayé, en les incorporant avec du coton, à en faire des gants, des bas, des draps, etc., et on a, dit-on, réussi; mais est-ce réussir que d'obtenir la quantité aux dépens de la qualité? Ils ne peuvent en effet qu'affaiblir la force et la durée de ces produits de l'industrie.

Les eaux des jardins paysagers réclament la massette d'eau comme plante d'ornement. Elle a en effet beaucoup d'élégance, sur-tout lorsqu'elle est pourvue de sa tige ; mais il ne faut pas qu'elle soit en touffes trop épaisses, et il est difficile de s'opposer à sa multiplication, ses racines étant, comme je l'ai déjà dit, très-traçantes, et chacun de leurs nœuds fournissant de nouveaux pieds chaque année. (B.)

MASSIF. En jardinage, ce mot signifie une plantation d'arbres qui interceptent la vue et le passage.

Dans les jardins réguliers les massifs remplissent l'intervalle des allées, excepté au parterre ; là ils sont presque toujours terminés par des lignes droites. On les compose de chênes, d'ormes, de coudriers, de saules marceaux, de charmes et autres arbres les plus communs. Leurs bords sont taillés au croissant. Tantôt on les laisse s'élever en futaie, tantôt on les met en coupe réglée. Lorsqu'ils sont entourés de charmilles, et que les allées sont plantées d'arbres de ligne, il est de principe qu'il ne faut pas les laisser s'élever à la hauteur de ces arbres, tant pour l'agrément du coup d'œil que pour la conservation des charmilles. On voit dans les petites allées des jardins de Versailles combien l'oubli de ce principe est nuisible sous ces deux rapports.

Dans les jardins paysagers, les massifs sont toujours irréguliers et terminés, dans la totalité ou une portion de leur pourtour, par des angles plus ou moins saillans. Leur centre est composé d'arbres communs, et leurs bords d'arbres étrangers, disposés de manière que les plus petits et les plus remarquables se trouvent sur le premier rang, et qu'ils soient mélangés de telle sorte que leur port, la disposition et la couleur de leur feuillage et de leurs fleurs fassent contraste. Ces bords ne sont jamais taillés au croissant, à peine permet-on à la serpette de corriger les irrégularités nuisibles au coup d'œil ou à la promenade. Comme l'inégalité de hauteur et de grosseur de ces arbres est un de leurs agrémens, on ne les coupe point tous à-la-fois, mais les uns après les autres; c'est-à-dire que ceux qui s'élèvent trop, qui nuisent le plus par leur ombre, qui ne donnent point de fleurs, qui sont les moins rares, sont coupés les premiers et successivement, de manière qu'il n'y ait jamais interruption, mais seulement changement dans les effets généraux.

La plantation et l'entretien des massifs dans les jardins réguliers sont faciles, mais il n'en est pas de même dans les jardins paysagers; il faut que ces derniers soient dirigés par un homme fort habile pour produire tous les résultats qu'on a droit d'en attendre.

Jamais ou presque jamais on n'entre dans les massifs des premiers de ces jardins; ceux des seconds sont coupés de petits sentiers, qui offrent, pendant la chaleur du jour, une ombre désirable. Le sol de ces derniers, au lieu d'être nu, comme cela existe trop souvent, devrait donc être toujours couvert de verdure malgré l'obstacle qu'apporte l'ombre des grands arbres. Il est plusieurs arbustes ou plantes propres à produire cet effet. Les différentes espèces de rosiers, de ronces, de fragon, le lierre, le millepertuis du mont Olympe, les ellébores, les renoncules ficaires et des bois (*R. auricomus*); l'anémone des bois (*A. nemorosa*), les violettes, les fraisiers, la terrette, la mélite, etc., etc. (B.)

MASTIC. Résine qui découle du TÉRÉBINTHE LENTISQUE dans les îles de l'Archipel.

Par suite, on a donné le même nom à des mélanges de résine de pin ou de sapin, avec de la cendre, du ciment fin, du sable fin, de la pierre calcaire réduite en poudre, etc., qui sert à boucher des trous dans les conduites d'eau, des cruches, pots de terre, etc., sur lesquels on les applique en état de demi-fusion au moyen d'un fer rouge.

Les proportions de ces ingrédiens varient selon leur qualité; mais en les mêlant par moitié en obtient généralement l'effet desiré.

On ne fait pas assez usage de ce mastic dans l'économie rurale et domestique.

Par suite encore, on a donné le même nom à un mélange d'huile et d'oxide blanc de plomb (céruse), auquel mélange on joint souvent de la craie par économie, lequel prend la consistance d'une pâte solide, et sert à boucher les trous des boiseries, à fixer les carreaux des fenêtres, et à beaucoup d'autres objets.

Il serait à désirer que les cultivateurs employassent plus souvent ce mastic.

Par suite encore, on a donné le même nom à un mélange d'huile, ou, mieux, de baissière d'huile, rendue très-siccative par son mélange avec un quart, en poids, de litharge (oxide vitreux de plomb), avec les mêmes ingrédiens, dans une proportion moindre, c'est-à-dire seulement un tiers et même un quart d'huile.

Cette troisième sorte de mastic composé est encore plus utile aux cultivateurs, attendu qu'ils peuvent fort économiquement l'employer à boucher les trous ou les fentes de leurs voitures, de leurs charrues, et autres instrumens de bois qui restent exposés à l'air et qui s'y altèrent promptement, parce que l'eau des pluies séjourne dans ce trou ou dans ces fentes; à recouvrir le sommet de leurs pieux; à rendre imperméable à l'eau, et inaltérable par le salpêtre le sol et les murs de leurs demeures; à revêtir l'intérieur de leurs citernes, des conduites d'eau auxquelles ils mettent le plus d'importance; enfin à une infinité d'objets en bois auxquels ils veulent donner beaucoup de durée et de solidité. Dans ce dernier cas, il convient souvent d'augmenter la fluidité de ce mastic, de l'employer comme peinture à l'huile, sur laquelle il a un grand avantage relativement à la durée.

C'est uniquement en substituant le ciment de porcelaine à celui de briques que M. Dilh a donné tant de réputation au mastic qui porte son nom, et qui est réellement si bon. (B.)

MASTICATOIRES. Médecine vétérinaire. Les masticatoires, ou apophlegmatisans, sont des médicamens dont l'effet est de dégorger le tissu des glandes muqueuses de la bouche, et des glandes salivaires des animaux, en les agaçant, en les irritant, et en augmentant l'action organique de ces parties.

On compte parmi ces substances les racines d'impératoire, d'angélique, de zédoaire, de pimprenelle blanche, de galéga, de myrrhe, le sel commun, les gousses d'ail, l'assa fœtida, employé plus fréquemment encore que les autres.

Les maréchaux en font usage en nouet ou en billot : en nouet, ces remèdes grossièrement pulvérisés et enfermés dans un linge, étant suspendus à un mastigadour ou à un filet; en billot, le linge qui les contient entourant un bois qui traverse, comme le canon d'un mors de bride, la bouche d'un angle à l'autre.

Ces remèdes sont indiqués dans des cas de dégoût et d'inappétence, parce qu'ils débarrassent les houppes nerveuses des humeurs muqueuses qui les couvrent, et qui, se mêlant aux alimens, peuvent encore en rendre la saveur désagréable. Ils réveillent ainsi la sensation, et s'opposent au séjour de ces mêmes humeurs, qui ne pourraient que contracter une sorte de putridité.

Enfin ils sont très-efficaces et très-utiles dans les maladies contagieuses du bétail; ils éloignent pour ainsi dire les corpuscules morbifiques qui s'exhalent, se répandent, nagent et circulent dans l'air que les animaux respirent; ils les empêchent de se mêler avec la salive, et de s'introduire avec elle dans les estomacs; et en pareille occurrence les masticatoires les plus convenables sont un mélange de vinaigre, de sel ammoniac, de camphre, etc. (R.)

MATANOS. Synonyme de TOUFFE DE BLÉ dans le midi de la France. (B.)

MATEY. Masse de MOTTES de GAZON qu'on met les unes sur les autres dans le Médoc pour pourrir et former de l'ENGRAIS pour les VIGNES. *Voyez* ces mots et ceux COMPOST, MAGASIN. (B.)

MATIÈRE FÉCALE. *Voyez* aux mots EXCRÉMENS HUMAINS, AISANCE (FOSSE D'), et POUDRETTE.

MATOQUES. Nom des MEULES de FOIN dans le Médoc.

MATRICAIRE, *Matricaria*. Genre de plantes de la syngénésie superflue et de la famille des corymbifères, qui renferme une demi-douzaine d'espèces que quelques botanistes ont jointes aux CHRYSANTHÈMES, ou ont placées, en partie, dans le genre PYRÈTHRE, genre établi aux dépens de ce dernier.

La MATRICAIRE OFFICINALE a les racines vivaces, fibreuses; les tiges rameuses, droites, cannelées, hautes d'un à 2 pieds; les feuilles alternes, pétiolées, pinnatifides, d'un vert jaunâtre, à folioles ovales et incisées; les fleurs jaunes au centre, blanches à la circonférence, larges de 6 à 8 lignes et disposées en corymbe terminal. Elle croît naturellement sur les montagnes des parties méridionales de l'Europe, parmi les pierres, dans les fentes des rochers, etc. Elle fleurit pendant tout l'été. On la cultive beaucoup dans les jardins, soit comme plante médicinale, soit comme plante d'ornement. Ses feuilles et ses fleurs ont une odeur aromatique et une saveur amère, et passent pour emménagogues, historiques, stomachiques et vermifuges. On en fait fréquemment usage en décoction ou en infusion, sur-tout dans les maladies de la matrice. On en compose un sirop, un extrait, une eau distillée, qui est bleue, et qu'on voit souvent derrière les vitres des pharmacies.

La matricaire officinale produit un très-bel effet dans les

parterres et dans les jardins paysagers. Elle est quelquefois si garnie de fleurs en automne, qu'on ne voit pas ses feuilles. Une terre légère et chaude lui convient le mieux ; cependant elle réussit bien dans toutes celles qui ne sont pas très-humides. On la multiplie de graines ; mais comme les pieds qui en proviennent ne donnent de fleurs qu'au bout de trois ans, on préfère généralement déchirer les vieux pieds, afin d'en obtenir de nouveaux, qui fleurissent la même année. Il faut que ses touffes ne soient ni trop petites ni trop grosses : ainsi il est bon de les diviser de temps en temps et même de les arracher pour les placer autre part ou renouveler leur terre, car elles s'effritent beaucoup. Toutes ces opérations se font en hiver.

Cette plante offre plusieurs variétés, telles que celles *à feuilles frisées*, qu'on préfère aujourd'hui de cultiver dans les parterres, parce qu'elle est réellement plus jolie ; celle *à fleurs doubles*, qui s'y voit également très-communément, et qui, ayant les fleurs toutes blanches, contraste même avec celle à fleurs simples : cette dernière offre une sous-variété rougeâtre ; celle *à fleurs sans rayons*, dont les fleurons sont devenus blancs et transparens, est fort remarquable.

La Matricaire-Camomille est annuelle, a les tiges hautes d'un pied et plus ; les feuilles alternes, sessiles, deux fois ailées, à divisions entières ou incisées ; les fleurs jaunes au centre, blanches à la circonférence et disposées en corymbe irrégulier. Elle croît naturellement dans les blés, les jachères, etc., et fleurit au milieu de l'été. On l'appelle vulgairement *camomille ordinaire*, pour ne pas la confondre avec la Camomille romaine (*voyez* ce mot). Elle est carminative, utérine, anodine, antispasmodique, détersive, émolliente et légèrement fébrifuge. On en fait un fréquent usage.

La Matricaire des Indes, *Chrysanthemum indicum*. Lin., est vivace ; ses tiges sont rameuses et hautes d'environ 2 pieds ; ses feuilles sont trilobées et dentées ; ses fleurs sont d'un rouge noirâtre. Elle est originaire de l'Inde, et n'a été introduite dans nos jardins qu'il y a une quinzaine d'années ; mais sa beauté et la facilité de sa multiplication l'y ont rendue très-commune. Elle a déjà fourni un grand nombre de variétés de couleur, de grandeur, de forme, par le semis de ses graines : ces variétés se montrent quelquefois sur le même pied, ce qui est rare. Les principales sont les mordorées, les jaunes et les blanches ; parmi ces dernières, il en est dont les pétales sont roulées en cornet. Toute terre lui convient ; cependant elle fleurit plutôt dans celle qui est sèche et chaude, et c'est ce qu'on doit désirer, son plus grand désagrément étant qu'elle ne fleurit qu'aux approches des gelées et qu'elle est frappée par elles.

Quoiqu'elle pousse bien plus vigoureusement en pleine terre dans le climat de Paris, il convient mieux de l'y cultiver en pots pour la rentrer dans les orangeries ou dans les appartemens, qu'elle orne pendant l'hiver. On la multiplie par graines, dont elle donne abondamment dans les années sèches et chaudes, et qu'on sème au printemps dans des pots sur couche à châssis, par déchirement de racines qu'on effectue au printemps, ou par boutures qu'on fait sur couche au milieu de l'été. (B.)

MATON. Résidu de l'expression des graines de NAVETTE, de COLZA, de CHENEVIS, qu'on emploie ou à l'engrais des bestiaux, ou à celle des terres. *Voyez* TOURTEAU et HUILE. (B.)

MATTAMORE. Nom moderne des fosses à grains, appelées silos en Espagne.

Ce nom a pour origine l'usage adopté par les Espagnols lorsqu'ils eurent repris le dessus sur les Maures, de les jeter dans les silos, soit morts, soit vivans.

Je suis entré dans quelques détails sur les mattamores aux mots BLÉ, FOSSE A GRAINS, et CONSERVATION DES GRAINS. (B.)

MATTE. On donne ce nom, aux environs de Paris, au LAIT CAILLÉ. *Voyez* ces deux mots. (B.)

MATTOIS. On donne ce nom à des bœufs nés en Auvergne, et engraissés dans le ci-devant Poitou : ils forment une belle race. *Voyez* BŒUF.

MATUDILHADON. Machine avec laquelle on sépare la FILASSE de la CHENEVOTTE du CHANVRE dans le midi de la France. *Voyez* BROIE. (B.)

MATURÉ (ARBRES DE). Ce sont des arbres propres à être employés à faire des mâts pour les vaisseaux. Comme il faut que ces mâts soient en même temps très-élevés, très-forts et très-légers, il n'y a que les genres PIN, SAPIN et MÉLÈZE, qui puissent en fournir, du moins pour les vaisseaux de guerre. *Voyez* ces trois mots. (B.)

MATURITÉ. État des fruits qui sont arrivés au dernier point de leur accroissement, époque où le plus souvent ils tombent naturellement sur la terre pour y germer et donner naissance à une nouvelle génération. *Voyez* FRUIT et GRAINE.

On a longuement disserté sur la cause de la maturité des fruits; mais cette cause nous sera toujours inconnue, comme toutes celles qui tiennent aux principes mêmes de l'organisation végétale. Un sage agriculteur, au lieu de rechercher cette cause, se contentera donc d'en observer les effets et d'étudier les moyens d'agir sur elle avec utilité pour lui.

La sécheresse et la chaleur, comme tout le monde peut s'en assurer chaque année, accélèrent la maturité des fruits; la vieillesse des arbres, les maladies de plusieurs espèces, et certaines lésions, produisent le même effet. Qui ne s'est pas aperçu de la précocité des fruits sur les arbres mourans, sur les branches à demi rompues? Qui n'a pas remarqué que les fruits verreux étaient plus tôt mûrs que les autres? Les Grecs caprifient les figues pour accélérer leur maturité, les Égyptiens cernent l'œil de ces mêmes fruits pour arriver au même résultat. Je me suis souvent servi d'un moyen analogue dans le même but, c'est de percer des poires et des pommes jusqu'aux deux tiers avec une vrille, dans le sens de leur longueur. Il est surprenant qu'on ne fasse pas usage en Europe, dans l'art du jardinage, de ces différens moyens : les deux et seules pratiques sont la Courbure et l'Incision des branches. *Voyez* ces mots.

Tous les fruits plantés contre un mur noirci, sur un terrain schisteux ou volcanique, c'est-à-dire naturellement noir, mûrissent plus tôt. J'ai donné la théorie de ce fait au mot Couleur.

Les vignes du Rhin, aux environs de Bonne, plantées dans le dernier de ces sols, donnent du meilleur vin et se louent plus cher que celles qui sont placées dans le calcaire.

Il résulte de beaucoup d'observations que les orages accélèrent la maturité des fruits, mais que ceux de ces fruits qui doivent être soumis à la fermentation, le raisin et les cerises, par exemple, s'altèrent au point de n'y être plus propres si on ne les emploie pas de suite.

Le froment semé avec du seigle mûrit plus tôt que celui qui est semé seul, toutes circonstances égales d'ailleurs, ce qu'on doit attribuer à l'abri que le seigle lui fournit.

Ainsi qu'on le lit dans les Géoponiques, les Grecs labouraient les vignes pendant la sécheresse, lors de la maturité des raisins, pour élever de la poussière et accélérer cette maturité, car ils avaient remarqué que la croûte terreuse qui s'appliquait sur les grains absorbait et conservait la chaleur des rayons du soleil.

Par opposition, on peut retarder la maturité des fruits, en plantant les arbres qui les doivent porter dans des expositions froides, dans des terrains humides, en les garantissant de l'action des rayons du soleil, en les arrosant avec de l'eau immédiatement puisée dans un puits ou dans une fontaine, même seulement en les arrosant avec surabondance, en les fumant fortement, pour activer leur végétation.

Souvent, dans le climat de Paris, la maturité du raisin est suspendue par le froid des premiers jours d'octobre, et la suite de cette suspension est la pourriture des grains : on ne peut faire de vin généreux et de durée avec de tels raisins. *Voyez* Vigne.

La culture, par des circonstances qui jusqu'à présent ont

échappé à nos recherches, parvient à créer des variétés qui sont plus précoces ou plus tardives que l'espèce dont elles émanent. La différence peut être du double en plus ou en moins, comme on en a des exemples nombreux dans les fruits et les légumes les plus communs.

On est même arrivé jusqu'à prolonger plusieurs mois après l'époque où la végétation a cessé dans l'arbre, la maturité des fruits qu'il a portés, ainsi que le prouvent beaucoup de poires et de pommes d'hiver.

Quelques agriculteurs appellent maturité de nature celle qui semble se compléter sur l'arbre, quoiqu'il soit de fait que les fruits se perfectionnent encore après qu'ils sont tombés naturellement. Une pêche, une fraise sont meilleures quelques heures après qu'elles sont cueillies qu'au moment où on les détache de l'arbre.

La maturité des fruits, dans la plupart des plantes, s'annonce par le changement de couleur des feuilles et des tiges, et sur-tout presque toujours par le changement de la leur propre. Elle est le plus souvent, dans les plantes annuelles, le terme de leur vie. Des circonstances presque aussi variables que celles des espèces se développent à l'instant même de cette maturité; c'est-à-dire que les capsules s'ouvrent, les aigrettes se développent, les pédoncules se détachent, etc., etc.

La plupart des fruits peuvent compléter leur maturité lorsqu'on coupe la plante qui les porte, ou une de ses portions suffisamment grande, parce que la sève qui est contenue dans la tige et dans les feuilles suffit pour leur fournir la quantité d'aliment qui leur est nécessaire pour arriver à la perfection. On fait fréquemment usage de ce moyen dans la grande et petite culture, pour éviter la perte des graines qui tombent ou se dispersent facilement, ou dont les oiseaux sont très-friands, etc. Le colza, la vesce, la laitue, le cresson, etc., sont principalement dans ce cas; cependant il ne faut pas en abuser en coupant trop tôt ces plantes : car tout fruit qui n'est pas à parfaite maturité, s'il est dans le cas d'être semé, perd de sa force germinative, donne des produits plus faibles ou de qualité inférieure, et même ne donne rien.

Il a été reconnu que, dans les plantes dont les graines contiennent de l'huile ou de l'amidon, la maturité s'opère par la transformation du mucilage en huile ou en amidon; que dans celle dont les fruits sont susceptibles de fermentation vineuse, elle a lieu par la transformation du même mucilage en acide saccharin. Or, toutes les plantes cultivées peuvent se ranger dans une de ces trois divisions. L'huile et l'amidon seront donc d'autant plus abondans, que les fruits seront plus mûrs; il faudra donc attendre quelque temps après la récolte pour les extraire, parce que le travail de la nature se continue dans la graine même isolée. Le vin, le cidre, etc., seront d'autant plus généreux que les raisins, les pommes, etc., seront plus complétement mûrs; il faudra donc attendre également plus ou moins après la cueillette de ces fruits, pour fabriquer ces liqueurs.

Plusieurs écrivains ont émis l'opinion qu'il fallait faire les moissons et cueillir les fruits avant leur complète maturité. Il est certain que dans ce cas il y a à gagner sur la quantité, parce que beaucoup de grains sont mangés par les quadrupèdes et les oiseaux, que beaucoup se perdent par suite des mouvemens du SCIAGE, des transports, etc.; que souvent les fruits sont volés sur les arbres; mais il est d'observation que les fromens coupés avant maturité deviennent retraits, fournissent moins à la mesure, et chaque mesure donne moins de farine au moulin; que les poires cueillies avant maturité se rident et perdent de leur beauté et de leur bonté.

Aucune circonstance n'amène plus rapidement la dégénérescence des variétés cultivées que la récolte de leurs graines avant maturité. Il ne faut donc jamais se presser de la faire toutes les fois que ces graines doivent être employées à la reproduction. *Voyez* CHOU, RAVE, LAITUE, MELON, MAÏS, FROMENT.

C'est donc à point qu'il faut, je le répète, faire toutes les récoltes; cependant dans les grandes exploitations où on manque de temps et de bras, on est presque toujours forcé de moissonner quelques pièces, d'abattre les pommes, de cueillir le raisin plus tôt qu'il ne le faudrait. Les convenances doivent quelquefois l'emporter sur le raisonnement en agriculture, comme en administration, comme en société.

Comme il me serait impossible d'entrer dans tous les détails de pratique relatifs à la maturité de chaque espèce de fruits, que d'ailleurs il en sera fait mention aux articles qui les concernent toutes les fois que cela sera nécessaire, je me borne aux considérations générales qu'on vient de lire. Je finis par les réflexions de Rozier, relatives aux fruits proprement dits, c'est-à-dire à ceux que l'homme cultive pour en manger la pulpe.

« Rien de plus intéressant que les travaux de la maturité. Le fruit, après avoir noué, a une saveur âpre, austère, acide : peu à peu l'âpreté disparaît et l'acide domine; il prépare le développement de la substance sucrée. A mesure que celle-ci se forme, la partie aromatique se développe, et enfin le fruit se colore sous l'admirable pinceau de la nature. Le point le plus long-temps exposé au soleil est celui qui change le premier; peu à peu la couleur s'étend et gagne tout le fruit de l'arbre à plein vent ; car celui des espaliers appliqué contre des murs reste souvent vert ou presque vert du côté exposé à l'ombre. Dans cet état, c'est un fruit forcé dont la saveur et l'odeur sont toujours médiocres. Le premier point mûr est celui qui pourrit le premier, si rien ne dérange l'ordre de la nature. C'est donc par une fermentation intestine, excitée par la chaleur et la lumière du soleil, que la substance sucrée et aromatique se développe, et que sa pulpe et la pellicule qui la recouvre changent de couleur.

» On connaît la maturité d'un fruit lorsque, pressé doucement près de son pédicule, il obéit sous le doigt. La couleur indique ce changement ; mais les fruits d'hiver n'ont en général qu'une seule couleur dominante et par-tout égale, parce qu'ils n'ont pu recevoir sur l'arbre leur point de maturité, et dans le moment de cette métamorphose ils ne sont pas colorés par les rayons du soleil. La maturité développe l'intensité de couleur ; mais la pomme d'api, par exemple, qui aura resté sur l'arbre, recouverte par des feuilles, ne prendra qu'une simple couleur jaune dans le fruitier, et ne sera jamais décorée de ce beau vermillon qui flatte si agréablement la vue. La lumière seule du soleil donne le fard aux fruits et aux légumes. » (B.)

MATURITÉ DES TERRES. Les agriculteurs ayant remarqué que les terres des couches inférieures, ramenées à la surface, étaient d'abord infertiles, mais qu'au bout d'une ou deux années elles devenaient productives, ils ont supposé qu'elles avaient besoin de se modifier comme les fruits verts : de là l'expression ci-dessus.

Les Curures des Rivières, des Étangs, des Fossés ; les Terres a oranger et autres artificiellement composées, sont dans le même cas. *Voyez* ces mots et celui Oranger.

Les argiles, les craies, les sables, qui ne contiennent pas d'humus, doivent être distingués des terres précédentes, parce qu'il faut qu'elles en prennent avant de devenir véritablement productives. *Voyez* Végétation.

La théorie de ce fait repose sur ce que les terres qui ne contiennent pas d'humus soluble ne peuvent fournir de la nourriture aux plantes, et que cet humus ne devient soluble que par l'effet de l'absorption de l'oxygène de l'air, ou par l'action des alcalis, de la chaux, etc.

Ainsi toutes les fois qu'un champ aura été trop profondément labouré, aura reçu le résultat du creusement d'un fossé, d'un étang, d'un puits, etc. ; toutes les fois qu'un compost, qu'un mélange de terre à oranger sera effectué, il sera possible d'accélérer l'époque où il deviendra propre à donner des productions, en l'arrosant avec des lessives alcalines, en y apportant de la chaux en poudre, de la marne, des recoupes calcaires. *Voyez* CHAUX.

La TOURBE est dans le même cas. *Voyez* ce mot. (B.)

MAU. Abréviation de MAUVE, employée dans quelques cantons.

MAUCAUD ou MAUCAUDÉE. Ancienne mesure de superficie. *Voyez* MESURE.

MAUCERF. C'est l'ellébore pied de griffon.

MAUROIS. C'est la maladie du sang dans quelques cantons. *Voyez* SANG.

MAUVAISES HERBES. On donne assez généralement ce nom aux herbes qui croissent naturellement dans les moissons, dans les jardins, lesquelles nuisent aux objets de nos cultures en leur enlevant la nourriture par leurs racines, la lumière par leurs tiges, les principes de l'air par leurs feuilles. On les appelle encore, mais mal-à-propos, HERBES PARASITES, ces dernières étant celles qui croissent sur d'autres plantes, comme le GUY, comme l'OROBANCHE, tels que la CUSCUTE. *Voyez* ces mots.

Le nombre des mauvaises herbes est très-considérable; il en est qui se trouvent dans tous les climats, dans tous les sols de la France; il en est qui ne se voient que dans le midi, que dans les terrains argileux, etc. : les détruire doit être le but de toute bonne agriculture; cependant comme beaucoup sont mangées par les bestiaux, il des cantons où leur abondance dans la paille est regardée comme un bien. *Voyez* PARCOURS.

Il est des champs où les mauvaises herbes sont si multipliées, que, par leur labour, elles tiennent la place d'une RÉCOLTE ENTERRÉE. *Voyez* ce mot.

Les mauvaises herbes à racines très-longues, comme la RONCE BLEUATRE, le CHARDON DES CHAMPS, l'HYÈBLE, etc., ne peuvent être détruites que par un DÉFONCEMENT. *Voyez* ce mot.

On prétend qu'un des principaux buts des jachères est la destruction des mauvaises herbes, parce qu'on donne aux terres, pendant leur année, plusieurs labours d'été, qui font périr les mauvaises herbes qui ont germé, et qui empêchent par conséquent leur fructification; mais quelque plausible que cela soit, le résultat prouve que ce sont justement les terres soumises à la jachère qui en sont le plus infestées, et cela parce que les labours enterrent leurs graines, et que ces graines subsistent dans la terre en état de germination jusqu'à ce que d'autres labours les ramènent à la surface.

C'est par des SARCLAGES, par des BINAGES et par un bon ASSOLEMENT, qu'on parvient à faire disparaître plus ou moins parfaitement, plus ou moins promptement, les mauvaises herbes d'un terrain cultivé. Les deux premiers de ces moyens sont moins certains que le dernier, et cependant ce sont presque les seuls employés en France. Il n'en est pas de même en Angleterre, et dans quelques autres pays où les champs sont parfaitement nets et fournissent par conséquent des récoltes extrêmement avantageuses. En effet, en faisant succéder à une récolte de froment fort remplie de mauvaises herbes, ou une culture qui étouffe à leur naissance les produits des graines de ces plantes, telles qu'une culture de trèfle, de pois gris, de vesce, ou une récolte de plantes qui demandent des binages d'été, comme de pommes de terre, de haricots, de colza, et ce sans disconstinuer, il faudra bien que les graines en réserve dans la terre s'épuisent, et que le terrain devienne PROPRE, comme on dit vulgairement.

Une bonne opération à faire sur les jachères avant de les rompre serait de les biner à plusieurs fois avec une houe à cheval, afin d'en faire mourir les mauvaises herbes, que la charrue enterrerait ensuite sans crainte qu'il en repousse, comme cela arrive si souvent dans la pratique ordinaire.

J'ai eu soin d'indiquer les mauvaises herbes et les moyens particuliers ou de les détruire ou d'en tirer parti à chacun de leurs articles, ainsi je puis m'arrêter ici.

Je voudrais cependant encore observer que presque par-tout on ne donne pas les mauvaises herbes aux bestiaux; on les jette sur les chemins, où elles sont perdues pour leur propriétaire, tandis que si ce propriétaire les faisait déposer en tas, il pourrait les utiliser dans un COMPOST (*voyez* ce mot), qui servirait ensuite à améliorer son champ. On dira, et les graines? Quelques-unes germeront sans doute; mais les autres formeront un bon ENGRAIS. *Voyez* ce mot. (B.)

MAUVE, *Malva.* Genre de plantes de la monadelphie polyandrie, et de la famille des malvacées, qui renferme plus de cinquante espèces, dont plusieurs sont très-communes en France, et fréquemment employées en médecine, et quelques-unes propres à la décoration des jardins.

La MAUVE SAUVAGE OU GRANDE MAUVE, *Malva sylvestris,* Lin., a les racines vivaces, pivotantes; les tiges droites, un peu hispides, les feuilles alternes, pétiolées, arrondies, lobées, crénelées et velues; les fleurs grandes, purpurines, rayées d'une nuance plus foncée, réunies en petit nombre sur des pédoncules axillaires. Elle croît très-abondamment autour des villages, dans les rues, les jardins, les cours, fleurit tout l'été, s'élève à 2 pieds et plus, et forme des touffes souvent fort étendues. Sa saveur est fade et mucilagineuse; elle est fortement émolliente, adoucissante, laxative, et on en fait un très-grand usage en médecine, soit à l'intérieur, soit à l'extérieur. Les bestiaux la mangent rarement ; et comme elle est quelquefois extrêmement abondante autour des fermes, il convient de la faire arracher, pour laisser moyen aux graminées utiles de pousser, ou pour faire de la litière et augmenter la masse des fumiers. Ses fleurs sont assez belles pour lui mériter une place dans les jardins paysagers : elle présente une variété à fleurs blanches.

La Mauve a feuilles rondes, ou petite mauve, a les racines annuelles ; les tiges couchées ; les feuilles alternes, longuement pétiolées, rondes, légèrement lobées et plissées ; les fleurs petites et solitaires sur des pédoncules axillaires. Elle croît dans les mêmes endroits que la précédente, et n'est pas moins commune ; j'en ai vu souvent des espaces considérables exclusivement couverts. Tout ce que j'ai dit de la précédente lui convient, excepté la faculté d'orner.

La Mauve alcée a la racine bisannuelle ; la tige droite, rameuse, velue, haute de 2 pieds ; les feuilles alternes, pétiolées, couvertes de faisceaux de poils; les radicales légèrement lobées ; les caulinaires très-profondément digitées ; les fleurs grandes, purpurines, solitaires et axillaires; elle croît dans les bois, et fleurit au milieu de l'été : c'est une plante fort élégante et très-propre à orner les jardins paysagers, où on peut la placer à côté des buissons des derniers rangs.

La Mauve musquée a les racines bisannuelles ; les tiges droites, velues; les feuilles alternes, pétiolées, les inférieures réniformes, lobées, et les supérieures très-profondément digitées, toutes couvertes de poils simples; les fleurs rougeâtres et odorantes ; elle ressemble beaucoup à la précédente, mais elle s'élève moins : du reste, ce que j'en ai dit lui convient complétement.

La Mauve frisée a la racine annuelle ; la tige grosse, sillonnée, rameuse, haute de 6 à 8 pieds; les feuilles alternes, pétiolées, réniformes, à sept lobes ondulés ou frisés en leurs bords, lisses et d'un beau vert ; les fleurs petites, blanches et disposées en grappes dans les aisselles des feuilles supérieures; elle est originaire du Levant, et se cultive dans quelques jardins : c'est une superbe plante, qui produit de brillans effets lorsqu'elle est convenablement placée ; il est fâcheux qu'elle soit annuelle. On la multiplie de ses graines, qu'on sème au printemps sur couche et sous châssis, et dont on repique le plant dans un terrain léger et chaud aussitôt qa'il a quelques pouces de haut. Elle est sensible à la gelée. (B.)

MAUVE EN ARBRE. *Voyez* Ketmie et Lavatère.

MAUVE ROSE. *Voyez* Alcée et Ketmie.

MAUVIETTE. C'est l'alouette huppée.

MAUVISQUE, *Malvaviscus.* Genre de plantes de la monadelphie polyandrie et de la famille des malvacées, qui faisait jadis partie des KETMIES. *Voyez* ce mot.

Je le cite, parce qu'une de ses espèces, remarquable par la belle couleur de ses fleurs, le MAUVISQUE ÉCARLATE, originaire du Mexique, se cultive en pleine terre dans le midi de la France : c'est un arbuste de 8 à 10 pieds de haut, qui fleurit toute l'année. On le multiplie de boutures, qui, faites au printemps dans un terrain chaud et convenablement arrosé, réussissent presque toujours.

Il est bon de receper le mauvisque tous les trois ou quatre ans, parce qu'il est sujet à se dégarnir du pied. (B.)

MAYENNE. *Voyez* AUBERGINE.

MAYÈRE. Nom des ÉCHALAS DE SAULE aux environs de Lyon. (B.)

MAYRE. Synonyme de LIE DE VIN dans le midi de la France. (B.)

MAZAR. Nom bourguignon des larves d'insectes qui rongent les bourgeons des arbres. *Voyez* ATTELABE, CHARANÇON, CRYPTOCÉPHALE, PYRALE, TEIGNE. (B.)

MAZIÉZO. Les CHAMPS qui entourent les maisons portent ce nom dans les Cevennes. (B.)

MAZUT. Nom des CHALETS dans les montagnes du Cantal. (B.)

MÉDAILLE DE JUDAS. *Voyez* LUNAIRE.

MÉDECINE VÉTÉRINAIRE. La médecine des animaux domestiques est encore obscure sur beaucoup de points, malgré les progrès qu'elle a faits depuis l'institution des écoles. Plusieurs causes y contribuent, et la difficulté du diagnostic des maladies est une des principales. En effet, s'il est souvent difficile pour le médecin des hommes de connaître l'affection de son malade, qui parle, qui lui indique le genre de ses souffrances, l'endroit de la douleur, qui peut lui récapituler toutes ses actions passées, toutes les sensations qu'il a éprouvées : combien la même connaissance ne doit-elle pas être difficile pour le vétérinaire, dont le malade, non-seulement ne parle point, mais encore est bien souvent entouré de domestiques, qui sont la première cause du mal, et qui ont ainsi grand intérêt à la cacher, dans la crainte des réprimandes?

Une autre cause rend encore la médecine vétérinaire bien difficile, c'est que le plus souvent le vétérinaire n'est consulté que très-tard : l'homme, quand il est malade, tremble pour lui-même, et rien ne lui coûte pour sa guérison; quand son cheval ou son bœuf est malade, il ne tremble que pour sa bourse. La crainte de dépenser quelque argent en visites lui fait différer d'appeler le secours du vétérinaire, et ce n'est que quand la maladie prend un aspect dangereux, souvent même quand il est trop tard, que l'on a recours à ses talens; souvent encore l'insouciance des domestiques et celle des maîtres à les surveiller, font négliger les soins qu'il recommande. Enfin l'homme qui est sur le point de perdre un membre, regarde comme un sauveur le chirurgien qui, sans le lui rendre parfait, lui en conserve encore l'usage; le vétérinaire n'a rien fait, si, en conservant la vie à l'animal, il ne le rend pas, après l'accident, capable des mêmes services qu'il rendait auparavant. Dans certaines affections, le médecin et le chirurgien n'ont besoin que de temps pour guérir; le vétérinaire, s'il ne guérit pas promptement, ne fait rien, parce que le prix de la nourriture de l'animal a bientôt égalé celui de sa valeur réelle. Si donc les maladies des animaux domestiques sont en général moins nombreuses que celles de l'homme, il est souvent plus difficile d'en triompher.

Si nous voulions traiter à fond toutes les parties qui composent la médecine vétérinaire, nous serions bien vite emportés au-delà des bornes que nous prescrit le plan de cet ouvrage. L'étiologie, la séméiotique, la nosologie, la thérapeutique et l'examen de tous les moyens qu'elle emploie, tels que les opérations chirurgicales, la ferrure et la matière médicale, sont autant de branches qui présentent un intérêt différent, mais égal, et qui mériteraient toutes d'être approfondies : nous nous bornerons ici à classer les maladies, à en décrire quelques-unes qui ne sont pas dans le corps du dictionnaire, et nous renverrons aux autres.

Classification des maladies.

Toutes les classifications des maladies adoptées par les médecins, pour les affections de l'espèce humaine, ont présenté quelques inconvéniens, et il n'en est pas encore une qui offre un cadre juste pour toutes; celles qui ont été adoptées pour les maladies des animaux domestiques, sont encore bien plus loin du but: c'est donc parmi les premières qu'il faut choisir, en prenant celle qui pourra le mieux encadrer, pour ainsi dire, les maladies de nos animaux.

Quelques classifications sont fondées sur les causes des maladies; mais le plus souvent il est impossible de bien déterminer ces causes. Cette méthode a de plus l'inconvénient de réunir dans la même classe des maladies bien différentes, parce que les causes présumées sont les mêmes, tandis qu'elle sépare des maladies entièrement semblables, parce que leurs causes sont différentes.

Des auteurs ont pris pour base de classification les signes et les symptômes par lesquels les maladies se manifestaient, et ont rapproché les plus contraires, parce qu'elles avaient un signe ou un symptôme commun. Ainsi ils ont rapproché les abcès, les loupes, les anévrysmes, les tumeurs cancéreuses et toutes les autres espèces de tumeurs, quoique ces maladies fussent bien différentes les unes des autres, et que le traitement employé pour une pût souvent être mortel pour l'autre.

Une erreur bien plus grave dans laquelle sont tombées presque toutes les personnes qui ont classé les maladies, c'est d'avoir fait autant de maladies qu'ils se présentaient de symptômes de maladies. L'étude en est devenue ainsi très-compliquée, très-difficile; le nombre des maladies est augmenté, la diversité des traitemens indiqués s'est accrue, et le médecin au lit des malades s'est trouvé, dans bien des cas difficiles, dans une incertitude désolante: cette erreur est peut-être celle qui a le plus retardé les progrès de la médecine humaine, comme de la médecine vétérinaire.

Depuis que les maladies chroniques sont mieux connues, quelques médecins ont cherché à établir une division fondée sur le caractère aigu ou chronique des maladies; mais cette division a encore l'inconvénient de rassembler des maladies très-différentes, et par conséquent de forcer à multiplier les sous-divisions. Ce n'est pas encore néanmoins son plus grand défaut; c'est de ne pas offrir, dans beaucoup de cas, de caractères positifs pour distinguer la maladie aiguë de la maladie chronique, et pas de point fixe où l'on puisse dire avec certitude : *cette maladie finit d'être aiguë et commence à être chronique.*

La division des maladies en *internes* et en *externes*, adoptée plus communément, n'est guère plus avantageuse, et l'incertitude où l'on s'est trouvé à l'égard d'un grand nombre de maladies qui peuvent être placées aussi bien au nombre des premières que des dernières, montre combien cette division est inexacte. Quoique la pathologie soit encore, dans les écoles vétérinaires, divisée en *pathologie externe* et en *pathologie interne*, l'on n'y a point adopté la division des maladies en internes et externes. On la suit seulement dans le but de réunir et d'enseigner ensemble, dans un temps de l'année, toutes les maladies dont le traitement a pour base quelque opération de la main. Dans la vétérinaire, jamais la chirurgie n'a été séparée de la médecine; les maréchaux qui ont été les premiers praticiens, étaient bien plutôt chirurgiens routiniers que médecins, et étaient incapables de faire une telle distinction. Le fondateur des écoles vétérinaires et ses premiers disciples ne séparèrent point deux branches si intimement liées, ils furent toujours persuadés que la chirurgie vétérinaire ne pouvait être séparée de la médecine, sans que toutes deux ne souffrissent de cette séparation, et que la chirurgie, plus exacte, plus certaine dans ses opérations et dans ses résultats, était une branche de la vétérinaire, qui devait, pour ainsi dire, servir de degré pour arriver jusqu'à l'autre.

Les auteurs qui ont écrit sur les maladies des animaux domestiques, les ont classées presque tous d'après la considération des parties affectées ; mais ils ont seulement pris telle ou telle région du corps, et ont décrit les maladies sans faire attention à la différence des organes et des tissus que ces régions renfermaient ; et souvent, au lieu d'éclairer la nature des maladies, ils ne l'ont rendue que plus obscure : s'ils avaient mieux connu l'anatomie, peut-être ne seraient-ils point tombés dans cette erreur. Ils ont adopté cette méthode de classification, parce que c'était la plus simple pour le praticien, et celle qui paraissait le plus immédiatement appliquée à la guérison de la maladie.

Maintenant que toute la machine du corps, que presque tous les organes, presque tous les tissus qui le composent sont bien connus, l'on peut essayer de faire succéder à la méthode de classification des maladies par les parties affectées, une méthode fondée sur la distinction des divers appareils d'organes. C'est cette méthode que le professeur Richerand a adoptée dans sa *Nosographie chirurgicale*, et c'est d'après lui que nous chercherons à classer ici les maladies de nos animaux domestiques.

Cette méthode est loin de pouvoir servir à classer exactement toutes les maladies ; il en est un grand nombre que l'on ne connaît point encore assez bien, sur le siége desquelles les ouvrages d'art vétérinaire ne donnent pas encore assez de détails, pour que l'on puisse leur assigner une place fixe parmi les maladies de tel ou tel système d'organes ; il en est même qui jusqu'à présent ne paraissent appartenir à aucun système d'organes en particulier, mais qui semblent être des affections générales à toute la machine : telles sont quelques fièvres, parmi lesquelles se rangent certaines épizooties graves, qui ravagent de temps en temps quelques parties du globe. Je crois que ces maladies doivent momentanément faire une classe à part.

En France, le cheval est, de tous les animaux domestiques, le plus cher et celui par conséquent dont la vie individuelle est la plus précieuse ; c'est aussi lui qui est le plus exposé aux maladies de tous genres, à cause des travaux pénibles auxquels il est assujetti, et ses maladies, pour ces deux raisons, ont été plus étudiées et sont plus connues. En décrivant les maladies d'un système d'organes, nous commencerons donc par décrire les maladies du cheval, nous passerons ensuite à celles des autres animaux qui pourront être rangées dans la même classe; celles du bœuf viendront les premières, celles du mouton les secondes, et après enfin celles du chien et du cochon, quand les maladies de ces animaux seront connues et pourront intéresser sous quelques rapports.

Il y a des genres d'affections qui peuvent attaquer tous les organes, tous les tissus, et sur lesquels il faudrait par conséquent revenir en parlant des maladies de chaque organe : telles sont l'inflammation et les plaies. Pour éviter les répétitions, il est avantageux de faire précéder la description des maladies de chaque système d'organes par la théorie de ces deux affections, et par la description des accidens les plus ordinaires qu'elles présentent. Ces affections formeront des *Prolégomènes*, leurs différences, suivant les organes affectés, viendront ensuite à l'article des maladies de ces organes.

La classification des maladies des animaux domestiques est si difficile, à cause des diverses espèces d'animaux, à cause de leurs constitutions différentes, et plus que tout cela à cause de la difficulté de les bien étudier, et du peu de connaissances que nous avons sur plusieurs d'entre elles, que les vétérinaires instruits n'ont pas encore osé entreprendre ce travail : nous ne prétendons point l'avoir entrepris. Afin de mettre un certain ordre dans la courte description des maladies, nous nous sommes servis d'un cadre déjà fait, dans lequel nous avons tâché de faire entrer des objets autres que ceux pour lesquels il était destiné, mais qui cependant avaient de l'analogie avec eux; d'autres vétérinaires verront les défauts de cette tentative de classification, et pourront en tirer quelques idées pour une meilleure.

En décrivant les maladies d'un organe ou d'un appareil d'organe, nous commencerons, autant que possible, par les maladies les plus simples, et nous passerons successivement aux plus compliquées.

On n'a d'autre but en s'occupant d'une science que de lui faire faire des progrès : un *des meilleurs* moyens est d'indiquer les points qui sont encore douteux, qui méritent d'être éclaircis. On regarde souvent comme prouvée une chose fausse, parce que jamais on ne l'a examinée attentivement : un doute élevé fixe l'attention et l'on est étonné de s'être trompé si long-temps. Beaucoup de points de doctrine sont encore dans ce cas en médecine vétérinaire; ils ont été posés par des maîtres dont la réputation a forcé de les recevoir sans examen, ils sont passés, je dirai, en aphorismes. En indiquant leur incertitude et quelquefois la manière de les éclaircir, je croirai avoir rendu un service important.

PROLÉGOMÈNES.

SECTION PREMIÈRE. — *De l'État inflammatoire.*

Quand une partie extérieure du corps a reçu un coup, ou lorsque, par quelque autre cause, l'animal a ressenti une impression douloureuse sur cette partie, l'accident est souvent suivi de phénomènes inaccoutumés : tels sont une sensibilité plus grande, même de la douleur, un gonflement, une élévation de température, et enfin, sur quelques parties, de la rougeur. Cette série d'accidens constitue ce que l'on nomme *l'état inflammatoire*, *l'inflammation*. Toutes les parties du corps des animaux, excepté l'épiderme, les poils et la corne, peuvent en être affectées, peuvent s'*enflammer* en langage ordinaire.

Les symptômes qui caractérisent l'état inflammatoire sont les mêmes que ceux qui caractérisent la vie, seulement ils sont portés au-delà de l'état ordinaire ; on peut donc définir l'inflammation une augmentation des propriétés vitales *portée trop loin* ; il est nécessaire d'ajouter cette dernière condition, parce que les propriétés de la vie peuvent être augmentées jusqu'à un certain point sans qu'il y ait pour cela inflammation : par exemple, une friction sur la peau produit une augmentation manifeste des propriétés vitales, détermine un peu de rougeur, une sensibilité plus vive, une augmentation de chaleur, même une légère tuméfaction, sans cependant produire d'inflammation.

Dans tous les cas d'inflammation, c'est toujours la sensibilité qui, la première, est mise en jeu : c'est cette propriété que la nature a donnée à tous les animaux pour les prévenir de ce qui peut leur nuire, qui en même temps paraît chargée de mettre en jeu les ressorts propres à combattre les effets de ces agens nuisibles ; c'est elle qui, excitée, suscite dans les parties attaquées cette *augmentation de vie* nécessaire pour balancer et annuller les causes de destruction, et qui, par conséquent, produit tous les phénomènes qui en sont la suite

En effet le gonflement, la chaleur et la rougeur ne sont que les suites de la contractilité, augmentée elle-même en raison de l'accroissement de la sensibilité. Les fluides, poussés plus fortement dans la partie irritée, s'y accumulent et donnent lieu au gonflement ; la chaleur s'augmente en raison de l'augmentation de la circulation ; et enfin la rougeur, quand elle se manifeste, n'est due qu'au passage des molécules rouges du sang dans des vaisseaux où elles ne passaient point avant, où elles manifestent alors leur couleur, et où c'est encore l'augmentation de la circulation qui les fait arriver. Si même l'inflammation est très-forte, l'abondance du sang apporté déchire les vaisseaux, il s'épanche dans le tissu même de l'organe, et une partie enflammée, ouverte alors, présente une substance d'une couleur semblable à celle de la rate ou du foie, suivant la nature de l'organe.

Une partie enflammée est donc une partie dans laquelle la vie organique se trouve en excès, et où toutes les fonctions qui en dépendent s'exécutent avec plus de rapidité que dans l'état naturel ; aussi les sécrétions se trouvent-elles changées, et offrent-elles de nouveaux produits ; le tissu cellulaire sécrète le pus ; les membranes séreuses, au lieu de sérosités, se couvrent de flocons blanchâtres ; les membranes muqueuses, au lieu d'un mucus limpide, transparent, donnent un fluide blanc, opaque, visqueux, tout-à-fait différent, etc.

Les phénomènes qui caractérisent l'inflammation ne se développent pas dans toutes les parties par les mêmes causes, et souvent même les causes d'une inflammation sont tout-à-fait inconnues ; ils ne se développent pas non plus avec la même promptitude dans tous les organes : ainsi la cause qui produira l'inflammation de la conjonctive ne produira rien sur la muqueuse du nez, et celle qui produira l'inflammation de la muqueuse du nez ne produira rien sur la conjonctive et sur la peau. Quant à la promptitude du développement, elle varie également : la conjonctive s'enflamme en quelques minutes ; il faut des heures et des jours pour que les membranes muqueuses s'enflamment au même degré. Enfin les os et les tendons ont besoin de plusieurs jours pour s'enflammer, et dans les vieux animaux, ce n'est quelquefois qu'au bout d'une couple de semaines que l'inflammation s'empare de ces parties.

Terminaisons de l'inflammation. Quand cet état a duré plus ou moins long-temps, selon l'intensité de la cause, selon l'organisation de la partie affectée, souvent selon la constitution de l'individu, une autre série de phénomènes succède à l'inflammation et la termine ; mais cette terminaison n'est pas toujours la même ; et suivant les symptômes qu'elle présente, on dit qu'elle a lieu par *résolution, délitescence, suppuration, induration* et *gangrène.*

A. On dit qu'il y a *résolution*, lorsque les symptômes inflammatoires, parvenus à un certain point d'intensité, diminuent par degrés et s'éteignent tout-à-fait : pour que cette terminaison ait lieu, il faut que l'inflammation n'ait pas été assez violente pour occasionner la sortie du sang de ses canaux ordinaires. L'inflammation, pour ainsi dire, avorte. C'est la terminaison la plus heureuse, celle à laquelle doivent tendre tous les efforts du vétérinaire.

B. Quand les symptômes, au lieu de disparaître graduellement, disparaissent brusquement, c'est la terminaison que l'on appelle *délitescence*. Dans ce cas, bientôt une autre partie plus ou moins éloignée ne tarde pas à s'enflammer; pour que cette terminaison arrive, il faut qu'une irritation plus forte vienne attaquer une autre partie et détourner sur cette partie la réaction qui commençait à s'opérer sur la première. Dans le cas où l'inflammation se porte sur quelque organe plus important que celui qu'elle attaquait primitivement, le vétérinaire doit employer tous ses moyens pour empêcher la maladie de suivre cette direction; dans le cas inverse, il doit quelquefois favoriser son déplacement, en augmentant les causes d'irritation sur le point attaqué en dernier.

c. Les propriétés vitales d'une partie enflammée étant portées au-delà de leur état naturel par l'inflammation, il arrive, avons-nous dit, des changemens dans les sécrétions de ces mêmes parties : la matière sécrétée, quoique différente suivant les organes affectés, prend le nom de *pus ;* cette terminaison est celle par *suppuration*. Le plus grand nombre des inflammations se termine ainsi, et c'est, pour ainsi dire, la terminaison naturelle de la maladie, celle qui est le résultat d'une réaction de la part de la partie affectée : cette terminaison n'est cependant pas toujours avantageuse, et nous verrons beaucoup de circonstances où il faut tâcher de la prévenir ; tel est le cas où un organe délicat, qui ne peut pas déposer à l'extérieur les produits de la suppuration, comme le foie, le poumon, est affecté.

d. Quelquefois l'inflammation n'est, pour ainsi dire, pas assez forte pour produire la suppuration, et l'est trop pour se terminer par résolution. Dans ce cas, l'irritation subsistant toujours entretient dans la partie enflammée un abord plus considérable de fluides ; la nutrition de l'organe augmente, son tissu prend plus de densité, de volume ; et quand l'irritation cesse, l'altération subsiste : c'est la terminaison par *induration*. Quand l'organe n'a point éprouvé de changement dans sa composition intime, quand il n'a fait qu'augmenter de volume, ou seulement quand des fluides n'ont fait que se placer dans son tissu sans l'altérer, l'induration disparaît quelquefois à la longue par le mouvement de composition et de décomposition auquel tous les organes indistinctement sont sujets ; mais quand la texture intime de l'organe a été changée, la résolution ne peut plus s'opérer, et la partie malade le reste toujours ; souvent même elle perd toutes les propriétés qui la distinguaient, devient un nouveau tissu qui se nourrit à sa manière, est cause de la même maladie pour les parties voisines, entraîne leurs tissus dans la même dégénérescence, et donne lieu ainsi aux affections connues sous les noms de squirrhes, de carcinomes, de cancers.

ᴇ. L'inflammation se termine dans quelques cas par la mort de la partie ; c'est la terminaison par *gangrène*. Cette terminaison a lieu dans les circonstances suivantes : 1°. quand la cause irritante a été assez forte pour désorganiser subitement les tissus attaqués ; 2°. quand l'inflammation est trop rapide et trop forte ; 3°. quand la structure des parties s'oppose au gonflement inflammatoire ; et 4°. quand les propriétés vitales de l'individu ne sont point assez fortes pour développer la réaction inflammatoire dans la partie irritée.

Dans le premier cas, la gangrène n'est pas la suite de l'inflammation, c'est la suite de l'irritation : les parties sont mortes avant d'avoir eu le temps de s'enflammer ; dans le second, les fluides apportés avec trop de force dans l'organe enflammé déchirent les vaisseaux, détruisent la texture de l'organe et en produisent la mort ; dans le troisième cas, celui où l'organe enflammé ne peut pas se prêter au gonflement inflammatoire, les fluides amenés par l'irritation occasionnent la compression des nerfs qui se distribuent à l'organe, et la sensibilité finit par s'y éteindre, et avec elle la vie ; enfin, dans le quatrième cas, la gangrène survient faute de la réaction vitale.

Espèces d'inflammations. L'inflammation se présente si souvent dans les maladies des animaux, soit comme affection principale, soit comme affection secondaire ; elle exige des traitemens si différens, et il est si utile quelquefois de la produire pour s'en servir à la guérison d'autres maladies, qu'on ne saurait trop approfondir sa nature. Pour mieux parvenir à ce but, on a distingué les différentes manières dont elle se comportait, et la méthode de la considérer du professeur *Richerand* est, je pense, fort utile pour le praticien vétérinaire, celle qui lui indique le mieux la nature de la maladie et la méthode de traitement à adopter.

Ce professeur divise les inflammations en quatre espèces :
Inflammations idiopathiques,
———— sympathiques,
———— spéciales,
———— gangreneuses.

ᴀ. Les premières, qui sont les plus communes, sont celles qui se développent sur l'organe même sur lequel la cause a porté : ainsi un cheval reçoit un coup sur une partie quelconque du corps ; cette partie, quelque temps après, devient douloureuse, se gonfle, montre tous les symptômes de l'inflammation : c'est une inflammation *idiopathique*. Un cheval sort d'une écurie chaude et passe dans une atmosphère très-froide, l'air irrite les membranes sur lesquelles il passe, et l'animal gagne un catarrhe des muqueuses de la trachée et des bronches : c'est encore une inflammation *idiopathique*. La cause, l'air froid, agit et produit l'inflammation sur le même organe.

B. Si, dans ce même cas, ce sont les plèvres qui s'enflamment, ce n'est plus une inflammation idiopathique, c'est une inflammation *sympathique*; la cause a porté sur le système cutané ou sur le système muqueux des voies aériennes, et c'est la plèvre qui n'a aucune communication avec ces organes qui en éprouve l'effet. Un cheval en sueur, baigné dans l'eau froide ou placé dans une atmosphère froide, éprouve une angine à la suite de la transpiration arrêtée brusquement : voilà encore une inflammation *sympathique*. La cause de l'inflammation a agi sur la peau, et l'inflammation s'est manifestée sur les parties de l'arrière-bouche.

C. Les inflammations *spéciales* dépendent d'une cause particulière, *sui generis*, qui ne produit que ce genre d'inflammation; elles se distinguent ou par leur nature contagieuse, ou parce qu'elles peuvent être combattues plus efficacement par certains remèdes que par d'autres, ou parce qu'elles ne se manifestent qu'une fois. Telles sont les inflammations qui se développent dans une plaie par suite d'un venin ou d'un virus, du virus claveleux, par exemple.

D. Enfin les inflammations *gangreneuses* forment une série tout-à-fait à part et non moins distincte ; elles sont caractérisées par des symptômes généraux de faiblesse dans l'économie, tandis que l'organe affecté donne tous les symptômes d'une inflammation violente : ainsi, tandis que le charbon produit sur une partie une sensibilité, une chaleur extrême, souvent le pouls est faible, petit et lent, et le charbon étend ses ravages jusqu'à ce que les propriétés vitales ranimées viennent opposer un cercle inflammatoire de bonne nature autour de l'inflammation gangreneuse, et, pour ainsi dire, poser une limite à ses progrès.

Cette distinction n'a pas seulement l'avantage de bien caractériser les inflammations, elle a encore celui d'indiquer de suite le genre de traitement qu'il convient d'employer, et qui diffère un peu pour ces quatre genres d'affections : ainsi 1°. dans les inflammations idiopathiques, si l'organe affecté ne remplit pas quelque fonction essentielle et dont l'interruption momentanée ne puisse pas mettre la vie de l'animal en danger, on se contente de chercher à lui faire suivre une marche régulière, à la calmer, à la diminuer ; si au contraire elle se développe sur un organe important et délicat, sur le poumon, par exemple, et si les symptômes sont assez alarmans pour faire craindre une terminaison funeste, on emploie des moyens plus actifs : l'on s'efforce d'en arrêter le cours, de la faire avorter, pour ainsi-dire, ou même de la transporter dans un autre lieu. C'est la méthode que l'on appelle perturbatrice.

2°. Dans les inflammations sympathiques, si l'organe sur lequel la cause agit, présente moins de danger que celui sympathiquement affecté, l'on cherche à rappeler l'inflammation sur l'organe irrité et à l'y fixer; quand au contraire elle se développe sur un organe moins important que celui sur lequel la cause agit, on la laisse parcourir ses périodes, en se contentant de la calmer comme dans les inflammations idiopathiques.

3°. Dans les inflammations spéciales, l'on est de suite certain des moyens à employer : ainsi, dans l'inflammation qui attaque les parties situées immédiatement autour d'un cancer, on sait que tous les moyens n'empêcheront pas les parties enflammées de devenir cancéreuses, si l'on n'enlève pas préalablement la tumeur elle-même; ainsi, dans les inflammations locales qui suivent une blessure envenimée, on sait que le régime antiphlogistique n'est qu'accessoire, que quelquefois même il est dangereux, et que la principale indication à remplir est d'annuler le venin, de rendre son action nulle.

4°. Dans les inflammations gangreneuses enfin, où la mort s'avance des parties attaquées vers les parties encore saines, faute d'une réaction vitale dans ces parties, c'est cette réaction qu'il faut susciter : donc, tandis que dans les inflammations idiopathiques et sympathiques, on emploie tout ce qui peut diminuer les propriétés vitales; dans les inflammations gangreneuses, au contraire, il faut employer tout ce qui peut les exciter, les réveiller, et même quelquefois les porter au-delà de leurs limites ordinaires.

SECTION II. — Plaies.

Plaies. (*Voyez* ce mot.)

<h2 style="text-align:center">PREMIÈRE CLASSE.</h2>

MALADIES DE L'APPAREIL LOCOMOTEUR.

SECTION. Iere.—*Maladies des muscles.—Lésions physiques.*

A. *Contusion.* Si la contusion est légère, elle se termine par résolution; plus forte, l'inflammation survient et finit par une des terminaisons que nous avons indiquées; enfin quand la substance musculaire est réduite en une espèce de bouillie par la force de la contusion, cette partie meurt, un cercle inflammatoire sépare les parties environnantes, la suppuration s'établit, entraîne avec le pus toutes les parties mortes, et finit par une cicatrice. *Voyez* PLAIES CONTUSES.

B. Si le muscle est entièrement coupé, la contractilité extrêmement forte de cet organe, excitée par la blessure, rend le rapprochement des deux bords du muscle coupé et leur réunion très-difficiles. On doit néanmoins dans ce cas, chercher tous les moyens de l'opérer, mais bien souvent l'on ne pourra point y parvenir; et si l'accident est arrivé à un des muscles d'une extrémité, si le muscle est considérable, l'animal restera boiteux: heureux encore dans ce cas, si l'on peut le rendre capable de faire quelque service!

c. Il arrive, dans des efforts violens où la contraction des muscles est portée à un degré extrême, que les fibres de ces muscles se déchirent; les accidens qui en résultent sont très-graves : telles sont une douleur excessive, ensuite la suppuration, la formation d'abcès, et toujours la nécessité d'interrompre les services de l'animal jusqu'à l'entière guérison. Ces déchiremens musculaires, quand ils sont considérables, mettent presque toujours nos animaux hors de service; heureusement ils sont rares. Le plus souvent, dans les efforts violens, ce sont les tendons ou les ligamens articulaires qui souffrent; et quoique ces accidens soient fâcheux; ils le sont cependant moins que le déchirement de la fibre musculaire.

Le traitement est simple : les applications émollientes et narcotiques, la saignée même dans le cas où l'accident serait grave, et dans tout cas, l'ouverture des amas de sang épanché et des dépôts de pus, aussitôt qu'on soupçonne leur existence doivent être mis en usage.

Ce qui est plus difficile que l'application du traitement, c'est de pouvoir distinguer l'accident. L'animal ne peut pas dire les sensations qu'il éprouve: c'est donc à sa manière de marcher, à la douleur qu'il manifeste dans telle ou telle partie par la pression, et enfin par les signes commémoratifs, que l'on peut deviner l'accident.

L'écart n'est autre chose qu'un de ces accidens arrivé aux muscles qui attachent les membres au tronc. Beaucoup de traitemens différens ont été vantés et employés successivement pour guérir les boiteries qui en résultent; mais tous ces traitemens se réduisent à deux quand on les analyse bien : l'emploi des émolliens, quand l'accident est récent et accompagné d'inflammation, et l'emploi d'excitans, d'irritans, même capables de reproduire une forte inflammation dans les muscles affectés, quand la maladie est ancienne : ce dernier moyen, auquel sont dues toutes ces cures extraordinaires d'anciens écarts, est dangereux à employer, parce qu'il est difficile de prévoir jusqu'où s'étendra l'inflammation que l'on suscite, et qu'il a souvent été suivi d'accidens très-graves, et quelquefois de la mort des individus. Les stimulans doux et long - temps continués, ensuite le feu à l'extérieur, ne produisent que rarement ces cures merveilleuses, mais leur emploi est bien moins dangereux et plus constamment efficace dans le cas d'ancienneté de l'accident, ou de ces *boiteries* dites *de vieux mal.*

D. Le déplacement des muscles arrive quelquefois; et comme il est très-difficile d'y remédier, il est souvent suivi des plus graves inconvéniens dans les animaux dont la principale valeur consiste dans l'intégrité du système musculaire.

Un cheval, la nuit en se grattant avec un pied de derrière, se prend ce pied dans la longe de son licol, et ne peut s'en débarrasser; le lendemain matin, le palefrenier trouve le pied postérieur dans la longe du licol, l'encolure ployée, la tête placée contre l'épaule de ce côté, et le corps appuyé de l'autre côté contre le mur; il débarrasse bien vite le pied pris dans la longe, et retenu dans cette position par l'éponge du fer; mais il fut bien étonné, quand, après avoir remis la tête du cheval dans sa position naturelle, elle reprit presque de suite la position qu'elle avait contractée la nuit. La colonne vertébrale formait une protubérance du côté gauche, tandis que les muscles des faces inférieures et supérieures de l'encolure, déjetés du côté droit, formaient des masses inégales de ce côté. Pendant que l'on préparait des attelles pour retenir l'encolure dans une direction droite, une espèce de contraction spasmodique s'empara des muscles déplacés, et l'on ne put pas leur faire reprendre leur position première; le cheval mourut assez promptement avec des paralysies partielles et avec tous les symptômes caractéristiques d'une compression du canal rachidien.

Un autre cheval affecté du même accident, mais à un degré bien moins considérable et dont la cause était ignorée, après avoir eu l'encolure tenue par un bandage, dans une direction droite pendant long-temps, se trouva bien rétabli; mais il portait néanmoins la tête toujours un peu plus d'un côté que de l'autre.

Lésions vitales. — A. *Tétanos.* (*Voyez* ce mot.)

B. *Paralysie.* (*Voyez* ce mot.)

SECTION II. — *Maladies des tendons.*

A. Les tendons les plus forts et les plus longs, sur-tout ceux des extrémités, peuvent être ou rompus par une contraction trop violente et trop subite des muscles, ou coupés par quelques causes extérieures : ces organes sont doués de peu de vie, et il est difficile de développer une inflammation nécessaire pour la réunion des parties; mais, de plus encore, l'impossibilité où l'on se trouve de faire rester l'animal tranquille, pour que les extrémités coupées restent en contact, rend ces accidens presque toujours incurables, et oblige de se servir des animaux s'ils sont capables encore de rendre quelques ser-vices, ou de s'en défaire dans le cas contraire.

Quelquefois ces tendons ne sont que distendus, et il n'y a que quelques fibres déchirées : dans ce cas, le repos et les soins que l'on doit à une inflammation récente sont les moyens de traitement, et le tact a bientôt fait découvrir l'endroit malade ; mais quand les déchiremens ont eu lieu dans les ten-dons des grosses masses musculaires, on ne peut pas recon-naître le lieu exact de la lésion, souvent même sa nature, et l'on se trouve réduit à l'emploi seul du repos comme moyen de guérison.

B. Il arrive souvent que les tendons, sans être rompus ou coupés, sont mis à nu par quelques plaies ; presque toujours alors la surface exposée au contact de l'air est frappée de mort, et il faut qu'une séparation s'effectue entre elle et entre les parties sous-jacentes. Une inflammation se développe dans les tendons ; des bourgeons charnus se montrent ; la lame, frappée de mort, détachée, tombe avec le suppuration, et la plaie de-vient une plaie suppurante simple : mais cette réaction salu-taire ne s'opère pas souvent de suite, et ce n'est quelquefois qu'après plusieurs exfoliations successives qu'elle a lieu.

Le traitement est simple : il consiste à empêcher la plaie de se fermer trop vite, et à entretenir une inflammation mo-dérée dans les parties, au moyen d'étoupes imbibées d'eau al-coolisée, ou sèches.

c. *Javart*. (*Voyez* ce mot.)

D. *Entorses, Efforts.* — Ce sont des tiraillemens, des dis-tensions plus ou moins forts, et quelquefois des déchiremens des ligamens qui entourent les articulations : ils ont, pour causes les plus ordinaires, des faux-pas ; ils produisent des douleurs sourdes sans apparence de lésion, et qui ont quelquefois des suites dangereuses en occasionnant la boiterie permanente de l'animal. Leur traitement est simple, et consiste dans l'appli-cation des résolutifs lorsque l'accident est récent, ensuite dans l'application des émolliens pour calmer la douleur, et enfin des stimulans les plus énergiques pour redonner du ton et de la force aux parties : quand la maladie passe à l'état chronique, la cautérisation devient le meilleur et souvent l'unique moyen de guérison.

E. *Luxations de la rotule.* — Elles sont rares dans nos animaux domestiques, malgré les efforts et les fatigues extrêmes auxquels ils sont fréquemment exposés : le cheval cependant, quand il est encore jeune, quand les solides n'ont point acquis toute la force que leur donne l'âge mûr, est exposé aux luxations de la rotule ; cet os se déplace, et coule sur le côté externe et au bas de la partie inférieure du fémur. Cet accident arrive sans déchirement et presque sans douleur : il est annoncé par le dé-placement de la rotule d'abord , et ensuite par l'impossibilité où se trouve l'animal de fléchir le membre qu'il tient raide, sur lequel il ne peut s'appuyer et qu'il traîne après lui. La ré-duction de cette luxation s'opère en plaçant la main sur la face interne de l'articulation du fémur et du tibia ; en donnant une secousse un peu violente à la rotule, on la remet facilement à sa place, le membre reprend sa liberté de mouvemens. L'âge et l'exercice, en affermissant les ligamens, font disparaître cet accident ; dans le cas où il ne disparaît pas, et où il empêche l'emploi de l'animal, on doit avoir recours au feu pour affer-mir et consolider ces parties.

F. Il arrive assez souvent, dans les exercices violens, que les mouvemens des articulations sont portés au-delà de leur ex-tension naturelle : tous les tissus qui environnent l'articula-tion sont tiraillés, distendus, une inflammation s'en empare, et la difficulté de forcer l'animal à se tenir en repos entre-tient, dans les parties malades, une inflammation légère, qui empêche la résolution de s'opérer complétement ; les articula-tions restent grosses, engorgées , et les mouvemens moins libres. Quelquefois ce sont les ligamens qui environnent l'ar-ticulation qui souffrent le plus ; d'autres fois , c'est la capsule synoviale articulaire : l'irritation qu'elle a éprouvée a aug-menté la sécrétion de la synovie ; la capsule boursouffle , et nuit aux mouvemens de l'articulation.

Dans le cheval, les capsules synoviales qui environnent les tendons sont très-sujettes à ces distensions et à cette sécrétion extraordinaire de synovie ; elles forment alors ce que l'on ap-pelle des *mollettes*.

Ces différentes affections, en nuisant aux mouvemens des articulations, fatiguent l'animal et diminuent beaucoup sa va-leur. Quand elles ne sont pas poussées trop loin et qu'elles sont récentes , on peut essayer de les guérir : c'est le feu qui seul peut parvenir à ce but quand on sait bien l'employer. On met le cheval au vert pendant un certain temps : cette nourriture relâchante amollit déjà tous les solides ; on applique ensuite le feu sur les parties malades ; on continue de laisser l'animal au vert ; l'inflammation se développe , et est souvent suivie de la résolution. La liberté dont jouit l'animal dans le pâturage, l'exercice qu'il prend à sa fantaisie , tout favorise la résolu-tion, qui s'effectue bien plus efficacement qu'à l'écurie et au régime sec.

Section III. — *Maladies des os.*

A. Les os sont composés, comme les autres organes, de tissu cellulaire, de nerfs et de vaisseaux ; mais ils en diffèrent par une autre structure, et par la substance saline inerte qui se dépose dans leur tissu, et qui leur donne la solidité dont ils jouissent. Cette différence de structure et d'organisation rend la marche de leurs maladies bien différente ; aussi toutes marchent-elles avec plus de lenteur, exigent-elles pour la guérison un espace de temps plus long, et que souvent le peu de valeur de l'animal empêche d'attendre. Dans les fractures des os des extrémités du cheval et du bœuf, presque toujours l'animal est sacrifié, à cause de la longueur du temps nécessaire à la consolidation des fractures, et des soins et des précautions que la guérison exige.

B. Il n'en est pas de même pour les fractures de tous les os. Les fractures des côtes sont souvent suivies de la guérison quand les organes pulmonaires ont conservé leur intégrité ; souvent même les bouts fracturés restent séparés, et l'animal n'en est pas moins propre à rendre les services qu'il rendait auparavant : le traitement consiste à laisser agir la nature, et seulement à ouvrir promptement les dépôts de liquide, ou les abcès qui peuvent se former, afin d'empêcher leur ouverture et leur épanchement dans la poitrine.

C. Les fractures de l'os du sabot et de l'os de la couronne sont très-faciles à se guérir, à cause de la position de ces os. Celui du sabot sur-tout, contenu dans une boîte cornée, se consolide bien facilement, mais l'animal reste souvent boiteux. Quand l'on se doute que l'os de la couronne ou celui du sabot est fracturé, ce dont il est souvent très-difficile de s'assurer par le tact sur-tout pour l'os du sabot, quand il n'y a point de plaie à l'extérieur, il suffit d'envelopper le pied d'une charge de poix et de résine et d'une ligature qui tienne ces parties immobiles, de laisser le cheval à l'écurie ou libre dans un pâturage ; la consolidation s'opère bien vite, et souvent en moins de six semaines la cure est entièrement terminée.

D. Les fractures des os des parties supérieures sont bien plus dangereuses ; presque toujours elles sont compliquées, c'est-à-dire que l'os est fracturé en plusieurs morceaux, et qu'il y a des esquilles : les parties molles sont contuses, déchirées ; le maintien des abouts articulaires en contact pendant le temps nécessaire au développement des boutons charnus et à leur agglutination est presque impossible : aussi ces accidens entraînent-ils souvent la perte de l'animal. La guérison serait cependant facile si l'on avait quelques moyens de maintenir le membre immobile, et toutes les fois qu'on espère y parvenir, et que l'animal a quelque valeur, qu'il est jeune surtout, on doit l'essayer. Déjà plusieurs tentatives ont été suivies du succès.

e. La pointe de la hanche est sujette à se fracturer dans les chutes violentes auxquelles sont exposés nos animaux, sous les poids énormes qu'ils sont obligés de porter ou de traîner. Si la pointe seule de la hanche est fracturée, l'extrémité déplacée par la contraction des muscles énormes qui prennent leur attache à cette partie est portée plus en bas ; les deux abouts fracturés, au lieu de rester dans la situation convenable chevauchent, l'inflammation se développe sur ces surfaces en contact comme sur les abouts fracturés ; et l'adhérence se fait dans toute la partie en contact. Dans ce cas, une hanche reste plus basse que l'autre, et l'on dit que le cheval est éhanché ; quelquefois le cheval ne boîte pas, mais c'est rare, et quoique souvent il soit encore capable de rendre des services comme auparavant, il conserve une allure plus gênée et plus difficile et qui le fatigue davantage.

L'on n'a point encore de bandage propre à maintenir la pointe de la hanche dans sa position naturelle, et tous les soins du vétérinaire doivent se borner à mettre l'animal dans le cas de se mouvoir le moins possible, ensuite à modérer la réaction inflammatoire, de manière à ce qu'elle ne soit ni trop forte ni trop faible, mais dans un juste milieu. Cette consolidation, le plus souvent, s'opère sans suppuration et sans formation d'abcès ni de dépôts.

f. Les fractures de la hanche ne sont pas toujours aussi simples ; quelquefois elles sont accompagnées de la fêlure ou de la fracture même du coxal ; il est rare, dans ce cas, que l'animal puisse échapper, et presque toujours des dépôts profonds dans l'épaisseur des muscles, des épanchemens, des infiltrations dans le bassin, mettent fin à son existence sans que l'on puisse lui porter des secours efficaces.

g. La fracture de la rotule arrive quelquefois ; cet accident est toujours très-grave et met l'animal, quand il guérit, pour long-temps hors de service. L'accident le plus fâcheux et qui complique très-souvent cette affection, est l'atrophie dans laquelle tombent les muscles de la face antérieure du fémur (les fémoro-rotuliens), et à laquelle il est très-difficile de s'opposer. La douleur, suite de l'accident, force l'animal à tenir toujours sa jambe élevée du sol, et soit que les muscles dans cette position restent trop long-temps contractés, ou soit que leurs contractions cessent tout-à-fait, ils tombent dans une atrophie complète. On a vu dans ce cas, que la fibre musculaire était diminuée des trois quarts de son volume et était devenue blanche. Une forte boiterie est la suite inévitable d'un pareil accident.

h. *Exostoses.* — Nous avons dit que les os étaient composés des mêmes tissus que les autres parties du corps, seulement qu'ils en différaient par la présence des sels à base de chaux, qui leur donnaient une autre texture, et qui faisaient suivre à leur maladie une marche différente; c'est à cette texture qu'il faut attribuer les exostoses ou tumeurs dures et de même nature que l'os, que l'on remarque sur quelques-unes de leurs parties. Elles sont quelquefois symptomatiques, mais le plus souvent idiopathiques, et la suite de quelques coups. Les sels calcaires qui forment la base de ces tumeurs, empêchent leur résolution d'être facile, et rendent bien souvent l'application des topiques extérieurs inutile. Ordinairement ces tumeurs cessent de croître quand l'inflammation qui les a produites est passée; mais on est quelquefois aussi obligé d'avoir recours au feu: cet agent énergique, en développant une nouvelle inflammation dans le tissu de l'os malade, change son mode de nutrition, arrête cette croissance contre nature, et va quelquefois jusqu'à produire la résolution de la tumeur; on doit cependant essayer d'abord les frictions spiritueuses et vigoureuses, les frictions mercurielles sur-tout. L'on range parmi les exostoses *les osselets*, *les suros* de toutes espèces, *les formes*, et enfin *les oignons*; mais ceux-ci sont des maladies particulières, à cause de leur siége, et sur lesquelles nous reviendrons plus au long, à l'article des maladies du sabot. (*Voyez* Sabot.)

Les suros, les osselets et les formes, ne sont dangereux qu'autant qu'ils affectent des parties essentielles aux mouvemens, telles que les articulations, ou qu'ils se trouvent situés sous des tendons ou des muscles dont ils gênent le mouvement. Aussi combien voyons-nous d'animaux dont ils ne font que diminuer le prix seulement sans rien diminuer de la valeur réelle, parce que, par leur position, ils ne nuisent en rien aux services de l'animal?

1. *Carie.* — L'exostose, venons-nous de dire, est une suite durable, mais peu funeste, de l'inflammation du tissu osseux; malheureusement il est une autre terminaison beaucoup plus dangereuse, c'est la carie très-fréquente dans les os d'un tissu spongieux. La partie de l'os irritée se tuméfie; mais au lieu de se durcir comme dans l'exostose, elle s'amollit dans un point, se décompose, laisse échapper un ichor d'une nature particulière, et bien reconnaissable sur-tout à l'odeur qu'il exhale. Cette décomposition de l'os gagne de proche en proche, si on ne parvient pas à l'arrêter : c'est une espèce de terminaison de l'inflammation du tissu osseux par gangrène. Le feu appliqué au moyen d'un fer chauffé à blanc et introduit dans la carie, désorganise les tissus affectés, suscite dans ceux qui sont encore sains une réaction vitale et le développement d'une inflammation de bonne nature : des bourgeons charnus s'élèvent

du fond de la plaie ; l'escarhe produite par le feu est enlevée par la suppuration, et la cicatrisation de l'os s'opère : il vaut mieux dans ce cas brûler plus que moins, et ne pas craindre de remettre plusieurs fois le fer chauffé à blanc : toutes les fois que l'on peut craindre l'emploi du feu, il faut avoir recours à l'extirpation de la partie cariée par le bistouri ou la gouge, ou enfin aux poudres caustiques les plus énergiques, et en dernier lieu aux caustiques liquides.

K. *Nécrose. Voyez* ce mot.

SECTION IV. *Maladies du sabot et des parties qu'il contient.*
(Voyez le mot SABOT.)

DEUXIÈME CLASSE.

MALADIES DE LA PEAU.

SECTION PREMIÈRE.

Presque toutes les lésions physiques de la peau, quand elles ne peuvent pas se terminer par *première intention*, sont suivies d'une simple inflammation qui se termine par suppuration (*voyez* PLAIES qui suppurent). Deux seulement présentent quelques particularités.

A. *Les durillons* sont des engorgemens chroniques produits par une compression ou un frottement long-temps répété : (*voyez* terminaison de l'inflammation par induration, *prolégomènes*). Ils se résolvent quelquefois d'eux-mêmes quand on fait cesser pendant quelque temps la cause qui les produisait, ou bien ils se terminent par suppuration ; ou enfin si l'animal est mal soigné, ou s'il est d'une mauvaise constitution, ils finissent par des indurations squirrheuses, et exigent d'être extirpés en entier, pour que l'affection soit ramenée à l'état d'une plaie simple qui suppure.

B. *Cors.* — On appelle ainsi une affection de la peau qui est le résultat d'une compression forte, long-temps continuée, et qui est caractérisée par une inflammation douloureuse des parties qui environnent l'endroit contus, tandis que la peau de cet endroit est devenue insensible, et tout-à-fait privée de vie, sans quelquefois même qu'il y ait d'excoriations. Ces accidens ne peuvent être produits qu'aux parties de la peau situées presque immédiatement sur les os, et c'est seulement aux côtes, sous la selle et la sellette, qu'on les rencontre. Bientôt la suppuration s'établit autour de la portion de la peau privée de vie, ses bords se soulèvent d'abord, et petit à petit l'escarhe se détache en entier, en allant de la circonférence au centre, et pour ainsi dire à mesure que la cicatrisation de la plaie avance. Les cors sont en général longs à guérir, parce que la cicatrisation est difficile sur ces parties du corps, et elle l'est d'autant plus que la partie de la peau privée de vie a été plus grande. Le traitement est le même que celui d'une plaie qui suppure.

Section IIe.

A. *Ebullition*. — Les jeunes chevaux, et quelquefois les vieux, sur-tout au printemps, lorsqu'ils mangent des fourrages nouveaux, sont exposés à une éruption de petits boutons sensibles, douloureux même, qui se manifestent par tout le corps, mais sur-tout aux épaules, aux côtés de la poitrine et à l'encolure. Cet accident est peu grave : l'animal est souvent aussi gai, aussi bien portant qu'à l'ordinaire. Néanmoins, quand l'éruption est considérable et qu'elle se fait sur presque tout le corps, l'animal est un peu malade, et il exige quelques soins. Dans ce cas, on s'aperçoit qu'il est affecté d'un malaise général, que l'appétit n'est plus si vif, que la température de la peau est plus élevée, que les yeux et les naseaux sont plus rouges, que le pouls est plus fort, et que le travail fatigue l'animal beaucoup plus ; l'éruption se fait le deuxième ou troisième jour. Une diminution dans la nourriture, du repos et un régime rafraîchissant, ont bientôt fait disparaître tous ces symptômes ; une petite saignée, quand ils sont un peu graves, détermine souvent l'éruption ou la facilite : on doit s'en abstenir lorsqu'elle est commencée.

B. Quoique la *gale* soit, parmi les animaux domestiques, une maladie très-fréquente, et quoiqu'il y ait toujours une multitude de topiques pour la guérir, ce n'est cependant pas encore une des plus faciles : dans quelques cas, tous les remèdes externes sont bons avec du soin ; dans quelques autres, tous sont mauvais : voyons donc les différences, et tâchons de les bien saisir.

1°. Dans le cheval, nous distinguons trois espèces de gale : Gale par acares, gale organique, gale symptomatique.

La *gale par acares* est la moins dangereuse, sur-tout quand elle ne fait que commencer : des soins de propreté, des bains, des lotions ou des frictions avec quelques topiques, n'importe presque lesquels, suffisent pour la faire disparaître. Ce ne sont point des médicamens qu'il faut, c'est de *l'huile de bras*, et bientôt tout est passé.

Elle est caractérisée par des pustules très-petites, très-multipliées et très-rapprochées : le prurit qui les accompagne est extrême, et l'animal trouve une sensation fort agréable à se frotter ; il réitère cette action jusqu'à excorier la peau, et quelquefois jusqu'à produire des phlegmons dans les endroits frottés. Les pustules de la gale, en se desséchant, fournissent des croûtes , ou plutôt une espèce de poussière écailleuse, que l'on enlève facilement avec une brosse ; enfin , en examinant attentivement cette poussière au soleil, ou dans un endroit chaud, on distingue , même à l'œil nu , de petits corps transparens , luisans , qui se meuvent avec assez de vitesse , et qui ne sont autres que les acares de la gale. Nous avons déjà dit qu'avec de la propreté , on avait bientôt tué tous ces animaux et fait disparaître la maladie.

Ce qu'il y a de plus difficile , c'est d'empêcher l'animal de se gratter ; quand il le peut faire, il commence doucement , finit par se gratter avec une espèce de fureur , et l'endroit qui était sur le point de la guérison , ou qui était même guéri , se trouve de nouveau excorié et contus. Quand l'affection est ancienne , elle exige souvent plus que des soins ; elle requiert l'emploi d'un traitement un peu méthodique : ainsi l'on est obligé d'assouplir la peau pendant quelques jours avec des émolliens, et ensuite d'y faire l'application de quelques topiques. Les topiques à base de soufre sont en général les meilleurs , ceux qui réussissent le plus efficacement. Quelques légers purgatifs sur la fin détournent les fluides que l'irritation de la gale appelait vers la peau , servent à empêcher toutes métastases et à compléter la guérison.

Gale organique. — Quand la gale a été négligée , quand on a laissé à la maladie le temps de s'enraciner , le tissu de la peau , continuellement irrité , sur-tout le tissu réticulaire , change de nature ; le tissu cellulaire sous-cutané lui-même , contus souvent par les frottemens répétés que l'animal provoque éprouve une altération : une véritable maladie organique cutanée succède à l'irritation primitive : c'est cette maladie que l'on appelle toujours gale , que j'ai nommée gale organique ; c'est sur-tout sur l'encolure , dans la crinière et sur le garrot des chevaux de trait entiers dont on ne prend presque point de soin , que l'on rencontre cette affection , et c'est elle qui prend le nom de *roux-vieux*. Quand elle n'est point encore trop ancienne, des soins bien entendus et une propreté extrême en triomphent quelquefois ; mais quand le tissu de la peau a subi une véritable altération , on ne peut plus en triompher : il ne faut plus que s'efforcer d'empêcher le mal de faire de nouveaux progrès. A cette époque, c'est presque même un émonctoire habituel, qu'il n'est pas sans danger de supprimer.

Gale symptomatique. — Sur les chevaux qui travaillent beaucoup , qui ont une mauvaise nourriture , et qui sont exposés à toutes les intempéries de l'atmosphère , l'on voit souvent se développer rapidement une espèce de gale , qui fait tomber leurs poils par plaques, et qui laisse voir à découvert le derme couvert d'une éruption écailleuse, farineuse, accompagnée d'un léger prurit ; le reste des poils est piqué, sec, en mauvais état. Cette espèce de gale est quelquefois épizootique dans les régimens, dans les parcs d'artillerie, et attaque en même temps un grand nombre d'animaux exposés aux mêmes influences : cet état, en apparence si affreux, est heureusement facile à guérir, et il suffit souvent d'un meilleur régime, d'un changement de nourriture, d'une diminution dans les fatigues, pour voir les animaux reprendre leur énergie, voir les parties dénudées de poils se recouvrir, l'ancien et vilain poil tomber pour faire place à un nouveau beaucoup plus doux et plus vif en couleur ; un pansement de la main bien régulier est alors le meilleur remède.

Cette affection n'est pas, à proprement parler, la gale, c'est un symptôme d'une faiblesse, d'une débilité générale dans tous les systèmes, principalement dans ceux de la circulation et de la digestion, et ce n'est que la complication avec l'affection organique de quelque viscère, qui en empêche la guérison. Quand les chevaux sont encore jeunes, quand la saison est favorable, leur abandon dans un bon pâturage les a souvent mieux guéris que tous les traitemens que l'on aurait pu employer.

2°. *Gale du bœuf.* — La gale attaque rarement le bœuf ; elle cède assez facilement aux topiques et à la propreté : elle paraît être de l'espèce de la gale par acares.

3°. *Gale du mouton.* — On voit qu'une bête a la gale lorsqu'il y a des filamens de laine plus longs que les autres et qui se détachent facilement du corps ; l'animal se frotte alors contre les corps durs, les pierres, les arbres ; il se gratte avec les pieds et les dents ; mais le signe le moins équivoque, c'est lorsqu'en écartant les mèches de laine dans l'endroit où le mouton se gratte, on trouve cette laine comme rongée et parsemée de croûtes ou d'écailles qui résistent sous les doigts. La gale vient plus souvent sur le dos, la croupe et les flancs, mais on la trouve sur tout le corps : c'est une gale par acares.

Ce qui paraît confirmer cette opinion, c'est que le traitement est entièrement local, et qu'outre les soins de propreté, elle n'exige pour sa guérison que quelques applications d'un topique irritant, n'importe lequel ; tous réussissent également quand ils sont bien employés : telle est la cause du grand nombre de ceux que l'on entend vanter contre cette maladie. Quand un troupeau a la gale, le meilleur remède se trouve dans le berger, s'il est bon ; son activité à chercher toutes les bêtes malades et à frotter les boutons ou places de gale est le meilleur pronostic de la cessation de la maladie. (Voyez *Instruction sur les bêtes à laine*, par M. Tessier, in-8°., fig. 1811.)

4°. *Gale des chiens.* — La ténacité de la gale des chiens est passée en proverbe, et en effet c'est dans ces animaux qu'elle résiste le plus à tous les traitemens, soit que ceux employés ne suffisent pas, soit que leur mauvaise administration empêche leur réussite : la gale prise à temps se guérit néanmoins assez facilement; ce n'est que des récidives ou de l'ancienneté de la maladie dont on ne triomphe qu'avec peine. L'on a trouvé des acares dans la gale du chien; mais la fréquence de la ténacité de la maladie porte à croire que la peau de cet animal contracte facilement une affection organique à la suite de la gale par acares, ou même que l'on a appelé du même nom des maladies différentes. Ce qu'il y a de positif, c'est que l'on peut distinguer au moins deux espèces de gale dans le chien, la *gale rouge* et la *rogne* ou *roux-vieux*.

La gale rouge est caractérisée par une éruption miliaire de petits boutons rougeâtres qui viennent indistinctement sur toutes les parties du corps, et que l'on aperçoit bien sur les parties dénuées de poils, par la couleur rouge-rose qu'ils donnent à la peau. Ainsi, c'est aux plats des cuisses et des avant-bras que l'on aperçoit la maladie d'abord, et ensuite sous le ventre. La rogne ou le rouge-vieux se montre sur le dos plus particulièrement, par des écailles sèches, grisâtres, que l'on remarque entre les poils, qui deviennent plus rudes, plus gros et plus rares à mesure que la maladie est plus ancienne.

Quand la maladie est récente, quelques bains émolliens et quelques frictions sèches, après avoir tondu l'animal, suffisent pour la guérir; mais quand elle est plus ancienne, elle exige l'emploi d'un traitement plus long. Ainsi on doit tenir le chien à un régime délayant, c'est-à-dire le nourrir de soupes peu épaisses, de lait en médiocre quantité; lui faire prendre d'abord des bains émolliens jusqu'à ce que la peau soit bien assouplie, et ensuite les changer contre des bains de dissolution de sulfure de potasse; l'on doit avoir bien soin après le bain de sécher l'animal très-promptement, et de le tenir dans un lieu où il ne puisse pas se refroidir. Le meilleur moyen pour cela est de le bouchonner jusqu'à ce qu'il soit sec. Entre les bains l'on fait sur la peau des frictions de quelque onguent à base de soufre, et l'on met une muserolle à l'animal pour l'empêcher de se lécher, etc. M. Goyer, professeur à l'École royale vétérinaire de Lyon, emploie des fumigations d'acide sulfureux, dans un appareil à-peu-près semblable à ceux inventés pour administrer ces fumigations aux hommes, et en obtient les résultats les plus satisfaisans.

Les maladies cutanées des chiens ne sont pas encore bien décrites, et peut-être pas bien connues; différentes éruptions regardées comme la gale ne sont point cette maladie, et le roux-vieux est peut-être de ce nombre.

5°. La *gale du lapin* est de l'espèce de la gale par acares, puisqu'elle est très-contagieuse : elle arrête l'accroissement des jeunes lapins, les fait maigrir, et enfin les fait tomber dans le marasme et les tue. On sépare les sujets infectés et on ne les nourrit qu'avec du regain, de l'orge grillée et des plantes aromatiques ; l'on se hâte de profiter de ceux que ce régime engraisse, et on jette les autres. Le vrai préservatif de cette maladie consiste dans la propreté et la salubrité des loges.

c. *Dartres.* — Ce ne peut être que petit-à-petit et en rassemblant des matériaux sur les différentes maladies, qu'on pourra parvenir à en donner une classification assez exacte : les vétérinaires la demandent tous les jours ; tous les jours ils accusent les professeurs de la science de négligence, de paresse à cet égard : ce serait eux-mêmes qu'ils devraient accuser. Les professeurs, dans leurs écoles, ne voient que certains genres de maladies, que les plus dangereuses : ce n'est que dans des cas très-difficiles qu'on a recours à eux, et souvent ils sont fort instruits sur des cas très-épineux et très-rares, et ils n'ont que peu ou point de connaissances des maladies les plus communes. Les praticiens vétérinaires devraient s'accuser de ne leur fournir aucun renseignement. Les dartres communes dans les animaux domestiques ne sont point décrites, et leur classification sera impossible tant qu'il n'y aura pas un grand nombre de bonnes observations sur leurs espèces.

Les dartres se distinguent des autres maladies de la peau, en ce que l'espace qu'elles occupent est circonscrit et séparé des parties encore saines par une ligne de démarcation bien sensible.

Jusqu'à présent on peut en distinguer deux espèces : 1°. dartres farineuses, 2°. dartres ulcéreuses.

1°. Les dartres farineuses se reconnaissent à une espèce de poussière grisâtre qui s'élève des parties attaquées, lorsqu'on les frotte, et qui n'est autre que les lames de l'épiderme qui se renouvellent très-souvent ; elles se remarquent dans les chevaux, principalement à la tête, sur les éminences osseuses, quelquefois sur d'autres parties du corps, à la queue, et font tomber les poils des parties qu'elles attaquent : ce sont principalement les chevaux d'un tempérament ardent, je dirai bilieux, et qui ne font pas beaucoup d'exercice, qui en sont le plus affectés. Les chiens y sont aussi sujets : ce sont les oreilles, le tour des yeux, les pointes des coudes, et les ischions, sur lesquels on les remarque dans ces animaux. Un bon régime un peu rafraîchissant dans ces deux espèces et quelques onctions adoucissantes, paraissent être les meilleurs moyens

de guérir cette affection, qui, en général, n'est point dangereuse, et qui quelquefois vient et se passe sans causes apparentes.

2°. Il n'en est pas de même des dartres de la seconde espèce,
de celles dites ulcéreuses : on les reconnaît aux altérations
profondes qu'elles forment dans le tissu de la peau, à une espèce d'auréole autour de la partie ulcérée, qui la détache bien
des autres parties saines ; ces dartres présentent, en général,
différens aspects selon les genres d'animaux et même selon
les individus : elles sont très-rebelles, très-difficiles à guérir,
et quand elles sont anciennes, ce sont des émonctoires dont
la suppression entraîne quelquefois des dangers.

Quel traitement à fixer, quand on ne connaît pas bien ni la
nature de la maladie, ni ses variétés, ni ses causes? Il serait
dangereux d'en assigner un qui serait bon dans un cas, mais qui
serait dangereux dans un autre. Le vétérinaire devra donc
étudier avec soin l'animal affecté de dartres, son tempérament, sa situation, le genre de ses travaux, la manière dont
ses différentes fonctions s'exécutent ; il se conduira d'après les
inductions qu'il tirera de cette étude, et il alliera sagement un
traitement extérieur et intérieur.

Les chiens y sont plus exposés que tous les autres animaux, et c'est sur eux que l'on pourrait le mieux étudier les
différentes variétés de cette affection. Elle paraît être due à
un virus qui affecte la masse totale, et qui porte son action
plus particulièrement sur la peau en revêtant plusieurs formes :
ce virus ne paraît pas contagieux.

Claveau. (*Voyez* ce mot.)

IIIᵉ. CLASSE.

MALADIES DE L'APPAREIL DE LA DIGESTION.

SECTION Iʳᵉ. *Maladies de la bouche, de l'œsophage et des
parties environnantes.*

A. La fracture de l'os de la mâchoire inférieure arrive assez
souvent dans le cheval, à la suite d'un coup de pied d'un autre
cheval sur l'extrémité de cette mâchoire, ou d'une chute dans
laquelle cette partie porte à terre ; elle s'opère à l'endroit où
les deux branches du maxillaire sont le plus étroites, avant
leur réunion. Cette fracture qui, au premier coup d'œil, paraît
très-dangereuse, ne l'est cependant pas ; un bandage suffit pour
la guérir. Il doit avoir pour base une attelle, dont l'extrémité
inférieure sera en forme de gouttière, pour embrasser le menton et la lèvre inférieure, ensuite des montans de cuir pour
l'attacher au-dessus de la tête et autour du nez, et des éclisses
de chaque côté de la mâchoire pour la contenir immobile. Le

cheval ne peut pas alors remuer la mâchoire, et on se trouve dans la nécessité de le nourrir avec de l'eau blanche sucrée ou miellée, que l'on injecte dans sa bouche au moyen d'une seringue, et des lavemens répétés de la même eau : la formation du cal s'opère ordinairement en moins d'un mois. Le cheval maigrit, dépérit un peu, mais après il a bientôt repris son embonpoint et sa vigueur première.

Quand il y a quelques esquilles, il arrive souvent qu'elles agissent comme des corps étrangers ; qu'elles donnent lieu à des abcès, à des fistules, et qu'elles viennent retarder la guérison. Si dès l'instant de la fracture on peut les enlever, il faut le faire de suite ; si l'on ne peut pas, il faut attendre le moment de leur chute, en la favorisant par des incisions, et en empêchant les ouvertures de se fermer.

B. Les dents sont sujettes à se fracturer par suite de coups ou de chutes. Quand les bords de la cassure sont tranchans, ils blessent quelquefois les parties molles de la bouche ; on s'en aperçoit facilement à la douleur que l'animal éprouve et à sa difficulté à manger. Il suffit, dans ces sortes de cas, d'abattre l'animal, et de lui limer la dent ou même de l'arracher, si l'on espère pouvoir en venir facilement à bout : les *surdents* et les *dents de loup* occasionnent les mêmes accidens et requièrent le même traitement.

C. La carie des dents est rare ; mais quand elle fait souffrir l'animal, ou quand l'odeur de la bouche devient sensible, il faut s'assurer de la dent cariée et l'extraire avec un fort davier.

D. *Lampas.* (*Voyez* ce mot.)

E. La bouche est exposée à des ulcères ; ils sont le plus souvent occasionnés par des brins de fourrages, des barbes de graines qui entrent dans les ouvertures des canaux salivaires, et dans celles des follicules muqueux ; ils sont reconnaissables à la douleur qu'ils causent à l'animal, à la mauvaise odeur que la bouche exhale, et à leur aspect noirâtre ; ils cèdent facilement à des gargarismes fortement acidulés, à leur cautérisation partielle quand on peut employer ce moyen sans danger, au nettoiement de la plaie avec un instrument rude, et à la privation des alimens qui pourraient se loger dans la plaie et l'aggraver : bientôt une bonne suppuration s'établit et les ulcères se cicatrisent.

F. Les plaies de la langue se cicatrisent très-rapidement, une portion peut même en être retranchée accidentellement sans qu'il en résulte d'inconvéniens ; l'hémorrhagie s'arrête bientôt, et ce qui reste de l'organe remplit les fonctions de l'organe entier.

G. *Lésions salivaires.* — Rarement les glandes parotides sont affectées d'inflammation primitive : presque toujours ce sont les parties environnantes, et sur-tout le tissu cellulaire lâche qui les supporte, qui sont d'abord affectés. La suppuration est la terminaison ordinaire de cette affection ; et l'induration qui se manifeste quelquefois, résiste rarement à l'application de cataplasmes chauds, émolliens, maturatifs, et même excitans. Si ces moyens ne réussissaient pas, on emploierait sur la glande les frictions spiritueuses, ensuite les frictions mercurielles, on peut même appliquer de forts vésicatoires ; enfin, si tout est inutile, on emploiera le cautère actuel en raies sur la peau, de manière à faire pénétrer le calorique le plus profondément possible. Rarement les indurations résisteront à tous ces moyens, elles se résoudront bientôt ou suppureront.

H. Les fistules salivaires sont rares, mais il s'en rencontre de temps en temps et elles sont assez difficiles à guérir. Le traitement consiste à comprimer ou à lier le canal au-dessus de la fistule assez bien pour empêcher la salive de s'échapper, ou à produire sur l'ouverture de la fistule une escarre sèche qui empêche la sortie de la salive, ou enfin à pratiquer une autre sortie à cette liqueur dans l'intérieur de la bouche.

Le premier moyen est difficile dans les animaux domestiques, cependant on peut le tenter ; le second est le plus en usage et se pratique au moyen de la pierre infernale, ou de la poudre de Rousseau, ou, mieux encore, au moyen d'une pointe de feu : si la guérison ne s'effectue pas par la première opération, il ne faut pas désespérer, une seconde ou une troisième l'effectue, et des vétérinaires n'ont réussi qu'à la cinquième ou sixième. Le dernier moyen de guérison consiste à introduire supérieurement dans le canal salivaire, et par la fistule un stylet, auquel on fait faire saillie dans l'intérieur de la bouche, et sur lequel on pratique une incision pour donner passage à la salive de ce côté. Pour empêcher cette ouverture de se fermer, on y passe l'extrémité d'un petit séton, dont on fait sortir l'autre extrémité par l'ouverture naturelle du canal ; on a ainsi un séton dont les deux extrémités sortent dans la bouche : on cherche alors à cicatriser la plaie extérieure, et on en vient facilement à bout quand il n'y a point eu de perte de substance considérable. Une fistule salivaire s'établit à la face interne de la joue et remplace l'ouverture naturelle du canal.

Cette opération, très-minutieuse, ne peut s'effectuer que quand la fistule salivaire existe dans la portion du canal qui rampe sur la joue ; dans les cas contraires, il faut avoir recours aux autres moyens.

I. L'on rencontre quelquefois des calculs salivaires : tant qu'ils n'incommodent point, il vaut mieux les laisser ; quand ils incommodent, on en fait l'extraction par l'intérieur de la bouche, s'il est possible, sinon par le côté externe, et l'on guérit la fistule qui en résulte par un des moyens que nous venons d'indiquer.

x. *Angine*. — C'est l'inflammation de la muqueuse de l'arrière-bouche, caractérisée par la difficulté de respirer, quelquefois d'avaler, par la rougeur et la chaleur de la muqueuse de la bouche, par la teinte plus rouge de la muqueuse du nez, par l'empatement de l'auge, et quand elle est extrêmement forte, par la rougeur et le larmoiement des yeux, et le gonflement extérieur de toute la région gutturale. Une fièvre générale accompagne ces symptômes, et est forte en raison de leur gravité.

Quand l'angine n'est point trop violente, le repos, la diète, une douce température, des gargarismes amènent bientôt la résolution ; quand elle se manifeste avec des symptômes plus violens, l'on enveloppe la tête de l'animal, l'arrière-bouche sur-tout, d'une peau de mouton, et on lui fait prendre des fumigations émollientes : dès le troisième ou quatrième jour, l'animal commence à jeter par les narines, et le dégorgement des membranes muqueuses s'opère. On ne doit pas alors tarder à substituer aux fumigations émollientes des fumigations plus stimulantes ; on y ajoute d'abord un peu de vinaigre, et ensuite on les remplace par des fumigations de plantes aromatiques : on remplace aussi les gargarismes par l'administration de quelques bouteilles de vin miellé ou sucré avec de la cassonade. Quelques jours de ce traitement ont bientôt fait disparaître les restes de l'affection.

Si la difficulté de respirer allait jusqu'à la suffocation, on pratiquerait, sans le moindre inconvénient, l'opération de la trachéotomie.

Quand elle est épizootique, l'angine est toujours plus dangereuse. Elle se complique d'autres affections, de fièvres de mauvais caractère, de maladies de poitrine, et au lieu d'être affection principale, elle n'est que maladie accessoire : c'est alors qu'elle se termine quelquefois par gangrène. La faiblesse et l'irrégularité du pouls, l'abattement des forces, tous les symptômes d'adynamie, la teinte blafarde de la membrane muqueuse de la bouche, l'haleine d'une odeur particulière, fétide, accompagnent et indiquent cette terminaison. Le vin, les liqueurs spiritueuses, les poudres cordiales, le kina, ont été conseillés jusqu'à présent ; les vésicatoires autour de la gorge ont paru aussi rendre quelques services.

Si, comme des médecins le prétendent maintenant, ces fièvres dites de mauvais caractère (adynamiques putrides) sont des inflammations de la muqueuse du canal intestinal, de l'estomac et sur-tout de la portion gastrique de l'intestin grêle, on doit sentir combien le traitement indiqué ci-dessus est contraire dans beaucoup de cas, et combien il doit aggraver la maladie. L'angine n'est alors qu'une affection sympathique, qu'un symptôme de la maladie principale, et ne doit être traitée que secondairement. Les fièvres, comme symptômes d'affection, ou comme affections essentielles, sont encore peu connues dans nos animaux domestiques. Les vétérinaires peuvent plus facilement éclaircir un point de doctrine de médecine encore douteux, celui du siége de la plupart de ces fièvres : ce sera un service rendu à la médecine humaine, pour tous ceux dont la médecine vétérinaire lui est redevable.

ɪ. Il arrive que des alimens solides s'arrêtent dans l'œsosophage et en oblitèrent le canal, c'est sur-tout dans les bœufs et les vaches que cet accident a lieu. On le reconnaît facilement quand le corps est arrêté dans la région cervicale de l'œsophage, à la grosseur que l'on voit ou que l'on sent derrière la trachée-artère. Dans ce cas, il suffit le plus souvent de déplacer le corps avec les mains, pour que le seul mouvement contractile de l'œsophage le pousse jusque dans l'estomac. Quand on ne peut pas réussir avec les mains, l'on se sert d'une baguette de bois flexible de jonc ; l'on attache au bout une éponge ou tout autre corps qui ne puisse pas blesser l'œsophage ; l'on introduit cette espèce de sonde par la bouche dans le pharynx, et l'on pousse ainsi le corps jusque dans l'estomac, ou jusque dans le rumen, si c'est un bœuf. Cette opération est très-facile dans les grosses bêtes à cornes; elle est plus difficile dans le cheval, que l'on est quelquefois obligé d'abattre pour opérer. Il faut avoir soin que le corps que l'on fixe au bout de la baguette soit bien lisse, bien attaché, qu'il ne soit pas trop gros. Des sondes de cuir, creuses, armées d'un morceau de plomb arrondi, et dans lesquelles on peut introduire un stylet de fort fil de fer pour les rendre plus dures, sont excellentes pour cette opération.

Quand le corps arrêté dans l'œsophage n'est pas très-dur, quand il est situé dans la portion cervicale, et bien apparent, quelques praticiens prennent un billot de bois, avec lequel ils poussent d'un côté le corps, de manière à lui faire présenter une forte saillie de l'autre côté; ensuite, avec un maillet de bois, ils écrasent le corps dans l'œsophage même, et la déglutition s'en opère de suite : cette opération offre quelques dangers, et ne doit être employée que quand l'introduction de la sonde n'a point réussi.

On reconnaît qu'un corps s'est arrêté dans la portion thoracique de l'œsophage, aux mouvemens de déglutition répétés de l'animal, à la manière dont il secoue la tête, à ses tremblemens, quelquefois à la gêne de la respiration et à ses mouvemens désordonnés : on doit avoir recours de suite à l'emploi de la sonde.

Section IIᵉ. *Maladies de l'abdomen et des viscères digestifs.*

A. Quand les plaies faites aux parois de l'abdomen n'attaquent point les viscères contenus dans la cavité, elles se cicatrisent assez promptement, quoique même le péritoine ait été affecté ; mais elles présentent de particulier, que souvent la peau se cicatrise sans que les plans musculeux et aponévrotiques sous-jacens écartés puissent se réunir, en sorte qu'il reste une ouverture fermée par la peau, le tissu cellulaire sous-cutané et le péritoine. Quelquefois les viscères contenus dans la cavité, les intestins sur-tout, sortent par l'ouverture, et il y a ce qu'on appelle une *hernie*. Beaucoup de chevaux, de bœufs, de moutons, de chiens, ont de ces hernies sans en souffrir; et ce n'est que quand elles sont trop considérables, qu'elles leur nuisent ; il est cependant bon, dans les bœufs qui travaillent, et sur-tout dans les chevaux, de les soutenir par un bandage, qui les empêche d'augmenter dans les efforts que ces animaux sont obligés de faire.

Dans le cas d'une plaie faite à l'abdomen sans que les viscères intérieurs aient été atteints, il faut, autant que possible, chercher à prévenir la hernie. Pour cet effet, l'on rapproche et l'on tient les bords de la plaie en contact au moyen de la suture enchevillée, et l'on applique ensuite un bandage qui environne tout le corps, et qui, en appuyant sur la plaie, soutient le poids des viscères de ce côté, et les empêche d'écarter les bords de l'ouverture. L'on doit aussi avoir soin, en opérant la suture enchevillée, de ne point faire traverser les aiguilles dans la cavité abdominale; outre l'irritation que le passage des aiguilles à travers le péritoine ne manquerait pas de produire sur cette membrane irritable, elles pourraient encore blesser et endommager les viscères : il faut seulement qu'elles pénètrent les plans musculeux.

B. Dans les animaux domestiques que l'on ne peut point maîtriser facilement, ces opérations ne sont pas toujours possibles, et le vétérinaire voit périr de hernies des animaux dont il aurait pu promettre la guérison, s'il avait pu, par quelques moyens, fixer les appareils : aussi presque toujours, quand les viscères de l'abdomen sont attaqués, la blessure est-elle mortelle, et se voit-il réduit à abandonner les malades. Les soins et les procédés que l'on emploie pour de pareilles blessures dans les hommes, deviennent impraticables pour les animaux.

c. L'intestin, le grêle sur-tout, est exposé dans le cheval entier à sortir par l'anneau inguinal. Cet accident arrive plutôt dans les sujets où cet anneau est naturellement large ; mais il arrive aussi à la suite des efforts violens auxquels nous forçons souvent les animaux dans le travail. Quand l'anneau est large et qu'il ne pince point l'intestin, l'animal ne ressent que peu de douleur, et l'on ne s'aperçoit de la hernie que quand elle est considérable ; mais le plus souvent la portion herniée de l'intestin est comprimée par le resserrement de l'anneau ; le cours des matières fécales est interrompu, et l'animal éprouve des douleurs d'autant plus vives, que le resserrement est plus fort. Il se couche, se relève, s'agite, regarde son flanc ; le testicule du côté de la hernie est retiré en haut et placé contre l'anneau ; l'autre est dans un mouvement continuel d'abaissement et d'élévation : si à ces signes se joint une tumeur du côté où le testicule est constamment élevé, ou un simple empâtement qui empêche de bien reconnaître sa forme, on doit être sûr de l'existence de la hernie. Bientôt les souffrances augmentent ; les coliques deviennent plus violentes ; l'animal se couche plus souvent, se place plus fréquemment sur le dos, les jambes en l'air, et il cherche à garder cette position, qui paraît lui donner quelque soulagement en relâchant l'anneau. Il faut alors apporter de grands secours en procédant à la réduction de la hernie. Une forte saignée non-seulement calme l'inflammation de l'intestin, mais, en affaiblissant tous les tissus, relâche l'anneau, et rend moins forte la compression qu'il exerce sur la portion herniée. Des lavemens d'eau tiède, en produisant le même effet, concourent au même but, et de plus débarrassent complétement le dernier intestin. Ensuite on couche l'animal, on le fait tenir sur le dos par des aides, on élève le train postérieur, de manière que tout le poids des intestins porte sur la poitrine, et on commence l'opération. On introduit un des bras dans le rectum, on cherche à travers ses parois à trouver l'ouverture de l'anneau inguinal, et quand on sent la portion d'intestin qui y est entrée, on s'efforce de la saisir entre les parois mêmes du rectum. Si l'on réussit, on la tire doucement en dedans, en même temps que de l'autre main on essaie, en palpant doucement la tumeur herniaire, à la faire rentrer. Quelquefois on réussit. On sent combien, en opérant, il faut prendre garde d'exercer des tiraillemens trop forts sur l'intestin grêle d'abord, et ensuite sur l'intestin rectum lui-même, dont les parois séparent la main de l'intestin hernié.

Si l'on ne peut parvenir à le saisir à travers le rectum, et qu'il n'y ait plus d'espérance de pouvoir sauver l'animal, on le laisse reposer quelque temps, et ensuite on pratique l'opération suivante. On ouvre la gaîne vaginale avec le bistouri et avec précaution, pour ne pas blesser la portion d'intestin qui y est contenue; ensuite l'on prend un bistouri boutonné à lame courte et tranchante en dedans; on fait glisser doucement la lame à plat entre l'intestin et l'anneau, et quand elle est parvenue dans l'abdomen, on tourne son tranchant du côté de l'anneau, on l'incise, on l'agrandit ainsi, et l'intestin rentre alors facilement. Pour empêcher sa sortie, on pratique la castration de ce côté à testicule couvert, et l'on place le cassot très-près de l'abdomen. On ne laisse relever le cheval que le plus tard possible; on le place dans l'écurie, la croupe beaucoup plus haute que le garrot, et on le traite par le régime délayant pendant quelque temps. Quand l'animal est bien guéri, l'anneau est oblitéré, et l'on n'a plus à craindre de récidive. Cette opération est très-difficile, demande beaucoup d'habileté et ne réussit pas souvent.

D. *Indigestions.* — Les petits dérangemens des fonctions de l'estomac dans les monodactyles sont peu apparens, et se passent sans qu'on les aperçoive : il n'en est pas de même des indigestions; quoique rares, elles entraînent les suites les plus graves.

Le cheval qui a une indigestion porte la tête basse; il bâille fréquemment; sa peau est sèche et sa température moins élevée que dans l'état ordinaire; l'animal cherche bientôt à appuyer sa tête; il pousse quelquefois les corps qui sont devant lui avec son front; d'autres fois il se recule au bout de sa longe, ou bien il frappe la terre avec un des pieds de devant, et tourne la tête vers son flanc.

Les causes des indigestions sont, ou la trop grande quantité d'alimens, ou des alimens de mauvaise qualité qui affaiblissent l'estomac et l'empêchent de faire ses fonctions. Le son est de tous celui qui produit le plus souvent cet accident. L'estomac est trop chargé ou affaibli par cette nourriture; il se déchire même quelquefois, ce qui occasionne rapidement la perte de l'animal.

E. *Vertige abdominal.* — Quand l'indigestion est très-forte, les symptômes augmentent d'intensité, et elle prend le nom de *vertige abdominal* ou *symptomatique*, à cause des accidens qu'elle suscite. D'abord les sens deviennent obtus, ils se perdent ensuite tout-à-fait, et bientôt des mouvemens désordonnés se manifestent; l'animal pousse en avant avec le front ou la nuque, et avec violence; il frappe sa tête à droite, à gauche, et ne paraît pas sentir les coups; il ne voit pas, n'entend pas, ne sens pas le fouet.

Deux espèces de traitement ont été proposées jusqu'à présent pour les indigestions du cheval : l'un, totalement empirique, l'est encore journellement, et je l'ai quelquefois conseillé ; l'autre est plus raisonné, plus conforme aux lois de la saine physiologie. Le premier consiste à donner des excitans dans un véhicule aqueux, tels que le vin, l'eau-de-vie et l'alcool étendus d'eau, les infusions de plantes aromatiques, etc. ; et quand l'indigestion est portée très-loin, quand il y a vertige abdominal, à produire une évacuation au moyen d'un purgatif dans un véhicule liquide, tels que l'aloès dans le vin, les dissolutions dans l'eau de sel de nitre, de sel commun ; les extraits de gentiane étendus d'eau. Le second consiste à traiter par les antiphlogistes.

Le praticien sera certainement embarrassé dans le choix de ces deux moyens bien opposés. Jusqu'à ce que quelques vétérinaires aient résolu la question, voyons ce qu'il y a de positif. Dans l'un et l'autre traitement, les médicamens sont sous forme liquide, et plus ils sont étendus, meilleurs ils sont. Quand l'indigestion est légère, sur-tout produite par de mauvais alimens, le vin réussit presque toujours, et l'indigestion cesse promptement : c'est le cas, sur-tout dans les vieux chevaux. Quand il y a vertige abdominal, ce qui arrive quand les intestins sont remplis d'une grande quantité d'alimens, l'animal succombe s'il n'est débarrassé de la masse des alimens qui surchargent les intestins ; et les purgatifs, l'aloès sur-tout, ont paru réussir jusqu'à présent : cependant la saine physiologie semble indiquer que l'indigestion n'est qu'une inflammation de la membrane muqueuse de l'estomac ou des intestins, par conséquent, que le régime antiphlogistique est le seul convenable, et que les excitans et les purgatifs doivent être rejetés avec soin. Quel vétérinaire décidera le point douteux suivant : l'indigestion est-elle une gastrite et une entérite ? Ou peut-il y avoir indigestion sans inflammation d'une portion de la membrane muqueuse du canal intestinal ? La question résolue, le traitement ne sera plus douteux.

Le fait suivant semblerait bien prouver que le vertige abdominal n'est qu'une gastrite : en même temps qu'il fera connaître la maladie, il servira à mettre le vétérinaire en garde contre les premiers symptômes apparens qui le frappent, et en méfiance des renseignemens qu'on lui donne.

F. *Gastrite.* — On vint me chercher pour voir un cheval de carosse, d'une forte stature, âgé de dix-sept ans, en bon état. Il portait la tête haute, et la tenait appuyée, tantôt contre la muraille du côté droit, tantôt entre deux barreaux de son râtelier. Il avait les sens de la vue et de l'ouïe un peu obtus, la sensibilité de la peau très-vive ; le simple toucher le surprenait et lui faisait faire des mouvemens brusques et violens ; la température du corps était bonne ; la queue avait un léger mouvement convulsif ; le pouls était fort , accéléré et un peu embarrassé : il y avait battement du flanc sans accélération de la respiration ; enfin , l'animal frappait de temps en temps la terre avec une de ses jambes antérieures.

Le palefrenier me dit qu'il y avait déjà quelques jours que le cheval était malade ; que le vétérinaire qui le traitait lui avait fait donner les jours précédens quelques gros d'aloès dans du miel , et que, malgré l'administration de cette substance , les excrémens étaient en petite quantité, durs , et qu'il y avait long-temps que l'animal n'en avait rendu. Il m'avait dit aussi qu'antérieurement le cheval avait déjà eu quelques indigestions.

Je crus que l'animal était affecté d'un vertige abdominal , et que les symptômes d'irritation n'étaient que la suite de l'administration de l'aloès en trop petite quantité, et pas assez délayé pour produire une évacuation ; j'ordonnai de donner 2 onces d'aloès en poudre , mêlées dans un litre d'eau et de vin, et d'aider l'effet purgatif par l'administration , pendant le reste du jour , de 3 autres litres d'eau tiédie et légèrement miellée. J'ordonnai aussi 2 ou 3 lavemens d'eau nitrée.

Le lendemain matin, l'aloès n'avait pas encore fait son effet , mais le cheval était plus mal ; il était couché ; la peau était plus chaude, le flanc plus agité ; l'animal se débattait , et cherchait à se relever, sans pouvoir y parvenir ; le pouls était devenu plus petit et plus concentré.

Je ne voulus rien faire que l'aloès n'eût agi. Le vétérinaire qui avait traité le cheval vint me voir au milieu du jour, et nous allâmes ensemble voir l'animal ; il m'apprit qu'il avait eu réellement de petites indigestions , mais que l'aloès qu'il avait fait donner à petites doses avait déjà débarrassé le système digestif d'une grande masse d'alimens mal digérés , et qu'il ne croyait pas que l'évacuation pût être grande. En effet , quand nous arrivâmes, une évacuation avait eu lieu , et elle était très-peu abondante en matières solides. L'animal avait alors des sueurs froides partielles , le flanc était extrêmement agité, le pouls avait disparu ; l'animal se débattait, cherchait encore à se relever , et paraissait avoir perdu le sens de la vue. Le propriétaire voulant faire tuer son cheval pour en être débarrassé, nous ne prescrivîmes rien ; mais il mourut sur les cinq heures du soir , avant l'arrivée de l'écarisseur. Le lendemain nous en vîmes l'ouverture.

Tous les viscères, à l'exception de l'estomac et des intestins, ne présentèrent rien d'extraordinaire. La membrane péritonéale de l'estomac était rouge et injectée ; les vaisseaux qui s'y distribuent étaient gorgés et pleins de sang ; sa cavité ne contenait qu'un peu de liquide épais, d'une couleur grisâtre ; la membrane interne, sur-tout la partie du sac gauche, était irritée, enflammée, extrêmement rouge, bleuâtre dans quelques points, d'un rouge écarlate dans d'autres : elle s'enlevait facilement de dessus la membrane charnue ; le commencement de l'intestin grêle participait à l'état de l'estomac ; enfin quelques autres points de cet intestin et des gros présentaient une certaine rougeur et une injection sanguine des vaisseaux, qui annonçaient évidemment un état inflammatoire.

Cette ouverture me fit voir clairement que le cheval avait eu une vraie inflammation de l'estomac, ou primitive, ou secondaire à une autre affection, et que l'administration des 2 onces d'aloès avait été un contre-sens, et avait dû avancer la mort.

6. *Indigestions des ruminans.* — Elles sont fréquentes et se montrent avec des symptômes communs et des symptômes particuliers. Les symptômes communs sont la cessation de la rumination, la pesanteur de la tête, la météorisation, et d'autres signes communs encore à d'autres maladies, tels que la tristesse, la pesanteur et la lenteur de l'animal, la sécheresse du mufle, l'adhérence de la peau aux côtes, etc.

Les signes particuliers les ont fait diviser en plusieurs espèces.

Chabert en reconnaît cinq.

1°. Météorisation méphitique simple ;

2°. Météorisation méphitique compliquée ;

3°. Indigestion putride simple ;

4°. Indigestion putride compliquée de la dureté de la panse ;

5°. Indigestion par irritation de la panse.

1°. *La première* et *la seconde* de ces affections ne sont simplement qu'un dégagement de gaz de la masse des alimens contenus dans le rumen ou la panse ; elles se reconnaissent à la distension énorme de la panse, plus marquée au flanc gauche qu'au flanc droit, et à la difficulté que l'animal éprouve à respirer ; la poitrine est si fortement rétrécie par la distension du diaphragme, que les poumons sont dans l'impossibilité de se dilater complétement, en sorte que l'animal est très-gêné dans sa respiration, et paraît quelquefois sur le point de suffoquer. Quand ces symptômes augmentent, la suffocation devient imminente, et s'annonce par l'engorgement des vaisseaux extérieurs de la tête, par l'embarras et la dureté du pouls, par la rougeur de la conjonctive, la saillie des yeux de leurs orbites, la dilatation des naseaux, la chaleur de la bouche remplie de bave épaisse, visqueuse, d'une mauvaise odeur, par des rots sonores et d'une odeur acide. A tous ces symptômes se joignent la voussure de l'épine dorsale en contre-

haut, et la saillie de la panse du côté gauche; les extrémités
sont rapprochées, l'animal est extrêmement raide; enfin il se
plaint, se couche, se débat et meurt, en rendant par la bouche et les naseaux une petite quantité des matières contenues
dans la panse.

Les lésions que l'on observe à l'ouverture des cadavres indiquent toutes la mort par asphyxie.

La météorisation méphitique compliquée ne diffère de la
première, selon Chabert, que par sa marche plus lente, et
parce que le gaz, au lieu de rester dans le rumen, se trouve
dans les quatre estomacs et les intestins, souvent dans le tissu
cellulaire qui les environne, et même jusque dans la cavité
de l'abdomen. Je n'ai pas cru devoir en faire une maladie
distincte.

Le traitement de ces deux genres d'affections est le même
et assez simple : quand le gonflement n'est pas extrême; quand
l'animal ne menace pas de suffoquer, ce sont des breuvages
alcalins qu'il faut administrer, tels que l'eau de chaux, la lessive de cendres, l'eau de savon ; mais de tous, c'est l'ammoniaque liquide et étendue d'eau qui est le meilleur; 2 ou 3
gros d'ammoniaque dans un litre d'eau pour les bœufs, et
trente à quarante gouttes pour le mouton, dans un verre d'eau,
suffisent. L'administration de ce breuvage est quelquefois suivie de la diminution subite du volume de la panse; quelquefois cette diminution n'est qu'insensible : on répète le breuvage de temps en temps, selon la gravité des symptômes.
Quand, malgré l'administration de ces substances, le gonflement de la panse augmente, on cherche à faire sortir les gaz
par la bouche, en y mettant un bâillon, en tenant le cou de
la bête allongé, en introduisant la main ou des tampons jusque dans l'arrière-bouche, en exerçant fortement l'animal,
ou enfin en introduisant dans la panse (quand on en a) des
tubes de fort cuir, garnis à une des extrémités d'un morceau
de plomb percé de plusieurs trous qui donnent passage aux gaz
dans l'intérieur du tube d'abord, et ensuite au dehors. Cet
instrument très-simple, qu'on connaît à peine en France, et
que j'ai trouvé dans beaucoup de fermes en Angleterre, y est
employé avec un grand avantage pour cette affection.

Si l'emploi de ces moyens ne peut être assez prompt pour
empêcher la suffocation, on pratique la ponction de la panse
avec le trois-quarts destiné à cet usage (1). On incise la peau
sur le flanc gauche avec un bistouri, on place la canule du

______

(1) *Voyez* la description et la figure de cet instrument dans les *Instructions et observations sur les maladies des animaux domestiques;*
1792, tom. III, pag. 227.

28 *

trois-quarts dans l'incision, et on l'y fixe avec la main gauche; de la droite, on place l'instrument dans la canule jusqu'à moitié, et un coup appliqué d'à-plomb sur le manche de l'instrument, le fait entrer avec la canule jusque dans la panse. On laisse la canule et on sort le trois-quarts; le gaz sort aussitôt et fait cesser la suffocation : on laisse la canule jusqu'à ce que le plus de gaz possible se soit échappé. Si quelques parties d'aliment obstruent son canal, on le débouche avec une petite baguette ou une sonde que l'on y introduit.

Dans le cas où l'on n'aurait point de trois-quarts, on pratique la ponction avec un bistouri à longue lame ou avec un couteau bien affilé. Dans le cas même où le rumen est trop plein d'alimens, et où l'on craint qu'ils ne s'épanchent dans l'abdomen par l'ouverture, on peut la faire assez grande pour y introduire une cuiller ou même la main, et en retirer une partie des alimens. On peut alors administrer les médicamens dont nous avons parlé, par l'ouverture même de la panse, en prenant bien garde qu'ils ne tombent dans la cavité de l'abdomen.

Quand l'on n'a plus à craindre de récidive, on nettoie bien la plaie de tous les alimens, avec une éponge ou des étoupes imbibées de vin, de cidre ou de bière tiède, même d'eau-de-vie; on recouvre la plaie d'un large plumasseau enduit de térébenthine, et l'on fait une suture enchevillée aux parois de l'abdomen.

Après une opération aussi grave, la diète est de rigueur pour ne pas charger la panse d'alimens; les liquides, dont une grande partie passe immédiatement dans le dernier estomac, sont préférables, et doivent être employés presque seuls les premiers jours : ce n'est que quand l'ouverture de la panse commence à se fermer, qu'on doit donner un peu d'alimens solides. Le plus souvent, la panse, dans l'endroit de la plaie, adhère aux parois abdominales, et se ferme en même temps qu'elles.

— Cette affection se développe quelquefois dans tout un troupeau de moutons, quand on le conduit dans un pâturage trop abondant, où les animaux peuvent se gorger trop vite d'alimens, tels que les prairies artificielles de luzerne et de trèfle sur-tout; il faut alors faire marcher, courir même le troupeau : c'est le seul moyen, quand on est ainsi pris au dépourvu, et quand il y a un grand nombre d'animaux affectés. Quand l'on a de tels pâturages à donner à ces animaux, il faut, pour prévenir cet accident, les conduire d'abord dans des lieux où la nourriture est moins abondante, moins succulente, et ne les mettre dans les premiers que quand l'appétit est très-diminué, et ensuite ne les y pas laisser trop long-temps.

— *Falère*. La maladie connue sous ce nom dans les bêtes à laine ne se fait remarquer que dans les pays méridionaux de la France : dans le Roussillon sur-tout, il y a peu de mois de l'année où la falère n'enlève quelques bêtes ; elle paraît être la même que la précédente dans le gros bétail , seulement sa marche est si rapide, qu'elle ne laisse pas le temps d'employer les remèdes : l'animal paraît jouir de la plus parfaite santé, il tombe tout-à-coup dans un état de stupeur, il porte la tête basse, il chancèle, trébuche ; quelquefois il essaie d'uriner, il tombe sur les genoux, se relève pour tomber de nouveau ; il ne voit plus, n'entend plus ; de violentes convulsions agitent les yeux et la tête ; la bête grince des dents ; la respiration devient de plus en plus gênée, laborieuse ; le ventre se tuméfie ; de la bave sort par la bouche ; des excrémens liquides et verdâtres s'échappent par l'anus, et l'animal ne tarde pas à expirer, quelquefois dans une heure de temps, le plus souvent au bout de deux heures, ou trois au plus.

L'ouverture des cadavres ne présente que les estomacs et les intestins remplis d'un gaz qui brûle en donnant une flamme blanchâtre et pétillante. Cette propriété du gaz de brûler avec flamme, et la mort rapide qui est la suite de la maladie, ont fait penser que c'était du gaz hydrogène carboné qui se dégageait dans les intestins. La propriété éminemment délétère de ce gaz donne en effet une raison assez forte de la rapidité de la mort de l'animal.

Comme les animaux qui meurent de cette maladie sont fort bons à manger, dans le Roussillon les bergers, au lieu de traiter l'animal, le tuent de suite, et le vendent au boucher, ou le consomment ; cependant quelques propriétaires ont déjà employé avec avantage la ponction du rumen, et l'introduction dans cet estomac de quelques breuvages stimulans. La falère, d'après tous ces symptômes, nous a paru devoir être rangée dans la section des indigestions méphitiques.

2°. *Indigestion putride simple*, et *indigestion putride avec dureté de la panse.* — Ces deux indigestions ne sont que des variétés de la même affection, et ne diffèrent entre elles que par l'intensité des symptômes, et par un symptôme de plus dans la dernière, celui de la dureté de la panse.

Ce genre d'affection n'est point aussi subit que celui que nous venons de décrire ; il se développe plus lentement, et permet toujours l'emploi des remèdes : il attaque néanmoins plus profondément les viscères, et demande plus de soin dans le traitement. Il commence par des dérangemens dans l'appétit, qui cesse quelquefois, qui quelquefois aussi est dépravé; la rumination est irrégulière ; les excrémens deviennent plus foncés en couleur, et d'une odeur plus forte et plus pénétrante;

les rôts sont plus fréquens et d'une odeur d'œufs pourris; le mufle est sec, les yeux chassieux, le poil terne, la peau sèche, adhérente aux côtes et l'épine dorsale plus sensible. Quand cette affection est portée au plus haut, la panse est météorisée; les déjections par l'anus sont supprimées; l'animal est faible, il se plaint, reste couché, sa respiration est très-laborieuse; sur la fin, il y a souvent dureté excessive de la panse; quelquefois emphysème partiel ou général, toujours anxiété extrême : l'animal ne tarde pas alors à succomber.

Le traitement de cette maladie doit avoir pour but de débarrasser les estomacs des alimens qu'ils contiennent, et de les fortifier ensuite par des substances un peu stimulantes, énergiques. Ainsi, on donnera d'abord des dissolutions de nitrate de potasse et de muriate de soude; 3 ou 4 onces de l'une ou l'autre de ces substances, dissoutes dans 2 pintes d'eau, devront être administrées dans le jour trois ou quatre fois. On les intercalera avec l'administration d'une forte infusion de plantes amères; on s'arrangera de manière à donner en tout 7 ou 8 pintes par jour à l'animal; on supprimera les dissolutions de sel, quand elles auront produit des évacuations, et on les remplacera par des infusions de plantes aromatiques aiguisées d'eau-de-vie : des alimens de très-bonne qualité, moitié secs, moitié verts, mais en petite quantité, devront être donnés pendant le traitement, et quelque temps après encore, avant de remettre l'animal à son régime ordinaire. Si la météorisation devenait accidentellement assez forte pour faire craindre la suffocation, on aurait recours aux moyens indiqués pour les météorisations méphitiques.

3°. *Indigestion-produite par irritation de la panse.* — Les signes qui indiquent ce genre d'affection sont la tristesse, le larmoiement, l'accélération du mouvement des flancs, le gonflement momentané du flanc gauche; ensuite, quand elle augmente d'intensité, les yeux deviennent saillans, rouges; le pouls est vite, petit, concentré; les mâchoires sont serrées l'une contre l'autre; les extrémités sont raides; il y a prostration des forces; l'animal est immobile et paraît insensible; il chancèle et tombe; il se plaint, il mugit; sa bouche se remplit de bave; le pouls s'efface entièrement; les déjections qui avaient été supprimées au commencement de la maladie, qui dure de deux jusqu'à huit jours, reparaissent à la fin, mais sanguinolentes, fétides, accompagnées d'épreintes cruelles; enfin les convulsions surviennent, et l'animal meurt.

Les meilleurs remèdes, dans un pareil cas, sont les mucilagineux; 5 ou 6 pintes de lait seront administrées sur-le-champ, et ensuite une pinte de deux heures en deux heures, jusqu'à ce que les accidens soient cessés. Si l'on prévoit n'avoir pas assez de lait, on fait une décoction de plantes mucilagineuses, ou de graine de lin et de son, dans laquelle on mêle de l'huile d'olive ; on donne cette décoction à la même dose que celle du lait. Quand les symptômes sont très-violens, une saignée dès le commencement ne peut qu'être fort avantageuse.

Ce genre d'indigestion est le plus souvent dû à la qualité vénéneuse des fourrages : c'est pour empêcher leurs effets en calmant l'iritation, que les mucilagineux conviennent ; ils doivent être employés à très-grande dose non-seulement pour produire plus d'effet, mais encore pour débarrasser plus vite le canal intestinal de tout ce qu'il contient.

II. *Coliques* ou *tranchées*. — Ce sont des affections du canal intestinal, souvent dangereuses, et toujours annoncées par des mouvemens violens et désordonnés. Les ruminans sont sujets aux indigestions, et les monodactyles plus exposés aux coliques.

Elles reconnaissent plusieurs causes, ont des signes peu différens, et ont été divisées en plusieurs espèces, suivant leurs causes : ainsi on reconnaît des *coliques venteuses, inflammatoires, stercorales, vermineuses, calculeuses, par étranglement de l'intestin*, et enfin *par invagination*.

1°. *Coliques venteuses*. — Cette espèce est plus particulièrement caractérisée par le gonflement et la tension de l'abdomen ; elle est le produit de gaz qui se forment dans une partie quelconque de l'intestin. Les malades se débattent, se couchent, se roulent, se relèvent ; ils regardent fréquemment leurs flancs ; l'on entend des borborygmes ; le pouls est variable, la respiration est accélérée, les yeux sont saillans et rouges. Ces coliques sont quelquefois subites, et ne viennent que d'un dégagement momentané de gaz, dû souvent à l'affaiblissement des fonctions digestives : les organes affectés par une mauvaise nourriture, par des travaux trop considérables ou par toute autre cause, n'élaborent plus bien les matières alimentaires ; ces matières fermentent, des gaz se dégagent, distendent l'intestin, et produisent des coliques.

Dans les commencemens de la maladie, ces coliques se passent assez vite ; l'animal se tourmente, s'agite ; les gaz changent de place avec bruit ; des flatulences se font entendre, quelquefois elles sont précédées ou accompagnées de la sortie des excrémens, et bientôt l'animal est tranquille. Dans le cas où les douleurs sont vives, un léger exercice et un bouchonnement un peu rude sur les côtes et les flancs facilitent la sortie des gaz et avancent la guérison.

Quand la maladie est plus ancienne, ces coliques se montrent légères et paraissent n'avoir aucun danger ; elles se passent, se remontrent quelques jours après, et continuent ainsi, si l'on n'y fait point attention, jusqu'à ce que le canal intestinal ne fasse plus ses fonctions, et jusqu'à ce qu'une indigestion violente ou quelque fièvre gastrique vienne mettre fin en peu de temps, ou lentement, aux jours de l'animal.

Lorsqu'on s'apercevra donc qu'un animal est sujet à ces coliques, que quelques vétérinaires ont assez justement appelées *coliques d'indigestion*, il faut diminuer le travail, changer la nourriture; si elle n'est pas très-bonne, en donner une meilleure en plus petite quantité, et ajouter au régime l'administration de quelque substance propre à réveiller les forces digestives. Deux ou trois bouteilles de vin ou de fort cidre, ou de bonne bière, par jour; l'administration de quelque poudre amère, de gentiane ou d'aunée, dans du miel ou dans de la farine d'orge, à la dose d'un quarteron ou d'une demi-livre par jour, selon la taille de l'individu, pendant sept ou huit jours, le rétabliront petit à petit, et feront cesser les accidens.

2°. *Coliques inflammatoires* ou *tranchées rouges*.—Ces coliques s'annoncent presque toujours avec des signes alarmans; elles ont une marche très-rapide, et tuent quelquefois en moins de vingt-quatre heures : elles débutent tout-à-coup. L'animal cesse de manger, commence à frapper du pied, regarde son ventre; il se couche, se relève, se débat; son ventre devient douloureux, ses yeux rouges, sa respiration rapide; le sphincter de l'anus est agité d'un mouvement convulsif, il est très-chaud, et l'artère dure, pleine et tendue. Ces convulsions générales vont toujours en augmentant sans intermittence; des convulsions musculaires partielles se font remarquer; des sueurs froides et chaudes surviennent, et l'animal ne tarde pas à périr, souvent après quelques momens d'un calme trompeur.

Ces symptômes annoncent une inflammation violente des intestins, et le principal remède est la saignée; elle est suivie presque toujours d'un mieux marqué, et doit être renouvelée plusieurs fois quand les signes d'inflammation reparaissent après avoir diminué à la suite d'une première. Dans ces coliques, il vaut mieux pratiquer plusieurs saignées légères, à des intervalles différens, que d'en pratiquer une trop forte. Il est arrivé plusieurs fois que les saignées vigoureuses, en portant un relâchement trop fort et trop subit dans les intestins, après une exaltation si intense des propriétés de la vie, en ont occasionné la cessation, et par suite la gangrène. Des saignées légères, mais répétées d'heure en heure, ramènent peu-à-peu le mouvement circulatoire à son état naturel, et produisent plus sûrement la guérison. On doit aider leur action par des lotions d'eau tiède sur l'abdomen, par l'administration d'un grand nombre de lavemens, et par quelques breuvages de décoction mucilagineuse seulement tiédis.

3°. *Coliques stercorales.* — Elles ont pour cause l'accumulation d'une quantité d'alimens fibreux dans une des poches du colon : ces alimens, agglomérés en masse dure, ne peuvent plus changer de place; ils arrêtent le cours des matières fécales, produisent une inflammation dans l'endroit où ils sont arrêtés, et finissent par causer la gangrène de cette partie de l'intestin et la mort de l'animal.

On reconnaît la colique stercorale dans les monodactyles aux signes suivans : les mouvemens désordonnés sont plus lents à s'établir que dans la colique inflammatoire; ils sont moins intenses; l'animal ne rend aucune flatulence, aucun excrément; il regarde de temps en temps son flanc, se couche, se relève; ses yeux sont enfoncés; il ne prend pas garde à ce qui se passe autour de lui. Le ventre se météorise; les sueurs partielles et froides surviennent, et l'animal ne tarde pas à mourir.

Ces coliques sont assez difficiles à guérir; l'intestin, irrité par la présence de la pelote, se contracte et se rétrécit après et en avant, de manière à ce qu'elle ne peut plus changer de place. Tout doit tendre à la faire évacuer : ainsi, si l'on croit que ce soit l'irritation produite par sa présence qui empêche sa sortie, il faut employer les émolliens et les adoucissans à forte dose; sinon il faut employer les purgatifs énergiques, drastiques même, l'aloès, la gomme gutte. Si l'on a une superpurgation, on la traite après.

— Les chiens qui ne prennent pas beaucoup d'exercice sont exposés à ce genre de coliques; ils deviennent tristes, ne mangent plus; leur ventre devient douloureux, gonflé; quelquefois, en le tâtant, on sent la pelote. Ces animaux se couchent, se plaignent, et meurent en général assez tranquillement, si l'on ne vient pas à leur secours. Les huileux en breuvage et en lavemens produisent presque toujours un résultat avantageux, et font sortir peu-à-peu les matières durcies et accumulées. L'exercice au pas facilite aussi leur sortie.

4°. *Coliques vermineuses.* — Ce genre de coliques dans le cheval est très-difficile à déterminer; les symptômes sont si variables et durent quelquefois si peu, ou sont si légers, qu'il est difficile de les saisir : c'est l'état dans lequel se trouve l'animal qui les éprouve, qui est le meilleur indice de leur nature. Si l'on sait que l'animal a des vers, si son état l'indique; si sa peau est sèche, est adhérente; si son appétit est variable, s'il lèche les murs, s'il aime à se frotter la queue et s'il la tient dans un mouvement continuel, s'il aime à se frotter souvent la lèvre antérieure, on ne doutera pas que les coliques qu'il éprouve, si elles ne montrent pas les caractères des variétés précédentes, ne soient des coliques vermineuses.

On doit d'abord employer les calmans et les adoucissans, les huileux, les décoctions de plantes mucilagineuses, dans lesquelles on placera quelques têtes de pavots, etc. ; ensuite il faut chercher à expulser les vers, ou à les tuer dans le canal intestinal. Toutes les substances fortement amères sont de bons vermifuges : la poudre de racine de fougère mâle, la poudre de gentiane, d'aunée, la rhubarbe, les infusions de tanaisie, d'absinthe, de chicorée, l'huile empyreumatique, la suie de cheminée, etc. On continue l'administration de ces substances pendant un certain temps, et on les entremêle de temps à autre de purgatifs : il est rare que ce traitement bien suivi ne réussisse pas dans les monodactyles. Dans les jeunes chevaux, qui ont mangé du sec trop tôt, ou de mauvaise qualité, le changement de la nourriture sèche en nourriture verte produit quelquefois la disparition de ces vers.

— Les chiens sont de tous les animaux les plus exposés aux coliques vermineuses et aux affections de ce genre en général. Le *ténia rubané* est le ver que l'on rencontre le plus souvent dans leurs intestins, et celui qui en fait périr un grand nombre de jeunes. Les animaux affectés sont tristes, leur poil est terne, hérissé, sec ; le bout du nez est sec, chaud ; la gueule est pâle. Quand ces symptômes augmentent, la démarche devient gênée, les chiens s'agitent, se tourmentent, poussent des cris plaintifs, des hurlemens ; ils mordent ce qu'ils rencontrent, errent sans objet fixe ; ils mangent de la terre, de la paille, du bois, et périssent presque toujours dans des convulsions plus ou moins violentes qui les font croire enragés, et qui en font assommer un grand nombre comme tels.

Les remèdes à employer pour le chien sont : un meilleur régime, plus approprié à sa nature ; la viande crue pour nourriture ; de temps en temps l'administration de purgatifs et de décoctions de plantes amères.

5°. *Coliques calculeuses.* — Ces coliques sont encore plus difficiles à bien caractériser que les coliques vermineuses ; elles se terminent ou par la sortie des calculs, ou par le déplacement de ces corps, ou par l'obstruction du canal intestinal, et la mort de l'animal avec les symptômes d'une colique stercorale. Le traitement est alors le même. Les pelotes de poils ou *égagropiles* que l'on trouve dans les ruminans surtout, produisent le même effet. Les signes qui les annoncent sont aussi douteux que ceux qui annoncent les calculs : le traitement des accidens qu'ils occasionnent est entièrement le même.

6°. *Coliques par étranglement de l'intestin.* — Elles sont

assez rares ; leurs symptômes sont les mêmes que ceux qui caractérisent la hernie inguinale. Quand on connaît la place de l'étranglement, c'est de le faire cesser, sinon d'employer les moyens que l'indication thérapeutique exige.

7°. *Coliques par invagination de l'intestin.* — Ces coliques que l'on a crues très-rares dans les chevaux, se présentent, je pense, cependant assez communément, et j'en ai vu trois exemples en moins de six semaines, parmi les cadavres que l'on dépose journellement à la voirie de Montfaucon. Ces coliques ont les mêmes symptômes à-peu-près que les coliques inflammatoires, et elles conduisent à la mort avec la même rapidité. On emploie les mêmes remèdes, mais l'on ne fait que retarder un peu la mort.

J'ai été à même de connaître d'une manière certaine une des causes de ces coliques, et je ne dois pas la passer sous silence. Quand les marchands de chevaux de trait achètent un cheval déjà un peu âgé et en mauvais état, pour le remettre en embonpoint, ou plutôt pour lui donner du corps, et pour épargner l'avoine, ils le mettent au régime du son subitement et sans aucune préparation : ils lui donnent un boisseau et demi de cette nourriture, quelquefois davantage si l'animal est d'une forte taille. Un quart d'avoine et une botte de foin complètent la ration, encore quelquefois ne leur donnent-ils que peu de ce dernier fourrage. Un pareil régime et une substance aussi mauvaise que le son ne peuvent que fatiguer, qu'irriter le canal intestinal, augmenter ses mouvemens péristaltiques : la plupart des chevaux que j'ai vus mourir de coliques par invagination étaient soumis à ce régime.

I. *Entérite.* (Mal de brout, mal de bois). *Voyez* MAL DE BOIS.

K. *Diarrhée.* — Il y a des chevaux qui, sans éprouver de trop fortes fatigues et quoique bien nourris, rendent leurs excrémens beaucoup trop liquides ; qui se *vident*, pour me servir de l'expression usitée, et qui cependant ne paraissent pas malades : ils sont seulement efflanqués, suent facilement et sont incapables de fortes fatigues. Cet état, quoique peu dangereux, exige néanmoins une diminution de travail, le choix d'une bonne nourriture et l'administration pendant quelque temps de substances capables de donner du ton aux organes digestifs. On donnera par jour deux ou trois bouteilles de vin, ou de bière, ou de cidre, et pour nourriture des féveroles, de l'orge ou du froment : c'est la substance qni revient le moins cher qu'il faut employer. Ces diarrhées se remarquent le plus souvent dans des chevaux d'une mauvaise constitution et dans ceux qui ont été refaits après avoir souffert beaucoup par suite de fatigues et par suite d'écarts de régime.

— Les lapins sont sujets aux indigestions. A l'époque du sevrage, si on les nourrit de choux et de laitues, on les voit souvent souffrir de la diarrhée, et il est rare qu'ils n'en périssent pas. Dès qu'on s'en aperçoit, il faut se hâter de les séparer des autres, de ne leur donner que des plantes sèches et du pain grillé. Les laitues en trop grande quantité leur causent ordinairement cette maladie, à moins qu'on n'y mêle du persil, du céleri et d'autres plantes stomachiques.

L. *Dysenterie* — Cette affection est aussi caractérisée par la sortie d'excrémens plus liquides que dans l'état de santé; mais elle présente d'autres symptômes plus graves et bien différens : ainsi elle est accompagnée d'une fièvre bien marquée et de la perte de l'appétit; de plus la peau est sèche et adhérente, les flancs sont retroussés, les déjections peu abondantes, fréquentes, mêlées de stries de sang; elles sont rendues avec force et jetées à quelque distance; l'anus est chaud, rouge, excorié; le rectum est chaud et rouge, et l'animal cherche à boire.

La saigneé, les décoctions et breuvages mucilagineux, le lait, les lavemens émolliens d'eau de son et de guimauve, sont les remèdes à employer; il faut y joindre la cessation des travaux, la diète, la promenade, un pansement de la main régulier et fréquent. Au bout d'un certain temps de ce traitement, quand les symptômes de l'irritation seront calmés, il sera bon de mêler à ces substances d'autres un peu plus stimulantes; on changera les breuvages contre des infusions légères de plantes aromatiques, contre le vin miellé; on aiguisera les lavemens d'un peu de vinaigre ou d'eau-de-vie, et on commencera à donner des alimens de facile digestion en très-petite quantité; on augmentera à mesure que le mieux se manifestera.

Quelquefois la dysenterie attaque une grande quantité d'animaux à-la-fois, soit chevaux, soit bêtes à cornes; elle est enzootique et reconnaît pour causes les intempéries des saisons ou la mauvaise qualité des fourrages, des herbages ou des eaux.

Observations critiques sur la division et le traitement des maladies du canal digestif, tels qu'ils viennent d'être exposés.

Cette division des maladies du canal digestif est mauvaise; mais je me suis trouvé obligé de la laisser, pour qu'il fût possible au cultivateur de trouver plus facilement la maladie qu'il voudrait étudier, pour qu'il pût la trouver sous les noms qui lui sont connus. Pour faire voir combien cette division est encore éloignée d'une méthode vraiment philosophique, je rapporterai ici une critique raisonnée qu'a bien voulu en faire M. le rédacteur du *Journal universel des sciences médicales*, dans le tom. XVIIIe., pag. 86. On y verra qu'une partie de ces différentes affections ne sont que des symptômes divers de la même maladie, et qu'elles devraient toutes être comprises sous trois dénominations seulement : celles de gastrite, de gastro-entérite et de colo-entérite. Je rapporterai les propres termes du critique.

« Que dans l'homme la douleur ait appelé spécialement l'attention des médecins et les ait déterminés à admettre un genre de maladie sous le nom de *coliques*, cela se conçoit aisément ; la tendance première de l'esprit est de s'arrêter aux phénomènes les plus saillans : c'est aussi pour cette raison que long-temps on a fait une espèce de maladie de *l'indigestion* ; mais qui peut déterminer les vétérinaires à suivre cette route vicieuse ? qui les empêche d'établir leur pathologie sur des fondemens moins ruineux ? Plus heureux que les médecins, ils ont un champ vierge à exploiter et l'histoire de la médecine humaine leur offre le tableau de toutes les erreurs dans lesquelles l'esprit humain s'est égaré avant de se tracer une marche qui n'est pas même encore parfaitement régulière.

» La colique inflammatoire du cheval n'est évidemment qu'une entérite ; la colique stercorale résulte de l'accumulamation d'alimens fibreux dans une des parties du colon et qui provoque l'inflammation de l'intestin. Dans la colique venteuse en supposant même qu'elle soit due à un développement de gaz dans le tube intestinal, et dans la colique vermineuse il y a de même irritation, à laquelle peut succéder une inflammation manifeste si, en attaquant la cause et l'effet qu'elle produit, on n'arrête pas les progrès du mal. Toutes les coliques ne sont donc que des entérites, qui varient pour le degré et la cause qui les produit ; toutes les indigestions ne sont que des gastrites plus ou moins intenses, dont le traitement ne varie qu'en raison de leur cause, mais qui au fond *réclament les adoucissans* toutes les fois que la trop forte stimulation de l'estomac ne peut être facilement prévenue dès les premiers momens.

» Plus d'un médecin n'a pas moins erré que *Chabert* sur la nature de l'indigestion et de la colique, les réflexions que je viens de faire s'adressent donc également à eux ; mais les médecins vétérinaires s'apercevront-ils enfin qu'en portant dans la pathologie des animaux les vieilles erreurs de la pathologie de l'homme, ils ralentiront plus qu'ils n'avanceront la marche de la science à laquelle ils se consacrent ?

» M. Huzard a eu tort de faire deux différentes maladies de la colique inflammatoire ou rouge et de l'entérite ou mal de bois. Cette dernière n'est évidemment qu'une variété de l'inflammation très-intense des intestins, produite par l'ingestion de jeunes pousses d'arbres, et peut-être de quelques substances résineuses. Lorsque malgré les adoucissans, les émissions sanguines et le régime, une suppuration s'établit, dit M. Huzard, sur toute la surface muqueuse de l'intestin enflammé, les excrémens ne sont plus des débris d'alimens; ils sont peu abondans, très-fétides, composés de matières glaireuses, purulentes, d'espèces de lambeaux de membranes. Il faut bien se garder alors d'employer la saignée et les mucilagineux. On leur substitue les boissons légèrement stimulantes, etc.; *malgré* ces soins, *souvent* les animaux succombent.

« A la fin des entérites et même des gastro-entérites, lorsque l'érétisme circulatoire et nerveux est tombé, lorsqu'il n'y a plus de douleur, lorsque enfin tous les organes semblent à peu-près rétablis dans leur état primitif, quoiqu'il y ait encore beaucoup de faiblesse dans les membres, et lorsque l'on présume qu'à une inflammation violente des ulcérations ont succédé et continuent sans qu'aucun travail phlegmasique, au moins très-actif, ne les accompagne, est-il utile de donner des toniques d'abord légers, puis graduellement plus forts? L'analogie porte à le conseiller; car il est des ulcères de la peau qu'aucune inflammation ne complique *quand ils sont anciens,* et qui guérissent très-bien par l'emploi des lotions vineuses. Les membranes muqueuses sont, il est vrai, plus irritables que le tissu cutané; mais il suffirait pour prévenir toute rechute, d'étudier les stimulans convenables en pareil cas. Je me souviens que dans la convalescence d'une gastro-entérite violente, je savourais avec délices les potions dans lesquelles entrait une légère décoction de quinquina, dont mon estomac ne pouvait auparavant s'accommoder. Il reste à déterminer les signes auxquels on peut reconnaître que la membrane muqueuse n'est plus irritée, ou qu'elle est affectée d'ulcères.

» On a dit, on répète que la dysenterie est quelquefois le symptôme de fièvres de mauvais caractère, et qu'alors le traitement de cette affection est subordonné à celui de la maladie principale. Cette assertion est purement spéculative, aucun fait ne la confirme : c'est une de ces conceptions théoriques que rien de positif ne justifie. Quoi de plus étrange que d'ériger en affection principale une série de symptômes sympathiques ?

» Il y a lieu de s'étonner que les médecins vétérinaires n'aient pas fait usage des sangsues dans le traitement des maladies des animaux; ils ne peuvent ignorer avec quel succès, dans la péritonite de l'homme, par exemple, on emploie ce moyen, sur-tout après avoir pratiqué une saignée, etc., etc. »

M. *Péritonite*. (*Voyez* ce mot.)

N. *Hépatite*. — Les affections des principaux viscères, leur inflammation aiguë surtout, ayant des symptômes communs, il est assez difficile de les distinguer : ainsi l'inflammation du foie dans le commencement se confond souvent avec les inflammations de poitrine, et ce n'est que quand la maladie est bien déclarée, quand l'on remarque la teinte jaunâtre des membranes muqueuses, qui presque toujours accompagne cette maladie, que l'on devient certain de son espèce. Outre ce symptôme, l'appétit est languissant; la bouche est pâteuse, chaude; les yeux sont ternes, abattus; la tête est lourde; il y a constipation, et les déjections deviennent plus dures, prennent une couleur beaucoup plus foncée: en pressant sur l'hypocondre droit, l'animal ressent de la douleur; les urines sont rares et chargées.

Rarement cette affection est mortelle chez les animaux domestiques, il faut qu'elle ait été bien négligée ou bien mal traitée : le plus souvent elle se termine par résolution, quelquefois par un état chronique. Elle n'est dangereuse que quand elle est la suite de la lésion physique du foie.

Les causes les plus ordinaires de cette affection sont la mauvaise qualité des alimens et le passage trop subit d'un travail fort à un trop long repos, et du repos à un travail trop fort, en général un mauvais régime. Elle se manifeste aussi quand il y a des calculs biliaires.

Quand les symptômes marchent avec trop de force; quand le pouls est dur, petit, concentré, il faut débuter par la saignée, dans tous les cas mettre l'animal à la diète, lui donner de l'eau blanchie avec de la farine, et lui administrer des breuvages amers et légèrement purgatifs. Ainsi des potions d'extrait de gentiane étendu d'eau, l'émétique à petite dose et à grand lavage, les infusions de séné, le miel délayé dans l'eau pour breuvage, doivent être administrés et combinés de manière à obtenir des évacuations légères et continues; l'aloès et les sels purgatifs ne doivent être employés que quand ces premiers moyens ne suffisent pas pour obtenir des évacuations, et toujours avec une grande prudence. Il faut bien craindre d'augmenter sympathiquement l'irritation du viscère.

Si l'hépatite passait à l'état chronique, ce que l'on reconnaît à la permanence des symptômes sans augmentation d'intensité, à la permanence de la teinte jaune des membranes muqueuses, et à l'état de langueur où est l'animal, il faudrait avoir recours aux stomachiques amers : ainsi les poudres de gentiane et d'aunée en bols ou délayées dans du vin ou dans l'alcool très-aqueux, les fortes infusions de plantes aromatiques, doivent être mises en usage, et à assez fortes doses pour produire une action marquée. L'ictère ou la teinte jaune des membranes muqueuses demeure quelquefois encore après la disparition des signes maladifs : un léger exercice, une bonne nourriture, en un mot un bon régime, le dissipent peu à peu.

Section III. — *Maladies des organes urinaires.*

Il paraîtra peut-être surprenant de voir les maladies des organes urinaires former la troisième section des maladies des organes digestifs ; mais, d'un côté, les nombreuses sympathies qui existent entre ces organes, et, de l'autre, les fonctions des reins, qui sont destinés à séparer de la masse du corps la trop grande quantité des fluides que l'action des organes digestifs y a introduits, enfin leur position dans la même cavité, m'ont engagé à en faire une troisième section des maladies de cet appareil.

A. *Néphrite.* (*Voyez* ce mot.)

B. *Cystite.* — L'inflammation de la vessie, très-dangereuse, est heureusement rare : elle s'accompagne presque toujours de l'inflammation du col de la vessie, et un des symptômes qui la font reconnaître est la plénitude de l'organe, que l'on sent fort bien, en introduisant le bras dans le rectum, et en le cherchant. Ce symptôme est accompagné d'envies fréquentes d'uriner, de l'expulsion d'une petite quantité d'urine, de coliques légères ; en outre le pouls est dur, fréquent et petit.

Le traitement à employer est le même que celui que l'on met en usage pour la néphrite ; il faut, de plus, chercher à vider la vessie, en introduisant la main dans le rectum, et en faisant une douce pression sur l'organe ; on attend, pour pratiquer cette opération, que la saignée ait produit un relâchement général dans toute l'économie, et il est rare qu'on n'en vienne pas à bout. Il faut avoir soin seulement de laisser un peu d'urine dans la vessie ; son expulsion complète occasionne un relâchement trop considérable dans l'organe, et peut en amener la gangrène ou la paralysie. Les breuvages adoucissans et les lavemens émolliens, que l'on doit employer tant qu'il subsiste de l'inflammation, augmentent la sécrétion des urines, et mettent le vétérinaire dans la nécessité de pratiquer plusieurs fois l'évacuation des urines dans le cours de la maladie.

Quand on reconnaît que la plénitude de la vessie est due à un calcul qui irrite le col de l'organe, ou qui empêche l'écoulement des urines, et quand on ne peut pas la vider en exerçant une pression sur ses parois, il faut nécessairement recourir à l'opération de la lithotomie, soit pour extraire le calcul, soit pour vider la vessie. Le réservoir, trop plein, finirait par se déchirer, et l'urine, épanchée dans l'abdomen, ne tarderait pas à produire une péritonite et la mort. Dans les jumens et les vaches, il n'y a point d'opération à pratiquer : on introduit la sonde creuse de gomme élastique par le méat urinaire.

c. La *paralysie* de la vessie, très-rare en général, se montre, dans le cheval, dans une circonstance particulière, c'est dans les longues courses où on ne lui permet pas de s'arrêter pour uriner; la vessie, surchargée d'une trop grande quantité d'urine, perd presque subitement sa faculté contractile, entraîne en même temps la paralysie de l'arrière-main; l'animal, au milieu de sa course, commence à être peu solide sur ses jambes, il ne tarde pas à tomber et ne peut se relever; les seules extrémités antérieures font leur service; et tandis qu'elles soutiennent la partie antérieure du corps, la partie postérieure reste traînante sur le sol. Cet accident n'est pas extrêmement dangereux : on doit chercher, et l'on parvient assez facilement à vider la vessie, en introduisant le bras dans le rectum. On réveille ensuite son action par des lavemens et des breuvages un peu stimulans; elle reprend peu-à-peu ses fonctions, et en même temps le train postérieur son action, il suffit de la vider les trois ou quatre premiers jours : au bout de ce temps, elle commence à se vider seule; l'animal ne tarde pas à se lever; un bon régime le rétablit bientôt.

QUATRIÈME CLASSE.

MALADIES DE L'APPAREIL REPRODUCTEUR.

SECTION PREMIÈRE. — *Maladies des organes reproducteurs mâles.*

A. L'*hématocèle* est un engorgement des bourses avec épanchement de sang dans le tissu cellulaire, à la suite de quelques coups. Quand le testicule n'est point affecté, et qu'il n'y a pas une forte inflammation des bourses, quelques cataplasmes astringens, ou même quelques scarifications peu profondes, suffisent pour procurer l'absorption ou la sortie du sang épanché et amener la guérison.

B. L'*hydrocèle* consiste dans un amas de sérosité dans la cavité de la tunique vaginale : c'est une hydropisie véritable de cette tunique. Le cheval est, de tous les animaux domestiques, le plus exposé à cette affection. Quand elle est simple, non compliquée d'autre maladie du testicule ou de la tunique vaginale, on la reconnaît à une tumeur molle indolente, et à une fluctuation que l'on sent en avant du cordon. Quand l'hydrocèle est peu considérable, on ne s'en aperçoit souvent pas, et il ne demande aucun soin ; c'est le cas le plus fréquent : ce n'est que quand il a acquis un volume un peu fort, qu'il gêne l'animal et que l'on s'en aperçoit. Le meilleur moyen de le guérir est de pratiquer la castration ; il n'y aurait que dans le cas où l'on voudrait conserver l'animal pour la reproduction, qu'il faudrait avoir recours à une autre méthode, celle d'évacuer le liquide contenu, et ensuite d'opérer l'adhérence de toutes les surfaces de la poche, afin de rendre une nouvelle accumulation impossible. On parviendrait facilement à ce but, en injectant dans la poche, après l'évacuation du liquide, de l'eau-de-vie échauffée. Cette opération, dite de l'hydrocèle, est la plus avantageuse dans l'homme ; elle serait aussi la plus avantageuse dans le cheval.

c. Les *plaies des testicules* sont extrêmement rares, et elles se terminent le plus souvent par la suppuration : cette terminaison, peu grave pour l'animal employé seulement aux travaux, le devient extrêmement pour celui que nous destinons à la reproduction. Presque toujours la suppuration détruit l'organe, le fait tomber dans l'atrophie, et l'animal devient impropre à la reproduction si l'un et l'autre testicule sont affectés.

d. L'*inflammation* de ces organes à la suite de quelques coups ou par toute autre cause, n'est pas moins dangereuse. Le tissu extrêmement délicat du testicule ne résiste que difficilement à l'engorgement inflammatoire, et la terminaison la plus ordinaire de l'inflammation est une suppuration qui détruit tout l'organe, ou une induration qui passe bientôt à l'état de squirrhe, et qui produit le sarcocèle. Aussitôt donc que l'on s'aperçoit de l'inflammation de l'un ou de l'autre de ces organes, il faut la combattre par le régime antiphlogistique le plus sévère, et faire supporter les cataplasmes émolliens par un bandage exprès, et destiné en même temps à supporter le poids des testicules, pour empêcher le tiraillement des cordons.

e. L'*induration* du testicule, comme nous venons de le dire, est la terminaison fréquente de l'inflammation de l'organe. Il devient plus gros, plus dur, et plus sensible quand on y touche : des cataplasmes résolutifs et légèrement astringens, et sur-tout un suspensoir, doivent être employés, et pendant long-temps. Quelquefois l'induration cesse petit à petit par ce moyen, et le testicule reprend sa forme et son premier état.

f. *Sarcocèle.* Quelquefois aussi le testicule, au lieu de reprendre son état ordinaire, augmente encore de volume ; son organisation change par l'inflammation, et une véritable maladie organique succède. L'organe devient fibreux, ensuite il se change dans certains points en une bouillie grisâtre, homogène, et souvent passe à l'état cancéreux. La marche de cette affection est quelquefois assez rapide ; le plus souvent elle est lente et donne le temps d'user l'animal. Mais quand le sarcocèle gêne les mouvemens de locomotion, ou quand on a peur qu'il ne dégénère en cancer et qu'il ne fasse périr l'animal, il faut avoir recours à l'opération de la castration : c'est le seul moyen sûr de guérison. Souvent le cordon spermatique participe de la maladie : il faut alors le couper au-dessus de la partie affectée, sinon on risque de voir la partie du cordon qui reste, devenir à son tour le siége d'un squirrhe ou d'un cancer, qui par son accroissement nécessiterait ou amènerait bientôt la perte de l'animal.

G. Le dartos et le tissu cellulaire qui entré dans sa formation sont sujets, à la suite d'une inflammation, à rester durs et d'un volume beaucoup plus considérable : il ne faut pas confondre le squirrhe ou le cancer du testicule avec cette dernière affection, qui produit au contraire presque toujours son atrophie. La castration, en amenant la suppuration de tout cet engorgement, suffit souvent pour le fondre en entier, et rendre l'animal à ses travaux. On ne rencontre pas cette affection des enveloppes des testicules dans les autres animaux; elle paraît particulière aux chevaux, et a été souvent prise pour un squirrhe ou un cancer des testicules.

H. Dans les chevaux hongres, le pénis diminue de volume en grosseur et en longueur, et il arrive souvent qu'il ne sort plus du fourreau quand l'animal urine. L'humeur sébacée que le fourreau sécrète s'accumule dans les replis de la peau, acquiert par son séjour des qualités âcres et irritantes; l'extrémité du pénis s'enflamme, et il arrive quelquefois que l'animal ne peut plus uriner. Le remède est de laver les parties pour les débarrasser des matières sébacées, qui les gênent et les irritent, et quand il y a un peu d'inflammation, de les lotionner avec des décoctions de plantes émollientes : cet accident arrive aussi, mais bien plus rarement, dans les chevaux entiers.

I. Dans le mouton, l'extrémité du fourreau, que l'on appelle *boutri*, est sujette à s'ulcérer. La laine environnnante, imbibée d'urine, salie par le fumier, la crotte, etc., irrite le bout du fourreau; il s'enflamme, suppure, et la continuation de la cause, en empêchant la plaie de se cicatriser, augmente de plus en plus l'ulcère. Cette maladie n'est point dangereuse heureusement ; elle cesse presque toujours lors du parc, après la tonte : rarement la plaie gagne les parois de l'abdomen. Pour faciliter la guérison, il faut couper la laine autour du boutri, et renouveler souvent la litière des bergeries.

K. *Paraphymosis.* Le pénis est extrêmement sensible, et il

suffit d'une cause légère pour produire son inflammation. De tous les animaux, le cheval entier est le plus exposé à cet accident : des coups de fouet ou de bâton sur la verge quand le cheval est en érection, des coups de pied quand il veut saillir une jument, sont la cause la plus fréquente de cet accident : le pénis enfle alors ; son propre poids augmente, et sa grosseur l'empêche de rentrer dans le fourreau. Un suspensoir, des cataplasmes émolliens et le régime diététique, doivent être employés pour amener la résolution. Malgré ces moyens, le pénis, au lieu de diminuer, augmente encore souvent de volume ; le tissu lâche et caverneux de cet organe se prête facilement à l'abord des fluides, et rend leur retour très-difficile, sur-tout dans l'extrémité ou la tête. Cette partie enfle et acquiert souvent une grosseur considérable : pour faciliter le dégorgement, on est obligé de faire des scarifications sur les parties gonflées, l'on ne doit pas craindre de les faire trop fortes : quand les parties sont revenues à leur état naturel, ces scarifications paraissent extrêmement petites.

Malgré tous ces moyens, l'engorgement subsiste quelquefois ; le pénis pend hors du fourreau, ballotte entre les jambes, nuit aux mouvemens et est extrêmement incommode : il ne reste alors d'autre ressource que l'amputation. Si, au-dessus de la partie tuméfiée, le pénis est bien sain, on peut en enlever d'un coup de bistouri toute la partie tuméfiée ; ce qui reste rentre dans le fourreau : l'hémorrhagie survient, elle dure deux ou trois jours ; une légère suppuration s'établit, la cicatrisation s'opère petit à petit et l'animal est bientôt guéri. Si l'hémorrhagie devenait trop considérable, on la combattrait par tous les moyens usités en pareil cas : des bains d'eau froide, des lotions d'eau froide sur les reins, de la glace pilée appliquée sur ces parties, une saignée à la jugulaire, etc. Si l'on ne veut pas avoir à craindre les suites de l'hémorrhagie, qui est inévitable par cette opération, on pratique la suivante : on introduit une canule métallique dans le canal de l'urètre, et on lie le pénis avec une ficelle au-dessus de l'endroit malade ; on serre tous les jours la ligature davantage, et on fait soutenir le pénis par un suspensoir, jusqu'à ce que la partie à amputer se sépare du reste. Ces deux genres d'opération ont bien réussi également.

ʟ. Une autre circonstance nécessite encore quelquefois l'amputation de la verge, c'est quand l'extrémité ou la tête du pénis est couverte de verrues, poireaux, qui entraînent le membre par leur poids, ou qui laissent suinter une humeur d'une odeur désagréable : l'opération est toujours la même.

ᴍ. Les taureaux sont exposés, par des accouplemens trop fréquens, à contracter une espèce de blennorrhagie du canal de l'urètre : on ne s'en aperçoit que quand l'écoulement du mucus ou du pus a lieu ; il sort goutte à goutte du pénis et est d'une couleur blanchâtre. Cette maladie ne paraît pas fatiguer beaucoup l'animal ; elle est contagieuse, se communique facilement aux vaches que l'animal affecté peut saillir, et elle s'annonce chez elles par l'écoulement, par la vulve, d'un mucus blanchâtre peu abondant, qui s'agglutine et se sèche à la partie inférieure de l'ouverture, ou qui quelquefois en découle goutte à goutte : c'est un véritable catarrhe du canal de l'urètre du mâle et de la membrane muqueuse du vagin de la femelle. Les lotions émollientes et la diète quand le mal est récent, doivent être mises en usage ; plus tard, quand il est passé à l'état chronique, on doit substituer les lotions toniques, et l'administration de quelques breuvages ou bols diurétiques toniques.

SECTION IIe. — *Maladies des organes reproducteurs de la femelle.*

A. La *descente de la matrice* dans le vagin arrive quelquefois dans la jument, mais plus souvent dans la vache : c'est toujours à la suite d'un part laborieux. La main, introduite dans la vulve, rencontre immédiatement l'orifice de l'utérus ; ce léger déplacement n'occasionne souvent aucun dérangement dans la santé, et même n'empêche pas l'accouplement et la conception d'avoir lieu ; le moment du coït replace les organes dans leur position, et la plénitude qui s'ensuit, en entraînant la matrice dans l'abdomen, la remet petit à petit en place.

B. Il n'en est pas ainsi quand il y a *renversement du vagin*, et quand l'orifice de la matrice sort au dehors, entraînant avec lui le vagin, dont on voit la membrane muqueuse à découvert : cet accident, rare dans la jument, est fréquent dans la vache à la suite d'un part difficile. Non-seulement la bête peut devenir impropre à la reproduction, mais des accidens consécutifs mettent souvent sa vie en danger ; il faut y remédier de suite. On trempe la main dans l'huile, et on repousse doucement l'utérus dans la cavité pelvienne, en introduisant la main dans le vagin, à mesure que l'on repousse l'organe à sa place. Quand cela est fait, on le maintient dans sa position au moyen d'un tampon que l'on introduit dans le vagin et que l'on y laisse quelque temps, en ayant soin de le renouveler souvent et de le tenir en place par un bandage appliqué sur la croupe de la bête : pour cela, l'on se sert d'un harnois de cheval et on fait soutenir le tampon par le reculoir. Ce tampon doit être un morceau de bois lisse, entouré d'étoupes et trempé dans la cire fondue, pour l'empêcher d'être imbibé des urines et des mucosités du vagin ; l'on a soin en même temps, pour aider le replacement de l'utérus, de mettre les extrémités antérieures dans un lieu plus bas que les postérieures, afin que la croupe soit plus haute que le garrot, et que les viscères de l'abdomen se portent en avant.

c. *Renversement de la matrice* (voyez ces mots).

d. *Polypes.* — Dans les chiennes, les polypes se développent assez souvent sur la membrane muqueuse du vagin et sur celle de l'utérus; ils augmentent sans qu'on s'en aperçoive, jusqu'au moment où ils sortent par la vulve, ou jusqu'à celui où ils laissent suinter une sanie puriforme qui coule par cette ouverture. On parvient quelquefois à les faire disparaître, en les amputant lorsqu'on peut les couper à leur base, même d'un seul coup de bistouri, et en cautérisant l'ouverture des vaisseaux qui laissent échapper trop de sang. Si l'on ne peut atteindre leur base et qu'on ne fasse qu'en couper une partie, celle qui reste végète avec plus de force qu'auparavant, et a bientôt reproduit les mêmes accidens.

e. *Parts laborieux.* (*Voyez* le mot Part.)

f. *Fureurs utérines.* — Quand les jumens sont fortement en chaleur, si on ne les conduit pas à l'étalon, l'espèce d'exaltation vitale qu'éprouvent les organes de la reproduction se change quelquefois en état maladif. Le clitoris est dans un état d'érection continuelle; la membrane muqueuse du vagin est rouge, sécrète abondamment, et les contractions fréquentes et fortes qu'elle éprouve font sortir le mucus par jets (1). La jument urine fréquemment et en petite quantité; elle devient d'une irritabilité remarquable; souvent elle ne veut plus souffrir qu'on l'approche et est excessivement dangereuse. Si on la livre au mâle dans cet état, dans quelques cas elle souffre d'abord sa première approche; mais ensuite elle ne veut plus, se défend avec violence, avec fureur même, et l'aurait bientôt estropié si on ne le retirait pas.

Quelquefois cet état est continuel, quelquefois il est interrompu par des momens de calme, et j'ai vu une jument où il ne se manifestait que de temps en temps après plusieurs jours. La bête, très-douce entre les accès, devenait inabordable pendant le temps de cet éréthisme, qui durait un, deux ou trois jours.

De l'exercice, la diète, un régime rafraîchissant sont les moyens de guérison à employer; quand les accidens sont parfaitement passés, on conduit la bête à l'étalon, et on lui fait faire un poulain.

---

(1) Cet état indique simplement une bête en chaleur, quand il est modéré; mais poussé à l'excès et accompagné des symptômes qui suivent, il devient un signe pathologique.

G. *Maladies des mamelles.* — 1°. **Les vaches laitières** que l'on destine à être vendues restent assez souvent un jour, quelquefois davantage, sans être débarrassées de leur lait, afin que l'organe mammaire paraisse très-développé ; les marchands lient même les trayons, afin que le lait ne puisse sortir spontanément des mamelles, ce qui arrive souvent quand elles sont trop pleines. Cette pratique produit des engorgemens des mamelles, dont le plus grand nombre disparaît après que l'on a trait les vaches, mais dont quelques-uns subsistent, et dont quelques autres se terminent par inflammation. Dans le cas où ils sont sans douleur, la partie de la mamelle reste dure, engorgée, et ne donne pas de lait ; des frictions sur la partie malade, faites avec un liniment volatil, et l'action de débarrasser souvent la mamelle du lait, sont les seuls moyens à mettre en usage : quelquefois ils réussissent, quelquefois un point d'induration subsiste dans la mamelle, sans produire d'autre accident qu'une diminution dans la quantité du lait.

2°. **Dans** quelques circonstances, les parties engorgées s'enflamment, et la tumeur prend l'aspect d'une tumeur inflammatoire ; le traitement rentre alors dans celui des tumeurs de cette nature : l'affection se termine le plus ordinairement par suppuration. Dans un cas pareil, il faut attendre que le pus se fasse jour, et n'ouvrir l'abcès que quand il n'y a que les tégumens à percer ; il faut aussi toujours avoir le soin de traire la vache : cette opération produit un dégorgement salutaire et une espèce de dérivation qui diminue les accidens : le lait doit être jeté.

3°. **Ces** engorgemens dans les brebis sont très-dangereux ; l'inflammation s'en empare, et la gangrène y succède avec une rapidité qui empêche souvent les secours d'être efficaces : cette affection est connue par les bergers sous le nom d'*araignée*. Les frictions faites avec le liniment volatil sont doublement avantageuses, en facilitant la résolution et en s'opposant à la terminaison par gangrène.

4°. **Dans** les chiennes, ces engorgemens se terminent souvent par induration et dégénèrent en squirrhe ; les tumeurs augmentent de volume petit à petit sans que l'animal paraisse beaucoup souffrir, si ce n'est de la gêne que le volume de la tumeur occasionne : rarement elles passent à la dégénérescence cancéreuse. Le moyen de prévenir l'augmentation de la tumeur ou sa dégénérescence en cancer, est de l'enlever avec le bistouri, après avoir toutefois essayé tous les moyens possibles d'en obtenir la résolution. L'hémorrhagie n'est point à craindre, et l'animal, en se léchant fréquemment, amène bientôt la plaie à la cicatrisation.

CINQUIÈME CLASSE.

MALADIES DE L'APPAREIL RESPIRATOIRE.

SECTION PREMIÈRE.

Les *lésions physiques* qui surviennent à cet appareil d'organes sont peu nombreuses.

A. Celles des orifices externes des fosses nasales sont peu dangereuses et ne présentent rien de particulier.

B. Il n'en est pas de même de celles qui attaquent leur intérieur : une plaie qui pénètre jusque dans les fosses nasales, occasionne des lésions dans les sinus, dans les cornets, et l'on a vu l'accident être suivi du développement d'une maladie plus redoutable, je veux dire de la morve. L'on ne doit donc pas, dans ces sortes de cas, quelque légers qu'ils paraissent, négliger d'employer les moyens de produire la guérison le plus promptement possible ; et si l'on emploie les lotions et les topiques, on doit éviter deux inconvéniens, celui de trop relâcher la membrane muqueuse, et sur-tout celui de trop l'irriter.

C. Les plaies qui pénètrent dans la trachée-artère sont peu dangereuses quand elles ne sont pas trop étendues, l'ouverture se cicatrise et se ferme promptement. Le seul accident qui peut en résulter, est que la substance qui remplace le cartilage ne soit trop épaisse, qu'elle ne fasse saillie dans l'intérieur de la trachée, et qu'elle n'occasionne un rétrécissement de ce canal. L'animal éprouve alors de la gêne dans la respiration, sur-tout quand cette fonction s'accélère. Quelques variétés de *cornage* dans le cheval sont dues à cet accident.

D. Les blessures de la poitrine ne sont en général graves qu'autant que les poumons sont attaqués, et dans ce dernier cas la maladie n'est plus au pouvoir du vétérinaire : la guérison dépend entièrement de la nature de l'accident. Dans les plaies qui n'attaquent que la cavité thoracique, tous les soins particuliers doivent tendre à empêcher les épanchemens, soit de sang, soit d'air, soit de pus, dans la cavité de la poitrine.

E. La larve d'une mouche *œstre* prend son accroissement dans les cornets et les sinus osseux des os nasaux et frontaux des moutons. Les animaux affectés jettent par le nez, ils s'ébrouent fréquemment ; si ces larves sont en grand nombre, ou placés dans quelque endroit fort sensible, les animaux sont tristes ; ils portent la tête penchée du côté malade, ils tournent de ce côté ; ils ne mangent plus, maigrissent jusqu'au moment où la larve, parvenue à sa grosseur, est expulsée par quelques forts ébrouemens. Il est arrivé que des larves, ne pouvant plus sortir et mortes dans les naseaux, ont occasionné la mort de quelques bêtes.

Pour débarrasser plus promptement les animaux malades, on a proposé quelques moyens chirurgicaux, tels que l'emploi du trépan; mais l'incertitude de l'endroit où il faut l'appliquer y a fait renoncer. La seule opération praticable est de placer tous les animaux dans une chambre, et d'y faire des fumigations sternutatoires; elles débarrassent toujours un certain nombre d'animaux.

SECTION IIe.

A. *Catarrhes des voies aériennes.* — Un changement trop subit de température, soit du chaud au froid, soit du froid au chaud, une transpiration abondante subitement arrêtée, produisent souvent une inflammation de la membrane muqueuse du nez et des voies aériennes : c'est le catarrhe nasal ou pulmonaire, selon que l'inflammation attaque la muqueuse du nez ou la muqueuse de la trachée et des bronches : le plus souvent elle est commune à toutes ces parties.

1°. *Catarrhe nasal.* — Cette affection est quelquefois très-légère et manifeste à peine son existence. Quand elle est plus intense, elle se caractérise par les signes suivans : tête plus basse, ébrouemens fréquens, rougeur de la membrane nasale, sécrétion muqueuse des narines plus abondante et bien apparente.

Le plus ordinairement cette affection se termine par résolution, quelquefois cependant par suppuration; ce genre de terminaison est annoncé par l'écoulement par les narines, d'une matière assez limpide d'abord et qui devient bientôt plus épaisse, blanchâtre, grumeleuse. C'est cette terminaison que quelques auteurs ont appelée la *morfondure* du cheval. On peut la prévoir quand tous les symptômes sont intenses et accompagnés d'un état fébrile plus ou moins fort.

Le traitement de cette affection doit consister à placer l'animal dans une température uniforme, à lui donner de bons alimens et quelques breuvages adoucissans et en même temps légèrement stimulans; le vin et le miel, la cassonade dans le vin, doivent être préférés. Si la maladie est intense, on doit supprimer presque tous les alimens, n'administrer que quelques breuvages, et faire respirer à l'animal des fumigations légèrement acidulées, qui facilitent la suppuration et le dégorgement de la membrane muqueuse.

Quelquefois le catarrhe se borne à la muqueuse nasale; mais quelquefois aussi il attaque en même temps le larynx, les poches gutturales, et toutes les parties de l'arrière-bouche : il est toujours intense alors, et se termine ordinairement par suppuration : les membranes muqueuses sécrètent en quantité et l'animal jette : quelquefois les poches gutturales s'emplissent de pus, qui soulève les glandes parotides, et qui, si on ne lui donne pas une issue par l'opération dite l'*hyo-vertébrotomie*, se fait jour et s'écoule à travers les paquets séparés de la glande. Dans les jeunes chevaux, cette affection a été confondue assez souvent avec la *gourme*. J'ai vu des chevaux assez âgés en être attaqués, et des abcès se former sous la ganache : dans ce cas, l'appareil inflammatoire qui se manifeste au début de la maladie, et la marche de l'affection vers une prompte terminaison, la distinguent facilement de la morve : elle n'en a pas moins été la cause de quelques procès pour des chevaux nouvellement achetés.

Le traitement est le même que pour le catarrhe nasal intense.

— Le *catarrhe nasal* est commun aux didactyles, et on l'appelle vulgairement *morve* dans les bêtes à laine : ces dernières y sont sur-tout exposées, à cause de la chaleur des étables dans lesquelles on les renferme et où on ne leur donne pas assez d'air, et desquelles on les fait sortir tout-à-coup par le froid et l'humidité. Pour le bœuf, on emploie le même traitement que pour le cheval ; l'on n'en emploie point pour le mouton : il y aurait cependant moyen de prévenir la maladie, ce serait d'aérer davantage les bergeries pour tenir leur température au même degré que celle de l'atmosphère. On préviendrait ainsi, non-seulement le catarrhe nasal, mais bien des affections de poitrine qui enlèvent beaucoup de ces animaux.

Dans le mouton, le catarrhe nasal peut être confondu avec l'affection produite par la présence des œstres dans les cornets ; on distinguera l'une de l'autre en ce que, dans le catarrhe nasal, tout le troupeau en général est affecté, tandis qu'il n'y a communément qu'un petit nombre de bêtes affectées d'œstres; encore, en ce que la présence des œstres occasionne des mouvemens désordonnés que le catarrhe nasal (*morve*) n'occasionne jamais. Cette distinction est essentielle à faire, parce que le traitement employé pour l'expulsion des œstres ne conviendrait nullement au traitement du catarrhe nasal.

2°. *Catarrhe pulmonaire.* — Il s'annonce par des symptômes plus graves : non-seulement la membrane muqueuse des naseaux est rouge, mais l'air expiré est chaud ; la respiration est laborieuse, le pouls plein et dur, la peau plus chaude : ce qui distingue plus particulièrement l'affection est une toux, qui, d'abord sèche et peu fréquente, devient ensuite grasse et fréquente. Par la suite, l'animal jette aussi par les naseaux une humeur floconneuse, mêlée d'air, et plus abondante lorsqu'il a toussé.

Le traitement doit se borner, dans le commencement, à la

diète et aux breuvages d'eau blanche ; on doit ensuite avoir recours à l'administration d'électuaires adoucissans, de poudre de réglisse mêlée de kermès ; et au bout de quelque temps, quand les symptômes d'irritation inflammatoire sont un peu calmés, à l'administration de breuvages et de bols ou d'électuaires plus stimulans. En général l'inflammation des membranes muqueuses des voies aériennes n'exige pas un long emploi des contre-stimulans.

B. *Gourme.* — Avant de passer aux affections du poumon, il faut parler d'une maladie qui, quoique générale d'abord à toute l'économie, se termine le plus souvent par une affection de la membrane muqueuse des narines, du larynx, des poches gutturales, en général de toutes les parties de l'arrière-bouche : je veux parler de *la gourme.*

Le cheval paraît originaire des pays chauds et secs, et c'est encore dans ceux-là seuls que l'on en trouve à l'état de liberté, soit dans l'ancien, soit dans le nouveau continent. C'est dans des pays où les herbes sont petites, mais savoureuses, que ces animaux demeurent de préférence, et s'ils n'y acquièrent pas ces masses musculaires et cette taille énorme que l'on trouve dans quelques-unes de nos races de chevaux domestiques, ils n'y prennent point en même temps une constitution lymphatique, qui paraît être celle de tous nos jeunes chevaux, et que nos climats plus humides et sur-tout que la nourriture peu succulente et relâchante que nous leur fournissons abondamment dans la première partie de leur vie, contribuent tant à leur donner.

Mais cette nourriture ne dure pas toujours : à l'époque où l'animal commence à avoir assez de forces pour rendre des services, l'homme s'en empare ; la nourriture, de relâchante qu'elle était d'abord, est changée souvent subitement contre une nourriture fortement stimulante, l'avoine : si l'on ajoute à cette première cause de maladie la révolution qui s'opère naturellement aussi à cette époque dans l'économie animale, où la prédominance des fluides cesse, et où les solides acquièrent plus d'énergie, on ne sera pas étonné de voir quelques maladies graves se développer ; celle que l'on appelle la *gourme* est la plus fréquente, et beaucoup de nos jeunes chevaux en sont attaqués le plus communément depuis deux jusqu'à cinq ans quelquefois, mais rarement avant ou après cette époque. Dans l'Espagne, où les chevaux, dès le jeune âge, commencent à manger de l'orge et de la paille hachée, et où ils n'éprouvent pas ce changement subit de régime, cette maladie est beaucoup moins commune ; elle n'existe point en Afrique, et elle est presque inconnue dans quelques provinces de la Russie, où les chevaux ne mangent presque jamais que des herbes et point de grains.

Toutes les fois que cette affection parcourt ses diverses périodes avec régularité et qu'elle se termine bien, l'animal recouvre une santé robuste ; et dans les pays d'élèves, le cheval qui a bien jeté sa gourme acquiert une valeur plus considérable. Au contraire, quand la marche de la maladie est irrégulière et arrêtée par des complications, la santé de l'animal ne s'affermit souvent que difficilement, et il arrive quelquefois que des maladies graves se développent plus tard et se terminent par la mort.

Ce n'est donc pas sans quelque raison que la plupart des personnes qui ont suivi cette maladie et qui ont cherché à la décrire, lui ont donné l'épithète de dépuratoire : il n'y a point là de dépuration du sang, mais il y a une cause commune qui agit sur tous les individus de la même manière, à-peu-près à la même époque de leur vie, et qui, quand elle a produit son effet, laisse le plus grand nombre dans une bonne santé, tandis que quelques individus mal constitués en sont grièvement affectés, et que d'autres y succombent.

1°. Souvent le début est insensible : pesanteur de tête, dégoût, fièvre légère, ensuite rougeur de la pituitaire et de la conjonctive, empâtement de la tête ; l'auge s'emplit, se tuméfie ; bientôt flux par les naseaux ; ce flux augmente, il devient blanc, grumeleux, tombe par flocons : à cette époque, l'animal recouvre l'appétit et la gaîté commence à reparaître ; l'empâtement de l'auge diminue ; le flux diminue, cesse peu-à-peu, et disparaît au bout d'une vingtaine de jours.

D'autres fois, l'écoulement par les naseaux est peu considérable, mais l'auge augmente de plus en plus de volume ; il se forme sous la ganache un abcès volumineux qui se fait jour à travers les tégumens, et laisse couler une grande quantité de pus. La suppuration continue pendant plus ou moins de temps, la plaie se referme petit à petit et l'animal est bientôt guéri ; quelquefois enfin l'animal jette par les naseaux, et néanmoins il se forme en même temps un abcès sous la ganache. Quand cette affection suit cette marche, elle a pour crise, comme on le voit, une inflammation des membranes muqueuses du nez, du larynx et des parties situées autour de l'arrière - bouche ; inflammation qui se termine par suppuration.

Cette marche de la maladie est la plus avantageuse, et l'animal sur lequel elle a eu lieu jouit bientôt d'une santé florissante ; une température uniforme, l'administration d'une nourriture saine et de quelques breuvages adoucissans, sont les seuls soins à donner : c'est cette variété de gourme qui a reçu le nom de *bénigne*.

2°. Les symptômes inflammatoires ne sont pas toujours aussi simples : il arrive qu'ils sont très-intenses, et qu'on a de la peine, dans le commencement, à distinguer la maladie d'une affection inflammatoire de poitrine. L'animal est abattu, sa tête est pesante, sa température fort élevée, sa respiration difficile, l'air expiré chaud ; les flancs battent fortement ; la bouche est chaude et laisse écouler une bave visqueuse ; les muqueuses du nez et de l'œil sont rouges ; le pouls accéléré, fort ; la peau chaude ; le poil terne et piqué, etc. L'âge du sujet, l'engorgement qui se manifeste sous la ganache, et les signes commémoratifs, sont les seuls caractères auxquels on reconnaît la gourme au milieu de cet appareil inflammatoire. La privation d'alimens solides, l'eau blanchie avec de la farine d'orge, des breuvages miellés ou sucrés, la promenade quand le temps le permet, une température douce, deux sétons au poitrail et le pansement de la main, sont les moyens curatifs qui doivent être employés. Quand les signes inflammatoires sont très-intenses, une petite saignée peut faire du bien ; mais c'est un moyen extrêmement dangereux, qu'il ne faut employer que rarement ; dès que le flux a commencé, ou que l'engorgement sous la ganache indique un commencement d'abcès, il doit être proscrit. Cette variété de gourme, qui ne se distingue de la précédente que par l'intensité des symptômes, est la *gourme inflammatoire* de quelques vétérinaires ; elle se termine par suppuration, et quelquefois la quantité de matière qui sort par les naseaux ou par l'abcès de dessous la ganache est énorme.

3°. Une troisième variété de gourme se montre souvent sur les chevaux qui ont souffert et que l'on a employés trop jeunes aux travaux domestiques ; elle se manifeste avec des symptômes de faiblesse bien marqués pendant que les narines et l'arrière-bouche paraissent être le siége d'une inflammation commençante. Cette variété de gourme se distingue par son début irrégulier ; par ses intermittences ; par la nature du pouls tantôt mou, lent, petit, tantôt fort, accéléré ; par l'état gêné de la respiration ; par la couleur peu foncée des membranes muqueuses du nez et de l'œil ; par une espèce d'infiltration de la ganache. Les signes commémoratifs et le tempérament lymphatique de l'animal viennent encore faire juger cette variété de la gourme : c'est la *gourme asthénique.*

Dans ce dernier cas, le traitement doit tendre à ranimer les propriétés vitales, et à donner à l'économie la force d'établir le travail local qui constitue la crise. L'animal doit être couvert, tenu dans une bonne température ; la nourriture doit être légère, mais bonne ; et il doit recevoir, outre cela, des bols composés de poudre cordiale et de miel, des breuvages de vin vieux miellé, des extraits de genièvre ou de gentiane dans le vin, des infusions de plantes aromatiques alguisées d'eau-de-vie, des fumigations de plantes aromatiques, etc.; il faut, par tous les moyens possibles, soutenir les forces générales pour les mettre en équilibre avec le travail local qui cherche à s'établir. L'on aura une certitude de l'efficacité du traitement, quand la suppuration s'annoncera par le flux par les naseaux, ou par un abcès sous l'auge; ce sera une indication de continuer le même traitement.

Cette variété de gourme est la plus dangereuse; souvent elle ne parcourt ses périodes qu'imparfaitement, et laisse l'animal dans un état peu stable de santé, exposé à ces maladies dites chroniques, dont les commencemens sont souvent cachés et contre lesquels la science a encore peu de moyens efficaces de guérison : telles sont la fluxion périodique, les eaux aux jambes, la morve, etc.

Quand, dans ces trois variétés de la même maladie, le jetage par les naseaux cesse, ou quand la suppuration de l'auge est arrêtée, il succède souvent à cet accident une inflammation pulmonaire, qui se termine par suppuration; des congestions de matière puriforme, quelquefois assez considérables, se font dans l'un ou l'autre lobe, et l'animal paraît recouvrer la santé. Mais plus ou moins long-temps après, selon le régime qu'on lui fait suivre, une inflammation violente de la poitrine l'enlève rapidement, et l'on trouve, à l'ouverture, les signes d'une péripneumonie intense, avec un ou plusieurs de ces abcès qui ont désorganisé la substance pulmonaire qui les avoisine : c'est une variété de l'affection connue sous le nom de *vieille courbature.*

Une mauvaise pratique des marchands de chevaux donne quelquefois lieu à cet accident. Quand ils s'aperçoivent qu'un jeune cheval qu'ils sont sur le point de vendre veut jeter, pour prévenir ce jetage, qui retarderait la vente et qui diminuerait leur bénéfice, ils saignent l'animal. Son jetage cesse, il paraît en assez bonne santé; mais souvent, un mois ou six semaines après, il est enlevé par ce genre d'affection.

c. *Péripneumonie.* (*Voyez* ce mot.)

d. *Pleurésie.* (*Voyez* ce mot.)

e. *Pleuropéripneumonie.* (*Voyez* ce mot.)

f. *Apoplexie pulmonaire.* — Le cheval est sujet à une maladie assez extraordinaire, et qui, à cause de la rapidité de sa marche, ne permet presque pas l'application des remèdes.

Un cheval bien portant et bien gras, mis à un bon régime dans une écurie où il est laissé une quinzaine de jours sans être employé, est enfin sorti par le palefrenier pour être promené : c'était par un de ces jours d'été où la température extrêmement élevée n'est rafraîchie par aucun mouvement dans l'air, et où la respiration est assez pénible.

L'animal fait quelques sauts, quelques bonds; il s'arrête tout-à-coup, ses flancs s'agitent, la respiration devient bruyante, il tombe, et meurt en rendant du sang par les naseaux.

L'ouverture fait voir tous les organes sains : les poumons seulement étaient plus pesans et gorgés d'une quantité considérable de sang; leur tissu était presque semblable au parenchyme de la rate.

Par un jour absolument pareil, une jument boiteuse, et pour cette raison retenue à l'écurie, où elle était devenue extrêmement grasse, est menée à la rivière pour y prendre un bain; il y avait pour dix minutes de chemin. En revenant, la bête s'arrête, souffle un instant, tombe, et meurt. L'ouverture ne présente rien que des lésions semblables à celles remarquées dans les poumons du cheval précédent.

Enfin dans un de ces jours également chauds, un cheval de l'âge de sept à huit ans, fort et gras, travaillant sur le port de Bercy à tirer du bois hors de l'eau, tombe, pas très-loin de moi, et meurt : il rendait aussi, comme les animaux précédens, du sang par les naseaux. La température du corps était élevée, l'animal suait, et toutes les veines cutanées étaient gorgées et apparentes; les yeux étaient larmoyans, infiltrés, bleuâtres; la bouche était baveuse et également bleuâtre; le sang qui sortait par les naseaux ne me permit pas de voir la couleur de la muqueuse : je ne pus pas assister à l'ouverture.

Ces morts me semblent de véritables asphyxies produites par un abord très-considérable de sang veineux aux poumons, dont la fonction cesse tout-à-coup par l'obstacle même qui apporte la trop grande quantité de sang, et par les déchiremens qui se font dans son tissu. La saignée est le seul et unique remède quand quelques signes font prévoir l'invasion de la maladie, et ensuite le régime diététique pour rétablir l'animal.

G. *Cornage.* — On appelle *cornage*, *sifflage* ou *halley*, un bruit que certains animaux font entendre en respirant. Ce mot ne caractérise donc pas une maladie distincte, mais un signe, un symptôme de maladie, et il est souvent celui de maladies bien différentes, qui toutes néanmoins appartiennent spécialement à l'appareil respiratoire. On peut les ranger en trois espèces.

1°. Ainsi le cornage est souvent un résultat immédiat des catarrhes aigus, nasal ou pulmonaire, et de la gourme; c'est alors la membrane muqueuse qui, engorgée et épaissie par l'abord des fluides, diminue la capacité des voies aériennes, et ne permet plus à l'air d'entrer en aussi grande quantité à-la-fois; il entre plus vite et produit un certain bruit. Le cornage n'est donc alors qu'un signe de plus de ces affections, et il disparaît souvent avec elles.

2°. Mais quand l'inflammation aiguë qui constitue ces catarrhes passe à l'état chronique, elle se termine souvent dans quelques points par induration, c'est-à-dire par une augmentation de volume de cette partie de la membrane muqueuse. (*Voyez* PROLÉGOMÈNES, *Terminaisons de l'inflammation.*) L'animal paraît en bonne santé, et il reste néanmoins *cornard* souvent le reste de sa vie : c'est une seconde espèce de cornage, et à laquelle, comme l'on voit, il est difficile de remédier.

3°. Enfin la troisième vient ou de quelques corps introduits dans les voies aériennes et qui gênent mécaniquement la respiration, ou de vices de conformation dans ces mêmes parties. Dans le premier cas, il faut chercher, s'il est possible, à extraire les corps étrangers, ou par les narines, ou en pratiquant la trachéotomie; dans le second cas, c'est cette opération seule qui peut remédier, quand le vice de conformation est situé dans les parties supérieures des voies respiratoires. Dans ce dernier cas, une belle jument de carosse, qui *cornait* fortement à la suite d'un déchirement dans quelques cerceaux de la partie supérieure de la trachée, et qui par cela était incapable de travailler, a fait un service assez actif à l'École d'Alfort, pendant plus d'une année, et elle aurait pu donner, outre cela, de fort beaux poulains. C'est M. Barthélemy, le professeur chargé des hôpitaux, qui a pratiqué l'opération, et qui a rendu ainsi à l'animal presque toute sa valeur, je ne veux pas dire commerciale, mais intrinsèque.

SIXIÈME CLASSE.

MALADIES DE L'APPAREIL CIRCULATOIRE.

SECTION PREMIÈRE.

A. De tous les organes de la circulation, les veines sont les plus exposées à être blessées; heureusement ce genre d'accident n'est pas très-dangereux; l'hémorrhagie n'est point aussi à craindre que celle des artères; elle n'est d'abord pas aussi forte, et ensuite le fluide qui s'en écoule est moins précieux, et les moyens de l'arrêter plus faciles. Il suffit souvent d'une légère compression pour y réussir, et pour amener la cicatrisation de la plaie du vaisseau sans produire son oblitération. Ce n'est que pour les veines d'un gros calibre, et quand leur section est complète, que l'on est obligé d'avoir recours à la ligature : dans ce cas encore, ou dans celui où l'oblitération du vaisseau aurait lieu à la suite de la compression, les anastomoses entre les veines sont si fréquentes, que la circulation n'en éprouve aucun retard ; les veines latérales suppléent le vaisseau oblitéré pour le retour du sang au cœur.

Lors donc qu'un sang noir sort en assez grande quantité d'une plaie, et vous instruit de la blessure d'une veine, si, par la place de la blessure, vous êtes sûr que ce ne soit pas une grosse veine, il suffit, pour faire cesser l'hémorrhagie, de serrer un peu l'appareil qui recouvre la blessure : rarement serez-vous obligé de chercher le vaisseau coupé pour en faire la ligature.

B. *Trombus.* (*Voyez* ce mot.)

C. *Varices.* (*Voyez* ce mot.)

Section II.

A. Les artères, comme les veines, sont exposées à être blessées, et à laisser échapper le fluide qu'elles charient ; mais leurs lésions sont beaucoup plus graves. Le sang artériel est beaucoup plus précieux que le sang veineux, et son effusion beaucoup plus promptement mortelle ; la compression est encore plus difficile à exercer sur les artères plus profondes, et dont le tissu est plus résistant ; enfin l'ouverture faite à l'artère tend sans cesse à s'agrandir par la rétraction des fibres qui entrent dans la structure des parois du vaisseau. La ligature des artères d'un certain calibre est donc le seul moyen à mettre en usage pour arrêter l'hémorrhagie : quand les artères sont très-petites, l'irritation qui suit leur section, suffit pour produire la contraction des orifices coupés et la cessation de l'hémorrhagie ; il faut néanmoins, toutes les fois que, dans le cours d'une opération ou d'un pansement, le sang jaillit d'une artère, en faire la ligature, dans la crainte d'être obligé de lever l'appareil pour la faire plus tard, ce qui est toujours difficile et d'autant plus hasardeux, que la ligature a été plus retardée.

B. Les anévrysmes des artères sont assez rares dans les animaux domestiques, et l'on en a peu d'exemples. Quelquefois, cependant, à l'ouverture d'animaux morts presque subitement, on a trouvé des dilatations anévrysmales de l'aorte, dont les ruptures avaient été la cause de la mort. Nous n'avons encore aucun signe certain qui indique positivement dans l'animal vivant ce genre de lésions.

C. On trouve aussi quelquefois, à l'ouverture des vieux chevaux, des portions d'artères ossifiées ; aucun signe n'indique cette lésion, qui n'est au reste que très-peu dangereuse, puisqu'on ne la trouve que dans les vieux chevaux, dans ceux qui ont rendu le plus de services.

Section III.

A. Le cœur, comme toutes les autres parties du corps, peut

être blessé ; mais toutes ses blessures ne sont pas également mortelles : il n'y a que celles qui, en pénétrant dans une de ses cavités, fournissent au sang une voie pour s'épancher, ou qui affaiblissent tellement ses parois, que la rupture des cavités s'effectue ensuite par le seul mouvement de contraction ou dilatation de l'organe : plusieurs ouvertures de cadavres ont fait voir des cicatrices d'anciennes blessures du cœur parfaitement guéries.

B. Les anévrysmes, soit passifs, soit actifs du cœur, sont, comme les anévrysmes des artères, assez rares ; cependant ils existent, et l'on en trouve de temps en temps : peut-être en trouverait-on davantage, si on laissait nos animaux domestiques parcourir la période ordinaire de leur vie ; mais les travaux forcés, les mauvais traitemens, la mauvaise nourriture, font bientôt disparaître ceux que quelques vices organiques rendent impropres aux services ordinaires. On achète l'animal pour travailler ; tant pis pour lui s'il n'est pas capable de le faire, il faut qu'il travaille ou qu'il meure. Celui que l'on destine à la boucherie est mangé auparavant que ces affections aient eu le temps de se développer et de laisser des traces apparentes.

C. Dans quelques animaux, on a trouvé des commencemens de l'ossification des valvules du cœur ; mais nous n'avons pas plus de signes pour distinguer ces affections sur l'animal vivant, que nous n'en avons pour reconnaître les anévrysmes, soit des artères, soit du cœur. L'anatomie pathologique et des observations bien exactes nous amèneront peut-être petit à petit à des résultats plus certains.

Section IV. *Excitation de tout l'appareil circulatoire.*

Fourbure. Cette affection est commune au cheval, au bœuf et au chien, et elle débute, dans ces trois animaux, par des caractères à-peu-près semblables. Grande lassitude, pesanteur de tête, perte de l'appétit, température de la peau plus élevée, chaleur de l'air expiré plus grande, pouls plus fort, plus fréquent, plus vite, battemens du cœur plus forts, plus fréquens, rougeur des membranes muqueuses, larmoiement. Dans le chien, haletement ; dans les bœufs, sécheresse du mufle et chaleur des oreilles et des cornes. Elle reconnaît pour cause des fatigues trop fortes, des alimens trop stimulans ; quelquefois dans le cheval un repos trop prolongé. Cette maladie, d'abord générale à tout l'appareil circulatoire, se termine souvent par résolution, mais dégénère ou se change en affection locale inflammatoire, soit des poumons, soit de quelques parties musculaires, soit enfin, et le plus souvent dans le cheval, en inflammation du tissu réticulaire du sabot.

Dans ce dernier cas, on dit, en termes vulgaires, que la fourbure est tombée dans les sabots; quelquefois encore elle se
change en gastro-entérite.

Prise dans son commencement, cette maladie cède assez
facilement aux saignées, à la diète, au repos et aux délayans,
si elle est venue par excès de fatigue; et à un léger exercice
au pas, quand elle est venue à la suite d'un trop long repos;
mais si l'on attend que la phlegmasie générale soit devenue
locale, le traitement devient moins certain, sur-tout quand
c'est sur le tissu réticulaire du pied qu'elle s'est fixée. (*Voyez*
le mot FOURBURE.)

SEPTIÈME CLASSE.

MALADIES DU SENS DE LA VISION.

SECTION PREMIÈRE. — *Maladies des parties environnantes
du globe de l'œil.*

A. Les paupières, comme toutes les autres parties du corps,
sont exposées aux contusions et aux solutions de continuité;
le traitement de ces affections est le même que sur toute autre
partie, il est seulement plus difficile d'adapter des appareils
aux paupières et d'y maintenir des topiques quand on veut en
employer. Quand une trop grande division a été opérée sur
une paupière, il faut réunir par une suture les deux bords,
qui sans ce moyen s'écartent, se cicatrisent séparément, et
laissent une difformité, toujours désagréable et souvent nuisible.

B. L'ulcération des cartilages des paupières se rencontre
quelquefois dans les chevaux et dans les chiens; elle est difficile à guérir. Un régime diététique, l'application d'émolliens
dans les commencemens, et plus tard d'astringens, doivent
être employés; quelquefois même il faut avoir recours à des
moyens plus énergiques, et toucher les ulcérations avec un
caustique qui y détermine une inflammation de bonne nature :
par ce moyen, si l'on prend bien garde de blesser les autres
parties de l'œil, on obtiendra presque toujours une suppuration louable et une cicatrisation. L'ablation de la partie ulcérée avec le bistouri est aussi praticable; mais comme elle
laisse toujours une difformité, elle ne doit être employée que
quand tous les autres moyens ont manqué.

C. La troisième paupière ou la membrane clignotante est
susceptible d'augmenter de volume, et forme alors une tumeur irrégulière, tantôt indolente, tantôt douloureuse, plus
ou moins dure, qui recouvre en partie le globe de l'œil et
empêche la vision. Quand les émolliens, les résolutifs, et

même les astringens employés selon les caractères que présente l'engorgement, ont été sans effet, et quand l'engorgement gêne la vision, on est réduit, pour rendre à l'animal l'exercice de la vue, à faire l'enlèvement de la membrane clignotante avec l'instrument tranchant. Ce gonflement, ordinairement de nature cancéreuse, nécessite l'enlèvement total des parties malades, pour que les parties restantes ne végètent pas comme auparavant.

D. *Ophthalmie* (*voyez ce mot*).

Section II. — *Maladies de l'œil.*

A. *L'inflammation générale du globe de l'œil* arrive à la suite de coups violens portés sur cet organe, et elle entraîne les suites les plus graves : c'est la suppuration qui est la terminaison la plus ordinaire de ces inflammations; elle amène un trouble plus ou moins grand dans toutes les parties, et souvent leur destruction totale. Tous les moyens les plus propres à empêcher l'inflammation de se développer doivent être mis promptement en usage; des saignées copieuses et répétées, la diète, sont les moyens à employer les premiers : encore, malgré leur prompte administration, l'œil est-il presque toujours perdu.

B. *Fluxion lunatique*, ou, mieux, *fluxion périodique.* —Cette maladie, particulière aux monodactyles, très-commune et fort grave, a été nommée par quelques personnes fluxion lunatique, parce qu'on s'était imaginé qu'elle paraissait aux changemens de lune plutôt qu'à toute autre époque : on y a substitué le mot périodique, pour indiquer qu'elle a plusieurs accès, sans les préciser. Plus les accès se renouvellent, plus ils deviennent graves et plus ils laissent de traces profondes, jusqu'au moment enfin où ils amènent la perte totale de la vue. La marche constante et assez régulière de chaque accès a fait diviser sa durée en trois époques.

Première époque. — Il est difficile alors de distinguer la fluxion périodique d'une ophthalmie ordinaire un peu forte.

Larmoiement de l'œil, rougeur de la conjonctive, tuméfaction des paupières, sensibilité et chaleur plus marquées des parties environnantes de l'œil, qui reste presque constamment demi-fermé, tels sont les symptômes qui la caractérisent.

Deuxième époque. — L'inflammation paraît diminuer un peu d'intensité, les symptômes concommitans se dissipent; mais l'humeur aqueuse, qui était trouble et qui rendait la vision obtuse, commence à reprendre sa transparence : on aperçoit, dans la chambre antérieure, une espèce de nuage blanchâtre flottant, qui se précipite et se condense dans sa partie inférieure ; quelquefois il passe à travers la pupille, et communique dans la chambre postérieure.

Troisième époque. — L'œil redevient malade, le nuage flottant disparaît et l'humeur aqueuse perd de nouveau et subitement sa transparence ; mais après cette espèce de mouvement fébrile, l'humeur aqueuse reprend petit à petit sa transparence, et l'œil ses facultés primitives.

Dans les premiers accès, l'œil reprend sa transparence entière ; mais à mesure qu'ils se renouvellent, le cristallin perd un peu de sa transparence, il devient terne, blanchâtre, et enfin met obstacle au passage de la lumière. Quelquefois il n'y a qu'un œil affecté, d'autres fois ils le sont tous les deux : le plus souvent, ils le sont l'un après l'autre ou l'un plus que l'autre, et se perdent successivement.

Les causes de cette affection sont encore bien peu connues, et dans quelques contrées de la France beaucoup de poulains deviennent borgnes et aveugles de très-bonne heure, par le fait de cette maladie: c'est aux vétérinaires qui habitent ces contrées à étudier l'affection avec soin et à tâcher d'en découvrir les causes. La Société royale et centrale d'agriculture, persuadée qu'il serait très-avantageux de les trouver, a proposé, dans une de ses séances annuelles, un prix de 1200 fr. à l'auteur du meilleur mémoire sur *les causes de la cécité* ou *de la perte de la vue dans les chevaux, et sur les moyens de la prévenir* : ce prix est encore à remporter ; il n'y a pas d'époque fixée pour envoyer les mémoires : aussitôt qu'un écrit remplira les vues de la Société, le prix sera adjugé à son auteur.

Le traitement a été quelquefois, mais rarement, suivi de succès; il n'a fait le plus souvent que retarder la perte de la vue. Il consiste, dans la première époque de l'accès, à placer des sétons à la partie supérieure de l'encolure, à mettre l'animal à la diète, à le saigner même, si les symptômes sont forts; à entretenir le ventre libre par des lavemens et par de légers purgatifs, et enfin à appliquer sur les yeux malades des cataplasmes émolliens. C'est sur-tout aux sangsues autour des yeux qu'il faut avoir recours, en les appliquant plusieurs jours de suite. Dans la seconde époque, diète moins sévère, bons alimens de facile mastication, remplacement des cataplasmes émolliens par des topiques légèrement fortifians et astringens. Dans la troisième, continuation de ces mêmes moyens, fatigue modérée et régulière, bon régime.

La fluxion périodique exerce ses ravages sur les chevaux en Angleterre comme en France; et les Anglais n'ont jusqu'à présent, pas plus que nous, trouvé de moyen de l'expliquer, de la prévenir et d'y remédier. Ils ont cependant été plus loin : ils ont remarqué que les animaux qui avaient un œil fortement affecté de cette maladie et dont le globe tombait accidentellement en suppuration et était totalement détruit, conservaient ordinairement l'autre œil sain et exempt pour toujours de la maladie : ils en ont tiré la conséquence qu'en produisant cette terminaison sur le premier œil malade, on conserverait l'autre, et il paraît, d'après quelques-uns de leurs auteurs, que cette marche a été adoptée quelquefois et a parfaitement réussi. Quelques personnes la pratiquent aussitôt qu'elles ont bien reconnu la nature de la maladie. Avec un bistouri très-pointu, à lame un peu courbe, étroite, on ouvre la cornée lucide, on pénètre jusqu'au cristallin, on le dérange de place, et si l'on peut, on le fait sortir : cette opération grave fait tomber tout l'œil en suppuration, et quelquefois en détermine une fonte générale. L'autre œil reste alors sain, même quand il a été déjà légèrement affecté.

Cette opération hardie est parfaitement en rapport avec une observation physiologique faite, il y a déjà long-temps, que dans tout organe pair, toutes les fois qu'on en enlève un, l'autre acquiert un surcroît de vie et d'énergie, qui le guérit souvent de maux qui avaient résisté à tous les traitemens. Nous devons profiter des expériences et de l'idée des Anglais relativement à la fluxion périodique, et faire des tentatives.

c. La *cataracte*, dans les animaux comme dans l'homme, consiste dans l'opacité du cristallin et dans celle de sa capsule : l'examen de l'œil présente derrière la pupille, quand la maladie est avancée, une tache blanchâtre, marbrée, et sur laquelle les bords frangés de l'iris et les grains de suie se dessinent bien. Cette maladie arrive souvent à la suite de la fluxion périodique ; c'est presque toujours la terminaison de cette affection. Le cristallin offre une variété d'altérations qui n'ont pu jusqu'ici indiquer la nature de la maladie : on a cherché à remédier à cet accident par l'opération de la cataracte ; elle a été pratiquée par plusieurs vétérinaires, notamment par M. *Valet*, vétérinaire militaire, et elle a assez bien réussi, soit par l'extraction du cristallin, soit par l'abaissement ; mais malheureusement les animaux qui ont recouvré la vue par ce moyen, ne l'ont pas recouvrée très-bonne, et une mauvaise vue dans un cheval, en le rendant peureux, ombrageux, le rend encore plus dangereux qu'il ne l'était étant aveugle : on a donc été obligé d'y renoncer. Une remarque que l'on a faite déjà depuis long-temps, c'est que les chevaux ombrageux avaient presque toujours une mauvaise vue, et qu'à mesure que la vue se perdait complétement ou revenait dans son intégrité, ce défaut disparaissait.

D. Une autre cause produit les mêmes effets que la cataracte, c'est l'*opacité de l'humeur vitrée* : cette humeur, limpide dans son état naturel, est susceptible de perdre sa transparence sans que l'on connaisse les causes de cet accident : une teinte pâle dans le fond du globe de l'œil, l'affaiblissement de la vue de l'animal, et enfin la perte totale de la vision, sont les seuls signes qui indiquent cette affection, contre laquelle nous n'avons pas encore de méthode de traitement établie sur des bases bien fixes.

E. *Amaurose*. Une troisième cause donne lieu aux mêmes accidens, c'est la diminution de sensibilité de la rétine. Cette membrane, dans quelques cas, perd la propriété d'être excitée par les rayons lumineux, et la vision se fait mal, quoique l'œil jouisse de toute sa transparence. Cette affection, quand elle est déjà avancée est annoncée par la dilatation presque constante de la pupille, qui, exposée à une lumière forte et subite, ne se rétrécit point comme dans un œil qui jouit de toutes ses facultés. L'affection augmente insensiblement, et la vision se perd peu-à-peu. Dans le commencement de la maladie, il faut chercher à réveiller cette sensibilité de la rétine par des frictions sur les orbites et autour des paupières avec le liniment volatil et les substances stimulantes. La teinture de cantharides, de larges vésicatoires sur les joues, ont quelquefois produit de bons effets ; mais malheureusement ces moyens sont le plus souvent déjà inutiles quand la maladie commence, ils le sont toujours quand la vue est entièrement perdue. La paralysie du nerf optique est très-souvent la cause de l'affection.

HUITIÈME CLASSE.

MALADIES DU SENS DE L'AUDITION.

Ces maladies ont jusqu'à présent été négligées par les vétérinaires. Les animaux ne pouvant rendre compte des sensations qu'ils éprouvent, on ne s'aperçoit de la lésion de ce sens que quand il est presque perdu, et l'incertitude de la nature de la lésion, et plus encore le peu de valeur de l'animal, empêchent alors d'essayer des remèdes ; on connaît néanmoins quelques affections du conduit auditif externe.

A. La surface interne de la conque de l'oreille est sujette, dans les chiens et dans les chevaux, à devenir le siége d'abcès assez considérables : c'est ordinairement entre la peau qui couvre le cartilage du côté interne, et entre ce cartilage, que ces abcès se forment ; la peau de la conque devient rouge, sensible, se soulève, et l'on ne tarde pas à sentir la fluctuation : la gêne occasionnée par le poids de l'abcès force l'animal, sur-tout le chien, à tenir la tête penchée. Si l'on n'ouvre pas le foyer du pus, il s'ouvre lui-même, et il en sort une matière rougeâtre entièrement semblable à de la lie de vin un peu épaisse. La peau alors se cicatrise, mais un nouveau dépôt se forme, et il n'est pas rare d'en voir se former jusqu'à trois et quatre fois de suite. Pour prévenir cet accident et accélérer la guérison, il faut ouvrir l'abcès, aussitôt qu'il y a fluctuation, par une large incision, et quand il est vidé, on y introduit des étoupes ou sèches ou imbibées d'alcool aqueux pour les rendre plus douces. On renouvelle tous les jours cette étoupe, jusqu'à ce que des boutons charnus de bonne nature s'élèvent du fond de la plaie, donnent un véritable pus blanchâtre, et fassent présumer la cicatrisation prochaine. Dans les chiens, il faut tenir la tête enveloppée, afin qu'en la secouant ils n'enveniment pas la plaie et ne retardent pas la guérison.

в. Les chiens sont encore exposés à un écoulement, par les oreilles, d'une humeur grise, fétide, qui paraît être due à une affection chronique de la membrane muqueuse du conduit auditif externe. Cet écoulement, peu apparent, peu prononcé dans les commencemens, est néanmoins fort grave par la difficulté qu'on éprouve à le faire cesser, et oblige à se défaire d'un grand nombre de chiens qu'il rend très-incommodes : c'est presque toujours par l'odeur désagréable de la matière qui coule des oreilles qu'on est prévenu de la maladie, et alors il est déjà tard pour y porter remède. Néanmoins, on doit essayer les moyens suivans, qui jusqu'à présent ont paru réussir le mieux : on place un séton à l'encolure ou derrière l'oreille malade, et on entortille la tête de l'animal d'un bonnet propre à faire tenir sur son oreille des cataplasmes émolliens. Au bout de quelques jours, quand le séton a bien pris, on substitue aux cataplasmes émolliens des lotions légèrement fortifiantes et enfin résolutives : c'est ordinairement du coton que l'on trempe dans quelque liqueur résolutive, et que l'on maintient dans l'oreille au moyen du bandage même. On doit en même temps aider leur effet par une nourriture peu abondante, mais bonne et légèrement purgative; de la manne dans du lait, du sirop de nerprun également dans du lait, des lavemens qui contiennent un peu de sel ordinaire ou de sulfate de soude en dissolution, conviennent le mieux. Ces moyens sont très-difficiles à employer avec cette sorte d'animaux, et il arrive souvent qu'on se lasse de les mettre en usage avant qu'ils aient produit leur effet; quelquefois aussi, quand l'affection est trop invétérée, ils n'en produisent aucun. Quand le chien devient vieux, l'affection se complique d'autres maladies, et rarement l'animal finit tranquillement; il devient sourd, aveugle et paralysé de quelques parties du corps.

c. Les *chancres* aux oreilles des chiens sont des ulcérations, des caries du cartilage de la conque de l'oreille, déterminées ordinairement par une blessure, et entretenues souvent par l'animal lui-même, qui se gratte, se frotte, se déchire l'oreille, et empêche la cicatrisation de se faire; quelquefois aussi ils sont entretenus par une affection momentanée, qui contrarie le travail local de la cicatrisation : ainsi il arrive que les chancres disparaissent aux moindres soins , tandis que d'autres fois ils paraissent s'envenimer de tous les remèdes qu'on y apporte , et disparaissent ensuite au moment où on l'espérait le moins.

Dans un animal bien portant, l'on traitera les *chancres* comme une plaie simple que l'on veut faire suppurer , en ayant soin d'envelopper la tête pour empêcher l'animal de s'écorcher, et pour tenir les étoupes dont on couvrira la plaie. Si ce traitement ne suffit pas, on rafraîchira avec le bistouri les bords de l'ulcère, en épargnant , autant que possible, la peau qui recouvre le cartilage, ou bien on brûlera ces bords avec un fer chaud, et ensuite on les pansera comme une plaie dont l'inflammation va s'emparer : c'est un moyen empirique auquel il ne faut avoir recours que quand le traitement antiphlogistique long-temps employé ne paraît pas devoir réussir. Quand un animal sera malade, on attendra, pour traiter les chancres , que l'autre maladie soit terminée.

NEUVIÈME CLASSE.
MALADIES DE L'APPAREIL NERVEUX.

Section première. — *Lésions mécaniques.*

Ces lésions des nerfs sont toujours dangereuses; mais toutes ne le sont pas également. Ainsi :

A. La compression lente n'entraîne qu'à la longue le dérangement total des fonctions que le nerf remplit, et presque toujours on rétablit la fonction en faisant cesser la compression du nerf , à moins qu'elle n'ait duré assez long-temps pour avoir détruit ou affecté profondément son tissu.

B. Une compression forte et subite d'un nerf engourdit et paralyse momentanément le mouvement et les fonctions des parties auxquelles le nerf se distribue; mais le plus souvent cette affection n'est que momentanée comme la cause , et les fonctions suspendues se rétablissent à mesure que les effets de la commotion se dissipent : ce n'est que quand la compression a été assez forte pour opérer une section partielle ou complète du nerf que ses fonctions restent en partie ou en totalité perdues; encore n'est-ce que dans le cas où il n'y a aucune ramification d'un autre nerf qui puisse remplir les fonctions du nerf coupé.

C. Les commotions du cerveau et de la moelle épinière, à cause de la structure délicate de ces organes et à cause des fonctions importantes qu'ils remplissent, sont presque toujours funestes : elles sont la suite de chutes et de coups ; malheureusement les animaux ne peuvent rendre compte de ce qu'ils éprouvent, et le diagnostic de ces affections est très-difficile. Les signes les plus constans sont : une torpeur ou un engourdissement général et subit après l'accident, et ensuite le retour graduel à l'état ordinaire de santé, si la commotion n'a pas été forte, ou le prolongement des symptômes, si elle a produit des accidens.

Dans toute commotion de l'organe cérébral ou du prolongement rachidien, il faut d'abord chercher à tirer le système nerveux de l'état d'engourdissement et de stupeur dans lequel l'ébranlement l'a plongé : ce sont les stimulans énergiques et qui agissent en même temps le plus promptement, qui doivent être employés. Cette première indication remplie, il reste à prévenir l'inflammation consécutive de ces organes ou de tout autre qui pourraient être affectés secondairement, et pour cela il faut avoir recours à la saignée et aux évacuans. Il est difficile de prescrire strictement les cas où il faut user préférablement de l'un ou de l'autre de ces moyens, ou de tous les deux ensemble : c'est un bon et sain jugement qui est le meilleur guide auprès de l'animal malade, et ce sont sur-tout l'état particulier et momentané où il se trouve, et sa constitution, qui doivent décider le véterinaire. Malgré des soins bien entendus, il arrive souvent que l'organe cérébral ou ses membranes s'enflamment, et qu'une série d'accidens vient mettre fin aux services et à la vie de l'animal.

D. Les compressions du cerveau et de la moelle allongée sont encore plus dangereuses que les commotions quand on ne peut pas y remédier ; elles entraînent divers accidens, dont les paralysies partielles sont les plus fréquens, et auxquels on ne peut remédier qu'en faisant cesser la cause qui les produit : heureusement ces accidens sont très-rares.

E. *Tournis* (voyez ce mot).

SECTION II. — *Névroses.*

A. *Mal de feu, mal d'Espagne. Vertige idiopathique* (voyez VERTIGE IDIOPATHIQUE).

B. *Apoplexie* ou *coup de sang.* Cette maladie est assez rare dans nos animaux domestiques ; cependant elle se fait remarquer de temps en temps, et comme elle est déterminée presque toujours par des causes qui agissent fortement, presque toujours aussi elle est mortelle, et laisse peu de moyens d'y remédier : il faut donc chercher plutôt à la prévenir.

L'ouverture des cadavres des animaux qui en meurent, présente des épanchemens *sanguins* ou *séreux* dans les cavités du cerveau, et les symptômes qui précèdent l'un ou l'autre de ces épanchemens sont un peu différens. Ces raisons ont été la cause de la distinction que l'on a faite de la maladie en *apoplexie sanguine* et en *apoplexie séreuse*; cependant nous sommes porté à croire que c'est la même maladie; que l'une n'est qu'une modification moins forte de l'autre, ou une différence qui tient le plus souvent au tempérament, à l'organisation des animaux attaqués. En effet les épanchemens sanguins se remarquent dans les animaux très-forts, très-vigoureux, très-excitables; et les épanchemens séreux dans ceux dont le tempérament est mou et lymphatique, et très-souvent dans les bêtes à laine.

Les causes de cette maladie sont la pléthore et tout ce qui peut l'occasionner, comme un long repos, une nourriture trop abondante, succulente et échauffante, la chaleur et le manque d'air dans les étables ou dans les écuries, et enfin, plus que tout cela, des travaux trop forts dans les grandes chaleurs et à la suite des repas; elle est quelquefois encore occasionnée par des coups ou des chutes sur la tête, et par l'oubli des saignées annuelles ou de précautions qu'on est encore, dans beaucoup d'endroits, dans l'usage de faire aux animaux au printemps.

Les signes qui précèdent l'apoplexie sanguine sont les suivans : les yeux sont rouges, enflammés; les vaisseaux sanguins engorgés ; le battement du cœur est fort et fréquent; le pouls est plein et dur, la respiration laborieuse, sonore ; les naseaux sont dilatés; l'habitude du corps est plus chaude que dans l'état naturel ; enfin, quand l'irruption se fait, l'animal perd ses sens, il tombe ; ses flancs battent avec force et avec violence ; ses yeux deviennent gros, saillans, s'emplissent de sérosité ; il se débat et expire bientôt : le cheval et le bœuf sont plus souvent atteints de cette apoplexie. L'apoplexie séreuse est précédée de l'étourdissement ou d'une espèce d'assoupissement ; les sens sont peu excitables ; la marche est pesante, irrégulière, embarrassée ; la bouche se remplit de bave; l'animal porte la tête de côté; enfin il tombe, mais il ne meurt pas quelquefois de suite; il traîne plusieurs jours sur la litière, se relève de temps à autre, et finit en se débattant.

Les attaques d'apoplexie ne sont pas aussi subites chez les animaux que dans l'homme, et l'on est quelquefois averti de leur approche par les signes que nous venons d'indiquer. Il faut alors faire cesser sur-le-champ toutes les causes qui pourraient la déterminer (causes déterminantes), mettre l'animal à la diète, aux boissons délayantes d'eau blanche légèrement vinaigrée, ou de décoction d'oseille, et même avoir recours à une saignée; on pourra aussi administrer quelques purgatifs en breuvages ou en lavemens ; des sétons aux fesses ne seront même pas inutiles par le point d'irritation et de suppuration qu'ils produiront dans une partie différente.

Souvent aussi l'accès se manifeste sans qu'on l'ait prévu ; quoiqu'il soit alors bien tard pour sauver l'animal, on cherchera à le faire en pratiquant de fortes saignées, en appliquant des sétons et des vésicatoires aux fesses, en donnant des lavemens irritans et purgatifs, en faisant fondre de la glace sur la tête de l'animal. Si l'on parvient par ce moyen à le sauver, il faut qu'un régime bien entendu, sur-tout dans les commencemens, prévienne une rechute, qui ne manquerait pas d'être mortelle.

Quand l'animal ne manifeste que les symptômes précurseurs d'une apoplexie séreuse, il est plus aisé de le sauver. Une diminution de nourriture, un travail modéré, un ou deux sétons, des frictions cutanées vigoureuses, et plus tard quelques diurétiques chauds, diminuent la fluxion vers le cerveau, la portent sur le canal intestinal, sur les reins, vers la peau, et font cesser les symptômes maladifs. Si malheureusement on ne pouvait prévenir l'attaque, il faudrait employer les mêmes moyens indiqués pour l'attaque d'apoplexie sanguine.

DERNIÈRE CLASSE.

Maladies qui ne sont pas bien connues, et dont le siége, s'il y en a un particulier dans un organe ou dans un tissu, est encore à déterminer.

A. *Epilepsie.* — Cette affection est caractérisée, comme dans l'homme, par des accès de convulsions qui se répètent à des époques plus ou moins éloignées, et qui sont d'autant plus forts et plus fréquens que la maladie est plus ancienne.

Elle se remarque dans presque tous les animaux, c'est néanmoins le chien qui y est le plus exposé ; elle se déclare assez subitement. L'animal éprouve un tremblement général ; il ne voit plus, n'entend plus, ne sent plus ; il tombe ; il a des convulsions générales de tout le corps, ou seulement partielles ; il raidit ses membres, il bave, il écume ; il pousse des plaintes, quelquefois des hurlemens. L'accès dure plus ou moins de temps, ensuite les convulsions cessent ; l'animal se relève ; il a l'air hébêté, souffrant ; petit à petit ces symptômes disparaissent, et l'animal ne paraît plus malade jusqu'à un nouvel accès. L'ouverture des cadavres n'a encore rien appris. Les causes, excepté celle de l'hérédité, ne sont pas connues, et le traitement est extrêmement incertain ; il n'est encore basé sur rien : heureusement cette maladie est fort rare. On administre, dans ce moment, pour traiter cette maladie en médecine humaine, le nitrate d'argent. On pourrait faire des expériences sur des animaux affectés et sur-tout sur des chiens.

B. *Immobilité.* — C'est une affection spasmodique dont on n'a des exemples que dans le cheval, et qui a quelques légères analogies avec la maladie appelée *catalepsie* dans l'homme.

On ne s'aperçoit ordinairement de la maladie que quand elle est déjà un peu ancienne, et à la difficulté que l'animal éprouve à reculer quand il a fait de l'exercice. L'animal non échauffé recule souvent assez bien ; au bout d'un exercice plus ou moins prolongé et fort, cette difficulté de reculer se prononce ; enfin quand l'animal est fatigué, elle devient extrême : au lieu de se porter en arrière, il lève la tête, la tourne de côté ; ses jambes sont raides, il ne les fléchit point. S'il parvient à en porter une un peu en arrière, c'est d'une seule pièce, sans la fléchir et en lui faisant labourer la terre ; enfin si on lui croise les jambes antérieures, il les laisse dans l'attitude où on les lui a mises, et il reste ainsi sans bouger des laps de temps assez considérables. Quand l'accès est porté à cette intensité, l'animal a un *facies* particulier ; ses yeux sont fixes et la vision obtuse ; les oreilles sont immobiles, droites en arrière, et l'animal n'entend point ; les coups ne l'émeuvent que très-peu, il reste immobile, et ce n'est qu'avec difficulté qu'on le fait changer de place.

Quand la maladie a augmenté, les symptômes sont plus forts et entremêlés de temps en temps d'accès convulsifs, dans lesquels l'animal tremble, se débat, secoue la tête avec violence, et souvent s'abat ; cette convulsion passée, il retombe dans son état premier d'immobilité : c'est toujours après l'exercice que les symptômes sont les plus forts. Il vient enfin une époque ou le cheval dépérit, et où la fréquence des accès l'empêche de rendre des services, et force à le sacrifier.

Je ne sais point s'il y a des exemples bien constatés de guérisons d'immobilité ; mais un régime bien entendu et l'administration de temps en temps de quelques bons cordiaux, diminuent la fréquence et l'intensité des accidens, et mettent l'animal en état de rendre plus long-temps des services.

C. La *rage*. — C'est encore une affection spasmodique, mais commune à presque tous les animaux domestiques, et aux chiens plus qu'à tous les autres. Elle est tantôt spontanée dans cette espèce d'animaux, mais le plus souvent elle est communiquée : chez les herbivores, elle n'est que communiquée. Les carnivores la propagent assez facilement aux autres animaux en les mordant ; il n'y a pas encore d'exemple que des herbivores l'aient communiquée par leurs morsures.

Le chien affecté est d'abord triste, abattu ; il reste tapi dans

un coin, grogne souvent sans cause apparente; le plus ordinairement il refuse les alimens, la boisson, ou en prend en
petite quantité : après deux ou trois jours de cet état, les symptômes augmentent, l'animal quitte sa demeure accoutumée;
il erre, mais sa démarche est lente, incertaine, mal assurée;
le poil est hérissé, l'œil hagard, fixe; la tête est basse, la
gueule béante, pleine d'une bave écumeuse; la langue est
pendante, la queue serrée entre les jambes; à cette époque, il
éprouve par intervalles des convulsions, il se jette sur les
animaux qu'il rencontre, il les mord et continue après son
chemin. Quelquefois aussi il éprouve des convulsions à l'aspect de l'eau, des autres liquides et des corps polis; il se jette
sur ces derniers, il les mord avec fureur et les quitte ensuite.
Bientôt les forces s'épuisent, l'animal ne peut plus que se
traîner, les accès se multiplient et se suivent, et il périt au
milieu des convulsions.

Le cheval, devenu enragé par suite de la morsure d'un car-
nivore, est triste, abattu; il a peu d'appétit; mais dans les instans de l'accès il frappe des pieds de devant; ses yeux deviennent
rouges, animés; il se livre à des mouvemens désordonnés,
mord les corps environnans, se mord souvent lui-même; il bave,
il a quelquefois les liquides en aversion; quelquefois il boit
jusqu'à l'instant de périr.

Dans le bœuf, l'accès est marqué par les signes suivans : il
pousse des beuglemens plaintifs, sourds; il a les yeux rouges,
hagards; il cherche à frapper avec ses cornes, à se jeter sur les
animaux et les personnes qu'il rencontre; il a des mouvemens
désordonnés, mord quelquefois, mais rarement.

Le mouton enragé, soit mâle, soit femelle, a aussi des
mouvemens convulsifs, mais d'un autre genre : l'animal affecté monte sur les autres, comme s'il était en chaleur; il
tourmente ainsi le troupeau, jusqu'à ce que l'épuisement des
forces vienne mettre un terme à ses courses et l'obliger à
rester en place, où il meurt au milieu de légères convulsions.

Le traitement de la rage a été long-temps en recettes; mais
le grand nombre de ces recettes et leur discordance montrent
bien évidemment combien peu il faut y ajouter foi : le plus
grand nombre des animaux attaqués de la rage, ne le de-
venant que par suite de morsures d'animaux enragés, c'est
par contagion que la maladie est communiquée, c'est cette
contagion qu'il faut empêcher en détruisant la matière contagieuse : voici ce qu'il faut faire : d'abord bien laver sur-le-
champ la blessure, et la presser en différens sens, pour en
faire sortir le sang et la bave qui peuvent y être restés; ensuite cautériser bien rigoureusement avec les caustiques, ou,
mieux encore, avec un fer chauffé à blanc, toutes les parties

de la plaie, de manière à produire une large escarhe. Si la plaie a des sinus, il faut y introduire les caustiques ou le fer, afin de ne point laisser la plus petite place intacte. Il faut que le virus contagieux soit détruit par-tout, et il vaut mieux cautériser trop que trop peu. On peut joindre à ce traitement totalement local l'administration à l'intérieur de quelques substances cordiales stimulantes.

Quant à l'animal attaqué spontanément de la rage, et quant à celui que les moyens indiqués n'ont pu garantir de la rage communiquée, l'intérêt public et particulier exigent sa destruction, à moins qu'on ne puisse le placer dans un endroit d'où il n'y ait pas le moindre danger de le voir s'échapper.

D. *Maladie des chiens.* — Cette affection, particulière aux chiens, et pour la guérison de laquelle il a été publié tant de recettes et de remèdes si différens et si discordans par leur composition et par leurs propriétés, n'est pas encore bien décrite, et ses caractères ne sont pas encore bien déterminés : c'est un véritable *Protée*, qui se montre sous diverses formes, sous quelques-unes desquelles il est quelquefois très-difficile de la reconnaître ; il est très-probable même que différentes affections ont été confondues sous ce nom. Je vais donner les divers symptômes que l'on a regardés jusqu'à présent comme caractérisant la maladie des chiens.

Le plus souvent elle se montre comme un catarrhe nasal, avec des accès de fièvre ; d'abord perte d'appétit, tristesse, ensuite pesanteur de tête, yeux rouges, gueule chaude, sécheresse du nez ; enfin écoulement par les naseaux d'une humeur qui s'y attache et en obstrue en partie les ouvertures : d'autres fois, au lieu d'un catarrhe nasal, c'est une ophthalmie qui succède aux premiers symptômes ; les yeux sont rouges, larmoyans, ils deviennent bientôt chassieux ; les humeurs sont troubles, une espèce de petit ulcère se fait voir sur le milieu de la cornée lucide : cet ulcère augmente, la cornée se perce, l'humeur aqueuse s'écoule, et l'œil se perd.

D'autres fois une espèce de coma annonce la maladie ; l'animal est triste, paresseux, il est presque continuellement couché ; ses sens sont obtus par intervalles ; de temps en temps on remarque des frissons, ou une chaleur très-forte de la peau, enfin des soubresauts dans les tendons et les muscles ; quelquefois enfin les chiens sont agités de mouvemens convulsifs irréguliers ; ils sont inquiets, font voir tous les signes d'une douleur aiguë ; ils poussent des cris plaintifs, se mettent à courir sans cause apparente, mordent pour ainsi dire convulsivement, ce qui les fait souvent croire enragés et tuer comme tels. La plupart de ces espèces de rages, mal connues et appelées *rages mues*, doivent être rangées dans cette variété de la maladie.

La durée varie beaucoup suivant les divers individus; quelques-uns périssent promptement dans quelques accès. Ceux dans lesquels la maladie s'annonce comme un catarrhe ou comme une ophthalmie, vivent plus long-temps; ils languissent, dépérissent peu-à-peu; des mouvemens irréguliers convulsifs ont lieu dans quelques parties musculaires, et l'animal ne périt qu'au bout d'un certain temps; d'autres fois il se rétablit, et ne conserve que le mouvement convulsif des muscles : c'est l'affection connue sous le nom de *danse de Saint-Guy*. La moitié des animaux affectés périt.

Traitement. — On le fait consister le plus ordinairement dans quelques drogues accréditées, dont l'effet est de purger ou de faire vomir l'animal : cette méthode, totalement empirique, réussit quelquefois, et l'on a vu de jeunes chiens chez lesquels la maladie commençait à se manifester, guérir ainsi par des superpurgations ou des vomissemens répétés : c'est une affection guérie par une autre. Le plus souvent, au contraire, ce moyen, employé à contre-temps, a rendu les accidens plus graves, la maladie plus rebelle, et a avancé la mort. Loin d'exiger un traitement empirique, cette maladie requiert les soins les plus étendus, et ce n'est que par une juste application des moyens thérapeutiques aux différens symptômes qu'elle présente, que l'on parvient à en triompher : les émolliens, quand elle s'annonce par l'inflammation de la membrane nasale ou de la conjonctive; les légers vomitifs et les purgatifs doux, quand elle se complique de symptômes d'embarras gastrique; les calmans, quand elle est accompagnée d'accès convulsifs; enfin les excitans et les cordiaux, quand elle paraît prendre une marche chronique : tels sont les moyens qu'il convient de combiner ou de mettre successivement en usage.

E. *Fièvres.* Les maladies que les vétérinaires ont appelées *fièvres*, ne sont peut-être que les symptômes de maladies de quelque organe interne. Si l'ouverture des cadavres, trop négligée jusqu'à présent par les médecins vétérinaires, avait été toujours faite et sur-tout bien faite, nous aurions des données plus certaines sur ces maladies; nous aurions même pu décider la question si vivement agitée maintenant, celle de savoir s'il existe des fièvres essentielles ou non. Que les vétérinaires s'appliquent donc à bien connaître et noter les symptômes des maladies; qu'ils en fassent de même pour les lésions cadavériques; qu'ils comparent ensuite les uns et les autres, afin qu'en voyant ensuite les mêmes symptômes se représenter ils puissent juger quels sont les organes affectés, et ils parviendront ainsi à ne plus confondre sous le nom de *fièvres* des maladies de siége tout différent et de nature toute différente, parce qu'elles ont quelques symptômes communs. A force d'observations bien recueillies, on aura ainsi une foule de faits dont on pourra tirer des conséquences. Je rapporterai un de ces faits pour montrer comment ils doivent être recueillis. C'est M. *Damoiseau*, vétérinaire au haras du Pin, qui le rapporte sous le nom de *fièvre intermittente dans le cheval*. Je laisse parler ce vétérinaire.

Le 3 décembre 1807, à trois heures après midi, un étalon du haras, âgé de cinq ans, refusa de manger : il avait l'œil alternativement triste et animé, il bâillait fréquemment, allongeait successivement les quatre membres, en faisant craquer les articulations ; le pouls était petit, concentré, la bouche chaude et la langue chargée d'un sédiment noirâtre ; les membranes muqueuses étaient de couleur jaunâtre ; l'hypocondre droit tendu, douloureux, la colonne vertébrale raide, la respiration courte et pénible. Au bout de deux heures, tremblement, froid général, rapprochement des membres sous le centre de gravité, refus de l'animal de se remuer, poils ternes, piqués, pouls presque insensible, yeux très-abattus.

Après trois quarts d'heure de cet état, les forces se ranimèrent, la peau devint brûlante, le pouls très-vite, battant jusqu'à quatre-vingt-dix pulsations par minute ; la bouche devint plus humide ; l'animal toussa, s'ébroua, et rendit du mucus par les deux naseaux ; la teinte jaunâtre des muqueuses diminua, et enfin une sueur abondante couvrit l'animal, trempa la couverture qui l'enveloppait, et mouilla jusqu'à la litière qui était sous ses pieds. Le pouls redevint alors à-peu-près dans son état naturel, et l'appétence des alimens reparût.

Le 4 et le 5, diète délayante, et administration, chaque matin, d'un opiat composé d'une demi-livre de miel, dans laquelle étaient 2 gros d'aloès et une once de sulfate de m gnésie.

Le 6, à la même heure, l'accès fébrile reparut avec les mêmes symptômes.

Le 7 et le 8, point d'accès, continuation dans le régime et le traitement. L'animal commença à purger sans coliques.

Le 9, accès moins fort que les deux premiers.

Le 12, accès très-violent.

Le 15, accès léger.

Le 17, administration d'une infusion de poudre de café, d'aunée et de gentiane, de chacune une once, dans une bouteille de vin blanc. L'infusion était restée pendant douze heures sur la cendre chaude ; l'animal fut ensuite fortement bouchonné, et quelques minutes après, il eut une sueur abondante.

Le 18, jour d'accès, administration de la même infusion. Point d'accès.

Le 19, même infusion ; accès, mais avancé de trois heures.

L'administration de cette infusion fut continuée huit jours, à dater du 17.

Le 22, accès.

Le 24, accès, et ensuite accès tous les jours, mais avec des symptômes moins violens.

A cette époque, le café et les poudres amères, au lieu d'être données en infusion, le furent en substance, à la dose de 2 onces pour le café. Cette administration fut continuée dix jours de suite, pendant lesquels il n'y eut que trois accès de fièvre.

Pendant ce traitement, l'animal perdit peu de son embonpoint, mais il devint très-faible, et l'usage de la poudre de gentiane fut encore continué long-temps, l'animal ne fut bien remis qu'au mois de mars suivant.

F. *Pestes du gros bétail.* (*Voyez* le mot PESTE.)

G. *Morve du cheval.* (*Voyez* ce mot.)

H. *Farcin.* (*Voyez* ce mot.)

I. *Eaux aux jambes.* — Cette affection commence le plus souvent à la face postérieure de la couronne du paturon et du boulet ; elle s'étend ensuite beaucoup plus haut, jusqu'audessus du genou et du jarret, et est beaucoup plus commune aux extrémités postérieures qu'aux extrémités antérieures. Elle s'annonce par un engorgement très-douleureux de ces parties, et par le hérissement des poils qui les recouvrent. Au bout de quelques jours de cet état, il s'établit un suintement d'une humeur séreuse, limpide, mais qui, par suite, devient âcre, fétide, grisâtre, sanieuse et puriforme. Les ulcères qui donnent lieu à ce suintement, d'abord petits, légers, s'élargissent, prennent de la profondeur ; on les remarque sur-tout dans les plis du paturon, où ils forment ce que l'on appelle des crevasses ; la douleur disparaît alors en grande partie ; l'engorgement diminue, mais non complétement ; le suintement continue à se faire, et petit à petit la maladie passe à l'état chronique si quelques circonstances particulières n'amènent point sa guérison.

Quelquefois la maladie reste long-semps stationnaire dans cet état sans faire de progrès bien marqués, souvent aussi elle en fait ; elle s'étend au-dessus des boulets jusqu'aux genoux ou aux jarrets ; toute la partie inférieure de l'extrémité enfle, s'engorge, devient dure et douloureuse ; la peau elle-même participe de cet engorgement ; son tissu devient plus épais, plus rouge, plus dur ; il finit enfin par se désorganiser et donner naissance aux excroissances charnues que l'on appelle *fics, poireaux, grapes*. C'est plus particulièrement proche du sabot que ces excroissances ont lieu : il s'en ressent lui-même fortement, il perd ses formes ; sa corne devient mollasse, tendre, et au bout d'un temps plus ou moins long, l'animal se trouve impropre à tous les services et sans espoir de guérison.

Les eaux aux jambes n'affectent que rarement un seul membre ; elles attaquent, soit les deux postérieurs, soit les deux antérieurs, quelquefois tous les quatre. Dans certains animaux, elles sont opiniâtres, rebelles à tous les traitemens ; elles ne cèdent un instant que pour reparaître ensuite ; dans quelques-uns, au contraire, elles cèdent facilement aux traitemens employés, et ne reparaissent point ; dans quelques animaux enfin, elles reviennent chaque hiver après avoir disparu avec le retour de la belle saison.

Quand les eaux sont nouvelles et quand l'animal est jeune, cette affection est peu grave et ne résiste pas à l'emploi des émolliens d'abord, et ensuite à la propreté et aux lotions fréquentes de vin chaud, sur-tout si l'on y joint en même temps la précaution de diminuer la nourriture, et de la mélanger, par moitié, de vert ; c'est souvent le passage trop subit de la nourriture verte et fraîche à une nourriture sèche et trop stimulante qui fait naître la maladie dans les jeunes animaux ; dans ceux plus avancés en âge, elle exige souvent plus de soins ; l'application d'un ou deux sétons pour remplacer l'espèce d'émonctoire formé par l'écoulement des eaux ; l'administration à l'intérieur de quelques médicamens diurétiques et diaphorétiques ; et enfin l'application sur les crevasses, de substances légèrement astringentes et même répercussives. Quand l'écoulement vient à cesser, il est bon de donner quelques purgatifs à l'animal, et d'en prolonger les effets autant que possible. On doit toujours craindre que quelques métastases funestes ne s'opèrent à l'intérieur, et chercher, par ces moyens, à les détourner sur le canal intestinal. Quand les plaies et les crevasses sont bien guéries, l'application du feu sur les extrémités qui ont été malades, est un bon moyen et peut-être le seul efficace pour empêcher une rechute.

Les vieilles eaux aux jambes, celles qui sont invétérées, celles dont l'écoulement est abondant et très-fétide, doivent être regardées comme incurables. La suppression de leur écoulement est très-difficile, et amène d'ailleurs indubitablement d'autres maladies toujours plus dangereuses : on est réduit à se servir de l'animal et à l'user tel qu'il est, ou jusqu'à ce que des progrès ultérieurs du mal le mettent tout-à-fait hors d'usage.

31 *

Si l'on dissèque l'extrémité d'un cheval que les eaux aux jambes ont affecté long-temps, sur-tout une de celles que la maladie rend quelquefois d'un volume énorme, l'on trouve le tissu cellulaire sous-cutané, celui qui enveloppe les tendons et les articulations, dur, épais, criant souvent sous le tranchant de l'instrument, laissant échapper une humeur limpide, d'une belle couleur jaune ; l'on trouve une partie de ce tissu lardacé, blanchâtre, jaunâtre ; dans d'autres places il est ramolli, d'une teinte brune ou noirâtre ; enfin l'on y trouve des foyers de matière purulente, ou d'une espèce de bouillie, au milieu de laquelle on voit des portions fibreuses, libres ou adhérentes. Sur les fics ou poireaux, la peau elle-même a disparu, l'on n'en trouve plus que des rudimens : il y a un véritable changement dans la structure intime des tissus.

J. *Pousse.* (*Voyez* ce mot.)

K. *Pourriture.* (*Voyez* ce mot.)

L. *Sang de rate, maladie rouge, maladie de Sologne, maladie du sang.*

Dans les troupeaux qui ont le plus souffert de la pourriture, et dans ceux qui ont été le plus exposés aux influences qui produisent cette maladie, sans avoir néanmoins perdu beaucoup d'animaux, la maladie appelée des différens noms que je viens de citer, se déclare tout-à-coup, et enlève une grande partie de ceux qui restent. C'est le plus souvent dans les premiers jours du printemps, lorsque les herbes reparaissent, et lorsque les animaux commencent à se refaire du mauvais régime de l'hiver, que la maladie se déclare.

Les animaux cessent de manger, de marcher ; ils baissent la tête et tombent ; ils battent considérablement du flanc ; ils bavent ; quelquefois ils rendent du sang par le nez ; ils se débattent, et meurent souvent dans un court espace de temps ; d'autres fois ils traînent plusieurs jours.

C'est dans les animaux qui paraissent le mieux portans, et qui se refont le plus promptement des privations de l'hiver, que la marche de la maladie est le plus rapide et le plus promptement mortelle. Le plus grand nombre des animaux est attaqué dans l'espace de quelques jours ; quelquefois aussi la maladie se développe successivement, et les fait périr petit à petit. Quand on ouvre les animaux morts, on trouve des épanchemens sanguins dans quelques viscères ; le plus souvent c'est dans la rate, ensuite dans le foie et dans les poumons, et quelquefois dans la membrane muqueuse des intestins : il semble que ces organes, affaiblis par la mauvaise nourriture et par toutes les autres causes qui produisent la pourriture, ne peuvent plus résister à l'affluence du sang et à ses propriétés plus stimulantes quand une meilleure nourriture vient ranimer la circulation, rendre les mouvemens du cœur plus forts, plus prompts, et par suite augmenter l'énergie de tout le système circulatoire, et des capillaires en particulier : le tissu de l'organe ne résiste plus à l'affluence du sang, il se déchire, et l'animal meurt par suite de l'interruption des fonctions que l'organe remplissait.

Quelques agriculteurs ont traité comme deux maladies différentes la maladie du sang et la maladie de Sologne, M. Tessier entre autres ; mais un passage de cet auteur, à l'article de la maladie de Sologne, paraît faire croire qu'il les soupçonna lui-même de semblable nature. *Cette maladie, dit-il, est-elle une affection particulière ? Doit-elle se rapporter au sang ou à la pourriture, ou bien est-elle une combinaison des deux ? Il est certain qu'il y a des symptômes et des signes qui feraient croire que c'est la maladie du sang, et d'autres, que c'est la pourriture, etc.* (Instruction sur les bêtes à laine déjà citée.)

Quel traitement peut-on employer pour cette maladie ? Il n'y en a point. L'animal qui en est affecté est presque toujours perdu ; si une première chute ne le tue pas, une seconde le fait. C'est donc aux moyens de la prévenir qu'il faut avoir recours, non point individuellement, mais pour tout le troupeau, que l'on craint de voir affecté : on diminuera un peu sa nourriture ordinaire ; on le laissera moins long-temps dans les pâturages : s'ils sont trop abondans, trop stimulans sur-tout, on n'y laissera plus aller le troupeau ; on se gardera de l'y conduire dans les grandes chaleurs, et de le pousser trop vite en le conduisant. Toutes les causes enfin qui accélèrent la circulation, sont celles qui précipitent l'instant de l'irruption sanguine dans un viscère, et qu'il faut éviter.

Le meilleur moyen de prévenir cette maladie serait de tenir les animaux toujours à un régime bien suivi, et de ne les point faire passer successivement d'une nourriture assez abondante à une mauvaise nourriture, et ensuite de celle-ci à la première. Uu mode de culture bien entendu mettrait les habitans des campagnes à même de remplir cette condition, et leur épargnerait bien des pertes. Les bêtes qui, dans un troupeau affecté de cette maladie, ont échappé à ses atteintes, doivent être engraissées promptement et livrées à la boucherie, si l'on ne veut pas risquer de les voir attaquées plus tard de la même maladie, ou plus sûrement de la pourriture.

Il ne faut pas confondre cette maladie avec l'apoplexie ou coup de sang, qui tue de temps en temps quelques bêtes dans les troupeaux les mieux tenus.

M. *Ladrerie.* (*Voyez* ce mot.)

N. *Phthisie tuberculeuse.* — Cette affection, assez commune dans nos animaux domestiques, a toujours été confondue avec d'autres maladies : on appelle de ce nom une affection particulière, qui se reconnaît, lors de l'ouverture des cadavres, à la présence dans le tissu des organes d'une matière blanchâtre plus ou moins épaisse, quelquefois même assez dure au toucher, dont l'accumulation détruit petit à petit l'organe, et finit par causer l'interruption de ses fonctions et la mort de l'individu. Quelle est la cause de cette sécrétion ? Nous l'ignorons, nous n'en connaissons que les effets funestes.

Les amas de matière blanchâtre constituent ce qu'on appelle les tubercules. Ils sont de différentes grosseurs, et on en trouve dans tous les organes, mais spécialement dans les viscères parenchymateux. Toujours un organe est plus spécialement attaqué que les autres ; quand c'est le poumon qui est le plus affecté, la maladie prend le nom de *phthisie pulmonaire :* c'est le cas le plus fréquent.

Cette affection n'est pas encore bien connue, et dernièrement elle a été décrite comme étant la même maladie que la morve et le farcin du cheval, la pourriture du mouton et la ladrerie du cochon. Il suffira de comparer ces maladies diverses avec ce que nous connaissons de la phthisie tuberculeuse, pour voir les différences.

1°. Dans les chevaux, la phthisie tuberculeuse suit deux marches bien différentes. Dans les uns, elle paraît provenir de l'hérédité ; ils sont toujours malades, peu forts ; ils n'ont que des momens courts de bonne santé, souvent même ils sont mal conformés ; ils arrivent ainsi jusqu'à quatre ans, ou cinq ans au plus, jettent mal leur gourme, et périssent pour la plupart à cet âge : les uns avec les caractères d'une maladie de poitrine, les autres avec les caractères d'une maladie de foie ou de l'abdomen, selon que c'est le premier de ces organes qui est principalement affecté, ou selon que c'est l'un de ceux qui sont contenus dans le bas-ventre. A l'ouverture des cadavres, on trouve les organes en partie tuberculeux, et ensuite les traces d'une inflammation violente de tout le reste de l'organe spécialement affecté. L'affection tuberculeuse du poumon constitue une de ces maladies diverses qu'on a appelées du nom de *vieille courbature.*

Dans d'autres chevaux, au contraire, et c'est le plus petit nombre, elle paraît être la suite ou une dégénération de l'inflammation de l'organe affecté, une véritable terminaison par suppuration. Ainsi, un animal qui a joui d'une bonne santé jusqu'au moment où il a été attaqué d'une péripneumonie, ne peut plus recouvrer sa santé première à la suite de cette affection ; il n'est ni positivement malade, ni positivement bien portant ; une nouvelle péripneumonie se déclare, il meurt, et à l'ouverture on trouve des tubercules dans les poumons.

N'est-il pas présumable que ces tubercules sont des points de suppuration qui se sont établis à la suite de la première inflammation du poumon?

Quoi qu'il en soit de cette explication, il est malheureusement trop vrai que nous n'avons aucun moyen de guérir cette affection. Elle fait périr l'animal d'autant plus vite, qu'on le ménage moins, et que c'est un organe plus essentiel à la vie qui est spécialement affecté; elle fait périr bien plus vite l'animal affecté de phthisie tuberculeuse pulmonaire, que celui qui est atteint de phthisie tuberculeuse du foie, de la rate, ou du mésentère. On traite l'animal, on remplit les diverses indications momentanées qui se présentent, et on ne fait que retarder un peu sa mort.

2°. Dans les bêtes à cornes, la phthisie tuberculeuse se fixe spécialement sur les poumons; elle est connue sous les noms de *péripneumonie chronique*, de *phthisie pulmonaire* et de *pommelière*.

Elle se montre sur les mâles et les femelles; mais c'est spécialement sur ces dernières, et sur-tout sur celles destinées à donner du lait, qu'elle exerce le plus de ravages. Aussi, tous les ans, les nourrisseurs des environs de Paris et ceux des pays où l'on élève un grand nombre de bêtes à cornes, éprouvent-ils quelques pertes? Les circonstances, dans lesquelles on place ces animaux pour leur faire donner le plus de lait possible, paraissent être favorables au développement de la maladie. Heureusement que l'on tire un parti plus avantageux des vaches que des chevaux.

Comme les vaches laitières ne sont pas soumises aux mêmes travaux que ces derniers, la maladie parcourt sur elles tranquillement ses périodes, et l'on voit arriver petit à petit ces animaux au dernier degré de la phthisie; la maigreur générale et une petite toux sèche, rauque, peu forte, particulière, sont les seuls signes caractéristiques dans le commencement. A une époque plus avancée, la sécrétion du lait diminue, et les vaches engraissent; mais quelque temps après, le lait tarit, la respiration devient plus gênée, la maigreur survient; l'animal a des momens alternatifs de bien et de mal; la toux devient plus fréquente, plus petite; enfin le dégoût, la tristesse, une maigreur extrême, des frissons, la sensibilité de la poitrine, la cessation de la rumination, et des convulsions précèdent et annoncent la mort. Ces symptômes ne marchent point avec rapidité, c'est petit à petit qu'ils deviennent de plus en plus graves, et que la vie s'éteint dans les animaux malades.

Les nourrisseurs qui connaissent par expérience cette marche de la maladie, qui savent que presque tous leurs animaux en ont le germe au bout de quelque temps du régime qu'ils leur font suivre, et qui en outre trouveraient du désavantage à avoir une vache qui ne donnerait que peu de lait, saisissent l'instant où l'animal a de la propension à s'engraisser, ils favorisent son engraissement et le vendent alors au boucher : leurs pertes sont ainsi peu fréquentes en comparaison du nombre des animaux affectés.

Dans les campagnes, la maladie est beaucoup moins fréquente ; mais comme les habitans n'en connaissent pas aussi bien les suites, elle y arrive plus souvent au dernier degré. A l'ouverture des animaux, on trouve les poumons compactes, pesans, changés presque entièrement en une substance blanchâtre, crétacée, qui exhale souvent une mauvaise odeur, et qui n'a plus la moindre analogie avec la substance pulmonaire.

Quel remède à employer contre cette maladie ? Il n'y en a pas d'autre que celui que les nourrisseurs des environs de Paris mettent en usage : aussitôt qu'on soupçonne son existence dans un individu, il faut donc l'engraisser. Il y aurait bien quelques moyens à employer pour empêcher le développement de l'affection. Ce serait de ne pas tenir les animaux dans des étables extrêmement chaudes, et dont l'air est toujours chargé de la transpiration pulmonaire et cutanée ; ce serait de donner de l'exercice aux bêtes ; mais ces moyens qui seraient bons pour leur santé, diminueraient l'abondance de la sécrétion du lait, et nuiraient aux intérêts du nourrisseur : il aime mieux engraisser la bête quand elle commence à être malade, et en acheter une nouvelle *fraîche-vélée* qui lui donne une grande quantité de lait, et qui ne lui coûte souvent pas plus cher que celle dont il se défait.

Cette affection paraît héréditaire ; il faut donc se garder d'employer à la reproduction les animaux qui en ont le germe.

La phthisie pulmonaire attaque aussi les moutons et les chiens, mais plus rarement. Sur les premiers, elle constitue une des maladies que les bergers désignent en disant que l'animal est *poussif*.

OBSERVATIONS.

Dans les maladies qui forment la dernière classe, il se trouve très-probablement des affections qui appartiennent au système lymphatique : tels sont peut-être la morve, le farcin, les eaux aux jambes, affections dans lesquelles, quand l'animal succombe, l'on trouve presque toujours les ganglions lymphatiques engorgés, décolorés, plus mous que dans l'état naturel et quelquefois en suppuration ; mais je n'ai pas encore par devers moi assez d'observations pour pouvoir décider la question. C'est cette raison qui m'a empêché de former une classe des maladies de ce système : j'engage donc les vétérinaires à bien les étudier : leur siége une fois connu, leur traitement deviendra plus facile. Une classification de maladies que quelques praticiens regardent comme un objet inutile, a toujours le grand avantage d'aider l'homme qui réfléchit et qui ne se guide pas par une pure routine.

Une chose qu'il est encore bon de recommander à messieurs les vétérinaires, est l'essai des saignées locales : nos animaux ruminans ont cela de particulier, que souvent une phlegmasie locale se complique avec une faiblesse, une diminution générale des propriétés de la vie, et qu'une saignée générale paraît faire plus de mal que de bien, quoiqu'elle paraisse être exigée par la phlegmasie locale. Ce serait certainement le cas d'appliquer ici les saignées locales dont les médecins se servent maintenant avec tant d'avantages ; peut-être trouverait - on, ainsi qu'il est quelquefois possible même, convenable d'employer et les saignées locales et les fortifians généraux.

Dans le cours de ce long article, j'ai toujours parlé des maladies du cheval sans m'occuper de celles de l'âne et du mulet : c'est que celles de ces deux derniers animaux sont les mêmes et ne présentent de différences que celles dues à la constitution beaucoup plus irritable quoique plus rustique de ces animaux.

Ainsi les maladies, plus rares chez eux, s'y développent bien plus fortement, marchent plus promptement vers leur terminaison bonne ou mauvaise, et, par cette raison, demandent d'être traitées beaucoup plus activement. Les maladies aiguës ne souffrent point de retard dans l'emploi des moyens actifs de guérison : le plus petit est souvent cause de terminaisons funestes.

Par cette raison encore, les opérations que l'on est obligé de pratiquer sur ces animaux exigent plus de soins et d'adresse. Je ne veux pas dire par là qu'il faille craindre de les faire grandes et fortes, j'entends seulement qu'il faut les faire avec promptitude, et chercher à les rendre le moins douloureuses à l'animal ; la réaction vitale serait trop forte, et il y succomberait. Ainsi, tandis qu'une plaie très-grande se guérira très-promptement, une autre plaie petite, peu dangereuse en apparence, et qui n'aurait été accompagnée d'aucun accident sur un cheval, sera suivie des plus graves chez un âne ou un mulet, parce qu'elle aura été faite par un corps qui, au lieu de couper, aura scié ou déchiré les parties, seulement parce qu'elle aura produit de vives douleurs. En général, les maladies des ânes et des mulets sont plus difficiles à traiter que celles des chevaux.

Les maladies du gros bétail, au contraire, ont de particulier, qu'aux yeux peu exercés les plus dangereuses présentent peu de signes pour se faire reconnaître, et que souvent on ne les regarde comme telles que lorsqu'on a laissé passer le temps convenable pour l'application des remèdes. On n'oubliera pas encore que ces animaux, par la conformation de leurs estomacs, exigent l'emploi des substances liquides, et qu'en les donnant sous forme solide, en bols, en opiats, par exemple, on s'expose à les voir sans effet. La raison en est toute simple : les médicamens administrés ainsi tombent en plus grande partie dans le rumen ; ils se mêlent à la masse des alimens contenus dans ce sac, et ils y perdent d'autant plus sûrement leurs propriétés, que cet organe, quand l'animal est malade, n'exerçant presque plus d'action sur eux, ils subissent des fermentations et des décompositions.

TABLE

Des Matières de l'article Médecine vétérinaire.

MÉDICINIER, *Jatropha*, Lin. Genre de plantes exotiques de la famille des euphorbes, comprenant quinze à vingt espèces dont la plupart sont des arbres ou arbrisseaux des contrées chaudes de l'Amérique, ayant des feuilles simples, alternes, ordinairement palmées, et des fleurs disposées en corymbes. Ces fleurs sont unisexuelles et monoïques, c'est-à-dire les unes mâles, les autres femelles sur le même individu et sur le même corymbe. Dans quelques espèces cependant, telles que le *médicinier sauvage*, il y a des fleurs hermaphrodites. *Voyez* Ricin.

L'espèce la plus intéressante est le MÉDICINIER A CASSAVE, connu sous le nom vulgaire de MANIOC. *Voyez* ce mot.

Parmi les autres, il en est trois qui peuvent être de quelque utilité en médecine, ou dans l'économie rurale et domestique; ce sont :

Le MÉDICINIER CATHARTIQUE, *Jatropha curcas*, Lin., vulgairement *pignon de Barbarie, pignon d'Inde, noix des Barbades*. C'est le *ricinus americanus major, mine nigro* de Bauh, pin. 432, et le *ricinoïdes americana gossypifolio* de Tournefort, 656. Il s'élève à la hauteur de nos figuiers, et produit des fruits noirâtres, qui ont à-peu-près la forme et la grosseur d'une jeune noix. Sous une écorce lisse, épaisse et ridée, ces fruits renferment trois coques blanchâtres, dans chacune desquelles se trouve une semence oblongue et noire, qui, pressée seulement entre les doigts, laisse échapper une matière huileuse. Ce médicinier croît naturellement dans l'Amérique méridionale et dans toutes les îles de l'archipel du Mexique; on le trouve aussi aux Grandes-Indes. Il aime les lieux humides, et vient abondamment sur les bords des rivières et des ruisseaux. Comme il se multiplie facilement de bouture, on en fait quelquefois des haies vives. Il est plein d'un suc laiteux et âcre, qui a une odeur vireuse et narcotique, et qui tache le linge. On fait pourtant usage de ses feuilles pour les fomentations et les bains. Sa graine est un très-violent purgatif, qui cause souvent des superpurgations dangereuses, s'il n'est administré à très-petite dose et avec beaucoup de circonspection. Il convient de l'associer toujours à quelque correctif. Peut-être vaudrait-il mieux n'en faire aucun usage. En Amérique, on extrait de cette graine une huile bonne à brûler, et propre aussi à résoudre les tumeurs et à donner de l'extension aux membres contractés.

La MÉDICINIER MULTIFIDE, *Jatropha multifida*, appelé aussi le *médicinier d'Espagne* ou *noisette purgative*, Lin., arbrisseau très-élevé, d'un feuillage élégant, que l'on cultive dans quelques Antilles pour l'ornement des jardins. Il a des feuilles profondément palmées, ordinairement à neuf lobes, des fleurs d'un rouge écarlate très-vif, et des fruits de couleur safranée, gros comme une noix, et de la forme à-peu-près d'une poire. Les semences, qui ont un goût semblable à celui de l'aveline, sont très-purgatives. Une seule suffit pour purger; on l'avale écrasée dans du bouillon, ou coupée par petites tranches très-minces qu'on mange avec la soupe, ou pilée avec deux amandes douces, et délayée dans l'eau sous forme d'émulsion.

Le **Médicinier piquant**, *Jatropha urens*, petit arbrisseau de 3 à 4 pieds de hauteur. Il est ainsi nommé, parce que toutes ses parties sont hérissées de poils blanchâtres et piquans, principalement les feuilles, les jeunes rameaux et les fruits. Dans les lieux où cet arbrisseau est commun, il incommode beaucoup les voyageurs à pied, parce que l'effet de ses piqûres se fait sentir long-temps. Par cette raison, il serait très-propre à former des haies défensives.

La culture des médiciniers dans nos climats ne peut être qu'artificielle. On doit les élever et les tenir en serre chaude, leur donner beaucoup d'air dans les grandes chaleurs, et les arroser très-peu en hiver, parce que la sève laiteuse qu'ils contiennent les maintient long-temps, en cette saison, dans un état de fraîcheur suffisante. (D.)

MÉGER. Les cultivateurs qui prennent des exploitations à moitié fruit, portent ce nom dans quelques cantons du midi. *Voyez* **Métayer.** (B.)

MÉGERIE. Produit brut d'une terre dont les fruits se partagent entre le propriétaire et le cultivateur : j'ai eu 4 doubles hectolitres de blé par hectare, cette année, pour ma part de mégerie, est une phrase qui se prononce souvent dans les bons cantons de la ci-devant Provence. (B.)

MEI. Nom du petit mil dans le départemnet du Var.

MEILE. C'est la nèfle dans le département des Deux-Sèvres.

MEILOT. Mélange de foin et de paille qu'on donne aux bestiaux dans le département des Deux-Sèvres.

MEITIVE. C'est la moisson dans les départemens de l'Ouest.

MEITURE. Mélange de grains usité dans le département des Deux-Sèvres. *Voyez* **Méteil.**

MÉJÉ. Petit tonneau dont on se sert dans le département de Lot-et-Garonne. Il contient à-peu-près la feuillette de Paris.

MÉLAMPYRE, *Melampyrum*. Genre de plantes de la didynamie angiospermie et de la famille des rhinantoïdes, qui renferme sept à huit espèces, dont trois sont très-communes, et une d'elles en même temps utile et nuisible à l'agriculture. Elles doivent donc être mentionnées ici.

Toutes les mélampyres ont les tiges carrées, les feuilles opposées, les fleurs en épis terminaux et accompagnées de très-grandes bractées.

La plus importante à connaître parmi les trois indiquées plus haut est la mélampyre des champs, autrement appelée *blé de vache, rougeole, queue de renard*, qui est annuelle, souvent très-rameuse, rougeâtre, haute d'un pied, dont les feuilles sont sessiles, lancéolées et très-longues; les fleurs rougeâtres tachetées de jaune et les bractées dentées. On la trouve abondamment dans les champs, au milieu des blés peu soignés, principalement dans les terres de médiocre qualité. Elle fleurit au milieu de l'été, et ses premières graines sont tombées long-temps avant que les fleurs des branches soient épanouies. Presque toujours, à moins que le terrain ne soit très-aride et très-chaud (dans ce cas elle n'a ordinairement que deux branches), elle est encore en pleine végétation au moment de la moisson. Il résulte de ces deux faits qu'elle nuit à la végétation des blés, et qu'elle peut altérer la paille si elle n'est pas bien desséchée au moment où on amoncèle les gerbes dans les MEULES ou les GRANGES.

Mais ce n'est pas sous ces deux rapports que la mélampyre des champs est le plus à redouter des cultivateurs jaloux de la perfection de leur art; c'est en portant, au moyen de sa graine, qui diffère peu en grosseur du froment de qualité inférieure, des principes qui le rendent désagréable à la vue et au goût, et même dangereux pour la santé.

En effet, mon collaborateur Tessier, auquel on doit un très-bon travail sur cette plante, observe que la farine dans laquelle il en entre fait un pain noir d'une odeur piquante et d'une saveur amère; que ce pain offre souvent des taches rondes plus colorées, c'est-à-dire d'un rouge brun, allant toujours en diminuant d'intensité du centre à la circonférence, taches qui sont dues à ce que la graine de la mélampyre, étant cornée, se moud difficilement, qu'il en résulte de gros fragmens dans la farine; chaque fragment, dans ce cas, est le centre d'une de ces taches.

Quelques auteurs disent que le pain dans lequel il entre de la graine de mélampyre cause des pesanteurs de tête, d'autres qu'il ne fait point de mal. On a cherché à rendre raison de cette contradiction, en distinguant la graine pourvue de toute son eau de végétation de celle qu'il avait perdue par la dessiccation. Je ne suis pas en état de décider dans ce cas; cependant j'observerai qu'ayant vécu pendant ma jeunesse dans un canton abondant en mélampyres, j'ai souvent mangé du pain que sa graine rendait d'un noir violet, sans m'être plus aperçu de ses effets que les plus pauvres cultivateurs qui en faisaient un usage habituel, et qu'étant retourné dans le même canton, il y a quelques années, j'eus de légers vertiges, uniquement pour en avoir mangé chez l'un d'eux dans un déjeûné de chasse. Peut-être peut-on conclure de ce fait que la seule habitude diminue les qualités nuisibles de la graine de cette plante.

Mais pourquoi, dira-t-on, n'extirpe-t-on pas la mélampyre des champs? Parce que les hommes sont ignorans et paresseux. En effet, 1°. le sarclage de cette plante n'est pas aussi facile que celui de plusieurs autres, principalement dans les lieux où on laboure à plat, parce qu'elle pousse tard, et n'est pas encore très-grande lorsque le blé monte en épis; 2°. sa graine, comme la plupart des autres, se conserve dans la terre pendant plusieurs années lorsqu'elle est à 2 ou 3 pouces de profondeur, de sorte que les labours la ramènent successivement chaque année à la surface. C'est donc seulement par une culture savante, suivie pendant plusieurs années, qu'on peut espérer s'en débarrasser. Or, cette culture savante, c'est celle indiquée au mot ASSOLEMENT, qui consiste à faire succéder à du blé des prairies artificielles, qui ne permettent pas à la mélampyre de pousser et de se reproduire, et à ces prairies des pommes de terre, des haricots et autres cultures qui, obligeant à biner fréquemment la terre pendant l'été, produisent le même effet. Bien entendu qu'après cela on ne semera que des grains parfaitement purgés de mélampyre, soit en n'employant que les plus beaux de sa propre récolte, soit en en achetant dans un autre canton.

Dans quelques endroits où la mélampyre est très-abondante, on coupe le blé au-dessus de ses têtes, soit pour les causes énoncées au commencement de cet article, soit pour en conserver le fanage aux bestiaux, qui tous l'aiment beaucoup. Les vaches sur-tout en sont si friandes, qu'elles la préfèrent à toute autre plante : de la vient le nom vulgaire qu'elle porte. Le lait et le beurre de celles qui en sont nourries sont d'excellente qualité. On pourrait conclure de là qu'il serait peut-être avantageux de la semer pour fourrage ; mais il résulte des expériences de Tessier qu'elle vient mal lorsqu'elle est seule, et qu'il est difficile d'avoir de bonne graine, la première mûre tombant, comme je l'ai déjà fait remarquer, avant la formation des dernières; de plus, sa qualité de plante annuelle la rendra toujours inférieure à la luzerne et autres plantes vivaces de même nature.

La MÉLAMPYRE DES PRÉS a les feuilles lancéolées, quelquefois dentées ; les fleurs disposées en épis axillaires, unilatéraux, conjugués, écartés, et la corolle fermée. Elle croît dans les prés, quelquefois avec une abondance telle, qu'elle domine sur toutes les autres plantes. On la connaît vulgairement sous le nom de *rougeole*. Les bestiaux et sur-tout les vaches la recherchent avec encore plus d'ardeur que la précédente, et elle donne à leur lait et à leur beurre les mêmes bonnes qualités. Il semble, d'après cela, que ce devrait être une plante précieuse dans les prairies; mais le vrai est qu'elle leur nuit, parce qu'elle s'oppose à la croissance des graminées et autres herbes, qu'elle perd beaucoup à la dessiccation, se réduit facilement en poudre lorsqu'elle est arrivée à cet état, et ne permet jamais de seconde coupe, puisqu'elle est annuelle comme la précédente, avec laquelle on la confond souvent sous le même nom. On doit en conséquence, si ce n'est la détruire, au moins empêcher, en l'arrachant avant sa floraison, qu'elle ne se multiplie au-delà d'un certain terme. Dans ce cas, on la donne en vert aux vaches.

La MÉLAMPYRE DES BOIS a les feuilles souvent dentées et très-longues, les épis axillaires, unilatéraux, conjugués, écartés, et les fleurs à corolle ouverte. Elle est annuelle et croît quelquefois avec une excessive abondance dans les bois montagneux. Ses qualités sont absolument les mêmes que celles des précédentes. Il est des lieux où on la ramasse avec le plus grand soin pour la nourriture des vaches, et il est fâcheux qu'on ne le fasse pas par-tout. Je ne puis que la recommander aux bonnes ménagères des pays de vignobles sur-tout, parce que là les vaches souffrent quelquefois des privations pendant les grandes chaleurs de l'été, époque où elle est dans sa plus grande vigueur. (B.)

MÉLANGE. Il est beaucoup de lieux où l'on est dans l'usage de mêler différentes plantes dans le même semis, ou dans la même plantation, soit dans la grande, soit dans la petite agriculture. Quelques écrivains ont approuvé, d'autres ont blâmé cette méthode. Le vrai est qu'elle a des avantages et des inconvéniens, mais que, convenablement pratiquée, elle est plus utile que nuisible aux produits des récoltes.

Lorsqu'on sème du seigle avec du blé, il n'y a pas de doute que le premier de ces grains mûrissant avant l'autre, il faut, lorsque l'époque de les couper est venue, que l'un soit trop mûr et l'autre pas assez; cependant il est des terrains où cette pratique est utile, parce que là, selon que l'année est sèche ou pluvieuse, le seigle ou le froment réussit seul. On peut citer en exemple la Crau. *Voyez* MÉTEIL.

Dans ce cas, le froment mûrit plus tôt que quand il est seul, ce qui s'explique par l'abri qu'il reçoit du seigle. *Voyez* MATURITÉ.

Par-tout où l'on sème du seigle, du blé, de l'avoine avec la vesce, la gesse, les pois gris, etc., on a remarqué que ces plantes grimpantes, en s'attachant à leurs tiges, profitaient beaucoup mieux.

Les haricots et les pois, semés dans une plantation de maïs, s'entortillent autour des tiges de ce maïs, et se passent par conséquent de rames; de plus, elles ombragent le pied de ce maïs, ce qui est utile dans certains cas.

Il y a presque toujours de l'avantage, dans les pépinières en sols sablonneux et secs, de planter des légumes entre les rangs des arbres d'un, deux et trois ans, pour conserver à leur pied une humidité tutélaire.

C'est constamment une très-utile opération de semer avec le trèfle, avec la luzerne, avec le sainfoin, etc., de l'avoine et de l'orge, pour que ces dernières plantes garantissent les premières du hâle pendant les premiers mois de leur végétation. De plus, on se rembourse des frais de la culture et de la semence pendant cette année, en agissant ainsi.

Un bon cultivateur doit semer des raves, de la navette, de la spergule, etc., sur ses blés, sur ses avoines, sur ses orges d'hiver, sur ses chanvres, etc., un mois avant la récolte, pour que ces plantes lèvent à l'abri de leur ombre et gagnent d'autant plus de temps pour arriver à toute leur croissance.

Les forêts qu'on plante d'une grande variété d'arbres subsistent beaucoup plus long-temps que celles qui n'en contiennent que d'une seule espèce. *Voyez* Assolement.

Dans les jardins maraîchers des environs de Paris, on sème constamment, chaque saison, trois sortes de légumes dans la même planche, soit en même temps, soit à quelques jours de distance, de manière que celle qui croît le plus vite ne nuise pas et ne soit pas gênée par celle qui pousse ensuite. Il en est de même relativement à la troisième sorte, qui doit rester trois ou quatre mois en place. *Voyez* Maraîcher.

Il peut être cependant dangereux de trop étendre le principe de mêler les espèces de plantes les unes avec les autres. Un agriculteur prudent profitera des moyens qu'il lui donne de multiplier ou de favoriser ses cultures; mais n'en mésusera point trop, car d'un côté les racines trop rapprochées, et de l'autre l'ombre trop considérable, nuiraient à la quantité et à la qualité de ses récoltes. *Voyez* Assolement, Air, Lumière, etc.

Quelques agriculteurs donnent spécialement le nom de mélange à un semis, en automne, de seigle, de froment, de fèves, de vesce, de pois gris, de gesce, etc., destiné à fournir une nourriture fraîche aux bestiaux. *Voyez* Prairie temporaire. (B.)

MELÉE. On donne ce nom, dans beaucoup de lieux, à de la paille de froment, d'avoine ou d'orge stratifiée, immédiatement après qu'elle est battue, avec du foin de la récolte de l'année.

Il y a deux résultats également avantageux dans la préparation de la mêlée : le premier, en favorisant la circulation de l'air entre leurs brins, d'empêcher ou la paille ou le foin

32 *

de moisir, si l'un des deux n'est pas parfaitement sec; le second, d'imprégner la paille de l'odeur et de la saveur du foin.

Les bestiaux, sans distinction, mangent la mêlée avec plus de plaisir que la paille seule, et si elle les nourrit moins que le foin seul, c'est souvent un avantage. On devrait, par exemple, toujours stratifier ainsi la Luzerne, le Trèfle, le Sainfoin (*voyez* ces mots), qui contiennent tant de parties nutritives sous un petit volume, que leur usage, lorsqu'il n'est pas réglé, est souvent nuisible à la santé des animaux, et que cependant il faut que l'estomac de ces animaux, surtout de ceux qui sont ruminans, soit toujours également lesté.

Faites donc de la mêlée, cultivateurs qui ne craignez pas le travail et qui voulez entretenir vos bestiaux en bon état, c'est-à-dire ni trop maigres ni trop gras. *Voyez* aux mots Foin et Paille. (B.)

MÉLÈZE, *Larix*. Très-grand arbre qui fait partie du genre des Pins dans les ouvrages de Linnæus, et qui, dans la fructification, a en effet les mêmes caractères que les Sapins; mais il perd ses feuilles tous les ans, et ses fruits ont une autre disposision : il se rapproche encore des véritables Cèdres. *Voyez* ces trois mots.

La tige des mélèzes est ordinairement très-droite et recouverte d'une écorce lisse, tandis que celle des rameaux est écailleuse; ce qui est en opposition à ce qu'on remarque dans la plupart des autres arbres. Ces rameaux sont horizontaux dans le bas et relevés dans le haut de la tige, qui est toujours terminée par une flèche élancée; les feuilles sont linéaires, obtuses, molles, glabres, longues d'un pouce, divergentes et disposées en petits faisceaux; les cônes sont sessiles, axillaires, épars sur la partie supérieure des rameaux et gris dans leur maturité : leur forme est ovoïde, et leur grosseur moyenne est celle du pouce.

C'est sur les montagnes les plus élevées et dans le nord de l'Europe que croît naturellement le mélèze. Il se refuse complétement aux pays chauds; mais par la culture on peut facilement le multiplier dans les tempérés. Il réussit fort bien dans le climat de Paris, par exemple, où il commence à se garnir de feuilles et de fleurs dans les derniers jours de mars. A cette époque, encore plus que dans le reste de l'été, son feuillage, d'un vert extrêmement tendre et d'une disposition peu commune, produit un effet des plus agréables à l'œil; et ses cônes de fleurs, alors d'un violet pâle, et ressemblant un peu à certaines fraises, contrastent avec elles de manière à se faire valoir réciproquement. Aussi le mélèze entre-t-il avantageusement dans la composition des jardins paysagers, où il se place et produit également de brillans effets, soit isolément au milieu des gazons, soit sur le bord des massifs, soit enfin au milieu même de ces massifs.

Mais ce n'est que très-secondairement qu'on doit considérer le mélèze sous ses rapports d'agrément. C'est comme arbre utile que j'entreprends de le présenter ici.

Je ne puis mieux entrer en matière qu'en rapportant les observations que l'estimable et infortuné Malesherbes a faites à son égard dans son pays natal même : c'est lui qui parle.

« Le mélèze est le plus haut, le plus droit, le plus incorruptible de nos bois indigènes. Il est excellent pour tous les usages et très-recherché; car en plusieurs cantons de la Suisse une pièce de bois de mélèze coûte le double d'une pièce de chêne de même dimension.

» J'étais dans le Valais en 1778 : on me fit voir une maison de paysan construite en mélèze, qui existait depuis deux cent quarante ans, et le bois en était encore si sain et si entier, que je ne pouvais presque y faire entrer la pointe d'un couteau.

» On a fait des recherches pour employer les mélèzes à la mâture; mais on en a trouvé très-peu qui, avec une hauteur prodigieuse, eussent la grosseur requise.

» On tire malheureusement peu de parti d'un bois si précieux, parce que la nature ne le produit ordinairement que sur des montagnes très-escarpées, au-dessus de la région où se trouvent les sapins; et dont il est très-difficile de descendre de grosses pièces de bois; il faudrait pour les exploiter construire des chemins à grands frais.

» Nous ne sommes pas encore certains que les mélèzes plantés dans nos plaines y parviennent jamais à la même hauteur que dans les Alpes; mais nous savons déjà qu'ils s'élèveront pour le moins à la hauteur de nos chênes.

» L'expérience nous a appris que le mélèze s'élève facilement dans nos jardins; cependant il ne s'en trouve jamais dans les Alpes qu'à une grande hauteur, et on ne le connaît pas dans les Pyrénées. Comment se fait-il qu'un arbre dont la graine est ailée et portée au loin par les vents, reste depuis tant de siècles dans la région la plus élevée des Alpes, sans qu'on en voie dans la partie inférieure des mêmes montagnes?

» Dans le Valais, où j'ai fait le plus d'observations, des pâturages sans arbres sont immédiatement au-dessous des neiges et des glaces; les bois viennent ensuite. Il y en a de trois sortes, qu'on distingue aisément à leur verdure, les mélèzes, les sapins et les chênes. Ces derniers sont entremêlés d'autres arbres; mais les premiers, qui occupent la région supérieure, et les sapins, qui couvrent l'intermédiaire, sont toujours exclusivement de la même espèce.

» Le mélèze est intolérant, si je puis me servir de cette expression. En effet, dans les bois de mélèze que j'ai vus, il n'y a pas de grandes herbes ni de broussailles comme dans les autres.

» Les pins et les sapins sont aussi des arbres intolérans, ainsi que tous les montagnards l'ont remarqué.

» Mais ce même mélèze, lorsqu'il est jeune, est un arbre délicat auquel nuit le voisinage des autres arbres et même des grandes plantes.

» Cela posé, il est aisé de concevoir comment la graine de mélèze, apportée par les vents, ne produit pas dans les environs de jeunes pieds.

» Si ces graines tombent dans les bois de sapin, qui sont les plus voisins, le sapin ne permet pas aux mélèzes de s'y établir.

» Si elles tombent plus bas, mais toujours sur le coteau, ce sera dans le bois de chêne, qui n'est pas un arbre intolérant; mais ces bois sont excessivement fourrés et pleins de broussailles, au milieu desquelles une plante aussi délicate que le jeune mélèze ne saurait s'élever.

» Quant aux graines que le vent emporte dans la vallée, il s'y trouve trois sortes de terrains: des terres labourées, des vignes et des pâturages; le plant qui en provient est labouré ou coupé avant qu'il soit assez fort pour être remarqué.

» Cela est si vrai, que j'ai vu chez le juge Veillon, dans la plaine de Berne, des mélèzes qui avaient crû naturellement sur la berge des fossés qui entouraient sa châtaigneraie, parce qu'il n'y avait pas dans ce lieu de cause de destruction pour eux dans leur jeunesse, et que le propriétaire, loin de les détruire lorsqu'il les eut remarqués, interdit la totalité de sa châtaignerie aux bestiaux et aux faucheurs; ce qui lui a donné en peu d'années un superbe bois de mélèze, qui probablement un jour fera périr les châtaigniers.

» Le mélèze, observe Varennes de Fenille dans son excellent ouvrage sur les qualités comparées des bois, semble avoir été destiné par la nature aux plus grands et aux plus importans services, puisqu'il est le géant des arbres de l'Europe. Il est hors de doute que son bois est incomparablement plus durable que celui du sapin; mais nous ne connaissons pas encore sa force comparative. Il pèse sec 52 livres 8 onces 2 gros par pied cube. Pline cite une poutre que Tibère fit transporter à Rome, et qui avait 22 pouces d'équarrissage à la hauteur de 110 pieds; ce qui, par ce calcul, le pied romain étant de 11 pouces, indique que l'arbre dont elle était tirée devait avoir 220 pieds de haut, et 18 pieds un tiers de circonférence à sa base. Si aujourd'hui on ne trouve plus de mélèzes de cette force, cela vient probablement de ce qu'ils sont relégués dans des lieux où ils croissent trop serrés, et où on ne pense pas à aller les éclaircir pour augmenter leur croissance en grosseur.

» De l'aveu de ceux qui connaissent l'emploi du bois de mélèze, c'est le meilleur de tous pour la charpente, la menuiserie, les conduites d'eau, etc. Sa force égale au moins celle du chêne, et on ne connaît pas de bornes à sa durée. Chez les Grisons, on en fabrique des tonneaux qu'on peut appeler éternels, où le vin ne s'évapore presque pas. Dans toutes les parties des Alpes où il croît, on en bâtit des maisons, en plaçant des poutres d'un pied d'équarrissage les unes sur les autres. Sa résine, attirée par la chaleur du soleil, en bouche tous les intervalles de manière à rendre ces maisons impénétrables à l'air et à l'humidité. Il graisse l'outil avec lequel on le travaille, et n'est pas propre pour le tour. Il ressemble à du bois de sapin, à couches très-serrées; tantôt il est blanc, tantôt coloré en jaune ou en rouge.

» On a remarqué que le mélèze qui vient dans le Valais, au pied des montagnes, fournit un meilleur bois que celui des hauteurs; ce qui est un préjugé favorable pour la qualité de celui cultivé en plaine. »

L'écorce des jeunes mélèzes est astringente, et s'emploie dans les tanneries, quoiqu'elle porte sur les cuirs une couleur désagréable; on en couvre les maisons, ce qui donne lieu à de nombreux délits, qui sont cause de la mort d'une immense quantité de beaux arbres. Au reste, cette écorce a l'avantage d'être très-légère, presque inaltérable et d'un facile emploi.

Ce n'est pas seulement dans les Alpes que se trouve le mélèze, plusieurs chaînes de montagnes de l'Allemagne en contiennent, ainsi que quelques-unes de celles du nord de l'Europe et de l'Asie. On a regardé celui de Sibérie et celui de la Chine comme formant des espèces distinctes; mais il y a tout lieu de croire que ce ne sont que des variétés de celui des Alpes. Il n'en est pas de même de celui d'Amérique, appelé *épinette rouge* au Canada. Il forme deux espèces bien caractérisées, ainsi que l'a prouvé Lambert dans sa *Monographie des pins*, et ainsi que j'ai pu le vérifier sur les fruits que j'ai reçus de ce pays et les plants qu'elles ont produits.

On ne peut donc mettre en doute l'importance dont il serait pour la prospérité de la France de faire de grandes plantation de mélèzes non-seulement sur les hautes montagnes qui en sont privées, telles que les Pyrénées, les Cevennes, le Cantal, le Gévaudan, les Vosges, etc., etc.; mais encore sur les collines, et même dans les plaines qui sont au nord de Paris. Tous les terrains, excepté ceux qui sont aquatiques, leur conviennent. L'exposition du nord est celle où ils profitent le mieux dans le climat de Paris; mais ils s'accommodent de toutes les autres. Varennes de Fenille croit que les plaines de Bresse offrent le degré de chaleur moyenne qu'ils peuvent supporter, parce que ceux qui étaient plantés dans ses jardins jaunissaient dans les chaleurs de l'été, et que ceux que Latour d'Aigue avait placés à l'exposition du nord, aux environs d'Aix, après avoir d'abord poussé assez bien, se sont arrêtés et sont restés dix ans vivans sans former de nouveau bois. Je ne m'éloignerai pas du sentiment de cet excellent observateur, et j'ajouterai que ceux des environs de Paris n'amènent pas toujours leurs graines à bien, tandis qu'un peu plus au nord, ils en fournissent de bonnes presque toutes les années.

On a mis en doute si les mélèzes cultivés dans la plaine viendraient aussi grands que ceux crus sur le sommet des montagnes, et si leur bois serait aussi bon. Il n'est pas encore possible de résoudre cette question ; car les plus vieux de ces arbres qui se trouvent dans les jardins des environs de Paris n'ont pas plus de cinquante à soixante ans, et il faudrait faire des essais comparatifs nécessairement de longue haleine. Tout ce que je puis assurer, c'est que dans les pépinières il pousse, dans sa jeunesse, avec tant de rapidité, que les jets de 3 ou 4 pieds par an n'y sont pas rares, et que les échantillons d'arbres de vingt ans, que j'ai été dans le cas d'examiner, annonçaient une excellente qualité ; ils laissaient transsuder des fentes de leur écorce une résine d'une odeur agréable, quoique sans doute inférieure à celle des vieux.

Les cônes de mélèze doivent être cueillis à la fin de l'automne, et conservés dans un lieu ni trop sec ni trop humide, jusqu'au printemps, lorsqu'il n'y a plus de gelées à craindre. A cette époque, on les expose au soleil sur des toiles ou auprès du feu, afin de faire ouvrir leurs écailles et occasionner la chute des graines qu'elles recouvrent. Comme il en reste toujours, lorsqu'on ne veut pas les perdre, il faut nécessairement déchirer les cônes avec un couteau : ces graines peuvent se conserver plusieurs années sans perdre leurs facultés germinatives.

Je n'ai pas connaissance qu'on ait quelque part, en France, tenté de faire un semis de mélèze en grand, dans l'intention d'en former une forêt : ainsi je ne puis indiquer le moyen d'y parvenir d'après l'expérience. Je dois donc me borner à parler de la méthode qu'a proposée Tschudi, méthode qui me paraît conforme à une saine théorie.

Si on semait le mélèze dans un champ bien nettoyé, il y aurait à craindre que la sécheresse de l'été, ou l'ardeur du soleil, ne fît périr le plant au moment même où il sortirait de terre. Si on le semait avec d'autres graines de plantes annuelles, il serait probable qu'il périrait également étouffé, ou au moins étiolé par ces plantes : il lui faut donc et un terrain net et de l'ombre. C'est pourquoi Tschudi propose de planter des haies de saule-marceau, ou d'autres arbres d'une végétation rapide, à 4 pieds de distance les unes des autres, et en opposition au sud-ouest, en remplissant l'intervalle de quelques pouces de terre légère, si le sol est compacte. Lorsque ces haies auront atteint 6 pieds de hauteur, on semera les graines de mélèze très-peu épais, et on les recouvrira de quelques lignes seulement de terre, ou, mieux, de terreau. Le plant levé sera exactement sarclé et éclairci. Au bout de cinq à six ans, les haies pourront être coupées, et on aura un bois de mélèzes. *Voyez* TOPINAMBOUR.

Dans les pépinières, on seme toujours le mélèze à l'exposition du nord et dans une terre très-légère. Le plant se sarcle et s'arrose au besoin. Au printemps de l'année suivante, lorsque la sève commence à se mouvoir dans ce plant, on le repique dans une autre place, à 6 pouces de distance, mais toujours au nord. Deux ans après, on le relève de nouveau pour le placer en plein soleil, à 20 ou 25 pouces. Il reste dans ce nouveau local deux autres années, après quoi il doit être planté à demeure. Si on tardait plus long-temps, on risquerait de le perdre ; cependant on a des exemples de transplantations qui ont réussi à un âge plus avancé. Dumont Courset en a planté qui avaient 15 pieds de haut.

C'est au printemps, au moment où les boutons commencent à s'épanouir, qu'on doit transplanter le mélèze. Il est remarquable, observe Varennes de Fenille, que celui qui termine sa flèche et qui est destiné à la continuer, soit celui qui s'épanouisse le dernier ; les rameaux sont déjà couverts de verdure, qu'il n'en montre pas encore la plus petite indication : c'est une précaution de la nature, car si le bouton est gelé ou rompu, l'arbre cesse de croître en hauteur s'il est vieux, ou ne devient jamais beau s'il est jeune.

La plupart des arbres résineux ne supportent pas sans inconvénient l'élagage ; mais cette opération, pratiquée sur le mélèze, lui est quelquefois avantageuse. Il faut cependant la faire graduellement, c'est-à-dire couper une année, en automne et après la chute des feuilles, le rang inférieur des branches à quelques pouces du tronc, et la suivante le second rang, avec la même précaution, plus les chicots de la précédente, ainsi de suite, et ne pas la pousser plus loin. Ces précautions sont fondées sur la nécessité de ne pas occasionner une trop grande déperdition de résine.

On peut aussi, sans danger pour la vie de l'arbre, tondre les mélèzes en pyramides, en boules ou autres formes, comme

l'if : ainsi tondu et petit , il fait un très-joli effet dans les parterres.

Outre la multiplication par semences, on peut encore employer celle des marcottes pour cet arbre ; mais on doit ne faire usage de cette dernière que faute de graines , parce que les arbres qui en proviennent sont rarement beaux , et jamais d'une longue durée. Ces marcottes, dans un terrain frais, prennent racine dès la première année , et peuvent être levées la seconde.

Souvent les mélèzes sont comme poudrés de filamens blancs, dus à une PSYLE (*voyez* ce mot), sur laquelle Macquart a fait un très-bon mémoire, inséré dans le recueil de la Société d'agriculture de Lille , année 1819.

Dans l'énumération des qualités du mélèze, je n'ai pas fait mention de la manne , de la gomme et de la résine qu'il fournit, me réservant d'en parler séparément.

La manne est un suc propre , d'un goût fade et sucré, qui suinte de l'écorce des jeunes branches pendant la nuit, qui se coagule en petits grains blancs et gluans , et qui disparaît dès que le soleil a pris un peu de force : les jeunes arbres en sont quelquefois tout couverts. Les vents froids s'opposent à sa formation. Cette manne a la même propriété que celle du frêne de la Calabre, c'est-à-dire qu'elle est purgative : on en fait peu d'usage cependant en médecine, où elle est connue sous le nom de *manne de Briançon*, du lieu où on en récolte le plus ; en conséquence elle est d'un très-petit produit.

Le puceron du mélèze fait transsuder cette manne des jeunes pousses de cet arbre , les abeilles la recueillent ; ce qui nuit à la qualité du miel recueilli en même temps sur les fleurs.

La gomme se trouve au centre des troncs , autour de la moelle : on ne peut l'obtenir qu'en fendant l'arbre. Elle est analogue , par toutes ses propriétés , à la gomme arabique, se mange et sert comme elle dans les arts. C'est Pallas qui , je crois , l'a fait connaître le premier. Je ne l'ai jamais vue.

La résine du mélèze est toujours liquide, visqueuse, plus épaisse que l'huile, demi-transparente, de couleur jaunâtre, d'une odeur aromatique, forte et agréable. On la connaît, dans le commerce, sous le nom de *térébenthine de Venise*. On l'obtient en faisant au pied de l'arbre une entaille avec la hache, ou des trous avec une grosse tarière, depuis la fin de mai jusqu'au commencement d'octobre. Elle coule dans des baquets de bois , d'où on l'enlève tous les deux ou trois jours. On la passe dans un tamis si elle est mêlée d'impuretés. Son abondance est toujours proportionnée à la chaleur du jour et à l'exposition plus ou moins méridienne. Lorsqu'elle cesse de couler , on rafraîchit l'entaille, ou on perce de nouveaux trous au-dessus des premiers. On croit, dans la vallée de Chamouni, que plus le trou est profond, et plus la résine a de la qualité : en conséquence, là on les prolonge jusqu'au centre de l'arbre. Un arbre peut chaque année fournir, pendant quarante à cinquante ans, 7 à 8 livres de résine ; mais cela l'énerve et diminue de beaucoup la qualité de son bois : ainsi on ne doit soumettre à cette récolte que ceux situés dans les lieux où on ne peut les exploiter pour la charpente ou la menuiserie, lieux très-communs dans les montagnes où croît naturellement le mélèze. Je parle d'après l'opinion commune; car M. Malus, dans un mémoire inséré tome X des *Annales d'agriculture*, prétend que l'extraction de la résine ne diminue ni la dureté, ni la force des arbres résineux, et augmente leur légèreté. Je renvoie à son mémoire ceux qui voudraient connaître ses preuves; car je n'ai personnellement aucune observation dans le cas de fixer mes idées sur ce fait.

La térébenthine est recommandée en médecine comme diurétique et balsamique. Elle donne à l'urine une odeur de violette. On en compose aussi des emplâtres. Elle entre dans beaucoup de vernis. Distillée avec de l'eau, on en retire ce qu'on appelle *huile essentielle de térébenthine* ou *essence de térébenthine*, ou simplement *essence*, produit d'un usage si fréquent dans les arts, soit pour les vernis, soit pour rendre les huiles plus siccatives, et dont les propriétés médicinales sont encore plus actives que celles de la résine. Son odeur est pénétrante et sa saveur âcre.

Le résidu de la distillation de la térébenthine est une résine sèche, qu'on appelle *colafane* ou *colofone*, résine trèsemployée par les chaudronniers, les plombiers et les potiers d'étain, pour les étamages et la soudure des métaux. Les joueurs de violons ne peuvent s'en passer pour dessécher leur archet et pour rendre plus nets les sons qu'ils tirent de leur instrument.

Voyez aux articles PISTACHIER et SAPIN, arbres dont on retire également de la térébenthine, pour le complément de cet article.

Le MÉLÈZE A BRANCHES PENDANTES, ou *mélèze noir d'Amérique*, a les branches pendantes, brunâtres, et les écailles des cônes plus grandes que les bractées; il est originaire du Canada. On le cultive dans quelques jardins, où on le multiplie de graines tirées de son pays natal, ou par marcottes, ou même par la greffe sur l'espèce commune. Il ne paraît pas présenter, comme arbre utile, des avantages supérieurs à ceux cidessus indiqués.

Le MÉLÈZE A PETITS FRUITS a les cônes presque ronds, gros comme le petit doigt : leurs écailles sont orbiculaires et glabres : c'est le *larix americana* de Michaux. Il croît naturellement dans les états du nord de l'Amérique. On le cultive, comme le précédent, dans quelques jardins des environs de Paris. Ce que j'ai dit de ce dernier lui convient. (B.)

MELIACÉE. Famille de plantes dont le type est le genre AZÉDARACK (*melia* en latin).

Aucun des huit autres genres qui entrent dans cette famille n'est dans le cas de fournir des articles, attendu que les espèces qui les composent ne peuvent se cultiver en pleine terre dans nos climats. (B.)

MELIER. C'est un des noms du NÉFLIER COMMUN. *Voyez* ce mot.

MÉLILOT, *Melilotus*. Genre de plantes de la diadelphie décandrie et de la famille des légumineuses, qui renferme une douzaine d'espèces, lesquelles font partie des trèfles dans les écrits de la plupart des botanistes.

Le MÉLILOT OFFICINAL a les racines pivotantes, fibreuses ; les tiges droites, rameuses, hautes de 2 à 3 pieds ; les fleurs jaunes, en grappes axillaires et pendantes. Il est annuel ou bisannuel, et croît en Europe dans les champs, les bois, les haies. Ses feuilles sont odorantes, ont une saveur âcre et amère, et passent pour émollientes, carminatives et résolutives : on en fait assez fréquemment usage à l'extérieur et en lavement ; on en tire une eau distillée odorante, qui est employée pour exalter les autres parfums. Il est des endroits où il croît si abondamment, qu'il nuit aux récoltes du blé, et on a beaucoup de peine à en purger les champs, parce qu'il laisse tomber une partie de ses graines avant la moisson : ce n'est que par les assolemens dans lesquels entrent les prairies artificielles et les cultures qui demandent des binages d'été, qu'on peut y parvenir complétement.

Tous les bestiaux, et principalement les moutons et les chevaux, aiment beaucoup le mélilot, sur-tout avant sa floraison : aussi sont-ils souvent météorisés par lui, sur-tout quand ils en mangent pendant la rosée. Ils le mangent également lorsqu'il est sec ; dans cet état, il est très-propre à aromatiser le foin et à le rendre plus agréable au goût : un bon agronome doit donc en semer, soit pour le donner en vert à ses animaux, soit pour le mélanger avec ses autres fourrages. Tout terrain, pourvu qu'il ne soit pas aquatique, lui convient ; j'en ai vu dans les sols les plus arides de suffisamment beau pour faire croire que, quoiqu'il y vienne moins haut que dans ceux qui sont meilleurs, c'est là qu'il convient de le semer de préférence. Cependant Yvart observe, avec raison, que sa fauchaison est difficile, à raison de la dureté, de l'inclinaison et de l'entrelacement de ses tiges. Comme l'espèce suivante présente desavantages encore plus marqués, et que j'ai un excellent guide pour rédiger son article, j'y renvoie le lecteur.

Le Mélilot blanc, ou *mélilot de Sibérie*, a été regardé par Linnæus et la plupart des botanistes comme une variété du précédent; mais Thouin, dans un mémoire imprimé parmi ceux de l'ancienne Société d'agriculture de Paris, année 1788, a prouvé que c'était une espèce. Il s'élève de 6 à 8 pieds et plus; ses grappes sont plus allongées, et leurs fleurs sont plus petites et constamment blanches.

Le même agriculteur présente ce mélilot comme un des meilleurs fourrages dont on puisse introduire la culture en France. Tous les bestiaux l'aiment tant en vert qu'en sec, et il fournit prodigieusement. On peut en faire trois et souvent 4 coupes par an; on le doit même, parce que d'abord ses tiges deviennent ligneuses avec l'âge et cessent par conséquent d'être mangeables; ensuite, parce que de bisannuel qu'il est naturellement on le rend par ce moyen vivace pour plusieurs années. Les terrains légers et humides sont ceux qui lui conviennent le mieux; cependant il vient dans tous ceux qui ne sont pas aquatiques. Il fournit une grande quantité de graines, qui peuvent être données aux volailles et aux cochons. Les tiges des pieds qu'on réserve pour graines, et dans une bonne culture il faut toujours en réserver un certain nombre, sont très-propres à chauffer le four, à augmenter la masse des fumiers, à faire de la potasse

Il est donc beaucoup à désirer que cette espèce entre enfin dans les assolemens de la grande agriculture. Ce n'est point la faute du célèbre professeur qui l'a préconisée le premier si elle ne s'y emploie pas, car il en a distribué immensément de graines, mais celle des événemens politiques, qui ont distrait des expériences agricoles les riches propriétaires, seuls cultivateurs qui en fassent. Je fais donc des vœux pour que mes concitoyens reviennent sur cet important objet.

Thouin observe encore que le mélilot blanc est d'un rapport bien plus considérable lorsqu'on le cultive avec la vesce de Sibérie, ces deux plantes ayant toutes les qualités qui doivent en faire désirer la réunion. En effet leur durée est la même; elles poussent, fleurissent en même temps. Les racines pivotantes de la première et traçantes de la seconde ne se nuisent pas. L'un fournit une nourriture substantielle et échauffante, dont les effets sont corrigés par le fourrage tendre et aqueux de l'autre.

Le Mélilot bleu se reconnaît facilement à la couleur bleue de ses fleurs. Il est annuel ou bisannuel, et s'élève de 2 ou 3 pieds. On le trouve dans les parties orientales de l'Europe, et on le cultive fréquemment dans les jardins, où on le connaît sous les noms de *lotier odorant, baumier, trèfle musqué, faux baume du Pérou.*

Toutes ses parties, et sur-tout ses sommités, fleuries ou chargées de fruits, exhalent une odeur plus forte et plus agréable que celle du premier, odeur qui devient même plus intense après la dessiccation. Les abeilles recherchent encore plus ses fleurs que celles des autres espèces, qu'elles aiment cependant beaucoup, et c'est leur rendre un service essentiel que d'en semer aux environs de leur rucher.

On met fréquemment des sommités de ce mélilot dans les appartemens, les armoires, pour leur donner une bonne odeur; on les fait entrer dans les sachets odorans; on en tire une eau distillée; enfin on peut l'employer absolument à tous les usages des précédens.

Les trois espèces de mélilots précitées peuvent être employées à l'ornement des jardins, sur-tout des jardins paysagers, où quelques touffes placées avec intelligence produisent d'excellens effets; mais c'est la dernière qu'on préfère généralement, à cause de son odeur. On en fait des touffes, des bordures, etc. On les sème sur un bon labour en automne ou au printemps, selon qu'on veut avoir des pieds plus ou moins forts, plus ou moins hâtifs à porter des fleurs. Dans la grande culture, c'est presque toujours en automne, peu après les moissons, qu'elles doivent l'être, parce qu'elles lèvent avant l'hiver et qu'elles poussent de bonne heure au printemps; ce qui permet de les couper un plus grand nombre de fois : elles sont sous tous les rapports un excellent assolement après le blé.

Le Mélilot houblonet, *Trifolium agrarium,* Lin., vulgairement appelé le *trèfle houblon,* le *petit trèfle jaune,* le *timothy,* se rapproche des trèfles, mais a encore les caractères des mélilots. Il est annuel, s'élève à un pied, fleurit à la fin de l'été et croît abondamment dans les champs sablonneux, sur les jachères, etc.; sa tige est très-rameuse; ses fleurs sont jaunes et disposées en têtes ovales qui, après la floraison, ressemblent un peu aux chatons du houblon; ses fanes sont un excellent fourrage, que les chevaux sur-tout aiment avec passion. C'est une des plantes qui nuisent le moins aux céréales; cependant les agriculteurs amis de la propreté de leurs champs doivent la proscrire comme les autres, sauf à en semer à part pour leurs bestiaux, s'ils le jugent à propos : mais il y a bien d'autres plantes à préférer, sans compter les précédentes.

Les autres espèces de mélilot sont moins importantes à connaître et plus rares que celles dont il vient d'être fait mention. (B.)

MÉLIQUE, *Melica.* Genre de plantes de la triandrie digynie et de la famille des graminées, qui renferme une quinzaine d'espèces, dont trois sont assez communes et assez importantes sous les rapports d'utilité, pour mériter d'être citées ici.

La Mélique ciliée a les fleurs disposées en épis et les balles florales ciliées. Elle est vivace, croît sur les collines pierreuses de quelques parties de l'Europe, sur-tout du midi, et est remarquable, en automne, par l'élégance de ses épis. C'est un très-bon fourrage que tous les bestiaux recherchent, et qui est très-précieux, en ce qu'il est précoce et souvent abondant, mais dont on ne peut faire des prairies artificielles, ni des gazons dans les jardins, parce qu'il croît toujours en touffes et que les plus fortes étouffent les plus faibles ; il est cependant utile de le semer par-ci par-là dans les prairies élevées, les pâturages et autres lieux analogues.

On peut en placer avantageusement quelques pieds sur les rochers et les collines des jardins paysagers.

La Mélique uniflore a les fleurs disposées en panicule et en très-petit nombre. Elle est vivace et croît dans les bois de presque toute l'Europe. Sa racine porte rarement plus de deux ou trois tiges fort peu garnies de feuilles. Par le fait, c'est donc un très-maigre fourrage, mais tous les bestiaux le mangent avec plaisir, et les bœufs et les chevaux en sont très-friands. De plus, elle croît sous les grands arbres, c'est-à-dire dans des endroits où peu d'autres graminées peuvent végéter : sous ces deux rapports, elle doit donc être précieuse aux yeux des cultivateurs. Il est des pays où, pendant les chaleurs de l'été, elle est la base de la nourriture des bêtes à cornes, qu'on met à cette époque dans les bois.

La Mélique penchée, qui n'en diffère presque pas, et qui est plus rare, a positivement les mêmes avantages.

La Mélique de Sibérie, *Melica altissima*, est vivace et originaire de Sibérie ; elle a les pétales imberbes, la panicule rapprochée et unilatérale. Je la cite, parce qu'Yvart la recommande comme fournissant un fourrage qui à sa précocité réunit la quantité et la qualité. Elle s'accommode fort bien d'un mauvais terrain.

La Mélique bleue a les fleurs disposées en panicule droite et rapprochée de la tige. Elle est vivace, fleurit au commencement de l'automne, et croît par toute l'Europe dans les pâturages argileux qui conservent l'eau pendant l'hiver. Elle diffère beaucoup des précédentes par le port, et est remarquable par sa tige non articulée et haute de 4 à 6 pieds. Les bestiaux mangent ses jeunes pousses, mais la dédaignent lorsqu'elle monte en fleur. On se sert de ses tiges dans les landes de Bordeaux, de la Sologne, de la Westphalie, etc., où elle est excessivement abondante, pour faire des balais, tresser des nattes , des cordes , des paniers , couvrir les maisons , fournir de la litière , etc. , etc. C'est un trésor pour ces cantons de désolation. On l'a citée comme avantageuse pour fixer les sables; mais je me suis assuré, dans la forêt de Montmorency, où elle est très-commune , qu'elle ne subsistait pas plus d'un à deux ans dans les lieux qui n'étaient pas couverts d'eau une partie de l'année. Je ne crois pas qu'il soit nulle part utile de la multiplier lorsqu'on peut s'en dispenser. (B.)

MÉLISSE , *Melissa.* Genre de plantes de la didynamie gymnospermie, et de la famille des labiées , qui renferme six ou sept espèces, toutes remarquables par l'odeur forte qu'exhalent leurs feuilles et leurs fleurs , et dont une est d'un très-grand usage en médecine.

La MÉLISSE OFFICINALE a les racines vivaces; les tiges quadrangulaires , rameuses, hautes de 2 ou 3 pieds ; les feuilles opposées , pétiolées , ovales , dentées, ridées, velues et d'un vert pâle ; les fleurs petites, blanches et disposées en verticilles dans les aisselles des feuilles supérieures. Elle croît en Europe dans les lieux incultes, sur le bord des bois , des haies , etc. , principalement dans les parties méridionales , et fleurit pendant une partie de l'été. On la cultive beaucoup dans les jardins , non pour sa beauté, qui est peu remarquable , mais pour la bonne odeur de ses feuilles , odeur qui approche de celle du citron, et d'où lui est venu le nom de *citronnelle* qu'elle porte vulgairement. Elle s'appelle *piment des mouches à miel,* parce que les abeilles la recherchent beaucoup.

Cette plante a une saveur âcre , aromatique et balsamique. Elle tient un rang distingué entre les médicamens céphaliques, stomachiques et carminatifs. On l'emploie en infusion théiforme , et on en fabrique une eau fort célèbre sous le nom d'*eau des Carmes;* elle entre dans celle appelée *eau de Cologne.* Ses feuilles , pour ces différens objets , doivent être cueillies avant la floraison. On les dessèche à peu près comme le thé , pour en faire usage pendant l'hiver, ou en avoir toujours sous sa main.

La culture de la mélisse, comme article productif, est d'une bien petite importance ; mais il est peu de jardins où l'on ne cherche pas à en conserver quelques pieds. On la multiplie de graines, qu'on sème au printemps dans des plates-bandes bien préparées. Les plants se repiquent la seconde année. Comme ce moyen est lent, on préfère généralement celui de la division des vieux pieds en automne ou au printemps, division qui en donne de très-forts dès la première année, car cette plante talle beaucoup. Elle vient dans tous les terrains , cependant elle a plus d'odeur dans ceux qui sont secs et chauds. On en connaît deux variétés, une à feuilles panachées, et l'autre à feuilles beaucoup plus velues. Cette dernière s'appelle *mélisse romaine*.

La Mélisse calament, ou simplement le *calament*, a les racines vivaces; les tiges droites, velues, hautes d'un à 2 pieds; les feuilles opposées, pétiolées, ovales, dentées, obtuses; les fleurs purpurines portées sur des pédoncules rameux et axillaires. Elle croît par toute l'Europe sur le bord des bois, des haies, sur les montagnes exposées au midi, parmi les pierres et les rochers, et fleurit pendant tout l'été et l'automne. Il est des lieux où elle est si abondante, qu'elle domine sur toutes les autres plantes et qu'on peut utilement la couper pour faire de la litière, car les bestiaux n'y touchent pas. Ses feuilles ont une odeur agréable, une saveur âcre et un peu amère; simplement appliquées sur la langue, elles y causent, comme celle de la menthe poivrée, une sensation piquante et rafraîchissante. Elles sont stomachiques, incisives et carminatives. On en fait assez fréquemment usage et on en trouve plusieurs préparations dans les pharmacies.

Cette plante est assez agréable lorsqu'elle est en fleur, pour mériter une place dans les jardins paysagers. On doit la mettre sur les rochers, sur le bord des massifs, contre les fabriques, etc. Elle ne demande point de culture. Il en existe une variété à plus grandes fleurs, qui doit être préférée dans ce cas.

La Mélisse a petites fleurs, *Melissa nepeta*, Lin., ne diffère presque de celle-ci que par la grandeur de ses parties, et a les mêmes propriétés. (B.)

MÉLISSE DE MOLDAVIE. *Voyez* Dracocéphale.

MÉLISSE DES MOLUQUES. *Voyez* au mot Molucelle.

MÉLITE, *Melitis.* Plante vivace de la didynamie gymnospermie et de la famille des labiées, à tiges quadrangulaires, velues, hautes d'un pied; à feuilles opposées, ovales, crénelées, velues; à fleurs grandes, rougeâtres, solitaires ou géminées dans les aisselles des feuilles; qui se trouve dans les bois et les haies, et qui fleurit au commencement de l'été. L'odeur de ses feuilles est forte. Elle passe pour apéritive, vulnaire et diurétique. On l'emploie quelquefois en médecine sous les noms de *mélisse sauvage, mélisse bâtarde, mélisse des bois* et *mélissot.*

Cette plante, par la grandeur et la couleur de ses fleurs, et par sa faculté de croître et de fleurir à l'ombre mieux qu'au soleil, mérite d'être placée dans les bosquets des jardins paysagers. Elle ne demande point de culture : il suffit d'en semer les graines au printemps. Rarement elle forme des touffes, mais n'en produit que mieux son effet.

MELON, *Cucumis melo*. Plante CUCURBITACÉE, qui appartient au genre CONCOMBRE. *Voyez* ces mots.

Le melon est un des fruits les plus agréables que l'Europe a tirés de l'Asie. Son goût et ses qualités l'ont fait rechercher ; et comme tous les climats ne sont pas propres à sa culture, l'art a suppléé à la nature non-seulement pour en avoir dans les lieux les moins favorables, mais encore pour s'en procurer dans plusieurs saisons. Un fruit aussi recherché, et dont les primeurs ont un grand prix, a fixé l'attention des jardiniers, qui en ont varié la culture suivant les températures, le temps où ils désiraient récolter, et les variétés. Ces cultures peuvent se réduire à deux principales, l'une de pleine terre, et l'autre sur couche, qui se subdivisent chacune en deux autres.

Culture naturelle. Le premier soin doit être, pour se procurer de la bonne graine, de choisir le plus beau fruit de chaque espèce et dans les climats chauds, de le laisser dessécher sur pied ; dans une température plus douce, attendre seulement que le fruit soit parvenu à sa plus grande maturité. Je ne pense pas qu'on doive laisser le melon pourrir sur pied : je sais que plusieurs auteurs l'ont conseillé, j'ai suivi leur avis, et il m'a été facile de juger que le désir d'avoir des graines bien aoûtées les avait induits en erreur. Les graines de plusieurs de mes melons pourris commençaient à se gâter, et les fruits que je récoltai de celles qui s'étaient conservées avaient un goût désagréable, que je ne pus attribuer qu'à la pourriture du fruit.

Il suffit donc de cueillir les melons dans leur plus grande maturité, et d'en verser les graines avec les parties qui les enveloppent et le jus dans une assiette plate, dans laquelle on les laissera deux ou trois jours ; on les séparera ensuite du jus et des autres parties, et on les fera sécher à l'ombre.

Plusieurs jardiniers sont dans l'usage de laver leur graine ; d'autres au contraire la font sécher sans la laver, et se contentent de la séparer du parenchyme et de la mettre à l'ombre. Cette dernière méthode est préférable lorsqu'on ne sème que des graines de trois ans, ou plus, parce qu'on les dépouille par le lavage d'un mucilage qui contribue à leur conservation, en s'opposant aux effets de la dessiccation des cotylédons et du germe ; mais lorsqu'on sème des graines de l'année précédente, il est indifférent de les laver ou de n'en rien faire.

Toutes les graines qu'on trouve dans un melon ne sont pas également bonnes, il faut les trier pour les semer : les unes sont avortées, d'autres le sont en partie, et n'ont qu'un germe très-faible. L'œil exercé les distingue facilement, et la différence de poids suffit pour les séparer. Les graines qui contiennent beaucoup d'albumen ou de parties nutritives sont plus lourdes, et si on les jette dans l'eau, elles vont à fond, pendant que les autres descendent lentement ou surnagent. Il ne faut conserver que les premières, qu'on sépare des autres en couchant le vase pour faire écouler l'eau lorsque les bonnes graines sont à fond : l'eau en sortant du vase entraîne les mauvaises.

On n'est pas d'accord si on doit semer des graines nouvelles, ou s'il faut les conserver plusieurs années avant de les confier à la terre : chacun cite des faits en faveur de son opinion, et prétend que sa méthode est la meilleure. Cette discussion sera interminable tant qu'on n'étudiera pas la nature et les principes d'après lesquels elle agit, et qu'on voudra conclure de quelques faits isolés qui ne prouvent presque jamais rien, parce qu'ils dépendent d'un grand nombre de circonstances qui modifient les effets, et les font varier d'un degré à un autre.

L'expérience a démontré que les graines nouvelles avaient une végétation plus prompte et plus vigoureuse que celles conservées plusieurs années, ce qui doit être, puisqu'elles ont moins perdu d'huile et d'eau végétative. Comme la sève y circule avec facilité, elle doit former des branches fortes et longues, et la plante doit acquérir dans un temps donné de plus grands développemens que celle d'une vieille graine. La différence de germination est telle que j'ai vu de vieilles graines qui mettaient le double de temps pour sortir de terre.

Mais si une vieille graine est plus long-temps à germer, si la sève y circule plus long-temps, si la plante qui en est le produit n'acquiert pas les mêmes dimensions, elle fournit des résultats qui peuvent être comparés à ceux de la greffe ou d'une branche courbée. La sève, en séjournant plus long-temps dans les canaux, y est plus élaborée ; elle nourrit les yeux, elle se concentre dans les fruits ; les fleurs sont moins sujettes à couler, les fruits plus sucrés, etc. Si l'on veut examiner les graines sur ces données, il sera facile de juger celles qui conviennent à chaque jardinier, d'après le climat qu'il habite, la qualité de la terre qu'il emploie, et le plan qu'il s'est proposé, soit de suivre le cours de la nature pour la maturité du fruit, soit de le devancer.

Ainsi, dans les pays chauds, où on cultive le melon en pleine terre, et où il n'exige d'autres soins qu'un binage et un peu d'eau, si l'on désire diminuer la force de la végétation de la plante et porter la sève dans les fruits, on conservera long-temps les graines, et on le fera d'autant plus que la terre sera plus substantielle. Les plantes qui en seront le produit auront une force attractive moins grande, leur sève circulera moins

33 *

rapidement, elle produira moins de bois, et se portera plus dans les fruits. Ce principe doit être suivi plus exactement dans les cantons où l'on ne fait pas dévier la sève par la taille.

Mais si la température n'est pas favorable aux melons, et qu'il faille ajouter l'art à la nature pour faire végéter la plante jusqu'au moment où la chaleur du soleil pourra lui suffire pour la formation des fruits et leur maturité; si à ce premier inconvénient on ajoute une terre pauvre en parties nutritives, comme le terreau usé des maraîchers de Paris; si enfin on veut forcer la nature pour obtenir des primeurs, et qu'on veuille produire, à l'aide des couches et des châssis, un développement de chaleur qui puisse remplacer celle de l'atmosphère, il faudra conserver à la plante une vigueur proportionnée aux obstacles à surmonter; et plus ils seront grands, plus il faudra que la graine soit nouvelle et bien choisie, sauf à modérer le mouvement de la sève par la taille, s'il était trop fort.

Ce qui se passe aux environs de Paris tend à justifier mon opinion. Les maraîchers ont observé qu'ils avaient autant de profit en semant des graines nouvelles, qu'ils lavent le plus souvent, qu'en employant de vieilles graines. J'observerai qu'en lavant ces graines, ils les dépouillent du mucilage qui se serait opposé aux effets de l'air ambiant, et que cette extraction peut équivaloir, au moment du semis, à une année de conservation des graines.

Ils ne donnent à ces plantes qu'un terreau maigre et peu substantiel, et ils ne réparent ce défaut que par des arrosemens très-fréquens, devenus nécessaires, à raison de la friabilité de la terre et de la taille presque continue de ces plantes, qui perdent chaque jour par cette opération une partie des feuilles qui leur étaient essentielles pour aspirer les sucs nourriciers dans l'air : il leur faut donc des semences vigoureuses et qui aient toute leur force attractive pour développer le germe et résister à un pareil traitement. Au surplus, on ne peut condamner les maraîchers de Paris : il ne s'agit point pour eux d'avoir des fruits d'un goût exquis, l'essentiel est d'obtenir des melons primes et d'une bonne grosseur. S'ils y parviennent par cette méthode, peu leur importe qu'ils réunissent la bonté aux autres qualités, pourvu qu'ils soient vendus un haut prix : c'est le point capital pour les cultivateurs qui n'ont en vue que leur intérêt, et qui finiront par adopter une meilleure méthode lorsque l'expérience leur aura prouvé qu'elle est plus avantageuse sous ce rapport. Quant aux amateurs et aux jardiniers qui spéculent autrement, je les invite à réfléchir sur les principes que j'ai émis. Leurs expériences réitérées mettront à même de décider si j'ai résolu la question relative à l'âge des semences.

Les graines bien choisies, il ne s'agit plus que de les confier à la terre. Plusieurs jardiniers les font auparavant tremper pour précipiter la germination. Cette opération est bonne pour les anciennes semences qu'on place sur couche, parce que leur germination est lente : il est donc utile de le faire dans les climats tempérés, où le temps est précieux pour ce genre de culture, et où on ne perd pas deux ou trois jours de chaleur sans danger.

Il est même des cas où l'on doit le faire pour les graines nouvelles, lorsqu'on est en retard de la fabrication des couches, ou qu'au moment de semer la chaleur de la couche retarde le semis de vingt-quatre heures; mais doit-on préférer à l'eau pure, pour tremper les graines, du vin, de l'eau-de-vie, ou de l'eau dans laquelle on a mis de la poudrette, de la colombine, de la fiente de pigeon, ou tout autre fumier? Cette question est encore indécise. Les uns citent des faits en faveur de l'eau saturée de ces matières, les autres leur opposent des expériences qui paraissent prouver l'inutilité de ces pratiques. Je pense qu'on n'a pas fait des expériences assez suivies pour porter un jugement sans appel, et nos connaissances en physiologie ne me paraissent pas assez étendues pour nous mettre à même de donner une décision. D'un côté, il est évident que la nature a préparé d'avance la nourriture destinée à l'embryon dans l'albumen déposé dans les cotylédons, et on peut supposer qu'il ne faut qu'un peu d'eau pour la délayer, et mettre le germe en état d'en aspirer les sucs nécessaires à son développement; de l'autre, il n'est pas impossible que les parties hétérogènes mêlées avec l'eau lui facilitent les moyens de pénétrer dans les cotylédons, et y pénètrent avec elle après de nouvelles combinaisons : on peut croire que ces parties, soit comme nourriture, soit comme augmentant la masse du calorique, ou en précipitant son mouvement, deviennent un stimulant qui renforce les facultés attractives du germe et accélère sa végétation. Quoi qu'il en soit, on doit être fort réservé dans l'emploi de ces matières, dont l'excès pourrait racornir ou corroder le germe, et la prudence doit déterminer les cultivateurs à ne faire usage de ces recettes qu'après des épreuves multipliées.

La culture du melon est fort simple dans les lieux favorables à cette production : on y emploie ordinairement les terres destinées aux jachères, et après un ou deux labours pour préparer ces terres à recevoir les semences d'automne, on y fait de petites fosses d'un pied en tous sens, à 12, 15 et 20 pieds de distance les unes des autres ; on remplit ces fosses de terre franche bien substantielle, c'est-à-dire mêlée de beaucoup de fumier bien consommé : les curures des fossés peuvent servir à cet usage. Les fosses remplies ont un rebord ou petit talus formé par la terre qu'on en a tirée.

Lorsque la saison des gelées est passée, on y sème six graines de melon qu'on enfonce à un pouce ; on arrose si la terre se dessèche trop. Pour conserver la fraîcheur des fosses et empêcher l'évaporation, on les couvre avec du fumier long ou de la paille, de la balle de blé, ou avec d'autres matières qui peuvent produire le même effet.

On ne met pas six semences dans la même fosse, parce qu'on veut 6 pieds de melon, mais parce que la graine et le jeune plant ont plusieurs ennemis, et que quelques graines peuvent être dévorées ou fournir des sujets faibles : la quantité de graines semées donne le moyen d'obvier à ces deux inconvéniens. Si les insectes n'ont pas attaqué les jeunes plantes, et qu'elles soient toutes vigoureuses, on détruit celles qui sont inutiles. On ne taille pas les branches, on se contente, lorsque le fruit commence à nouer, de les disposer, ainsi que les bras ou branches secondaires, de manière à les empêcher de se croiser, et lorsqu'elles ont depuis 2 jusqu'à 6 pieds de long, on enterre leurs extrémités, qu'on couvre de 3 à 4 pouces de terre, de manière cependant que le bout des branches soit libre pour continuer à se développer.

Les branches prennent racine, et ces nouvelles racines augmentent la vigueur de la plante : les points d'où sortent les vrilles peuvent servir d'indice pour la partie des branches qu'il faut enterrer. Les extrémités des branches en forment de nouvelles qui croissent rapidement : on renouvelle l'opération une seconde fois, de manière qu'un seul pied tire sa nourriture par des racines répandues sur six à dix points différens. Ces pieds produisent beaucoup de fruits dont les plus beaux et les plus mûrs servent à la nourriture de l'homme ; les autres sont destinés à celle des animaux, et deviennent une ressource précieuse dans les climats où les fourrages sont rares à cette époque.

Cette facilité du melon à prendre racine prouve qu'à défaut d'une quantité suffisante de graines on le multiplierait par marcottes. Ce moyen assurerait la conservation des espèces ; mais les pieds qui proviennent de ce mode de multiplication n'ont jamais la vigueur de ceux provenus de graines, et sont plus tardifs : il ne pourrait, en conséquence, être employé que dans le midi de la France, puisque dans le nord et même à l'ouest on ne peut faire mûrir le melon qu'en précipitant sa végétation par des moyens artificiels. Il est évident que des marcottes, qu'on ne pourrait faire que dans le cours de l'été, n'auraient pas le temps nécessaire pour la formation et la maturité de leurs fruits avant la cessation des chaleurs. Les boutures pour les melons de primeur sont plus avantageuses; elles fournissent le moyen de remplacer des pieds de melon qui ont fondu dans les baches ou sous les châssis : ces boutures reprennent vite, s'étendent peu, se mettent promptement à fleurs, et l'époque de la maturité de leurs fruits diffère peu de celle des autres pieds.

On a proposé d'adopter cette méthode dans les départemens de l'ouest de la France, je ne crois pas qu'on puisse en retirer les mêmes avantages que dans le midi : la chaleur n'y est pas assez grande pour qu'on puisse espérer de voir mûrir les fruits secondaires des parties des branches enterrées; en général, on y cultive les melons sur couche. Il faudrait, pour l'adoption de cette méthode, doubler ou tripler la distance des pieds de melon sur les couches : on n'aurait donc que la moitié ou le tiers des plantes qu'on y place; on s'exposerait par là à perdre la moitié ou les deux tiers de sa récolte, et on sacrifierait le certain pour l'incertain : au surplus, il est facile de tenter cette expérience sans frais. Il arrive quelquefois qu'un ou deux pieds de melon végètent mal, ou même viennent à périr sur une couche : il est alors facile de vérifier si cette méthode peut être employée avec succès, il ne s'agit que d'allonger une branche du melon voisin de la place vide, et de l'enterrer pour remplacer le pied qui manque.

Ces melonnières n'exigent ensuite d'autre travail que celui du sarclage, du binage et de la récolte des fruits, qui a lieu jusqu'à la mi-octobre, époque où il faut faire les labours pour les blés d'hiver : on cueille les fruits le matin, et si on veut les conserver plusieurs jours, on coupe la queue à 2 ou 3 pouces du fruit.

Il est probable qu'un petit nombre de soins donnés à ces melonnières, comme la suppression de quelques branches chiffonnes, et celle de quelques fruits lorsqu'ils sont trop mulpliés, ajouteraient à la beauté et à la bonté des fruits; mais dans les climats où la nature est prodigue de ses dons, le cultivateur s'occupe rarement de les perfectionner, il n'y travaille que lorsqu'il y est forcé.

Il y a cependant des parties de la France méridionale, telles que les environs de Toulouse, de Perpignan, de Pezenas, etc., où la culture du melon est plus soignée, soit que la température soit plus variable à l'entrée du printemps, soit que les espèces qu'on y cultive soient plus délicates et demandent plus de temps pour parvenir à leur parfaite maturité, soit que les cultivateurs y soient plus industrieux : on y prépare, au mois de mars, une portion de terre à une exposition bien abritée, et l'on y sème la quantité de graines nécessaire pour le terrain que l'on destine à faire une melonnière, ou on met sur le fumier de la basse-cour 2 ou 3 pouces de terre préparée (6 à 9 centimètres), dans laquelle on place ces graines. Quelquefois on garnit cette couche de petits pots de 9 centimètres d'ouverture (3 pouces), qu'on remplit de terreau ou de terre très-légère et substantielle, et on met une ou deux semences dans chaque pot. La douceur de la température, à l'ouest de la France, exempte les cultivateurs de tous ces soins; on y emploie très-rarement les châssis et les cloches.

Lorsque les jeunes plantes sont assez fortes pour être transplantées, c'est-à-dire qu'elles ont quatre feuilles, on les porte sur le terrain destiné pour la melonnière, qu'on a préparée, comme je l'ai dit plus haut, et on les plante à 6 pieds de distance. On leur donne également les mêmes soins, soit pour l'arrosement, soit pour conserver la fraîcheur de la terre en diminuant l'évaporation.

Il faut de l'attention pour bien lever ces jeunes plantes en mottes, afin de faciliter la reprise; et les cultivateurs qui ont semé en pots ont un grand avantage sur ceux qui ont semé sur la couche : leurs plantes se transportent dans les pots jusqu'aux fosses, et il ne faut que tourner les pots ou les frapper légèrement pour en tirer les mottes.

Pour y parvenir, on place les doigts de la main gauche sur la partie supérieure du pot, de manière que la tige soit entre deux doigts et la plante au-dessus de la main, pour en éviter la pression. On renverse alors le pot, qu'on enlève avec la main droite; la plante et la motte restent dans la gauche. On pose la droite sur la motte pour la remettre dans sa position naturelle sans la défaire, et on la place dans la fosse. Cette méthode empêche que les racines soient exposées à l'air, et que la terre s'en détache; ce qui arrive fréquemment pour les plantes qui ont été semées sur la couche ou en pleine terre. Un léger arrosement suffit pour réunir les terres de la fosse avec celle de la motte. Ces plantes ne s'aperçoivent donc pas du déplacement et ne se flétrissent pas, au lieu que les autres sont sujettes à cet inconvénient jusqu'à la reprise, et éprouvent un retard dans leur végétation.

Quand la plante a poussé une ou deux feuilles, on en pince l'extrémité pour déterminer la sortie de deux ou trois branches latérales. Rozier paraît condamner cette opération; mais je la crois utile, parce qu'en faisant dévier la sève de la ligne verticale que suit la tige, jusqu'à ce que son allongement et son poids la forcent à s'incliner, elle en ralentit le mouvement et accélère l'époque de la floraison.

Cette opération est encore plus essentielle dans les climats tempérés, où il est nécessaire non-seulement d'avancer le moment de la fructification pour profiter de la chaleur de l'at-

mosphère, mais aussi de garantir les jeunes plantes de la fraîcheur des nuits, et où on est souvent forcé de les couvrir le
jour. En ralentissant le mouvement de la sève, on n'a pas qu'une
seule branche très-vigoureuse, qui ne pourrait être contenue
sous la cloche, et conséquemment garantie du froid et de l'humidité; mais on en obtient deux ou trois, qui donnent la facilité de couvrir la plante dix à quinze jours de plus, comme je
l'ai vérifié lorsque j'en ai fait l'expérience.

Lorsque ces nouvelles branches se sont un peu allongées,
on les taille pour en obtenir de nouvelles. Cette taille, dangereuse dans les températures douces, peut être utile dans les
climats plus chauds, où la sève est très-active et a besoin d'être
ralentie dans son cours par ces déviations. C'est par le même
principe qu'on taille les arbres en espalier sous l'angle de
quarante-cinq degrés, et on doit en attendre les mêmes résultats. D'ailleurs ces cultivateurs ont probablement observé,
comme je l'ai fait, que lorsqu'ils avaient deux fruits sur la
même branche, il y en avait un qui s'emparait d'une plus
grande quantité de sève. Pour obvier à cet inconvénient, ils
divisent par cette seconde taille les premières branches en
autant de branches secondaires ou de brins qu'ils veulent de
fruits, et ils suppriment le surplus. Cette probalité me paraît
d'autant plus fondée, que lorsque le fruit est noué, on visite
la melonnière, et on ne laisse sur chaque place qu'un nombre
de melons relatif à sa vigueur, nombre qui varie de quatre à
huit. On n'en laisse qu'un sur chaque branche. Les fruits sup-
primés sont mis dans le vinaigre et servent de cornichons.

Il faut, dans cette opération, laisser le plus possible de
feuilles sur les tiges; car la petite quantité de racines des melons, la grandeur, le nombre et l'épaisseur de leurs feuilles,
indiquent qu'ils vivent plus de l'air que de la terre. Combien
de jardiniers ont vu leurs melons perdre leur belle apparence,
laisser tomber leurs fruits, périr même par suite d'une taille
trop rigoureuse ou exécutée à une époque inconvenante?

Cette taille est la dernière : les sarclages et binages sont
multipliés à raison des besoins jusqu'au moment de la récolte.
On ne donne pas d'eau, à moins que la sécheresse n'y oblige.

On ne doit réitérer ces arrosemens que lorsqu'ils sont indispensables, l'expérience ayant prouvé que plus on les arrose
moins les fruits sont sucrés. Il est vrai que leur volume augmente, mais c'est aux dépens de leur bonté.

Cette obsevation sur les arrosemens est une règle générale
pour toutes les cultures de melons; elle doit enfin déterminer
les cultivateurs à être plus économes d'eau, et à étudier les
variétés qu'ils élèvent, parce que toutes n'en exigent pas la

même quantité. Celles dont la peau est épaisse, comme les cantaloups, en veulent plus que celles à peau fine.

Lorque ces cultivateurs ont fait ces travaux et placé des tuileaux sous les fruits, pour qu'ils ne touchent pas la terre, qui pourrait leur faire contracter un mauvais goût, il ne leur reste qu'à s'assurer de la maturité pour cueillir les fruits.

On reconnaît la maturité des fruits à leur odeur, qui ne se fait sentir qu'à cette époque; à leur couleur, qui change et s'éclaircit un peu par le mélange d'une teinte de jaune avec celle du fruit; à la partie de la queue ou du pédoncule, qui, dans la partie adhérente au fruit, s'en détache plus ou moins dans plusieurs espèces, et change également de couleur; enfin au poids. Ces indices sont communs aux melons des deux premières divisions; mais ceux de la troisième étant tous, ou au moins la plupart, inodores, la marque la plus certaine de la maturité leur manque. La nature les a pourvus à cette époque d'une ou plusieurs taches blanches qui paraissent sur leur écorce, et indiquent le moment de leur emploi. Ces taches annoncent la moisissure, qui serait promptement suivie de la pourriture si on tardait à manger les melons.

Quelques cultivateurs des départemens de l'ouest ont essayé de cultiver le melon en pleine terre, et plusieurs ont bien réussi : c'est principalement aux environs de Honfleur qu'on a obtenu les plus grands succès; on peut en juger par les beaux fruits qu'on porte à Paris tous les ans. Je passai au Palais-Royal, il y a deux ans, et je vis sur un melon de Honfleur ces mots : *Je pèse* 36 *livres, et je vaux* 36 *francs.* Je dînai chez M. Vilmorin la même année; il y avait sur la table deux melons de Honfleur qu'il avait fait venir pour en tirer la graine et s'assurer de l'espèce : ils pesaient chacun environ 3o livres.

Cet estimable cultivateur, digne élève d'un père qui a rendu de grands services à l'agriculture, jaloux de soutenir la réputation d'un nom dont il est héritier, ne ménage ni la dépense ni les soins pour parvenir au but qu'il s'est proposé, c'est-à-dire pour avoir le meilleur assortiment de graines et de plantes de Paris. C'est à lui que je dois la nomenclature qui termine cet article, et ses connaissances théoriques et pratiques le rendaient plus propre que moi à parler ici de la culture du melon, si ses occupations le lui eussent permis.

Il est bon de connaître la méthode des cultivateurs de Honfleur, qui obtiennent de si beaux fruits. Voici l'extrait d'une lettre d'un amateur de Honfleur, inséré dans l'ouvrage de M. Calvel sur les melons, un des meilleurs traités sur la culture de cette plante.

« On choisit un terrain bien abrité, exposé au soleil du matin jusqu'au soir, et dont la couche de terre soit substan-

cielle et profonde. A défaut d'abris naturels on en fait d'artificiels. A la fin de mars, on creuse des fosses de 66 à 75 centimètres en tous sens (2 pieds à 2 pieds 6 pouces), distantes
entre elles de 2 mètres et demi (7 pieds et demi.) On les remplit de fumier long bien tassé, ou de 24 centimètres (9 pouces)
de bonne terre bien substantielle, mêlée avec un peu de crottin émietté, du sable et du terreau des trous de l'année précédente.

» Vingt jours après, ou plus tôt si la saison le permet, on
couvre ces trous avec des cloches à carreaux réunis avec du
plomb laminé pour favoriser la fermentation. Lorsque la chaleur s'élève de 36 à 40 degrés au baromètre de Réaumur, on
met sous la cloche plusieurs graines à la distance de 10 centimètres (4 pouces.)

» Quand les plantes ont trois ou quatre feuilles, on choisit
les deux pieds les plus vigoureux et on détruit les autres. On
pince l'extrémité de ces plantes pour arrêter la pousse directe.
Il en part des branches qu'on pince aussi à dix pouces, et on
suit la même marche pour les nouvelles branches.

» On conserve les cloches sur les plantes jusqu'à ce qu'elles
ne puisent plus les contenir. Si le temps n'est pas chaud, principalement la nuit, et qu'il soit pluvieux, on les couvre de
paillassons. On sarcle et on bine au besoin. Lorsque les plantes
s'étendent, on élève les cloches, qu'on soutient par des supports
et qu'on couvre de paillassons dès que la saison est froide et
pluvieuse. On ne laisse que deux ou trois fruits et on détruit
les branches stériles à mesure qu'il s'en forme ; on place une
tuile sous chaque fruit ; enfin on récolte les fruits, qui ont été
environ deux mois pour parvenir à leur maturité. Ce temps
est relatif à la chaleur plus ou moins grande, et au volume du
melon. Si on désire les manger sur les lieux, on les cueille
quelques heures auparavant pour les rafraîchir ; mais si on
les expédie au loin, il faut les cueillir trois ou quatre jours
avant leur maturité. »

Les cultivateurs de Honfleur attribuent leurs succès en partie
aux pluies et aux vapeurs qui leur viennent directement de la
mer, et qui contiennent des parties salines. Ne pourrait-on
pas essayer de produire les mêmes effets en salant un peu les
eaux dont on se sert pour arroser ? Il en résulterait toujours
un avantage, celui de conserver plus long-temps la fraîcheur
de la terre et d'augmenter la vigueur de la plante ; mais il
faut très-peu de sel : l'excès nuirait en corrodant les racines.
Cette culture se rapproche beaucoup de celle que je viens de
décrire ; les soins plus multipliés, les cloches et les paillassons
n'étant pas des différences dans la culture, mais des précautions contre le froid.

Je crois pouvoir tirer une conséquence de la culture des lieux où l'on réussit le mieux, et où l'on se procure les plus beaux et les meilleurs melons, c'est que la taille est une opération nécessaire pour parvenir à d'heureux résultats, mais qu'elle doit varier suivant les températures, la vigueur des plantes, et que l'abandon de cette opération pourrait nuire autant que son excès est préjudiciable. C'est cet excès qui a fait dire à quelques auteurs qu'il valait mieux les abandonner à eux-mêmes, c'est le même excès dans la conduite des arbres qui a engagé M. Cadet de Vaux à renoncer à la taille. Si les uns et les autres n'avaient vu que des arbres et des melons bien taillés, ils auraient tiré une conséquence contraire. Quel peut être le but de la taille du melon? de hâter la floraison et d'obtenir de plus beaux fruits. On avance l'époque de la floraison par la première taille, en faisant dévier la sève et en ralentissant son mouvement; on conserve cette sève pour les fruits, en arrêtant le développement des branches et en détruisant une partie des fruits : il est bien certain que les feuilles des parties de branches qu'on empêche de se développer donneraient à la plante autant qu'elles en tireraient; mais tant que les chaleurs continueraient, la plante continuerait à s'étendre, à fournir des fleurs, etc., et elle consommerait plus de sève par ces accroissemens que l'augmentation des feuilles ne pourrait en produire; d'ailleurs on doit observer, dans les climats tempérés, qu'il faut profiter du moment favorable pour la maturité du fruit, et que, cette époque passée, il devient inutile d'avoir des plantes superbes et surchargées d'un grand nombre de fruits, qui ne seront alors propres qu'à faire du fumier : l'essentiel est de faire mûrir les fruits, et si la taille en fournit les moyens, il est nécessaire de la pratiquer; elle ôte à la plante quelques parties séveuses, mais cette perte est compensée, puisqu'on ne lui laisse que deux ou trois fruits au lieu du grand nombre qu'elle était destinée à produire. *Voyez* AOUTER, PINCER (1).

Culture artificielle. Je passe maintenant à la culture des melons sur couche; on peut la diviser en deux : celle qui tend à procurer des primeurs, et celle dont l'objet est de s'opposer pendant quelque temps aux influences du climat.

La culture artificielle ou de luxe, dont le but est de produire des fruits de primeur presque toujours sans odeur et sans

---

(1) Knight, dans un mémoire très-remarquable, inséré dans le 5e. vol. de la 2e. série des *Annales d'Agriculture*, a prouvé que c'était à la suppression des feuilles et au dérangement de leur position naturelle qu'étaient dus le retard de la maturité des melons ainsi que leur défaut de grosseur et de saveur.　　　　　　　(*Note de M. Bosc.*)

goût, est sans contredit la plus compliquée : pour parvenir à se procurer, dans la température de Paris, des melons à l'époque où l'on ne pourrait pas, à raison de la chaleur, semer en pleine terre sans fumier ni cloches, il faut concentrer une chaleur qu'on ne peut avoir et conserver qu'avec des bâches ou des châssis, des couches et des réchauds.

Le point essentiel est d'avoir une chaleur presque toujours égale, parce que si elle vient à diminuer pendant quelques jours, la végétation s'arrête, les plantes souffrent, elles s'affaiblissent, et il est très-difficile, et quelquefois même impossible, de rétablir une bonne végétation ; dans ce dernier cas, il vaut mieux faire un nouveau semis que de continuer la culture de plantes dont la réussite est très-douteuse : comme on sème dans des pots, on a le temps de s'assurer, pendant la germination du nouveau semis, si les anciennes se rétablissent, et de se décider à les conserver ou à les remplacer par les nouvelles.

Il faut encore faire un choix de graines propres à cette culture, il est indispensable de s'en procurer de nouvelles et des espèces dont la végétation est la plus prompte ; c'est un point essentiel quand on veut des primeurs : toutes les espèces ne peuvent être cultivées sous ce rapport. On doit considérer non-seulement la végétation, mais encore le volume des fruits et l'épaisseur de leur peau. Personne n'ignore que les surfaces n'augmentent que comme les carrés, et que les solides suivent les proportions des cubes ; c'est-à-dire que si on représente la surface d'un melon comme quatre, et la quantité de matière comme huit, celle d'un melon représentée comme neuf aurait une quantité de matière comme vingt-sept : dans le premier cas, la masse du melon ne sera que le double de sa surface ; dans le second, elle sera triple et elle augmentera toujours dans la même proportion : ainsi il faut une chaleur bien plus forte pour un gros fruit que pour un petit.

Cette observation doit déterminer les cultivateurs des départemens où la température n'est pas favorable à la culture du melon, à se livrer à celle des espèces à petits fruits, et au plus à celle à fruits moyens, parce que les premiers pourront parvenir à leur maturité avec une chaleur insuffisante pour les gros fruits.

L'épaisseur de la peau est aussi une considération importante, l'expérience ayant démontré qu'elle retarde la maturité des fruits, et que ceux qui ont la peau plus fine mûrissent les premiers, toutes choses égales d'ailleurs.

Enfin je crois qu'on doit donner la préférence aux graines des espèces qu'on cultive depuis quelques années dans les températures douces ; les plantes s'y acclimatent insensiblement, sont moins délicates que celles du midi, et souffrent moins de la variation de la chaleur.

Les graines choisies, on fait les couches, soit dans des baches, soit en plein air au moyen de châssis. On choisit un terrain bien abrité et exposé aux rayons du soleil depuis son lever jusqu'à son coucher. Pour y réussir et se garantir des vents, Rozier, qui a donné de très-bons préceptes sur les couches et leur composition, propose un moyen fort sage. Il veut que le terrain destiné aux couches soit environné de murs : celui du midi sera très-élevé, pour réfléchir un plus grand nombre de rayons solaires et concentrer la chaleur ; les deux murs latéraux doivent, depuis leur réunion à celui du midi jusqu'à leur extrémité, diminuer de hauteur, pour que les rayons du soleil puissent frapper les couches le matin et le soir. J'ajouterai que, s'il y a des courtilières dans le terrain, il faut donner de la profondeur aux fondemens des murs, et qu'il est bon de faire un mur sur le devant, quand on ne l'élèverait que de 6 à 8 pouces. Les courtilières, si les fondemens sont bien faits, ne pourront les traverser, et 6 à 8 pouces d'élévation suffiront pour les empêcher de pénétrer dans la melonnière : la femelle de cet animal a des ailes, il est vrai, mais elle s'en sert fort rarement pour s'élever, et il paraît qu'elle ne les emploie que pour aller chercher le mâle.

Je pense encore qu'il est bon de bien crépir ces murs, et que plus ils seront unis et blancs, plus ils produiront d'effet. Rozier demande en outre que le terrain soit en pente douce au midi, et que le sol soit une terre dure et bien battue pour l'écoulement des eaux afin de prévenir l'humidité ; il propose même de faire carreler le terrain si on craint les taupes et les courtilières. *Voyez* les mots TAUPE et COURTILIÈRE.

Le terrain préparé, on s'occupe de la couche ; mais comme les RÉCHAUDS (*voyez* ce mot) ne seraient pas suffisans pour lui donner une chaleur d'une durée égale au temps nécessaire pour la végétation du melon jusqu'à la maturité du fruit, on fait d'abord une couche provisoire seulement de 3 pieds de large, et 4 au plus, suivant la dimension des châssis, et d'une longueur déterminée sur la quantité des plants nécessaires pour garnir la couche principale. On lui donne 7 à 10 décimètres de hauteur (2 pieds à 2 pieds 6 pouces), pour y conserver plus long-temps la chaleur ; on la recouvre d'une couche de terreau relative à la profondeur des pots qu'on doit y enterrer, cette épaisseur étant suffisante pour concentrer la chaleur, et on place les caisses et les châssis, qu'on recouvre de paillassons pour accélérer la fermentation.

Cette couche est composée avec du fumier long ou litière de chevaux et mulets qui n'a pas séjourné long-temps dans les écuries. Les jardiniers préfèrent ordinairement le plus chaud ; je pense qu'ils ont tort, parce que la couche acquiert un degré de chaleur tel, qu'on est forcé d'attendre qu'elle soit diminuée pour faire le semis. J'ai toujours vu qu'en mêlant ces fumiers chauds avec de la tannée et des feuilles, ce mélange, en s'opposant au développement rapide de la chaleur, donne la facilité de semer aussitôt qu'on a 25 à 30 degrés au thermomètre de Réaumur, sans craindre une intensité de chaleur capable de détruire les germes ; et comme la fermentation se développe plus lentement, la couche alors a une durée double de celle ordinaire.

Les jardiniers environnent cette couche d'un réchaud qui la déborde de 6 pouces. Lorsqu'ils emploient un fumier très-chaud, ils font bien d'attendre pour le faire que le grand feu de la couche soit passé, parce que, d'une part, ils augmenteraient la chaleur de la couche par celle du réchaud, et retarderaient l'époque du semis ; de l'autre, ils perdraient inutilement la chaleur du réchaud, qui n'étant fait que lorsque la couche est en état d'être semée et commence à perdre sa chaleur, lui communique celle qu'il acquiert par la fermentation et en prolonge la durée.

Mais si la couche n'est composée que de matières qui ne donnent qu'une chaleur douce, on peut faire le réchaud en même temps que la couche. Dans tous les cas, il ne faut pas lier le réchaud avec la couche ; on les fait séparément, pour avoir la facilité de détruire le réchaud et d'en construire un nouveau sans attaquer la couche, si la diminution de chaleur l'exige : alors on doit employer le fumier le plus chaud pour ces nouveaux réchauds.

Lorsque la chaleur est à un point convenable, on couvre la couche de pots de 8 à 9 centimètres (3 pouces) de large en dedans ; on les y enterre et on remplit les intervalles avec le terreau pour s'opposer à la perte du calorique. On place dans chaque pot deux graines de melon à 3 ou 4 centimètres de distance (un pouce), et non dans le même trou, pour les séparer ou en détruire un sans nuire à l'autre : ces graines ne sont enfoncées qu'à un demi-pouce pour donner plus de place aux racines. Les dimensions de ces pots sont très-favorables pour tirer parti de la couche et y placer un grand nombre de plantes ; mais ils ne sont bons que lorsque les plantes y sont peu de temps, et ils conviennent mieux aux couches tardives qu'à celles de primeur. Dans ces dernières, les plantes y doivent rester jusqu'à l'époque calculée par le jardinier pour leur placement sur la couche principale qui doit servir jusqu'à la maturité du fruit ; d'ailleurs le mauvais temps peut mettre obstacle à la transplantation. Les pieds de melon séjournent dans ces petits pots; les racines s'allongent, parviennent aux parois, tournent autour et rentrent souvent au centre de la motte, ce qui met dans l'impossibilité de les développer, et force à en couper une partie pour déterminer la naissance de nouvelles racines, qui se forment plus difficilement quand les premières se sont enfoncées dans le centre de la motte, dont on ne peut les tirer sans la défaire. Des pots de 13 à 17 centimètres de large sur 10 à 11 de profondeur (5 à 6 pouces de large sur 4 de profondeur) préviendraient ces inconvéniens. Quand il est question de primeur, on ne doit pas regarder à cette augmentation de dépense pour assurer la réussite.

Rozier conseille l'emploi des pots carrés; mais ces pots ne peuvent véritablement ménager la place sur la couche, parce qu'il faut laisser un vide entre eux pour y mettre de la terre qui concentre la chaleur autour des pots : autrement, ils n'en recevraient que par le fond, puisqu'en les plaçant l'un à côté de l'autre, on ne pourrait les garnir de terre, et que comme ils sont grossièrement faits, il resterait toujours entre eux des vides qu'on ne pourrait remplir.

Les graines germent promptement et n'ont pas besoin d'eau, l'humidité de la couche leur suffit. Les cotylédons paraissent bientôt et le jardinier redouble ses soins. Il faut qu'il choisisse le moment le plus chaud de la journée pour renouveler un peu l'air de la couche ; qu'il le fasse promptement sans cependant trop élever son châssis ; qu'il lève ses paillassons pour donner de la lumière dès que le temps le permet, et qu'il le fasse par gradation pour y accoutumer ses plantes ; enfin, qu'il ne manque pas de les visiter pour détruire les limaces, les cloportes, et, dans les saisons plus avancées, les araignées qui nuisent au développement des feuilles par leurs fils, et qui même les attaquent, si on en croit plusieurs cultivateurs.

A ces soins, il doit ajouter celui de vérifier la chaleur de sa couche, pour changer le réchaud si elle n'est pas suffisante. Sans ces soins journaliers, les jeunes plantes seraient bientôt attaquées de la rouille, ou couleraient, ou seraient dévorées par les insectes, ou enfin n'auraient qu'une végétation languissante.

Quand le melon a trois ou quatre feuilles, on en pince l'extrémité pour déterminer la sortie de deux ou trois branches; et si on a plusieurs pieds dans le pot, on conserve le plus fort et on détruit les autres ; ce qu'on ne pourrait pas faire sans danger si on mettait les graines dans le même trou, parce qu'il faudrait les couper et que leurs racines pourriraient dans la motte.

Quelques jardiniers retranchent aussi les cotylédons : cette suppression, que tous les auteurs réprouvent avec raison, m'avait surpris comme eux. Je ne concevais pas par quels motifs ils enlevaient à ces plantes des parties qui n'avaient pas entièrement rempli les vues de la nature. J'en ai cherché long-temps la raison, et ce n'est qu'à force d'essais et de raisonnemens que je suis parvenu à la trouver. Les cotylédons sont remplis d'albumen qui sert au développement de la plantule, et qui contribue à augmenter sa vigueur quand la plante attire de la sève par ses racines et par ses feuilles. Cette vigueur est quelquefois nuisible. Après le premier développement, la plante tend à s'étendre. Elle donne beaucoup de branches ; l'époque de la floraison et conséquemment de la maturité du fruit est retardée. La chute des cotylédons, lorsque la plante a trois ou quatre feuilles, peut, en modérant la force de sa sève, modifier la végétation et accélérer la floraison. Le hasard en aura fourni la preuve à un jardinier, il en aura fait l'application à toutes ses plantes, et ses voisins l'auront imité ; mais si cette méthode peut être utile sous ce rapport, son application est fort délicate et exige un habile ouvrier. Elle ne me paraît devoir être mise en usage que lorsqu'on manque de variétés hâtives, et qu'on cultive celles à gros fruits. Le retranchement des cotylédons abâtardit l'espèce, et s'il précipite l'époque de la maturité du fruit, il en diminue le volume.

Quelques cultivateurs retranchent les cotylédons par un autre motif. Ils soutiennent que l'expérience leur en a démontré la nécessité. Lorsqu'on les conserve, la vigueur de la plante détermine le développement des sous-yeux. Il en résulte des branches faibles qu'il faut supprimer. Cette suppression contre la tige dans des baches ou châssis, dont l'air est souvent humide, expose les plantes à la maladie du chancre, qu'ils prétendent éviter par cette opération.

Enfin arrive l'époque de la transplantation des melons. On fait des couches, comme je l'ai expliqué plus haut : à l'exception de l'épaisseur du terreau ou de la terre mélangée qu'on met sur la couche, elle doit être telle que les racines du melon ne doivent point pénétrer dans le fumier où elles puiseraient des sucs qui n'ont pas été suffisamment combinés par la première fermentation du fumier, et qui n'éprouveraient pas dans la plante une élaboration assez grande pour ne pas nuire à la qualité du fruit. Ce sont donc les dimensions des racines qui doivent servir de base à l'épaisseur de la couche de terre. 25 centimètres (9 pouces) suffisent aux melons vigoureux dans la saison où ces plantes végètent naturellement. J'en conclurai qu'il n'en faut que 17 centimètres (6 pouces) pour ces mêmes espèces dans la culture des primeurs, et 11 à 14 au plus (4 à 6 pouces) pour les moyennes et les petites espèces.

Quant à la qualité de la terre, elle doit être plus légère, plus friable, quoique substantielle, que celle qui sert pour l'autre culture. Il faut que les racines, moins vigoureuses que dans la belle saison, puissent y pénétrer avec facilité, que la chaleur et l'eau n'éprouvent pas plus d'obstacle. Un peu de poudrette répandu sur la couche et un peu de sel dans l'eau des arrosemens ajouteraient à la vigueur des plantes et peut-être au goût et à l'odeur des fruits. En général, le terreau qu'on emploie pour ces couches n'est nullement propre à fournir de bons fruits. Il n'est presque composé que des détritus de paille; il n'a pas les qualités convenables, quand il n'a pas été mélangé, pour nourrir une plante aussi vorace que le melon.

La couche principale établie, les caisses placées et la fermentation du fumier portée au point de produire la chaleur qu'on désire, on met deux pieds de melons par châssis, qui a ordinairement 66 centimètres en tous sens (4 pieds). Je n'ignore pas que plusieurs jardiniers en placent quatre; mais je sais aussi qu'ils ne réussissent presque jamais, et qu'ils sont obligés d'avoir constamment la serpette à la main pour hacher leurs plantes, dont ils concentrent la sève au point qu'elles ne cessent de pousser de nouvelles branches jusqu'à ce qu'elles périssent par épuisement. On prend pour la plantation les précautions indiquées ci-dessus pour le dépotage des plantes. Comme on n'a enfoncé la graine qu'à un demi-pouce au plus en terre, on l'enterre un peu plus sur la couche, ce qui devient d'ailleurs nécessaire, parce que sous le châssis la tige s'allonge plus qu'en plein air. Il sort de la partie de la tige qu'on enterre de nouvelles racines qui fortifient la plante. On donne peu d'air à ces plantes les premiers jours, et pas du tout si le temps est froid et humide; enfin, on leur continue les mêmes soins que ci-dessus. Quand les deux branches sorties des aisselles des feuilles se sont allongées, on les étend en les empêchant de suivre la ligne verticale qui porterait la sève aux extrémités des branches. Il faut leur faire faire des courbes dans tous les sens, pour ralentir le mouvement de la sève, nourrir les branches et en faire ressortir des fleurs. Il en part des branches secondaires ou bras qu'on dispose dans le châssis de manière qu'ils ne soient pas mêlés, et qu'ils jouissent tous de l'air et de la lumière dont la privation leur est toujours nuisible. Les branches principales se couvrent de fleurs mâles et femelles. On doit attendre que les fruits soient noués avant de toucher aux plantes, et si elles s'allongent trop sans qu'il paraisse de fruit, il faut se contenter de pincer l'extrémité de quelques branches.

Lorsque les fruits sont noués, on arrête les branches prin-

cipales à une longueur déterminée sur la vigueur de la plante
et les dimensions du châssis. On doit après cette taille attendre
quelques jours pour la suppression des branches secondaires,
si elles sont trop multipliées. Une taille générale faite le même
jour ferait partir une infinité de petites branches, ou un gourmand, qui, sortant directement de la tige et présentant par sa
constitution plus de facilité à l'écoulement de la sève, en ab-
sorberait la plus grande partie.

Si par une taille trop courte on a donné lieu à la formation
d'un gourmand, il faut le détruire et laisser les autres pousses,
pour qu'elles attirent la sève et empêchent la production des
nouveaux gourmands.

Ces opérations demandent un ouvrier instruit, qui ne con-
fonde pas la taille d'une plante dont la sève est en mouvement,
avec celle d'une plante où la sève repose. Dans le premier cas,
on ne taille que pour faire dévier la sève, la concentrer dans
les fruits et accélérer la floraison. Dans le second, au contraire, on s'occupe de la formation de l'arbre, de sa forme,
de la vigueur qu'on veut lui donner, et on sacrifie dans les
commencemens les fruits à ces considérations. Mais comme le
melon ne vit que quelques mois, elles lui sont étrangères, et
tous les soins du jardinier n'ont d'autres motifs que la production la plus prompte de beaux et bons fruits.

Plusieurs jardiniers taillent les branches principales à un
œil au-dessus du fruit et suppriment en même temps toutes les
branches secondaires, et à l'égard des fleurs mâles qu'ils nomment *fausses fleurs,* ils les détruisent à mesure qu'elles paraissent; ils coupent aussi les vrilles ou mains de la plante. Ces
opérations mal raisonnées les exposent à perdre le fruit de
leurs travaux. Une taille qui supprime pendant la végétation
les trois quarts de la plante à la fois peut désorganiser ce qui
reste. Le grand nombre de plaies faites au même moment
occasionne une perte de sève considérable, et lorsqu'elles ne
donnent plus passage à la sève, si la plante n'est pas épuisée,
elle produit ou des gourmands, ou de petites branches qui
consomment la sève et qu'il faut retrancher de nouveau (1).

La suppression des fleurs mâles tend à faire couler les fruits,
ou au moins à rendre les nouvelles graines infécondes, si le
fruit se forme sans que la fleur ait été fécondée, puisque la

---

(1) M. Prevot veut qu'on commence à arrêter les melons lorsqu'ils ont
trois feuilles, en pinçant l'extrémité de la tige, et qu'on continue jusqu'à
ce que les premiers fruits aient acquis 2 à 3 pouces de diamètre; après
quoi il n'y touche plus. Cette pratique est digne d'attention par sa simplicité; et ses résultats doivent être ce qu'il annonce, la plus grande vigueur des pieds et l'augmentation de grosseur des fruits. *Voyez* l'observation de M. Knight, dans la note précédente. (*Note de M. Bosc.*)

fleur mâle porte la poussière fécondante ou le pollen : on ne doit donc pas y toucher, elles tomberont bientôt d'elles-mêmes après avoir rempli les vues de la nature. Si alors elles restent attachées à la plante et qu'elles pourrissent, on doit les séparer pour empêcher la pourriture de communiquer à la branche.

Les vrilles ou mains sont inutiles aux melons sous châssis et quelquefois nuisibles, parce qu'elles serrent fortement les branches autour desquelles elles se roulent. Il faut dans ce cas les supprimer ; mais on peut obvier à cet inconvénient en les enfonçant en terre avant qu'elles aient produit cet effet. On prétend (je n'en ai pas la preuve) qu'elles poussent des racines qui sont utiles à la plante. Je crois plutôt qu'il sort des racines du même point, lorsqu'il est un peu enfoncé en terre, et qu'on les a confondues avec les vrilles.

Quant aux fruits, il ne faut pas trop se presser de faire un choix. Il paraît constaté par l'expérience que tous ceux qui ont des défauts ne sont pas bons ; on doit donc attendre qu'ils aient un pouce au moins de diamètre avant de les réduire au nombre qu'on veut conserver. Il faut aussi retarder la coupe des feuilles qui les ombragent, jusqu'à ce qu'elles aient acquis leurs dimensions ; plus tôt, on les exposerait à un coup de soleil. Cette coupe n'est utile que dans les départemens de l'ouest et du nord, où il est même quelquefois nécessaire de mettre des cloches sur les fruits de fortes dimensions, pour augmenter la chaleur.

A mesure que les plantes prennent des forces et que le soleil s'élève sur l'horizon, on renouvelle l'air des châssis, on leur donne plus de lumière, et on les fait jouir de l'influence directe des rayons du soleil ; on les arrose peu, principalement les espèces qui sont classées dans la division des melons communs ou maraîchers. Les cantaloups exigent plus d'eau, comme nous l'avons déjà observé. On parvient par tous ces moyens compliqués à récolter des melons fort médiocres dans le nord de l'Europe, et on en sert à Paris sur quelques tables au commencement d'avril, si la saison a été favorable. Ce genre de culture a été perfectionné en France depuis un demi-siècle. Le goût de Louis XV pour les primeurs, et en particulier pour le melon, excita l'émulation des jardiniers et des amateurs, qui étaient jaloux de lui en présenter le jeudi saint. Ce genre d'émulation s'est perpétué à Livry près Paris, dit M. Calvel, et tous les ans un jury de jardiniers s'y assemble pour adjuger un prix au plus beau et au meilleur melon. Cependant je ne me serais pas aussi étendu sur ce genre de culture, s'il n'avait été question que de primeurs ; mais il est utile pour le nord de la France, et d'ailleurs la plupart des principes que j'ai émis sont applicables à la culture suivante.

La seconde méthode de culture sur couche exige les mêmes soins pour la couche provisoire. On y emploie, pour le semis, des graines de 2 ou 3 ans. Comme il ne s'agit que de suppléer au défaut de chaleur dans l'atmosphère pendant environ deux mois, suivant qu'on désire des fruits plus ou moins précoces, on sème en mars, et lorsque les jeunes plantes sont en état d'être transplantées on fait la couche principale. On ne lui donne que 2 pieds de hauteur de fumier ; mais si l'on veut cultiver de forts melons, on couvre la couche de 9 pouces de terre, préparée comme pour les melons d'Honfleur. On peut se contenter de 6 pouces pour les melons moyens et petits. On ne fait qu'un seul rang de plantes sur sa couche, et on les met dans les rangs à la distance de 3 à 5 pieds suivant l'espèce. On forme autour des pieds un petit bassin pour contenir l'eau, et on le couvre d'un peu de paille menue.

Si on fait plusieurs couches. il est utile d'en faire un seul massif, pour que la chaleur s'y conserve plus long-temps : cette méthode d'ailleurs économise le fumier pour les réchauds. Si on a planté de bonne heure, ou que le temps ne soit pas favorable et qu'il faille les renouveler, on n'a sur la longueur que quatre réchauds à faire pour trois couches, cinq pour quatre, etc.

On doit surveiller la couche provisoire relativement à son degré de chaleur ; car, je le répète, si les jeunes plantes souffrent du froid, et que leur végétation soit arrêtée, il vaut mieux semer sur la couche principale que de s'exposer à perdre sa récolte ou à n'en avoir qu'une mauvaise. Dans ce cas, en supposant que ces plantes reprennent vigueur, ce qui est douteux, les graines semées produiront presque aussitôt. Au surplus, en plaçant des graines sur la couche principale avec les plantes de la couche provisoire, on est à même de juger ce qu'on doit détruire.

Lorsque la couche de semis se fait tard, et seulement pour gagner un peu de temps sur la saison, des pots de 3 pouces suffisent. J'ai vu même des jardiniers tirer parti de deux plantes qui étoient dans le même pot, en séparant avec la serpette la motte en deux. Je l'ai fait deux fois, étant à court de jeunes plantes, par les ravages des insectes ; mais comme cette opération exige de l'adresse pour ne pas toucher aux racines et défaire la motte, il est plus prudent de détruire un pied sans toucher à la motte. Je pense qu'il vaut mieux arracher celui qu'on ne veut pas conserver que de le couper au niveau de la terre, pour ne pas laisser, comme par cette dernière opération, les racines pourrir dans la motte. On l'arrache facilement en posant la main gauche sur la terre autour du pied, sur lequel on tire avec la droite : par cette précaution on ne dérange pas la terre.

Les melons placés doivent être environnés d'un petit bassin couvert d'un peu de paille ou de fumier, pour y conserver la fraîcheur et empêcher la terre, qui doit être plus forte que sur les couches de primeur, d'être plombée par les arrosemens. Cette paille s'oppose également à ce qu'on découvre les racines par cette opération. Les cloches sont ensuite placées sur eux ; mais comme celles d'une pièce sont arrondies à leur extrémité supérieure, et qu'elles concentrent plus la chaleur que les verrines à carreaux, il faut avoir l'attention de mettre sur le dôme un peu de paille courte, ou toute autre matière qui arrête les rayons du soleil quand il est dans sa force, jusqu'à ce qu'on donne de l'air aux plantes, en élevant la cloche d'un côté, ou en la posant sur plusieurs supports : sans cette précaution, on exposerait les plantes à être brûlées. Les cloches doivent être couvertes de paillassons lorsque le temps est froid et humide, et pendant les nuits, qui sont toujours fraîches au printemps. On conserve les cloches jusqu'au moment où la fraîcheur des nuits ne peut plus nuire aux plantes.

Quand le fruit est noué et a un pouce de diamètre, on choisit les deux plus beaux et les mieux faits, si c'est une grosse espèce ; on en conserve trois ou quatre sur les espèces moyennes, et cinq ou six sur les petites. C'est une règle générale, qui est cependant susceptible de modifications, à raison de la vigueur de la plante : on détruit le reste. Quelques jours après on pince l'extrémité des branches.

On fait une nouvelle visite, et si les branches secondaires sont trop multipliées, on en supprime quelques-unes et on espace les autres de manière à ce qu'elles ne soient point entassées ni même gênées. Si au lieu de laisser courir verticalement les branches verticales, on a eu l'attention de courber les branches principales dans deux ou trois sens, on aura moins de branches secondaires et de travail ; les fleurs s'annonceront plus tôt et le fruit se nouera plus facilement. On sarclera et binera au besoin.

Quant aux arrosemens, les jardiniers les feront dans le commencement sans mouiller les fleurs et les feuilles ; mais lorsque les plantes seront vigoureuses, couvriront la couche et que le fruit sera bien noué, il n'y aura aucun danger à donner de l'eau avec l'arrosoir à pomme sur la couche entière. Ces arrosemens répandent la fraîcheur par-tout ; ils lavent les feuilles et les fruits, et ils les débarrassent de la poussière dont ils sont couverts dans les temps secs et venteux. J'ai adopté cette méthode, ainsi que plusieurs cultivateurs et maraîchers, et depuis plusieurs années je la suis sans inconvénient. Il faut avoir soin que l'eau soit au moins au même degré de chaleur que l'atmosphère.

Lorsque les fruits, qu'on a dû isoler de la terre par une tuile ou tout autre corps, s'approchent de leur maturité, on peut les couvrir d'une cloche pour l'accélérer, et si les branches secondaires ont encore une forte végétation, on doit les arrêter.

Des amateurs qui seraient moins pressés de jouir pourraient se dispenser de faire une couche préparatoire, en retardant l'époque du semis jusqu'à ce que la saison fût assez avancée pour que la chaleur de la couche principale pût suffire jusqu'au retour de celle de l'atmosphère. Ils sèment sur la couche même où la plante doit parcourir toutes les phases de sa végétation. Si la saison est favorable, ils ne sont pas les plus mal partagés pour la qualité du fruit, ils ont seulement à craindre que les chaleurs ne viennent à leur manquer à l'époque de la maturité (1).

Les deux premières divisions de melons ne peuvent se conserver long-temps : l'époque de leur maturité et les élémens qui les composent déterminent promptement la fermentation ou la pourriture. Cependant les amateurs emploient divers moyens pour prolonger leurs jouissances : les uns les mettent dans leurs fruitiers sur des tablettes ou les suspendent ; d'autres ne les y placent qu'après avoir couvert l'incision de la queue avec de la cire ou des matières grasses ; d'autres les enferment dans des tonneaux remplis de foin et les y rangent par lits. Tous ces moyens peuvent retarder de quelques jours l'époque de la maturité, sur-tout si le lieu où l'on met ces fruits est sec, frais et à une température toujours ou presque tou-

---

(1) Il est une manière très-avantageuse de cultiver les melons, employée généralement, dit-on, dans quelques parties de l'Allemagne, et que j'ai vu pratiquer par circonstance, avec beaucoup de succès, dans les environs de Paris, manière que je dois indiquer au lecteur pour compléter ce qui vient d'être soumis à ses considérations : elle consiste à faire germer la graine de melon isolément dans de petits pots, dès que les fortes gelées sont passées, ordinairement en février, sur couche et sous châssis, et de planter les pieds qui en proviennent dans les premiers jours de mars, au sommet de buttes de 3 pieds de diamètre et d'un pied de hauteur, formées de moitié de terre franche, d'un quart de terreau et d'un quart de terre de bruyère, et placées au milieu d'une longue fosse de 4 pieds de large sur 2 de profondeur, creusée à quelque distance d'un mur exposé au midi, ou, mieux, entre le midi et le levant. Par ce moyen, on réunit les avantages de la culture sur couche à ceux de la culture en pleine terre, et on augmente la puissance des abris. Des cloches se mettent sur les pieds dans les commencemens, et des paillassons ou, mieux, des planches d'un bois léger recouvrent les fosses pendant la nuit. Un ados serait moins avantageux, comme n'absorbant pas aussi bien la chaleur du soleil. *Voyez* BUTTE.   (*Note de M. Bosc.*)

jours égale. Les caves, les souterrains qui réunissent ces qualités, méritent la préférence sur les greniers ou les légumiers,
à raison du manque de la lumière (1).

Mais si ces moyens produisent peu d'effet sur ces deux divisions, ils sont efficaces pour la troisième, qu'on peut conserver jusqu'aux mois de février et de mars, et qu'on appelle
par cette raison melons d'hiver. Cependant il faut de la surveillance pour prolonger ainsi leur durée : un seul melon gâté
suffirait pour corrompre promptement tous les autres.

Les melons ont dans leur jeunesse, comme je l'ai dit, plusieurs insectes qui les attaquent, tels que la COURTILIÈRE, le
VER BLANC OU LARVE DU HANNETON, les LIMACES, etc. (*Voyez*
ces mots.) Il est essentiel, en faisant la couche, de rechercher
ces insectes dans le fumier et le terreau. Si on trouve des larves
de hanneton et qu'on craigne d'en avoir laissé échapper, il
est bon de semer quelques laitues sur la couche. Elles les at-
taqueront de préférence, et on s'en apercevra facilement,
parce qu'elles faneront; on les trouvera au pied de la plante
fanée. Il ne faut pas les confondre avec la larve du rhinocéros
ou monocéros, qui lui ressemble, mais qui est plus grosse et
dont la couleur est plus terne. Quant aux limaces, les traces
qu'elles laissent après elles les font découvrir. Pour éviter
leurs ravages sur la couche, si elles sont nombreuses, il est
nécessaire de faire une visite exacte sous les cloches et de les
poser de manière à ce qu'elles ne puissent pas y pénétrer. Ensuite on placera à différens endroits de la couche de petites
poignées de feuilles de laitues, de poireaux ou même de
choux; les limaces s'y réuniront dès que le soleil s'élevera
sur l'horizon, et il sera facile de les détruire.

On a soin d'éloigner des melonnières les concombres, citrouilles, courges et les autres cucurbitacées, dans la crainte
que les poussières fécondantes ou le pollen de ces plantes ne
fécondent le melon. Cette fécondation produirait des hybrides,
dont les fruits, supérieurs pour le goût à ceux des potirons,
seraient bien inférieurs à ceux des melons; on assure même
que les fruits résultant de cette fécondation sont souvent altérés au point de n'être pas mangeables : quelques observateurs
regardent la chose comme douteuse.

Mais on doit rigoureusement ne mettre sur la couche qu'une
seule espèce de melon, si l'on veut la conserver pure; autrement
les poussières fécondantes de toutes les espèces s'élèvent dans
l'air, s'y confondent et se portent indistinctement sur tous les
pistils, qu'ils fecondent; ce qui fait varier les melons à l'infini,

---

(1) J'ajouterai, sur-tout si on les enfouit dans du terreau à demi sec.
(*Note de M. Bosc.*)

et change le goût, la couleur et jusqu'à la forme du melon qui a été ainsi fécondé. De là viennent ensuite les différences des fruits nourris même sur le même pied.

La pratique qu'on suit fort communément de mettre plusieurs espèces sur la même couche, les a tellement mêlées, qu'il est impossible aujourd'hui de s'y reconnaître et de donner une nomenclature très-exacte. Le seul moyen de se rendre, sous ce rapport, utile aux amateurs, est de leur présenter les trois principales divisions de melons, et de leur faire connaître les meilleures variétés et leurs qualités. Cette nomenclature terminera cet article (1).

Tout le monde connaît le fruit dont nous parlons; on sait que sa chair est aqueuse, mucilagineuse, d'une saveur agréable, sucrée, quelquefois musquée et très-rafraîchissante : je la croyais, d'après Rozier, d'une digestion très-lente ; les excès fréquens que j'en ai vu faire par des personnes dont l'estomac était délicat m'ont prouvé qu'on avait exagéré cette propriété. En le mangeant avec un peu de sel, on en facilite la digestion, et on évite les fièvres et les coliques auxquelles les médecins prétendent qu'il expose; l'usage du vin tend encore à empêcher ses mauvais effets.

Lorsque j'affirme que le melon n'est pas malfaisant, je ne parle que des melons bien aoûtés, principalemens dans les deux dernières divisions. On n'a pas d'exemple que les cantaloups aient produit de mauvais effets ; mais le melon brodé est malsain lorsqu'il n'est pas bien mûr, et on doit alors s'en abstenir. Les mesures prises par le gouvernement pour s'opposer à la vente des melons lorsque la chaleur de l'atmosphère diminue, tend à prouver les mauvais effets de cette espèce lorsqu'elle n'est pas parvenue à un degré convenable de maturité.

Les habitans du midi en font des confitures, dont l'usage est assez général, quoiqu'elles aient la réputation d'être malsaines

---

(1) M. Tschudy a prouvé, par une expérience de plusieurs années, qu'il était possible de greffer les melons sur des courges, sur des concombres, sur des pieds femelles de bryone (les pieds mâles étant trop grêles) : ses résultats sont détaillés dans un ouvrage spécial qu'il a fait imprimer à Metz. Les melons greffés sur courge, dont j'ai mangé chez lui, le 7 octobre 1820, étaient très-petits, mais très-sucrés : je n'ai pu reconnaître la variété à laquelle ils appartenaient. Il espérait conserver jusque après l'hiver ceux qui lui restaient. C'est un fait physiologique très-remarquable que cette petitesse des gros melons greffés sur une espèce beaucoup plus vigoureuse, en ce qu'il est en contradiction directe avec ce qui se remarque dans les arbres, où les espèces faibles gagnent à être placées sur les espèces fortes, et où les espèces fortes perdent à l'être sur les espèces faibles. Il sera très-possible de tirer quelque parti des expériences de M. Tschudy lorsqu'on les aura combinées d'un plus grand nombre de manières : Thouin s'en occupe en ce moment. Voyez ce qu'il en dit à l'article GREFFE. (*Note de M. Bosc.*)

et très-difficiles à digérer. Une de ces confitures est connue sous le nom d'*écorce verte de citron* : c'est la plus commune et la plus répandue.

Espèces jardinières ou variétés des melons. Le nombre des melons connus ou cultivés aujourd'hui est si considérable, ces variétés sont en général si peu constantes dans leurs caractères, et la nomenclature en est tellement confuse et incohérente, qu'il est à-peu-près impossible de prétendre à les décrire et les déterminer avec exactitude. Pour faciliter un semblable travail, il serait intéressant de connaître si cette immense série appartient à une seule ou à plusieurs espèces primitives; mais cette question n'est pas facile à résoudre. Il faudrait, pour y parvenir, une longue suite d'observations botaniques, qui peut-être ne donneraient pas des résultats positifs. Je ne m'arrêterai donc pas à ce point; mais en le laissant à déterminer, on peut néanmoins établir des divisions générales, et partager en groupes ou en familles toutes nos espèces jardinières, d'après les différences ou les rapprochemens qu'elles offrent entre elles. J'admettrai trois de ces familles ou races principales; savoir, celle des *melons communs ou brodés*, celle des *cantaloups*, et celle des *melons à écorce unie et mince et à grandes graines. Voyez* CUCURBITACÉE.

1°. *Melons communs ou brodés.* Leur caractère est d'avoir la surface de leur écorce couverte de broderie. Les variétés qui appartiennent à cette race offrent des fruits de toutes grosseurs et formes, avec et sans côtes, à chair rouge, jaune, blanche et verte. En général ces melons ont la chair sucrée et abondante en eau, mais un peu grosse et filandreuse; leur écorce est moins épaisse que celle des cantaloups; ils sont plus pleins, leurs formes sont plus régulières et leurs côtes moins profondément marquées : c'est dans nos climats la race de melons la plus vulgaire et la moins difficile; elle fruite facilement, abondamment, et souffre toutes sortes de cultures : la plupart de nos melons des champs lui appartiennent.

Variétés principales. Melon maraîcher. Il est entièrement brodé, rond, quelquefois un peu déprimé de l'ombilic au pédoncule, sans côtes et de moyenne grosseur. Sa chair est très-épaisse, assez grossière, mais abondante en eau, elle serait de bonne qualité s'il était bien cultivé. A Paris, où il est très-répandu et où il a été pendant long-temps presque le seul melon que l'on vît dans les marchés, il est généralement mauvais, parce que les maraîchers le plantent trop dru, ne le nourrissent que de terreau et d'eau, et le cueillent souvent avant son point de maturité : tous moyens excellens pour avoir de détestables fruits avec la meilleure race possible. Depuis douze à quinze ans, plusieurs jardiniers ont abandonné cette espèce et lui ont substitué les cantaloups, qu'ils cultivent beaucoup mieux.

Melon sucrin de Tours. Ce melon se rapproche du maraîcher par sa grosseur et son écorce ; mais il est moins constant dans sa forme et a ordinairement des côtes peu profondes : il est bon et très-sucré.

Il y a une sous-variété plus petite.

Melon de Langeais. Un peu moins gros que les précédens, de forme ordinairement ovale, à écorce peu brodée, d'un vert pâle ou blanchâtre, à côtes très-peu prononcées, quelquefois nulles. Sa chair est moins rouge et moins épaisse que celle du maraîcher. Ce melon a de la réputation dans son pays, d'où on en envoie des chargemens dans les diverses parties de la Touraine.

Sucrin à chair blanche. Ce petit melon, peu brodé, à fond pâle, de forme ovale, à côtes peu enfoncées et à écorce mince, a la chair très-fondante et de fort bonne qualité ; elle est quelquefois verte : c'est un des melons qui souffrent le moins l'excès de maturité ; si on l'attend un peu trop, sa chair se fond toute en eau.

Melon rond brodé, à chair verte. Par sa forme et sa broderie (laquelle est grossière), il a toute l'apparence d'un melon maraîcher, mais il est plus petit d'un tiers au moins. Sa chair est verte, épaisse, fondante. De tous les melons à chair verte que j'ai cultivés jusqu'à présent, c'est celui qui s'est maintenu le plus franc, quoiqu'il ne soit pas exempt de quelques écarts au blanc et au rouge ; mais cette qualité est une des plus variables et des plus inconstantes qu'offre le melon.

Melon d'Honfleur. C'est un superbe melon, très-gros, bien fait, ordinairement allongé, à larges côtes régulières, peu enfoncées, bien brodées. Sa chair n'est pas très-fine, mais elle est pleine d'eau et de fort bonne qualité.

Melon de Coulommiers. Il est fort gros aussi et a des rapports avec le précédent ; mais son fond est ordinairement plus vert, et sa forme moins belle et moins régulière. Quoiqu'il ait de la réputation, je l'ai toujours trouvé de beaucoup inférieur au melon d'Honfleur, ce qui tient peut-être plus à la culture qu'à la qualité intrinsèque de l'espèce.

Il y a un certain nombre d'autres variétés de melons communs, telles que celles dites des *Carmes,* de *Saint-Nicolas,* plusieurs *sucrins,* etc., entre lesquelles il peut s'en trouver de fort bonnes, mais qui sont moins répandues, et me sont moins connues que celles dont j'ai parlé.

2°. *Melons cantaloups.* Cette race offre pour caractères une écorce sans broderie (ou légèrement brodée par dégénérescence), brune, noirâtre, ou d'un vert foncé avant la maturité du fruit, quelquefois aussi argentée ou maculée de blanc ou de vert pâle, mais dont le parenchyme est toujours plus serré et la surface plus luisante que dans les melons communs ; souvent couverte de protubérances ou gales, et ordinairement relevée de côtes profondément marquées. La chair, dans la plupart de ces melons, est fine, serrée, souvent un peu cassante, bien que juteuse en même temps, d'un goût beaucoup plus relevé que dans les autres espèces ; mais elle est aussi moins épaisse, au contraire des côtes qui le sont davantage. Cette famille est très-sujette à jouer dans tous ses caractères, et offre, par cette raison, une infinité de variétés. On y trouve des fruits de toutes grosseurs, de toutes formes et de toutes écorces, avec et sans côtes, pourvues ou dépourvues de protubérances. On en voit qui prennent quelques broderies, et d'autres qui se rapprochent assez de l'espèce brodée pour qu'on ne sache à laquelle des deux ils appartiennent ; cependant, entre un cantaloup et un melon commun, francs chacun dans leur genre, il y a une différence assez frappante pour que l'on ne doive pas rejeter la division admise entre ces deux races.

D'après ce qui vient d'être dit, on concevra qu'il est difficile de bien déterminer les variétés et leurs caractères ; aussi la nomenclature des différens cantaloups offre-t-elle une confusion de laquelle il est presque impossible de sortir.

Je me contenterai de parler ici de ceux des melons de ce genre les plus cultivés aujourd'hui à Paris, ou qui me paraissent remarquables par quelque qualité ou caractère un peu tranché, mais sans garantir autrement les noms, qui peuvent être différens dans d'autres lieux et à une autre époque. Je placerai d'abord et de suite les melons hâtifs propres à élever sous châssis, en prévenant qu'ils sont tous susceptibles d'être aussi cultivés sous cloche, et que réciproquement les melons à cloches pourraient aussi se faire sous les châssis.

Cantaloup orange. Il est petit et très-hâtif, rond, à côtes, fond vert ou brun, avec des gales fines et grisâtres. Sa chair est extrêmement rouge, un peu ferme et cassante, et d'un goût très-relevé ; c'est, sous ce dernier rapport, un des meilleurs de tous les cantaloups : il est particulièrement destiné aux châssis pour la primeur.

Melon brûlot hâtif. Ce cantaloup, encore plus petit que le précédent, m'est venu depuis peu d'années d'Angleterre, où l'on en fait grand cas pour la primeur. Il se rapproche beaucoup du précédent, est un peu aplati ; sa côte plus relevée, un peu brodée aux deux extrémités, et quelquefois sur la surface ; peu ou point galeux. Je l'ai vu quelquefois devancer le melon orange ; il ne l'égale pas tout-à-fait en qualité, mais il en approche.

J'ai reçu d'Angleterre une autre variété sous le nom de *melon fin hâtif*, qui ne diffère presque pas du cantaloup orange, et qui m'a donné accidentellement des fruits à chair verte.

Melon hâtif de vingt-huit jours. Je conserve à ce petit cantaloup le nom sous lequel je l'ai reçu d'Allemagne ; il égale les deux précédens en précocité, et les surpasse un peu en grosseur. Sa forme est ronde, sa côte peu profonde, son écorce d'un vert clair, quelquefois jaunâtre, presque unie ; il est souvent très-bon, mais pas aussi constamment que l'orange.

Entre beaucoup de melons que j'ai tirés de divers pays pour me procurer les fruits les plus précoces possible, ces variétés sont celles que j'ai trouvées les meilleures : elles conviennent pour la première saison des châssis.

Petit Prescott. Fond noir ou brun, rond, un peu aplati par les deux extrémités, couronné avec un petit point saillant au centre de la couronne, à côtes galeuses : ce cantaloup, plus gros que les précédens, est très-hâtif et l'un des meilleurs pour les châssis ; il est ordinairement très-plein, à chair bien rouge et d'excellente qualité.

Gros Prescott. Deux variétés, fond noir et fond blanc ; celle-ci est la plus cultivée : la forme est la même que dans le petit prescott, à cela près d'un peu plus d'aplatissement aux extrémités, la couronne semblable. Ces deux melons, plus gros que le précédent, sont à-peu-près aussi hâtifs, conviennent également pour le châssis et sont fort bons.

Ils ont reçu leur nom de M. Prescott, habile jardinier anglais, qui les a introduits en France.

Boule de Siam. La forme très-comprimée de ce cantaloup lui a fait donner le nom de boule de Siam ; sa grosseur est moyenne. Il est à fond très-noir, à côtes larges et très-relevées, à fortes gales, ayant une couronne ordinairement large sans point saillant. Il fait beaucoup plus de bois que les prescotts ; mais il noue aussi facilement. Sa chair est un peu moins fine, et sa précocité moindre de huit jours environ.

Ces trois cantaloups sont les espèces les plus cultivées par les jardiniers de Paris qui élèvent les melons fins et de primeur ; les deux premiers sont employés presque exclusivement pour les châssis, quoiqu'ils soient bons aussi sous cloches : la boule de Siam se cultive de l'une et de l'autre manière.

Cantaloup argenté, couronné. Ce melon, à-peu-près de la grosseur du précédent, se rapproche du gros prescott fond blanc. Il a la côte et la couronne plus larges, et est un peu moins galeux ; c'est un fort beau fruit : sa qualité est ordinairement bonne. Il est propre aux châssis et fait très-bien aussi sous cloche.

Gros cantaloup noir de Hollande. Fond noir, forme oblongue et régulière, larges côtes chargées de fortes gales, très-gros fruit pouvant atteindre jusqu'au poids de 15 kilogrammes (30 liv.), et au-delà. Sa chair est rouge, belle et fort bonne ; c'est un des meilleurs et peut-être le meilleur des melons de très-forte dimension : il convient plus aux cloches qu'aux châssis.

J'en ai eu, ces années dernières, une variété dont le fond noir était marqué de belles plaques argentées, et qui était d'une forme et d'une beauté parfaites, malheureusement elle a un peu dégénéré.

Gros Portugal. Fond brun, grosses côtes bombées, chargées de fortes protubérances entassées. Sa forme est oblongue, mais plus haute et moins régulière que celle du gros noir de Hollande. Ce cantaloup est d'une apparence très-remarquable et comme monstrueuse, à cause de ses gales nombreuses et fortes ; mais le dedans ne vaut pas le dehors. Il est un peu sujet à se creuser et à prendre une mauvaise nuance de chair, sa côte est extrêmement épaisse ; on peut néanmoins en obtenir de bons quand il est bien cultivé, et que les premiers fruits noués n'ont pas durci.

Melon Mogol ou *du Grand-Mogol*. Fond noir, forme très-allongée, souvent un peu effilée du côté du pétiole ; côtes très-galeuses. La chair de ce gros cantaloup, un peu commune, est cependant d'assez bonne qualité ; il a une variété ronde : c'est un melon de cloche aussi bien que le précédent.

Cantaloups à chair verte et à chair blanche. Je ne décrirai que ces melons, parce qu'il existe de l'un et de l'autre plusieurs variétés quant à la forme et aux divers caractères extérieurs, et que je n'en connais aucune assez constante pour être déterminée passablement : généralement ces melons, de quelque écorce et forme qu'ils soient, ont la chair douce et très-fondante ; mais ils sont trop sujets à jouer, sur-tout ceux à chair verte, qui dégénèrent avec une extrême facilité.

Je me bornerai à décrire ce petit nombre d'espèces, qui me paraît plus que suffisant pour offrir à un amateur un bon choix pour chaque saison. Il peut y en avoir ailleurs beaucoup d'autres qui les valent ; mais je répète que je n'ai prétendu offrir que le tableau d'une collection locale, réduite à ses espèces les plus saillantes.

3°. *Melons à écorce unie et mince et à grandes graines*.

Ces melons n'étant pas cultivés dans les environs de Paris, M. Vilmorin n'a pu me donner la nomenclature et la description des meilleures espèces ; je suis donc forcé de conserver celles de Rozier, n'ayant jamais vu et cultivé qu'une de ces espèces, et je me contenterai d'y ajouter les caractères qui les distinguent des cantaloups et des melons communs ou brodés.

Ces melons ont l'écorce unie et mince; les graines sont plus grandes que celles des deux premières divisions, plus aplaties et offrant du vide dans leur intérieur. Leur chair est très-fondante, d'où leur est venu le nom de *melon d'eau*. Ils sont inodores, au moins la plupart, et les jeunes fruits ne sont pas velus. Leur saveur est douce et peu relevée; les espèces les plus cultivées en France ont le fond d'un vert clair ou blanchâtre. Ils sont allongés et sans côtes; mais ces derniers caractères peuvent varier en Espagne, en Italie ou dans le Levant : il se peut même qu'il y en ait d'odorans, quoique M. Olivier n'en ait pas vu dans son voyage. M. Vilmorin, à qui plusieurs des observations précédentes sont propres, pense que les principales distinctions à établir entre les variétés consistent dans la saison de leur maturité et dans la couleur de la chair, et j'ajouterai dans la saveur du fruit.

Cette division est la plus répandue dans le midi de l'Europe et dans le Levant; en France, ceux de Cavaillon sont les plus renommés.

Melon de Malte à chair blanche. Il est très-hâtif dans le midi de la France, de moyenne grosseur, de forme allongée par les deux bouts, assez gros, chair fondante et sucrée.

Melon de Malte à chair rouge. Plus hâtif que le premier; même forme, saveur sucrée et aromatisée; l'écorce souvent brodée, ce qu'on peut attribuer à son mélange avec la première division.

Melon de Morée, de Candie, de Malte d'hiver. C'est le seul que j'aie cultivé et que j'aie vu cultiver par des amateurs dans les départemens de l'ouest, où il est plutôt un objet de curiosité que d'utilité, parce qu'il y vient généralement mal, et n'a jamais la saveur qui en fait les délices des peuples méridionaux; je l'ai toujours vu d'une forme allongée. Rozier affirme qu'il est quelquefois rond, ou allongé dans une de ses extrémités. Son écorce est lisse, sa chair verdâtre, fondante et parfumée; sa grosseur moyenne. La propriété qu'il a de se conserver jusqu'aux mois de févier et de mars le rend précieux; mais malheureusement il est très-rare que les chaleurs soient assez fortes dans les départemens de l'ouest et du nord pour qu'il acquière une partie de la saveur qui le fait estimer dans le midi : il serait peut-être possible d'en obtenir, par son mélange avec le cantaloup ou le melon brodé, une espèce mitoyenne qui pourrait le remplacer dans ces départemens et conserver une partie de ses propriétés. Les amateurs de ce fruit qui, en tentant plusieurs expériences, obtiendraient un résultat satisfaisant, rendraient un grand service au public; ils ont d'autant plus l'espoir de réussir qu'on soupçonne que ce

melon n'est qu'un hybride produit par le Concombre d'É-
gypte ou Chaté. *Voyez* ce mot. (1) (Fée.)

MELON. Claie pour faire sécher les fruits au four, employée dans le département des Deux-Sèvres.

MELON D'EAU. *Voyez* Pastèque.

MELONGÈNE. C'est la même chose que l'Aubergine,
Solanum melongena, Lin. *Voyez* ce mot.

MELONNÉE. Cette espèce ou race du genre subalterne pé-
pon présente elle-même plusieurs variétés par rapport à leur
forme, à leur couleur extérieure et à celle de leur pulpe. Le
nom de *citrouille melonnée*, que lui donnent nos créoles dans
les Antilles, annonce assez le cas qu'ils en font : on en cultive
dans nos départemens méridionaux, ainsi qu'en Italie, sous
le nom de *citrouille musquée*, et dans quelques cantons sous
celui de *concombre*. *Voyez* à l'article Péron le détail des me-
lonnées, de leurs différences et ressemblances avec les autres
pépons. (Duch.)

MEMARCHURES. Un des noms des Entorses. *Voyez*
ce mot.

MENIANTHE, *Menyanthes*. Plante à racines charnues,
traçantes, articulées ; à tiges cylindriques, épaisses, souvent
à demi couchées, hautes d'un pied; à feuilles toutes radicales, longuement pétiolées, ternées; à folioles ovoïdes et
lisses; à fleurs blanches ou purpurines disposées en épis ou en
corymbe terminal; qui croît dans les marais, sur les bords
des étangs de presque toute l'Europe, et qui se fait remarquer
par la beauté et la bonne odeur de ses fleurs.

Cette plante forme un genre dans la pentandrie monogynie
et dans la famille des gentianées.

C'est principalement dans les eaux fangeuses, dans les fon-
drières d'un abord dangereux, que se plaît le ménianthe tri-
folié, autrement appelé le *trèfle d'eau*, ou *trèfle de marais*.
Il fleurit au milieu du printemps : ses fleurs vues de loin produisent un très-agréable effet, et vues de près intéressent par
leur belle couleur, leur bonne odeur et l'élégance des
filets qui garnissent l'intérieur de leur corolle. Ces qualités doivent engager à le placer dans les eaux des jardins
paysagers si la nature de leur fond le permet; car il fleurit rarement dans ceux d'une nature différente de celle indiquée

---

(1) On cultive, dans les îles de Malte et de Céphalonie, deux variétés
de melons d'hiver, c'est-à-dire qui se sèment en juillet, se récoltent en
décembre et se conservent suspendus au plancher jusqu'au retour des
chaleurs. Il serait à désirer que ces variétés, fort différentes, puisque
celle de l'île de Malte est ronde et de couleur bronzée, et celle de l'île
de Céphalonie est ovale et jaune, fussent introduites, dans le midi de
la France, pour être envoyées à Paris et autres grandes villes du nord.

(*Note de M. Bosc.*)

plus haut. On le multiplie très-facilement au moyen de ses racines, dont chaque nœud, mis dans l'eau au commencement de l'hiver, donne un pied au printemps suivant. Ses feuilles et ses tiges froissées exhalent aussi une odeur agréable. Leur saveur est âcre et amère. On les regarde en médecine comme résolutives, détersives, diurétiques, fébrifuges, toniques et antiscorbutiques; mais on n'en fait pas un bien fréquent usage. Dans le nord de l'Europe, on les substitue quelquefois au houblon dans la fabrication de la bière. Il est remarquable que la chèvre, animal des montagnes rocailleuses, soit le seul des bestiaux qui la mange; elle en est même avide. (B.)

MÉNISPERME, *Menispermum*. Genre de plantes de la dioécie dodécandrie et de la famille des ménispermoïdes, qui renferme une douzaine d'espèces dont deux ou trois sont susceptibles d'être cultivées en pleine terre dans le climat de Paris, et dont autant fournissent des médicamens importans à la médecine.

Le MÉNISPERME DU CANADA est un arbrisseau grimpant, à feuilles alternes, pétiolées, ombiliquées, cordiformes, anguleuses, et d'un vert foncé, et à fleurs petites, verdâtres, disposées en épis au sommet de pédoncules axillaires : ses fruits sont rouges. Il est originaire de l'Amérique septentrionale et ne craint point les plus grands froids. On en fait des tonnelles, on en garnit les murs, etc., dans quelques jardins des environs de Paris. Les tiges, séchées et ensuite mouillées, sont bien préférables au jonc et à la paille pour la ligature des légumes et des arbres, à raison de leur longueur et de leur extrême flexibilité.

Le MÉNISPERME DE VIRGINIE ressemble beaucoup au précédent, mais ses feuilles sont obtusément trilobées et velues en dessous. Il croît dans les parties chaudes de l'Amérique septentrionale, et s'élève au-dessus des plus grands arbres. Ses fruits sont bleuâtres. On le cultive aussi dans les jardins de Paris; mais il lui faut une bonne exposition, car il craint les fortes gelées.

Le MÉNISPERME DE CAROLINE, qui a été regardé par quelques botanistes comme une variété du précédent, en diffère par ses fleurs odorantes et ses fruits rouges. Il gèle encore plus facilement que le précédent.

Ces trois arbustes sont de peu d'intérêt; on les multiplie par leurs graines et leurs rejetons.

Le MÉNISPERME A FEUILLES PALMÉES, qui croît dans l'Inde, et fournit la *racine de Colombo*, qui passe pour un spécifique contre les coliques, les indigestions.

Le MÉNISPERME ABATUA, originaire du Brésil, est employé sous le nom de *pareira brava*, contre les obstructions des reins et les pierres de la vessie.

TOME IX.   35

Le **Ménisperme lacuneux**, *Ménispermum cocculus*, Lin., se trouve dans l'Inde : ce sont ses fruits qu'on apporte sous le nom de *coque-levant*, et qui servent pour empoisonner les loups, enivrer les poissons, et faire mourir les poux.

Aucun de ces derniers n'est cultivé en France. (B.)

MÉNISPERMOIDES. Famille de plantes, qui a pour type le genre précédent, et qui, en outre, en contient dix autres, dont aucune des espèces, excepté le **schizandre**, n'est susceptible de croître en pleine terre dans le climat de Paris. Je n'en parlerai donc pas. (B.)

MENOUN. Nom du bouc châtré dans les départemens du Var et des Bouches-du-Rhône.

MENTHE, *Mentha*. Genre de plantes de la didynamie gymnospermie, et de la famille des labiées, qui renferme une trentaine d'espèces fortement odorantes, dont quelques-unes sont extrêmement communes et employées en médecine.

Toutes les menthes sont vivaces, ont les feuilles opposées et les fleurs verticillées, soit en épi terminal, soit dans les aisselles des feuilles supérieures.

La **Menthe sauvage** a les feuilles oblongues, finement dentées, presque sessiles et cotonneuses en dessous; ses fleurs rougeâtres et disposées en épis bien garnis. On la trouve dans les bois, les pâturages, sur les bords des chemins. Son odeur est très-forte. On l'appelle vulgairement *baume sauvage*.

La **Menthe verte** a les feuilles étroites, sessiles, et les fleurs en épis grêles. On la trouve dans les lieux humides, et on la cultive souvent dans les jardins à raison de son odeur très-pénétrante, sous les noms de *menthe à épi*, *menthe romaine* : c'est celle qu'on emploie le plus souvent en médecine, comme stomachique, carminative et utérine. Elle entre dans les bains et les fomentations aromatiques. On l'emploie quelquefois dans la cuisine en guise d'épices. Ses feuilles mises dans du lait passent pour l'empêcher de coaguler ; il suffit même, dit-on, que les vaches en mangent pour que cela arrive.

Au reste, ces propriétés appartiennent plus ou moins à toutes les espèces du genre.

La **Menthe poivrée** ou menthe **d'Angleterre** a les feuilles pétiolées, ovales, oblongues, presque glabres, et les épis courts et obtus. Elle est originaire d'Angleterre et se cultive fréquemment dans les jardins. Son odeur est plus forte et sa saveur plus piquante que celle de toutes les autres menthes : c'est avec elles qu'on prépare ces bonbons appelés *pastilles de menthe*, et dont on fait un commerce de quelque étendue.

La **Menthe menthastre**, *Mentha rotundifolia*, Lin., a les feuilles sessiles, ovales, ridées, cotonneuses; les fleurs en épi grêle, long et pointu. On la trouve souvent en excessive

abondance dans les marais, les bois humides, les terres fraîches, dans les cimetières et autres endroits incultes. On l'appelle
menthe de cimetière ou *baume à feuilles rondes*. Ses racines,
encore plus traçantes que celles des autres espèces, font qu'elle
se multiplie avec une rapidité telle qu'il est souvent difficile
de la détruire, et qu'elle infeste les champs et les prairies : ce
n'est que par des cultures qui exigent des binages d'été, comme
celle de la fève des marais alternant avec des cultures de
plantes étouffantes, comme la vesce, le pois gris, la luzerne, etc., qu'on peut y parvenir à la longue. On l'emploie
en médecine sous les mêmes rapports que la précédente, et de
plus comme antivermineuse et vulnéraire. Un cultivateur soigneux de ses intérêts doit la faire couper pour augmenter la
masse de ses fumiers.

La MENTHE AQUATIQUE a les feuilles pétiolées, ovales,
dentées velues, grisâtres, et les fleurs disposées en verticille
terminal. Elle se trouve dans les marais, sur le bord des étangs,
des ruisseaux, etc. ; souvent elle couvre seule des espaces considérables. On la nomme vulgairement *menthe rouge* ou *baume
d'eau*. Ce que j'ai dit qu'on peut tirer de l'utilité de la précédente pour la formation d'une plus grande quantité de fumier,
s'applique complétement à celle-ci.

La MENTHE CULTIVÉE a les feuilles à peine pétiolées, ovales,
un peu pointues, dentées, d'un vert obscur, et les fleurs petites, bleues, disposées en verticilles axillaires. Elle croît naturellement en Angleterre, et se cultive fréquemment dans les
jardins.

La MENTHE DES JARDINS, *Menthagentilis*, Lin., a les feuilles
pétiolées, ovales, pointues, dentées, vertes des deux côtés,
très-peu velues, et les fleurs disposées en verticilles dans les
aisselles des feuilles. On la trouve dans les parties septentrionales de la France, et on la cultive fréquemment dans les jardins. Quelques feuilles de cette espèce, triturées avec de l'huile
d'olive, et appliquées trois ou quatre fois par jour sur un bu-
bon charbonneux, suffisent, selon M. Buchepol, pour l'amener
à suppuration, et sauver l'homme ou l'animal.

Ces deux plantes sont fort voisines et généralement confondues sous les noms de *baume des jardins* et d'*herbe du cœur*.
On les emploie communément en médecine. Leur odeur est
très-forte et plus agréable que celle des autres espèces.

La MENTHE DES CHAMPS a les tiges en parties couchées ; les
feuilles légèrement pétiolées, ovales, dentées, velues, grisâtres ; les fleurs disposées en verticilles axillaires et à calice
très-velu. Elle est fréquente dans les champs et les jardins, où
elle gêne souvent la culture. Ce que j'ai dit des moyens de détruire la *menthe menthastre* s'applique encore à celle-ci.

35 *

La **Menthe-Pouillot** a les tiges presque entièrement couchées ; les feuilles petites, ovales, légèrement dentées, légèrement velues ; les fleurs roses et verticillées aux aisselles de presque toutes les feuilles. Elle se trouve sur le bord des étangs, des rivières, dans la plupart des lieux susceptibles d'être inondés pendant l'hiver. Quelquefois elle couvre des espaces très-considérables. On en fait fréquemment usage en médecine sous les rapports précités. Ses feuilles, appliquées sur la peau, font l'office d'un léger vésicatoire ; mêlées avec des fourrages insipides, elle les rend susceptibles d'être mangés par les bestiaux d'après l'expérience de M. Gaujac.

Toutes ces espèces sont peu recherchées par les bestiaux, qui cependant ne peuvent éviter d'en manger souvent lorsqu'ils paissent dans des lieux où elles sont abondantes ; comme je l'ai déjà dit, elles sont donc plus nuisibles qu'utiles à la grande agriculture. Dans l'art du jardinage, outre celles que l'on cultive pour l'usage de la médecine, on peut encore en placer dans les jardins paysagers, qu'elles embaumeront toute l'année et embelliront pendant leur floraison, c'est-à-dire la fin de l'été et le commencement de l'automne. Leurs fleurs, généralement rougeâtres, ne sont pas très-remarquables ; mais leur grand nombre et leur longue durée compensent ce désavantage. La hauteur des tiges surpasse rarement deux pieds, de sorte que leur place est sur le bord des eaux, entre les arbustes des derniers rangs des massifs. On les multiplie très-facilement par leurs drageons, qu'elles poussent tous les ans en très-grande quantité. Lorsqu'on les cueille pour l'usage de la médecine, il faut le faire avant le développement complet des fleurs, parce que c'est alors qu'elles ont le plus de vertus. (B.)

MENU. On appelle ainsi, dans quelques cantons, les épis des céréales qui se sont détachés du chaume par l'opération du battage, et qu'on rassemble avec un râteau, pour, à la fin de la journée, les rebattre séparément. *Voyez* Battage. (B.)

MENUISE. Les pêcheurs donnent ce nom à tous les petits poissons qui ne sont bons qu'à faire de la friture. L'Alvin (*voyez* ce mot) diffère de la menuise en ce qu'il est composé des petites espèces bonnes à multiplier dans les étangs, et qu'on le destine à la multiplication. (B.)

MENUISERIE. Architecture rurale. L'art du menuisier ne paraît pas avoir acquis en France autant de perfection que celui du charpentier, du moins si l'on en juge par le peu de solidité des boiseries modernes. Nous pensons cependant que le défaut capital doit être entièrement attribué à la mauvaise qualité des planches que l'on y emploie aujourd'hui ; car les formes des menuiseries actuelles sont plus simples et plus agréables que celles des anciennes.

Mais les planches sont devenues si chères que les menuisiers, même les plus aisés, ne peuvent plus s'en approvisionner d'avance comme autrefois; ils sont donc obligés de les employer toutes fraîches coupées, et alors les boiseries se resserrent, ou se déjettent, ou se fendent.

En constructions rurales, l'économie sur la qualité des bois ne doit porter que sur ceux des boiseries intérieures ; encore faut-il que ce ne soit pas dans les rez-de-chaussée, à cause de l'humidité du sol, et que les assemblages des boiseries des étages supérieurs soient en planches de bois dur.

Quant aux portes extérieures, aux fenêtres et à toutes les menuiseries exposées à la pluie ou à l'humidité, il faut toujours les faire avec des planches du bois le plus dur de chaque localité, et les peindre ensuite solidement. (DE PER.)

MÉOU. C'est le MIEL dans le département du Var.

MÉPHITISME, *Air méphitique*. On a donné ce nom à l'air surchargé de gaz acide carbonique, et qui par là est devenu impropre à la respiration et à la combustion. *Voyez* aux mots AIR, GAZ et ACIDE.

La cause du méphitisme de l'air a été long-temps un mystère, et ce n'est que depuis qu'elle est connue, c'est-à-dire depuis un demi-siècle, qu'on a pu lui appliquer des remèdes convenables. Combien d'hommes sont morts dans des appartemens dont l'air était méphitisé par la respiration d'autres hommes, dans des caves, des cuves où il y avait du vin, du cidre ou de la bière en fermentation ; dans les mines, les puits, les fosses d'aisance, les écuries trop petites ou trop bien closes; par l'effet du charbon ou de la braise brûlés dans un lieu fermé, etc., sans qu'on se soit douté de la cause de leur mort et de la facilité avec laquelle on pouvait les rappeler à la vie !

Un homme qui entre dans un air surchargé de gaz acide carbonique y éprouve un mal de tête subit, suivi de vertiges, ensuite il tombe pour ne plus se relever s'il n'est secouru. Ces symptômes se suivent dans le courant d'une à 2 minutes, et sont l'effet de la seule interruption de la respiration, qui ne peut s'opérer que dans un air où il entre une certaine quantité d'OXYGÈNE (*voyez* ce mot); mais quoique l'homme asphyxié offre toutes les apparences de la mort, à la chaleur près, qu'il ne perd qu'au bout d'un assez long-temps, et qu'il finisse par mourir réellement, il est possible de lui rendre le mouvement par l'exposition au grand air, l'insufflation d'un air pur dans ses poumons, l'irritation de la membrane pituitaire, de l'anus, etc. *Voyez* aux mots ASPHYXIÉ et NOYÉ.

Les habitans des campagnes sont bien plus fréquemment

exposés à l'action du méphitisme que ceux des villes, par le peu de précautions qu'ils prennent pour éloigner ses causes. Leurs habitations sont souvent très-petites et peu aérées. Il en est de même de leurs écuries, de leurs étables, de leurs bergeries, de leurs poulaillers, etc. Ils s'entassent dans les premières après en avoir hermétiquement fermé toutes les issues à l'air; ils y accumulent des fruits, des herbages et autres matières susceptibles de fermentation; ils y entretiennent du feu de charbon, de braise dans des pots. La réunion de tout un village dans une cave ou une écurie pendant l'hiver pour économiser du feu et de la lumière, réunions qu'on appelle veillées, écraignes, etc., est souvent frappée de méphitisme. Ils laissent pendant long-temps dans leurs étables les fumiers qui, par leur fermentation, produisent le même effet sur eux et sur leurs animaux. Les greniers dans lesquels on met du foin nouveau mal desséché deviennent encore plus dangereux.

Le méphitisme n'est pas toujours délétère à ce haut degré; mais ses tristes effets, pour n'être pas aussi sensibles n'en sont pas moins certains. L'expérience a prouvé que les hommes qui vivent habituellement dans un air vicié deviennent faibles de corps et d'esprit, sont sujets aux fièvres lentes et autres maladies, que les femelles des animaux y avortent fréquemment, ou y donnent naissance à de chétives productions. *Voyez* au mot Marais.

C'est en bâtissant des maisons plus vastes et mieux percées; en ne s'accumulant pas dans des appartemens fermés; en tenant ces appartemens et les écuries dans un état constant de propreté; en ne mettant les substances susceptibles de fermentation que dans des lieux très-aérés; en n'allant dans les lieux où il y a une grande quantité de vin nouveau qu'en se faisant précéder d'un chandelle attachée à un long bâton; en agissant de même lorsqu'on a besoin de descendre dans un puits ou dans une fosse d'aisance; en ne brûlant jamais du charbon ou de la braise que sous des cheminées ou après avoir ouvert les portes et les fenêtres, qu'on peut espérer d'échapper aux effets du méphitisme; mais quand sera-t-il possible de faire entendre la raison à certains cultivateurs qui sont persuadés que les bestiaux ont besoin de chaleur pendant l'hiver, qu'il faut en conséquence calfeutrer avec soin la porte et les fenêtres des écuries ou des étables; qui croient que le fumier est d'autant meilleur qu'il a plus séjourné long-temps sous ces bestiaux? Le devoir des hommes éclairés est de propager les lumières lors même qu'ils sont persuadés du peu d'efficacité de leurs efforts. Ce n'est qu'avec lenteur, ainsi qu'on l'a dit souvent, que les vérités percent, mais elles finissent toujours par percer. (B.)

MERCURIALE, *Mercurialis*. Genre de plantes de la dioécie ennéandrie et de la famille des tithymaloïdes, qui renferme une douzaine d'espèces, dont deux ou trois sont dans le cas d'être mentionnées ici : ce sont,

La MERCURIALE VIVACE, qui a les racines vivaces; les tiges simples; les feuilles opposées, pétiolées, rudes au toucher, et qui croît dans les bois humides, dans les haies et autres endroits ombragés : c'est une des premières plantes qui paraissent au printemps, et quelquefois elle couvre des espaces condérables, qui se font remarquer par leur belle verdure. Cette circonstance doit engager à la placer dans les massifs des jardins paysagers, dont elle égayera la monotonie à une époque où ils sont encore dénués d'agrément. On la multiplie très-facilement, soit de graines, soit de plant enraciné, qu'on recueille dans les bois et qu'on répand ou qu'on plante dans les lieux précités.

Cette plante est repoussée par tous les bestiaux et cause des vomissemens et même des convulsions aux hommes qui en mangent.

La MERCURIALE ANNUELLE a les racines annuelles; la tige rameuse; les feuilles pétiolées, ovales, aiguës, dentées et glabres. Il n'est point de jardins, de terres cultivées, dans le voisinage des habitations, qui n'en soit infesté. Une année de jachère suffit pour en couvrir un fonds fertile et frais. Son goût est désagréable; aussi parmi les bestiaux les chèvres seules en mangent-elles, encore est-ce lorsqu'elles n'ont rien de mieux. On la regarde comme purgative, mais on ne l'emploie guère qu'en lavement à l'intérieur : c'est comme émolliente, et appliquée à l'extérieur, qu'on en fait le plus usage. On en prépare plusieurs compositions chez les apothicaires, entre autres un *miel mercurial* dont les propriétés sont contestées. Ainsi cette plante, qui fleurit tout l'été et qui donne une prodigieuse quantité de graines, que les petits oiseaux et sur-tout les fauvettes, recherchent avec avidité, ne peut guère être utile à l'homme que pour augmenter la masse des fumiers; mais si on porte des pieds en graines sur ces fumiers, et ils ont à peine 3 pouces de haut qu'ils en montrent déjà de mûres, il en résulte un mal qui l'emporte sur le bien qu'on peut en espérer; en conséquence je crois qu'il vaut mieux les brûler que de courir ce risque. Ce n'est pas une chose facile que de s'en débarrasser complétement, parce que sa graine se conserve en état de germination pendant plusieurs années lorsqu'elle est enterrée profondément, et que le hasard des labours peut, chaque fois qu'on en fait, la ramener à la surface. Il faut cependant tendre constamment à la détruire, et pour cela la sarcler toujours avant sa floraison. On juge de la vigilance d'un jardinier par le peu qu'on en voit dans son jardin. Quant à celle qui se trouve dans les champs, on la détruit par un bon alternat de cultures, sur-tout par l'emploi des prairies artificielles. Au reste, comme je l'ai déjà observé, il n'y a guère que les champs voisins des villages, ceux qui sont les mieux fumés, qui en offrent des quantités notables.

La MERCURIALE COTONNEUSE a les tiges légèrement frutescentes et les feuilles très-velues et blanchâtres; elle est vivace, s'élève à 2 pieds, fleurit pendant tout l'été et croît abondamment en Espagne dans les lieux incultes, le long des chemins, etc., etc. Les touffes qu'elle forme ne sont pas sans agrément, sur-tout par le contraste de leur couleur avec celle des autres plantes. Je crois en conséquence qu'on doit en placer quelques pieds dans les endroits les plus chauds des jardins paysagers. On la multiplie très-aisément de graines, de boutures et par déchirement des vieux pieds. Elle craint les fortes gelées; mais en la couvrant pendant l'hiver on est presque sûr de conserver ses racines. (B.)

MÈRE. On donne ce nom, en agriculture, à des pieds d'arbres, d'arbrisseaux ou d'arbustes coupés rez terre et qui sont uniquement destinés à fournir des branches propres à être couchées et à devenir des marcottes et par suite de nouveaux pieds. Ainsi on dit une mère de PARADIS, une mère de COIGNASSIER, une mère de TILLEUL, de PLATANE, etc. *Voyez* ces mots.

Quoiqu'en général la multiplication par marcotte ne soit pas la plus désirable sous les rapports de la durée et de la beauté de ses résultats, la facilité de l'opérer et la rapidité des jouissances qu'elle procure doivent la faire pratiquer et la font en effet pratiquer dans toutes les pépinières. Or, il y a deux moyens de l'exécuter : ou on marcotte les branches qui en sont susceptibles à tous les arbres ou arbustes indistinctement, ou on réserve des mères.

Les mères doivent être, autant que possible, placées dans une partie séparée de la pépinière, parce que leur disposition et leur culture étant différentes de celle du jeune plant, il en résulterait une irrégularité désagréable aux yeux et des effets nuisibles aux produits par l'ombrage, etc.; mais il faut que chaque espèce soit dans le sol et à l'exposition qui lui convient le plus. On trouvera aux articles particuliers de chaque arbre ce qu'il convient de savoir à cet égard; cependant je puis dire ici généralement qu'un sol léger et frais est presque toujours préférable à celui qui est argileux ou à celui qui est trop sec.

Comme les marcottes de la plupart des arbres, des arbrisseaux et des arbustes s'enracinent d'autant plus facilement qu'elles sont faites avec du bois plus jeune, il faut couper tous les ans, ou au plus tous les deux ans, les branches des mères qui n'ont pas pu être marcottées ; cependant il est quelques espèces qui demandent à être faites avec du bois de deux ans , ou , mieux, avec les deux bois à-la-fois. *Voyez* au mot MARCOTTE.

Lorsqu'une mère de marcotte n'est pas très-fortement enracinée , il faut toujours laisser au moins une branche suivre la direction verticale ; car la pratique contraire exposerait le pied à périr, ainsi que beaucoup d'avides pépiniéristes l'éprouvent. Cela provient de ce que la sève produite par l'absorption des feuilles ne peut plus descendre aux racines et les nourrir. Lorsque les racines sont beaucoup plus nombreuses qu'il ne faut , comme celles d'une mère de tilleul qui aurait cinq à six ans ou plus, cet inconvénient n'est plus à craindre ; il se produit toujours assez de bourgeons verticaux, et des bourgeons assez forts pour satisfaire aux besoins des racines.

Un bon moyen d'assurer la reprise des marcottes, c'est de les couvrir de mousse ou de litière, qui empêche l'évaporation de l'humidité de la terre. Ce moyen est sur - tout applicable aux mères des plantes rares qui sont dans la terre de bruyère et qui demandent une exposition méridienne, parce que cette terre et cette exposition les mettent dans le cas d'éprouver des sécheresses qui font périr les jeunes racines, encore tendres et très – avides d'eau. Quelques jours suffisent souvent pour détruire, par cette cause, le produit du travail de la nature pendant plusieurs mois, ainsi qu'on n'en acquiert que trop souvent la preuve.

Quelquefois , sur-tout pour les mères de paradis, de doucin et de coignassier, au lieu de faire des marcottes, on butte de la terre contre les jeunes pousses de l'année précédente. Ce moyen n'est applicable qu'aux arbres et arbustes qui prennent le plus facilement racine ; car ceux qui ont ce qu'on appelle *le bois dur* n'en fournissent qu'autant qu'on ralentit la circulation de leur sève en courbant leurs branches, en leur faisant une ligature ou une incision. *Voyez* au mot MARCOTTE.

Les soins à donner aux mères sont un labour d'hiver aussi profond que possible, et un ou deux binages, ou , mieux , sarclages d'été lorsqu'on le juge nécessaire ; l'enlèvement des marcottes lorsqu'elles ont pris racine , et la soustraction de la base de ces marcottes, base qu'on appelle SAUTERELLES dans beaucoup de lieux , à raison de sa ressemblance avec le piége de ce nom. Certains pépiniéristes couchent les bourgeons qui ont poussé sur ces sauterelles ; mais si cela est bon à pratiquer sur les plantes précieuses dont il faut conserver toutes les espérances de reproduction il faut s'y refuser pour les autres, sur-tout pour les arbres fruitiers et les arbres de ligne , les marcottes qui en proviennent étant toujours plus faibles et par conséquent plus long-temps à remplir leur destination.

Il y a aussi des mères de racines, c'est-à-dire des arbres dont on consacre les racines à la reproduction : telles sont principalement celles d'AYLANTHE, de SUMACH, de GYMNOCLADE ; mais elles sont rares et durent peu. (B.)

MÈRE. Les vignerons donnent aussi ce nom, dans quelques cantons, à la plus grosse racine de la VIGNE. *Voyez* ce mot. (B.)

MERGER. On appelle ainsi, dans certains départemens, des tas de pierres, le plus souvent plus longs que larges et élevés, qui se trouvent dans les champs et dans les vignes, et qui proviennent de l'épierrement du sol. *Voyez* BERGE.

Dans quelques endroits, on plante des épines-vinettes, des pruneliers, des groseilliers et autres arbustes au milieu des mergers, ce qui utilise un peu l'espace de terre qu'ils recouvrent ; dans d'autres, on plante autour des courges, des haricots, des pois, dont on dirige les tiges sur leur surface dans la même intention. (B.)

MERINGENNE. Un des noms de la MORELLE MÉLONGÈNE.

MÉRINOS. Nom que l'on donne en Espagne aux moutons à laine fine, et qui est passé avec eux en France. *Voyez* les articles BÊTE A LAINE, BREBIS et MOUTON.

On lit dans un mémoire de M. Schutz, sur la laine de Suède, inséré dans le sixième volume de la *Bibliothèque britannique*, que les mérinos exportés d'Espagne dans ce pays, par Alstroemer, en 1739, étaient si peu dégénérés, que de six lots tous également bien choisis, que ce cultivateur fit venir d'Espagne en 1778, un seul se trouva plus fin qu'eux. Ce fait semble dispenser d'aucune autre citation du même genre, puisque la Suède doit être regardée comme l'extrême frontière de l'empire des moutons. (B.)

MERISIER. Espèce de cerisier qui croît dans les bois de l'Europe, et qui sert de type aux guignes et autres cerises à chair ferme. *Voyez* CERISIER.

MÉRITHALLE. Du Petit-Thouars a donné ce nom à l'intervalle des feuilles dans les plantes. Cet intervalle présente des considérations assez curieuses, mais dont aucune n'a de rapport important avec l'agriculture. *Voyez* FEUILLE.

Il est d'observation que toutes les fois que la force végétale est très-affaiblie, comme dans le cas d'ÉTIOLEMENT, de PLUIES surabondantes au printemps, etc., les pousses sont plus grêles, les feuilles plus écartées et moins larges. *Voy.* VÉGÉTATION. (B.)

MERLE. Oiseau du genre des GRIVES (*voyez* ce mot), qui vit comme elles d'insectes et de baies, et qui par conséquent est tantôt utile, tantôt nuisible aux agriculteurs.

C'est dans les bois humides que se plaît principalement le merle; mais il fréquente cependant les haies, sur-tout en automne, époque où il se jette sur les raisins et en fait une grande consommation. Quoique très-commun, on le remarque peu, parce qu'il vit solitaire, se tient presque toujours à terre et ne vole que lorsqu'il ne peut se sauver à la course. On le prend dans tous les piéges qui servent pour les grives, principalement dans les fossettes et les trébuchets. Sa chair est un médiocre manger.

Le nid du merle se distingue de celui de la grive, parce qu'il n'est pas enduit de terre à l'intérieur. Il est ordinairement placé à une petite hauteur, dans les lieux les plus fourrés, et contient cinq œufs bleuâtres tachetés de fauve. *Voyez* GRIVE. (B.)

MERLIER. C'est le NÉFLIER dans quelques cantons.

MERRAIN. Bois fendu en lames de moins d'un pouce d'épaisseur, de moins d'un demi-pied de largeur, et de plus de 2 pieds de longueur, qui sert à faire des DOUVES pour les TONNEAUX. *Voyez* ces deux mots et celui ESSENTE.

Le CHÊNE PÉDONCULÉ, le MURIER, le PIN, le SAPIN et le MÉLÈZE (*voyez* ces mots), sont presque les seuls arbres dont le bois est transformé en merrain, parce que les autres ont un bois peu susceptible de fente.

Les chênes crus en massifs de FUTAIE sont inférieurs en qualité à ceux crus sur taillis, et ces derniers à ceux crus isolément; cependant ces derniers sont souvent si garnis de nœuds, qu'il y a beaucoup de difficulté et de perte a les employer à en faire.

Le tronc d'un chêne de moyenne grosseur fournit cent cinquante planches de merrain, avec lesquelles on peut fabriquer quatre tonneaux de Bourgogne, c'est-à-dire de la contenance de 240 bouteilles. *Voyez* TONNEAU.

C'est mal-à-propos qu'on applique quelquefois le nom de merrain aux planches avec lesquelles on fabrique les CUVES, les FOUDRES, etc.

Le travail du merrain étant étranger à l'agriculture, je me dispenserai de le décrire; mais je dois recommander, avant de clore cet article, aux propriétaires de vignes, de s'en approvisionner toujours pour un certain nombre d'années, d'abord parce que plus il est sec et meilleurs sont les tonneaux qu'on en fabrique, ensuite parce que son augmentation graduelle de prix force les tonneliers à l'employer trop nouveau.

La diminution des futaies fait craindre qu'il n'arrive une époque où on ne puisse plus trouver en France assez de merrain pour les besoins du commerce : ainsi les amis de la prospérité agricole de la France doivent ménager les tonneaux dont ils sont propriétaires, pour les faire durer le plus long-temps possible. (B.)

MÉRULE, *Merulius.* Genre de CHAMPIGNONS établi aux dépens des AGARICS de Linnæus, et dont le caractère est fondé sur la décurrence, contre le pédicule, des lames du chapeau et sur la position latérale de ce pédicule.

Je cite ce genre, parce qu'une de ses espèces, le MÉRULE DÉTRUISANT, est une des causes les plus actives de l'altération des poutres, des planches et autres bois conservés dans des lieux humides, et que les cultivateurs le rencontrent fréquemment dans leurs caves, leurs celliers, leurs écuries, leurs étables, leurs bergeries, etc. Ils doivent donc chercher les moyens de l'en faire disparaître, et c'est avec de la chaux vive appliquée sur la place où il en a cru un pied, qu'ils peuvent y parvenir ; car l'enlever seulement ne fait que favoriser sa reproduction. (B.)

MERVEILLE DU PÉROU. C'est le NYCTAGE BELLE-DE-NUIT. (B.)

FIN DU TOME NEUVIÈME.

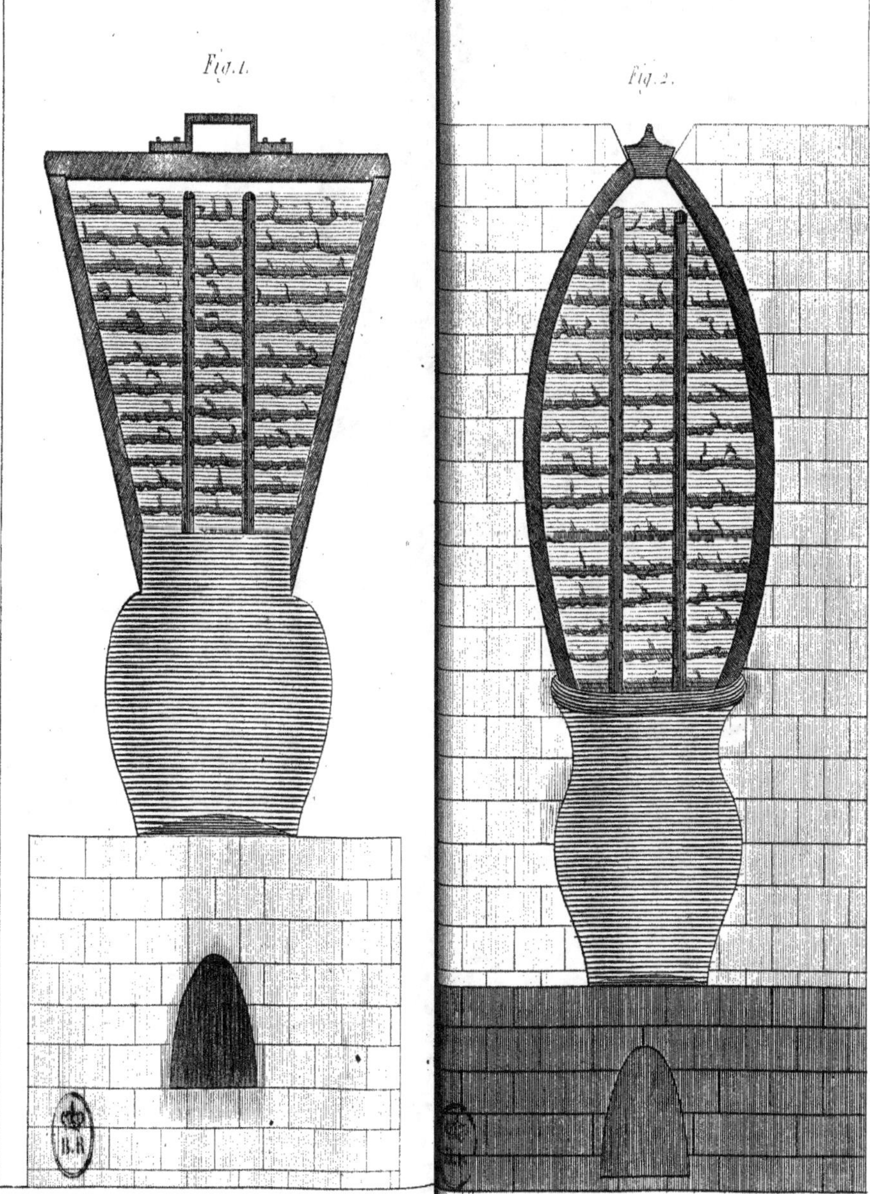
Fig. 1.
Fig. 2.

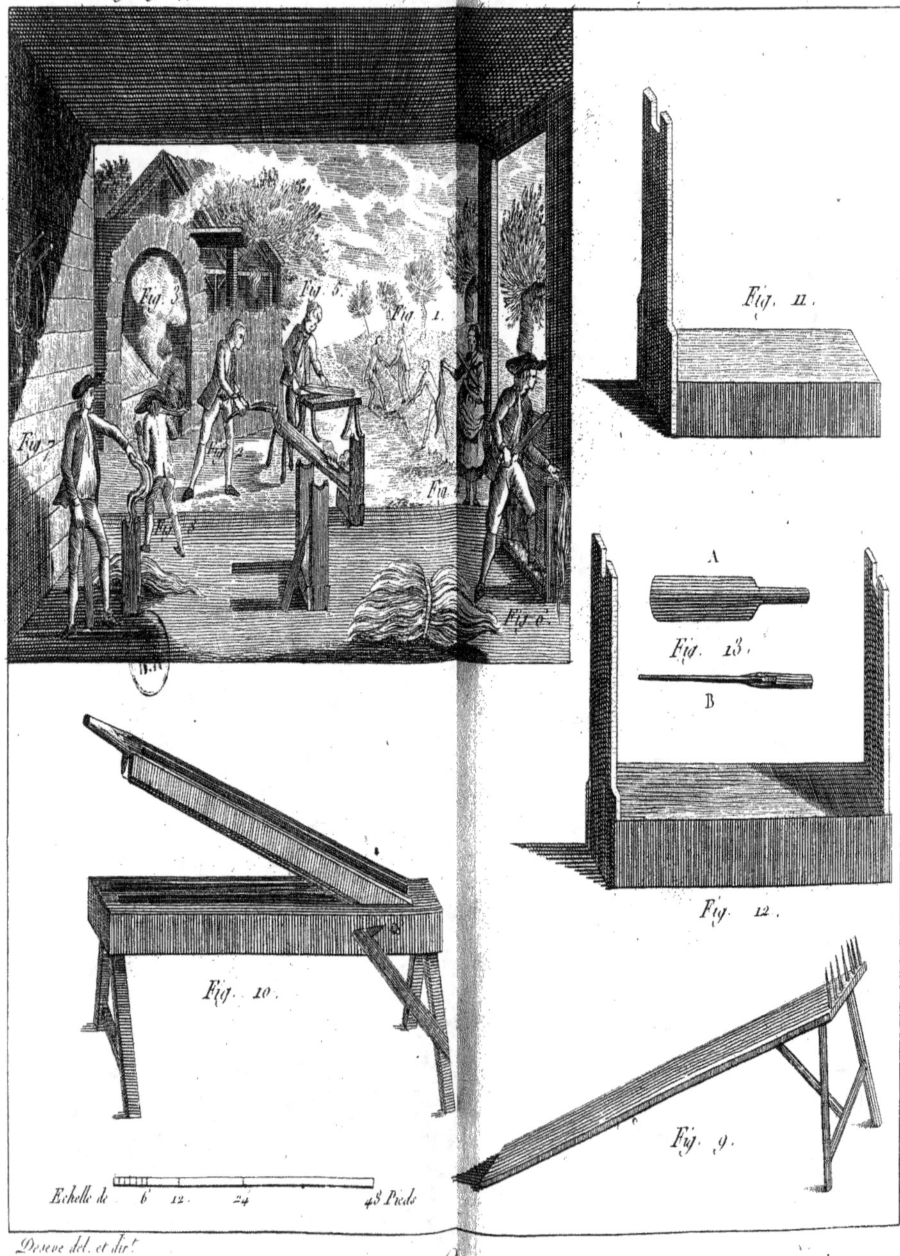
Fig. 3.
Fig. 5.
Fig. 1.
Fig. 7.
Fig.
Fig. 6.
Fig. 11.
Fig. 13.
A
B
Fig. 12.
Fig. 10.
Fig. 9.
Echelle de   6   12.   24   48 Pieds

9 782329 285238